普通高等教育“十三五”规划教材
工业设计专业规划教材

SolidWorks 产品造型设计案例精解

张春红　郭　磊　主　编
李启光　赵　竞　副主编

電子工業出版社
Publishing House of Electronics Industry
北京 · BEIJING

内 容 简 介

本书以应用型人才培养为目标，以案例实操为中心，结合工业设计、产品设计专业特点，精选典型产品，详细阐述了运用 SolidWorks 软件进行产品造型设计的全过程。

本书共有 11 个经典案例，结合工业设计实际应用的需求，由浅入深，图文并茂，思路清晰，详述了运用 SolidWorks 软件进行产品造型设计的建模、装配、渲染和生成工程图等过程。每一个产品案例都有详细步骤过程，对读者具有很好的引导作用。本书配套有视频教程和源文件，读者可方便地进行学习、理解并掌握相关知识与技巧。

本书教学内容丰富，讲解详细，案例经典而丰富，每个案例之后还附有思考题供读者反思，非常适合作为高等院校工业设计、产品设计、机械 CAD、模具设计的教材，也可作为工程技术人员的 SolidWorks 自学教程和参考书籍。

图书在版编目（CIP）数据

SolidWorks 产品造型设计案例精解 / 张春红，郭磊主编. —北京：电子工业出版社，2017.1
工业设计专业规划教材
ISBN 978-7-121-30219-0

Ⅰ. ①S… Ⅱ. ①张… ②郭… Ⅲ. ①计算机辅助设计－应用软件－高等学校－教材 Ⅳ. ①TP391.72

中国版本图书馆 CIP 数据核字（2016）第 258333 号

策划编辑：赵玉山　　特约编辑：邹小丽
责任编辑：赵玉山
印　　刷：北京虎彩文化传播有限公司
装　　订：北京虎彩文化传播有限公司
出版发行：电子工业出版社
　　　　　北京市海淀区万寿路 173 信箱　邮编　100036
开　　本：787×1092　1/16　印张：19.75　字数：506 千字
版　　次：2017 年 1 月第 1 版
印　　次：2020 年 5 月第 3 次印刷
定　　价：45.00 元

凡所购买电子工业出版社图书有缺损问题，请向购买书店调换。若书店售缺，请与本社发行部联系，联系及邮购电话：(010)88254888，88258888。

质量投诉请发邮件至 zlts@phei.com.cn，盗版侵权举报请发邮件至 dbqq@phei.com.cn。

本书咨询联系方式：（010）88254556，zhaoys@phei.com.cn。

前　言

SolidWorks 是由美国 SolidWorks 公司推出的功能强大的三维设计软件，以其优异的性能、易用性和创新性，在各种产品制造领域里得到了广泛应用。随着工业设计的迅速发展，越来越多的设计人员采用 SolidWorks 软件进行产品造型设计的建模和渲染。

本书编者根据自己多年的实战经验，结合工业设计特点，由浅入深、循序渐进地通过多种典型的工业设计产品案例精解，让读者掌握运用 SolidWorks 软件进行产品建模、装配、工程图和渲染等技巧，使读者在短时间内能成为一名 SolidWorks 产品设计高手。本书的特色如下：

（1）教学内容丰富，本书详细介绍了 U 盘、水瓶、台灯、沐浴露瓶、订书机、加湿器、咖啡机、成人滑板车 8 个典型工业设计产品的建模详细过程，并阐述了加湿器的渲染、成人滑板车的装配和动画，以及咖啡机的工程图生成过程，涵盖了 SolidWorks 软件进行产品造型设计的主要手段和技巧，对读者的实际设计具有很好的指导和借鉴作用。

（2）本书由浅入深，图文并茂，思路清晰，讲解详细，书中所有的图中的图标、按钮和对话框都从 SolidWorks 软件实际操作窗口中截取，非常直观，便于学习，每个案例之后还附有思考题供读者反思，保证读者能够自学书中内容。

（3）本书教学资源丰富。

本书配套有视频教程和源文件，读者可方便地进行学习、理解并掌握相关知识与技巧，源文件需要安装 SolidWorks2012 以上版本才能打开。

本书以 SolidWorks 中文版本为演示平台，全面介绍 11 个案例过程，各部分内容如下：

案例 1　U 盘建模：本案例详细介绍了一款三星 U 盘的建模过程，先建出 U 盘的整体结构，再用分割命令切割不要的结构，做出整体外形。

案例 2　水瓶建模：本案例详细介绍了一款水瓶的曲面建模过程，主要运用到 3D 草图、使用曲面填充、使用曲面切除等命令。整个水瓶是一个装配体，它是由瓶身、瓶盖和内盖这三个零件装配而成的。

案例 3　小台灯建模：本案例详细介绍了一款小台灯的建模过程。将小台灯主体分三部分：底座、支撑弯管、灯罩。用曲面旋转命令创建基础底座和灯罩，用曲面放样创建支撑弯管，主要使用曲面拉伸、曲面剪裁、曲面缝合、加厚等命令。

案例 4　沐浴露瓶建模：本案例详细介绍一款沐浴露瓶的设计过程，它由瓶身瓶盖两部分装配而成，主要用到放样、拉伸台体、拉伸切除、扫描等命令。

案例 5　订书机建模：本案例详细介绍了一款订书机的建模过程，把订书机分成 13 个零件，分别为顶盖、盖扣、压钉弹片、移动板连接架、载拉件、书钉槽、弹簧导杆、推动器、成型底板、底座、中轴和两个弹簧。首先建模前面 11 个零件，然后再将各个零件装配在一起。

案例 6　加湿器建模：本案例详细介绍了一款加湿器的建模过程，把加湿器分成上下两个部分，一共 14 个零件，分别为加湿器上主体、加湿器下主体、顶端出气盖大部件、顶端出气盖小盖小部件、底端出水盖主体、弹簧、橡胶塞芯、垫片和塑料塞芯、加湿器下主体底盖、加湿器下主体旋钮开关、小盖子和一个环形竹炭。首先建出前面的 14 个零件，然后再新建一个装配体装配在一起，其中特别注意的是底端出水盖的装配，要合理控制其小零件之间的距离。

案例 7　咖啡机建模：本案例详细介绍了一款咖啡机的建模过程，主要建模思路是先分析咖啡机的结构，把咖啡机分成左右两个部分，然后先建左边部分，主要用到的命令是拉伸、切除、分割线、等距曲面、加厚切除，曲面填充。建完左边再建右边，右边主要用到了组合、分割、删除实体等命令。然后分别依次建完左主体、右主体、时间旋钮、污水槽、开关、咖啡壶、咖啡壶盖、过滤槽、注水盖九个零件后，进行装配体的装配，装配时应该充分考虑各个零件各个面的几何关系来进行装配。

案例 8　成人滑板车建模：本案例介绍一款成人滑板车的建模过程，首先，我们先分析滑板车的整体构造，这款滑板车由多个零部件构成，包括底座、前车架、车轮、把手、挡泥板、防震装置等，以底座为中心，先建底座，再分别建其他零部件，最后将所有零部件组合。

案例 9　加湿器的渲染：本案例介绍的是加湿器的渲染方法，主要介绍如何用 SolidWorks 进行产品渲染，包括如何选择材质、赋予产品材质及渲染方法。通过本案例的学习，可以对模型渲染有一定的了解和操作。

案例 10　成人滑板车的装配和爆炸动画：本案例是展示如何装配零部件较多的复杂模型和制作装配体的爆炸动画，首先将导入基准零部件，然后将其余零部件一一配合，本案例运用的功能有添加零部件、配合、在装配体上绘制零部件等。

案例 11　咖啡机的工程图：

本案例介绍的是咖啡机的工程图的制作，主要目的是学会怎么制作产品的工程图。以第七章咖啡机的模型为例，先介绍如何新建工程图纸，然后介绍工程图的视图创建、视图操作、创建高级视图，最后介绍工程图的标注。

本书配套素材有所有案例源文件和案例操作视频，通过视频可以详细地观看案例操作的过程和步骤，方便读者学习。

本书由电子科技大学中山学院张春红、郭磊主编，李启光、赵竞副主编，张春红统稿。其中，案例 5、6、7 由张春红编写，案例 8 由郭磊编写，案例 3 由李启光编写，案例 1、10 由赵竞编写，案例 9 由朱启慧编写，案例 11 由王炯炯编写，案例 4 由詹静媛编写，案例 2 由余汝琦编写。

本书教学内容丰富，讲解详细，案例经典而丰富，每个案例之后还附有思考题供读者反思，非常适合作为高等院校工业设计、产品设计、机械 CAD、模具设计的教材，也可作为工程技术人员的 SolidWorks 自学教程和参考书籍。

由于编者水平所限，加上时间仓促，书中的不足和错误在所难免，恳请各位朋友和专家批评指正！

目　录

案例 1

U 盘建模

1.1 案例概述

本案例详细介绍了一款三星 U 盘的建模过程，主要设计思路是先考虑 U 盘的整体结构，建立大概的模型，然后用分割命令切割不需要的结构，做出外形，然后再精细地建立 U 盘的各个细节。读者应注意其中切割实体、分割组合的使用技巧。U 盘实体模型及相应的设计树如图 1-1 所示。

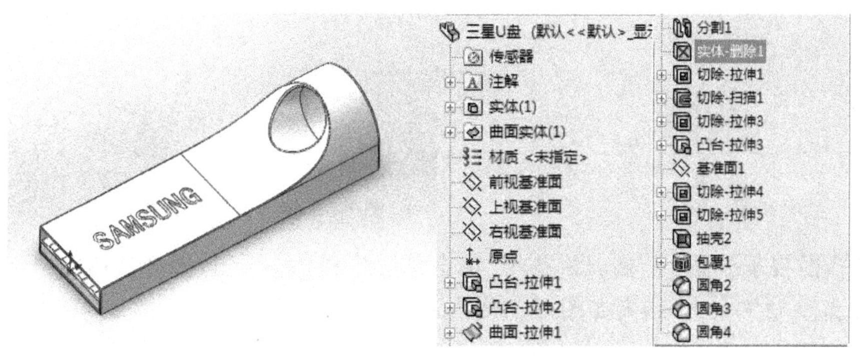

图 1-1　U 盘实体模型和设计树

1.2 操作步骤

（1）启动 SolidWorks，单击**文件→新建**，选择**零件**图标，然后单击**确定**，进入建模环境。

（2）选择**右视基准面**，然后单击**草图绘制**，绘制草图 1 如图 1-2 所示。

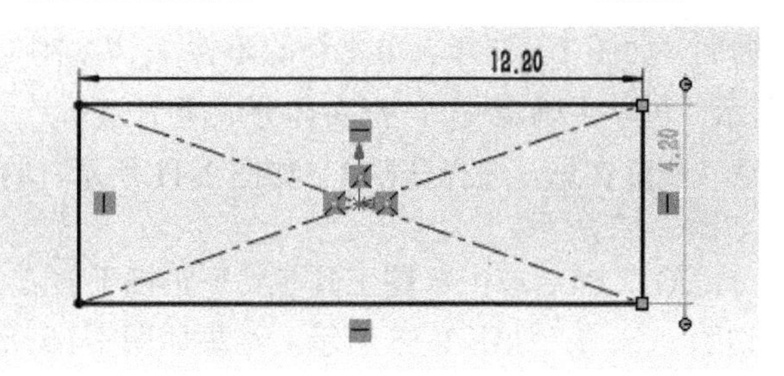

图 1-2　绘制草图 1

（3）单击**拉伸凸台/基体**，设置界面如图 1-3 所示。选择**给定深度**，选择 **40.00mm**，结果如图 1-4 所示。

图 1-3　设置界面

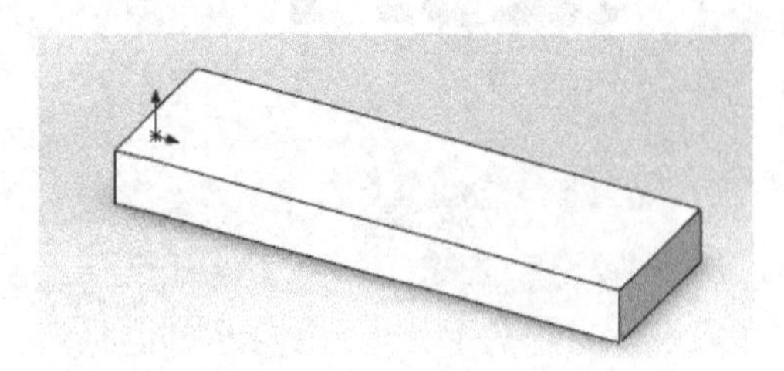

图 1-4　拉伸结果

（4）选择**右视基准面**，单击**草图工具**，绘制草图，如图 1-5 所示。然后选择**拉伸凸台/基体**，如图 1-6 所示。

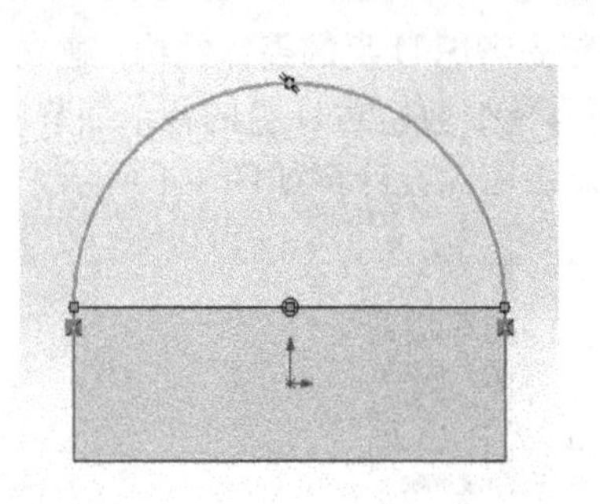

图 1-5　绘制草图

图 1-6　拉伸设置和结果

（5）选择**前视基准面**，单击**草图绘制**，选择**样条曲线**和**直线**，两条线同时选择，结果如图 1-7 所示。

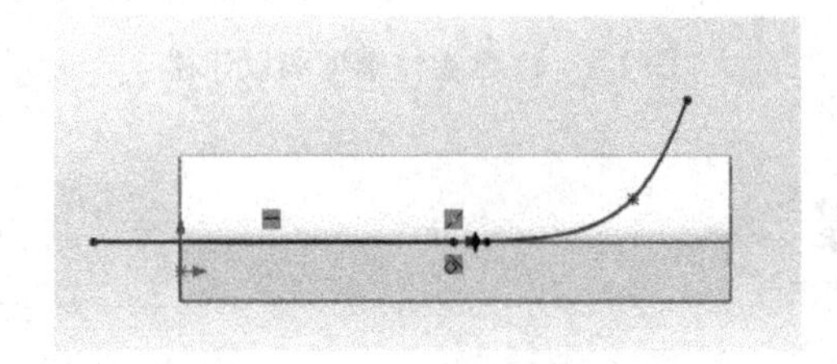

图 1-7　绘制草图

（6）选择**拉伸曲面**，如图 1-8 所示，选择**两侧对称**，然后单击**确定**。选择**插入→特征→分割**，单击**拉伸的曲面**，如图 1-9 所示。单击**切除零件**，然后选择**实体**上下**两个部分**，如图 1-10 所示。再单击**确定**，把实体分成两个部分。

（7）选择**插入→特征→删除实体**，选择**分割 1**，如图 1-11 所示，单击**确定**后隐藏**曲面-拉伸**，结果如图 1-12 所示。

（8）选择图 1-13 中的**面①**，然后单击**草图工具**→**正视于**。绘制一个如图 1-14 所示的草图。然后选择**拉伸切除**，如图 1-15 所示，结果如图 1-16 所示。

图 1-8　拉伸曲面设置

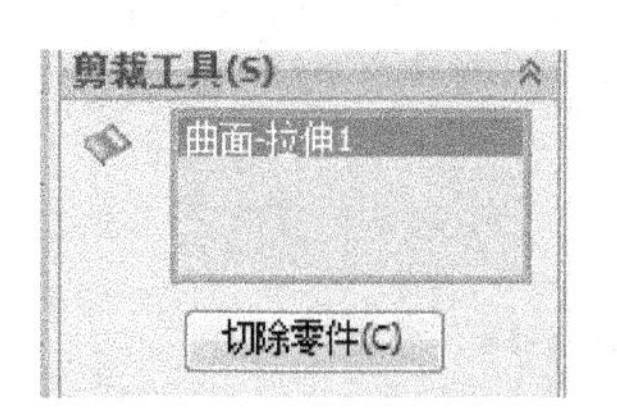

图 1-9　单击要拉伸的曲面

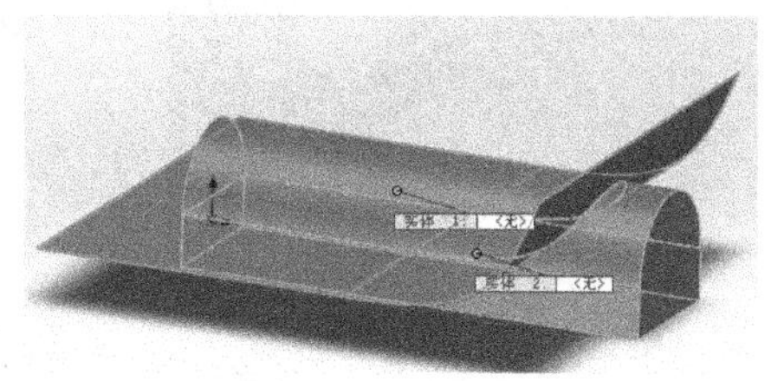
图 1-10　选择实体上下两个部分

图 1-11　选择要删除的实体

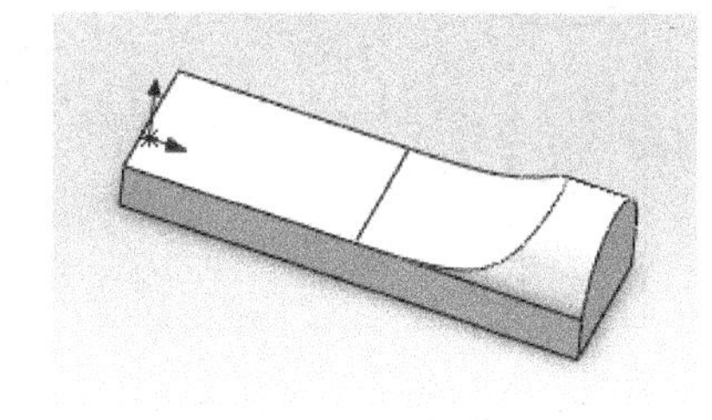
图 1-12　删除实体结果

图 1-13　选择面①

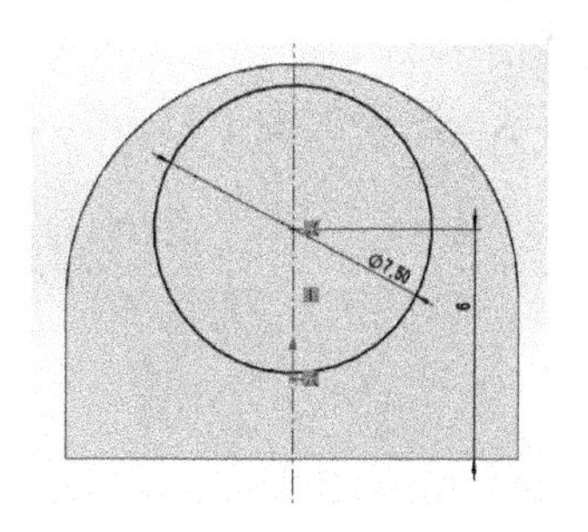
图 1-14　绘制草图

图 1-15　拉伸切除设置

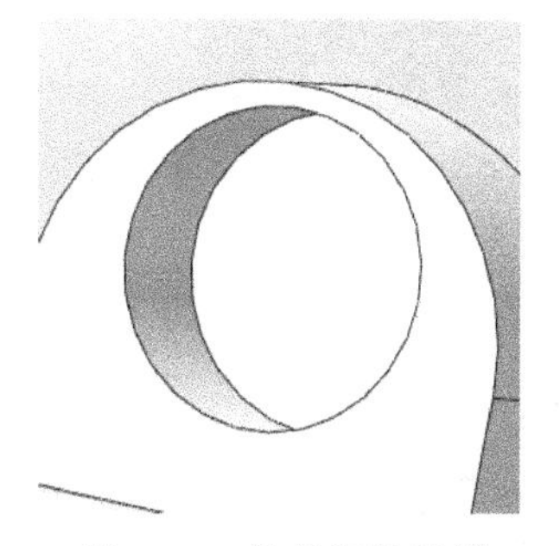
图 1-16　拉伸切除结果

（9）选择图 1-17 中的面①，单击**草图绘制**→**正视于**。然后单击**显示样式**，选择最后一个**线架图**，如图 1-18 所示。单击**圆**，画一个圆，如图 1-19 所示。退出草图之后选择**前视基准面** 前视基准面，单击**草图绘制**→正视于。选择**直线工具**，绘制图 1-20 中的直线。退出草图之后选择**扫描切除** 扫描切除，如图 1-21 所示，最终结果如图 1-22 所示。

图 1-17　选择面①

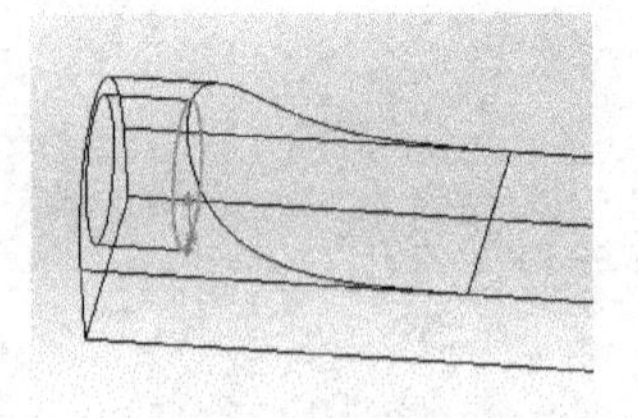

图 1-18　设置显示样式

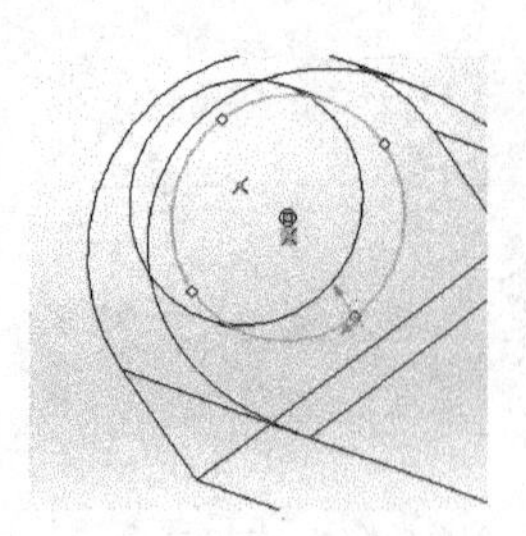

图 1-19　绘制一个圆

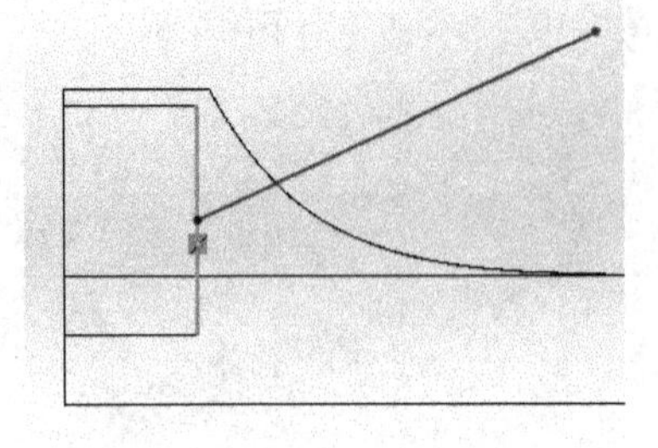

图 1-20　绘制一条直线

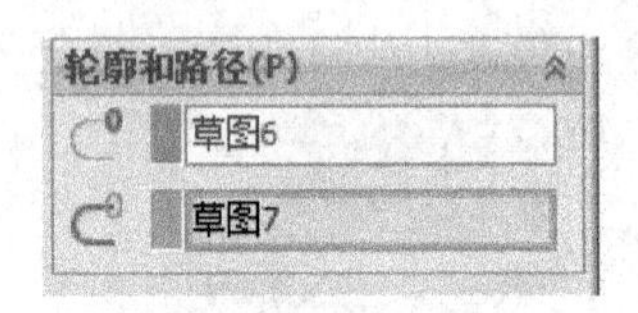

图 1-21　扫描切除设置

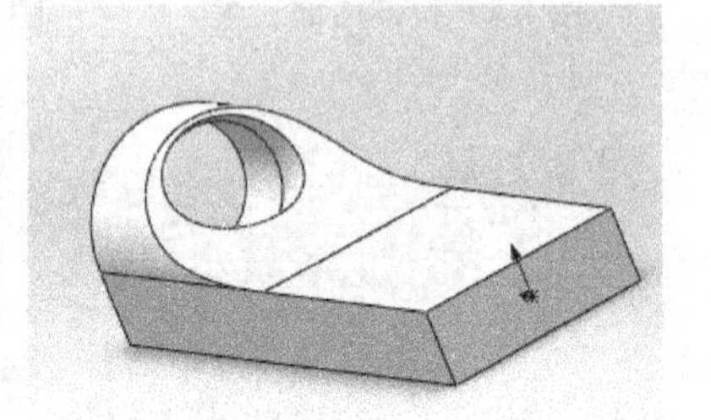

图 1-22　最终结果

（10）选择图 1-23 中的**面①**，单击**草图绘制** →**正视于** 。选择**等距实体** ，设置界面如图 1-24 所示，结果如图 1-25 所示。选择**拉伸切除** ，设置界面如图 1-26 所示，结果如图 1-27 所示。

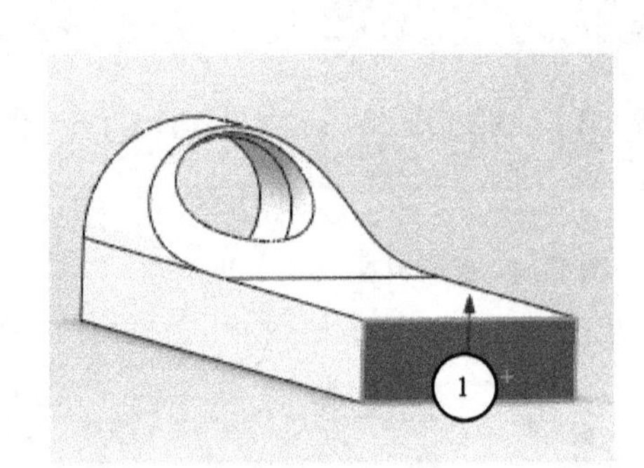

图 1-23　选择面①

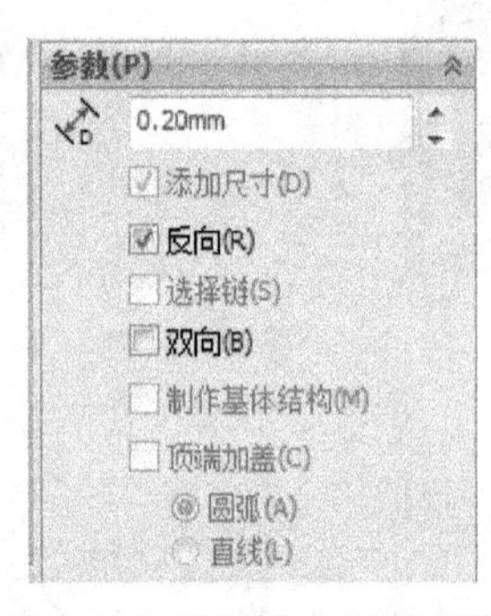

图 1-24　等距实体设置界面

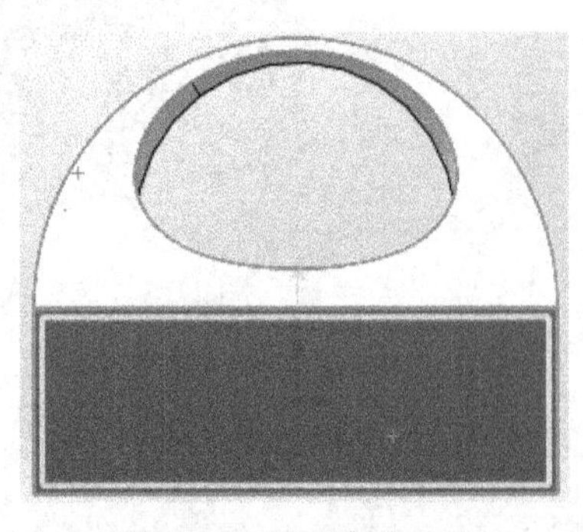

图 1-25　等距实体结果

图 1-26　拉伸切除设置界面

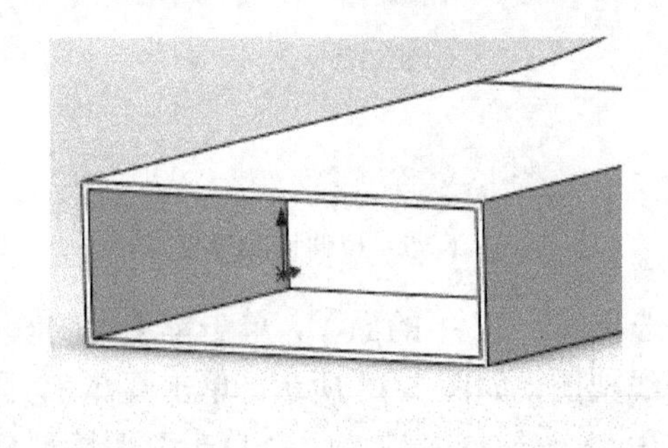

图 1-27　拉伸切除结果

（11）选择图 1-28 中的**面①**，单击**草图绘制** →**正视于** 。绘制如图 1-29 所示的草图。然后单击**拉伸凸台/基体** ，设置界面如图 1-30 所示，最终结果如图 1-31 所示。

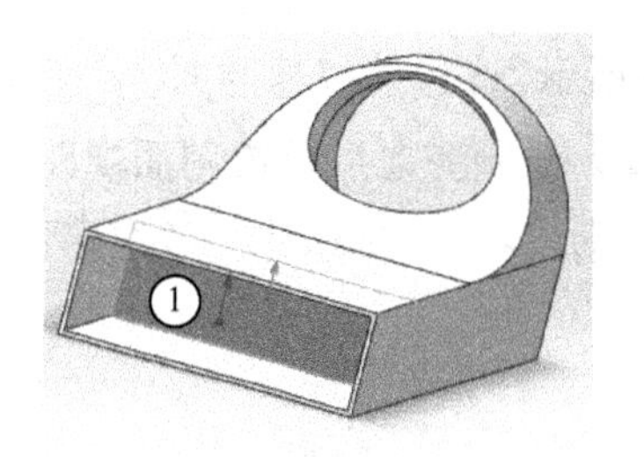

图 1-28 选择面①

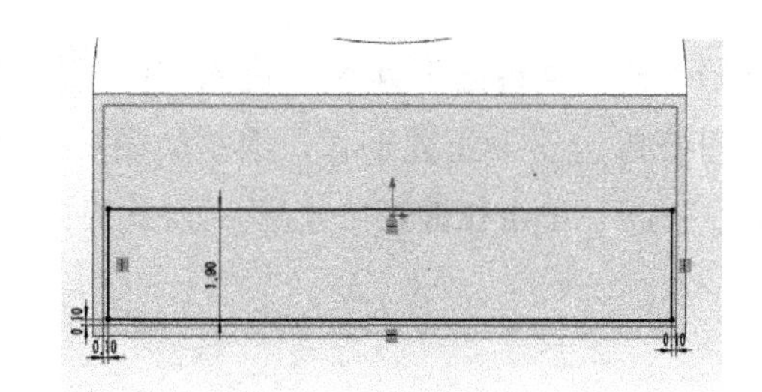

图 1-29 绘制草图

图 1-30 设置界面

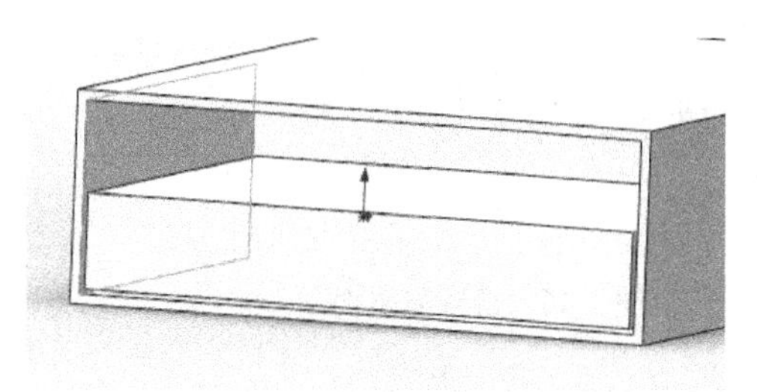

图 1-31 拉伸结果

（12）单击**参考几何体**，选择**基准面**，**第一参考**选择实体的一个面如图 1-32 所示。确定后单击**草图工具**→**正视于**。绘制如图 1-33 所示的草图。单击**拉伸切除**，设置界面如图 1-34 所示，最终结果如图 1-35 所示。

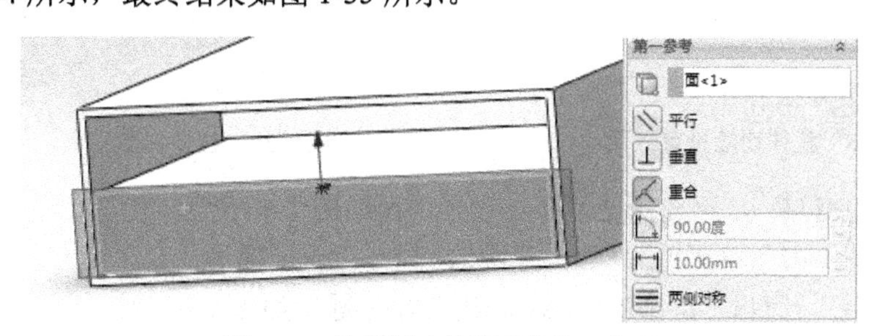

图 1-32 选择新建基准面的第一参考

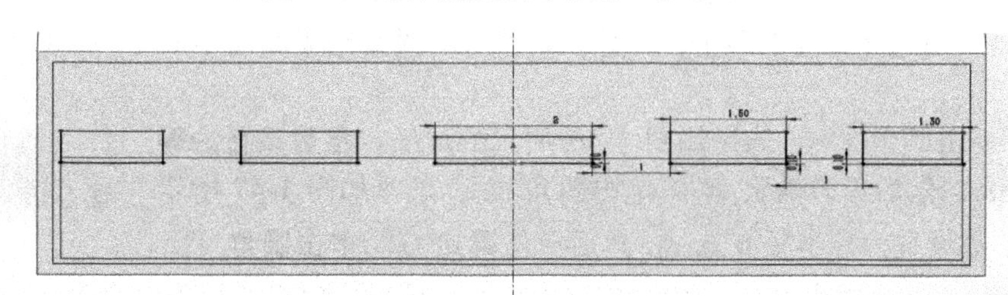

图 1-33 绘制草图

图 1-34 拉伸切除设置界面

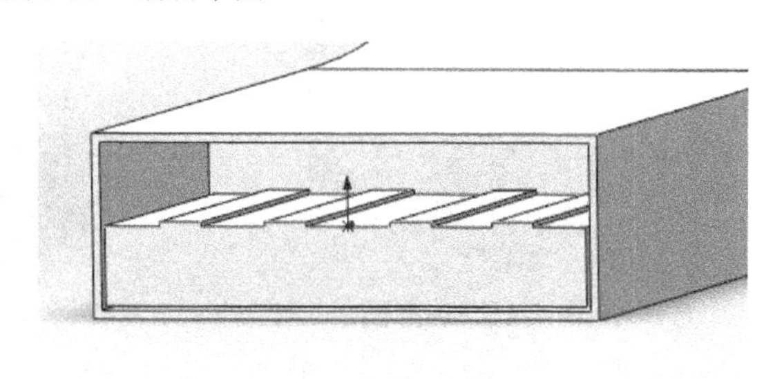

图 1-35 拉伸切除结果

（13）单击**剖面视图工具**，进入剖面视图，如图 1-36 所示。选择**前视基准面** 前视基准面，单击**草图绘制**→**正视于**，绘制如图 1-37 所示的草图。绘制完之后单击**剖面视图工具**退出剖面视图。单击**拉伸切除**，设置界面如图 1-38 所示，最终结果如图 1-39 所示。

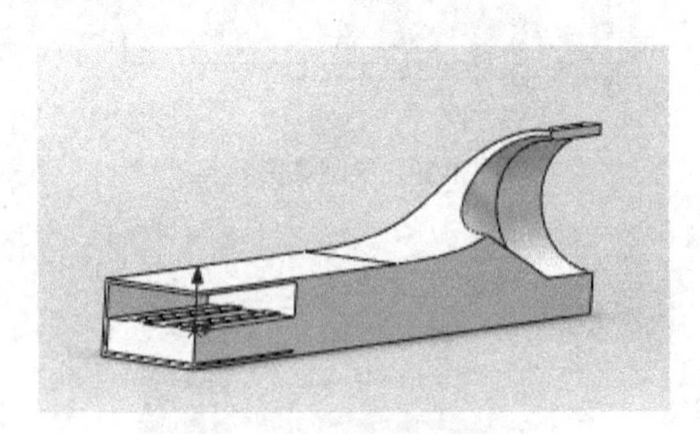
图 1-36　设置剖面视图

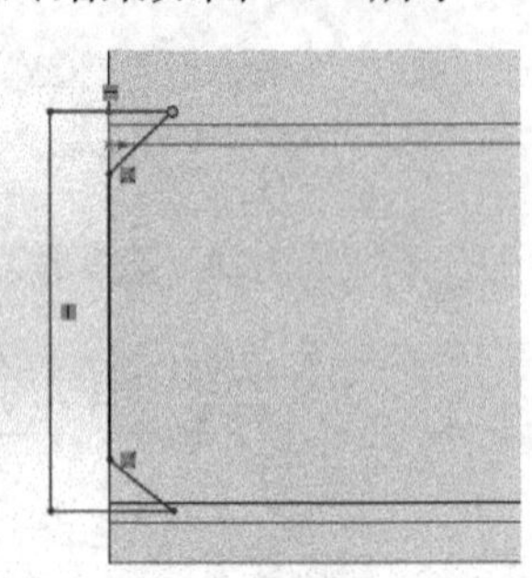
图 1-37　绘制草图

图 1-38　拉伸切除设置界面

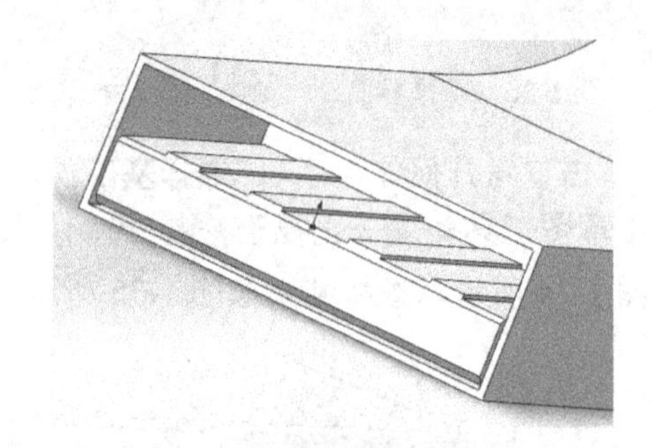
图 1-39　拉伸切除结果

（14）单击**抽壳**，**不选择任何面**，设置界面如图 1-40 所示。

图 1-40　抽壳设置界面

（15）选择图 1-41 中的面①，单击**草图绘制**→**正视于**。单击**文字工具**，写出“**SAMSUNG**”，并摆好位置，如图 1-42 所示。单击**包覆** 包覆，设置界面如图 1-43 所示，选择想要在上面写字的面。草图选择之前的那个，如图 1-44 所示，最终结果如图 1-45 所示。

（16）单击**圆角**，选择如图 1-46 所示的边线，参数设置为**等半径 0.1mm**，然后单击**确定**。单击**圆角**，选择如图 1-47 所示的边线，参数设置为**等半径 0.3mm**，然后单击**确定**。单击**圆角**，选择如图 1-48 所示的边线，参数设置为**等半径 0.2mm**，然后单击**确定**。

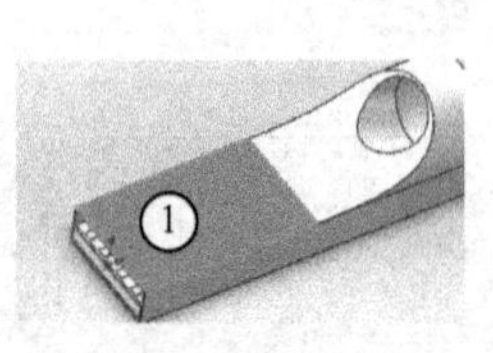

图 1-41　选择面①

图 1-42　写出文字

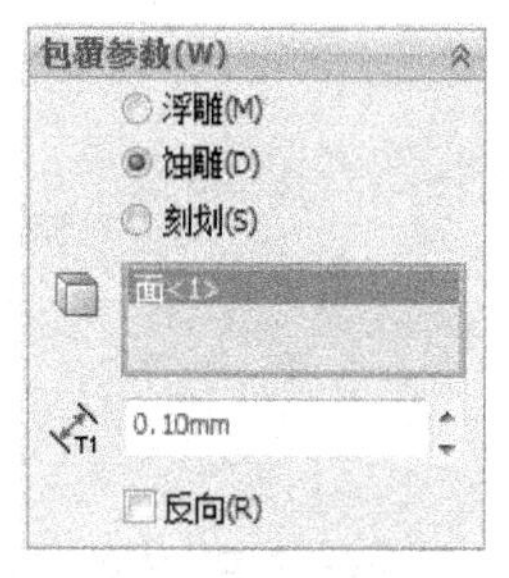

图 1-43　包覆设置界面

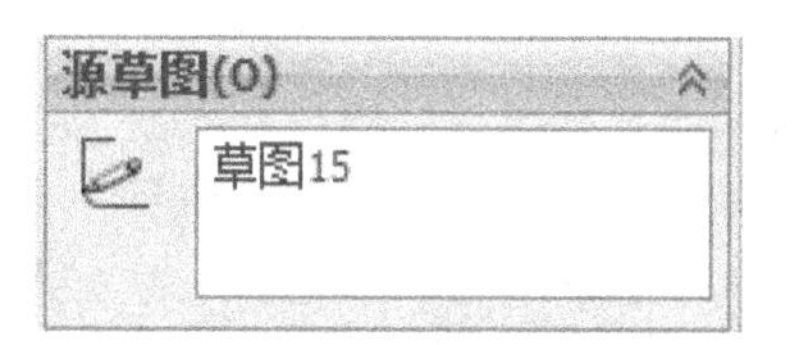

图 1-44　选择包覆的草图

图 1-45　包覆结果

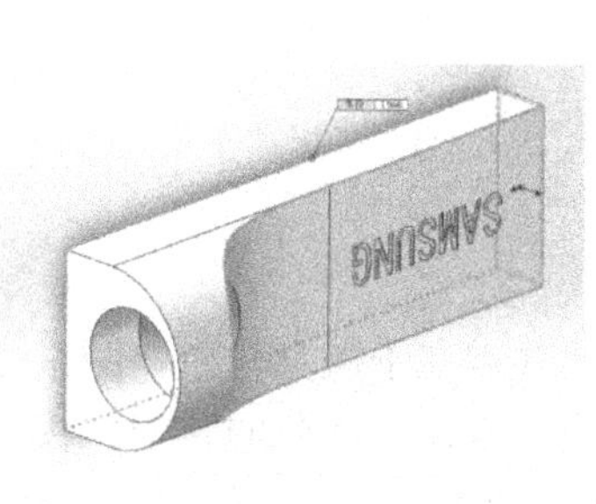

图 1-46　圆角边线的选择①

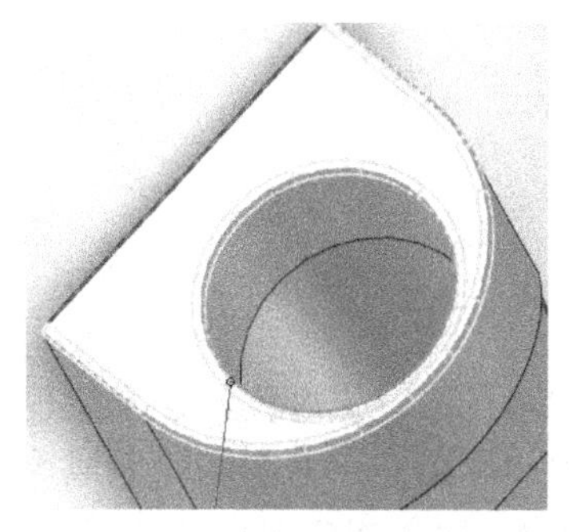

图 1-47　圆角边线的选择②

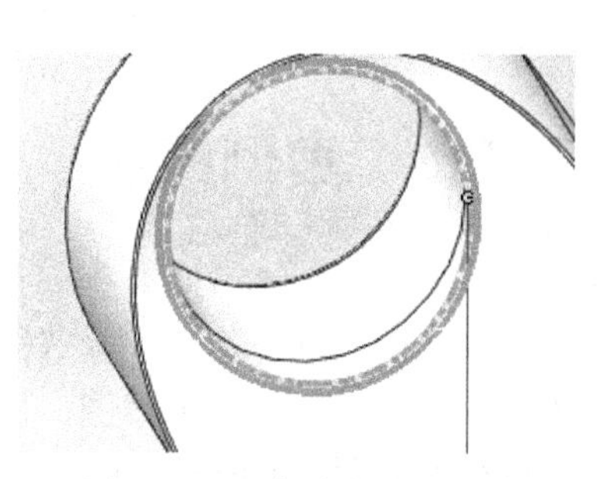

图 1-48　圆角边线的选择③

（17）至此，完成了**三星 U 盘**的全部建模工作，最终模型如图 1-49 所示。

单击**保存**，在**另存为**对话框中将其文件名改为**三星 U 盘**，保存类型为**零件**（***.prt; *.sldprt**），单击**保存**完成存盘。

（18）使用 photoview360 插件（或者 Keyshot 软件），对零件（装配体）赋予材质并进行渲染，最终效果如图 1-50 所示。

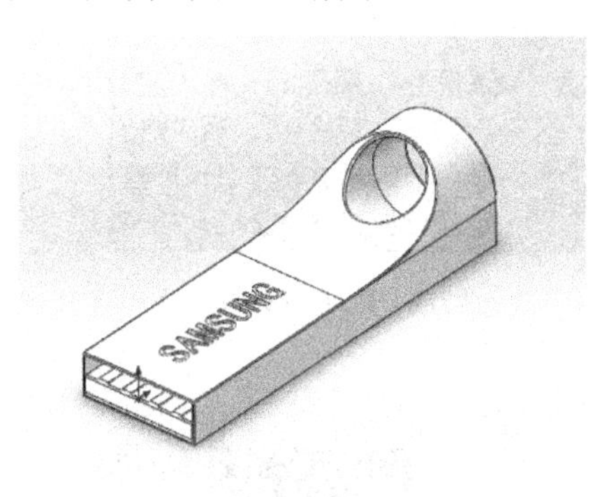

图 1-49　最终模型

图 1-50　最终渲染效果

1.3　思考

（1）分割和实体-删除能否用使用曲面切除代替，如何操作？

（2）思考抽壳选项的含义。

（3）文字除了用包覆特征外能否用拉伸切除实现？

案例 2

水瓶建模

2.1 案例概述

本案例详细介绍了一款蒸馏水水瓶的建模过程，该水瓶建模的难点在于瓶身与瓶盖凹进去的曲面，主要用到 3D 草图，使用曲面填充、曲面切除完成该曲面的建模。水瓶的装配体模型及渲染图如图 2-1 所示。它是由瓶身、瓶盖和内盖这三个零件装配而成的，配合方法比较简单，主要用到同轴心和重合，配合的设计树如图 2-2 所示。

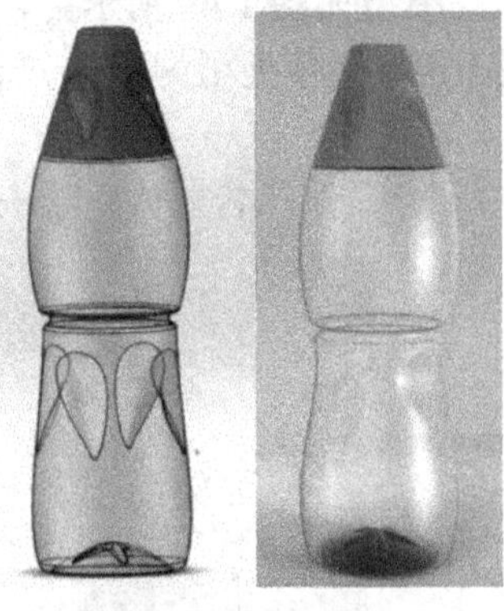

图 2-1　装配体

图 2-2　配合设计树

2.2 操作步骤

2.2.1　水瓶瓶身的建模

水瓶瓶身的建模思路是先通过**旋转**，建模瓶子大体的外观，再使用**旋转切除**和**扫描切除**，将瓶底的纹路切出来，最后使用**曲面切除**表现瓶身的曲面。瓶身模型及相应的设计树如图 2-3、图 2-4 所示。

图 2-3　瓶身模型

（1）启动 SolidWorks，单击**文件→新建**，选择**零件**图标，然后单击**确定**。

（2）选择**前视基准面** 前视基准面 ，然后单击**草图绘制**，绘制的草图 1 如图 2-5 所示。草图细节如图 2-6、图 2-7 所示。

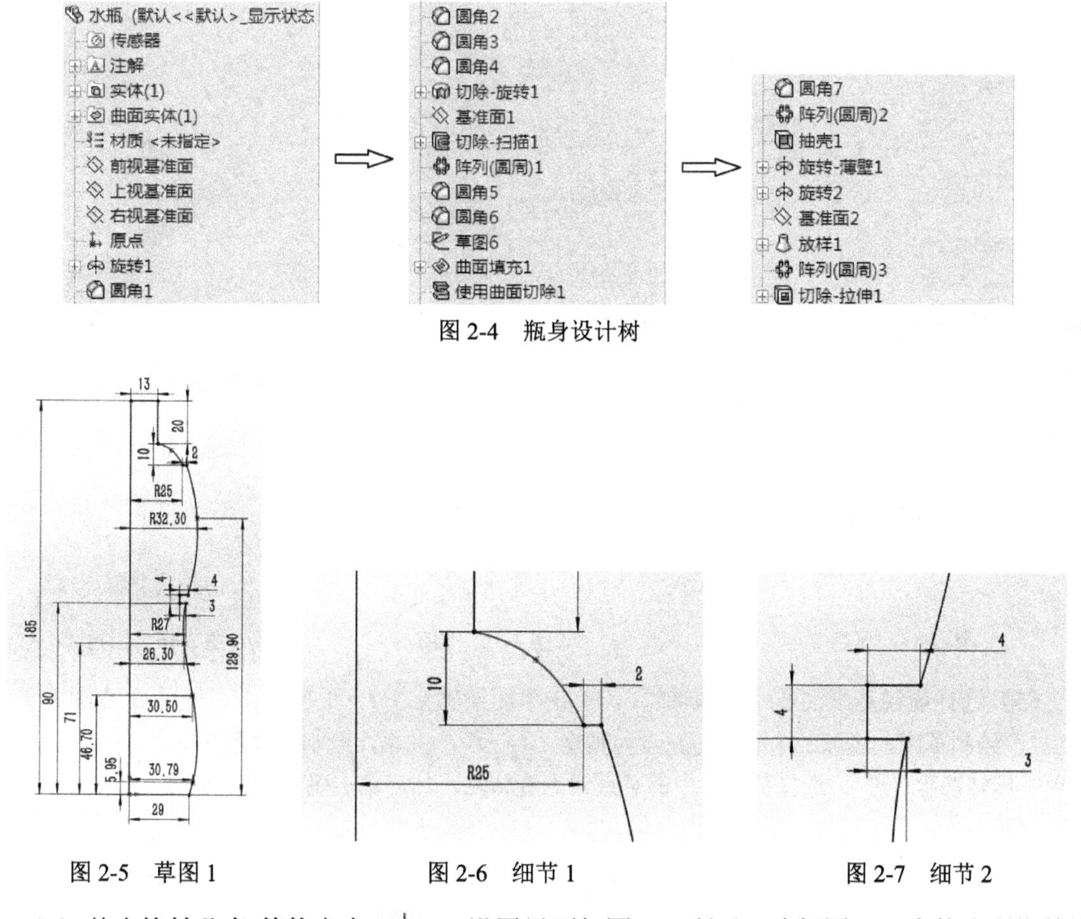

图 2-4　瓶身设计树

图 2-5　草图 1　　图 2-6　细节 1　　图 2-7　细节 2

（3）单击**旋转凸台/基体**命令，设置界面如图 2-8 所示，选择图 2-9 中箭头所指的边线为旋转轴，调整方向**角度**为 **360°**，单击**确定**，结果如图 2-10 所示。

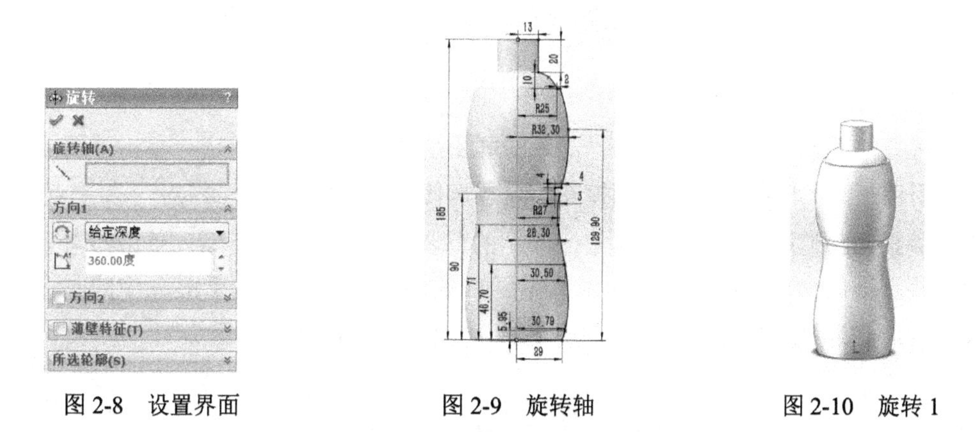

图 2-8　设置界面　　图 2-9　旋转轴　　图 2-10　旋转 1

（4）单击**圆角命令**，选择**完整圆角**，设置界面如图 2-11 所示，选择图 2-12 中的面①、面②和图 2-13 中的面③，单击确认按钮。再次单击**圆角命令**，选择**等半径**选项，然后选择图 2-14 中箭头所指的边线，参数设置为**等半径 5.00mm**，然后单击**确定**。单击**圆角**，选择图 2-15 中箭头所指的边线，参数设置为**等半径 2.00mm**，然后单击**确定**。单击**圆角**，然后选择图 2-16 中箭头所指的边线，参数设置为**等半径 2.00mm**，然后单击**确定**。

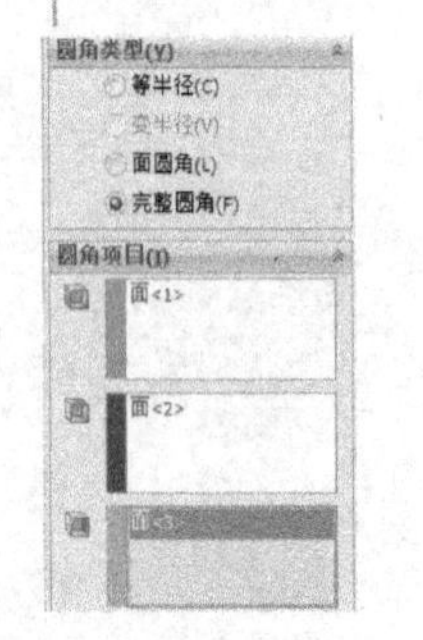

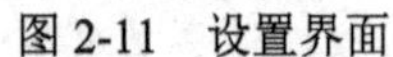

图 2-11　设置界面

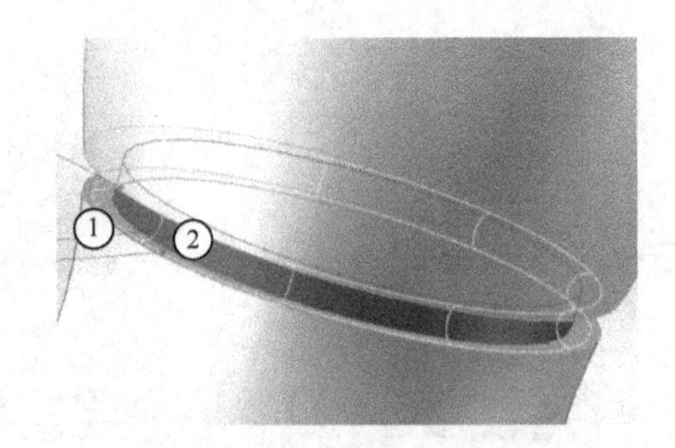

图 2-12　面①、面②

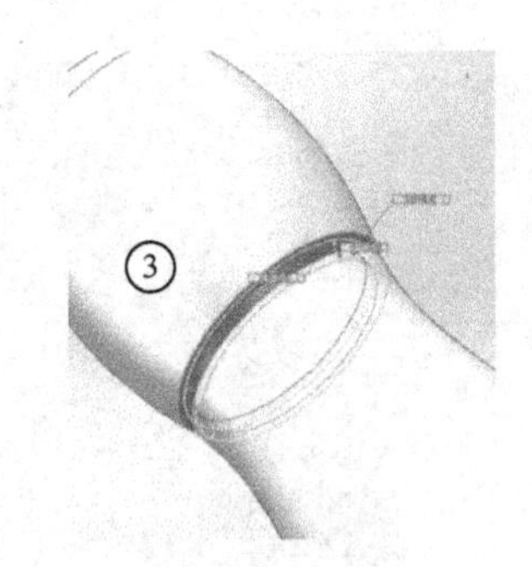

图 2-13　面③

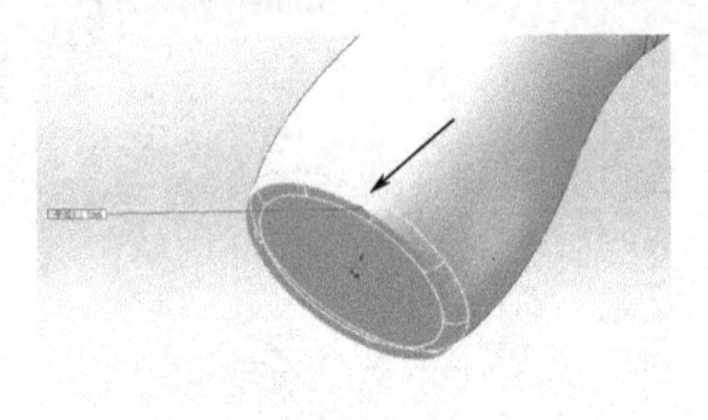

图 2-14　圆角 2

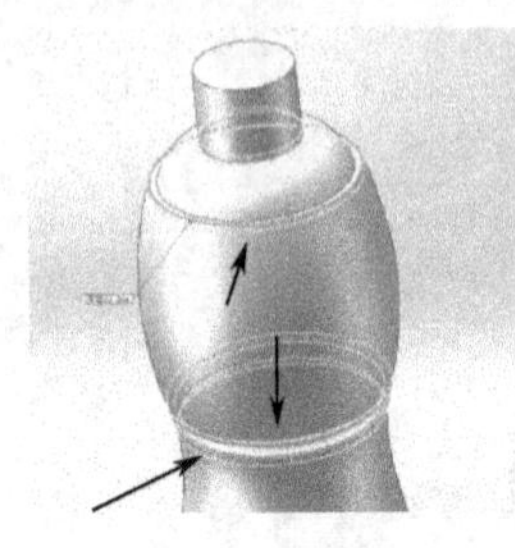

图 2-15　圆角 3

图 2-16　圆角 4

（5）选择**前视基准面** 前视基准面 ，单击**草图绘制**→**正视于**。使用 **3 点圆弧**和**直线**绘制草图，圆弧的中心点与原点为**竖直** 竖直(V) 关系，绘制的草图 2 如图 2-17 所示。然后单击**旋转切除**，选择草图 2 中的竖直线为**旋转轴**，然后单击**确定**，结果如图 2-18 所示。

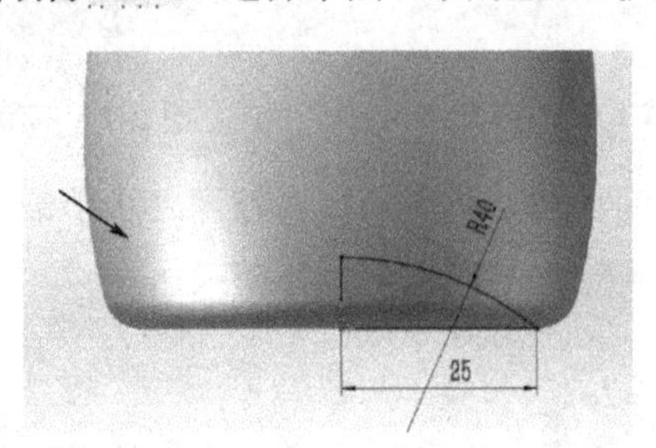

图 2-17　草图 2

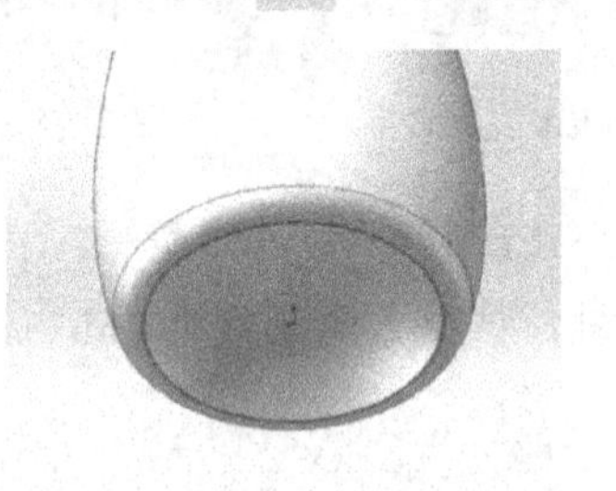

图 2-18　切除-选择 1

（6）选择**前视基准面** 前视基准面 ，单击**草图绘制**→**正视于**，单击草图 2，再单击**转换实体引用** 转换实体引用，保留竖直线，删掉其他线条，使用**中心线** 中心线(N) 和 **3 点圆弧**，**添加几何关系**为圆弧的圆心与原点竖直，绘制的草图 3 如图 2-19 所示。单击**参考几何体**命令，选择**基准面**命令 基准面 ，设置界面如图 2-20 所示，选择草图 3 中的圆弧为**第一参考**，圆弧右端点为**第二参考**，然后单击**确定**。创建的基准面 1 如图 2-21 所示。

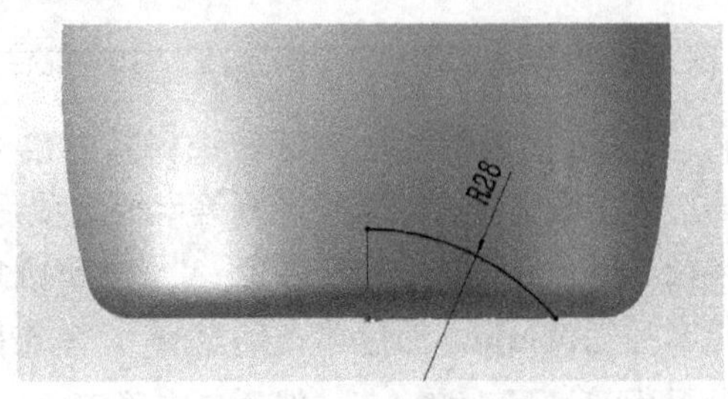

图 2-19　草图 3

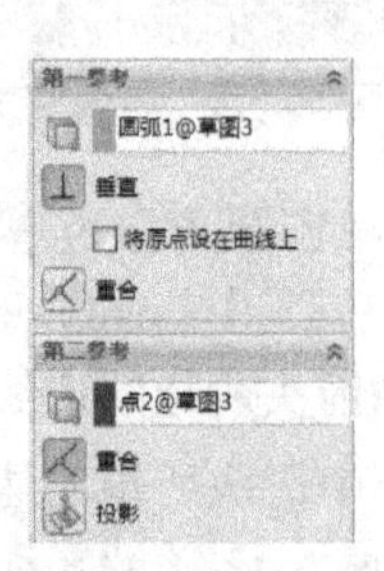

图 2-20　设置界面

图 2-21 基准面 1

（7）单击**草图绘制**命令，单击**圆**，以草图 3 的右端点为圆心，绘制直径为 **4.00mm** 的圆，绘制的草图 4 如图 2-22 所示。单击**扫描切除**，设置界面图 2-23，选择草图 4 所绘的圆作为**扫描轮廓**，草图 3 的圆弧作为**扫描路径**，预览图如图 2-24 所示，然后单击**确定**，结果如图 2-25 所示。

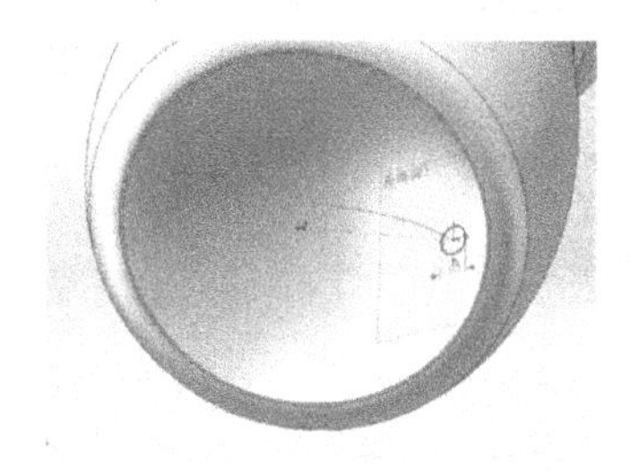

图 2-22 草图 4

图 2-23 设置界面

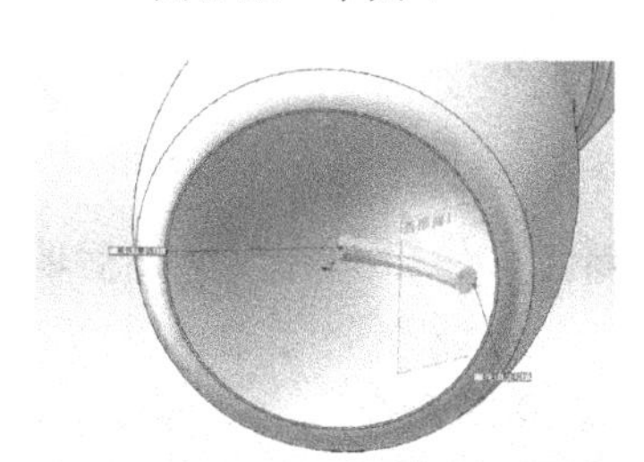

图 2-24 预览图

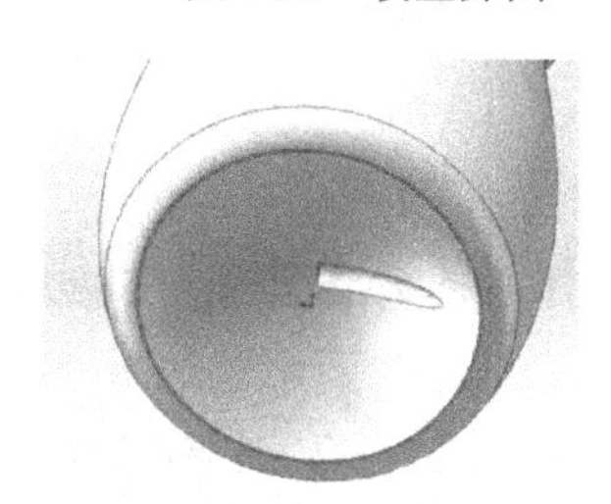

图 2-25 切除-扫描 1

（8）选择**圆周阵列** 圆周阵列 ，然后单击**视图→临时轴**，将临时轴打开，选择临时轴为**阵列轴**，选择**要阵列的特征**为**切除-扫描 1**，**阵列数**为 **5**，设置界面如图 2-26 所示，结果如图 2-27 所示。

图 2-26 设置界面

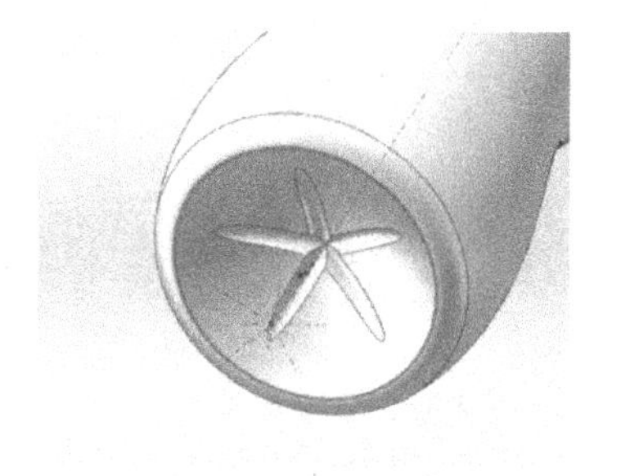

图 2-27 阵列（圆周）1

（9）单击**圆角**，选择**等半径**选项，然后选择图 2-28 中箭头所指的边线，参数设置为**等半径 2.00mm**，然后单击**确定**。再次单击**圆角**，然后选择图 2-29 中箭头所指的边线，参数设置为**等半径 4.00mm**，然后单击**确定**，结果如图 2-30 所示。

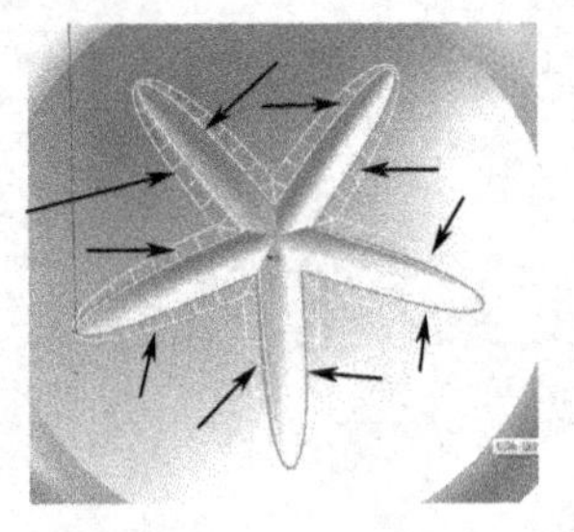

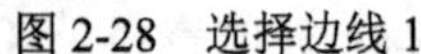

图 2-28 选择边线 1

图 2-29 选择边线 2

图 2-30 圆角

（10）选择**前视基准面** 前视基准面，单击**草图绘制**→**正视于**，绘制草图 5，如图 2-31 所示，然后单击**工具**→**草图工具**→**分割实体** 分割实体，单击点 1，点 2 将样条曲线分为两段。单击**曲线**菜单栏下的**投影曲线**命令 投影曲线，显示界面如图 2-32 所示，最后单击**确定**。

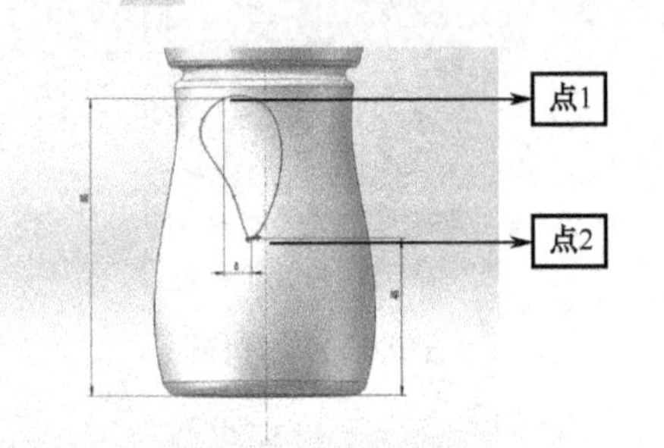

图 2-31 草图 5

图 2-32 设置界面

（11）选择**右视基准面** 右视基准面，单击**草图绘制**→**正视于**。然后单击**点**，绘制的草图 6 如图 2-33 所示。选择 **3D 草图** 3D 草图，单击**点**，绘制的两个点位置为步骤（10）中的点 1，点 2，创建 3D 草图 1。再次单击 **3D 草图命令** 3D 草图，使用**样条曲线命令**，连接草图 6 和 3D 草图 1 上的两个点，创建的 3D 草图 2，如图 2-34 所示。然后单击**曲面填充命令**，设置界面如图 2-35 所示，选择曲线 1 和 3D 草图 2 为修补边界，预览图如图 2-36 所示。

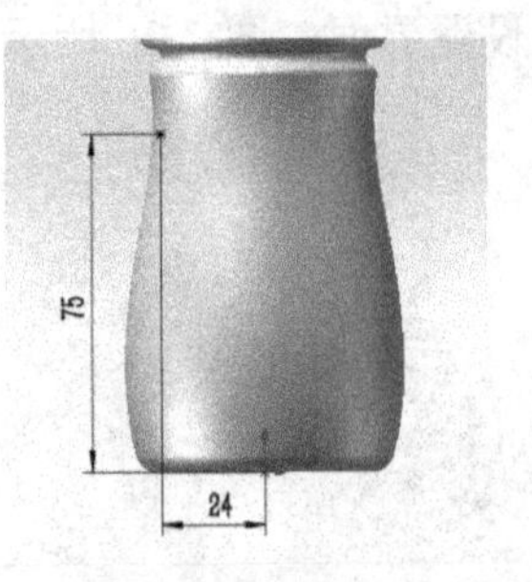

图 2-33 草图 6

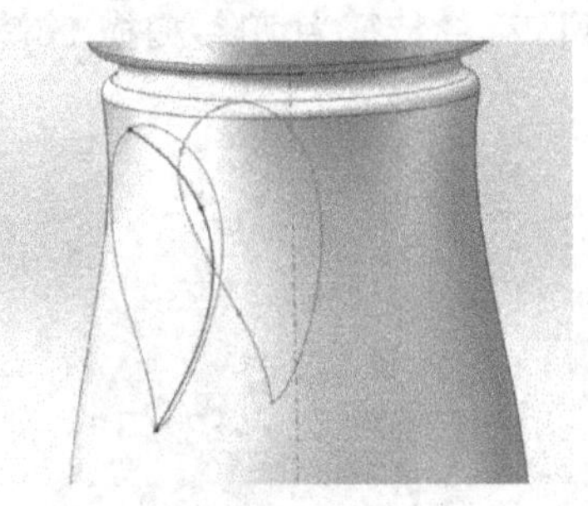

图 2-34 3D 草图 2

（12）单击**使用曲面切除命令** 使用曲面切除，选择**曲面填充 1**，设置界面如图 2-37 所示，结果如图 2-38 所示。

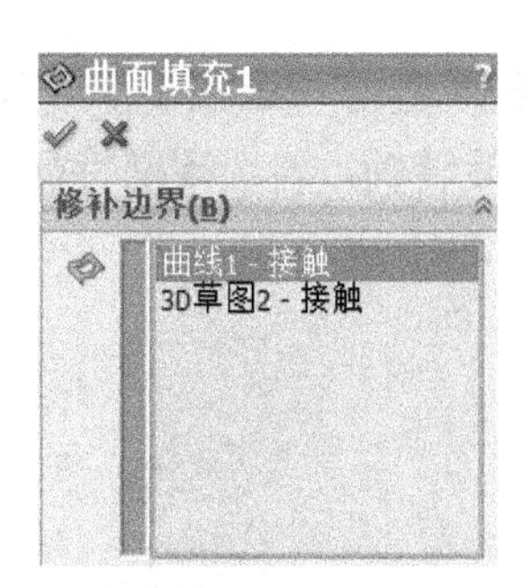

图 2-35　设置界面

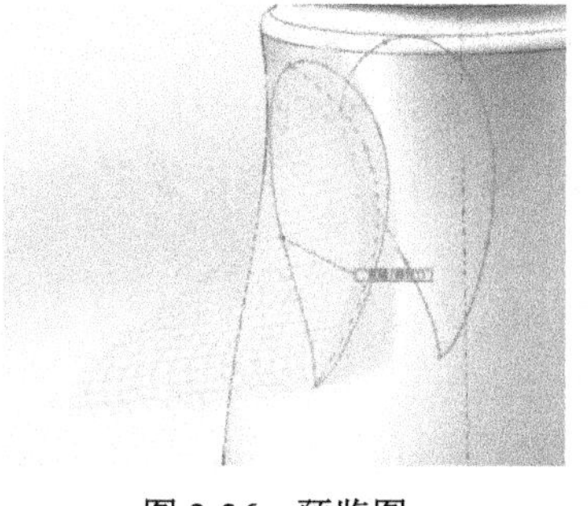

图 2-36　预览图

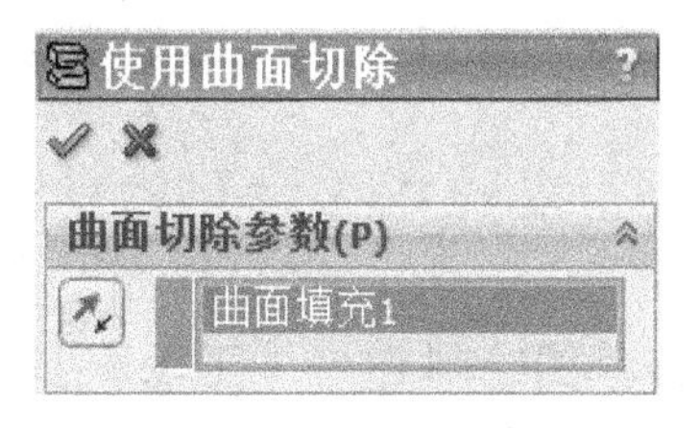

图 2-37　设置界面

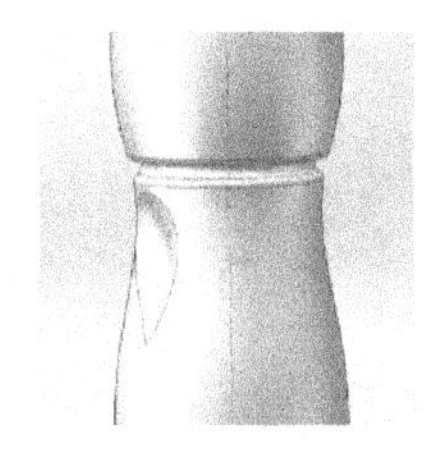

图 2-38　使用曲面切除 1

（13）单击设计树中的**填充曲面 1** 曲面填充1，单击**隐藏**，将曲面隐藏。

（14）单击**圆角**，选择图 2-39 中箭头所指的边线，参数设置为**等半径 5.00mm**，然后单击**确定**。

（15）单击**圆周阵列**，选择曲面切除 1 和圆角 7 为阵列特征，临时轴为阵列轴，设置参数为 **360°**，**案例数**为 **4**，勾选**等间距**，然后单击**确定**。设置界面如图 2-40 所示，结果如图 2-41 所示。

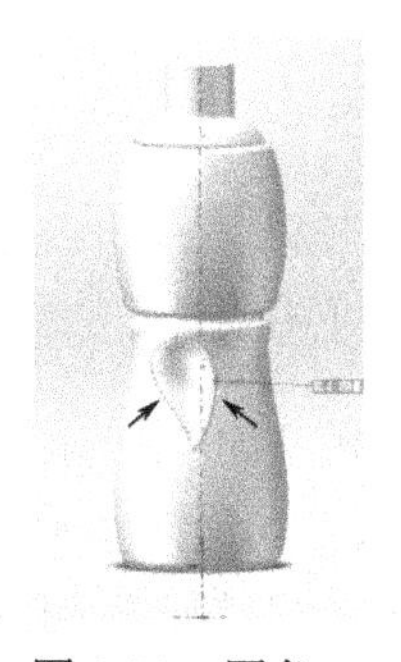

图 2-39　圆角 7

图 2-40　设置界面

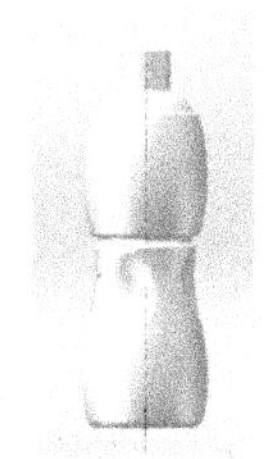

图 2-41　阵列（圆周）2

（16）单击**抽壳**，设置界面如图 2-42 所示，选择图 2-43 中的面①，设置**抽壳厚度**为 **0.50mm**，然后单击**确定**，结果如图 2-44 所示。

图 2-42　设置界面

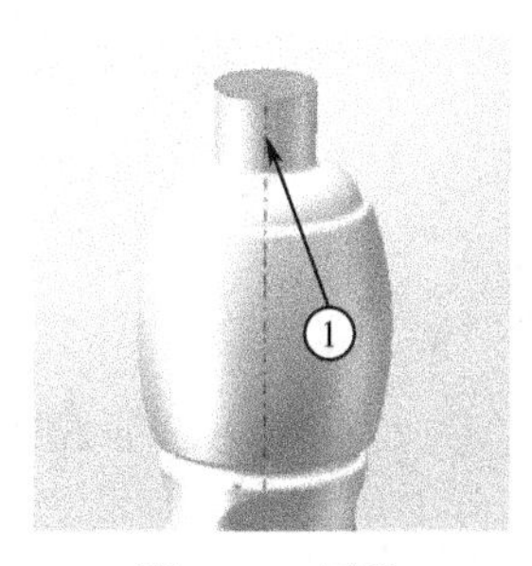

图 2-43　面①

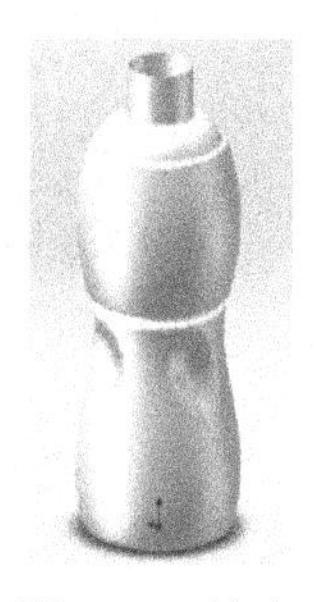

图 2-44　抽壳 1

（17）选择**前视基准面**，单击**草图绘制**→**正视于**，绘制的草图如图 2-45 所示，然后单击**旋转凸台/基体**，选择**临时轴**为**旋转轴**，勾选**薄壁特征**，设置**方向**为**单向**，**厚度**为**1.00mm**，然后单击**确定**。设置界面如图 2-46 所示。

图 2-45　草图 7

图 2-46　设置界面

（18）选择**前视基准面**，单击**草图绘制**→**正视于**，绘制的草图 8 如图 2-47 所示，然后单击**旋转凸台/基体命令**，选择**临时轴**为**旋转轴**，选择**给定深度**，**角度**为**360°**，然后单击**确定**。设置界面如图 2-48 所示，最终结果如图 2-49 所示。

图 2-47　草图 8

图 2-48　设置界面

图 2-49　旋转 2

（19）单击**参考几何体**，选择**基准面**，**第一参考**选择图 2-50 中的面①，参数设置如图 2-51 所示，确定后单击**草图工具**→**正视于**，绘制的草图 9 如图 2-52 所示。单击**插入**→**曲线**→**螺旋线/涡状线**，选择草图 9，设置界面如图 2-53 所示，最终结果如图 2-54 所示。

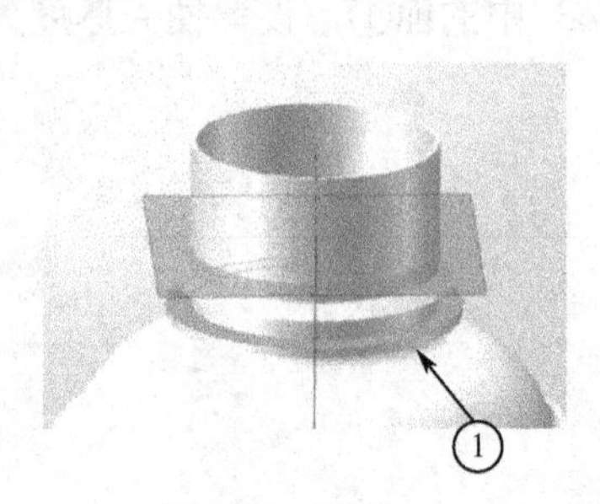

图 2-50　面①

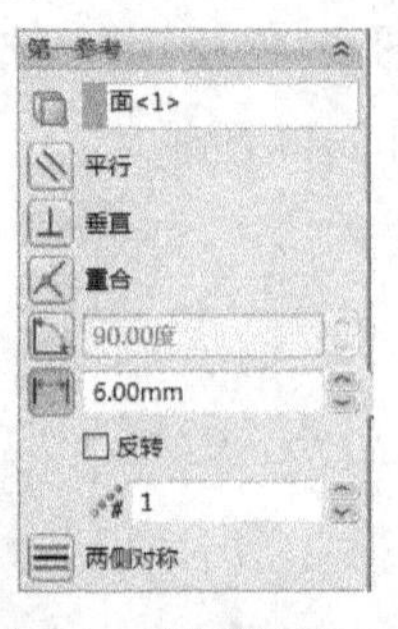

图 2-51　设置界面 1

图 2-52　草图 9

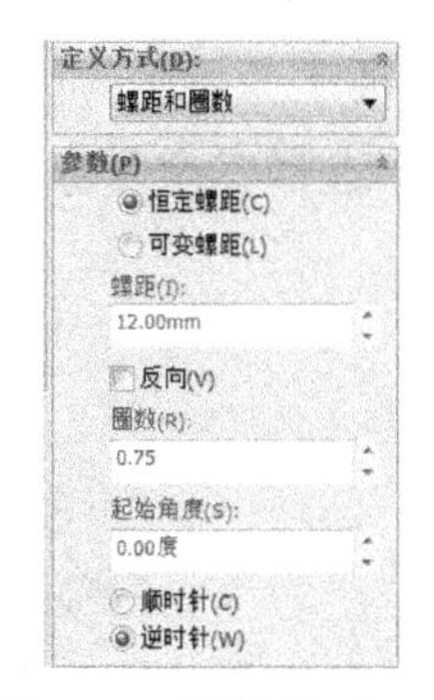

图 2-53　设置界面 2

图 2-54　螺旋线/涡状线 1

（20）单击 **3D 草图绘制命令** 3D 草图 ，绘制两个分别位于螺旋线两端的点，绘制的 3D 草图 2 如图 2-55 所示，退出草图。选择**前视基准面** 前视基准面 ，单击**草图绘制**→**正视于**。使用**直线**和**绘制圆角**，绘制的草图 10 如图 2-56 所示，退出草图。然后单击**放样凸台/基体**，选择图 2-55 和图 2-56 的草图为轮廓，打开**中心参数**，选择**中心线**为步骤（19）所绘的**螺旋线**，设置界面如图 2-57 所示，最终结果如图 2-58 所示。

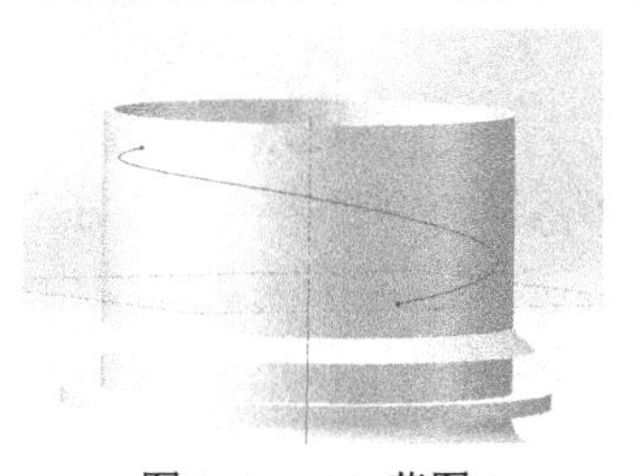

图 2-55　3D 草图 2

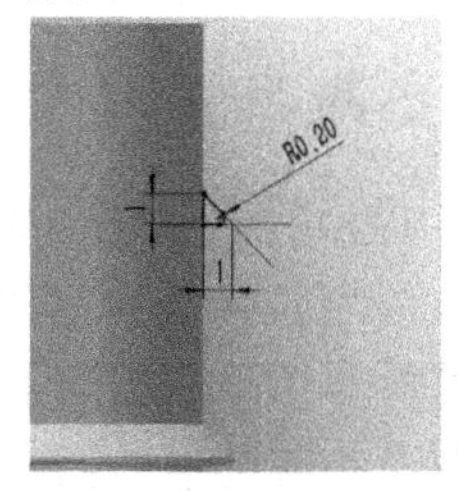

图 2-56　草图 10

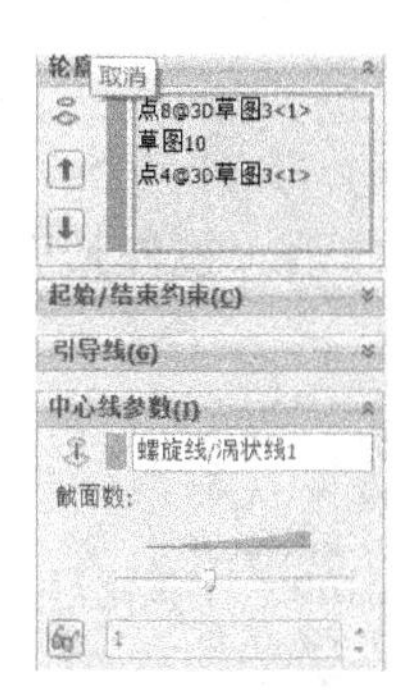

图 2-57　设置界面

图 2-58　放样 1

（21）单击**圆周阵列**，选择**步骤（20）放样的实体**为**阵列特征**，**阵列轴**为**临时轴**，**案例数**为 **3**，然后单击**确定**。设置界面如图 2-59 所示，结果如图 2-60 所示。

图 2-59　设置界面

图 2-60　阵列（圆周）3

（22）选择步骤（19）创建的基准面，单击**草图绘制** →**正视于** ，画一个直径为 **25.00mm** 的圆，绘制的草图 11 如图 2-61 所示。然后单击**拉伸切除** ，选择**完全贯穿**，**调整切除方向**，设置界面如图 2-62 所示，结果如图 2-63 所示。

图 2-61 草图 11

图 2-62 设置界面

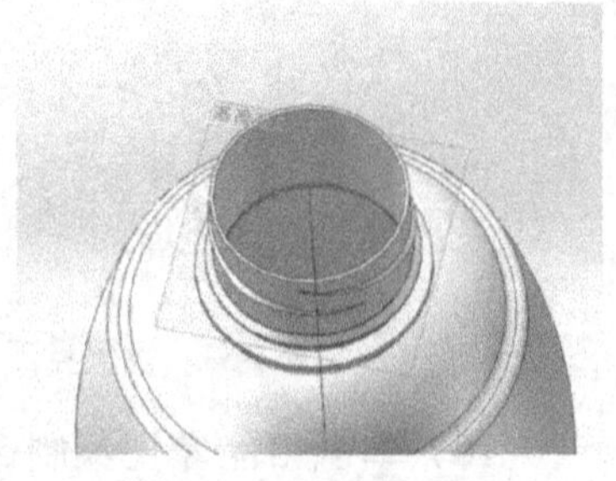

图 2-63 切除-拉伸 1

（23）至此，完成了**水瓶瓶身**的全部建模工作，最终模型如图 2-64 所示。单击**保存**，在**另存为**对话框中将其文件名改为**水瓶身**，保存类型为**零件**（***.prt**；***.sldprt**），单击**保存**完成存盘。

图 2-64 瓶身

2.2.2 水瓶瓶盖（内盖）的建模

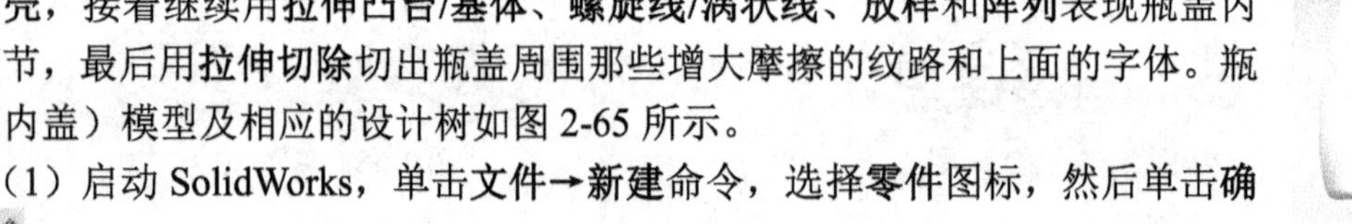

水瓶瓶盖（内盖）的主要建模思路是先用**拉伸凸台/基体**命令拉出一个圆柱，再**抽壳**，接着继续用**拉伸凸台/基体**、**螺旋线/涡状线**、**放样**和**阵列**表现瓶盖内部细节，最后用**拉伸切除**切出瓶盖周围那些增大摩擦的纹路和上面的字体。瓶盖（内盖）模型及相应的设计树如图 2-65 所示。

（1）启动 SolidWorks，单击**文件→新建**命令，选择**零件**图标，然后单击**确定** 。

（2）选择**上视基准面** 右视基准面 ，然后单击**草图绘制** ，绘制一个直径 **29.00mm** 的圆，绘制的草图 1 如图 2-66 所示。单击**拉伸凸台/基体** ，**拉伸长度为 14.00mm**，结果如图 2-67 所示。

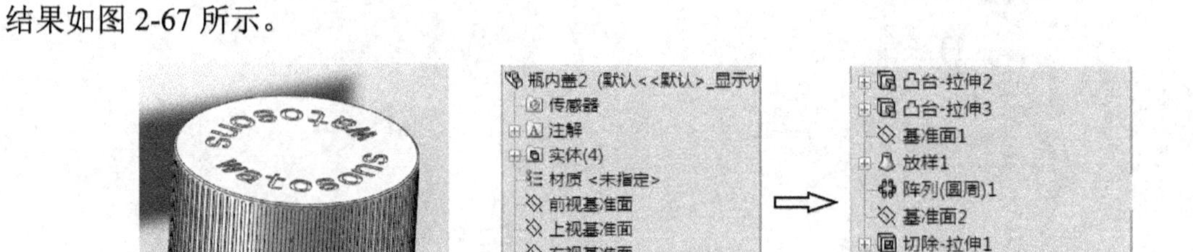

图 2-65 瓶盖（内盖）模型及设计树

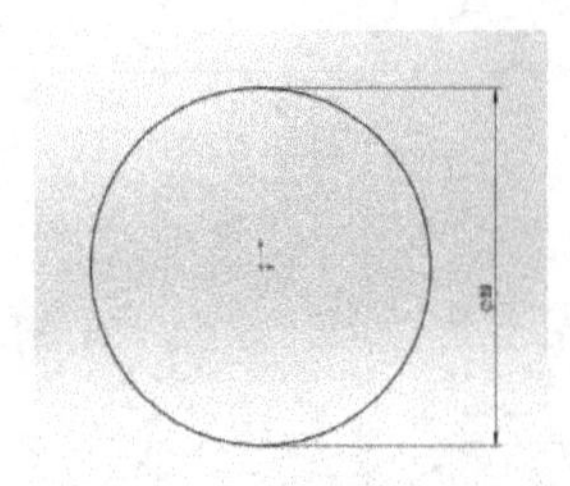

图 2-66 草图 1

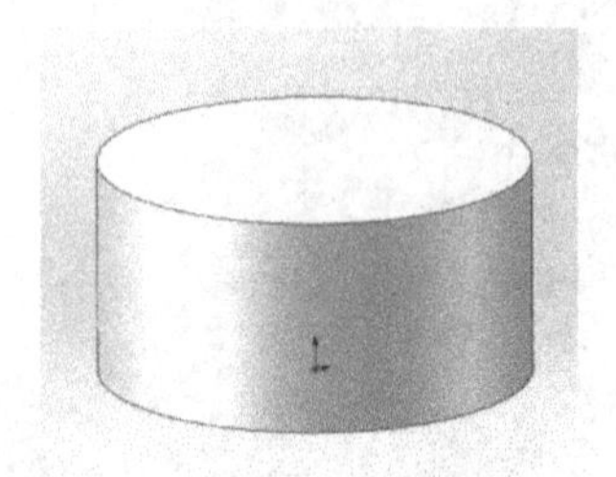

图 2-67 凸台-拉伸 1

（3）单击**抽壳**命令，选择图 2-68 中的面①，抽壳**厚度**为 **0.50mm**，设置界面如图 2-69 所示，结果如图 2-70 所示。

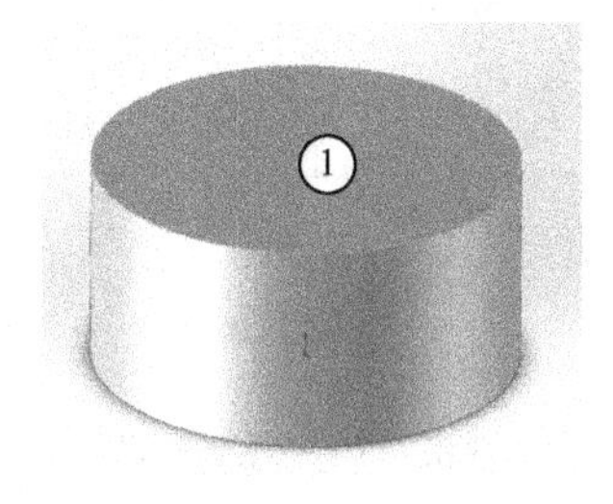

图 2-68 面①

图 2-69 设置界面

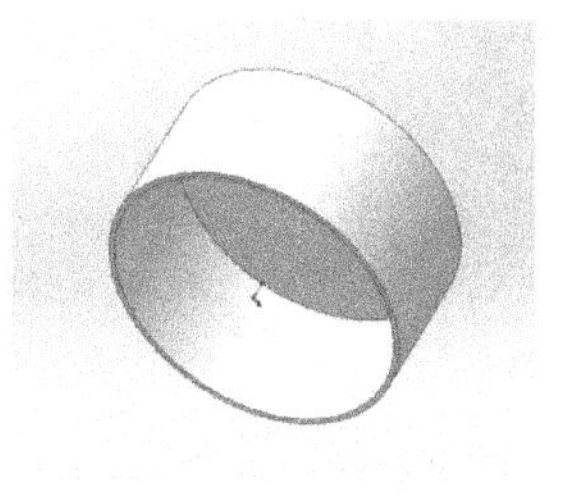

图 2-70 抽壳 1

（4）选择图 **2-71** 中的面①，然后单击**草图绘制**→**正视于**，分别绘制直径为 **25.00mm**、**24.00mm** 的两个圆，创建的草图 2 如图 2-72 所示。单击**拉伸凸台/基体**，选择**给定深度**为 **3.00mm**，然后单击**确定**。设置界面如图 2-73 所示，结果如图 2-74 所示。

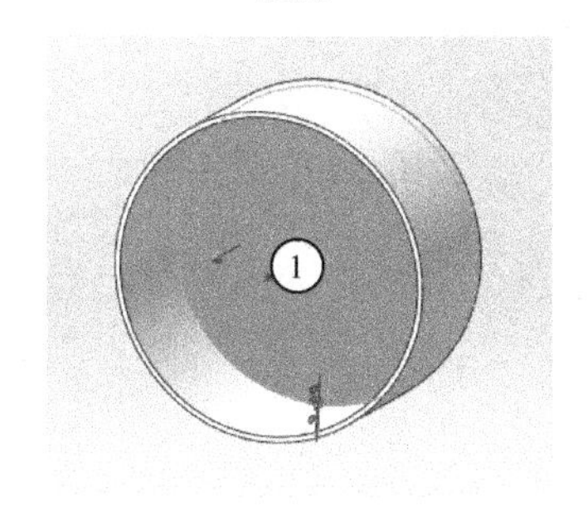

图 2-71 面①

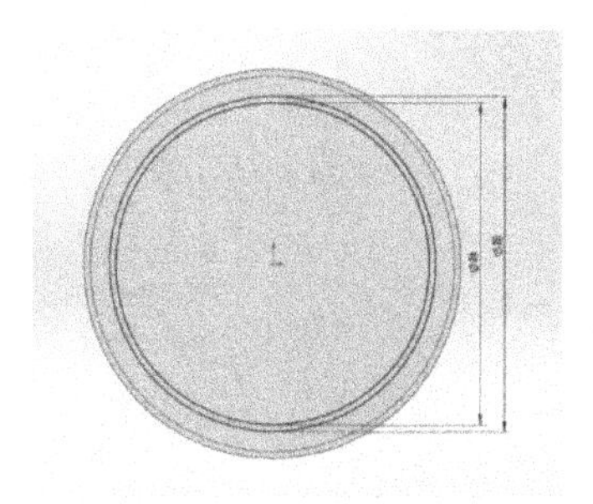

图 2-72 草图 2

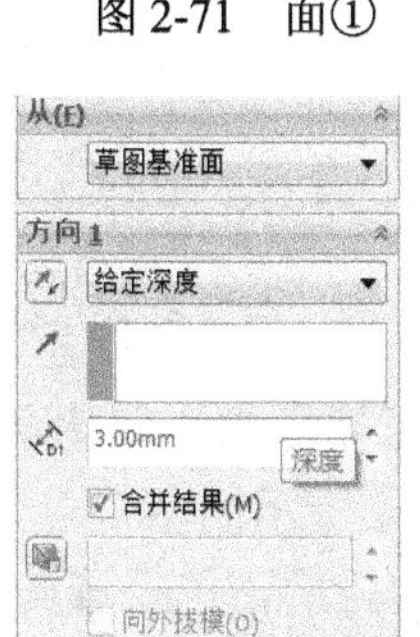

图 2-73 设置界面

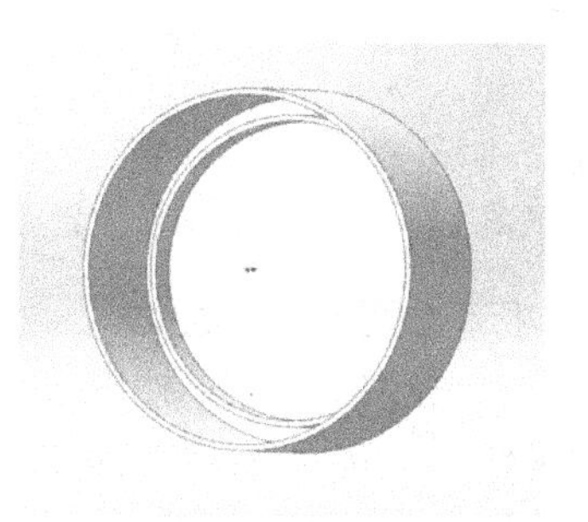

图 2-74 凸台-拉伸 2

（5）选择图 2-75 中的面①，单击**草图绘制**→**正视于**，分别绘制直径为 **27.00mm**、**26.50mm** 的两个圆，创建的草图 3 如图 2-76 所示。单击**拉伸凸台/基体**，选择**给定深度**为 **0.50mm**，然后单击**确定**，结果如图 2-77 所示。

（6）单击**参考几何体命令**，选择图 2-78 中的面①，选择**偏移距离**为 **1.00mm**，然后单击**确定**，创建基准面 1，操作界面如图 2-79 所示。然后单击**草图绘制**，绘制一个直径为 **28.00mm** 的圆，创建的草图 4 如图 2-80 所示。然后单击**插入**→**曲线**→**螺旋线/涡状线**，选择**恒定螺距**为 **12.00mm**，**圈数**为 **0.5**，设置界面如图 2-81 所示，最后结果如图 2-82 所示。

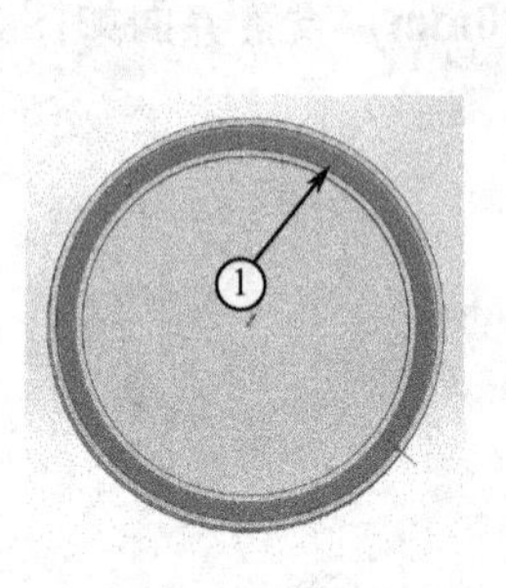

图 2-75　面①

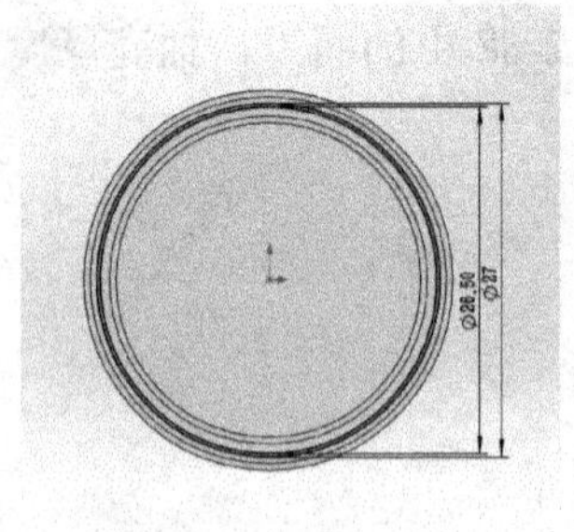

图 2-76　草图 3

图 2-77　凸台-拉伸 3

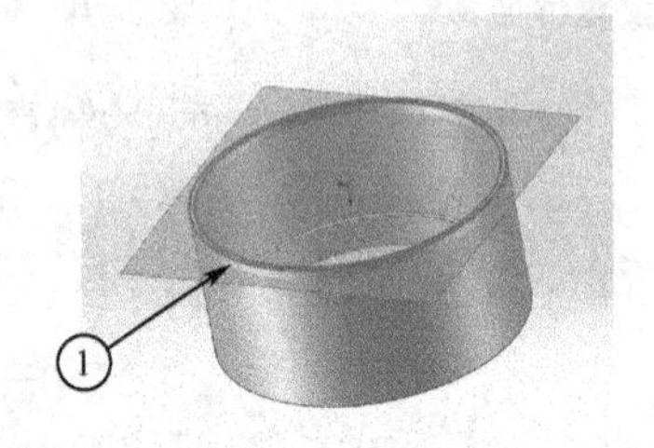

图 2-78　面①

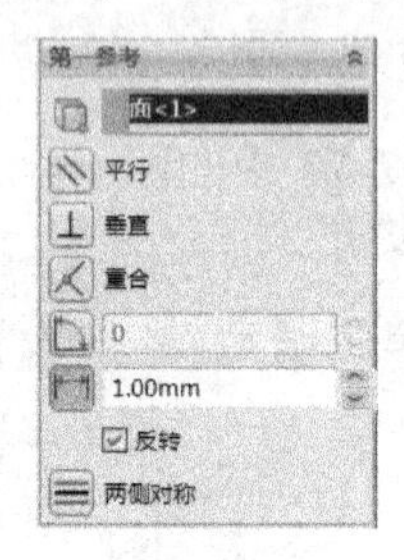

图 2-79　设置界面 2

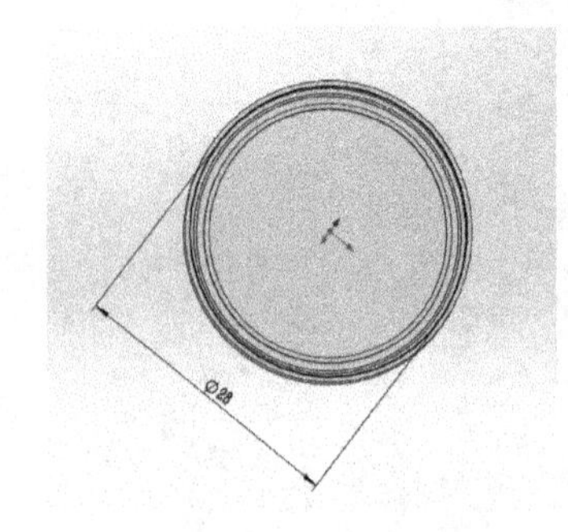

图 2-80　草图 4

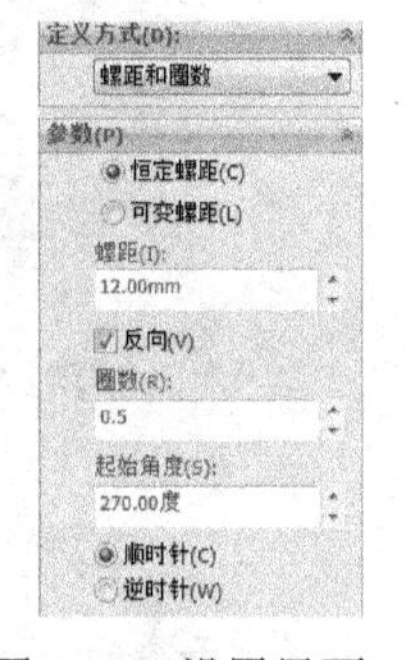

图 2-81　设置界面 2

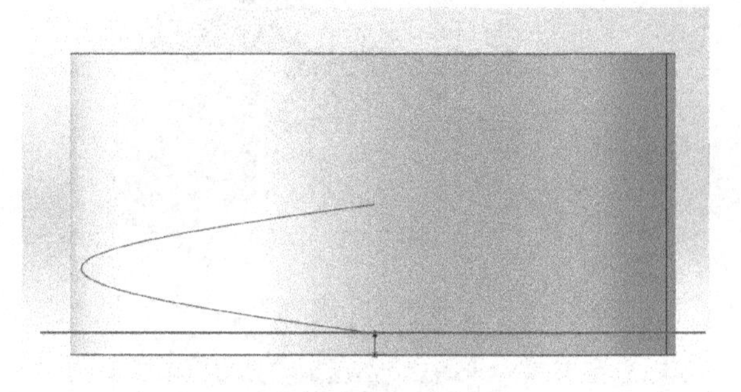

图 2-82　螺旋线/涡状线 1

（7）选择**右视基准面**（右视基准面），单击**草图绘制**→**正视于**，创建草图 5，如图 2-83 所示，退出草图。单击 **3D 草图绘制**（3D 草图），绘制如图 2-84 所示的两个点，然后退出草图。单击**放样凸台/基体**，选择 3D 草图 1 的两个点和草图 5 作为轮廓，选择**螺旋线**为**中心线**，设置界面如图 2-85 所示，结果如图 2-86 所示。

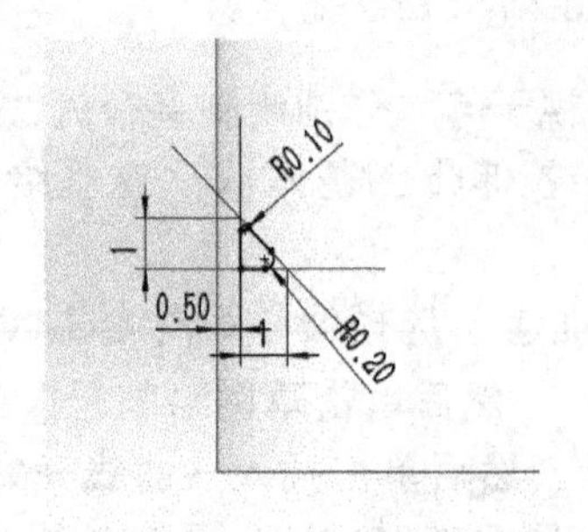

图 2-83　草图 5

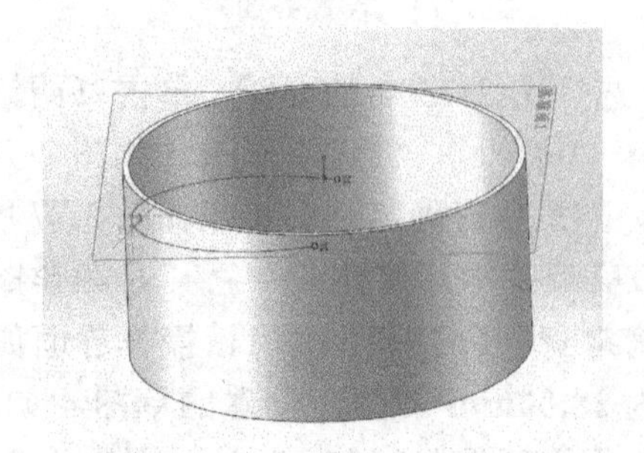

图 2-84　3D 草图 1

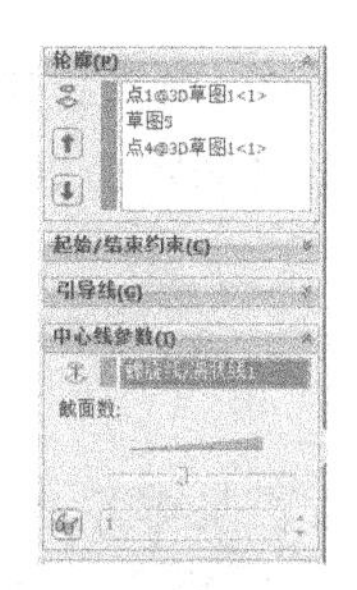

图 2-85　设置界面

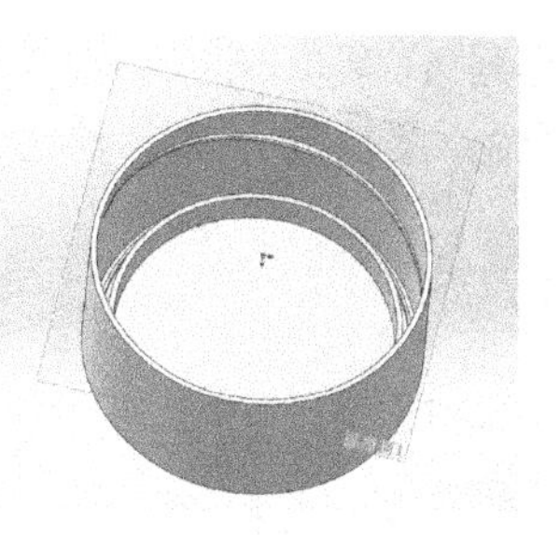

图 2-86　放样 1

（8）打开**临时轴**，然后单击**圆周阵列** 圆周阵列 ，选择**临时轴**为**阵列轴**，**阵列数**为 **3**，选择要阵列的实体为放样 1，设置界面如图 2-87 所示，结果如图 2-88 所示。

图 2-87　设置界面

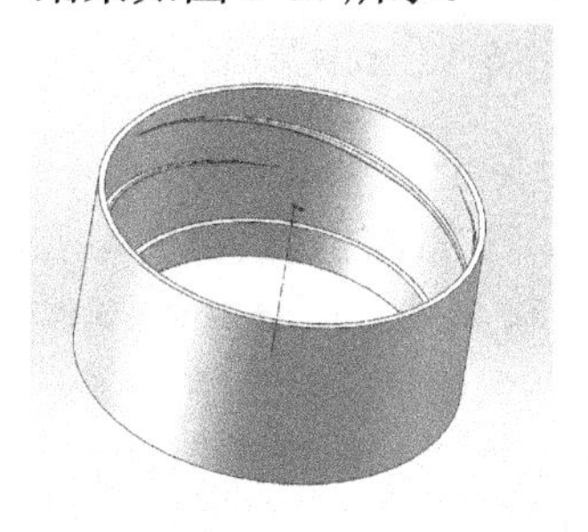

图 2-88　阵列（圆周）1

（9）单击**参考几何体** →**基准面** 基准面 ，设置界面如图 2-89 所示，选择**前视基准面**为**第一参考**，**偏移距离**为 **15.00mm**，创建基准面 2，结果如图 2-90 所示。单击**草图绘制** ，创建的草图 6 如图 2-91 所示。然后单击**拉伸切除命令** ，选择**到离指定面指定距离**，选择图 2-92 中的面①，**距离**为 **0.20mm**，勾选**反向等距**。设置界面如图 2-93 所示，结果如图 2-94 所示。

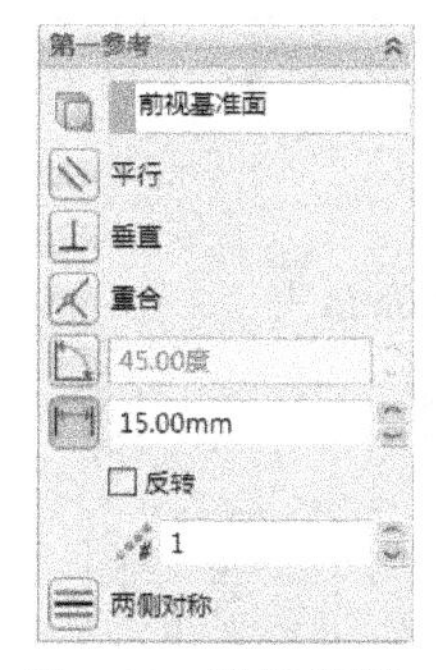

图 2-89　设置界面 1

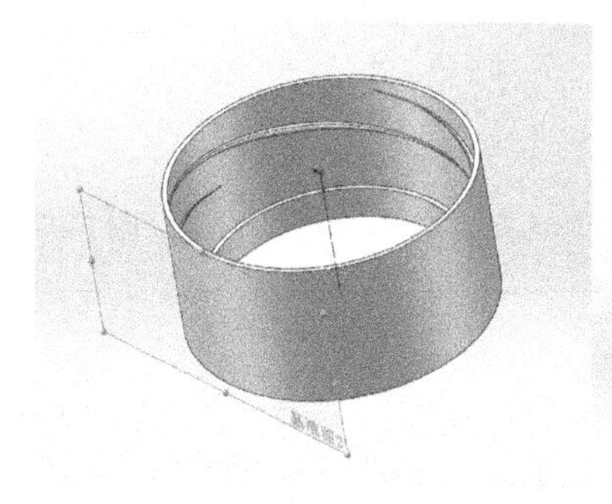

图 2-90　基准面 2

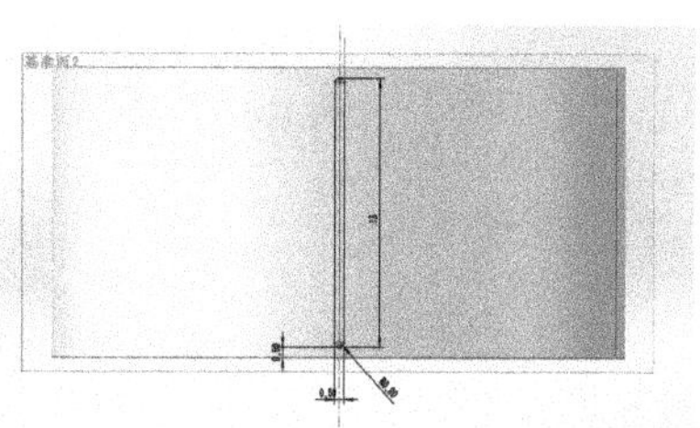

图 2-91　草图 6

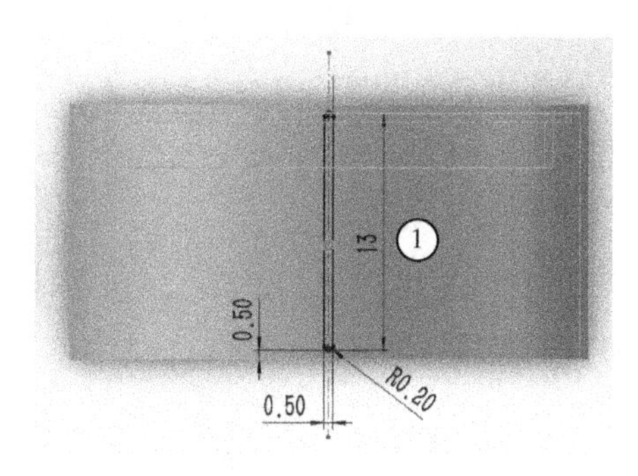

图 2-92　面①

图 2-93　设置界面

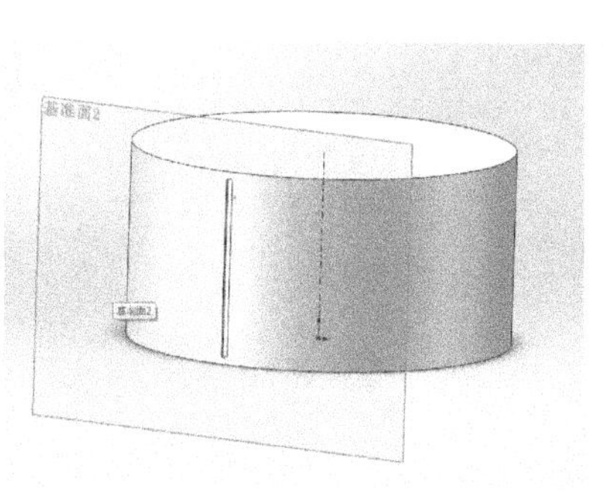

图 2-94　切除-拉伸 1

（10）单击**圆周阵列** 圆周阵列，设置界面如图 2-95 所示，选择**拉伸-切除 1** 为要阵列的特征，临时轴为阵列轴，**案例数**为 **90**，然后单击**确定**，结果如图 2-96 所示。

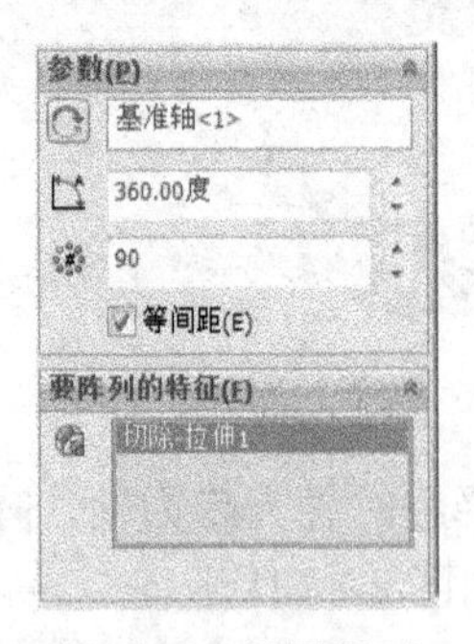

图 2-95 设置界面

图 2-96 阵列（圆周）2

（11）单击图 2-97 中的面①，单击**草图绘制**→**正视于**，绘制一个直径为 **22.00mm** 的圆，单击该圆，在左边的对话框中勾选**作为构造线**，绘制的圆如图 2-98 所示。然后单击**文字**，在文本框中输入 **watosons watosons**，将**使用文档字体** 使用文档字体(U) 前面的勾取消，设置界面如图 2-99 所示。然后单击**字体** 字体(F)...，在弹出的对话框中选择合适的字体以及字体大小，显示界面如图 2-100 所示，然后单击**确定**。再单击图 2-98 中的圆，结果如图 2-101 所示。再单击**拉伸切除**，设置界面如图 2-102 所示，选择**给定深度**为 **0.20mm**，然后单击**确定**，结果如图 2-103 所示。

图 2-97 面①

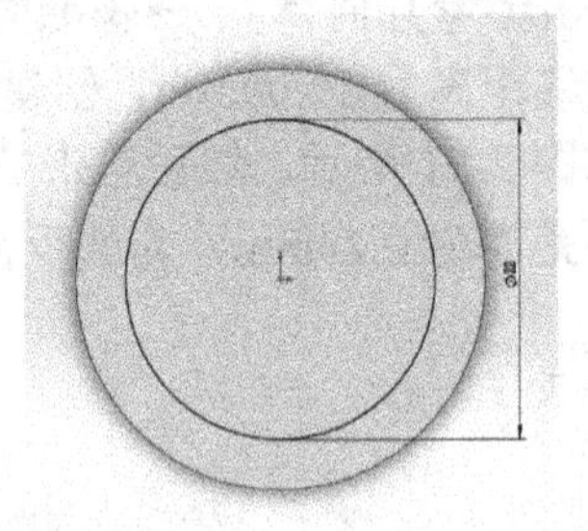

图 2-98 ϕ22.00mm

图 2-99 设置界面

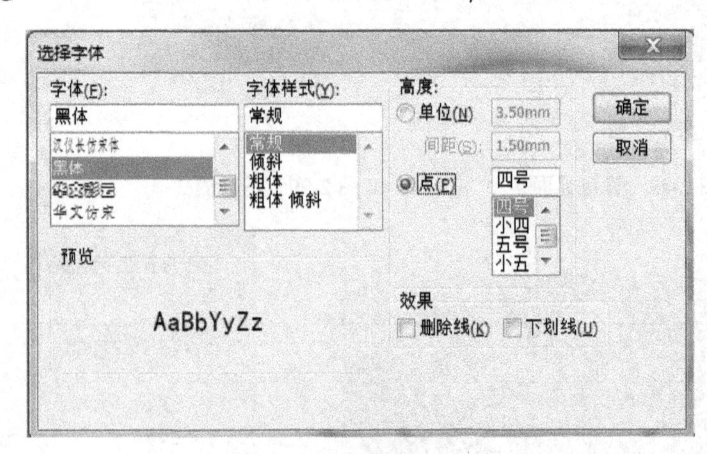

图 2-100 设置界面

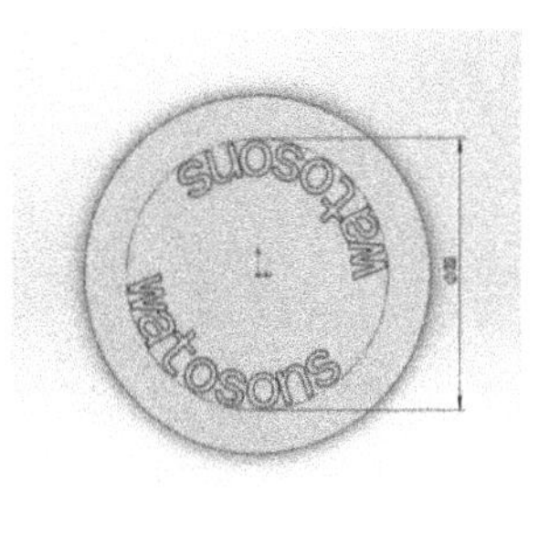

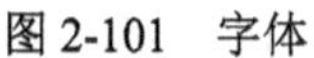
图 2-101　字体

图 2-102　设置界面

图 2-103　切除-拉伸 2

（12）单击**圆角**，选择图 2-104 中箭头所指的边线，参数设置为**等半径 0.10mm**，然后单击**确定**。

（13）至此，完成了水瓶**瓶盖（内盖）**的全部建模工作，最终模型如图 2-105 所示。单击**保存**，在**另存为**对话框中将其文件名改为**瓶盖（内盖）**，保存类型为**零件（*.prt；*.sldprt）**，单击**保存**完成存盘。

图 2-104　圆角 1

图 2-105　瓶盖（内盖）

2.2.3　水瓶瓶盖的建模

水瓶瓶盖的建模思路与瓶身相似，先通过旋转，将瓶盖大体的外观建出来，最后使用曲面切除表现瓶身的曲面。瓶盖模型及相应的设计树如图 2-106 所示。

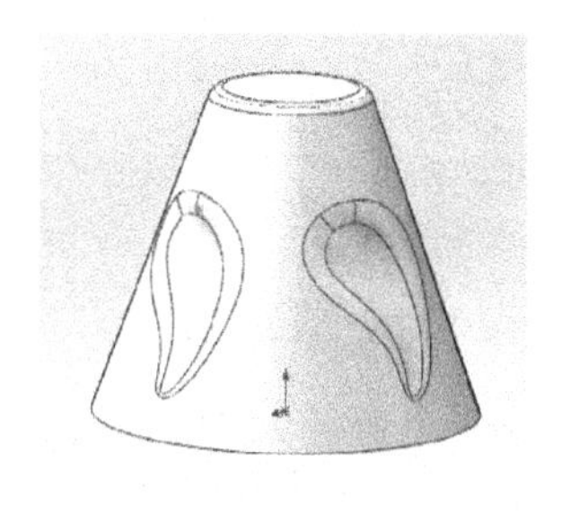

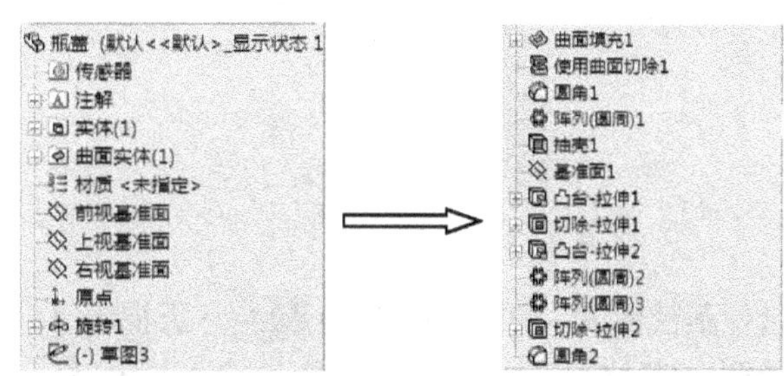

图 2-106　瓶盖模型及设计树

（1）启动 SolidWorks，单击**文件→新建**命令，选择**零件**图标，然后单击**确定**。

（2）选择**前视基准面**，然后单击**草图绘制**，绘制的草图 1 如图 2-107 所示。

（3）单击**旋转凸台/基体**命令，选择草图 1 中箭头所指的边线为**旋转轴**，设置界面如图 2-108 所示，结果如图 2-109 所示。

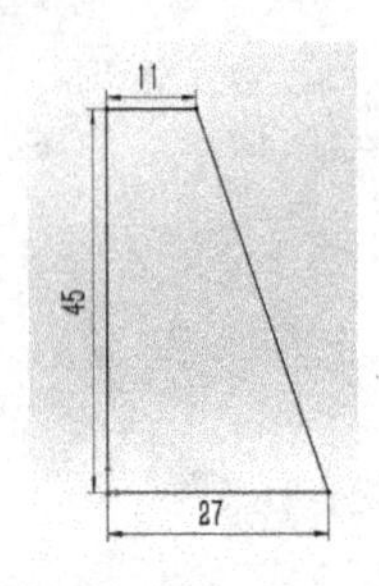

图 2-107 草图 1

图 2-108 设置界面

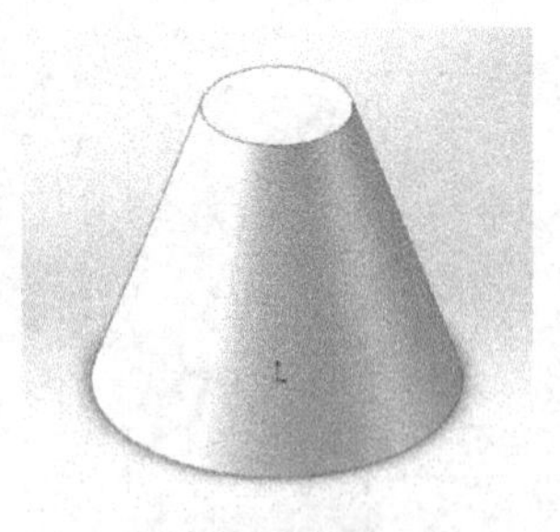
图 2-109 旋转 1

（4）按照 2.2.1 节瓶身建模中的步骤（10～15），建立如图 2-110 所示的模型。

（5）单击**抽壳**，单击图 2-111 中的面①，**抽壳厚度**为 **0.50mm**，然后单击**确定**，结果如图 2-112 所示。

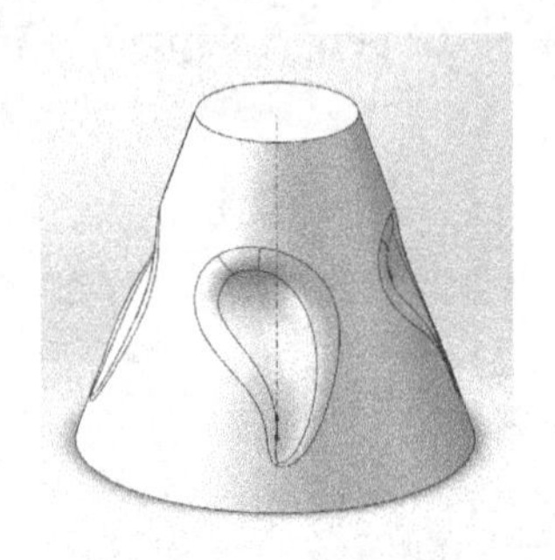
图 2-110 瓶盖曲面

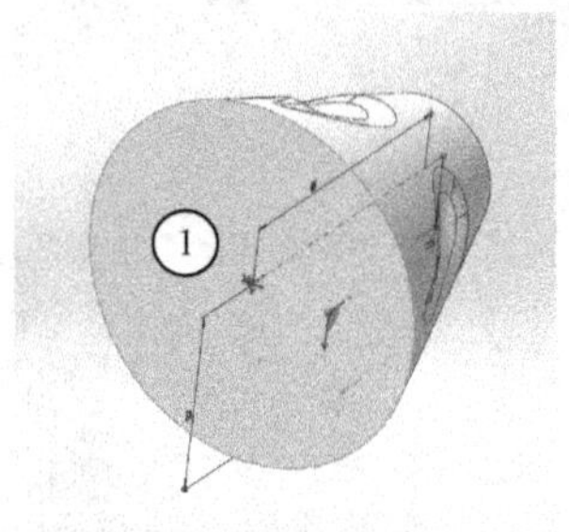

图 2-111 面①

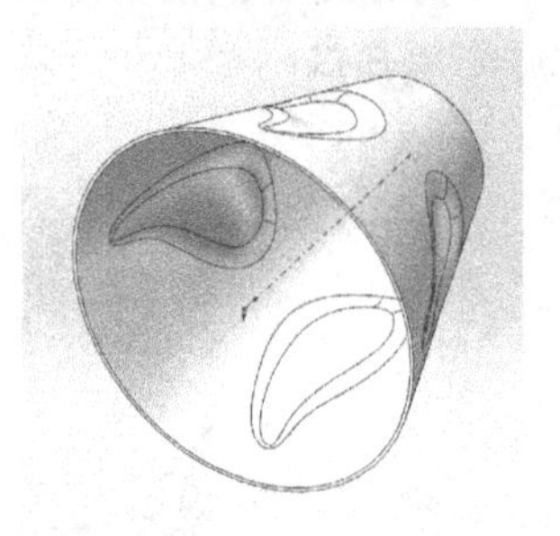
图 2-112 抽壳 1

（6）单击**参考几何体**，**基准面**，选择图 2-113 中的面①为第一参考，**偏移距离**为 **14.00mm**，设置界面如图 2-114 所示，单击**确定**创建基准面 1。

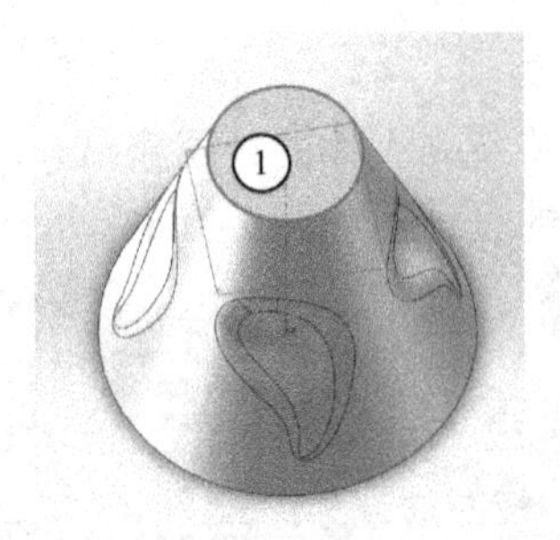

图 2-113 面①

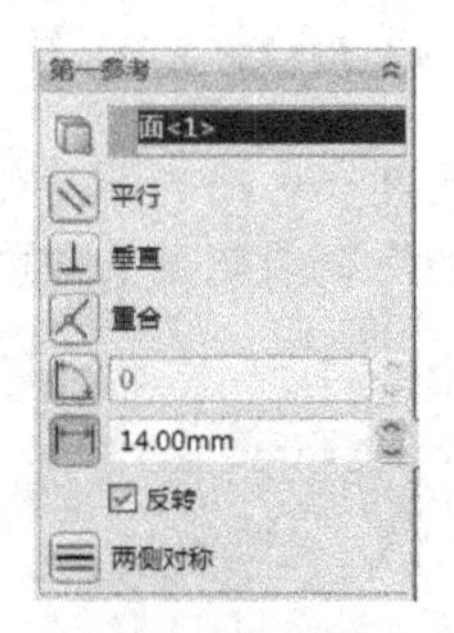

图 2-114 设置界面

（7）选择**基准面 1**，单击**草图绘制**→**正视于**，创建一个直径为 **30.00mm** 的圆，然后单击**拉伸凸台/基体**，选择**给定深度**为 **12.00mm**。显示界面如图 2-115 所示，结果如图 2-116 所示。

（8）选择图 2-117 中的面①，单击**草图绘制**→**正视于**。绘制一个直径为 **29.00mm** 的圆，单击**拉伸切除**，选择**给定深度**为 **11.50mm**，然后单击**确定**，设置界面如图 2-118 所示，结果如图 2-119 所示。

（9）选择图 2-120 中的面①，单击**草图绘制**→**正视于**，绘制的草图 6 如图 2-121 所示。然后单击**拉伸凸台/基体**，选择**给定深度**为 **4.50mm**，设置界面如图 2-122 所示，结果如图 2-123 所示。

图 2-115　设置界面

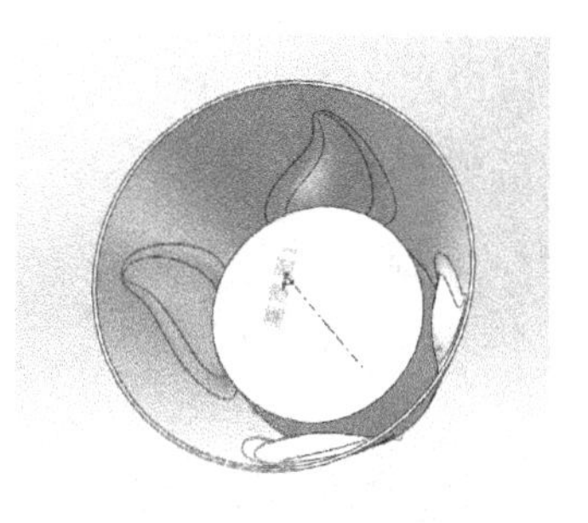

图 2-116　凸台-拉伸 1

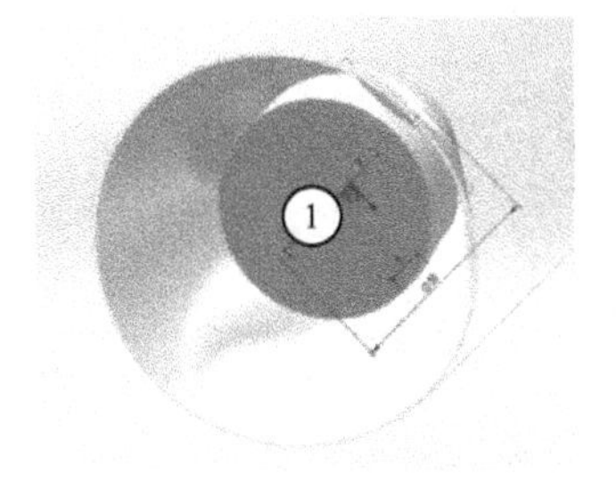

图 2-117　面①

图 2-118　设置界面

图 2-119　切除-拉伸 1

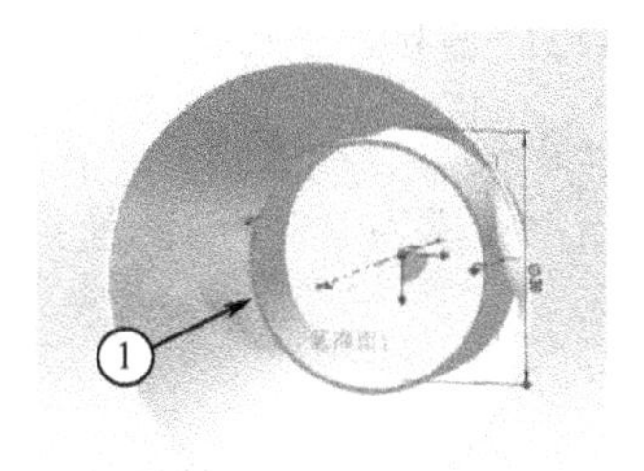

图 2-120　面①

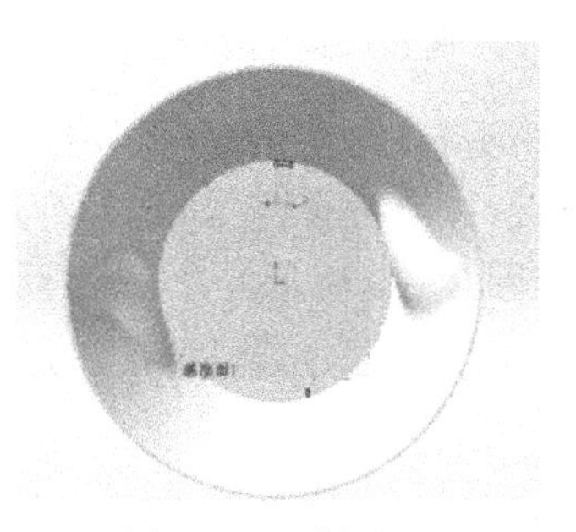

图 2-121　草图 6

图 2-122　设置界面

图 2-123　凸台-拉伸 2

（10）单击**圆周阵列** 圆周阵列 ，选择**临时轴**为**阵列轴**，**案例数**为 **3**，**要阵列的特征**选择步骤（9）生成的凸台-拉伸 2，然后单击**确定**。设置界面如图 2-124 所示，结果如图 2-125 所示。

（11）再次**单击圆周阵列** 圆周阵列 ，选择**临时轴**为**阵列轴**，**案例数**为 **2**，**角度**为 **15°**，**要阵列的特征**选择步骤（10）的**圆周阵列**，然后单击**确定**。设置界面如图 2-126 所示，结果如图 2-127 所示。

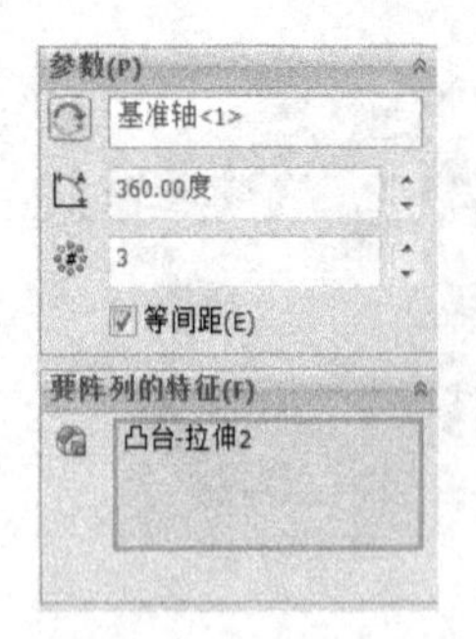

图 2-124 设置界面

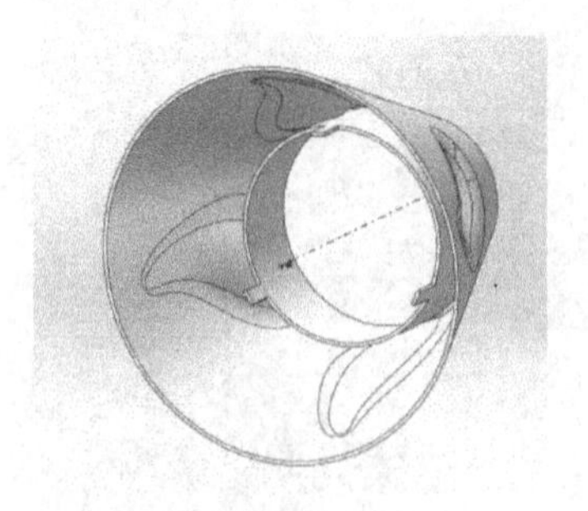

图 2-125 阵列（圆周）2

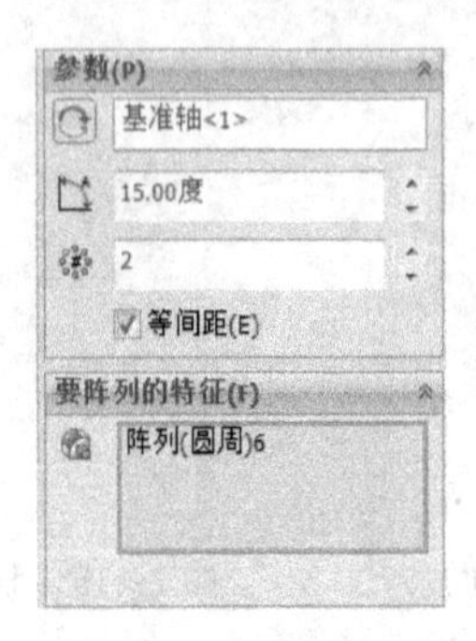

图 2-126 设置界面

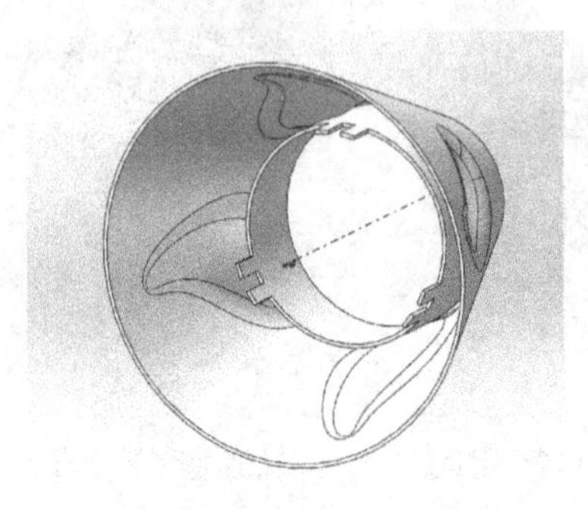

图 2-127 阵列（圆周）3

（12）选择图 2-128 中的面①，单击**草图绘制**→**正视于**，绘制一个直径为 **30.00mm** 的圆，然后单击**拉伸切除**，**选择给定深度**为 **2.00mm**，**拔模**为 **45°**，设置界面如图 2-129 所示，结果如图 2-130 所示。

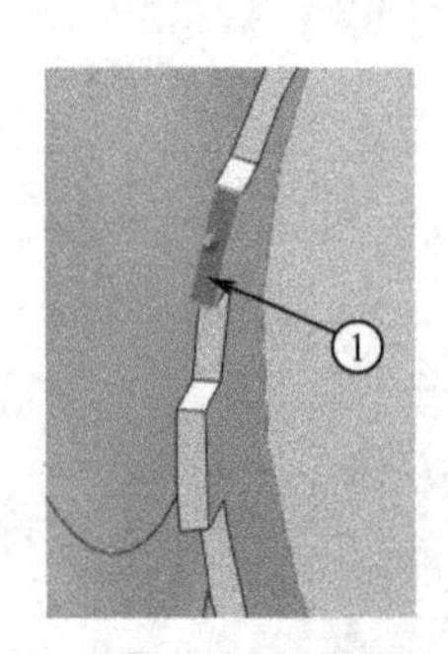

图 2-128 面①

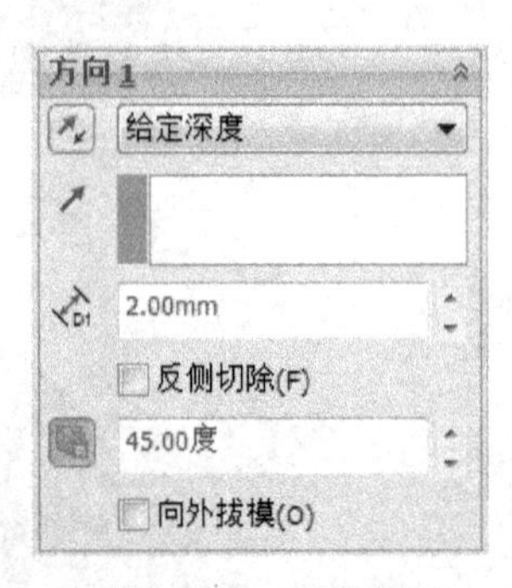

图 2-129 设置界面

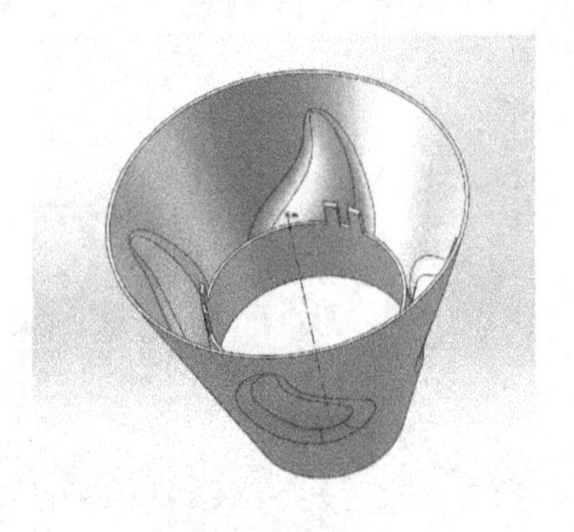

图 2-130 切除-拉伸 2

（13）单击**圆角**，选择图 5-131 所示的边线，参数设置为**等半径 2.00mm**，然后单击**确定**。

（14）至此，完成了**水瓶瓶盖**的全部建模工作，最终模型如图 2-132 所示。单击**保存**，在**另存为**对话框中将其文件名改为**瓶盖**，保存类型为**零件（*.prt；*.sldprt）**，单击**保存**完成存盘。

2.2.4 装配体

（1）启动 SolidWorks，单击**文件**→**新建**命令，选择**装配体**图标，然后单击**确定**。

（2）在**开始装配体**属性管理器中单击**浏览**按钮，弹出**打开**对话框，选择零件**饮料瓶瓶身**，单击**打开**按钮，在绘图区单击鼠标，如图 2-133 所示为打开的零件。

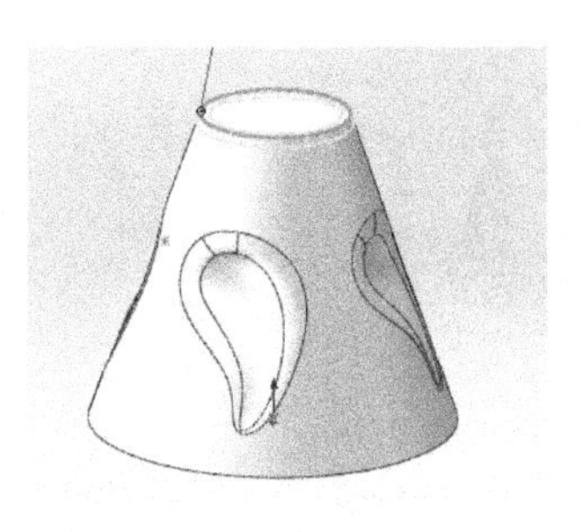

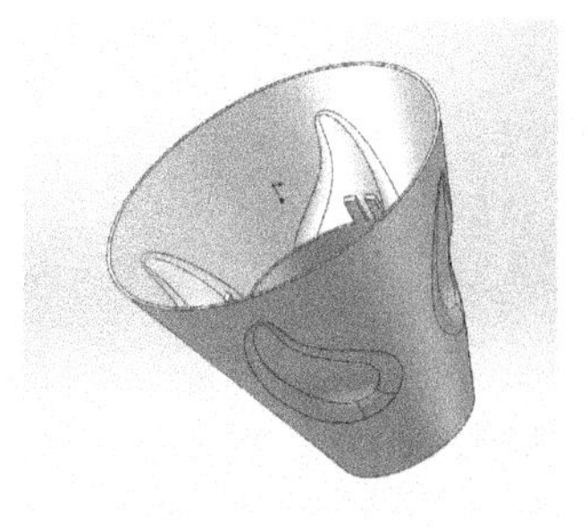

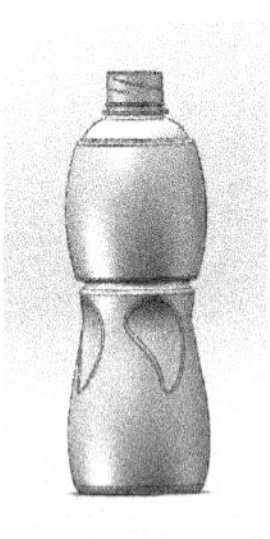

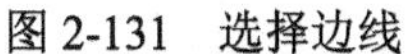

图 2-131 选择边线　　图 2-132 瓶盖　　图 2-133 插入瓶身

（3）单击**插入零部件**，与步骤（2）一样，打开**瓶盖（内盖）**，如图 2-134 所示。

（4）单击**配合**，选择图 2-135 中箭头所指的边线，标准配合选**同轴心**，设置界面如图 2-136 所示，然后单击**确定**。

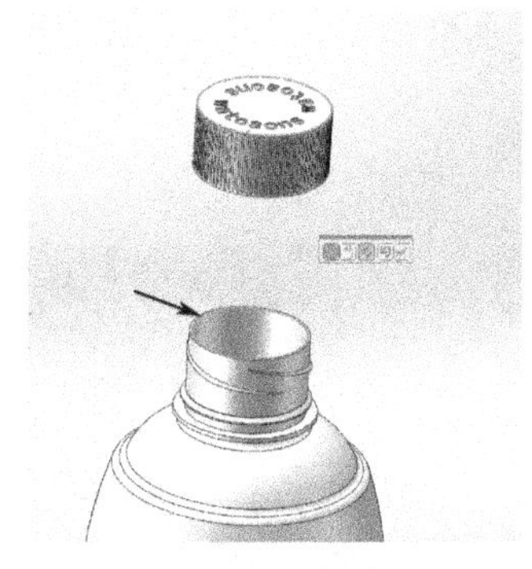

图 2-134 插入瓶盖（内盖）　　图 2-135 选择边线　　图 2-136 设置界面

（5）选择图 2-137 中的面①和图 2-138 中箭头所指的边线，标准配合选**重合**，然后单击**确定**，结果如图 2-139 所示。

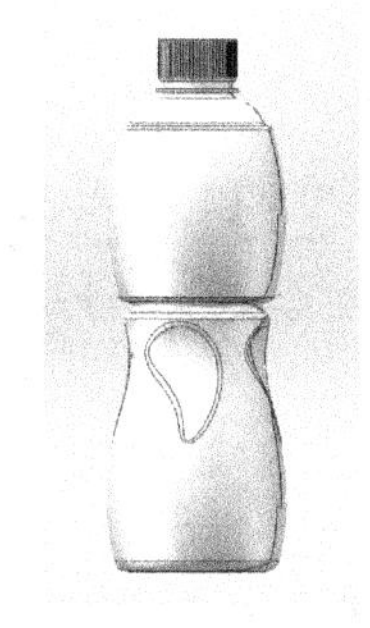

图 2-137 面①　　图 2-138 选择边线　　图 2-139 重合

（6）单击**插入零部件**，按步骤（2）的方法，打开零件**瓶盖**。

（7）单击**配合**，选择图 2-140 和图 2-141 中箭头所指的边线，单击**确定**。然后再选择图 2-142 中的面①和图 2-143 中的面②，单击**确定**。

（8）至此，完成了**水瓶**的全部建模工作，最终模型如图 2-144 所示。单击**保存**，在**另存为**对话框中将其文件名改为**水瓶**，保存类型为**零件（*.asm；*.sldasm）**，单击**保存**完成存盘。

（9）使用 Photoview360 插件（或者 Keyshot 软件），对装配体赋予材质并进行渲染，最终效果如图 2-145 所示。

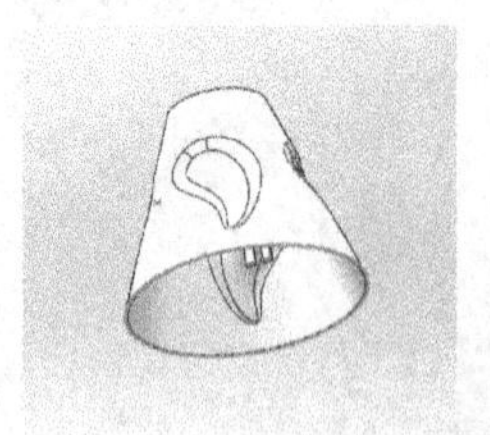

图 2-140 选择边线 1

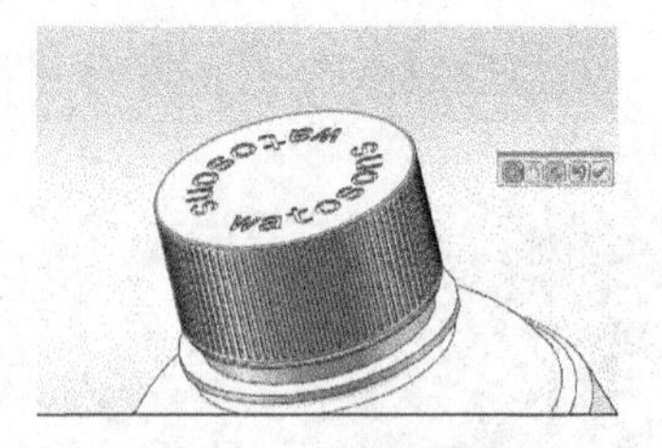

图 2-141 选择边线 2

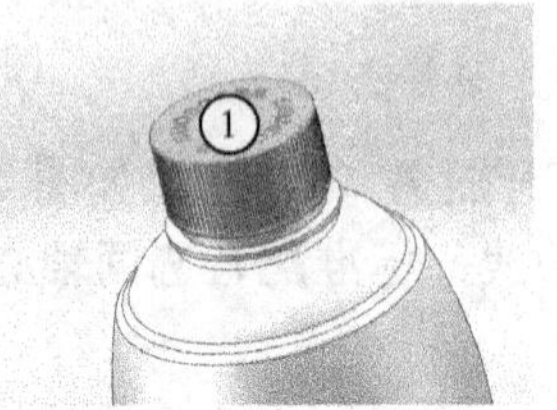

图 2-142 面①

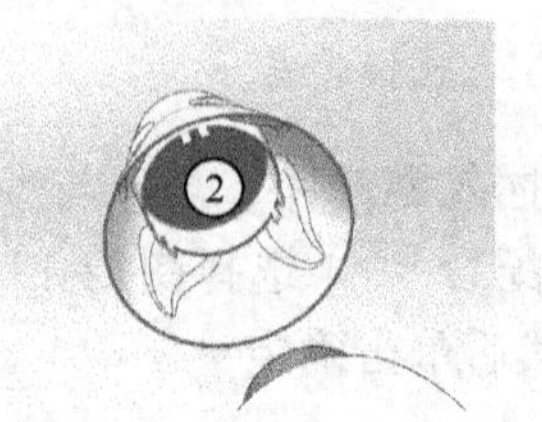

图 2-143 面②

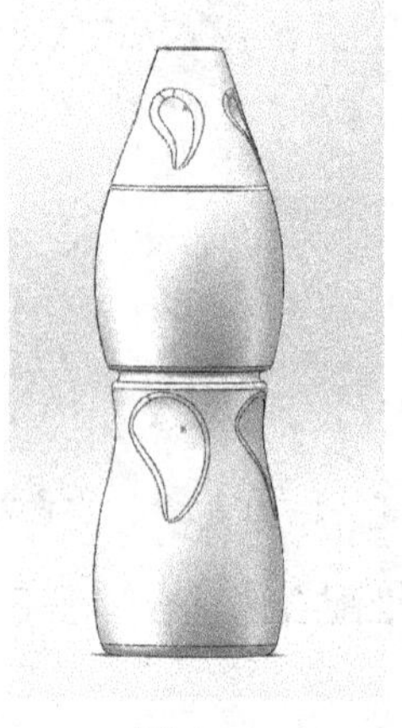

图 2-144

图 2-145 水瓶渲染图

2.3 思考

（1）瓶身建模中所使用的放样方法与平常使用的方法有何不同，放样结果又有什么不同？

（2）拉伸切除中，给定深度，成形到一面，到离指定面指定距离各有什么不同，请都试一试。

案例 3

小台灯建模

3.1 案例概述

本案例详细介绍了一款小台灯的设计过程。读者应先分析小台灯的结构，小台灯主体分三部分：底座、支撑弯管、灯罩。主要设计思路是用曲面旋转命令创建基础底座和灯罩，用曲面放样创建支撑弯管，期间利用**曲面拉伸、曲面剪裁、曲面缝合**等命令来修饰，进行加厚后得到实体。读者应注意其中加厚和分割线的使用技巧。零件实体模型渲染图及相应的设计树如图 3-1 所示。

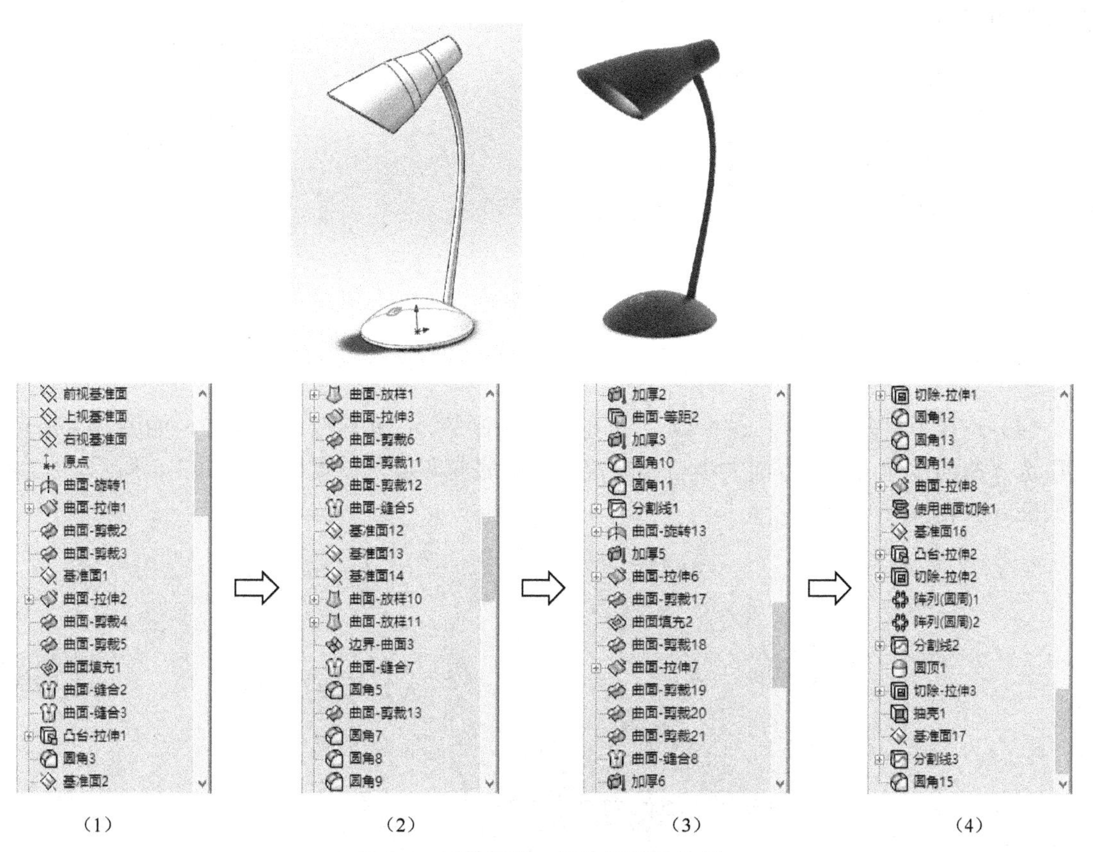

图 3-1　零件模型、渲染图和设计树

3.2 操作步骤

（1）启动 **SolidWorks**，单击**文件→新建**命令，选择**零件**图标，然后单击**确定**，进入建模环境。

（2）**先创建底座**。选择**前视基准面** 前视基准面，然后单击**草图绘制**，绘制草图 1（注意曲线之间的相切），如图 3-2 所示。

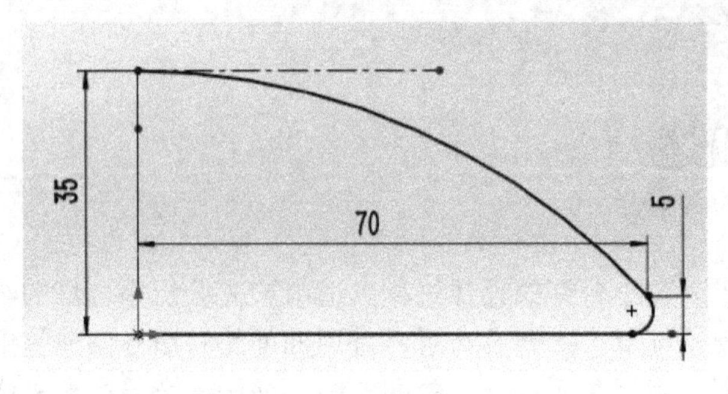

图 3-2 草图 1

（3）单击**曲面旋转**命令，**设置界面**如图 3-3 所示。选择**旋转轴→给定深度→360°**，旋转结果如图 3-4 所示。

图 3-3 设置界面

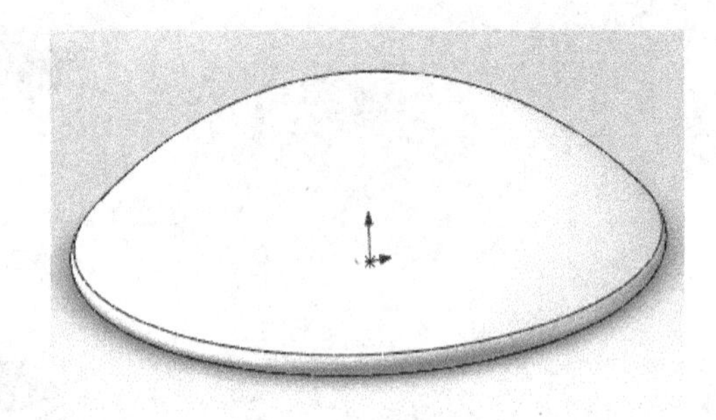

图 3-4 旋转结果

（4）选择**上视基准面** 上视基准面，单击**草图绘制**，然后绘制草图 2，如图 3-5 所示。然后选择**曲面拉伸**，方向大小自己给定，贯穿底座即可，设置界面如图 3-6 所示，拉伸效果如图 3-7 所示。

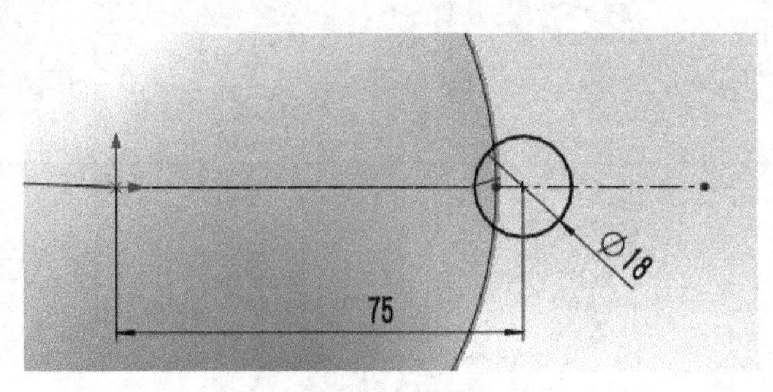

图 3-5 草图 2

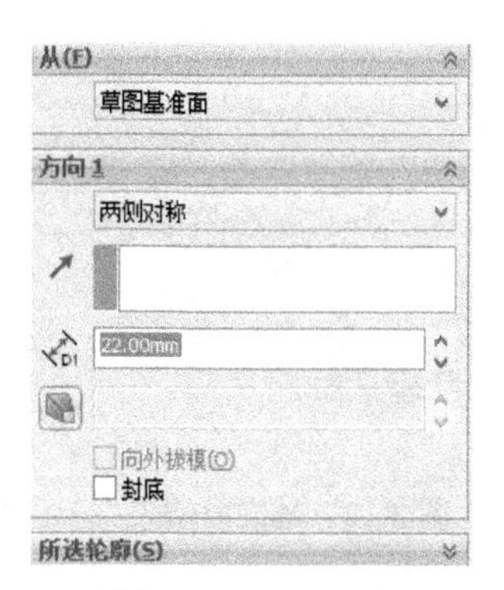

图 3-6 设置界面

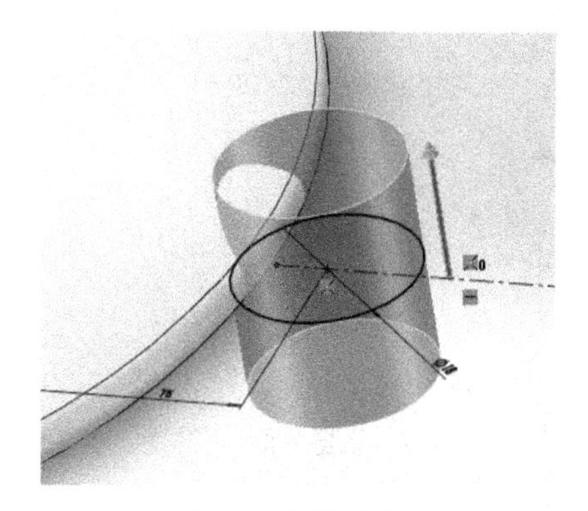

图 3-7 拉伸效果

（5）选择**剪裁曲面** 剪裁曲面，选择**剪裁类型**为**相互**，勾选**移除选择**，设置界面如图 3-8 所示。移除曲面如图 3-9 所示，剪裁结果如图 3-10 所示。

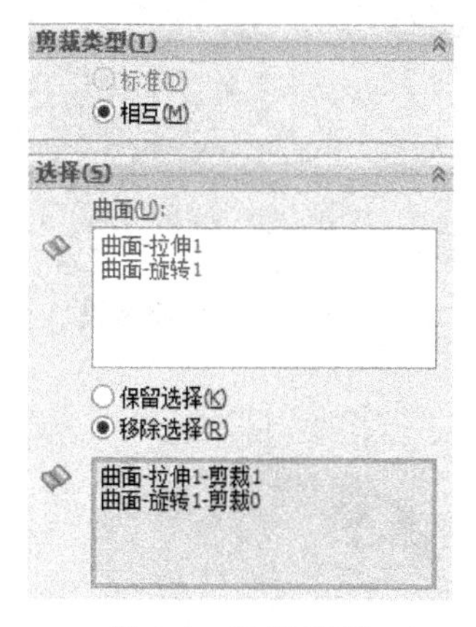

图 3-8 设置界面

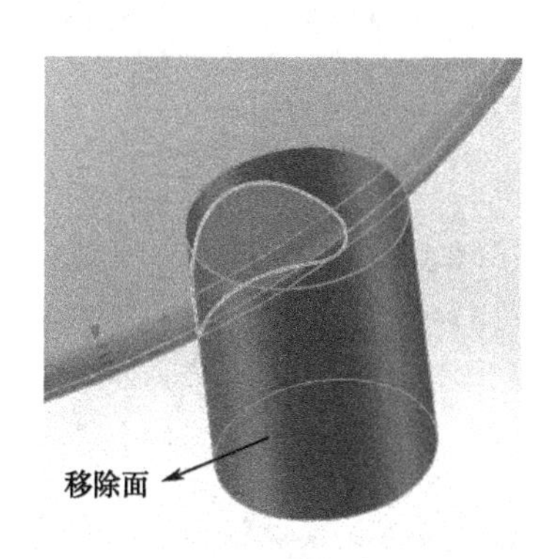

图 3-9 移除曲面

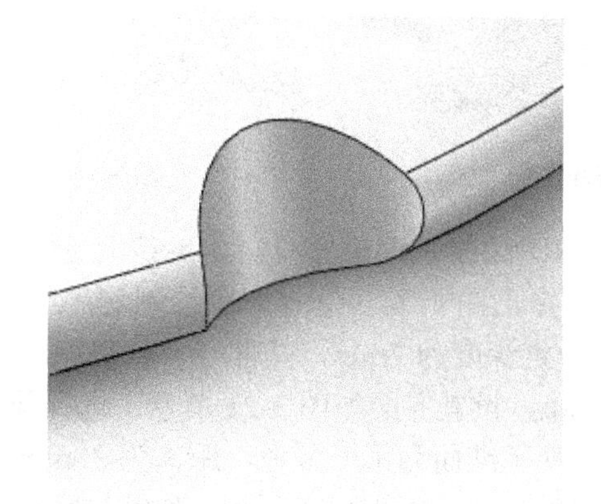

图 3-10 剪裁结果

（6）选择**参考几何体**中的**基准面** 基准面，选择**右视基准面** 右视基准面，距离为 **58mm**，设置界面如图 3-11 所示，基准面结果如图 3-12 所示。

（7）选择**基准面 1**，然后选择单击**草图绘制**，绘制草图 3，如图 3-13 所示。然后选择**曲面拉伸**，选择**给定深度**，输入 **22mm**（贯穿表面即可），拉伸结果如图 3-14 所示。最后在**剪裁曲面** 剪裁曲面 中选择**相互**，选择**移除选择**，剪裁曲面如图 3-15 所示，剪裁结果如图 3-16 所示。

图 3-11 设置界面

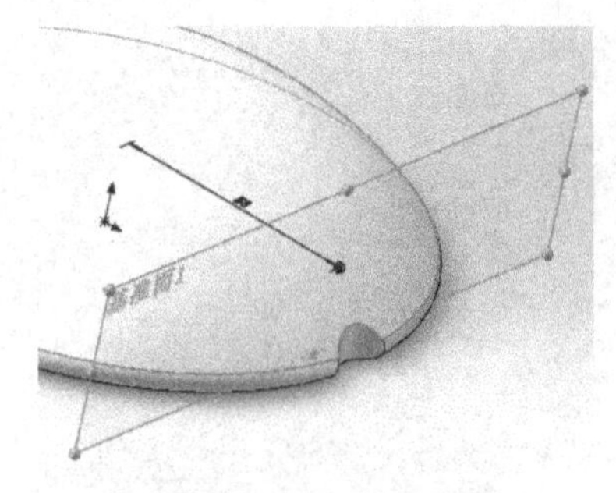
图 3-12 基准面结果

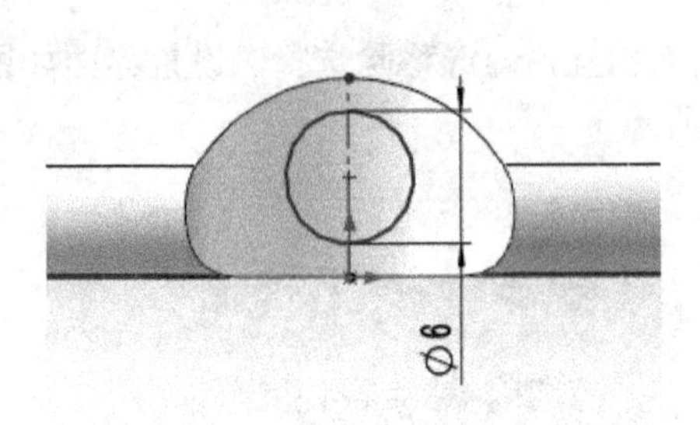

图 3-13 草图 3

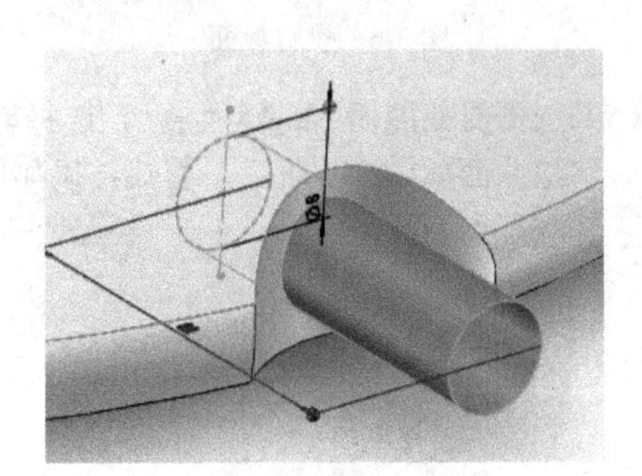
图 3-14 拉伸结果

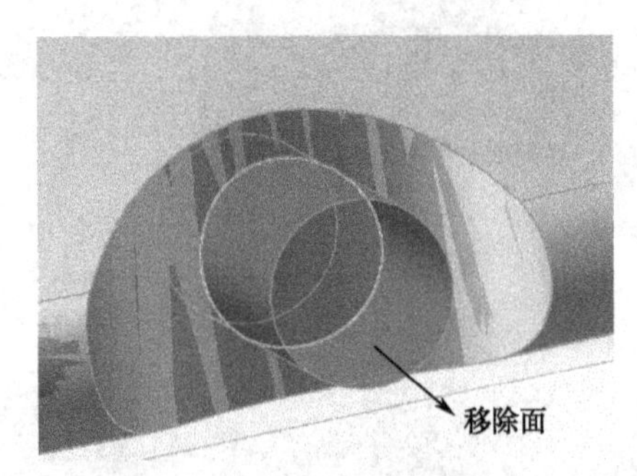

图 3-15 剪裁曲面

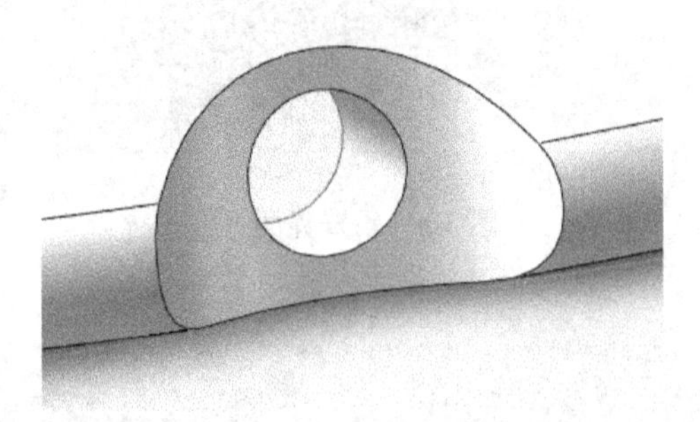
图 3-16 剪裁结果

（8）选择**曲面填充**，点选**边线**，设置界面如图 3-17 所示，边线选择如图 3-18 所示。然后单击所建立的**填充曲面**，选择**正视于**，选择**草图绘制**，绘制草图 4，如图 3-19 所示。然后选择**拉伸凸台**，设置**给定深度**为 **7mm**，拉伸凸台结果如图 3-20 所示。最后单击**圆角**，选择，选择面，圆角为 **1mm**，设置界面如图 3-21 所示，选择面如图 3-22 所示。

（9）创建**基准面 2**，以**上视基准面**为第一参考，距离为 **35mm**。然后选择此**基准面 2→正视于**→**草图绘制**，绘制草图 5，如图 3-23 所示。选择**上视基准面** 上视基准面 →**正视于**→**草图绘制**，绘制草图 6，如图 3-24 所示。然后选择**放样曲面**，选择**轮廓**，分别选择刚画的两个草图 5、6，**设置界面**如图 3-25 所示，**轮廓选择**如图 3-26 所示。然后选择**前视基准面** 前视基准面 →**草图绘制**，绘制草图 7，选择，距离为 **5mm**，选择**边线**，设置界面如图 3-27 所示，等距效果如图 3-28 所示。然后**调节**所创建的**等距实体**。然后选择该草图 7（见图 3-29），利用**曲面拉伸**，方向为**两侧对称**，距离为 **35mm**，显示效果如图 3-30 所示。最后选择**剪裁曲面** 剪裁曲面，选择**相互**，勾选**移除选择**，设置界面如图 3-31 所示，移除面如图 3-32 所示。最后效果如图 3-33 和图 3-34 所示。

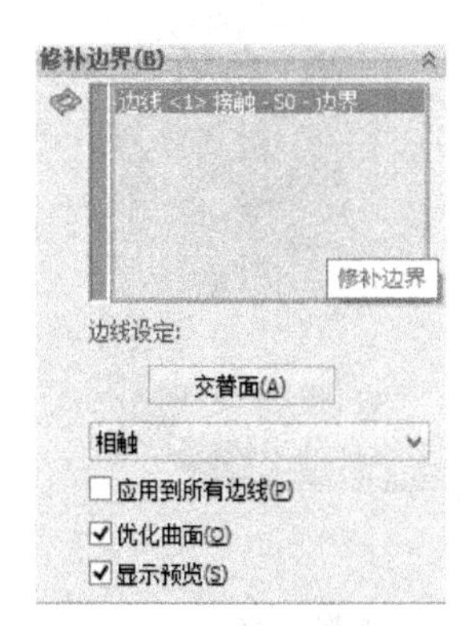

图 3-17　设置界面

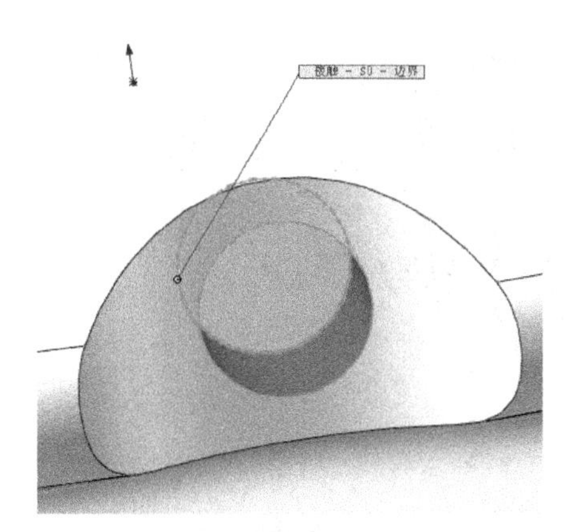

图 3-18　边线选择

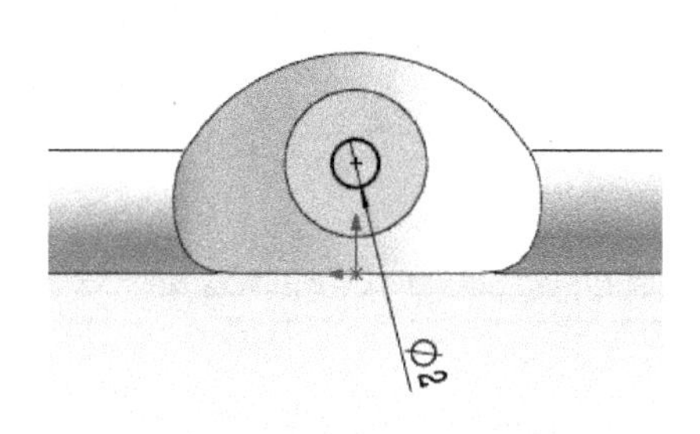

图 3-19　草图 4

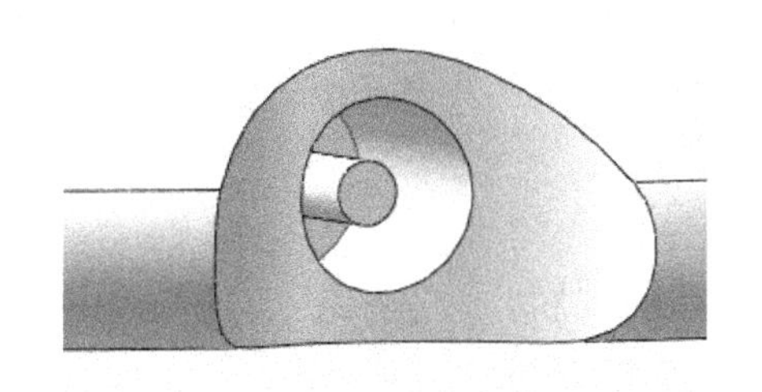

图 3-20　拉伸凸台结果

图 3-21　设置界面

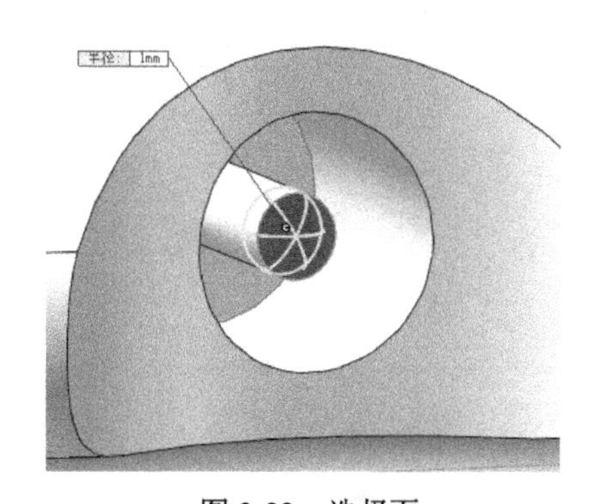

图 3-22　选择面

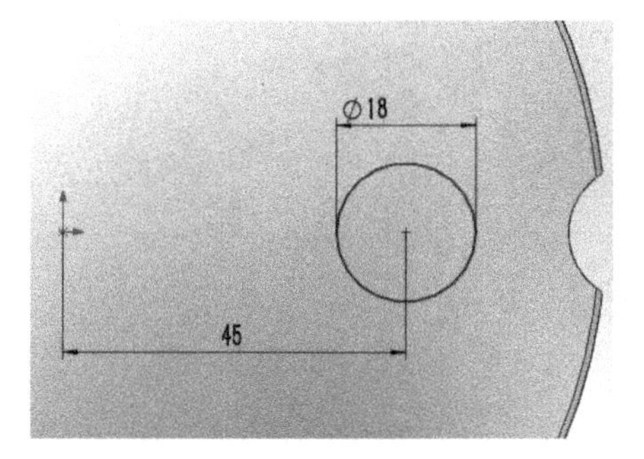

图 3-23　草图 5

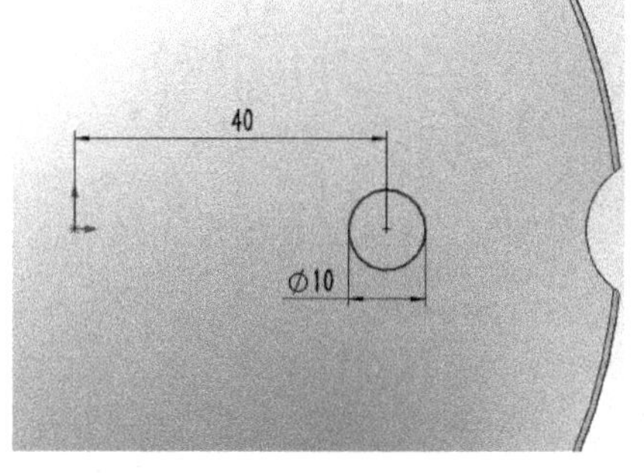

图 3-24　草图 6

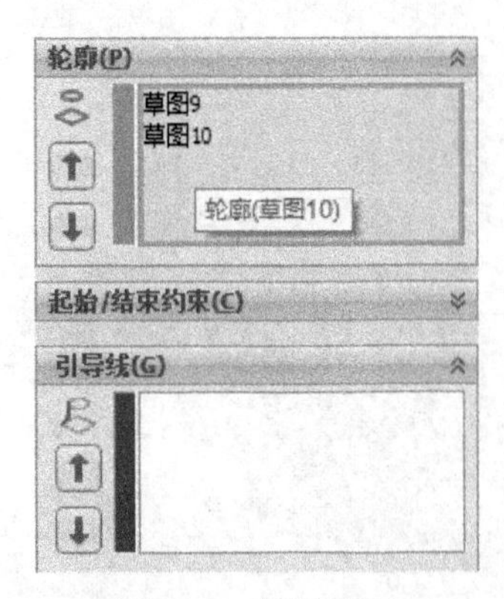

图 3-25　设置界面

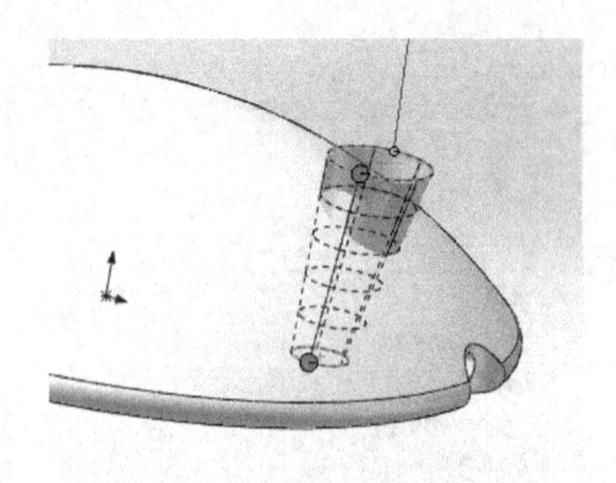

图 3-26　轮廓选择

图 3-27　设置界面

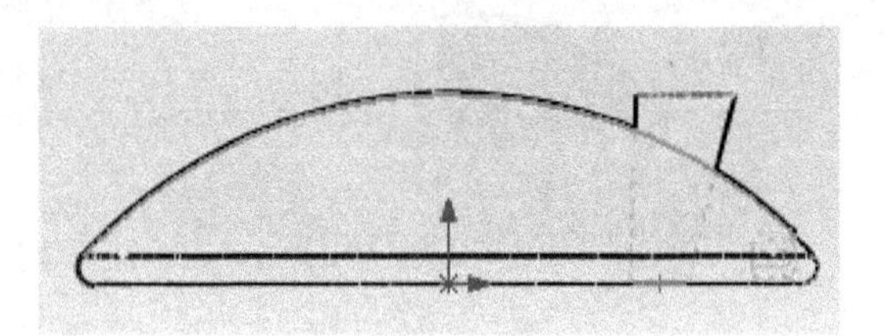

图 3-28　等距效果

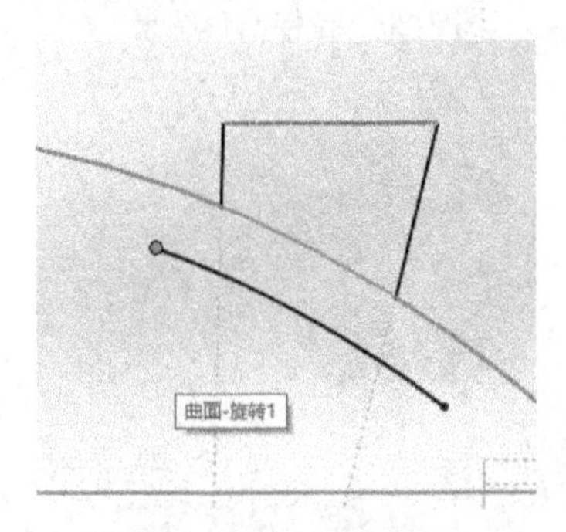

图 3-29　草图 7

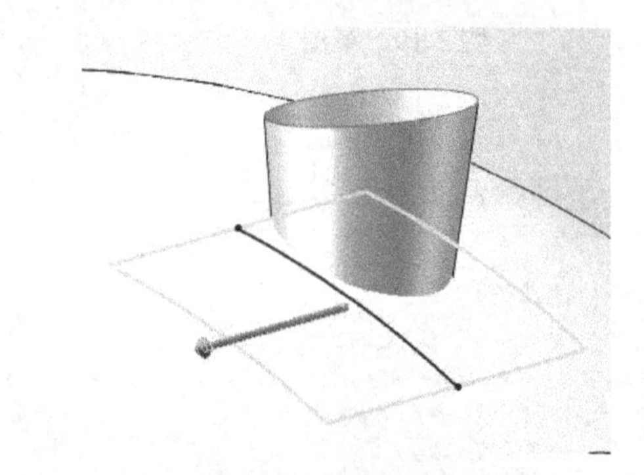

图 3-30　显示效果

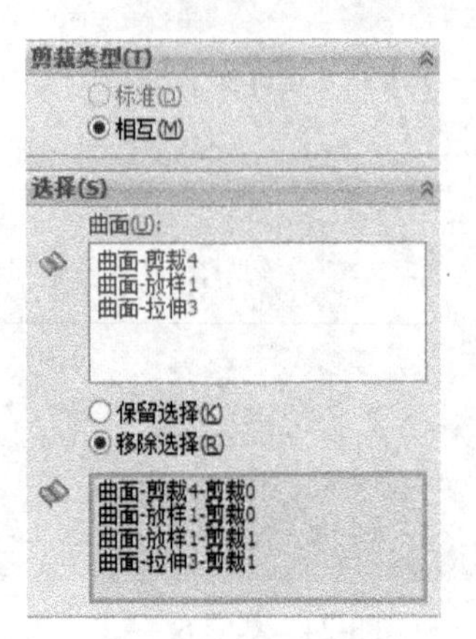

图 3-31　设置界面

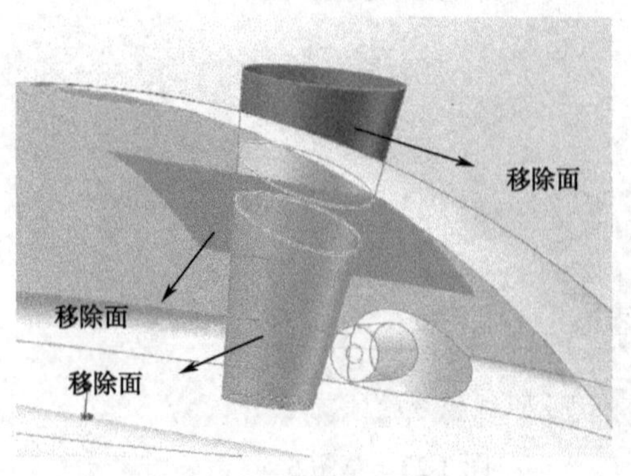

图 3-32　移除面

图 3-33　里面效果

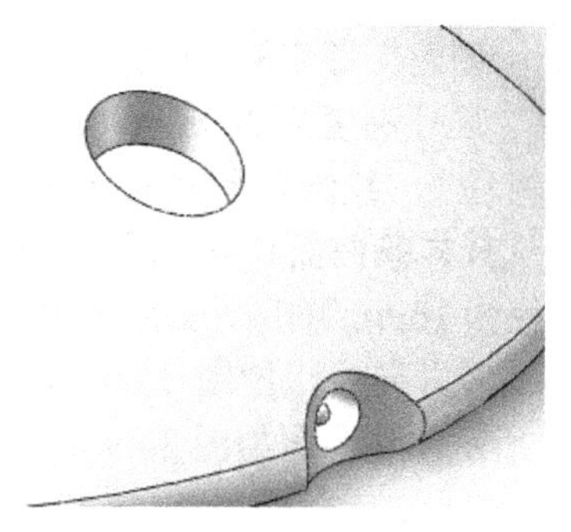

图 3-34　外面效果

（10）选择**曲面缝合**，设置界面如图 3-35 所示，曲面选择如图 3-36 所示。然后选择**等距曲面**等距曲面，**等距距离**为 **0mm**，选择**底面**，如图 3-37 和图 3-38 所示。然后选择该等距曲面，利用**加厚**加厚，设置界面如图 3-39 所示，向下**加厚**，距离为 **2mm**。加厚效果如图 3-40 所示。

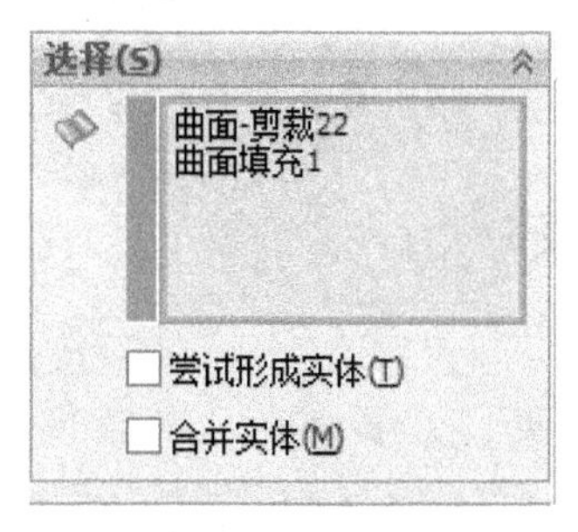

图 3-35　设置界面

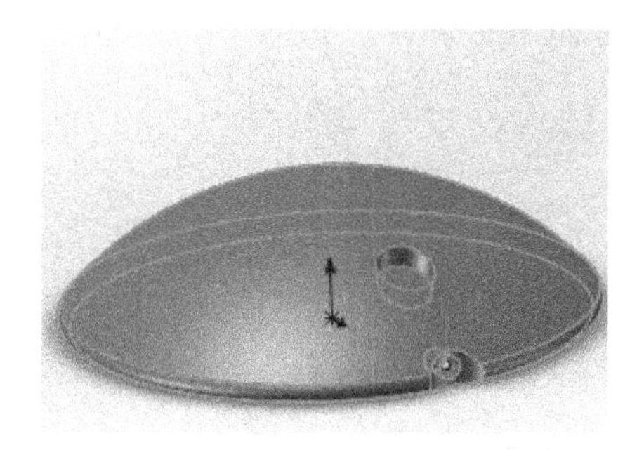

图 3-36　曲面选择（全部曲面缝合）

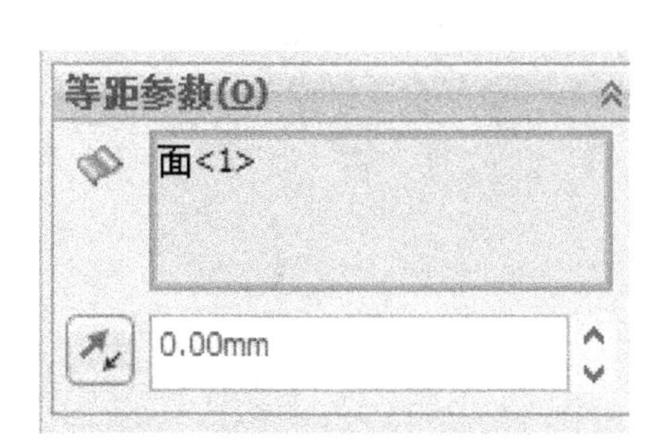

图 3-37　设置界面

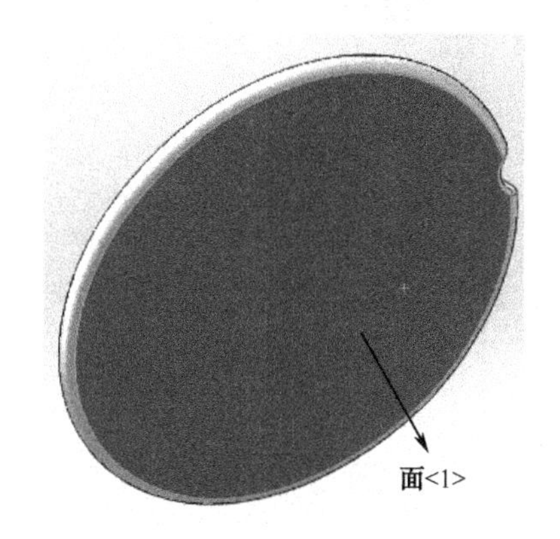

图 3-38　选择面

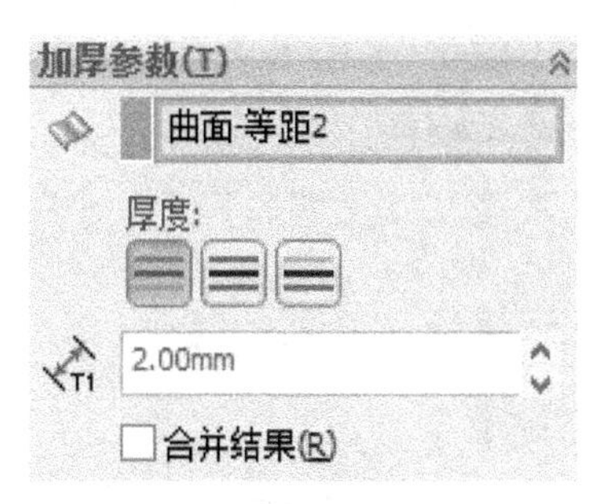

图 3-39　设置界面

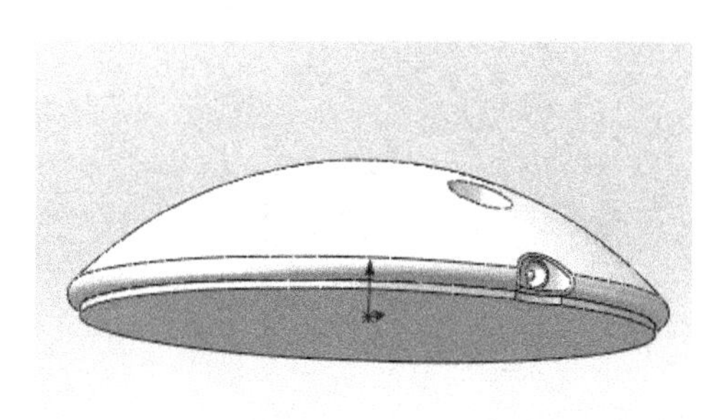

图 3-40　加厚效果

（11）**创建支撑弯管**。选择**前视基准面** 前视基准面 →**正视于**→**草图绘制**，选择**样条曲线**，**尺寸高度为 300mm**，如图 3-41 所示。然后选择**上视基准面** 上视基准面 →**正视于**→**草图绘制**，**绘制直径为 12mm** 的圆（到原点距离自己控制），如图 3-42 所示。然后建立**基准面 3**，选择**样条曲面**和**点**，如图 3-43 和图 3-44 所示。选择该**基准面**→**正视于**→**草图绘制**，**绘制直径为 10mm** 的圆，如图 3-45 所示。最后选择**曲面放样**，选择上下两个圆草图为轮廓，样条曲线为引导线，如图 3-46 和图 3-47 所示。接着选择**剪裁曲面** 剪裁曲面，设置界面如图 3-48 所示，移除面如图 3-49 所示，剪裁结果如图 3-50 所示。

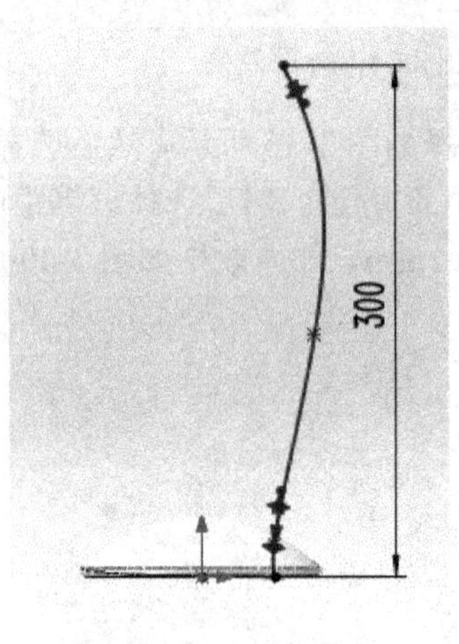

图 3-41　草图 8

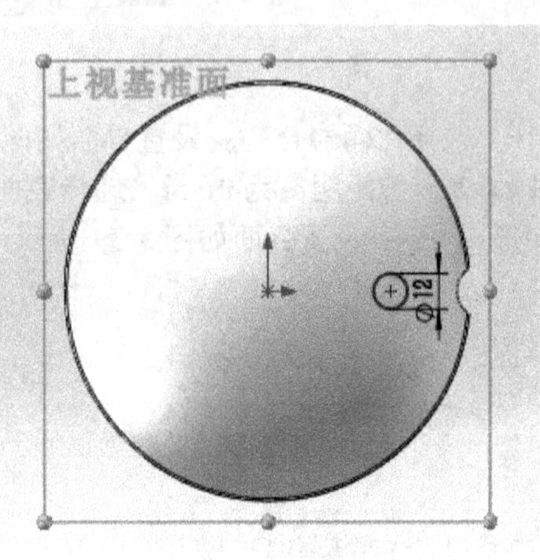

图 3-42　草图 9

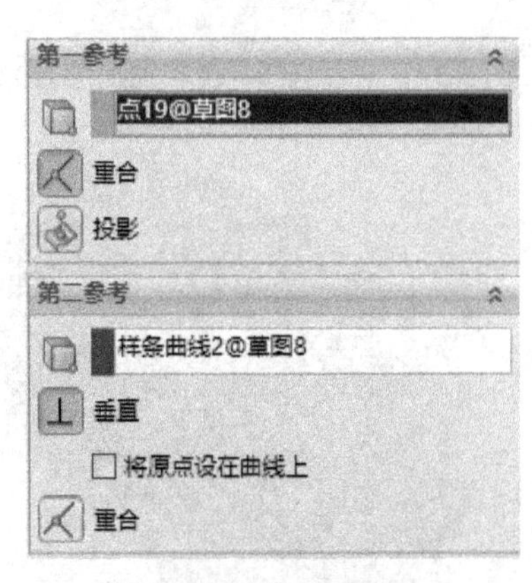

图 3-43　设置界面

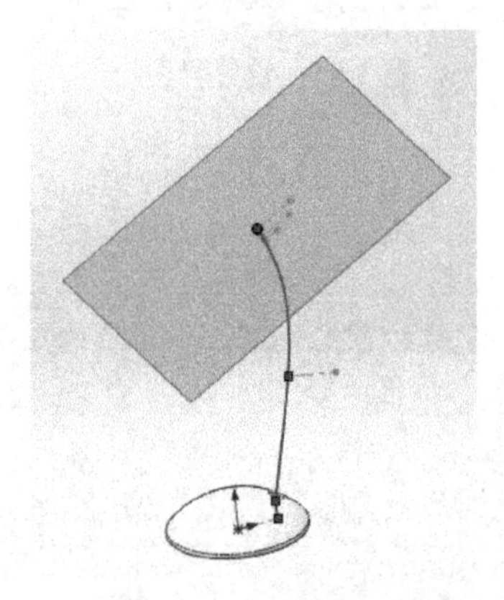

图 3-44　基准面 3

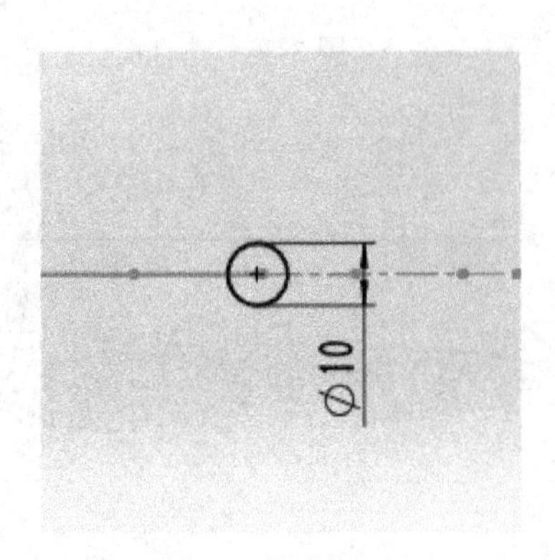

图 3-45　草图 10

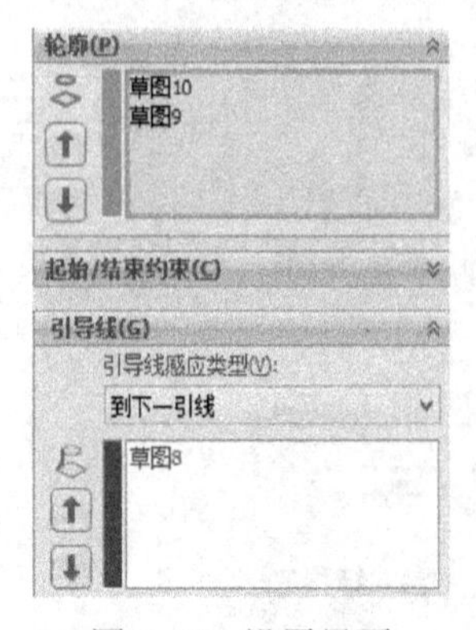

图 3-46　设置界面

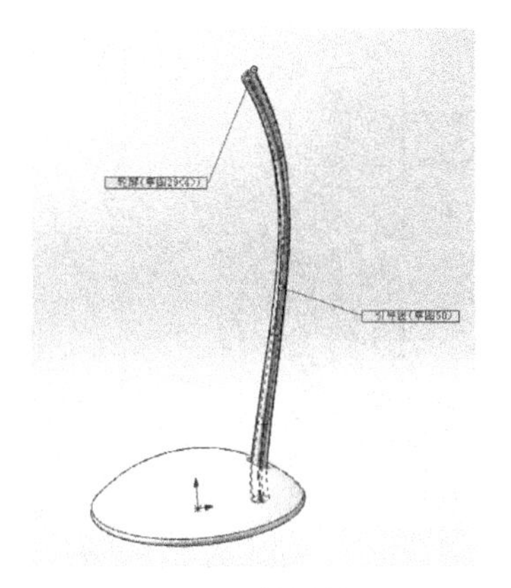

图 3-47　放样效果

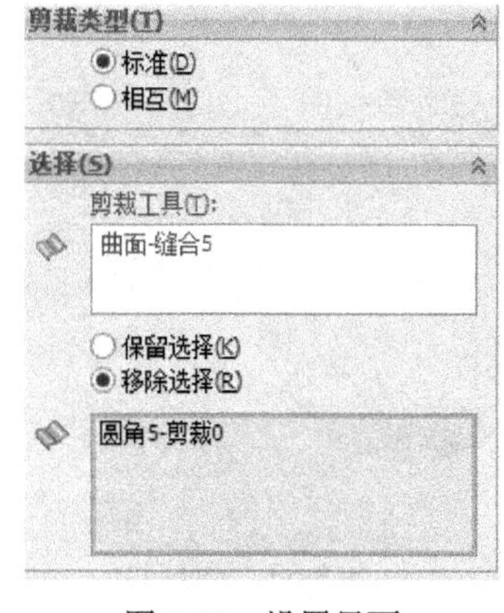

图 3-48　设置界面

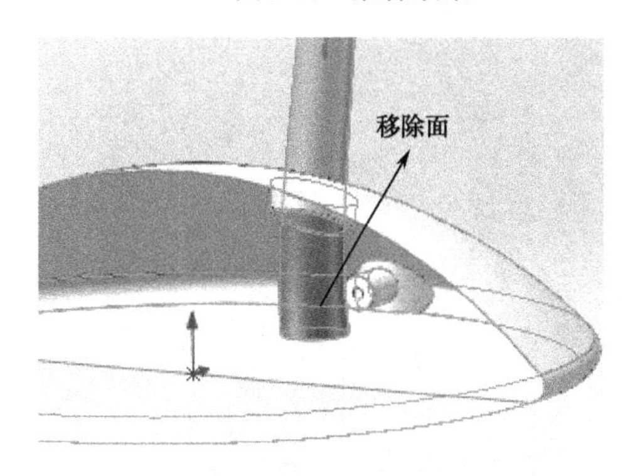

图 3-49　移除面

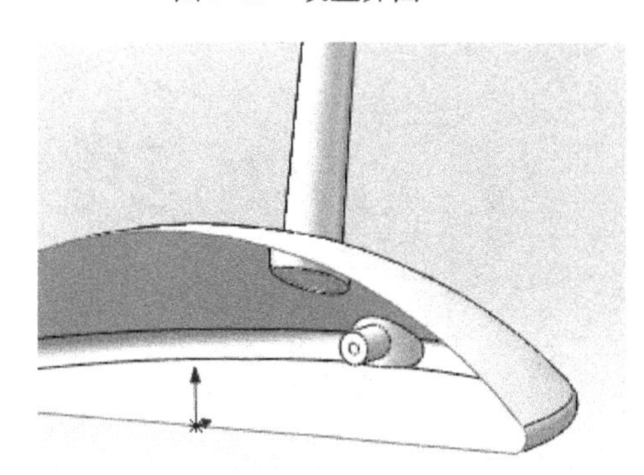

图 3-50　剪裁结果

（12）选择**加厚** 加厚，选择**底座**，向里加厚 **2mm**，设置界面如图 3-51 所示，加厚面如图 3-52 所示。同样支撑弯管也加厚。然后选择**基准面 3**（如图 3-44 所建立的基准面 3），单击**草图绘制** ，画一个电源图标，尺寸自己控制，如图 3-53 所示。然后选择**分割线** 分割线，选择草图 11，设置界面如图 3-54 所示，分割面如图 3-55 所示，分割结果如图 3-56 所示。最后选择**圆角**，尺寸自己控制，如图 3-57、图 3-58 所示 。

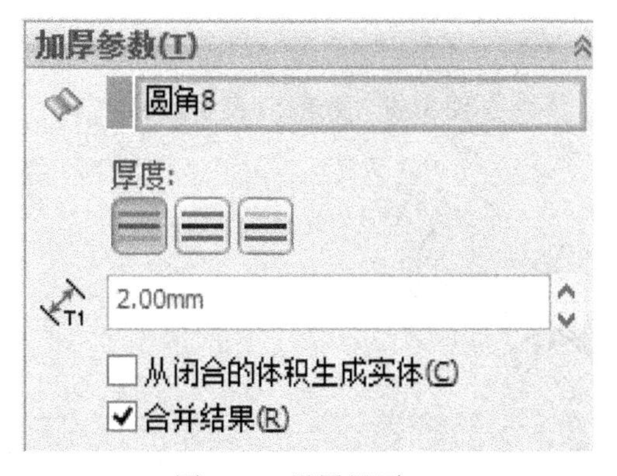

图 3-51　设置界面

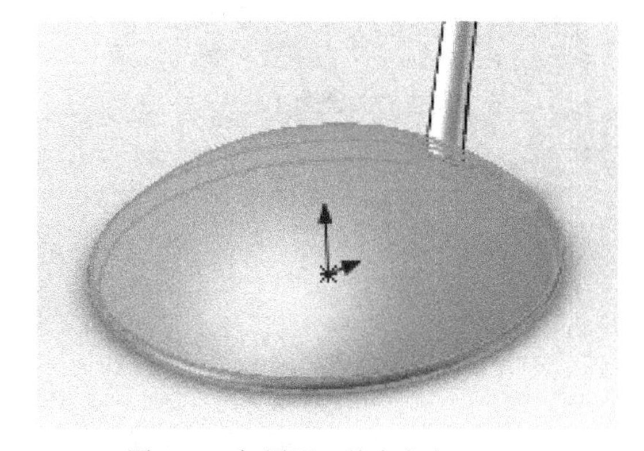

图 3-52　加厚面（整个底座）

（13）**创建灯罩**。选择**前视基准面** 前视基准面 →**正视于** →**草图绘制** ，绘制草图 12（尺寸可以自己控制，这里可做参考），如图 3-59 和图 3-60 所示。图 3-60 中的两个圆角分别为 50mm 和 100mm。

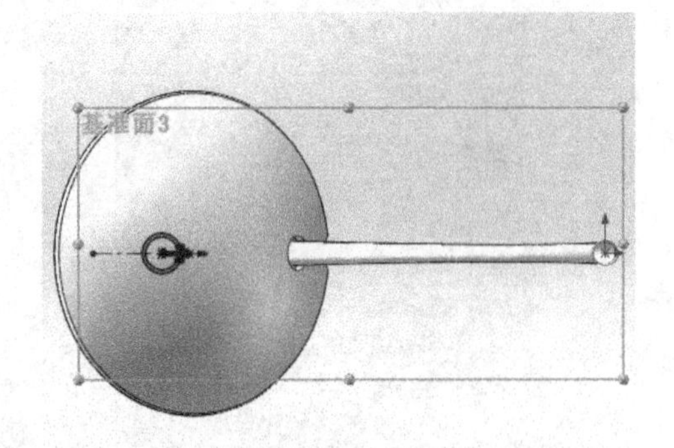

图 3-53 草图 11

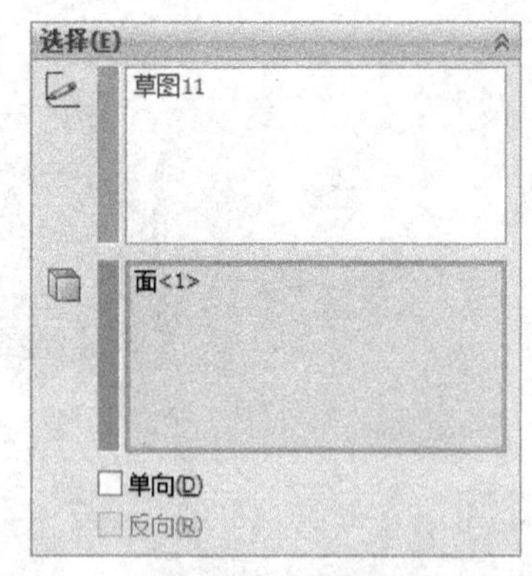

图 3-54 设置界面

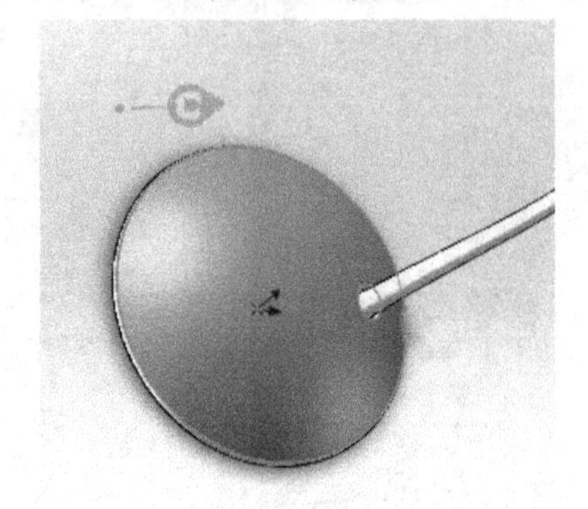

图 3-55 分割面

图 3-56 分割结果

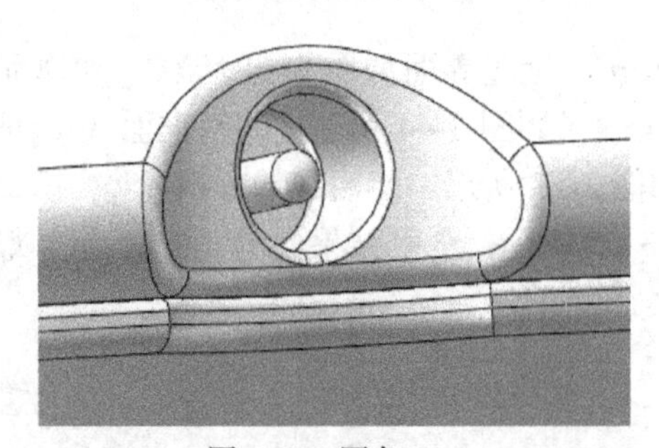

图 3-57 圆角 1

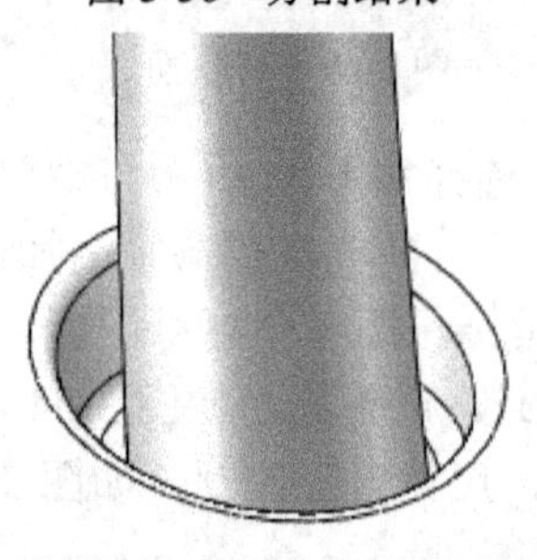

图 3-58 圆角 2（尺寸 2mm）

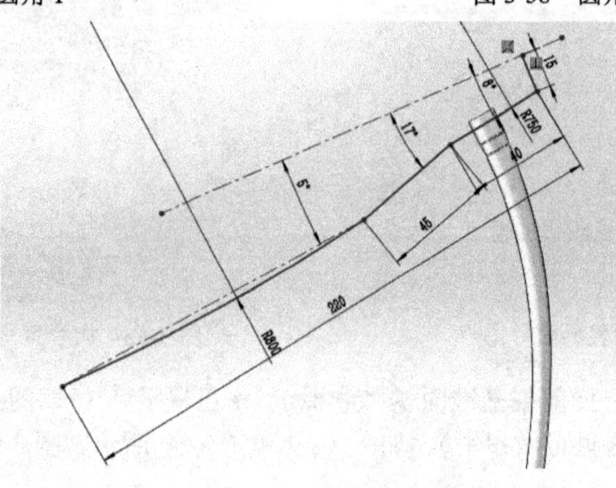

图 3-59 草图 12-1

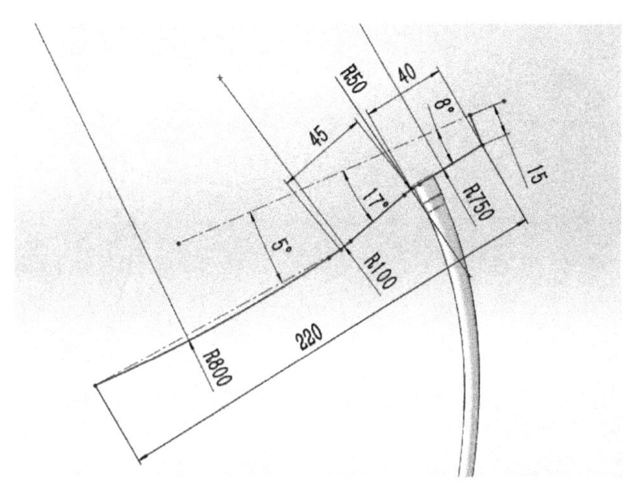

图 3-60　草图 12-2

（14）选择**旋转曲面**，设置界面如图 3-61 所示，旋转结果如图 3-62 所示。选择**草图绘制**，**绘制直径为 25mm 的圆**。选择如图 3-63 所示**的面①**，然后选择**曲面拉伸**，**设置界面**如图 3-64 所示，拉伸结果如图 3-65 所示。然后选择**曲面剪裁** 剪裁曲面，剪裁结果如图 3-66 所示。接着选择**曲面填充**，设置界面如图 3-67 所示，曲面填充结果如图 3-68 所示。然后选择该**填充曲面**→正视于→**草图绘制**，绘制草图 14，如图 3-69 所示。然后选择**曲面拉伸**，**剪裁曲面** 剪裁曲面，曲面拉伸结果如图 3-70 所示，剪裁曲面结果如图 3-71 所示。最后选择**曲面缝合**，如图 3-72 所示。

图 3-61　设置界面

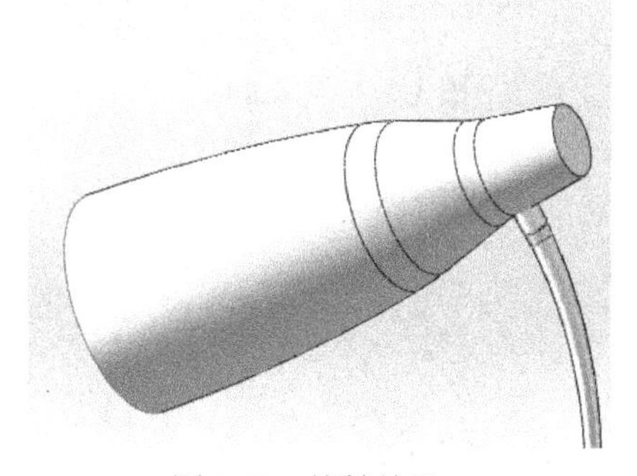

图 3-62　旋转结果

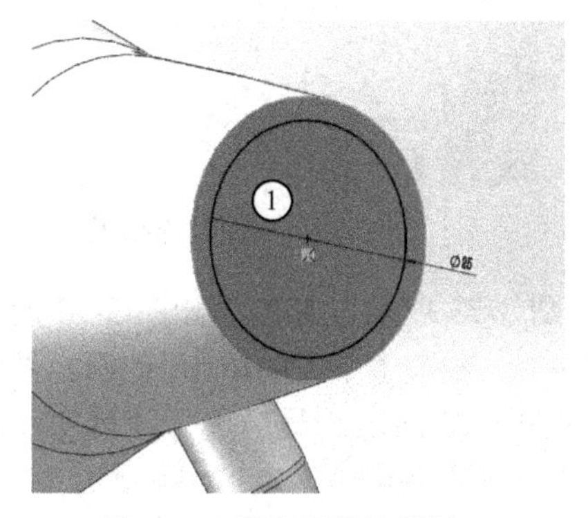

图 3-63　所选面①及草图 13

从(F)
草图基准面
方向 1
两侧对称
4.00mm
向外拔模(O)
封底

图 3-64　设置界面

图 3-65　拉伸结果

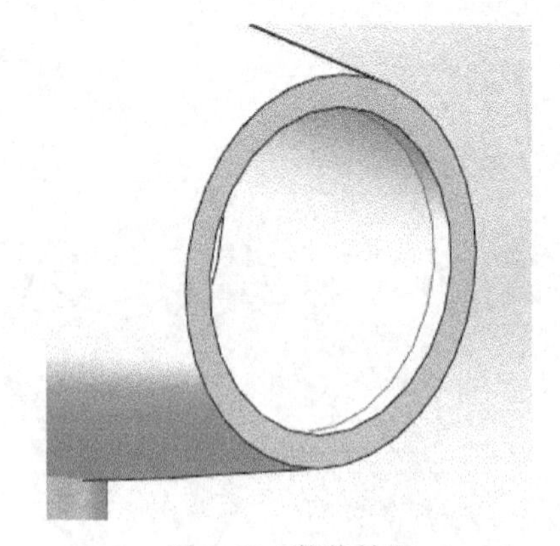
图 3-66　剪裁结果

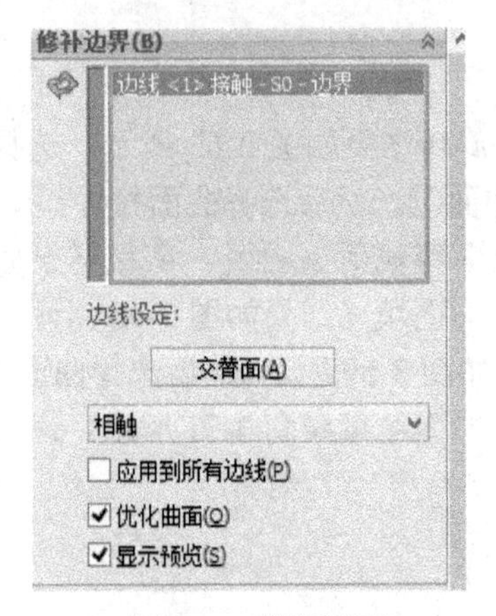

图 3-67　设置界面

图 3-68　曲面填充结果

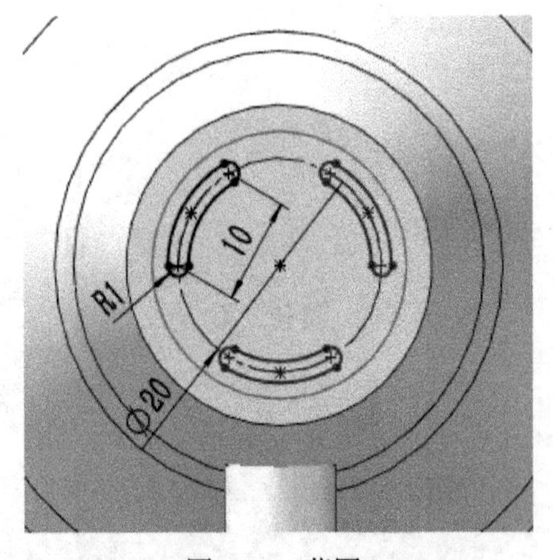

图 3-69　草图 14

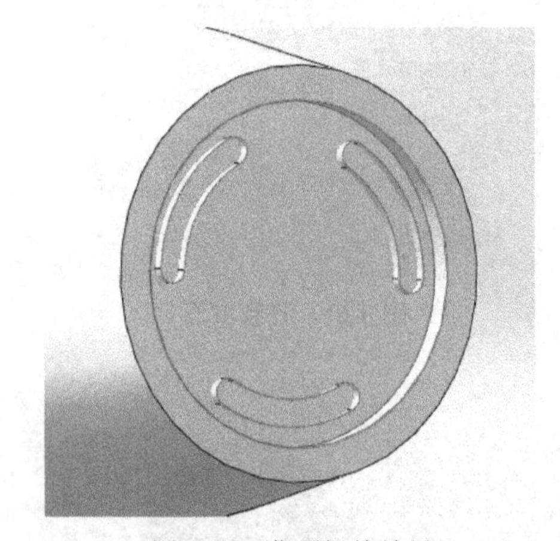
图 3-70　曲面拉伸结果

（15）选择**加厚** 加厚，加厚 **2mm**，设置界面如图 3-73 所示，加厚面如图 3-74 所示。选择如图 3-75 所示的**面①**，选择**正视于**→**草图绘制**，**绘制直径为 10mm 的圆**。然后选择**拉伸切除**，选择**给定深度**为 **1mm**，拉伸切除结果如图 3-76 所示。最后选择**圆角**（尺寸自己控制），如图 3-77 和图 3-78 所示。

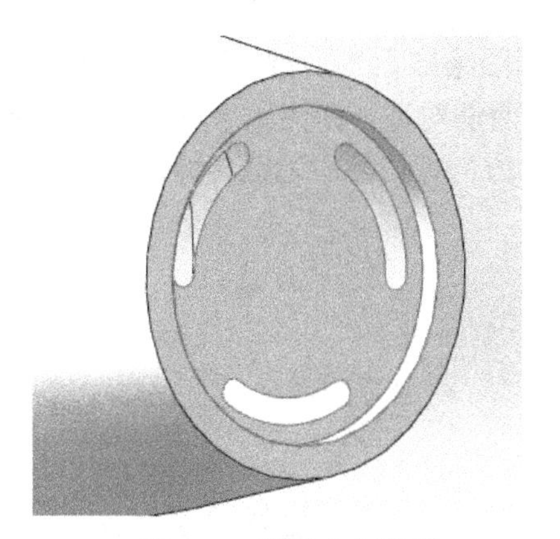

图 3-71　剪裁曲面结果

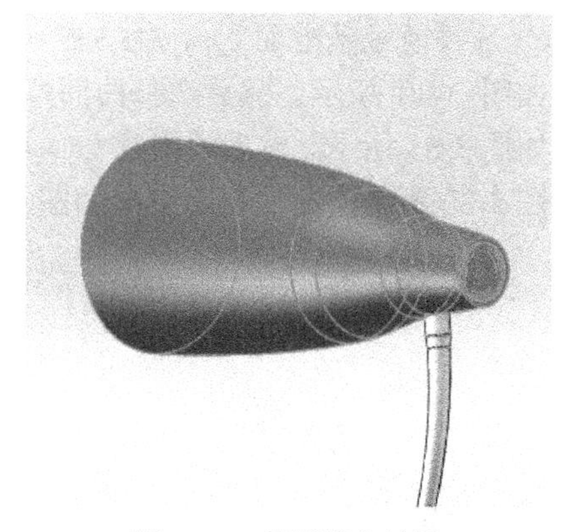

图 3-72　曲面缝合结果

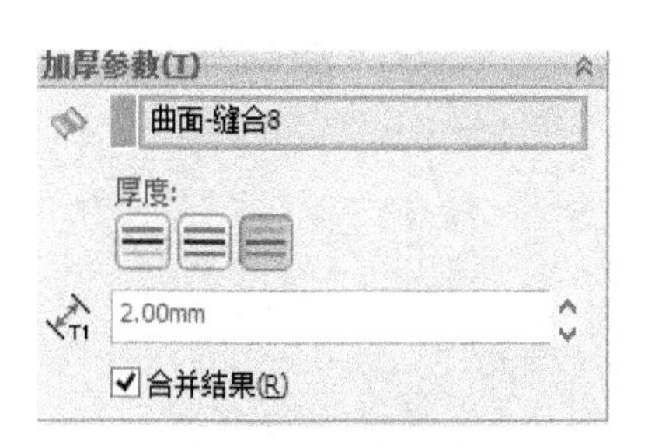

图 3-73　设置界面

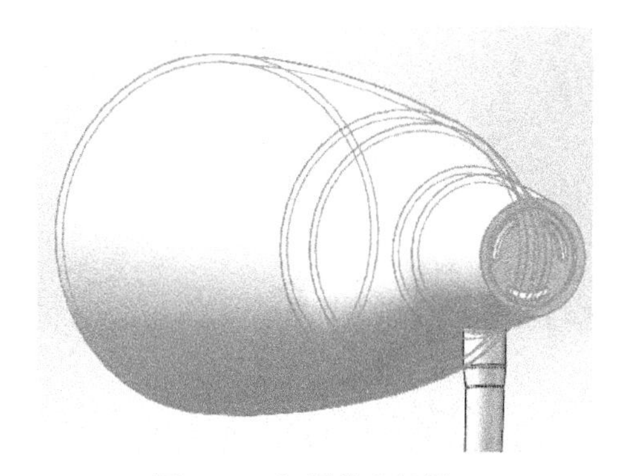

图 3-74　加厚整个灯罩

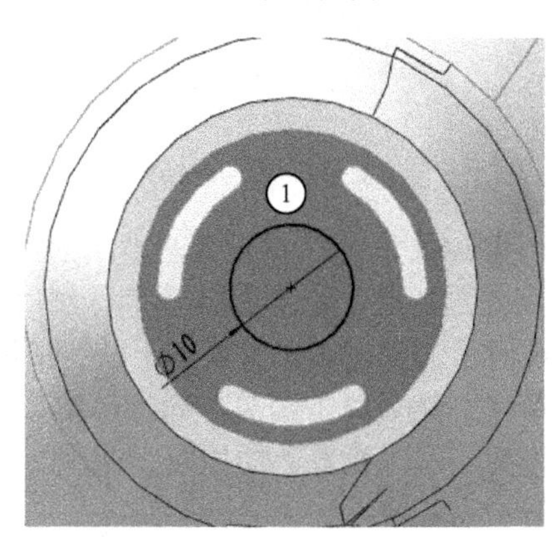

图 3-75　草图 15

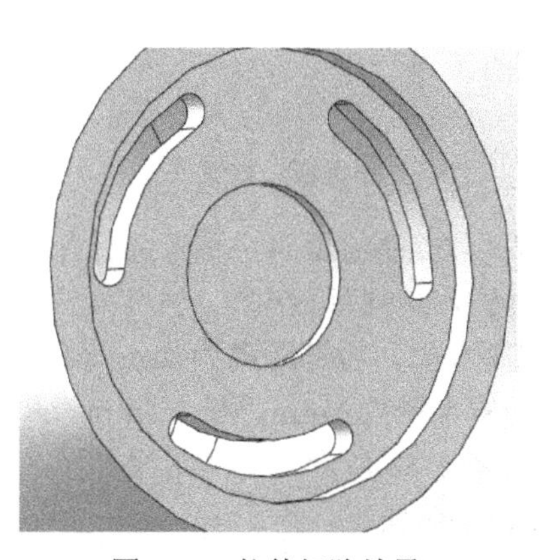

图 3-76　拉伸切除结果

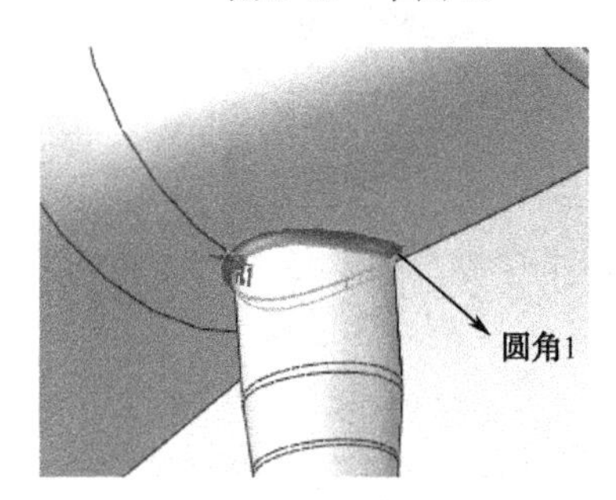

图 3-77　圆角 1

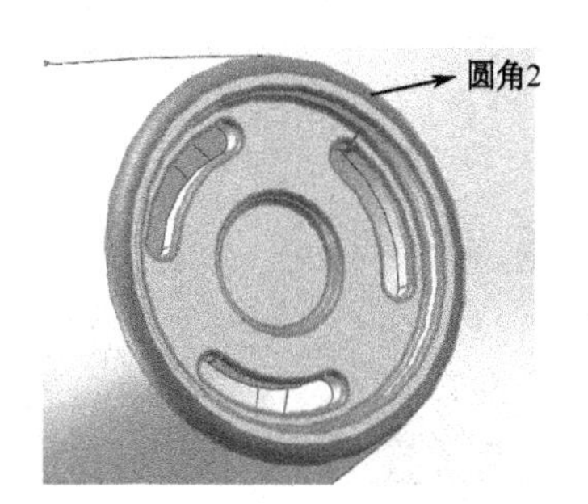

图 3-79　圆角 2

（16）选择**前视基准面** 前视基准面 →**正视于**→**草图绘制**，绘制草图16，倾斜度自己调节，如图3-80所示。然后选择**曲面拉伸**，方向为**两侧对称**，距离大于灯罩即可，曲面拉伸结果如图3-81所示。然后利用 使用曲面切除，注意切除方向，切除后**隐藏拉伸曲面即**可。设置界面如图3-82所示，曲面切除结果如图3-83所示。

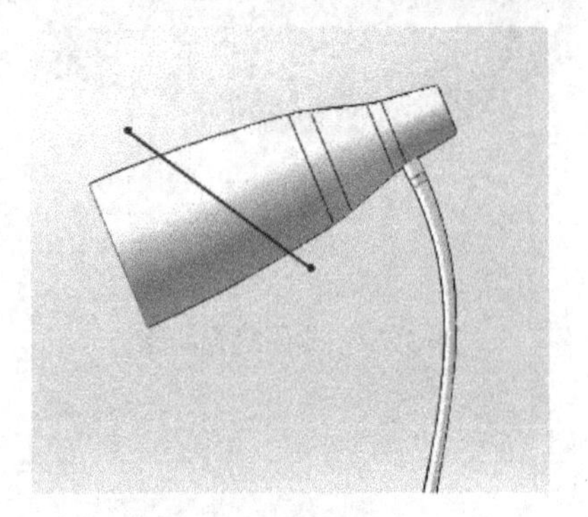

图3-80　草图16

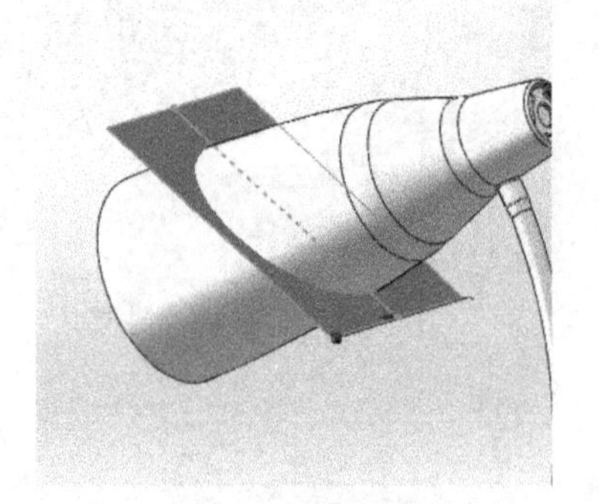

图3-81　曲面拉伸结果

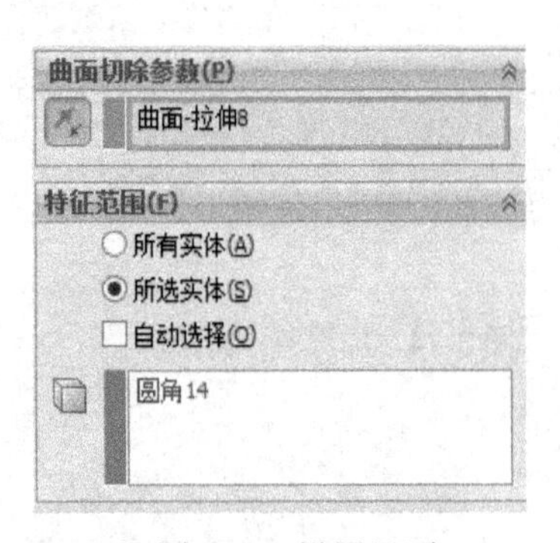

图3-82　设置界面

图3-83　曲面切除结果

（17）**建立基准面4**，参考选择灯罩上的边线，如图3-84所示。然后此基准面上，选择**草图绘制**，绘制草图17，尺寸自己控制，在灯罩厚度范围即可，如图3-85所示。然后选择**拉伸凸台/基体**，**拉伸距离为2m**。然后选择如图3-86所示**的面①**，选择**正视于**→**草图绘制**，设置**半径为1mm**，**长1.5mm**，草图如图3-87所示。然后单击**圆周阵列** 圆周阵列，设置界面如图3-88所示，阵列结果如图3-89所示。再阵列一次，设置界面如图3-90所示，阵列结果如图3-91所示。

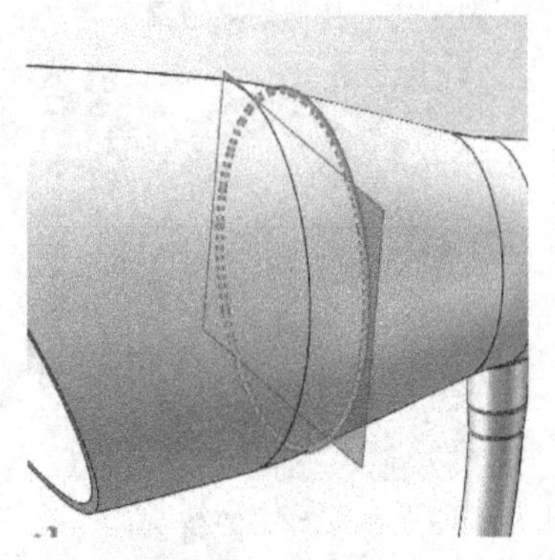

图3-84　基准面4

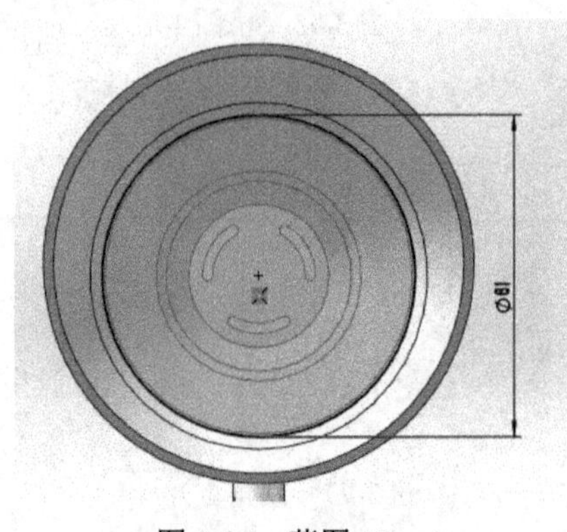

图3-85　草图17

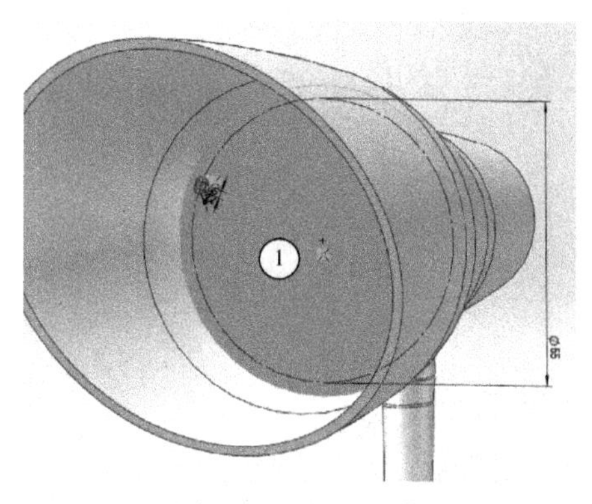

图 3-86　所选面①

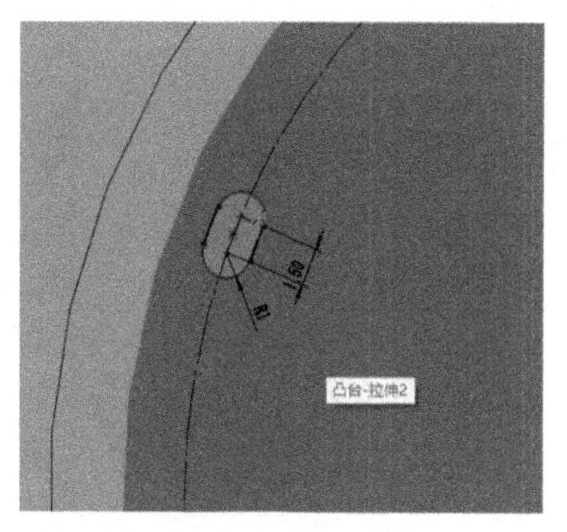

图 3-87　草图 18

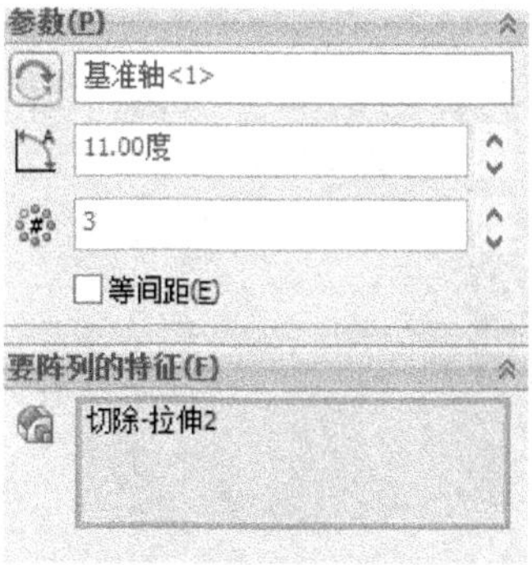

参数(P)
基准轴<1>
11.00度
3
☐等间距(E)
要阵列的特征(F)
切除-拉伸2

图 3-88　设置界面

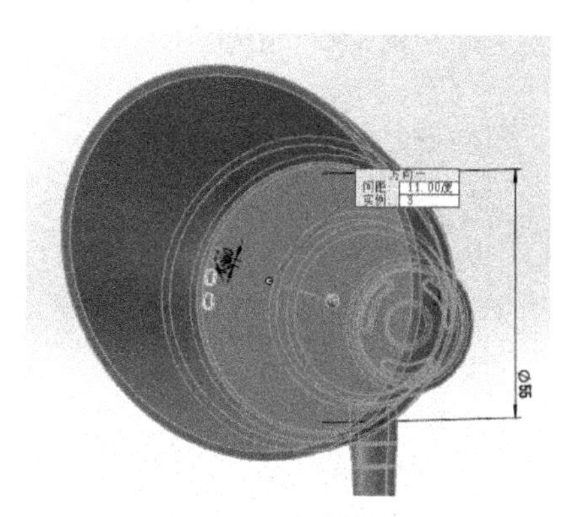

图 3-89　阵列结果

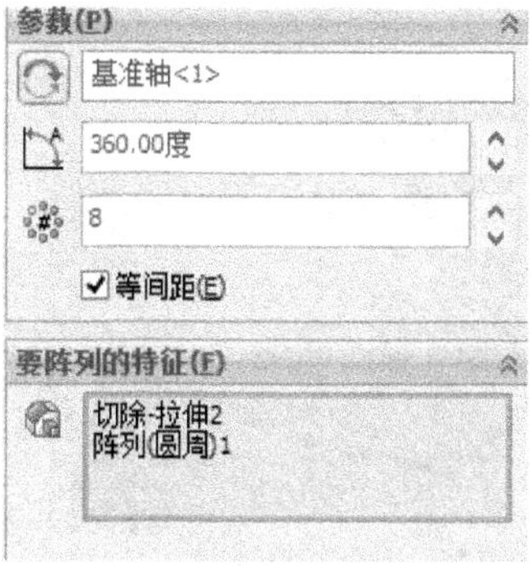

参数(P)
基准轴<1>
360.00度
8
☑等间距(E)
要阵列的特征(F)
切除-拉伸2
阵列(圆周)1

图 3-90　设置界面

图 3-91　阵列结果

（18）选择如图 3-92 所示的面①，绘制草图 19，设置圆直径为 **50mm**。然后选择**分割线** 分割线，分割所示的面①，效果如图 3-93 所示。然后选择**圆顶** 圆顶，选择刚分割的面，设置参数为 **40mm**。设置界面如图 3-94 所示，圆顶效果如图 3-95 所示。选择**抽壳** 抽壳，设置参数为 **1mm**，显示结果如图 3-96 和图 3-97 所示。最后检查细节，查看是否有遗漏的**圆角**。

（19）至此，完成了**小台灯**的全部建模工作，最终模型如图 3-98 所示。单击**保存**，在**另存为**对话框中将其文件名改为**小台灯**，保存类型为**零件**（***.prt**；***.sldprt**），单击**保存**完成存盘。

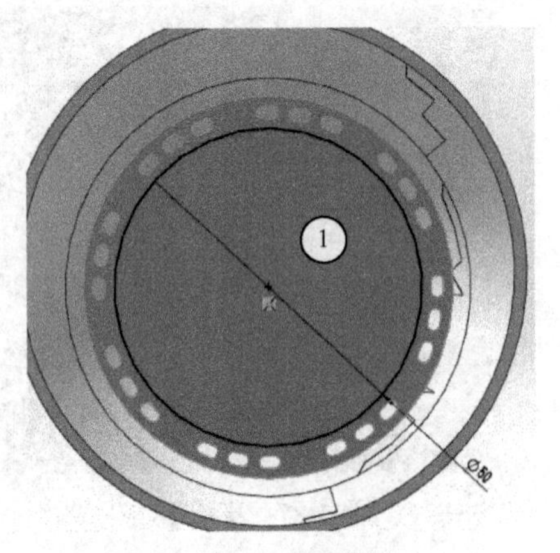

图 3-92　所选面①

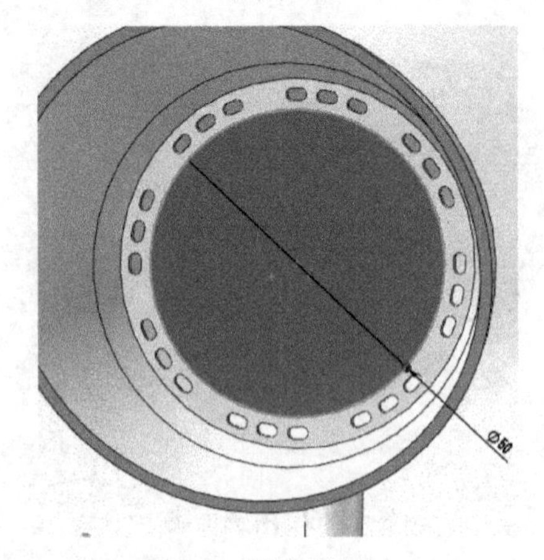

图 3-93　分割结果

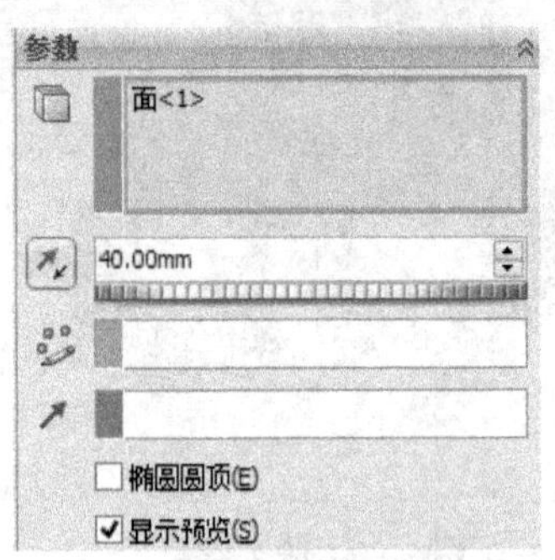

图 3-94　设置界面

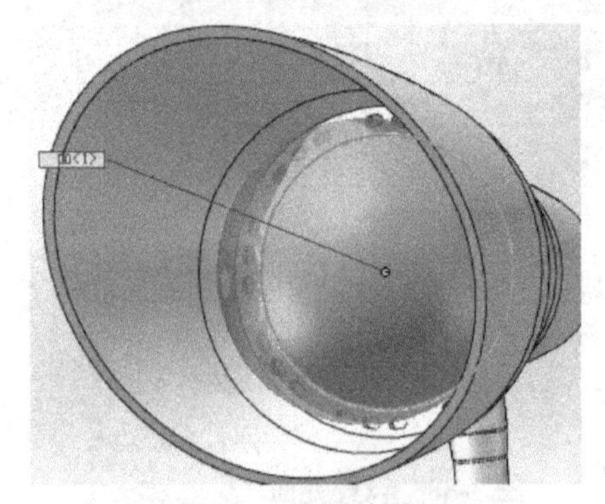

图 3-95　圆顶效果

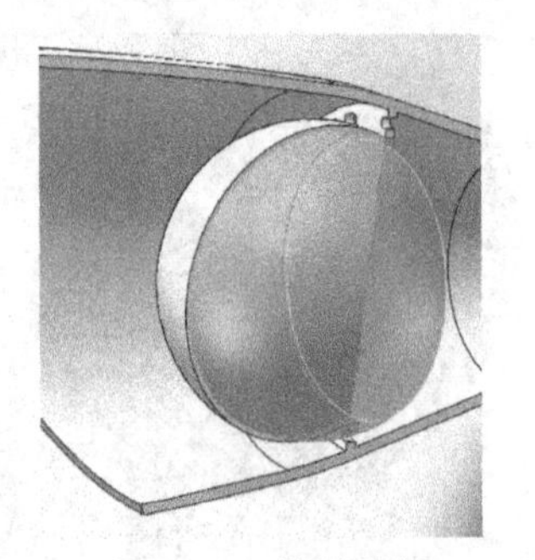

图 3-96　显示结果

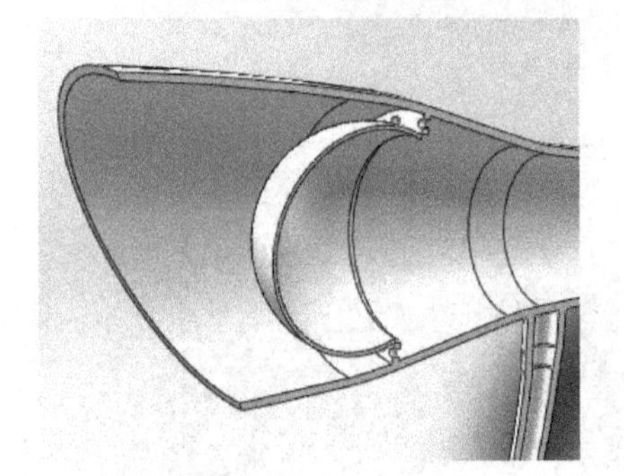

图 3-97　显示结果

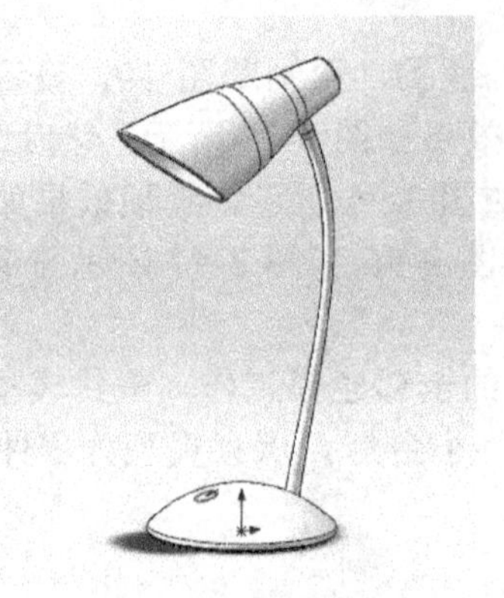

图 3-98　完成模型

（20）使用 Photoview360 插件（或者 Keyshot 软件），对零件赋予材质并进行渲染，最终效果如图 3-99 所示。

图 3-99 渲染效果

3.3 思考

（1）第（9）步的曲面放样是否能用其他方法来做，是否更简便？提示（等距曲面、边界曲面）

（2）支撑弯管能否用曲面扫描来做？

（3）灯罩是否用曲面放样更简便？该如何操作？

（4）若整个小台灯用实体来做是否会比用曲面来做更简单？

案例 4

沐浴露瓶建模

4.1 案例概述

本案例详细介绍了一款沐浴露瓶的设计过程，它由瓶身、瓶盖两部分装配而成，主要用到的功能有放样、拉伸凸台/基体、拉伸切除、扫描等，设计树如图 4-1 所示，装配图如图 4-2 所示。

设计树：

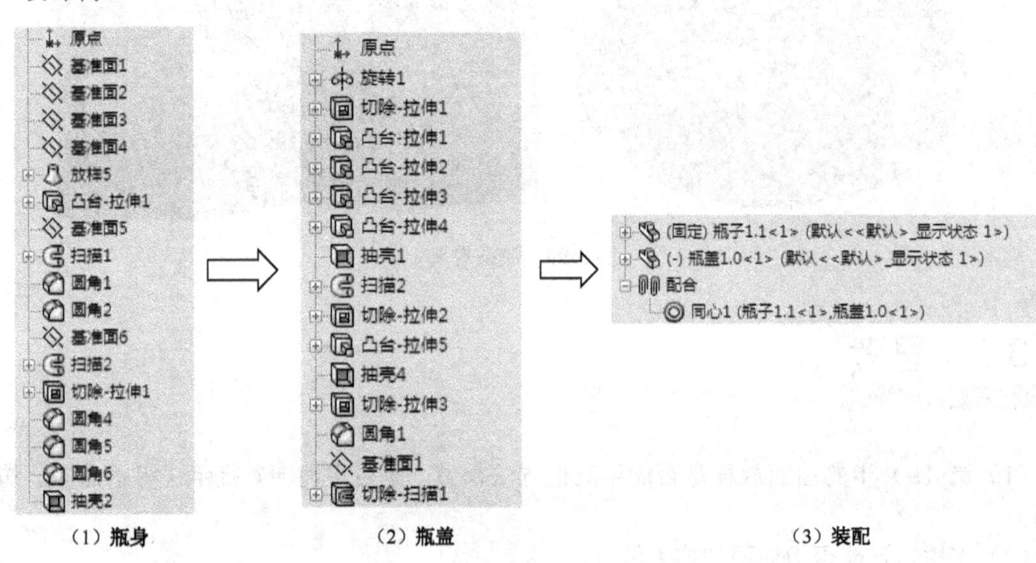

（1）瓶身　　（2）瓶盖　　（3）装配

图 4-1　零件建模、装配设计树

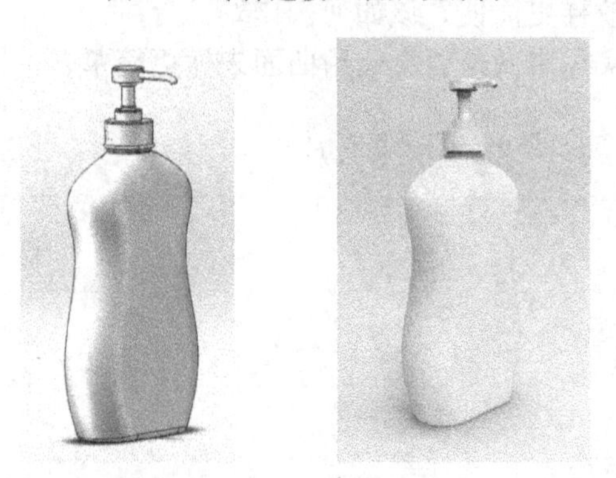

图 4-2　装配图

4.2　操作步骤

4.2.1　沐浴露瓶身建模

（1）启动 SolidWorks，单击**文件→新建**命令，选择**零件**图标，然后单击**确定**，进入建模环境。

（2）选择**特征**中**参考几何体**选项中的**基准面** 基准面 建立基准面，与上视基准面距离为 **60mm**。

（3）重复操作，分别建立与**上视基准面**距离为 **150mm**、**180mm**、**210mm** 的基准面。

（3）选择**前视基准面** 前视基准面，单击**草图绘制**，绘制草图 1，如图 4-3 所示。

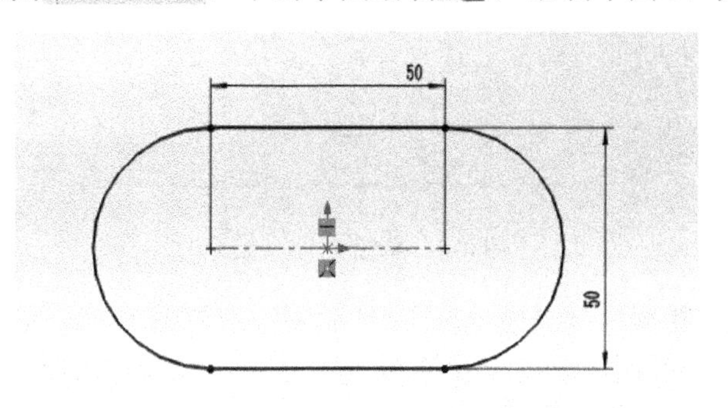

图 4-3　草图 1

（5）单击**退出草图** 或 退出草图。分别在基准面 1、2、3、4 绘制草图。尺寸如图 4-4 所示。

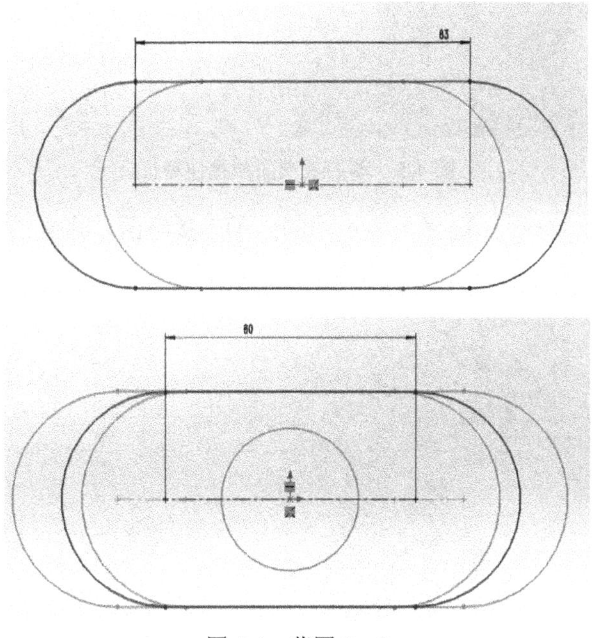

图 4-4　草图 2～5

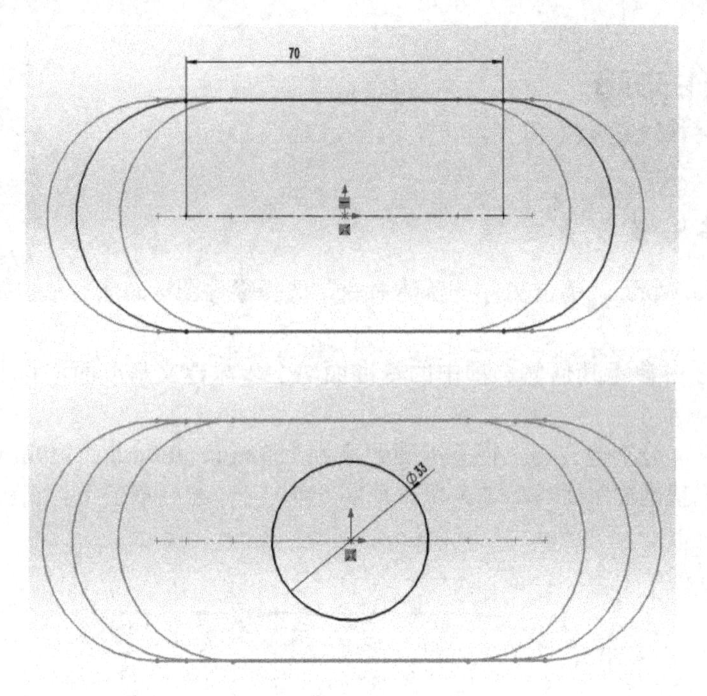

图 4-4　草图 2～5（续）

（6）单击**放样凸台/基体** 放样凸台/基体，按顺序选中草图 1～5，放样实体。

（7）选择图 4-5 所示的面，单击**草图绘制**，绘制一个如草图 5 一样直径为 33mm 的圆，单击**拉伸凸台/基体**，特征如图 4-5 所示。

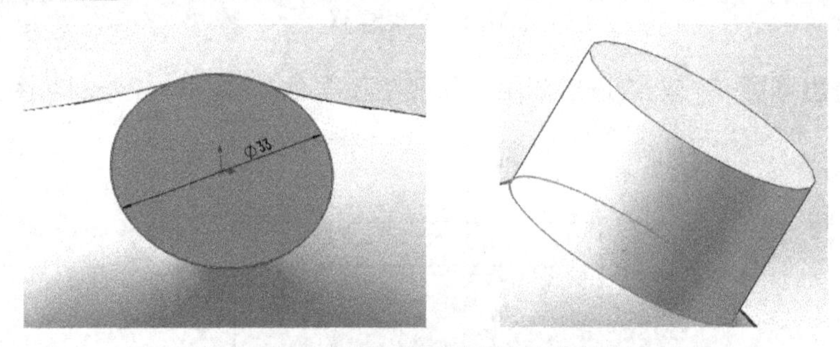

图 4-5　草图基准面和拉伸特征

（8）单击**基准面** 基准面，选择图 4-6 中的面①为参考面，建立与该参考面距离为 16mm 的基准面。

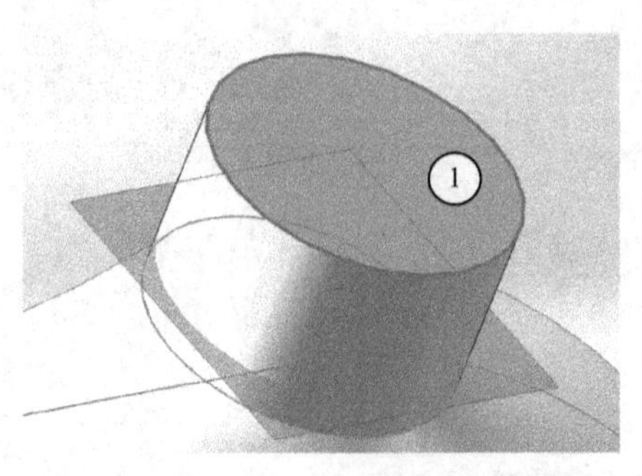

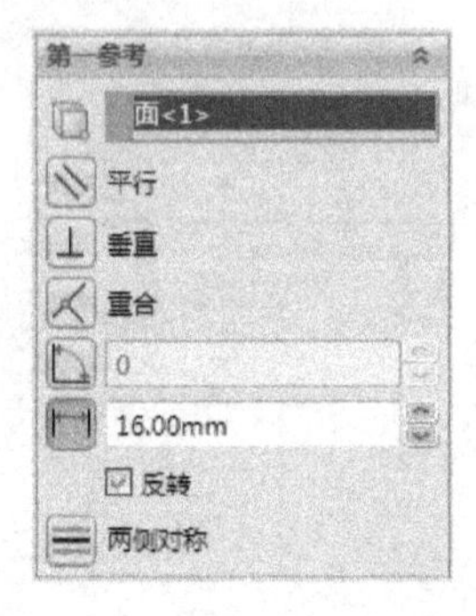

图 4-6　基准面 5 的建立

（9）选择基准面 5，单击**草图绘制**，绘制与凸台一样大小，直径为 33mm 的圆，退出草图，选择**前视基准面**，绘制草图 8，如图 4-7 所示，退出草图，单击**扫描** 扫描。

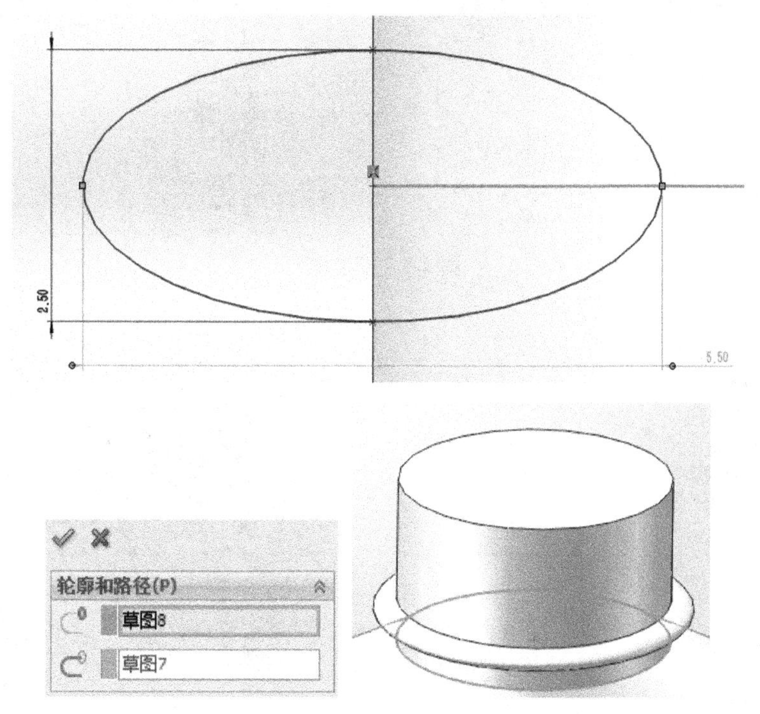

图 4-7　草图 8、扫描特征

（10）单击**圆角**，圆角尺寸如图 4-8 所示。

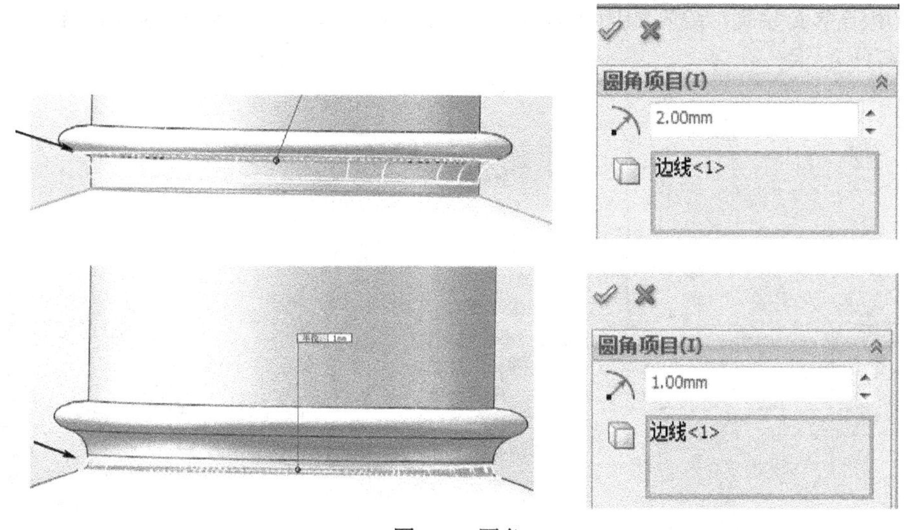

图 4-8　圆角

（11）单击**基准面** 基准面，建立如图 4-9 所示的基准面。

（12）选择基准面 6，绘制与台体一样大小，直径为 33mm 的圆，单击**插入→曲线**，单击**螺旋线/涡状线** 螺旋线/涡状线，尺寸如图 4-10 所示。

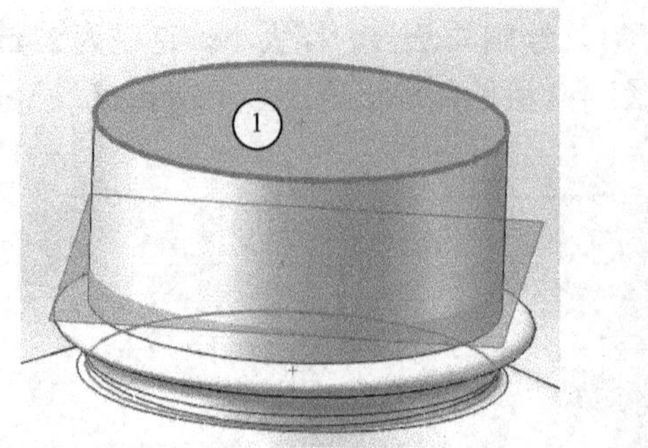

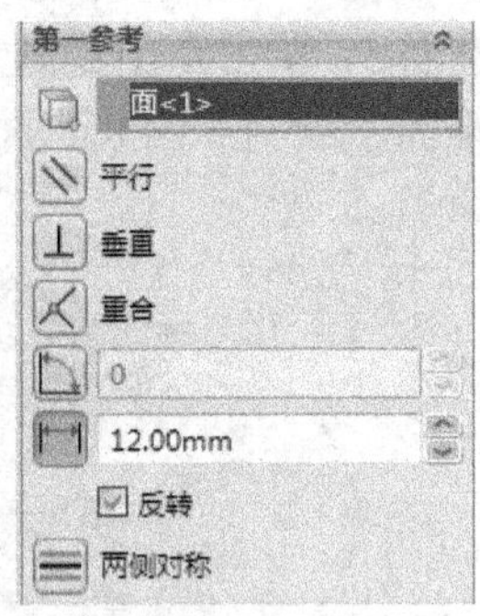

图 4-9 基准面 6

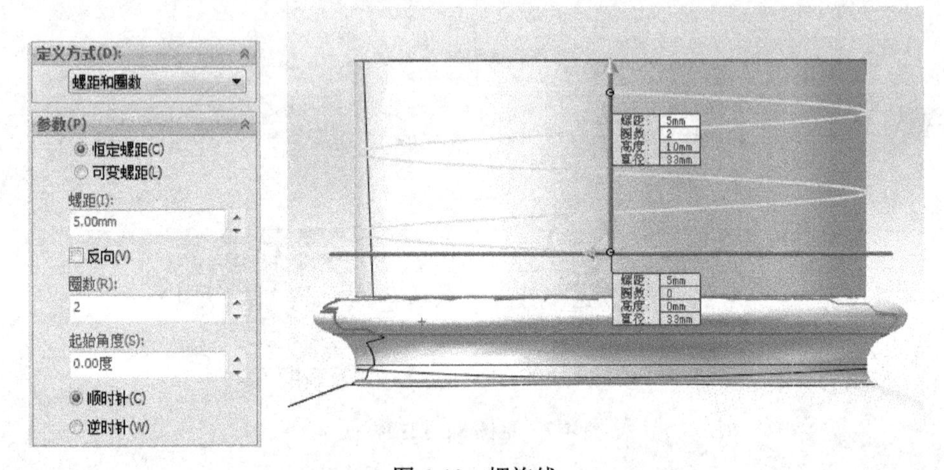

图 4-10 螺旋线

（13）单击**草图绘制**，绘制如图 4-11 所示草图，单击**退出草图**，选择**扫描** 扫描，扫描特征如图 4-11 所示。

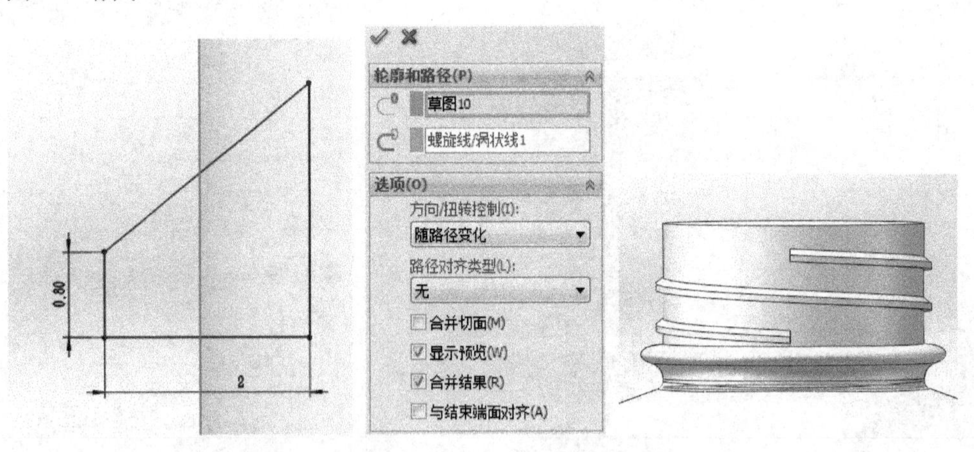

图 4-11 草图 10、扫描特征

（14）选择瓶底底面为基准面**绘制草图**，草图尺寸如图 4-12 所示，然后单击**拉伸切除**，尺寸如图 4-12 所示。

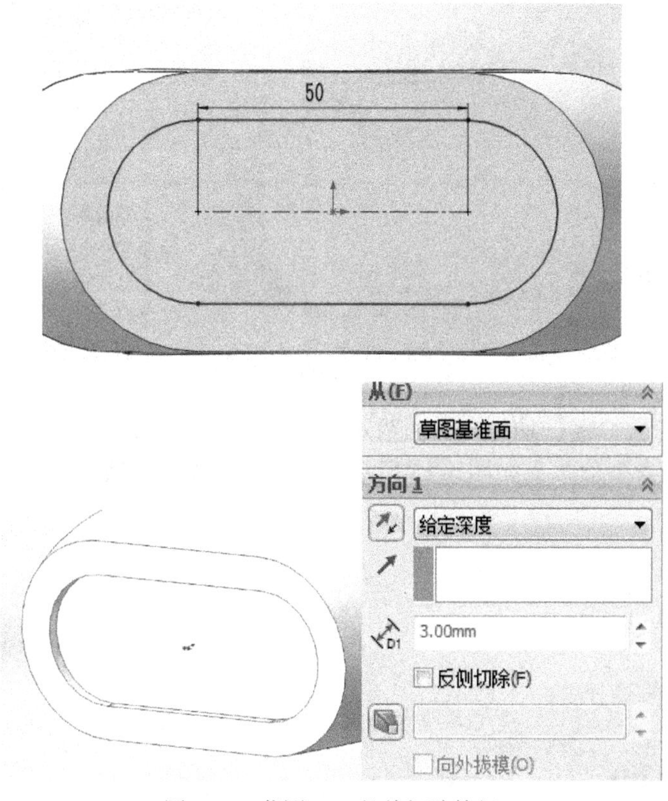

图 4-12　草图 11、拉伸切除特征

（15）底部圆角，单击**圆角**，尺寸如图 4-13 所示。

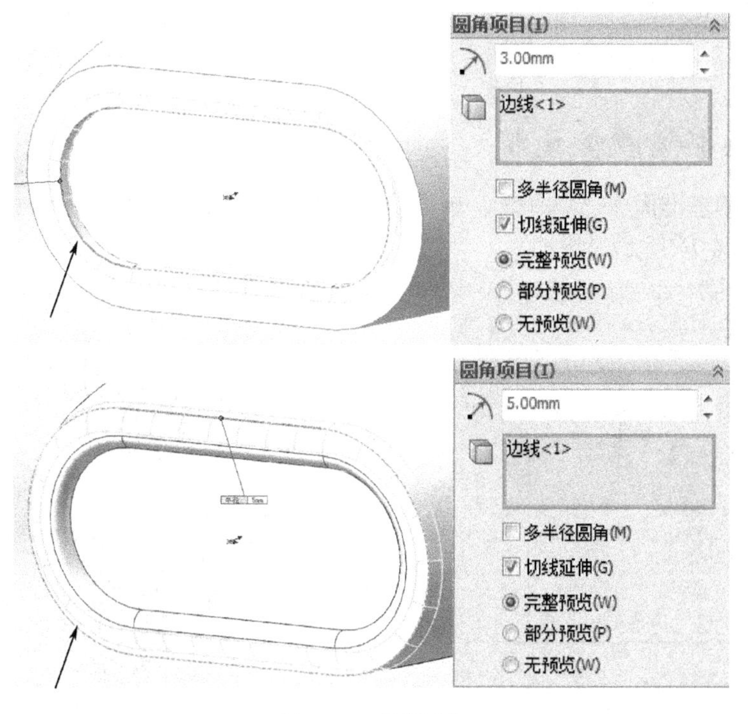

图 4-13　底部圆角

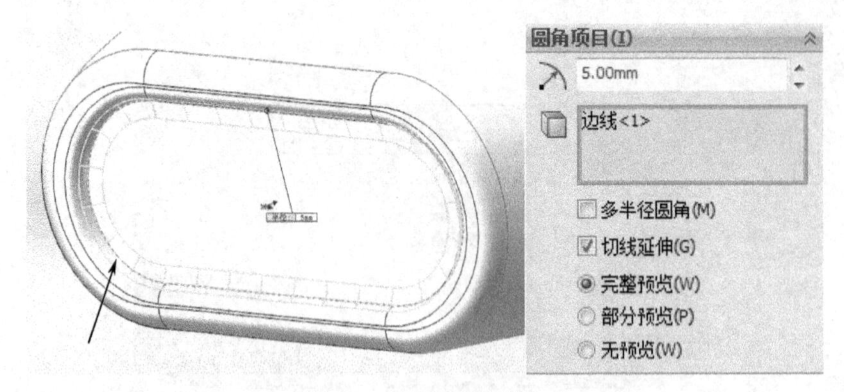

图 4-13　底部圆角（续）

（16）单击**抽壳**抽壳，抽壳尺寸如图 4-14 所示。

（17）沐浴露瓶身整体效果如图 4-15 所示，并保存文件为“瓶身”，格式为**.SLDPRT**。

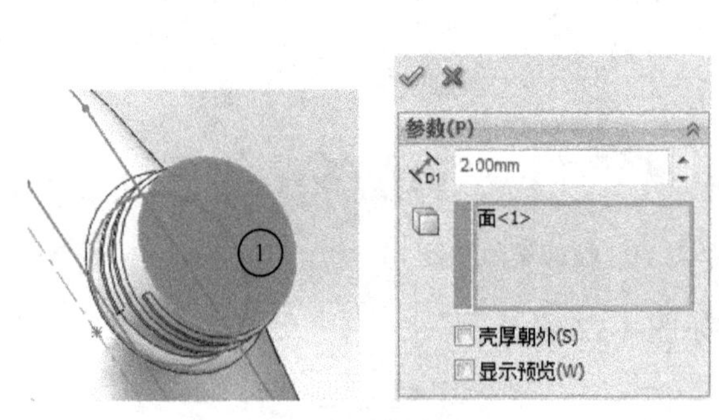

图 4-14　抽壳

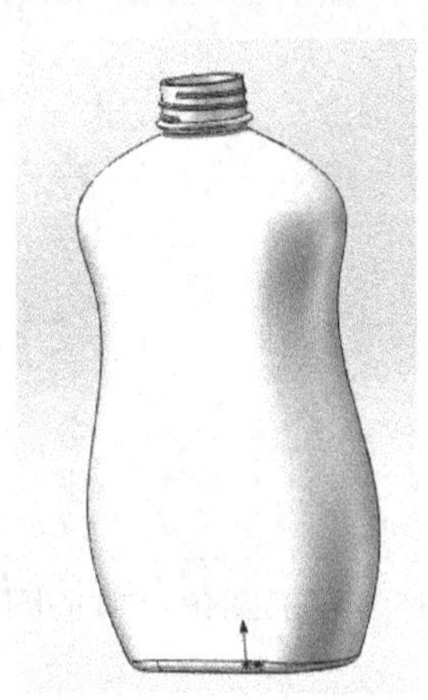

图 4-15　瓶身整体图

4.2.2　沐浴露瓶盖建模

（1）选择**前视基准面**前视基准面，单击**草图绘制**，绘制图 4-16 所示的草图，单击**旋转台体**，得到图 4-16 所示的特征。

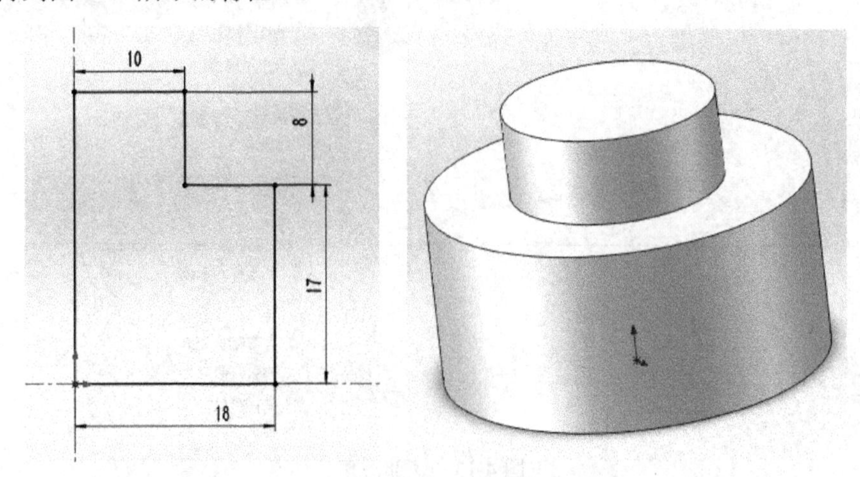

图 4-16　草图 1、旋转实体

（2）选择如图 4-17 所示的面，单击**草图绘制**，绘制直径为 14mm 的圆，单击**拉伸切除**，切除深度为 7mm。

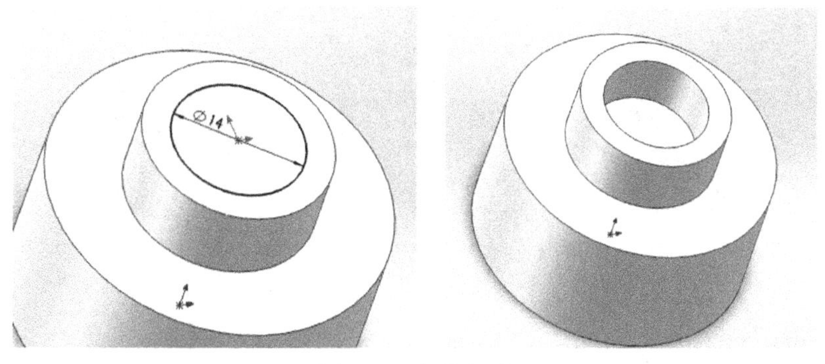

图 4-17 拉伸切除

（3）选择如图 4-18 所示的面①，绘制直径为 34mm 的圆，单击**拉伸切除**，切除深度为 15mm。

（4）选择如图 4-19 所示的面，绘制直径为 11mm 的圆，单击**拉伸**，拉伸 10mm。选择如图 4-20 所示的面，绘制直径为 9.4mm 的圆，拉伸 15mm，选择如图 4-21 所示的面①，绘制直径为 12mm 的圆，拉伸 13mm。

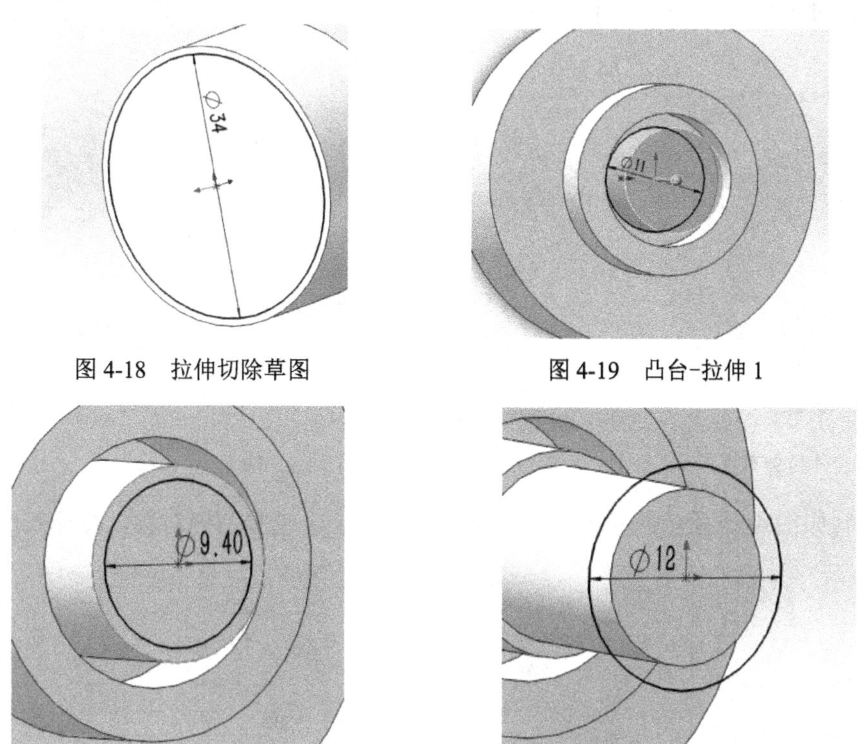

图 4-18 拉伸切除草图　　图 4-19 凸台-拉伸 1

图 4-20 凸台-拉伸 2　　图 4-21 凸台-拉伸 3

（5）选择如图 4-22 所示的面，绘制直径为 24mm 的圆，单击**拉伸凸台/基体**，拉伸 8mm，取消合并实体，单击**抽壳** 抽壳，**厚度**为 **1mm**，如图 4-22 所示。

（6）选择前视基准面，在图 4-23 的图示位置绘制直径为 5mm 的圆，单击**退出草图**，选择右视基准面，绘制如图 4-23 所示的草图，退出草图，单击**扫描** 扫描。

（7）选择如图 4-24 所示的面，绘制直径为 7mm 的圆，单击**拉伸凸台/基体**，拉伸距离为 200mm。

图 4-22　拉伸凸台/基体、抽壳

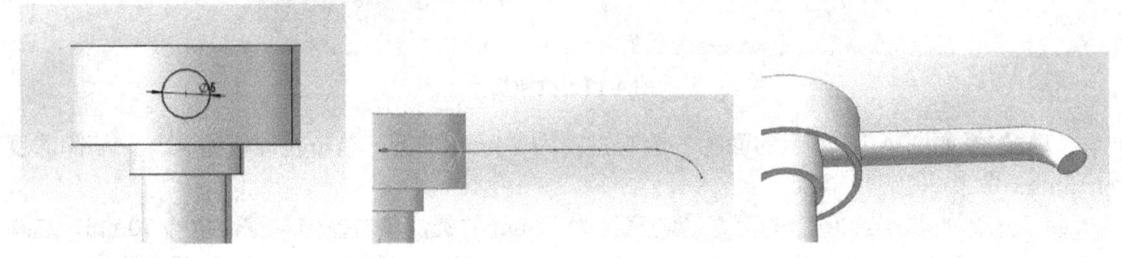

图 4-23　扫描

（8）单击**抽壳**抽壳，选中管子的两端（图 4-25 中的面①和面②），**抽壳厚度为 0.5mm**，如图 4-25 所示。

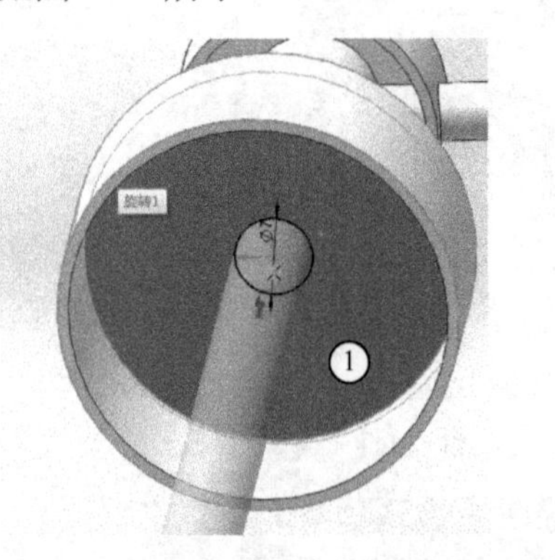

图 4-24　拉伸草图

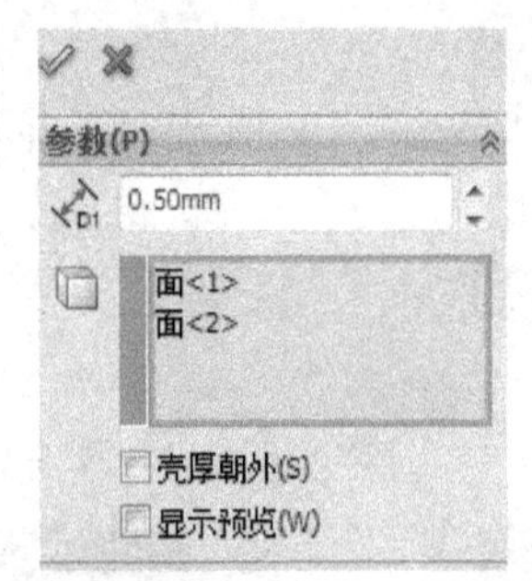

图 4-25　抽壳

（9）绘制如图 4-26 所示的草图，单击**拉伸切除**，选择**两侧对称**，**拉伸长度为 10mm**。

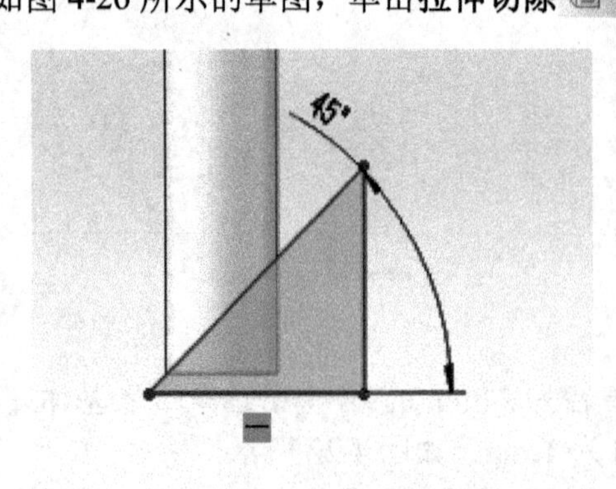

图 4-26　拉伸切除

（10）单击**圆角** ，半径为 **1mm**，如图 4-27 所示。

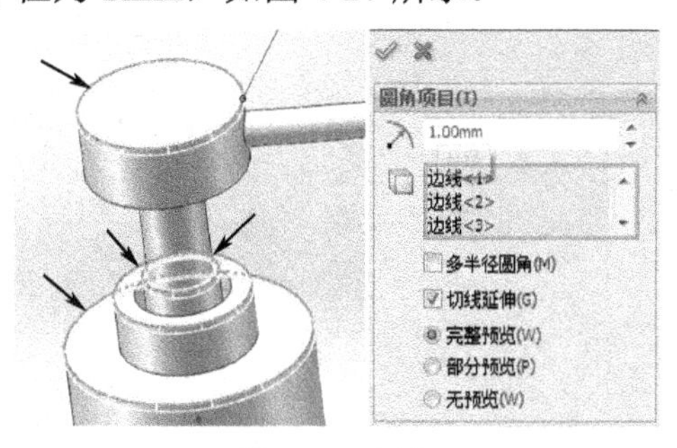

图 4-27　圆角

（11）单击**基准面** 基准面 ，距离所选面为 **3mm**，选择基准面，绘制直径为 34mm 的圆，单击**插入→曲线**，单击**螺旋线/涡状线** 螺旋线/涡状线(H)... ，尺寸如图 4-28 所示。

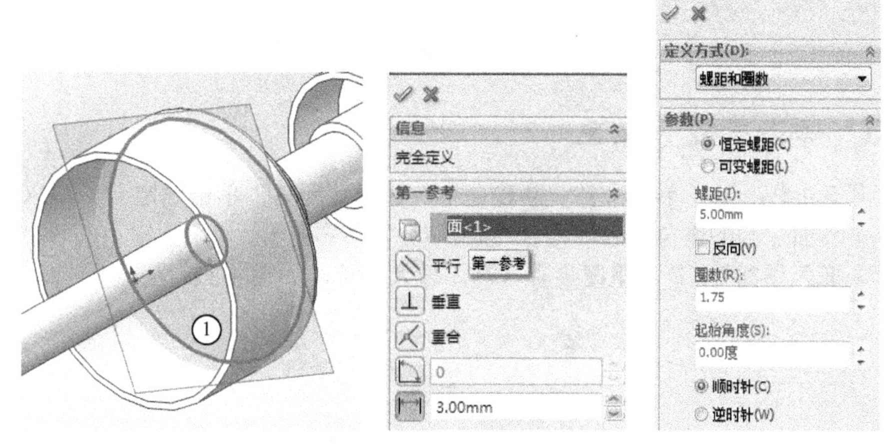

图 4-28　基准面、螺旋线

（12）退出草图，选择**前视基准面**，单击**草图绘制** ，绘制如图 4-29 所示的草图，单击**退出草图** ，单击**扫描切除** 扫描切除 ，如图 4-29 所示。

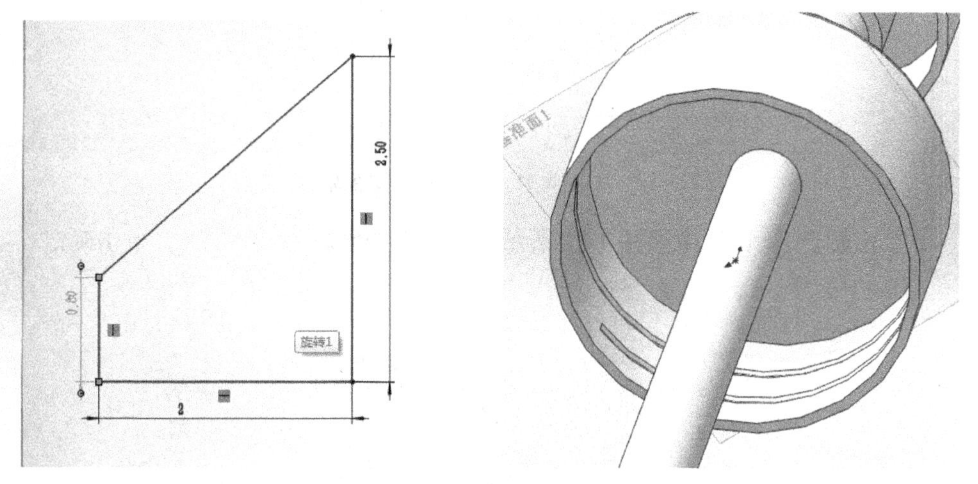

图 4-29　扫描切除

（13）沐浴露瓶盖完整模型，如图 4-30 所示，并保存文件为“瓶盖”，格式为**.SLDPRT**。

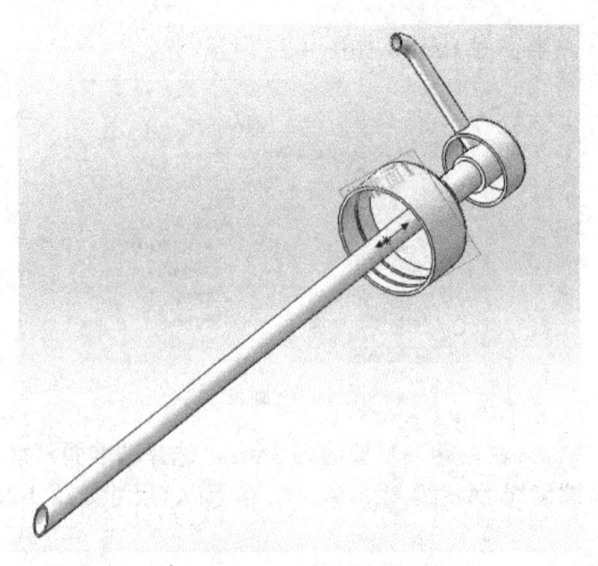

图 4-30 瓶盖整体图

4.2.3 沐浴露瓶子装配

（1）打开 SolidWorks，单击**文件→新建**命令，选择**装配体**，单击**确定**，进入建模环境。

（2）单击界面左侧的**浏览**，选中瓶身，单击**打开**。

（3）单击**插入零部件**，重复步骤（2），导入瓶盖，如图 4-31 所示。

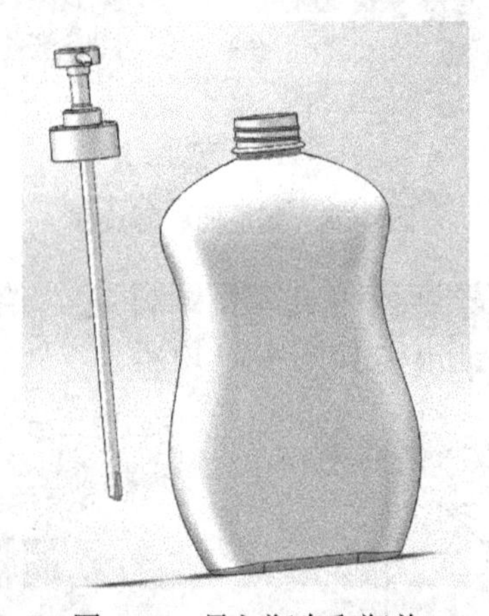

图 4-31 导入瓶身和瓶盖

（4）单击**配合**，选中如图 4-32 所示的面，选择**同轴心**，单击**确定**。

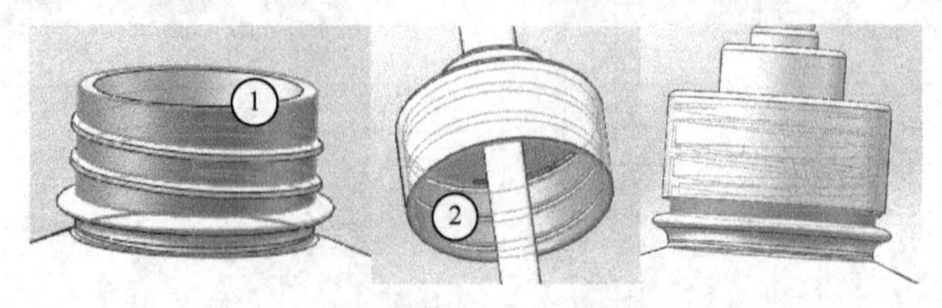

图 4-32 同轴心配合

（5）选中如图 4-33 所示的面，选择**重合**，单击**确定**。

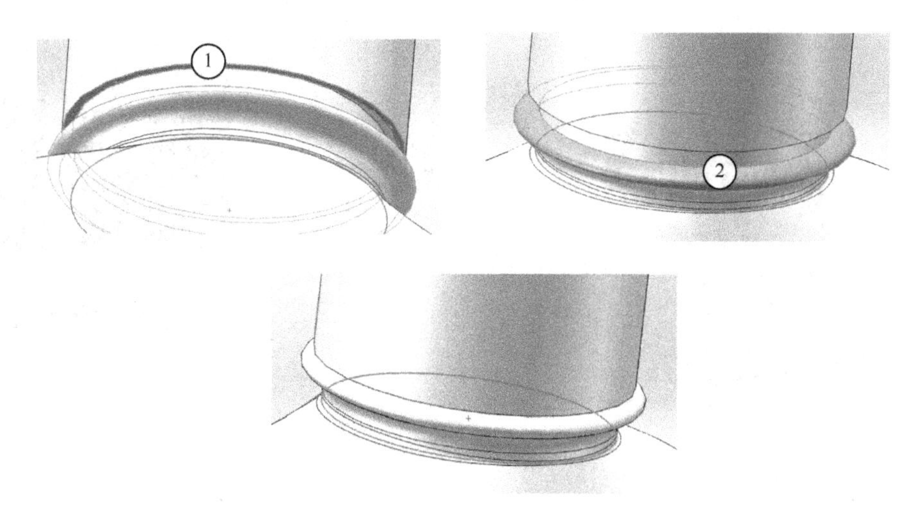

图 4-33　重合配合

（6）整体图如图 4-34 所示，保存装配图。

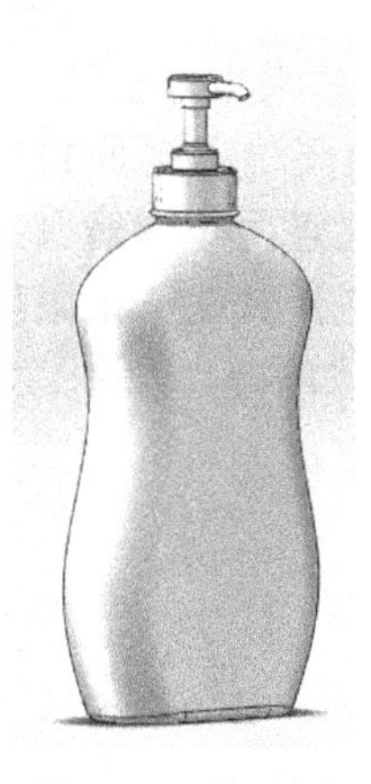

图 4-34　装配图

4.3　思考

（1）本案例步骤中的**拉伸切除**命令可否用**替换曲面**实现？

（2）**放样**命令的多条引导线如果在同一个草图会怎么样？

（3）瓶盖顶部如果全部合并实体，使用抽壳命令会出现什么问题？

案例5

订书机建模

5.1 案例概述

本案例详细介绍了一款订书机的建模过程，读者应先分析订书机的结构，把订书机分成 13 个零件，分别为顶盖、盖扣、压钉弹片、移动板连接架、载拉件、书钉槽、弹簧导杆、推动器、成型底板、底座、中轴和两个弹簧。首先要建立前面 11 个零件的模型，然后再新建一个装配体，将各个零件装配在一起，其中要特别注意两个弹簧具有可伸缩的性质，所以应该在装配过程中，通过新建零件，利用几何关系，使弹簧在一定限度内可以自由伸缩。订书机模型和渲染图如图 5-1 所示，装配体的配合设计树如图 5-2 所示。

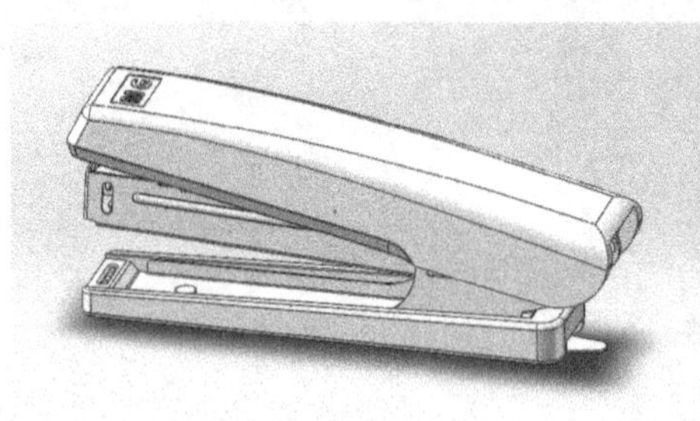

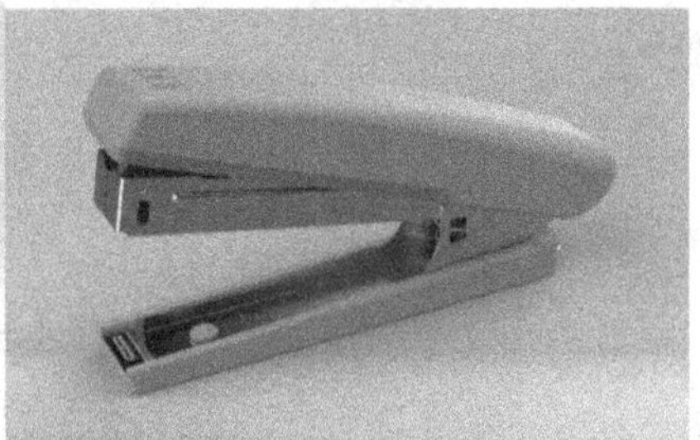

图 5-1　订书机模型和渲染图

配合
同心1 (底座<1>,成形底板<1>)
同心2 (底座<1>,成形底板<1>)
重合1 (底座<1>,成形底板<1>)
同心3 (成形底板<1>,书钉槽<1>)
重合3 (成形底板<1>,书钉槽<1>)
在位1 (零件1^装配体1<1>,前视基准面)
同心4 (书钉槽<1>,弹簧导杆<1>)
重合8 (书钉槽<1>,弹簧导杆<1>)
重合11 (书钉槽<1>,推动器<1>)
重合12 (书钉槽<1>,推动器<1>)
在位2 (零件3^装配体1<1>,前视基准面)
重合16 (载拉件<1>,前视基准面)
同心5 (成形底板<1>,载拉件<1>)
重合21 (移动板连接架<1>,前视基准面)

⇨

重合22 (载拉件<1>,移动板连接架<1>)
重合24 (推动器<1>,移动板连接架<1>)
同心6 (成形底板<1>,中轴<1>)
重合26 (中轴<1>,前视基准面)
重合30 (盖扣<1>,顶盖<1>)
重合31 (盖扣<1>,顶盖<1>)
重合32 (盖扣<1>,顶盖<1>)
同心7 (中轴<1>,盖扣<1>)
重合34 (零件3^装配体1<1>,顶盖<1>)
重合35 (盖扣<1>,压钉弹片<1>)
重合36 (压钉弹片<1>,前视基准面)
同心9 (盖扣<1>,压钉弹片<1>)
重合38 (载拉件<1>,压钉弹片<1>)
重合39 (书钉槽<1>,载拉件<1>)

图 5-2　配合设计树

5.2 操作步骤

5.2.1 订书机顶盖的建模

顶盖的主要建模思路是先用**拉伸凸台/基体**、**曲面切除**和**放样切除**将主体建模，再继续用**拉伸凸台/基体**、**拉伸切除**来表现细节部分。订书机顶盖及相应的设计树如图 5-3、图 5-4 所示。

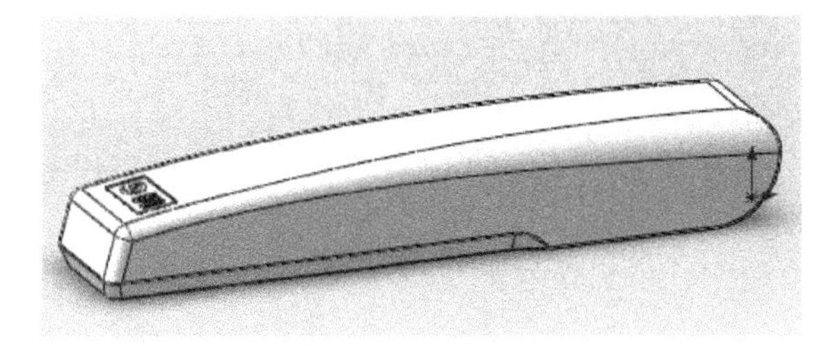

图 5-3 订书机顶盖

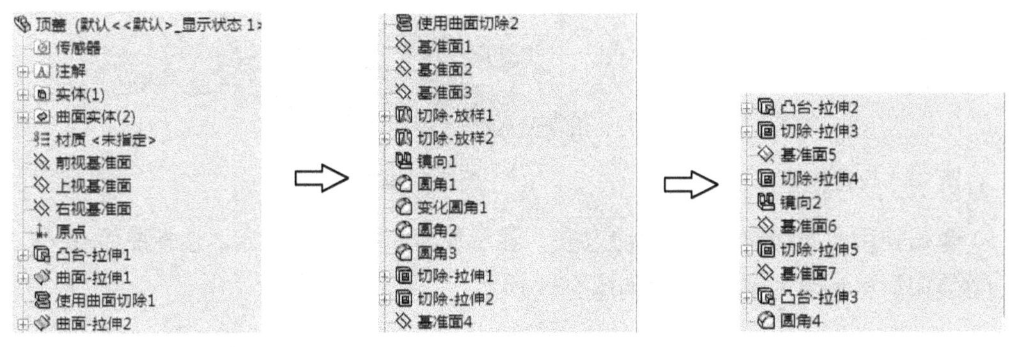

图 5-4 顶盖设计树

（1）启动 SolidWorks，单击**文件→新建**命令，选择**零件**图标，然后单击**确定**。

（2）选择**上视基准面** 上视基准面 ，然后单击**草图绘制**，绘制的草图 1 如图 5-5 所示。

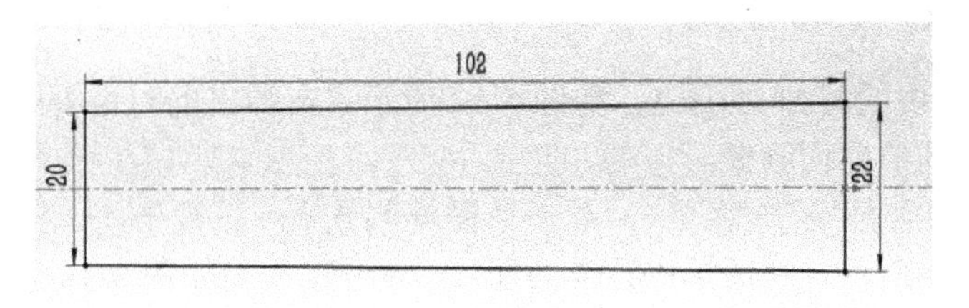

图 5-5 草图 1

（3）单击**拉伸凸台/基体**，选择**给定深度**，选择 **20.00mm**。设置界面和结果如图 5-6 所示。

（4）选择**前视基准面** 前视基准面 ，单击**草图绘制**，绘制草图 2，如图 5-7 所示。然后单击**拉伸曲面**，设置界面如图 5-8 所示，选择**两侧对称**，选择 **30.00mm**，单击**确定**，结果如图 5-9 所示。

图 5-6　设置界面和结果

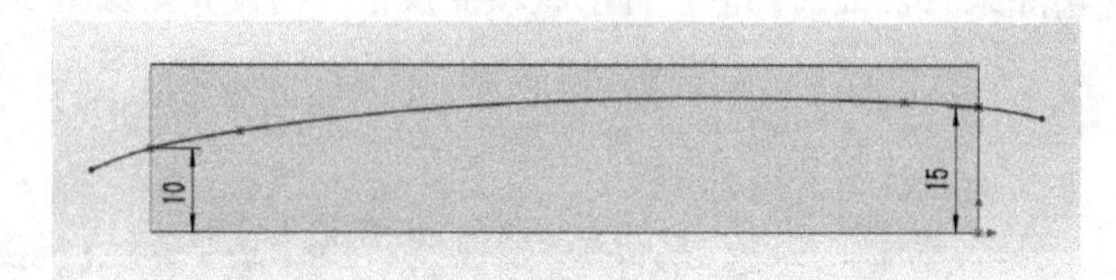

图 5-7　草图 2

图 5-8　设置界面

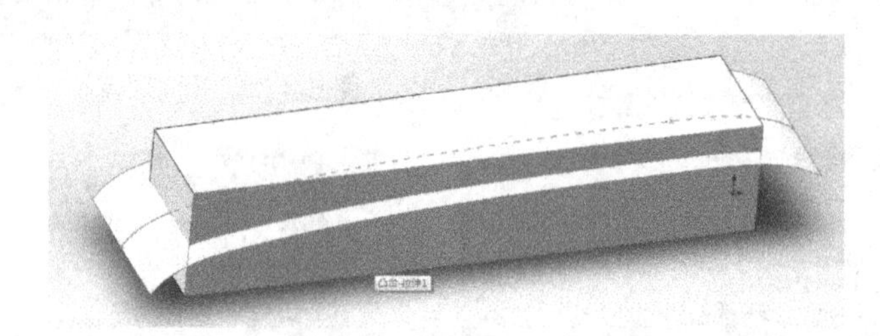

图 5-9　曲面-拉伸 1

（5）单击**使用曲面切除** 使用曲面切除，显示界面如图 5-10 所示，选择**曲面-拉伸 1**，调整好切除方向后单击**确定**，结果如图 5-11 所示。

图 5-10　使用曲面切除界面

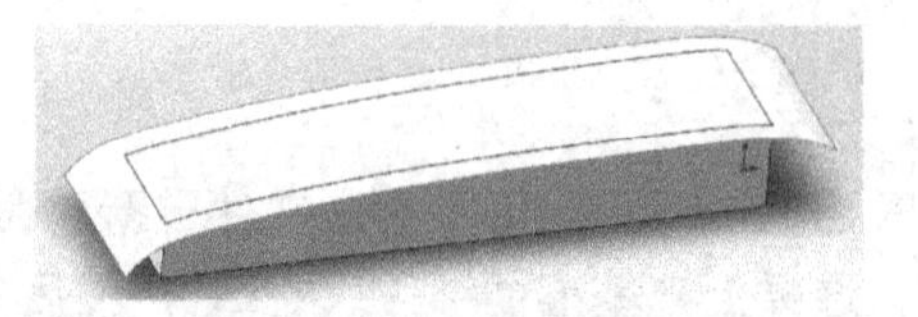

图 5-11　使用曲面切除 1

（6）单击设计树中的**拉伸-曲面 1**，如图 5-12 所示，在弹出的对话框中单击**隐藏**，将拉伸的曲面隐藏。

（7）选择**前视基准面** 前视基准面，单击**草图绘制**→**正视于**。绘制的草图 3 如图 5-13 所示。然后单击**拉伸曲面**，设置界面如图 5-14 所示，选择**两侧对称**，选择 **30.00mm**，单击**确定**，结果如图 5-15 所示。

（8）单击**使用曲面切除** 使用曲面切除，选择**曲面-拉伸 2**，调整好切除方向后单击**确定**，结果如图 5-16 所示。

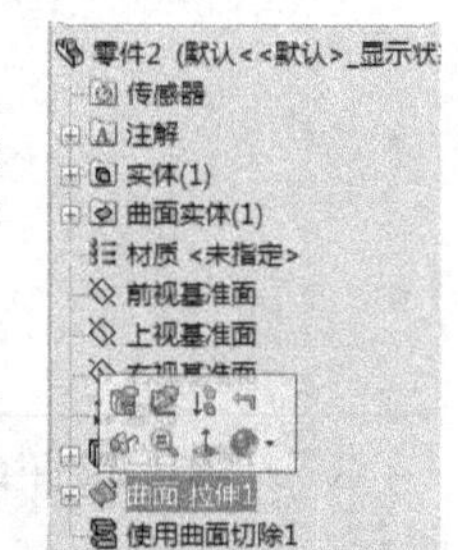

图 5-12　隐藏曲面

（9）与步骤（6）一样，单击设计树中的**拉伸-曲面 2**，在弹出的对话框中单击**隐藏**命令，将拉伸的曲面隐藏。

（10）单击**基准面** 基准面，**第一参考**选择右视基准面，**偏移距离**选择 **35.00mm**，**反转**打钩。如图 5-17 所示，单击**确定**创建基准面 1。再次单击**基准面** 基准面，**第一参考**选择基准面 1，

偏移距离选择 **3.00mm**，**反转**打钩，单击**确定**✓创建基准面 2。再次单击**基准面**◇基准面，**第一参考**选择基准面 2，**偏移距离**选择 **67.00mm**，**反转**打钩，单击**确定**✓创建基准面 3。创建的基准面如图 5-18 所示。

图 5-13　草图 3

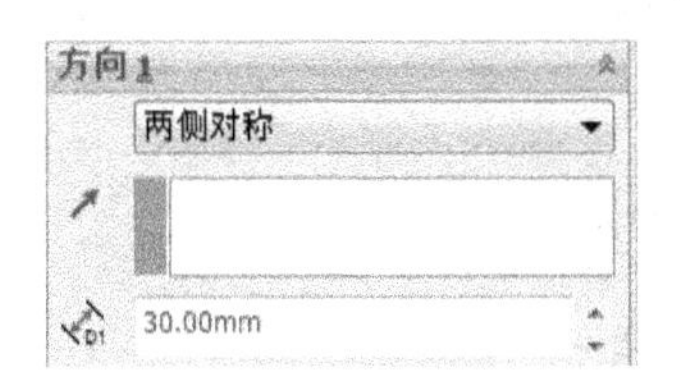

图 5-14　设置界面

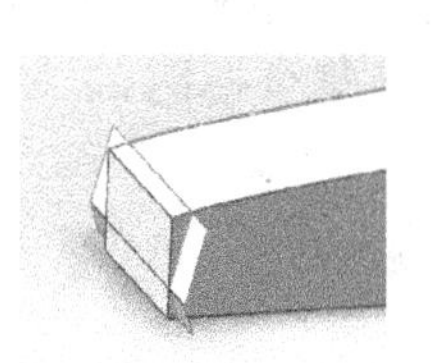

图 5-15　曲面-拉伸 2

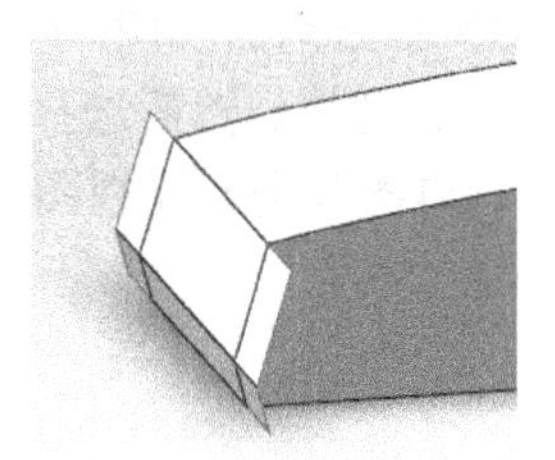

图 5-16　使用曲面-切除 2

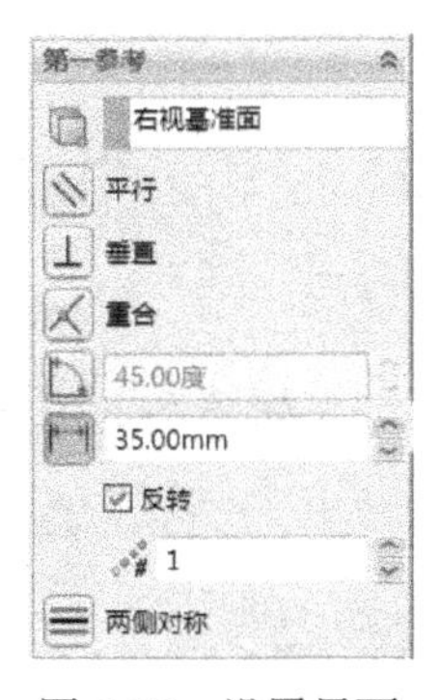

图 5-17　设置界面

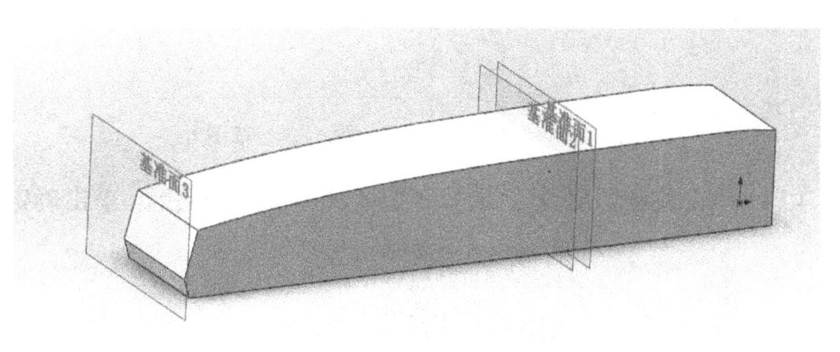

图 5-18　基准面

（11）选择基准面 3，单击**草图绘制**，绘制草图 4，如图 5-19 所示。

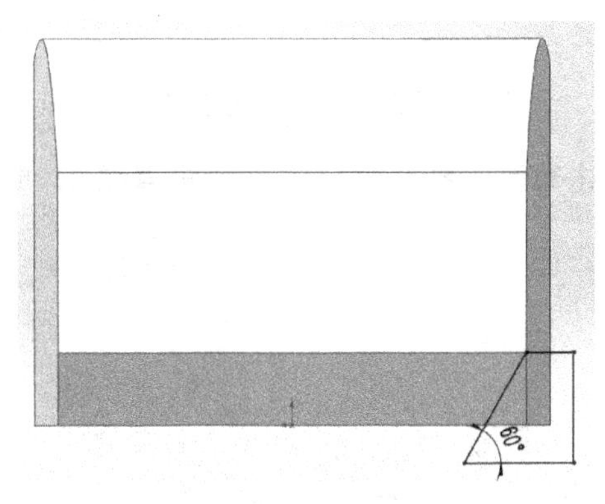

图 5-19　草图 4

（12）单击**剖面视图**，显示界面如图 5-20 所示，选择基准面 2 为参考剖面，反转截面方向，结果如图 5-21 所示。然后选择基准面 2，单击**草图绘制**，绘制草图 5，如图 5-22 所示。

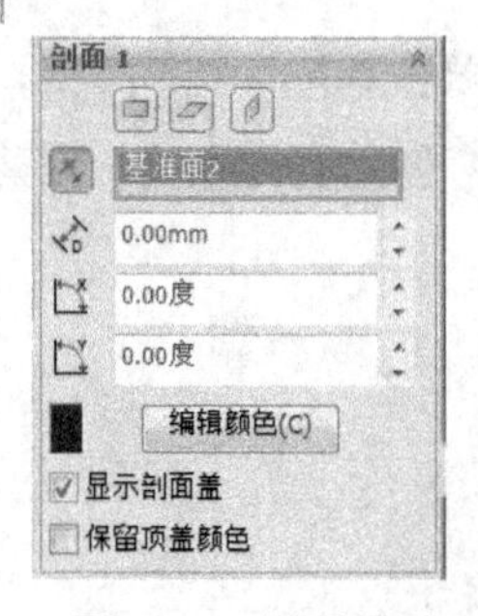

图 5-20　剖面界面

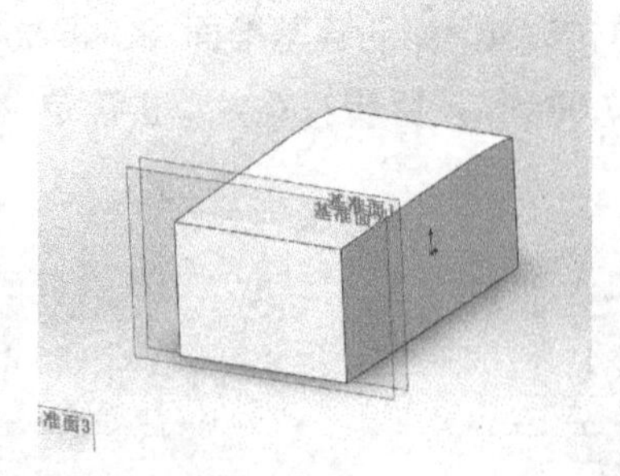

图 5-21　剖面

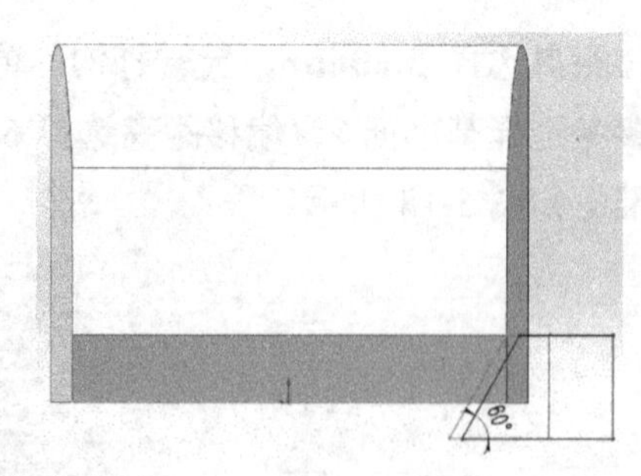

图 5-22　草图 5

（13）单击**剖面视图**，恢复全视图后，再次单击**剖面视图**，选择基准面 1 为参考剖面，单击**确定**。然后选择**基准面 1**，单击**草图绘制**，选择点工具，绘制如图 5-23 所示的一个点。再次单击**剖面视图**，恢复全视图。

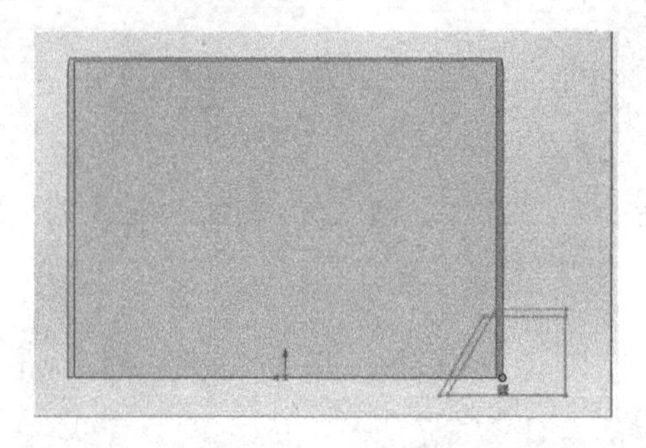

图 5-23　草图 6

（14）单击**放样切割**，选择草图 4 和草图 5 为轮廓，单击**确定**，结果如图 5-24 所示。

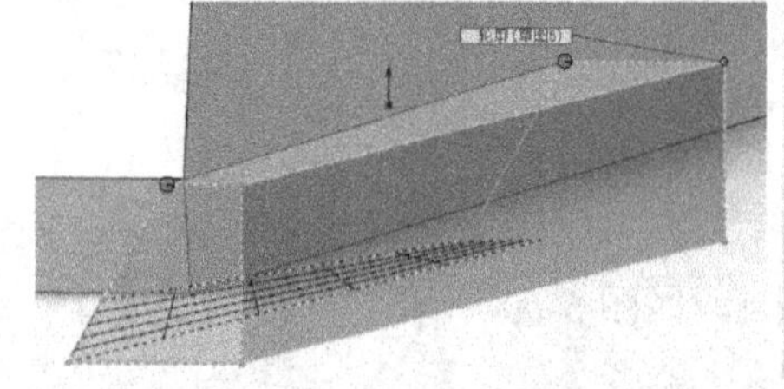

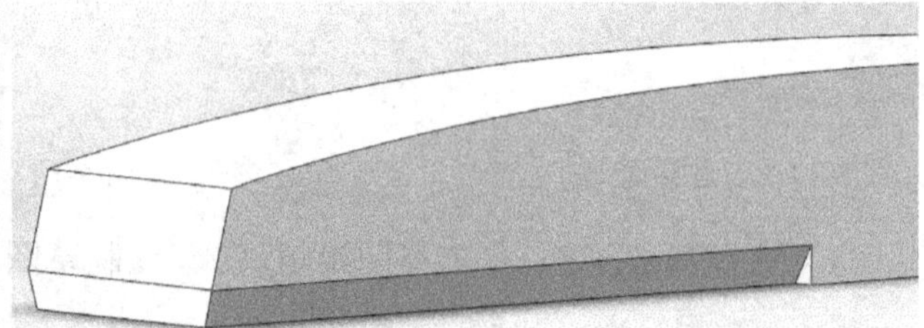

图 5-24　切除-放样 1

（15）选择基准面 2，单击**草图绘制**，然后单击**草图 5**，单击**转换为实体引用**，绘制的草图 7 如图 5-25 所示。

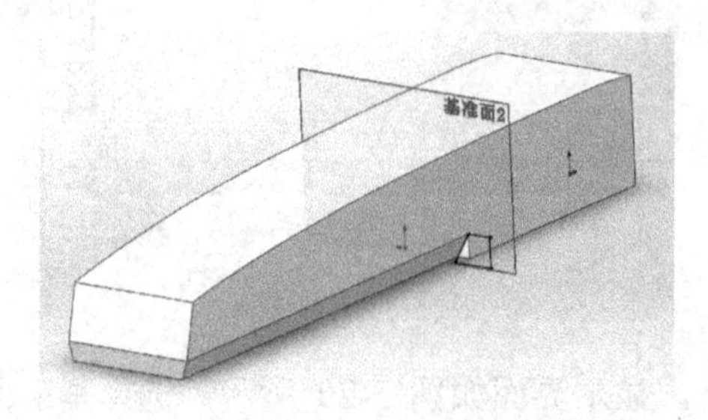

图 5-25　草图 7

（16）单击**放样切割**，选择草图 7 和草图 6 为轮廓，如图 5-26 所示，单击**确定**，结果如图 5-27 所示。

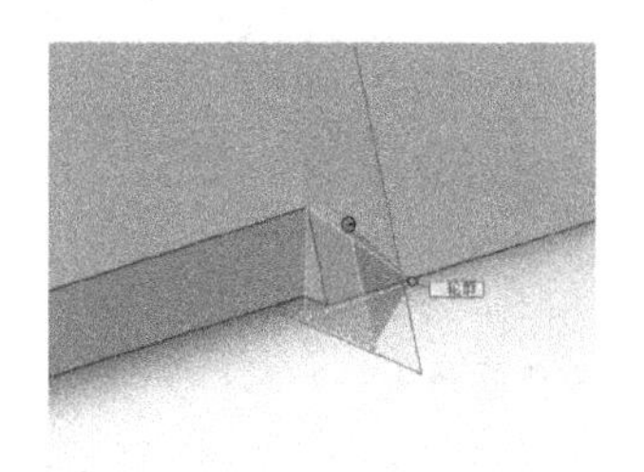

图 5-26 切除-放样轮廓

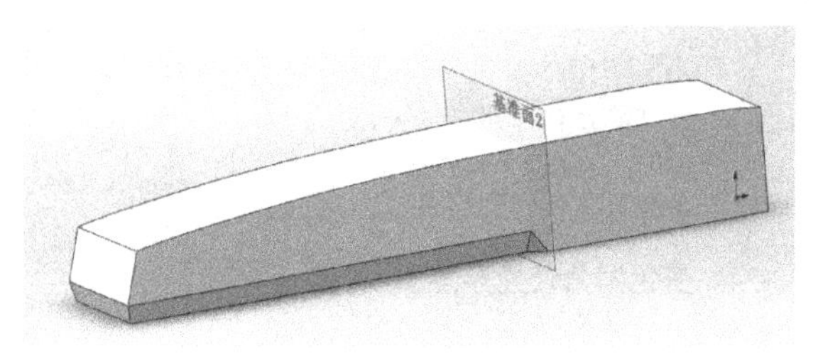

图 5-27 切除-放样 2

（17）单击**镜向** 镜向，设置界面如图 5-28 所示，选择**前视基准面**为**镜向面**，切除-放样 1，切除-放样 2 为要镜像的特征，单击**确定**，结果如图 5-29 所示。

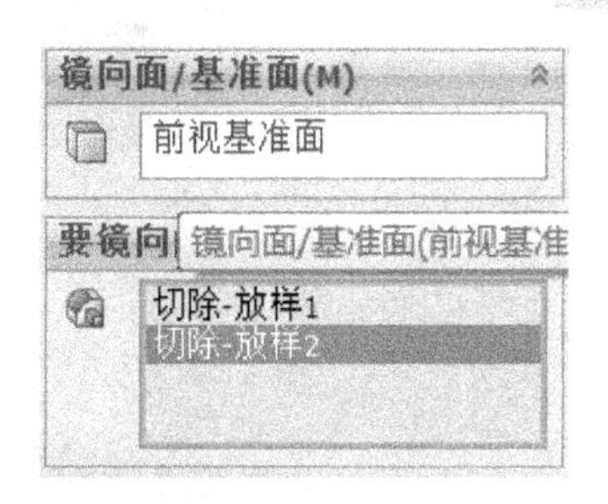

图 5-28 设置界面

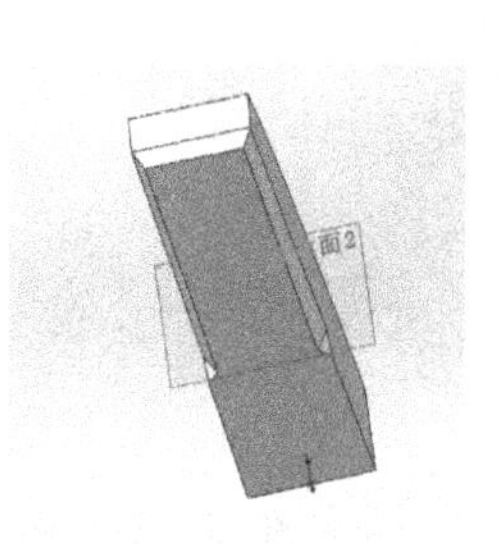

图 5-29 镜向

（18）单击**圆角**，选择图 5-30 所示的边线，参数设置为**等半径 10.00mm**，单击确认，结果如图 5-31 所示。单击**圆角**，选择**变半径**选项，选择如图 5-32 所示的边线，设置界面如图 5-33 所示，双击 变半径：未指定，改变半径，数值参考图 5-34，结果如图 5-35 所示。再次单击**圆角**，选择图 5-36 所示的边线，参数设置为**等半径 2.00mm**，单击**确定**，结果如图 5-37 所示。再次单击**圆角**，选择如图 5-38 所示的边线，参数设置为**等半径 0.50mm**，结果如图 5-39 所示。

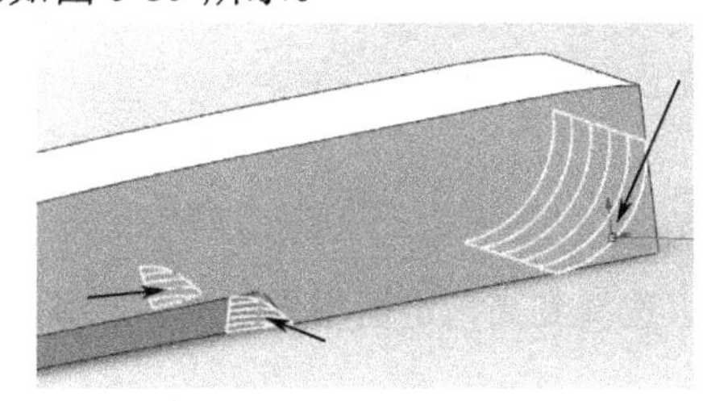

图 5-30 选择边线 1

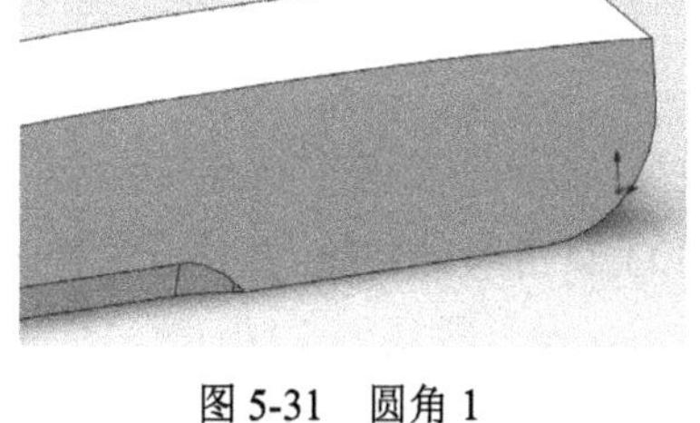

图 5-31 圆角 1

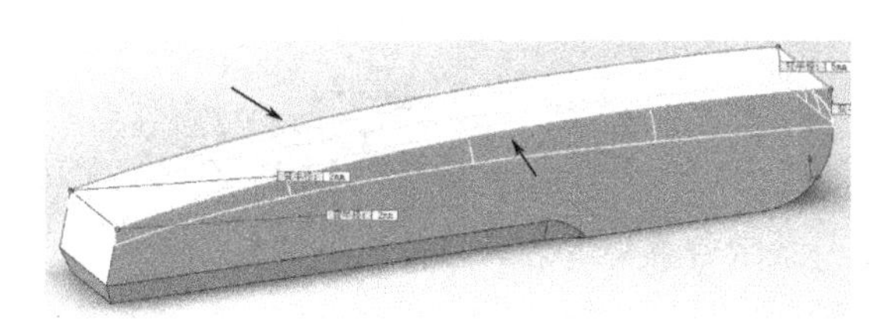

图 5-32 选择边线 2

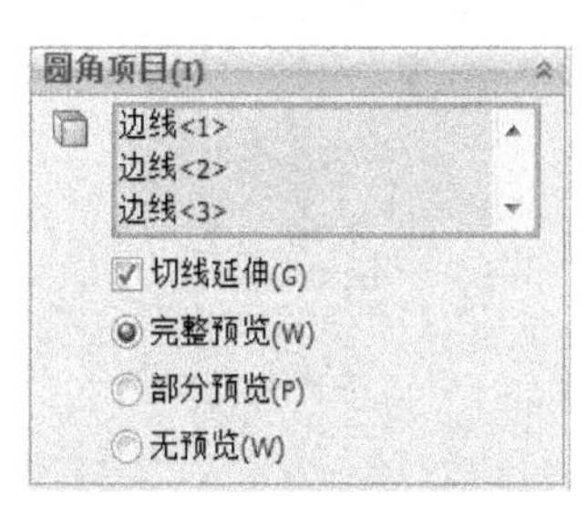

图 5-33 变化圆角设置界面 1

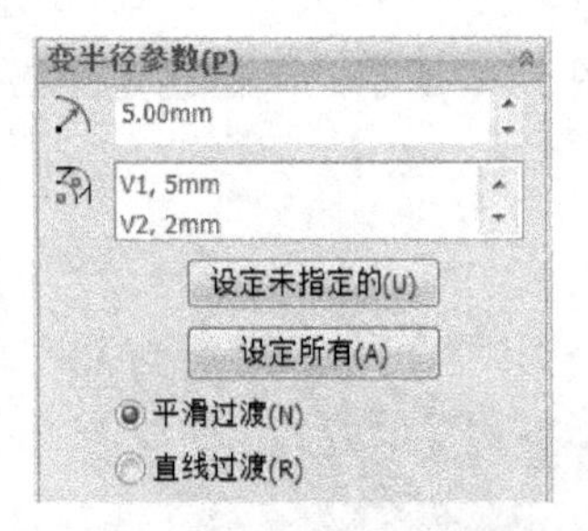

图 5-34　变化圆角设置界面 2

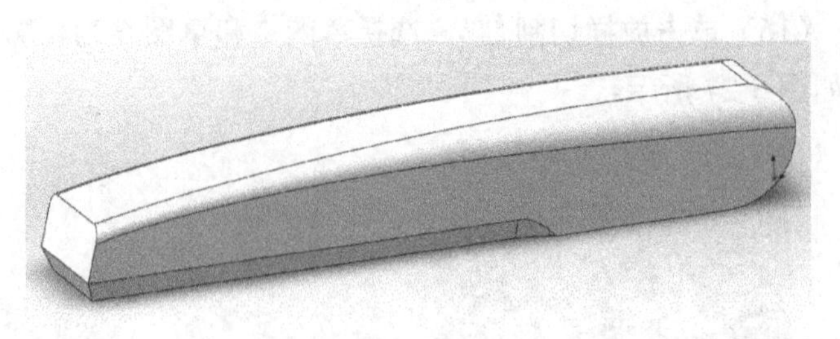

图 5-35　变化圆角 1

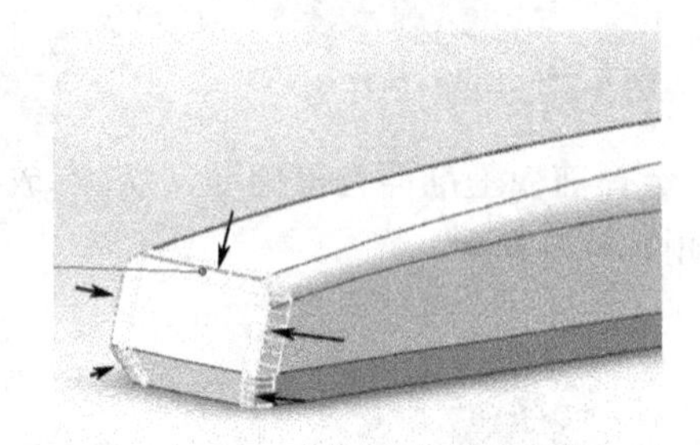

图 5-36　选择边线 3

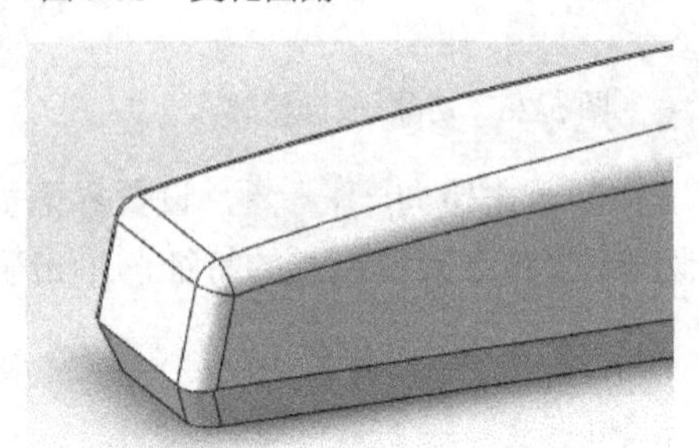

图 5-37　圆角 2

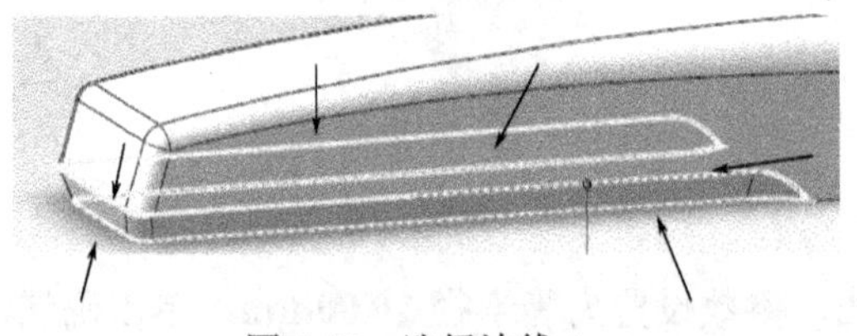

图 5-38　选择边线 4

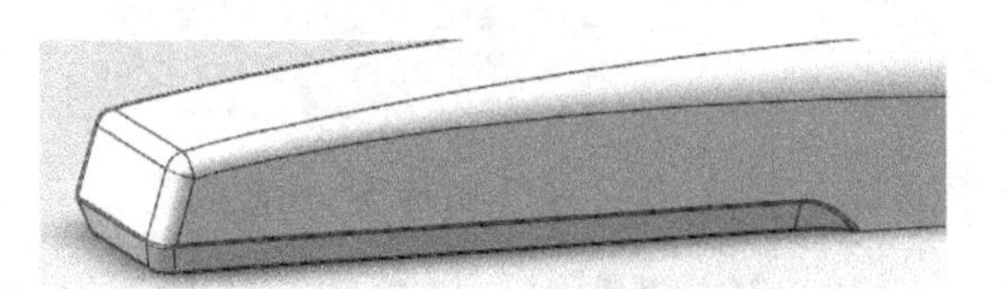

图 5-39　圆角 3

（19）选择**上视基准面** 上视基准面，单击**草图绘制**，绘制的草图 8 如图 5-40 所示。

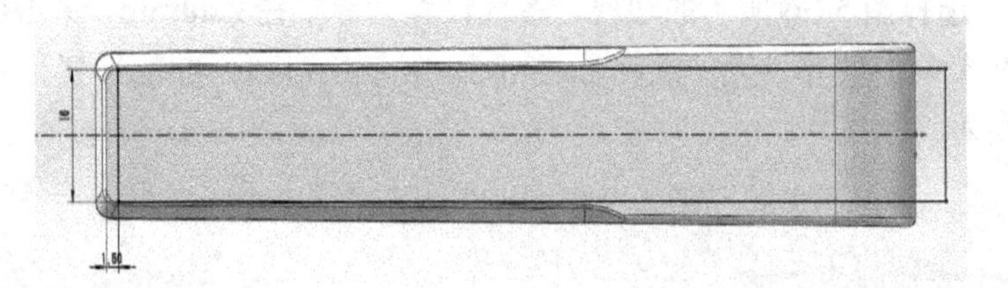

图 5-40　草图 8

（20）单击**拉伸切除**，设置界面如图 5-41 所示，选择**到离指定面指定距离**，选择图 5-42 中的面①，设置距离为 **1.50mm**，结果如图 5-43 所示。

图 5-41　设置界面

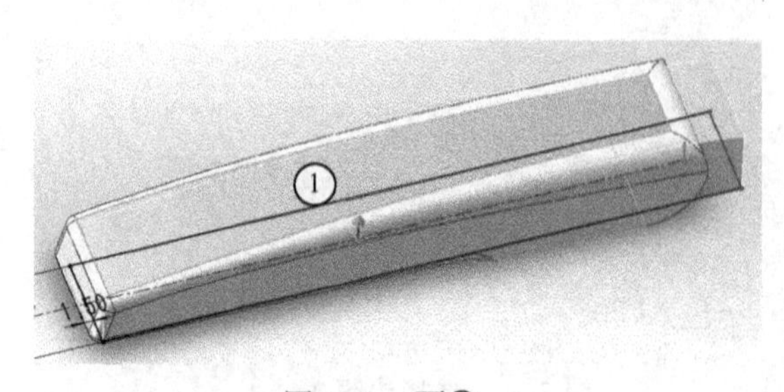

图 5-42　面①

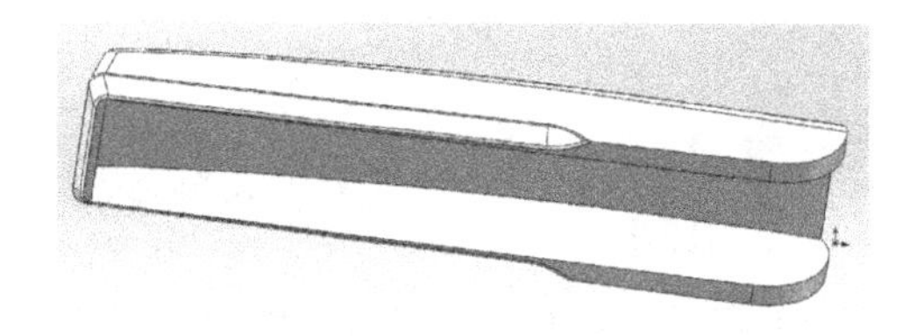

图 5-43 切除-拉伸 1

（21）选择**前视基准面**，单击**草图绘制**，绘制草图 9，如图 5-44 所示。单击**拉伸切除**，设置界面如图 5-45 所示，选择**两侧对称**，**深度**为 **17.00mm**，单击**确定**，结果如图 5-46 所示。

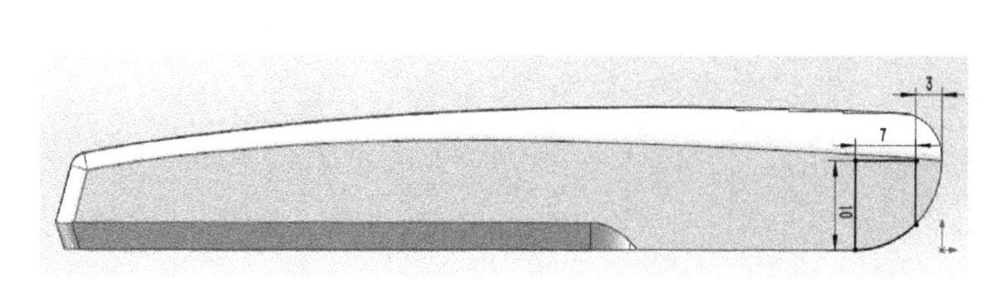

图 5-44 草图 9

图 5-45 设置界面

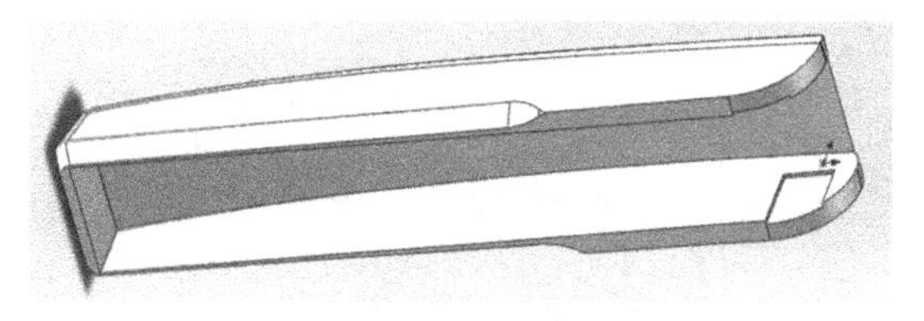

图 5-46 切除-拉伸 2

（22）单击**参考几何体**，选择基准面，选择图 5-47 中箭头所指的边线为第一参考，图 5-48 中箭头所指的边线为第二参考，建立基准面 4。设置界面如图 5-49 所示。

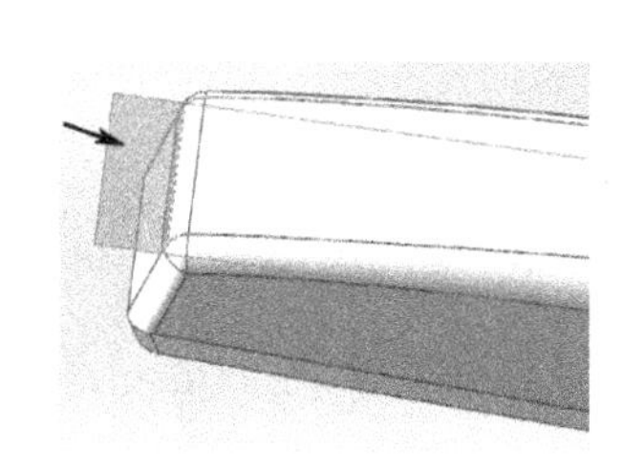

图 5-47 选择边线 1

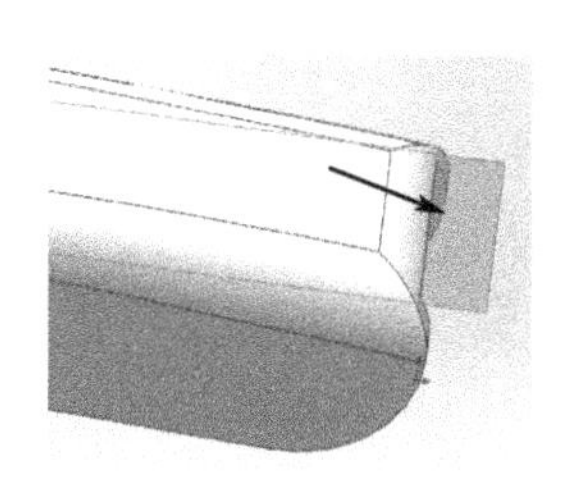

图 5-48 选择边线 2

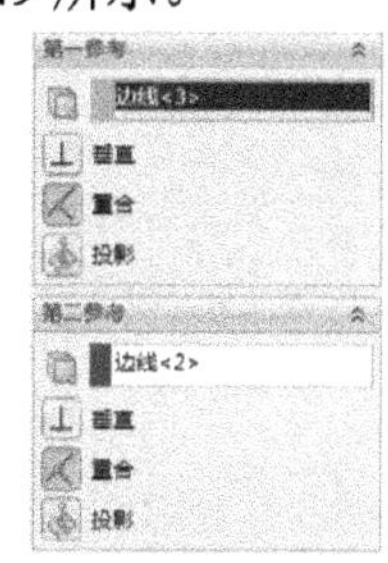

图 5-49 设置界面

（23）选择**基准面 4**，单击**草图绘制**，绘制的草图 10 如图 5-50 所示。然后单击**拉伸凸台/基体**，设置界面如图 5-51 所示，选择**成形到一面**，选择图 5-52 中的面①，单击**确定**，结果如图 5-53 所示。

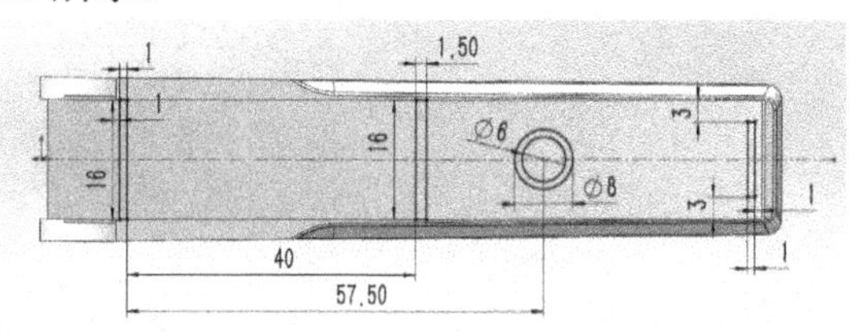

图 5-50 草图 10

图 5-51 设置界面

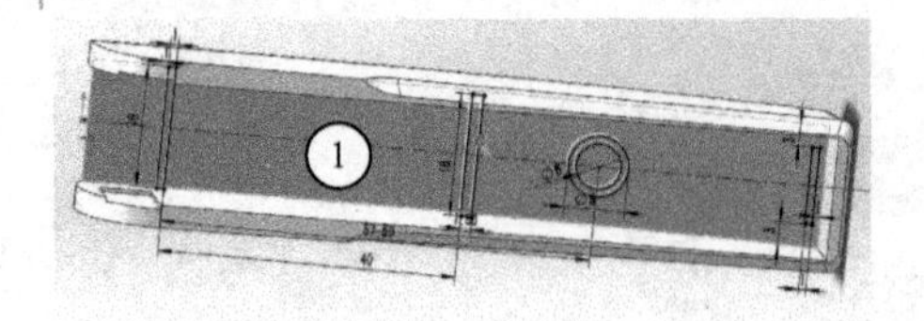

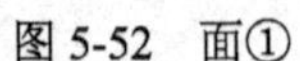

图5-52 面①

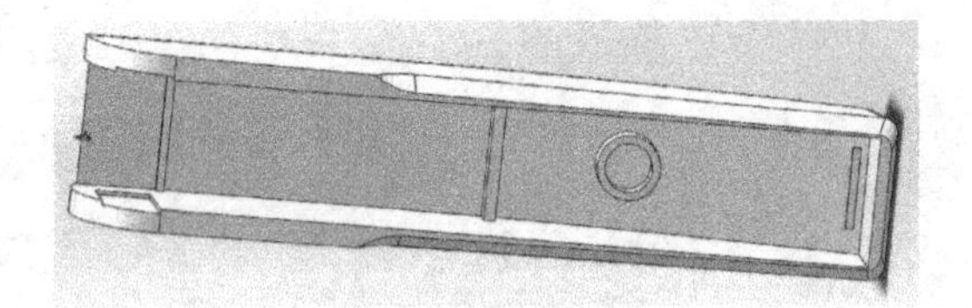

图5-53 凸台-拉伸2

（24）单击**剖面视图**，选择**前视基准面**为**剖面**，单击**确定**，结果如图5-54所示。然后选择前视基准面，单击**草图绘制**，绘制草图11，如图5-55所示。然后单击**拉伸切除**，选择**两侧对称**，**深度为16.4mm**，单击**确定**。再次单击**剖面视图**。恢复全视图，结果如图5-56所示。

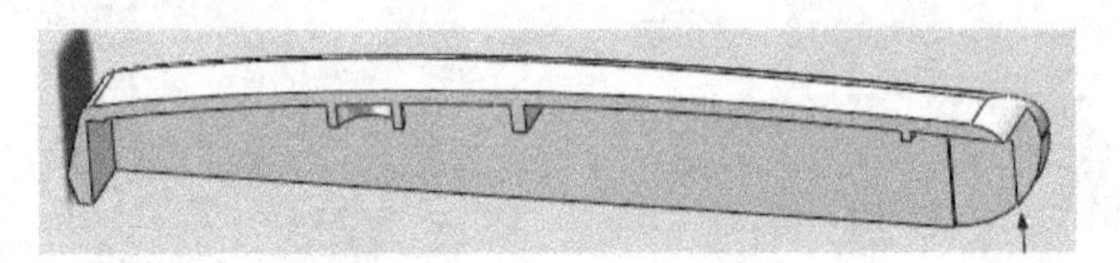

图5-54 剖面视图

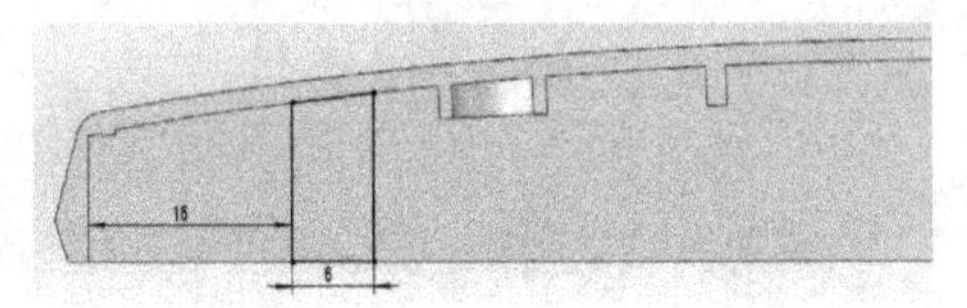

图5-55 草图11

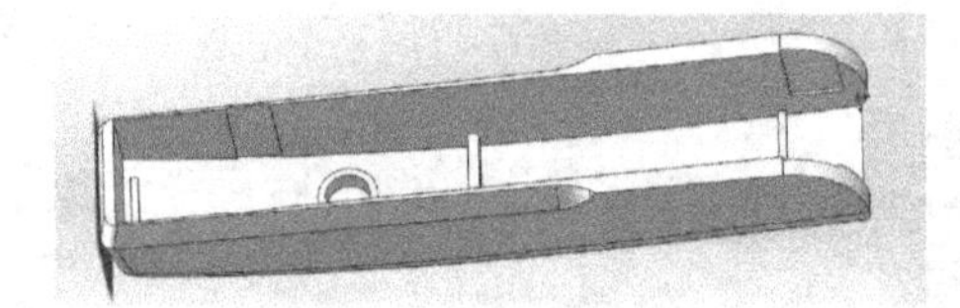

图5-56 切除-拉伸3

（25）单击**参考几何体**，选择**基准面**命令，设置界面如图5-57所示。选择第一参考为图5-58中的面①，**偏移距离**为**5mm**，勾选**反转**，单击**确定**。

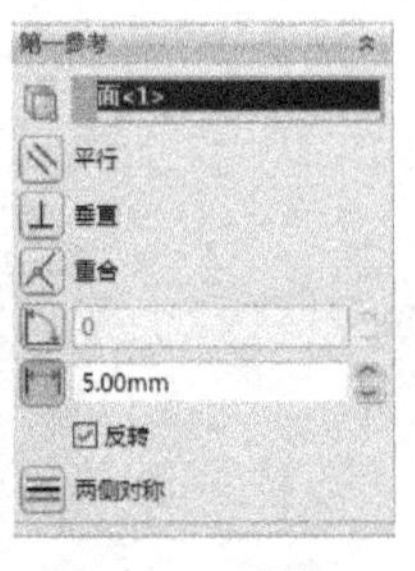

图5-57 设置界面

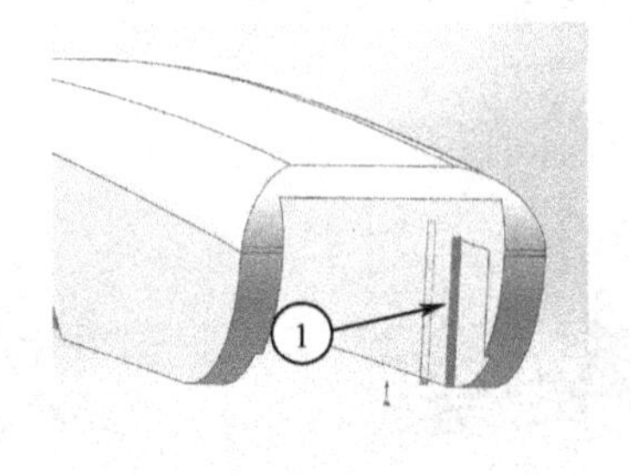

图5-58 面①

（26）选择**基准面5**，单击**草图绘制**，绘制草图12，如图5-59所示，然后单击**切除拉伸**，设置**给定深度**为**7.00mm**，单击**确定**，结果如图5-60所示。

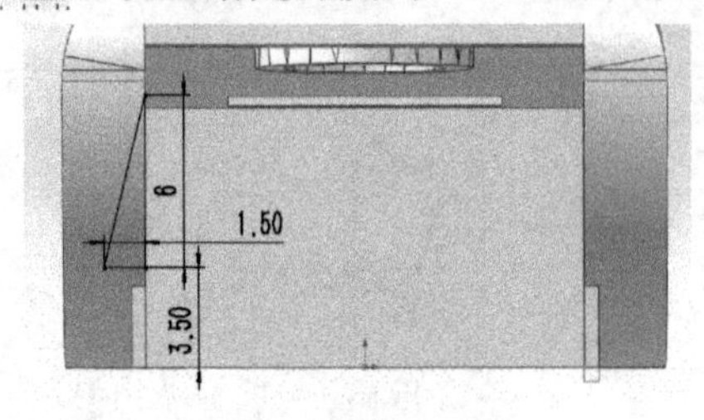

了

图5-59 草图12

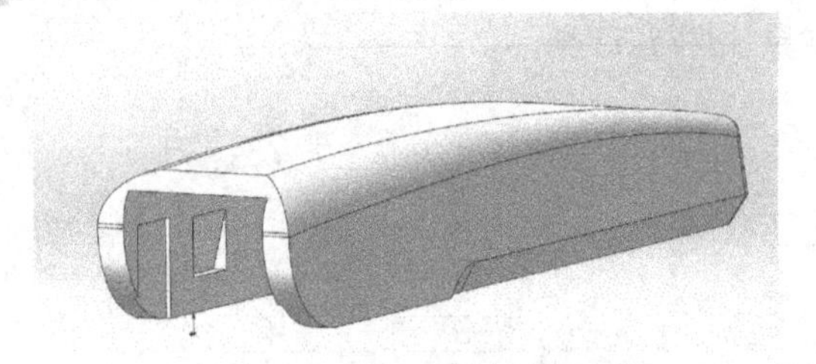

图5-60 切除-拉伸4

（27）选择**前视基准面**，然后单击**镜向**镜向，要镜向的特征选择步骤（26）所创建的切除-拉伸 4，最后单击**确定**，预览结果如图 5-61 所示。

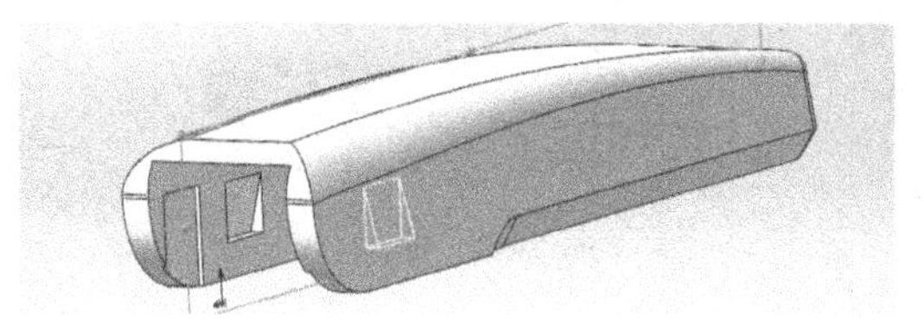

图 5-61　镜向 2

（28）选择**上视基准面**，单击**参考几何体**下的**基准面命令**，设置**偏移距离**为 **15.00mm**，创建的基准面 6，如图 5-62 所示。

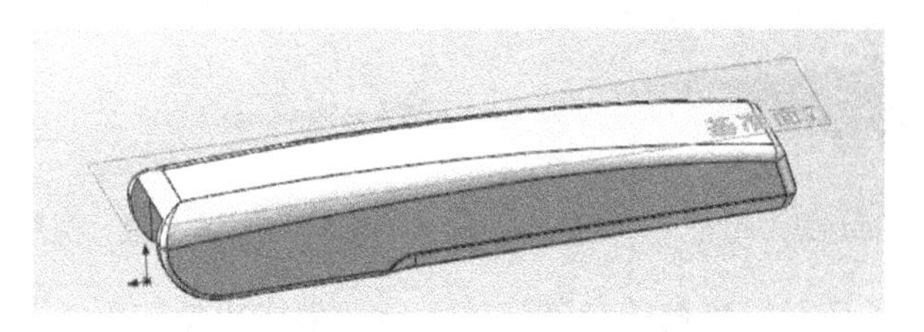

图 5-62　基准面 6

（29）选择**基准面 6**，单击**草图绘制**→**正视于**，绘制草图 13，如图 5-63 所示。然后单击**拉伸切除**，选择**到离指定面指定距离**，选择图 5-64 中的面①，设置**等距距离**为 **0.20mm**，**勾选反向等距**，结果如图 5-65 所示。

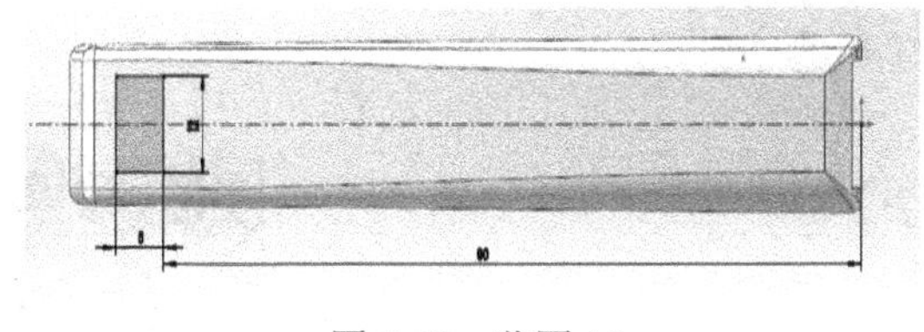

图 5-63　草图 13

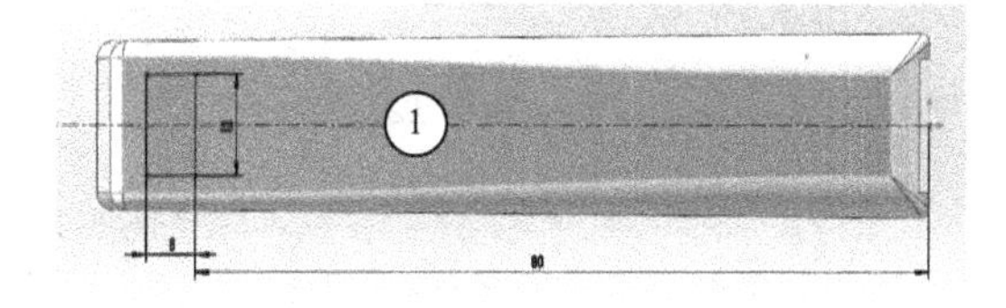

图 5-64　面①

（30）单击**参考几何体**下的**基准面**，选择图 5-66 中箭头所指的边线，创建基准面 7。

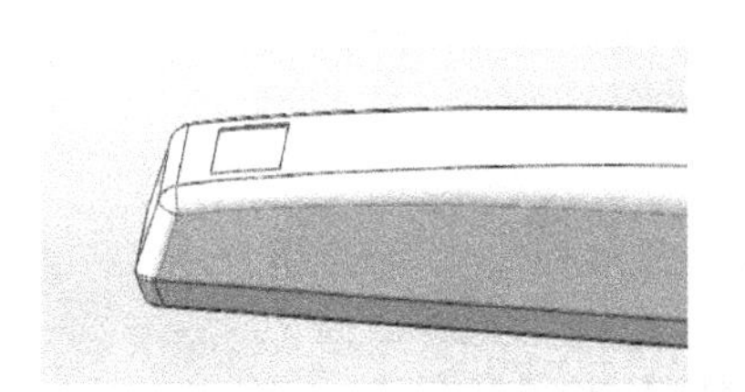

图 5-65　切除-拉伸 5

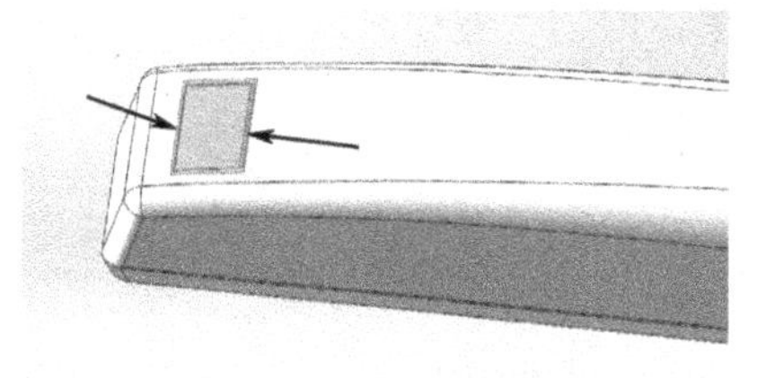

图 5-66　基准面 7

（31）选择**基准面 7**，单击**草图绘制**→**正视于**，创建草图 14，如图 5-67 所示。然后单击**拉伸凸台/基体**，参数设置**成形到一面**，选择图 5-68 中的面①，单击**确定**，结果如图 5-69 所示。

（32）单击**圆角**，选择如图 5-70 中箭头所指的边线，参数设置为**等半径 0.50mm**，结果如图 5-71 所示。

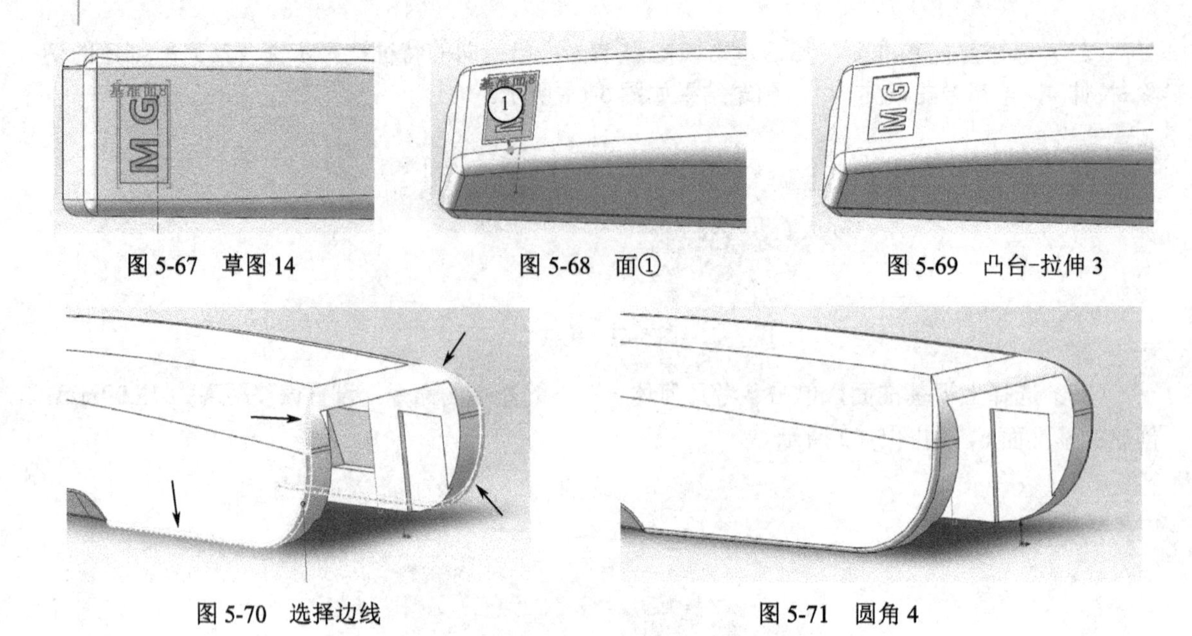

图 5-67 草图 14　　图 5-68 面①　　图 5-69 凸台-拉伸 3

图 5-70 选择边线　　图 5-71 圆角 4

（33）至此，完成了**订书机顶盖**的全部建模工作，最终模型如图 5-72 所示。单击**保存**，在**另存为**对话框中将文件名改为**顶盖**，保存类型为**零件**（***.prt**；***.sldprt**），单击**保存**完成存盘。

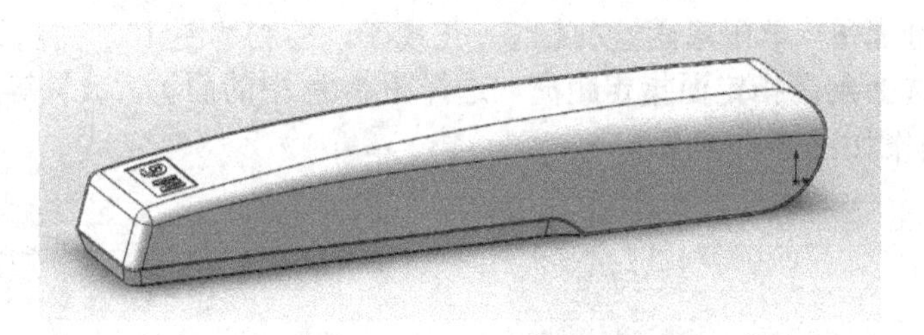

图 5-72 订书机顶盖

5.2.2 订书机底座的建模

底座的主要建模思路很简单，主要运用到**拉伸凸台/基体**、**切除拉伸**和**圆角**这几个命令，虽然思路简单，但读者建模时还是应该多注意尺寸之间的关系。订书机底座模型及相应的设计树如图 5-73、图 5-74 所示。

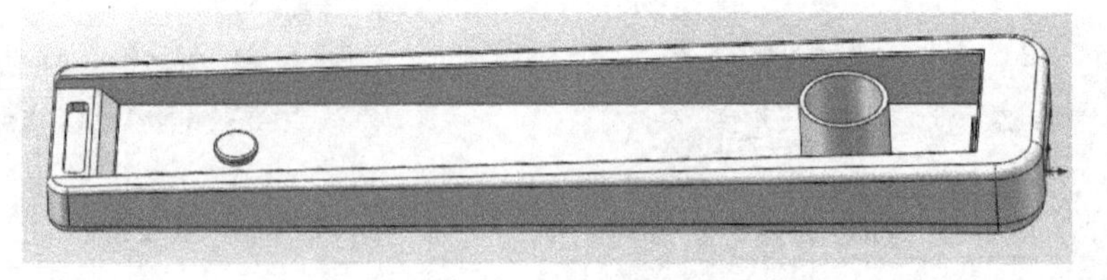

图 5-73 底座模型

（1）启动 SolidWorks，单击**文件→新建**命令，选择**零件**图标，然后单击**确定**。

（2）选择**上视基准面** 上视基准面，单击**草图绘制**，绘制的草图 1 如图 5-75 所示。然后单击**拉伸凸台/基体**，设置**给定深度**为 **10.00mm**，单击**确定**，结果如图 5-76 所示。

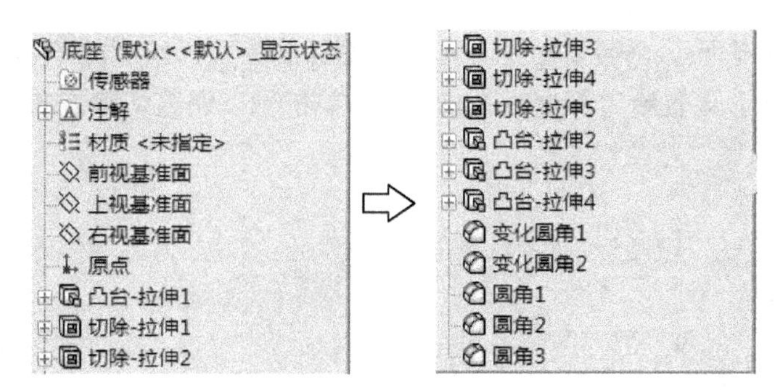

图 5-74　底座设计树

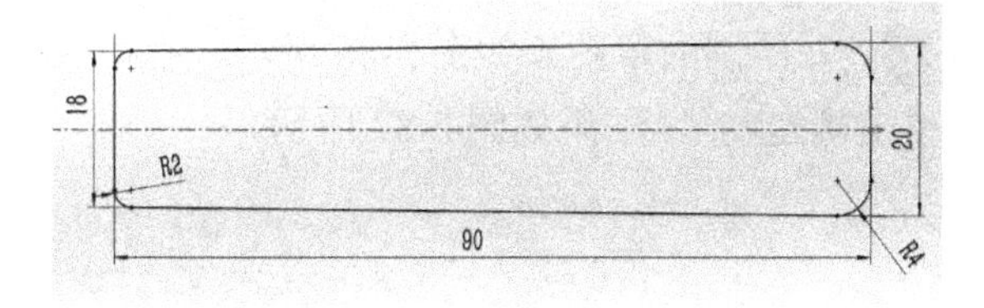

图 5-75　草图 1

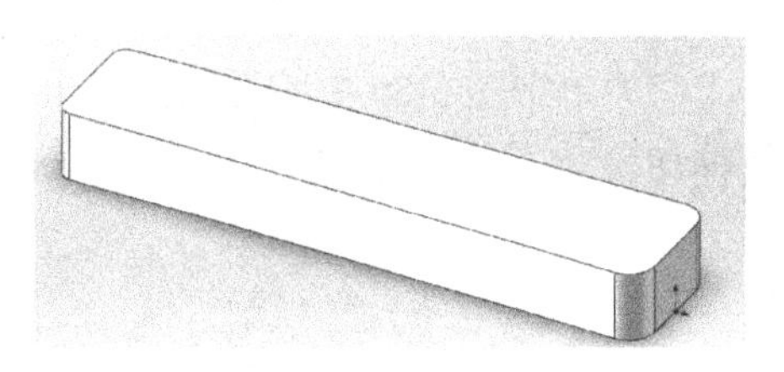

图 5-76　凸台-拉伸 1

（3）选择**前视基准面**，单击**草图绘制**，绘制的草图 2 如图 5-77 所示。然后单击**拉伸切除**，参数设置为**完全贯穿**，单击**确定**，结果如图 5-78 所示。

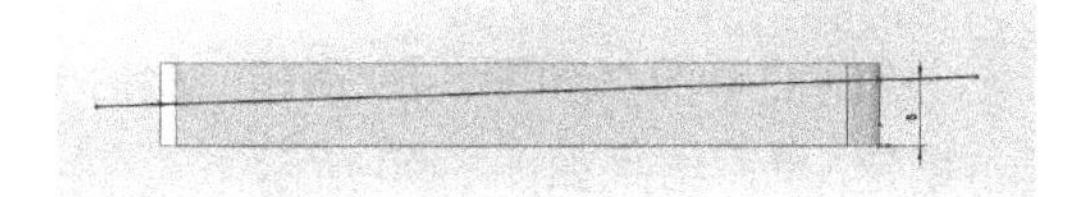

图 5-77　草图 2

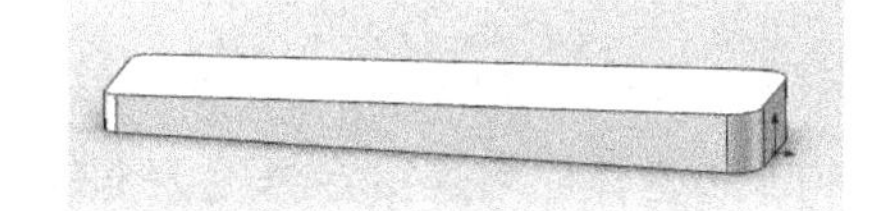

图 5-78　切除-拉伸 1

（4）选择**前视基准面**，单击**草图绘制**，绘制的草图 3 如图 5-79 所示。然后单击**拉伸切除**，参数设置**两侧对称为 14.00mm**，单击**确定**，结果如图 5-80 所示。

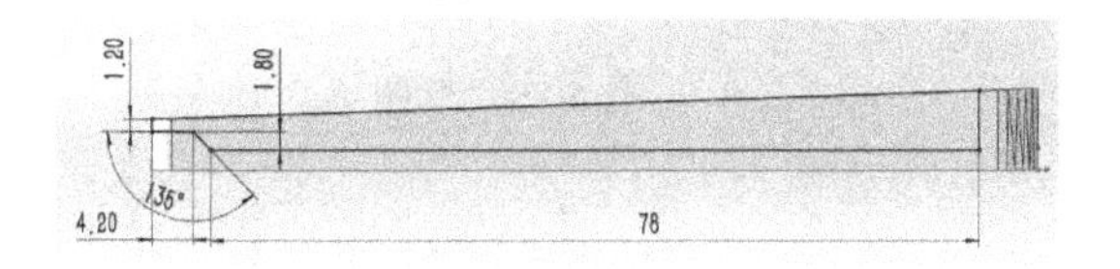

图 5-79　草图 3

图 5-80　切除-拉伸 2

（5）选择**上视基准面**，单击**草图绘制**，绘制的草图 4 如图 5-81 所示。然后单击**拉伸切除**，设置**给定深度为 3.00mm**，单击以调整切除方向，最后单击**确定**，结果如图 5-82 所示。

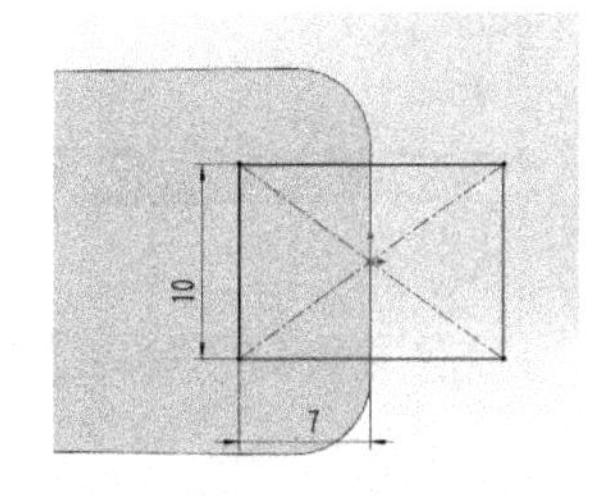

图 5-81　草图 4

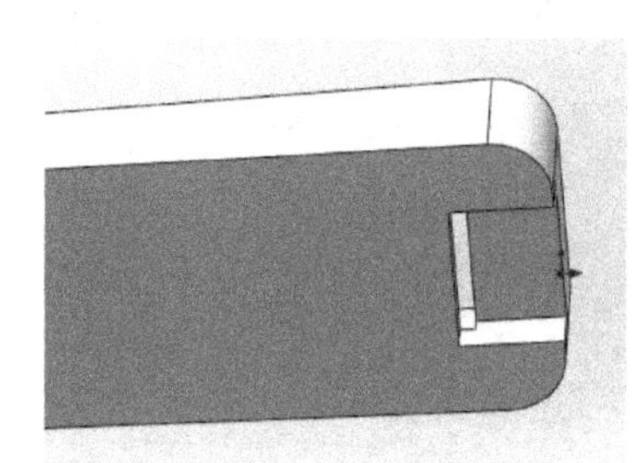

图 5-82　切除拉伸 3

（6）选择**上视基准面** 上视基准面，单击**草图绘制**，绘制的草图 5 如图 5-83 所示。然后单击**拉伸切除**，设置**给定深度**为 **0.10mm**，单击以调整切除方向，最后单击**确定**，结果如图 5-84 所示。

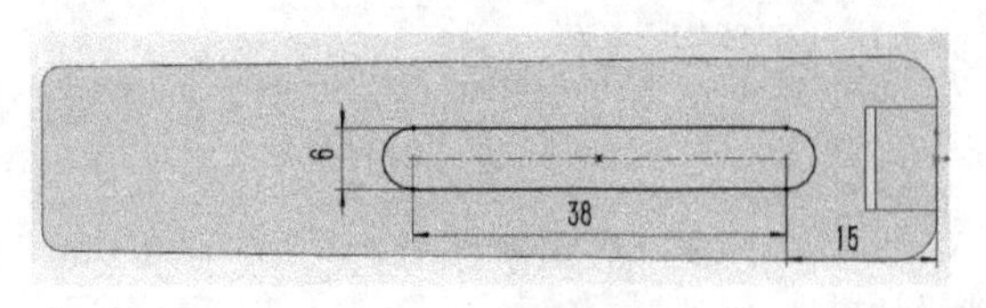

图 5-83　草图 5

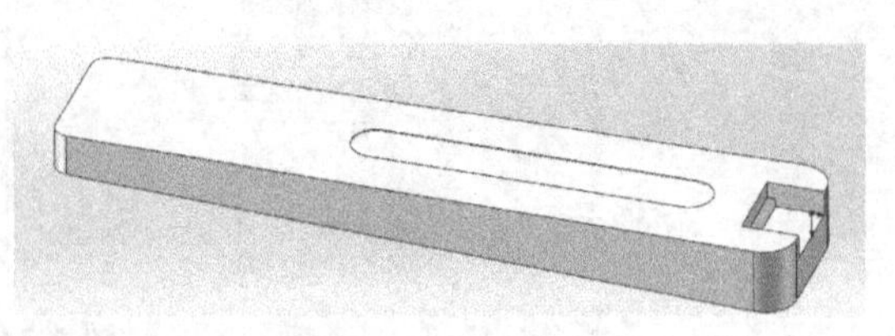

图 5-84　切除-拉伸 4

（7）单击图 5-85 中的面①，单击**草图绘制**，绘制的草图 6 如图 5-86 所示。然后单击**拉伸切除**，设置**给定深度**为 **1.00mm**，最后单击**确定**，结果如图 5-87 所示。

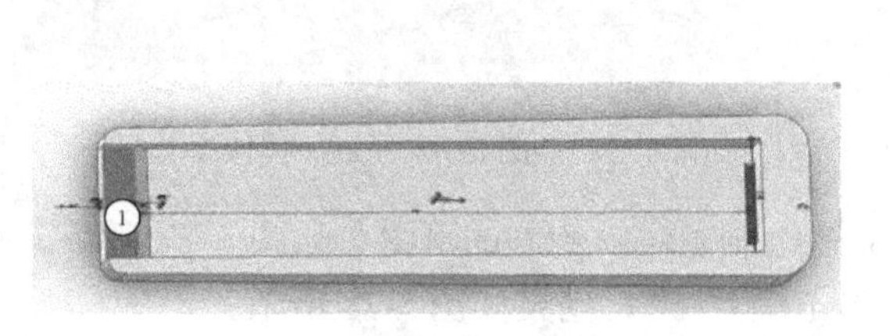

图 5-85　面①

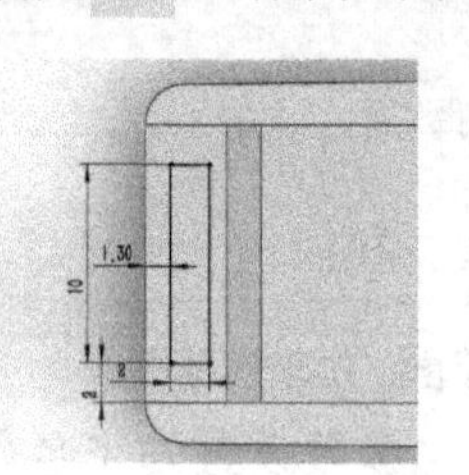

图 5-86　草图 6

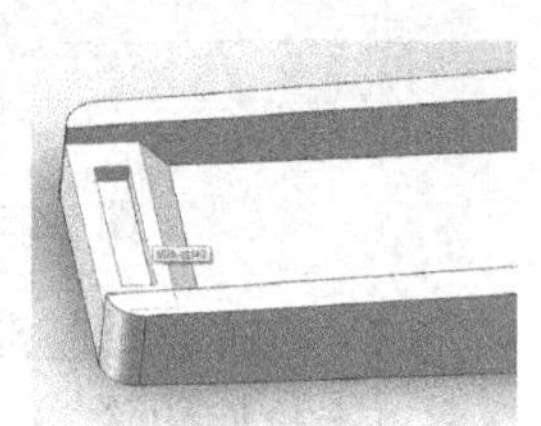

图 5-87　切除-拉伸 5

（8）选择图 5-88 中的面①，单击**草图绘制**，绘制的草图 7 如图 8-89 所示。然后单击**拉伸凸台/基体**，设置**给定深度**为 **0.50mm**，最后单击**确定**，结果如图 5-90 所示。

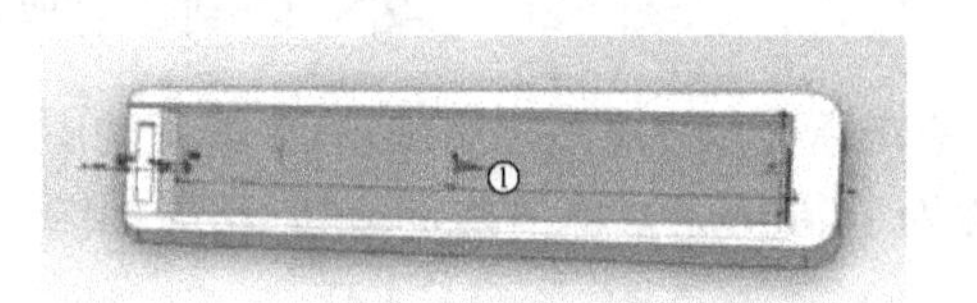

图 5-88　面①

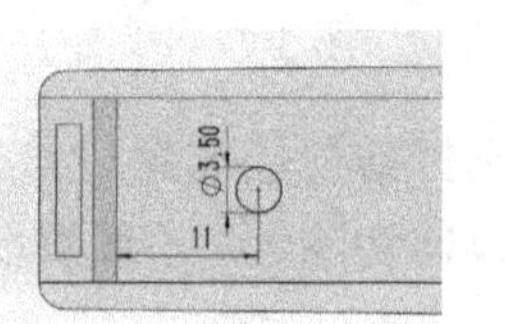

图 5-89　草图 7

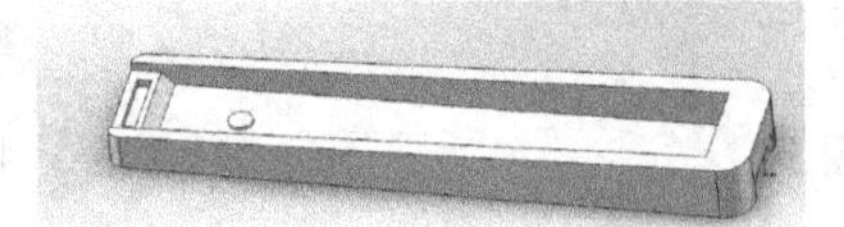

图 5-90　凸台-拉伸 2

（9）选择图 5-91 中的面①，单击**草图绘制**，绘制的草图 8 如图 5-92 所示。然后单击**拉伸凸台/基体**，设置**给定深度**为 **0.50mm**，最后单击**确定**，结果如图 5-93 所示。

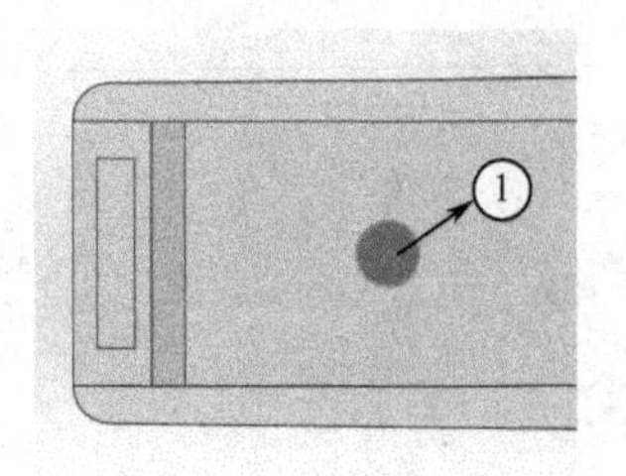

图 5-91　面①

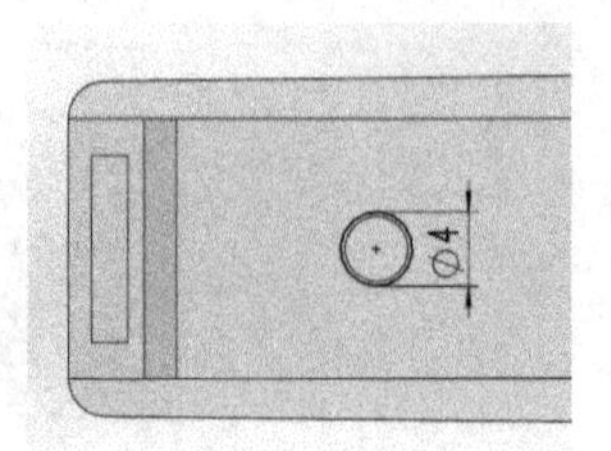

图 5-92　草图 8

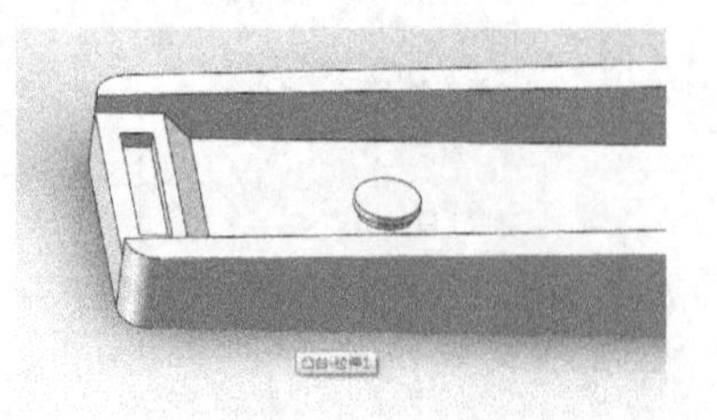

图 5-93　凸台-拉伸 3

（10）选择图 5-94 中的面①，单击**草图绘制**，绘制的草图 9 如图 5-95 所示。然后单击**拉伸凸台/基体**，设置**给定深度**为 **6.00mm**，最后单击**确定**，结果如图 5-96 所示。

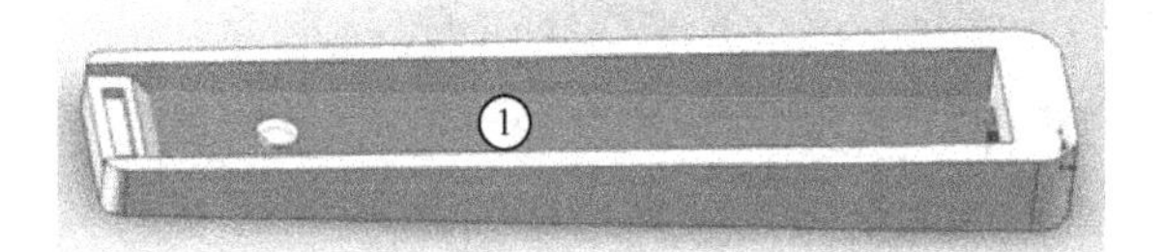

图 5-94　面①

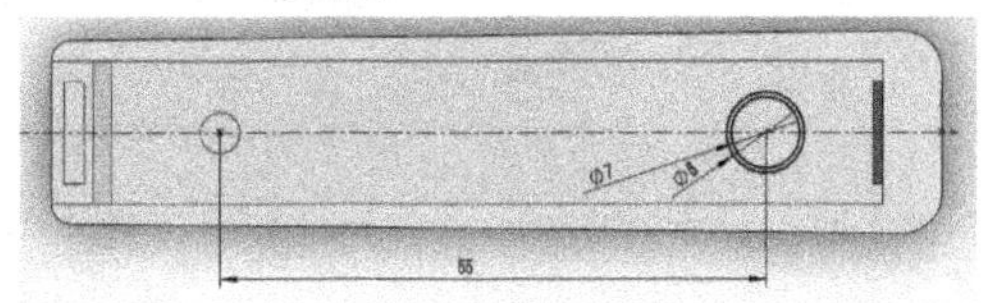

图 5-95　草图 9

图 5-96　凸台-拉伸 4

（11）单击**圆角**，选择**变半径**选项，选择如图 5-97 所示的边线，双击 变半径：未指定 ，改变半径，数值参考图 5-98，结果如图 5-99 所示。再次单击**圆角**，选择**变半径**选项，选择如图 5-100 所示的边线，双击 变半径：未指定 ，改变半径，数值参考图 5-101，结果如图 5-102 所示。单击**圆角**，选择图 5-103 所示的边线，参数设置为**等半径 1.00mm**，单击**确定**。单击**圆角**，选择图 5-104 所示的边线，参数设置为**等半径 0.50mm**，单击**确定**。单击**圆角**，选择图 5-105 所示的边线，参数设置为**等半径 0.20mm**，单击**确定**，结果如图 5-106 所示。至此，完成了订书机底座的建模。

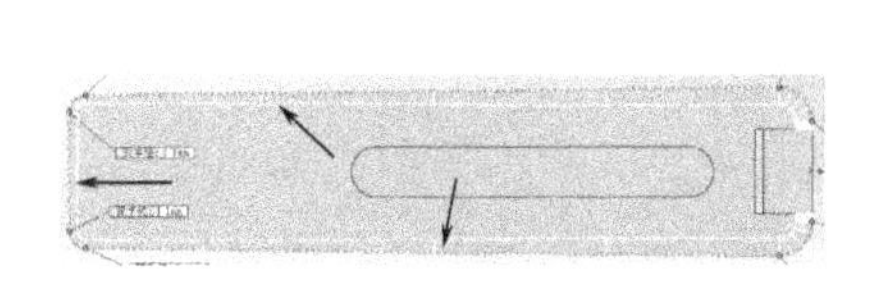

图 5-97　选择边线

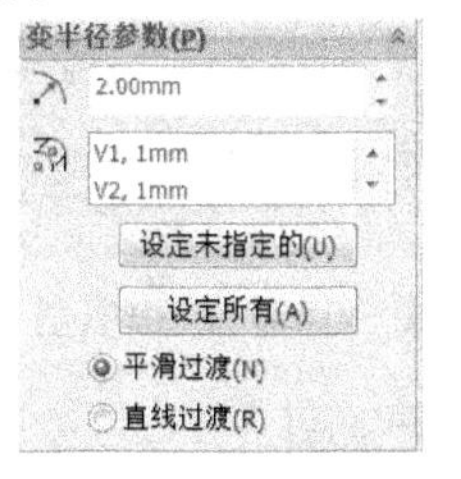

图 5-98　数值参考

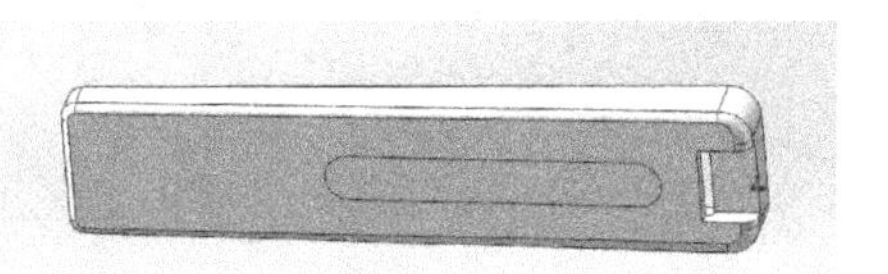

图 5-99　变化圆角 1

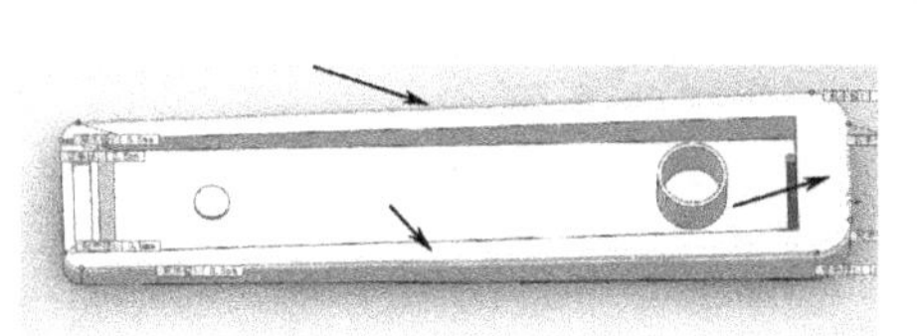

图 5-100　选择边线 1

图 5-101　数值参考

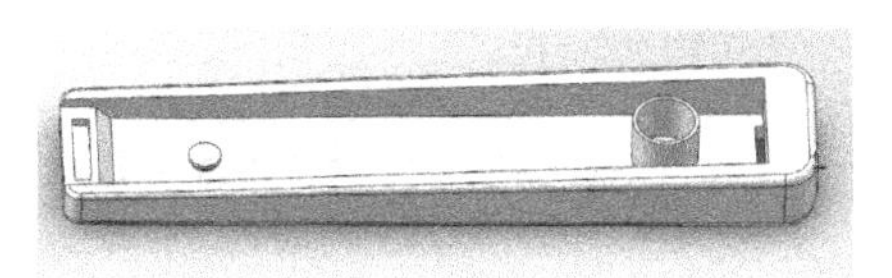

图 5-102　变化圆角 2

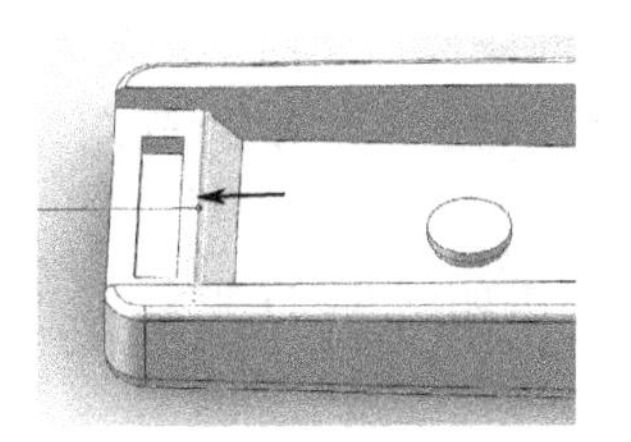

图 5-103　选择边线 2

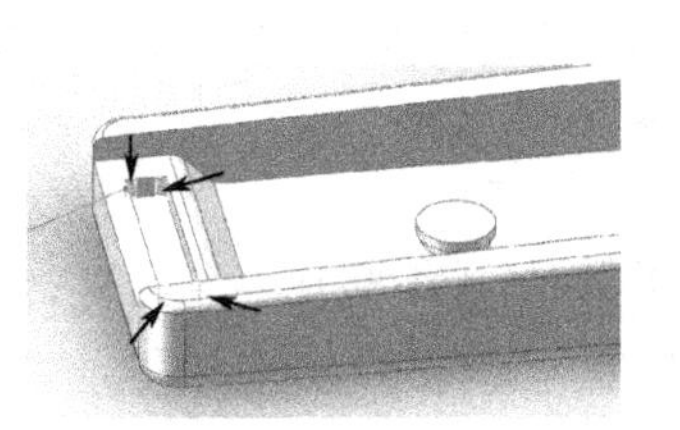

图 5-104　选择边线 3

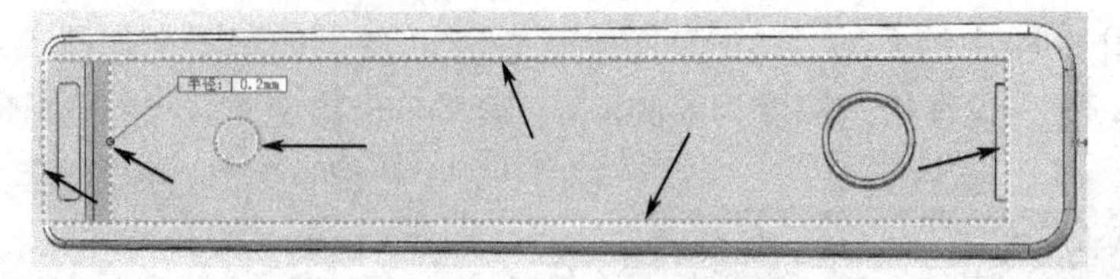

图 5-105 选择边线 4

（12）至此，完成了**订书机底座**的全部建模工作，最终模型如图 5-107 所示。单击**保存**，在**另存为**对话框中将文件名改为**底座**，保存类型为**零件**（***.prt**；***.sldprt**），单击**保存**完成存盘。

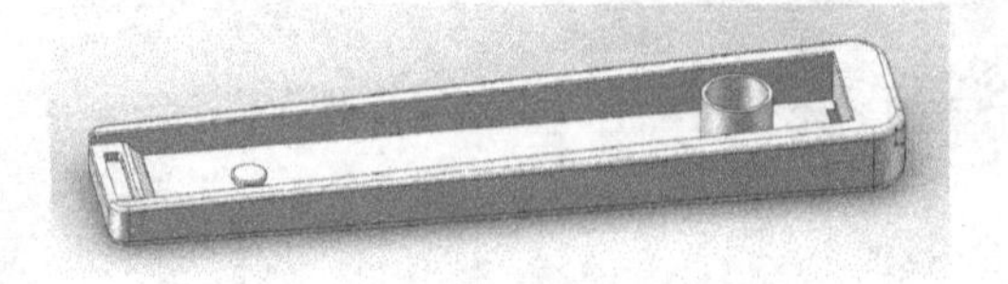

图 5-106 圆角

图 5-107 底座

5.2.3 订书机盖扣的建模

盖扣是用钣金建的，主要建模思路是先用**基体法兰/薄片**拉出一块钣金薄片，然后使用**绘制的折弯**，将两边折起来，再用**异型孔向导**打出所需的孔，最后使用**成形工具**将实体上凸出来的细节表现出来。零件模型及设计树如图 5-108、图 5-109 所示。

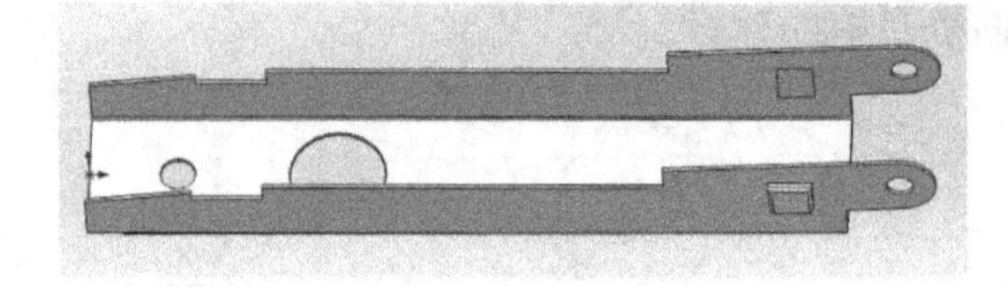

图 5-108 盖扣模型

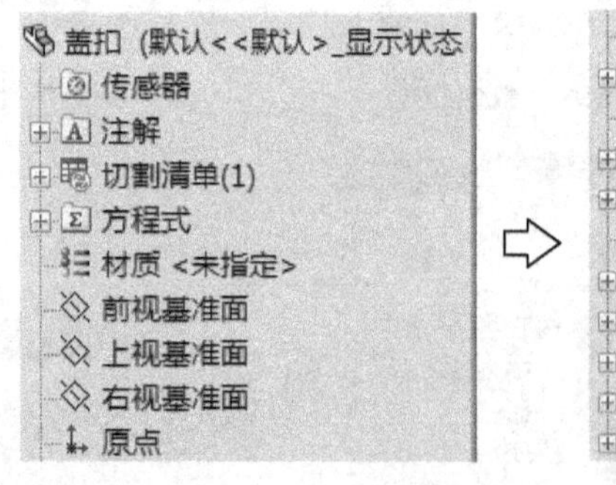

图 5-109 盖扣设计树

（1）启动 SolidWorks，单击**文件→新建**命令，选择**零件**图标，然后单击**确定**。

（2）选择**上视基准面**，单击**草图绘制**，绘制的草图 1 如图 5-110 所示。

然后单击**基体法兰/薄片**，设置厚度为 **0.4mm**，结果如图 5-111 所示。

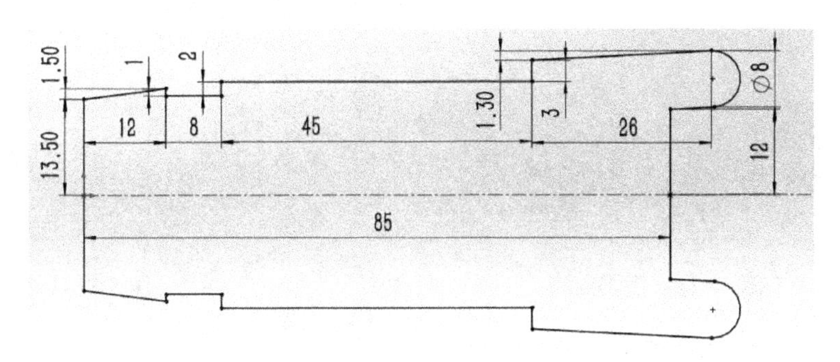

图 5-110　草图 1

图 5-111　基体-法兰 1

（3）选择**上视基准面** 上视基准面 ，单击**草图绘制**，绘制的草图 2 如图 5-112 所示。单击**异型孔向导**，单击，参数设置如图 5-113 所示。然后单击**位置** 位置 ，单击 **3D 草图** 3D 草图 ，单击草图 2 中所绘的两个点，结果如图 5-114 所示。

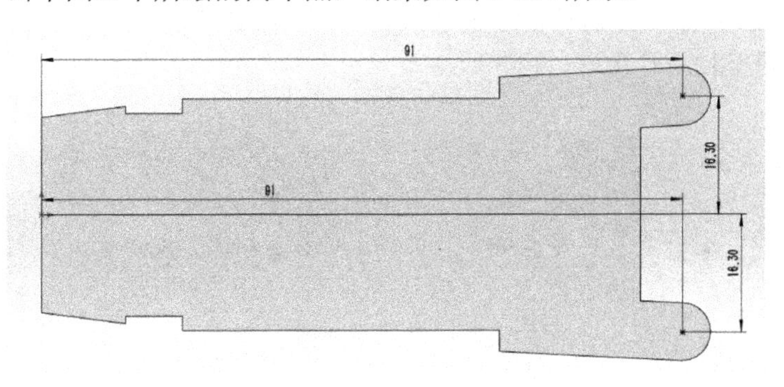

图 5-112　草图 2

图 5-113　设置界面

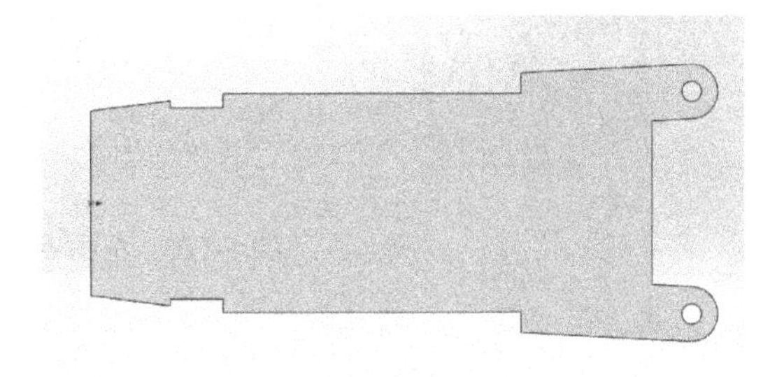

图 5-114　ϕ3.0（3）直径孔 1

（4）选择图 5-115 中的面①，单击**草图绘制**，绘制的草图 3 如图 5-116 所示。单击**绘制的折弯** 绘制的折弯 选择两横线中间的面为固定面，折弯位置为**材料在内**，**折弯角度**为 **90°**，然后单击**确定**，设置界面和结果如图 5-117 所示。

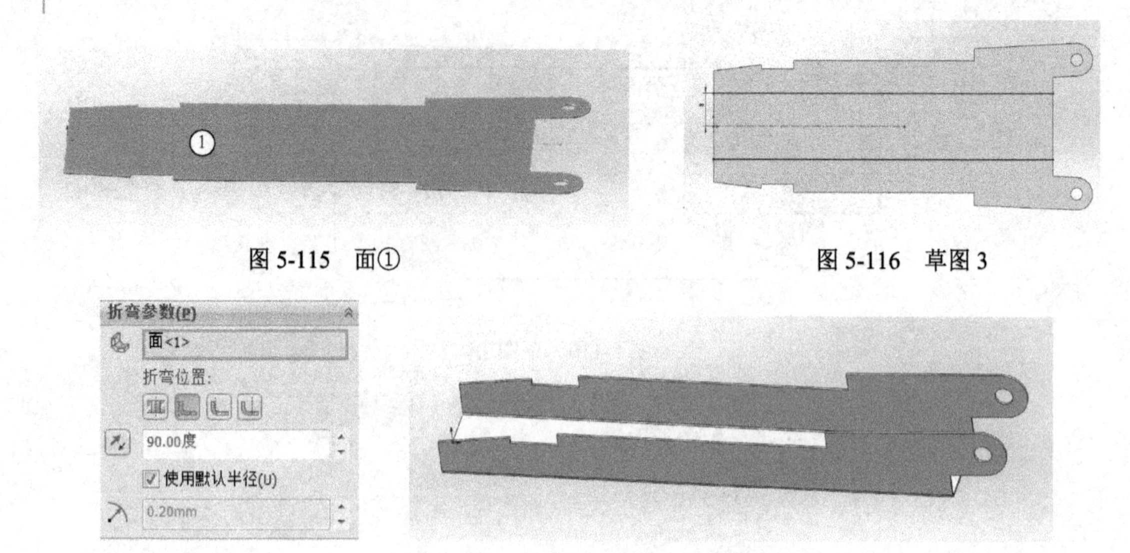

图 5-115 面①

图 5-116 草图 3

图 5-117 设置界面及绘制的折弯 1

（5）选择图 5-118 中的面①，单击**草图绘制**，绘制的草图 4 如图 5-119 所示。单击**异型孔向导**，单击，设置界面如图 5-120 所示。然后单击**位置**，单击 **3D 草图**，单击草图 4 中左边的点，结果如图 5-121 所示。再次单击**异型孔向导**，单击，设置界面如图 5-122 所示。然后单击**位置**，单击 **3D 草图**，单击草图 4 中右边的点，结果如图 5-123 所示。

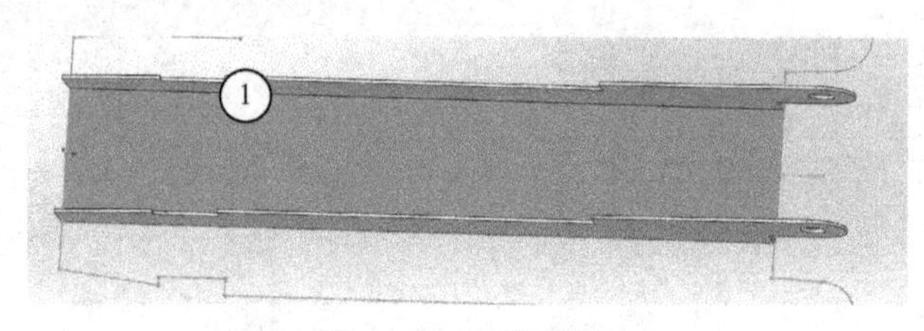

图 5-118 选择面①

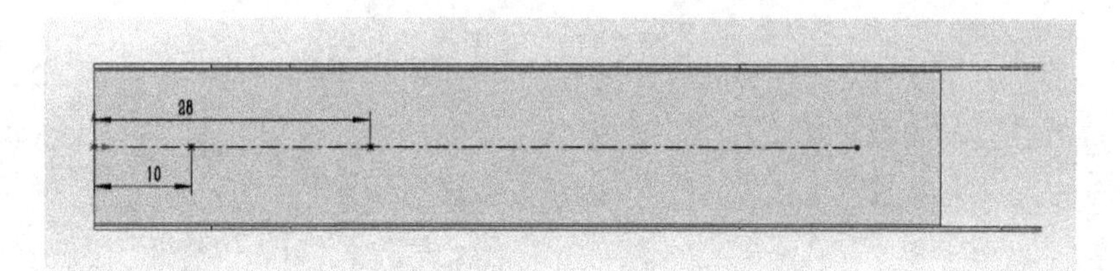

图 5-119 草图 4

图 5-120 设置界面

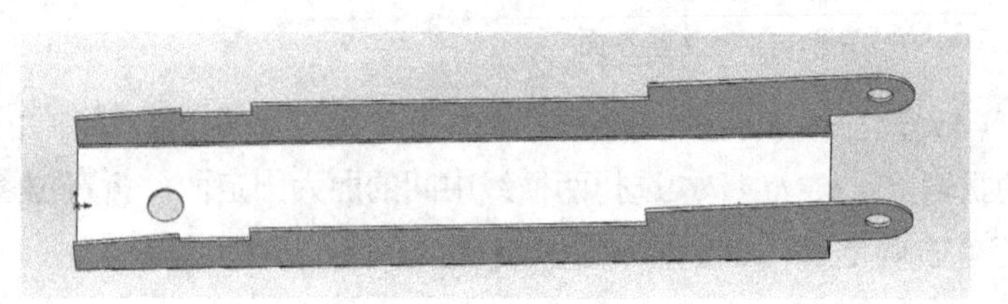

图 5-121 ϕ4.0（4）直径孔 1

图 5-122 设置界面

图 5-123 ϕ11.0（11）直径孔 1

（6）单击**文件→新建**命令，选择**零件**图标，然后单击**确定**，进入建模环境。

（7）选择**上视基准面** 上视基准面 ，单击**草图绘制**，绘制的草图 1 如图 5-124 所示。然后单击**拉伸凸台/基体**，设置**给定深度**为 **1.00mm**，最后单击**确定**，结果如图 5-125 所示。

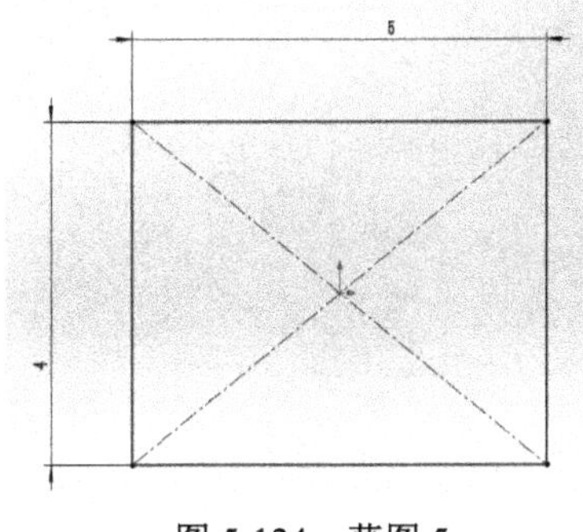

图 5-124 草图 5

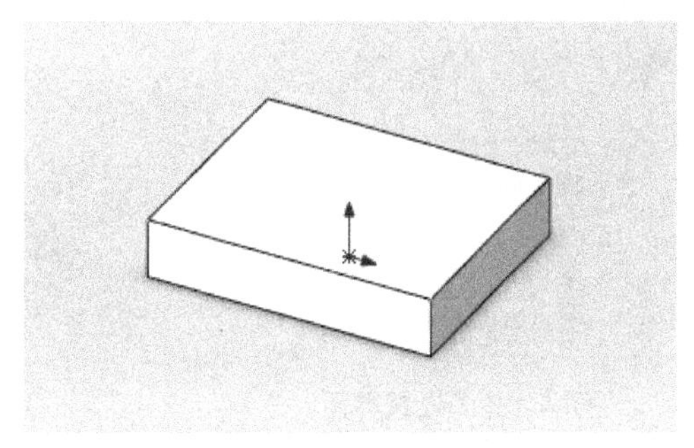

图 5-125 凸台-拉伸 1

（8）选择**前视基准面** 前视基准面 ，单击**草图绘制**，绘制的草图 6 如图 5-126 所示。然后单击**拉伸切除**，参数设置为**完全贯穿**，最后单击**确定**，结果如图 5-127 所示。

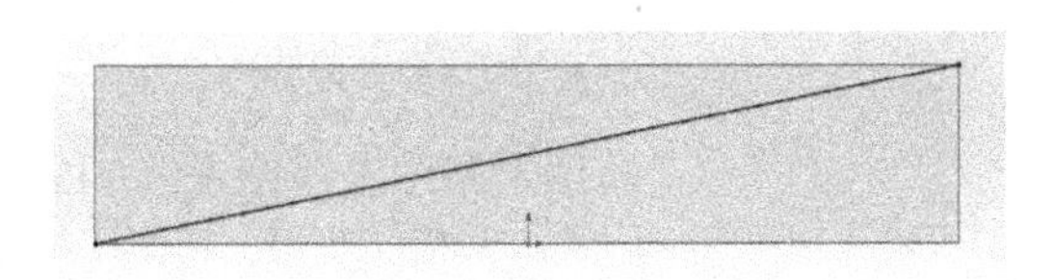

图 5-126 草图 6

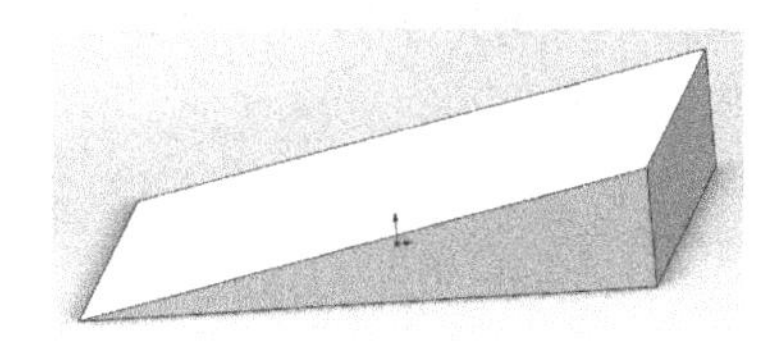

图 5-127 切除-拉伸 1

（9）选择**上视基准面** 上视基准面 ，单击**草图绘制**，绘制的草图 7 如图 5-128 所示。然后单击**拉伸凸台/基体**，设置**给定深度**为 **1.00mm**，调整拉伸方向，最后单击**确定**，结果如图 5-129 所示。

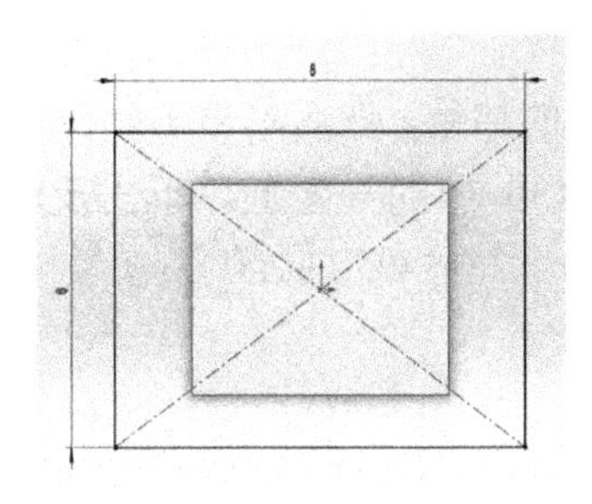

图 5-128 草图 7

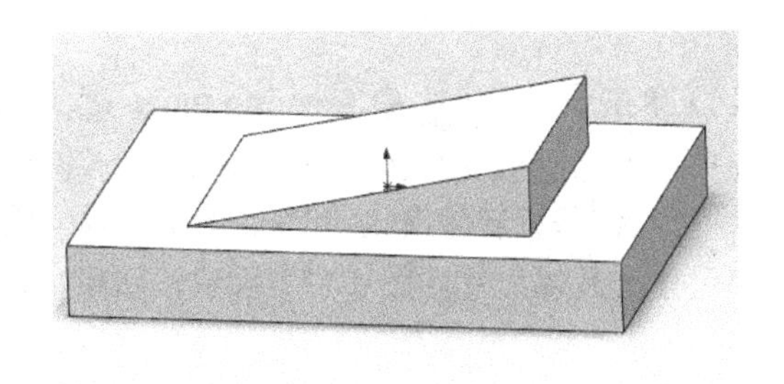

图 5-129 凸台-拉伸 2

（10）单击**圆角**，选择图 5-130 中箭头所指的边线，参数设置为**等半径 0.01mm**，然后单击**确定**。

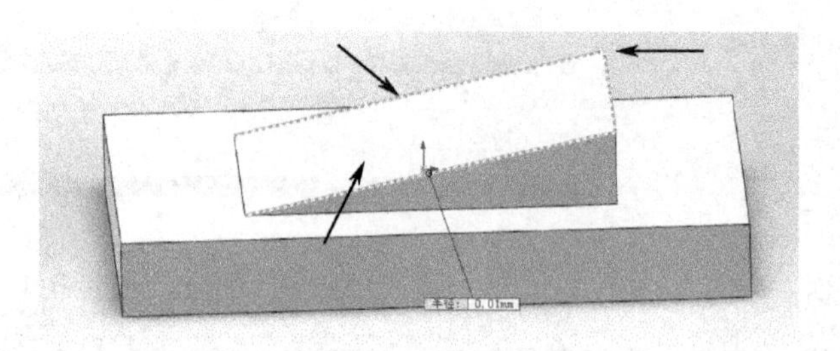

图 5-130　圆角 1

（11）单击**成形工具**，设置界面如图 5-131 所示，选择图 5-132 中的面①为停止面，单击**确定**，结果如图 5-133 所示。

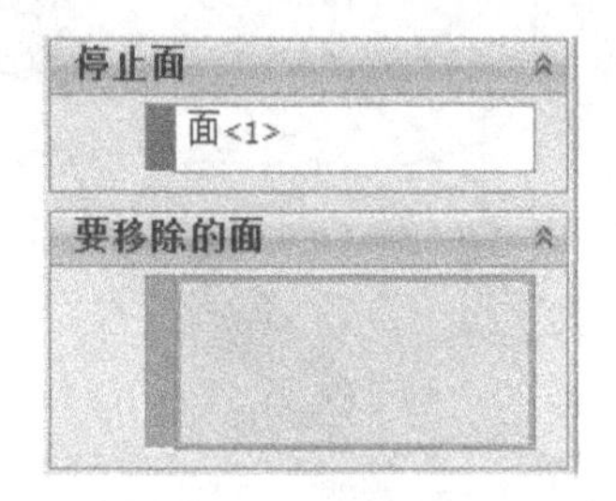

图 5-131　设置界面

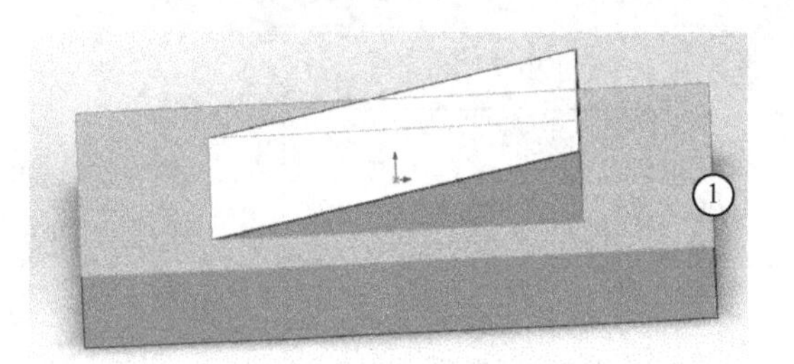

图 5-132　停止面

（12）单击**文件→保存**，将文件命名为**成形工具—盖扣**，单击**确定**，保存文件。

（13）右击设计树顶端 成形工具--盖扣 (默认<<默认，在弹出的菜单栏中单击**添加到库**，添加到库 (G)，单击 **Design Library** Design Library 前面的加号，在弹出的子序列中单击 **forming tools 前的加号**，再单击 **Lances**，最后单击**确定**。详细步骤见图 5-134。关闭“盖扣—成形工具”文件。

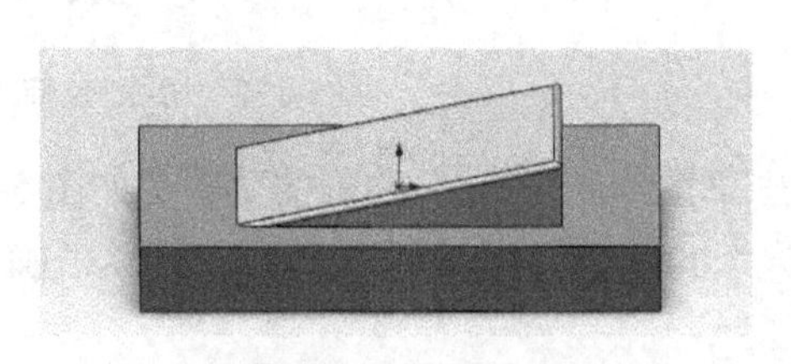

图 5-133　成形工具

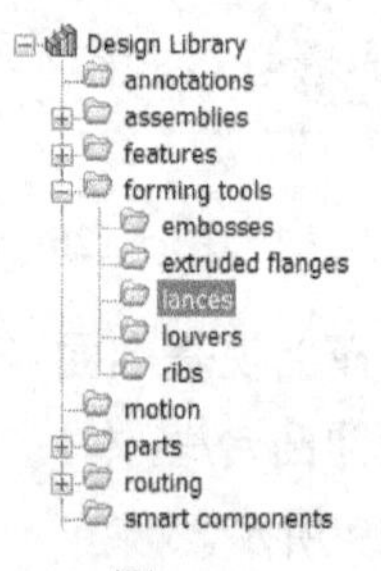

图 5-134

（14）单击设计库 中 **forming tools** forming tools 前的加号，然后单击 **Lances**，找到步骤（13）中保存的文件**盖扣—成形工具**，将其拖拽到图 5-135 中的一面上。单击**反转工具** 反转工具(F)，调整旋转角度为 **90°**，设置界面如图 5-136 所示。然后单击**位置** 位置，再单击**智能尺寸**，具体尺寸如图 5-137 所示，结果如图 5-138 所示。

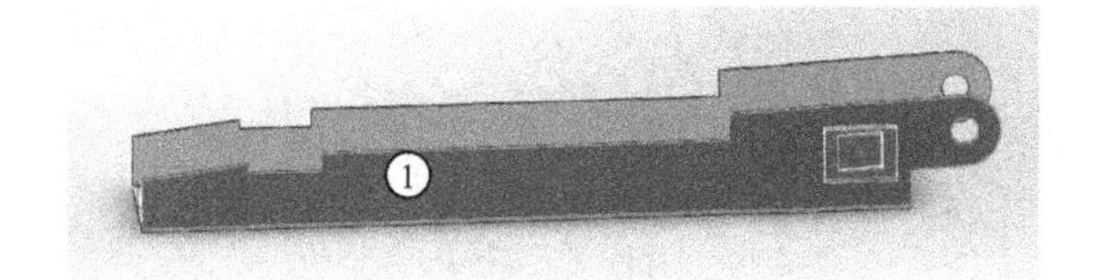

图 5-135　面①

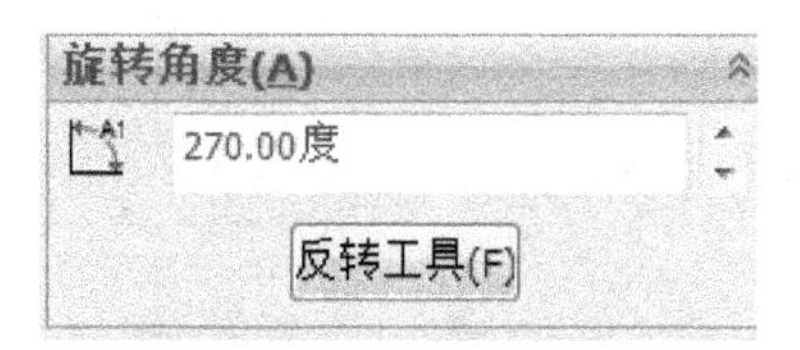

图 5-136　设置界面

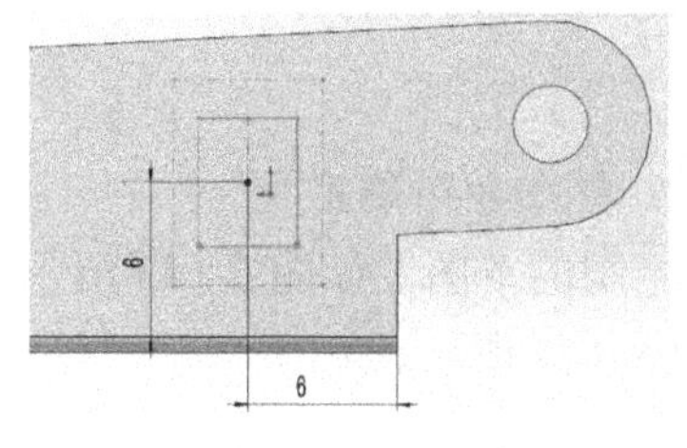

图 5-137　尺寸

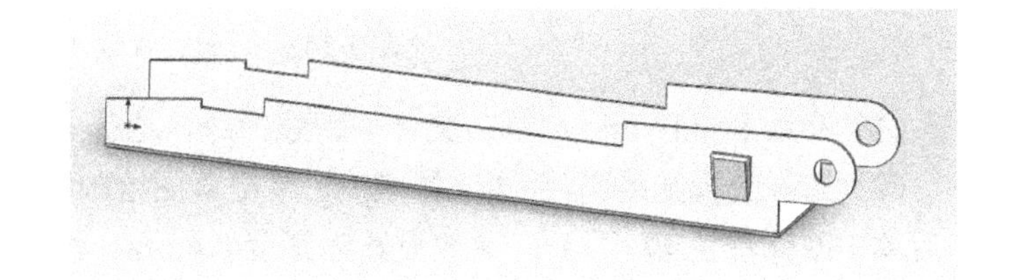

图 5-138　成形工具——盖扣 1

（15）与步骤（14）相同，将成形工具拖到另一面，结果如图 5-139 所示。

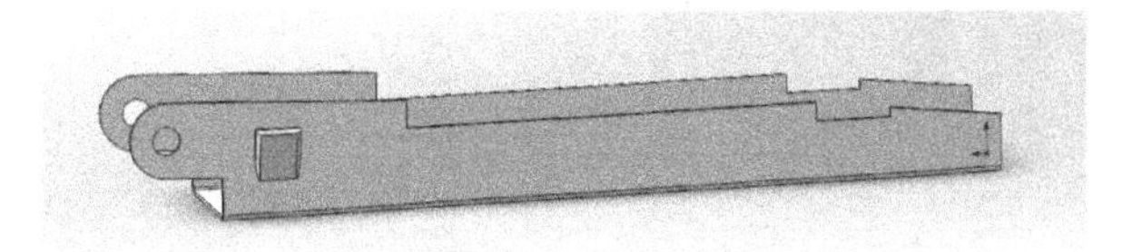

图 5-139　成形工具——盖扣 2

（16）至此，完成了**订书机盖扣**的全部建模工作，最终模型如图 5-140 所示。单击**保存**，在**另存为**对话框中将文件名改为**盖扣**，保存类型为**零件（*.prt；*.sldprt）**，单击**保存**完成存盘。

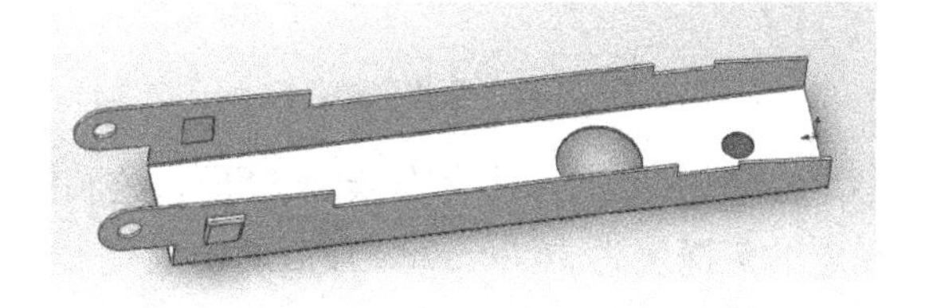

图 5-140　盖扣

5.2.4　订书机压钉弹片的建模

压钉弹片的主要建模思路是使用**基体法兰/薄片**拉出一个薄片，然后用**切除拉伸**将中间的形状切出来，再用**异型孔向导**打出所需的孔，最后用**绘制的折弯**把需要折弯的地方折到适当角度。零件实体模型及相应的设计树如图 5-141、图 5-142 所示。

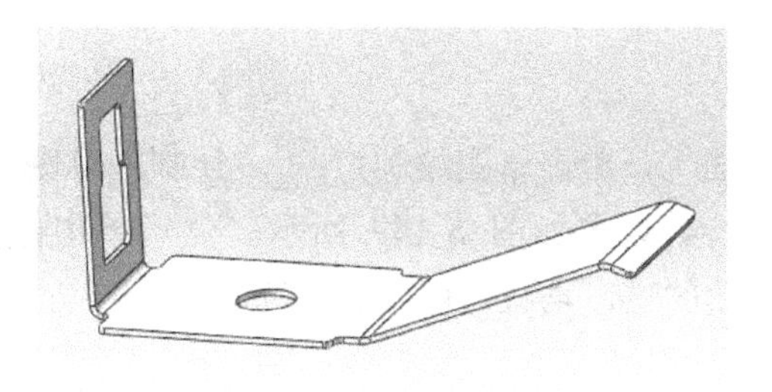

图 5-141　压钉弹片模型

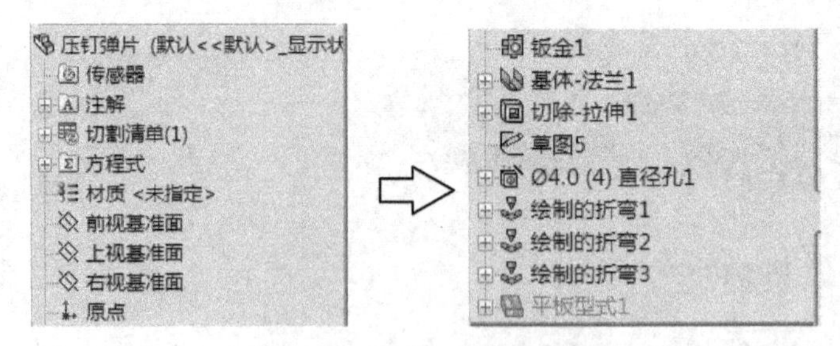

图 5-142 压钉弹片设计树

（1）启动 SolidWorks，单击**文件→新建**命令，选择**零件**图标，然后单击**确定**。

（2）选择**上视基准面**，单击**草图绘制**，绘制的草图 1 如图 5-143 所示。然后单击**基体法兰/薄片**，参数设置为**厚度 0.4mm**，结果如图 5-144 所示。

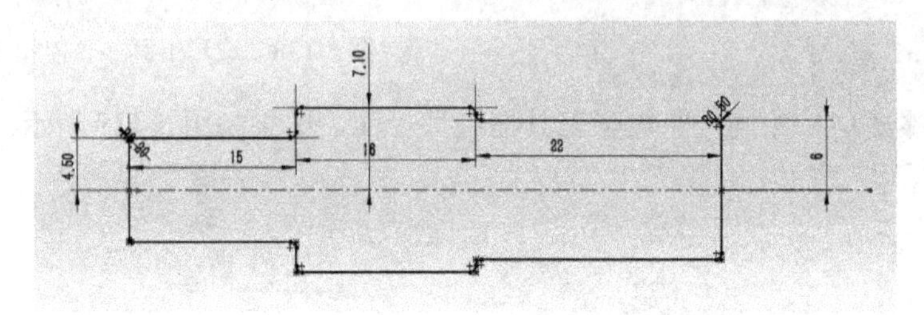

图 5-143 草图 1

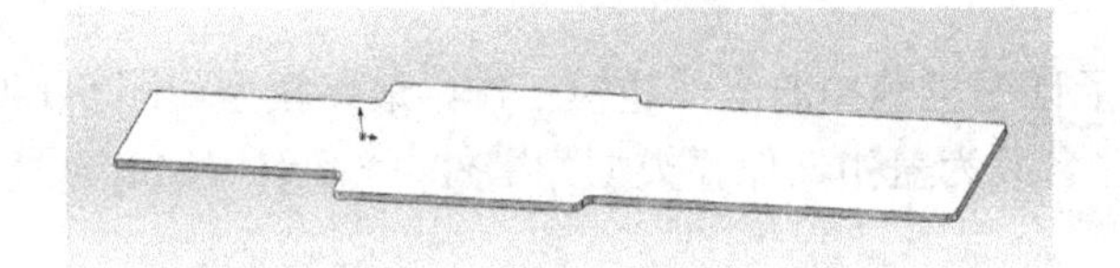

图 5-144 基体-法兰 1

（3）选择**上视基准面**，单击**草图绘制**，绘制的草图 2 如图 5-145 所示。然后单击**拉伸切除**，设置**给定深度**为 **10.00mm**，最后单击**确定**，结果如图 5-146 所示。

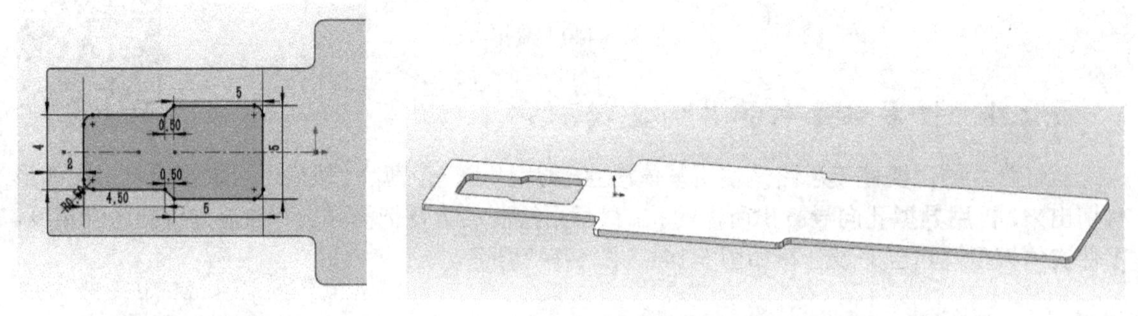

图 5-145 草图 2　　　　图 5-146 切除-拉伸 1

（4）选择图 5-147 中的面①，单击**草图绘制**，绘制的草图 3 如图 5-148 所示。单击**异型孔向导**，单击，参数设置如图 5-149 所示。然后单击**位置**，单击 **3D 草图**，单击草图 3 所绘的点，结果如图 5-150 所示。

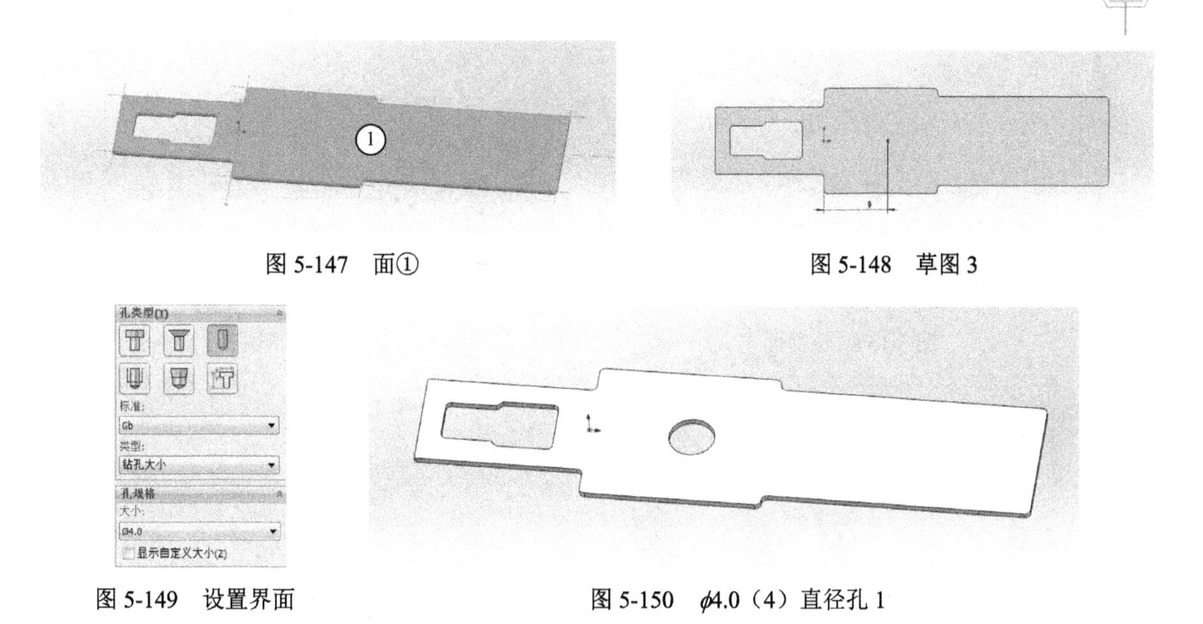

图 5-147　面①

图 5-148　草图 3

图 5-149　设置界面

图 5-150　ϕ4.0（4）直径孔 1

（5）选择图 5-151 所示的面，单击**草图绘制**，绘制的草图 4 如图 5-152 所示。单击**绘制的折弯** 绘制的折弯 ，选择草图 4 中的面①为固定面，折弯位置为**材料在外**，**折弯角度**为 **90°**，将使用默认半径前面的 √ 去掉，设置**半径**为 **0.50mm**，然后单击**确定**。参数设置及结果如图 5-153 所示。

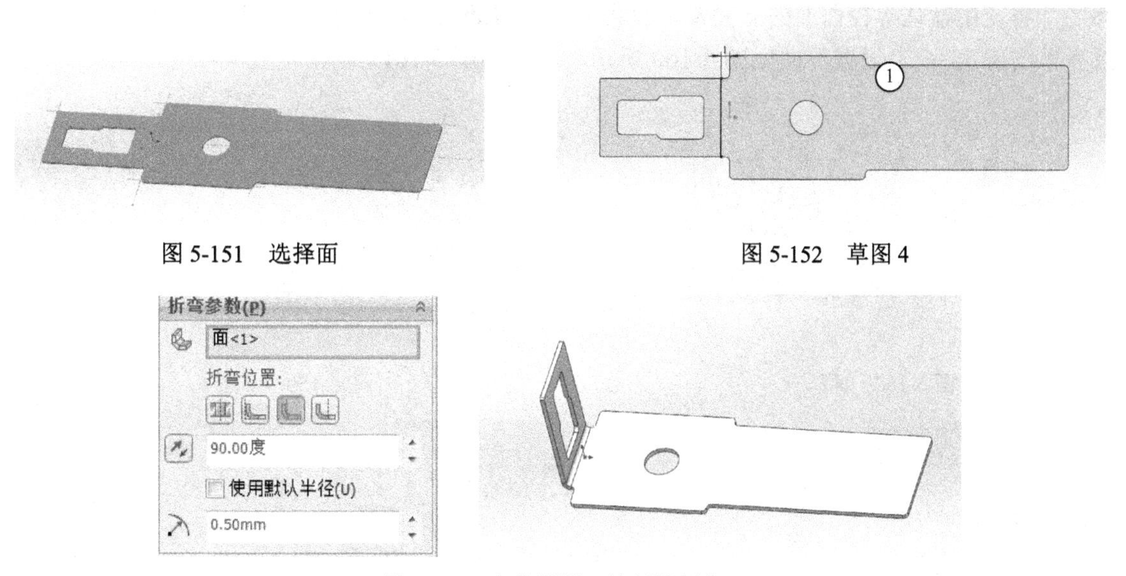

图 5-151　选择面

图 5-152　草图 4

图 5-153　参数设置及绘制的折弯 1

（6）选择图 5-154 中的面①，单击**草图绘制**，绘制的草图 5 如图 5-155 所示。单击**绘制的折弯** 绘制的折弯 ，选择草图 5 中的面②为固定面，折弯位置为**材料在外**，**折弯角度**为 **20°**，将使用默认半径前面的 √ 点掉，设置**半径**为 **2.00mm**，然后单击**确定**。参数设置如图 5-156 所示，结果如图 5-157 所示。

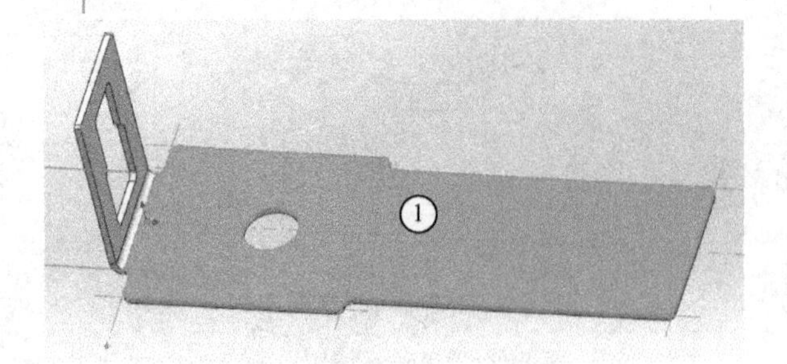

图 5-154　选择面

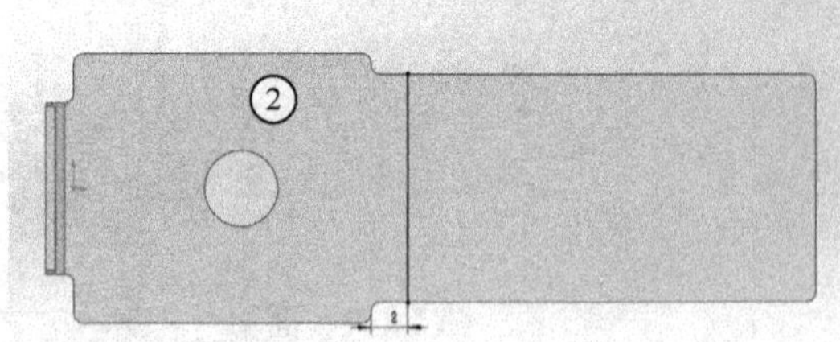

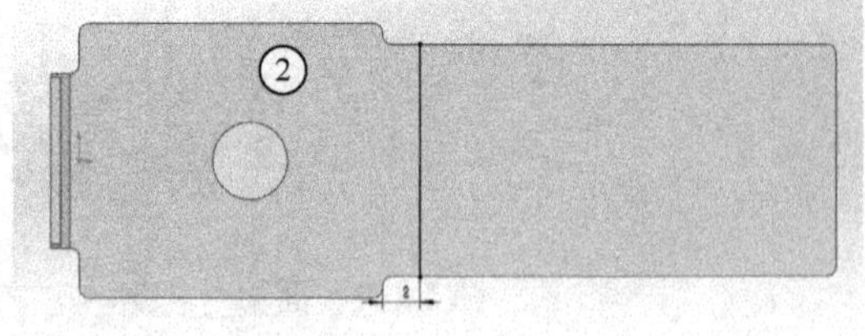

图 5-155　草图 5

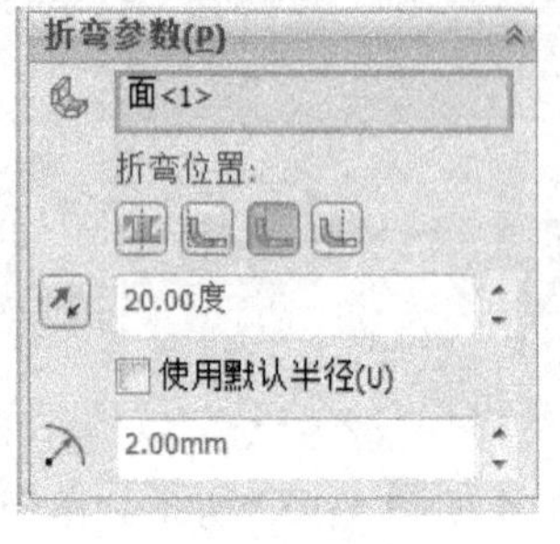

图 5-156　参数设置

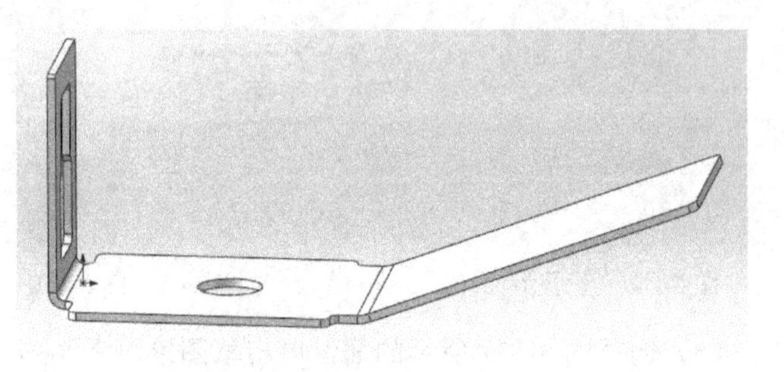

图 5-157　绘制的折弯 2

（7）选择图 5-158 中的面①，单击**草图绘制**，绘制的草图 6 如图 5-159 所示。单击**绘制的折弯** 绘制的折弯， 选择草图 6 中的面②为固定面，折弯位置为**材料在外**，**折弯角度**为 **40°**，将使用默认半径前面的√去掉，设置**半径**为 **1.00mm**，点选 40° 前面的箭头按钮，然后单击**确定**。设置界面如图 5-160 所示，结果如图 5-161 所示。

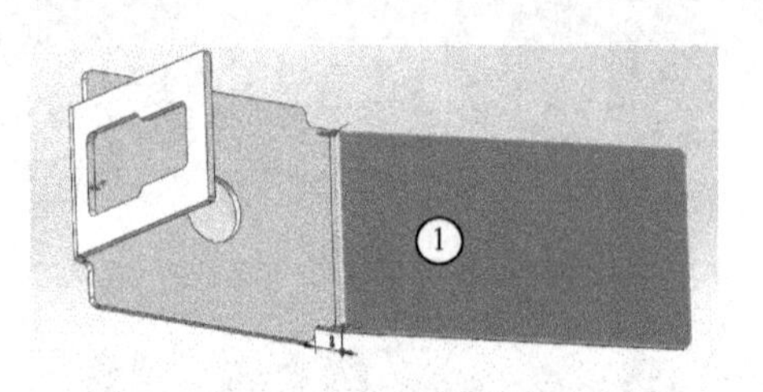

图 5-158　面①

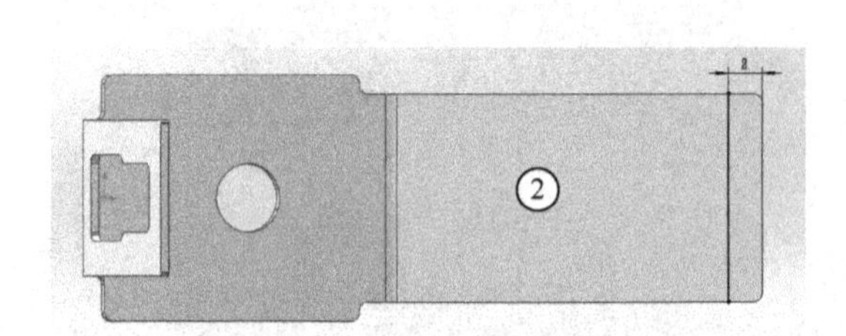

图 5-159　草图 6

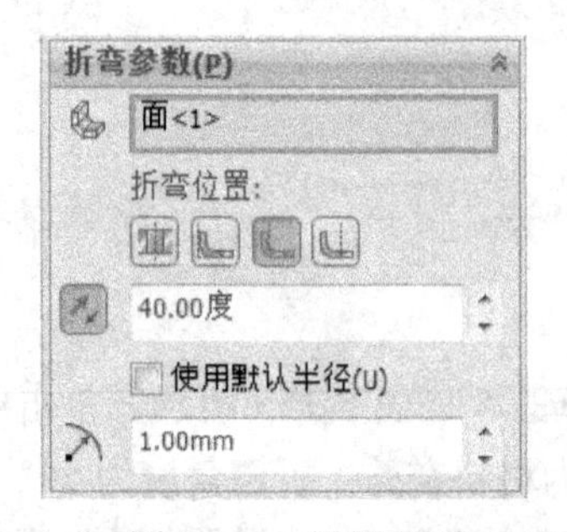

图 5-160　设置界面

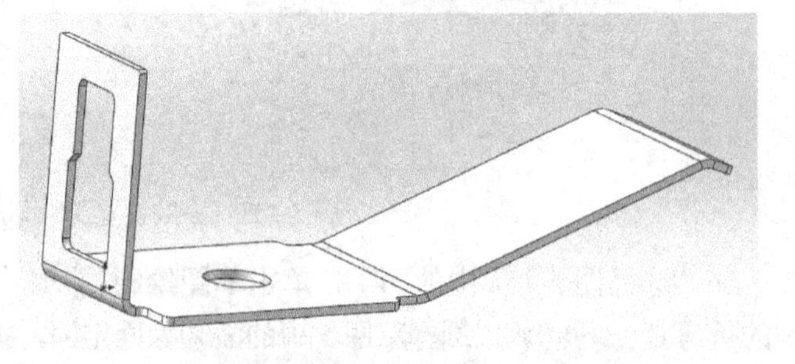

图 5-161　绘制的折弯 3

（8）至此，完成了**订书机压钉弹片**的全部建模工作，最终模型如图 5-162 所示。单击**保存**，在**另存为**对话框中将文件名改为**压钉弹片**，保存类型为**零件**（***.prt**；***.sldprt**），单击**保存**完成存盘。

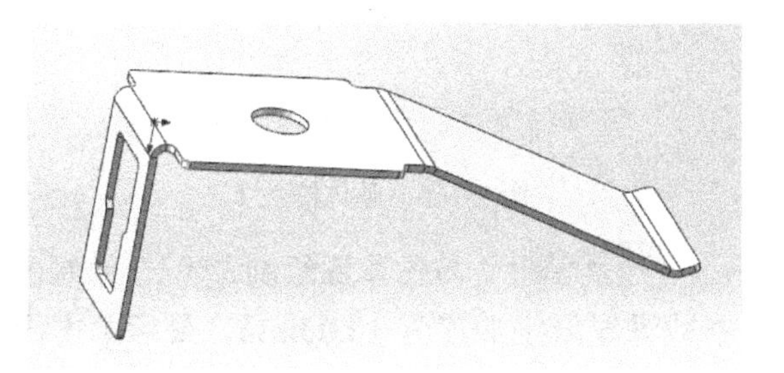

图 5-162　压钉弹片

5.2.5　订书机载拉件的建模

载拉件的主要建模思路是先用**基体法兰/薄片**建立一个钣金薄片，然后用**切除拉伸**和**异型孔向导**将薄片上的细节表现出来，再用**绘制的折弯**把两边折起来，最后使用**成形工具**表现出两侧的凹凸细节。零件实体模型及相应的设计树如图 5-163、图 5-164 所示。

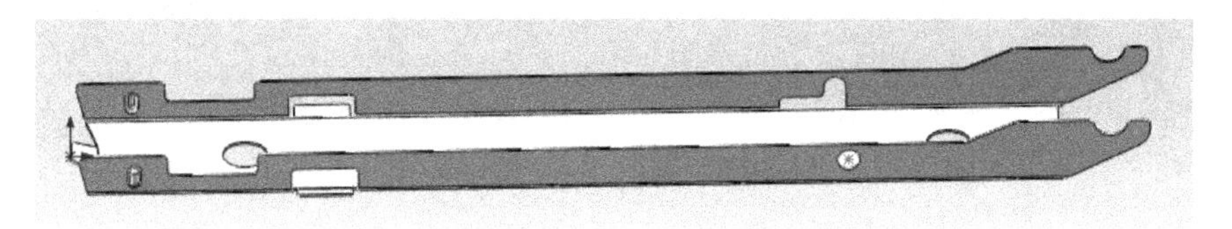

图 5-163　载拉件模型

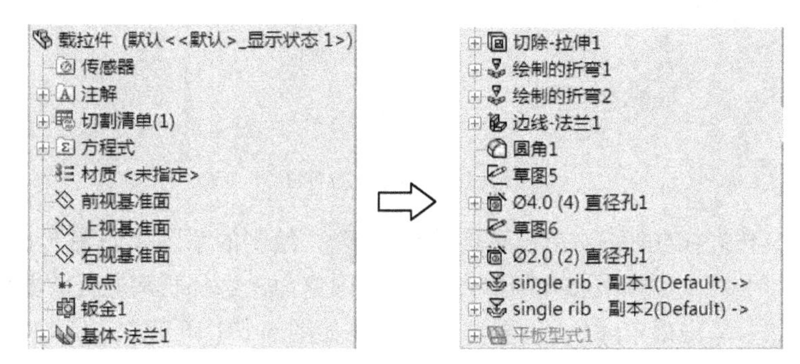

图 5-164　载拉件设计树

（1）启动 SolidWorks，单击**文件→新建**命令，选择**零件**图标，然后单击**确定**。

（2）选择**上视基准面** 上视基准面 ，单击**草图绘制**，绘制的草图 1 如图 5-165 所示。然后单击**基体法兰/薄片**，设置**厚度**为 **0.40mm**，结果如图 5-166 所示。

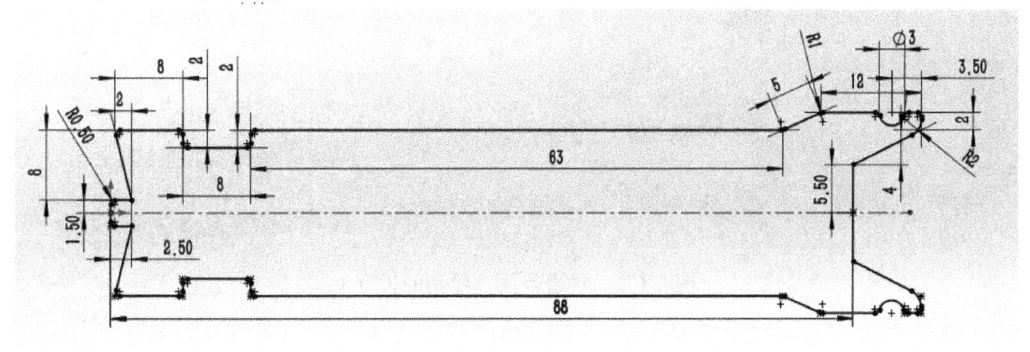

图 5-165　草图 1

图 5-166　基体法兰 1

（3）选择上视基准面 上视基准面，单击**草图绘制**，绘制的草图 2 如图 5-167 所示。然后单击**拉伸切除**，参数设置**给定深度**为 **10.00mm**，最后单击**确定**，结果如图 5-168 所示。

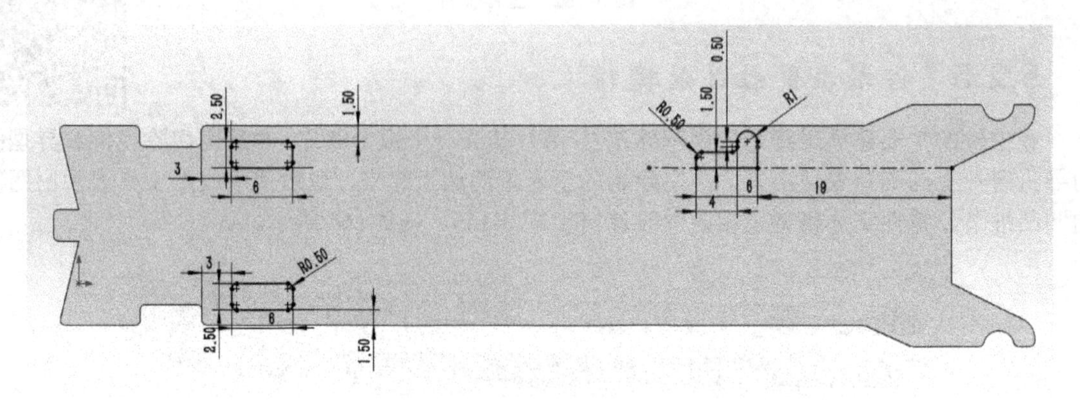

图 5-167　草图 2

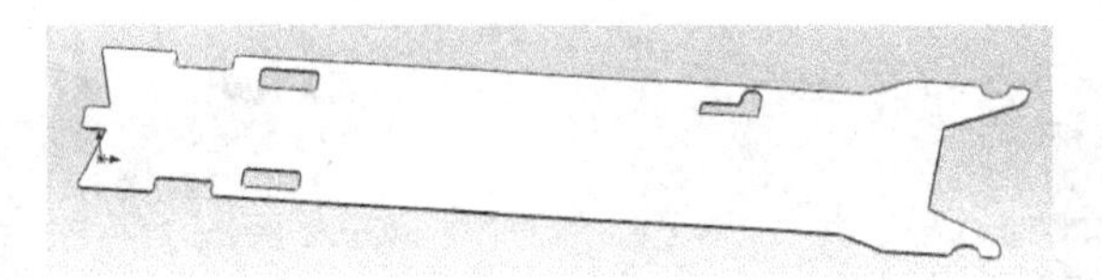

图 5-168　切除-拉伸 1

（4）选择图 5-169 中的面①，单击**草图绘制**，绘制的草图 3 如图 5-170 所示。单击**绘制的折弯** 绘制的折弯，选择图 5-170 中的面②为固定面，选择**折弯在外**，**折弯角度**为 **90°**，**使用默认半径**，然后单击**确定**。设置界面及结果如图 5-171 所示。

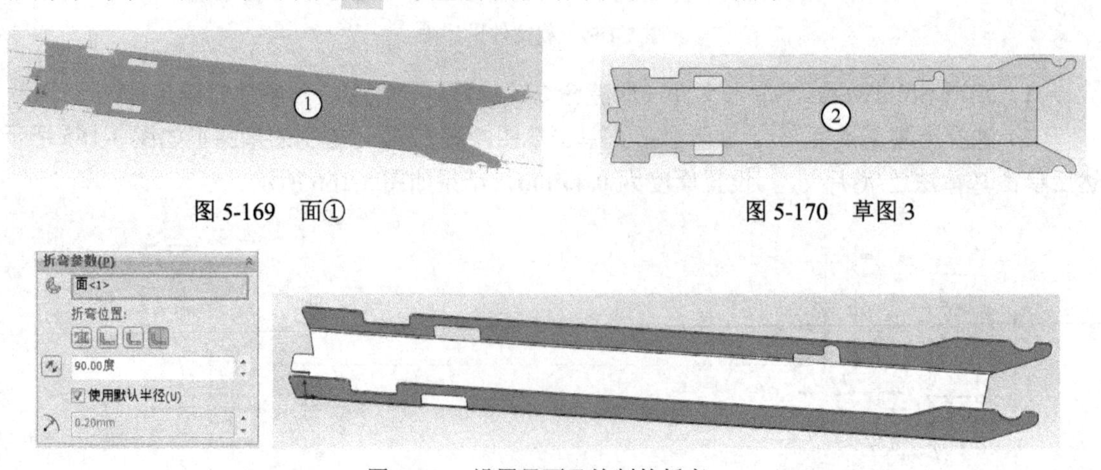

图 5-169　面①

图 5-170　草图 3

图 5-171　设置界面及绘制的折弯 1

（5）选择图 5-172 中的面①，单击**草图绘制**，绘制的草图 4 如图 5-173 所示。单击**绘制的折弯** 绘制的折弯，设置界面如图 5-174 所示，选择草图 3 中的面②为固定面，选择**折弯在外**，**折弯角度为 15°**，**使用默认半径**，然后单击**确定**，结果如图 5-175 所示。

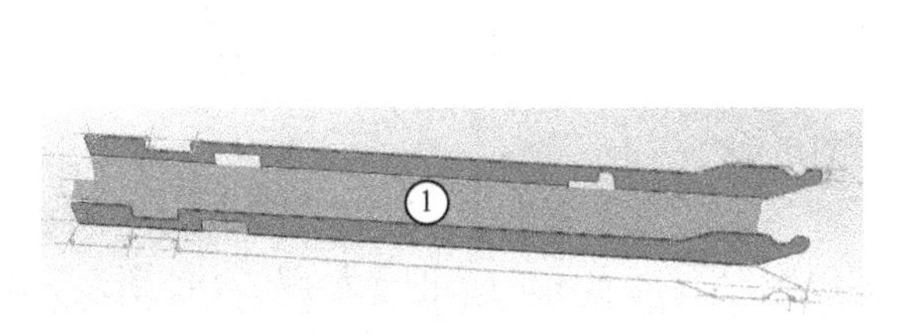

图 5-172 面①

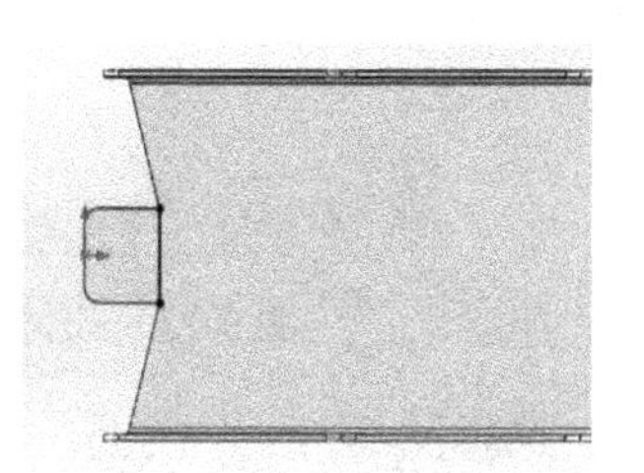

图 5-173 草图 4

图 5-174 设置界面

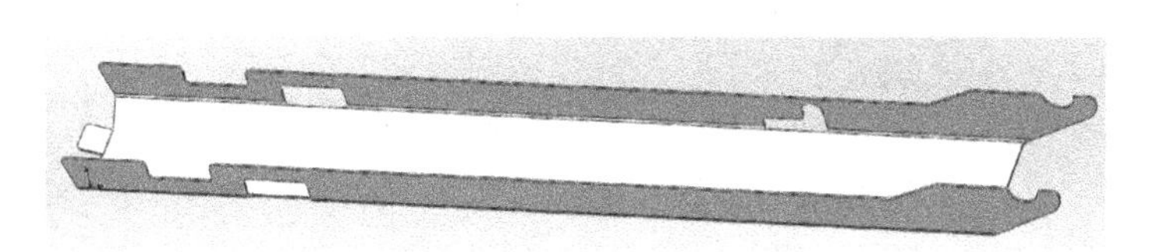

图 5-175 绘制的折弯 2

（6）单击**边线法兰**，选择图 5-176 箭头所指的边线，参数设置为**角度 15°**，**给定深度为 1.50mm**，设置界面如图 5-177 所示，结果如图 5-178 所示。

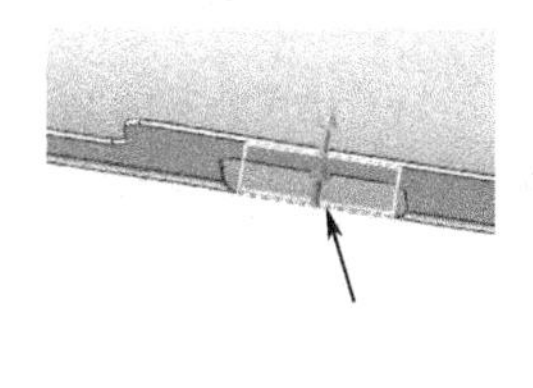

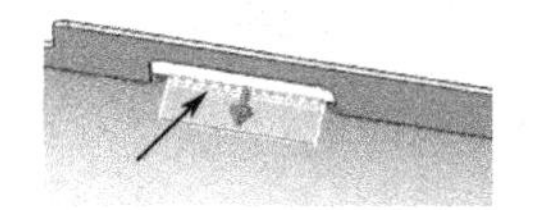

图 5-176 选择边线

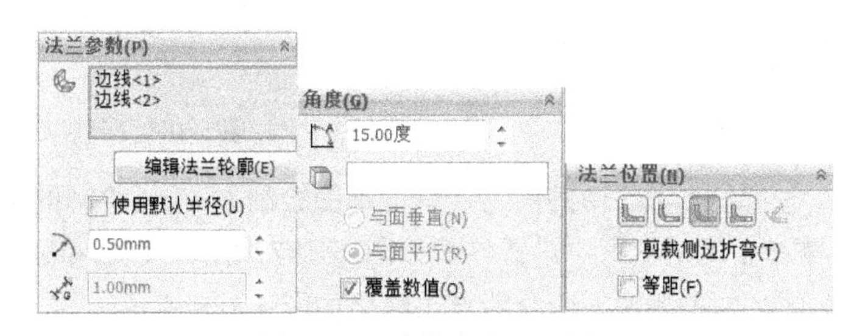

图 5-177 边线法兰 1 设置界面

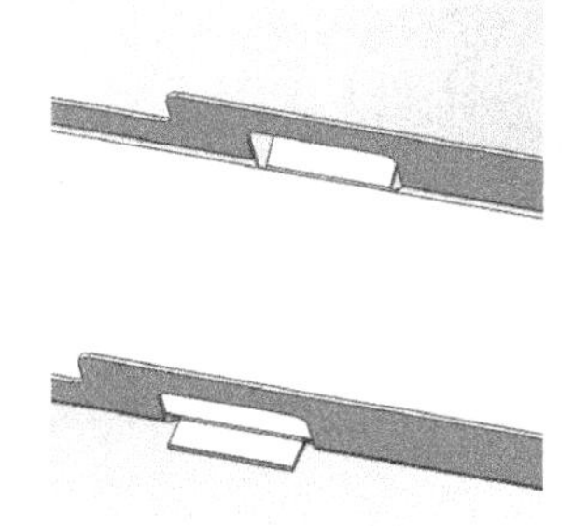

图 5-178 边线-法兰 1

（7）单击**圆角**，选择图 5-179 箭头所指的边线，参数设置为**等半径 0.20mm**，然后单击**确定**，结果如图 5-180 所示。

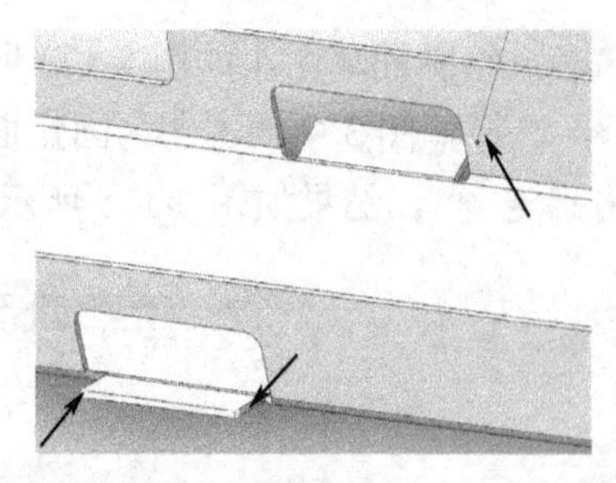

图 5-179 选择边线

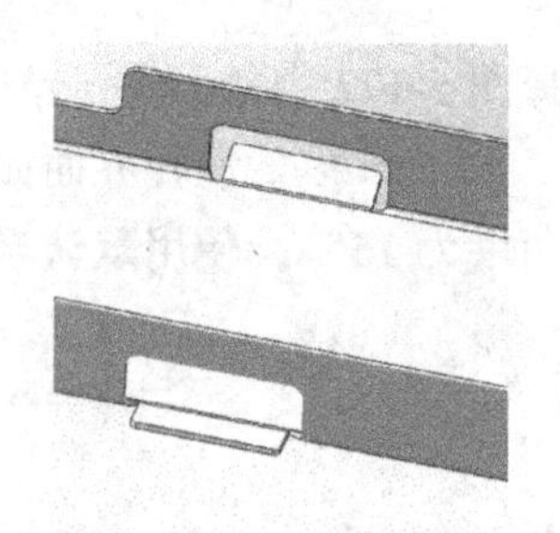

图 5-180 圆角 1

（8）选择图 5-181 中的面①，单击**草图绘制**，绘制的草图 5 如图 5-182 所示。单击**异型孔向导**，单击，设置界面如图 5-183 所示。然后单击**位置** 位置，单击 **3D 草图** 3D 草图，单击草图 5 所绘的点，结果如图 5-184 所示。

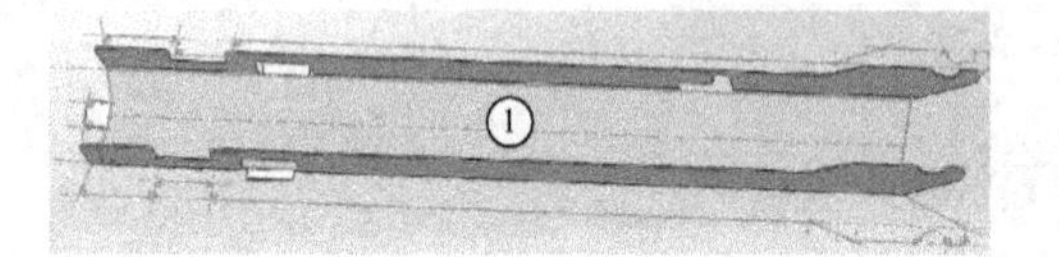

图 5-181 面①

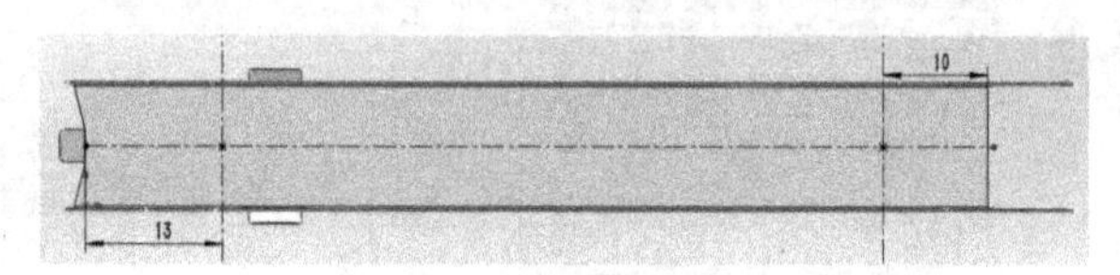

图 5-182 草图 5

图 5-183 设置示界面

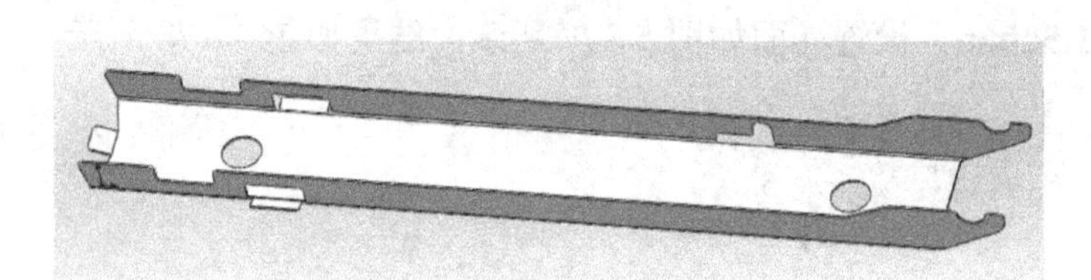

图 5-184 ϕ4.0（4）直径孔 1

（9）选择图 5-185 中的面①，单击**草图绘制**，绘制的草图 6 如图 5-186 所示。单击**异型孔向导**，单击，设置界面如图 5-187 所示。然后单击**位置** 位置，单击 **3D 草图** 3D 草图，单击草图 6 所绘的点，结果如图 5-188 所示。

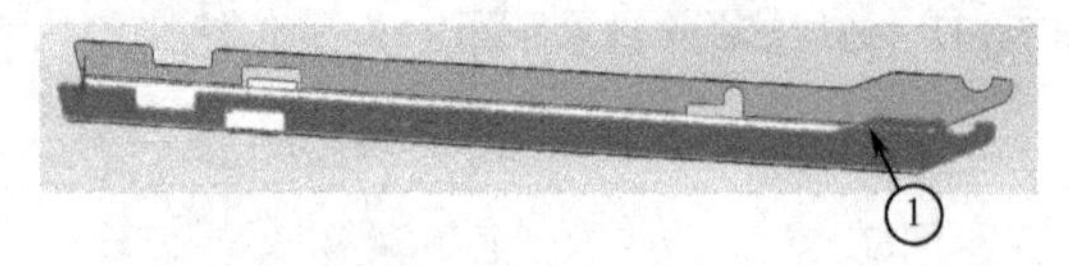

图 5-185 面①

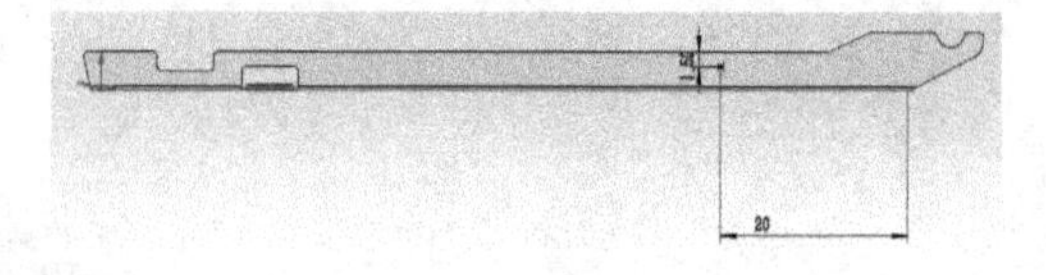

图 5-186 草图 6

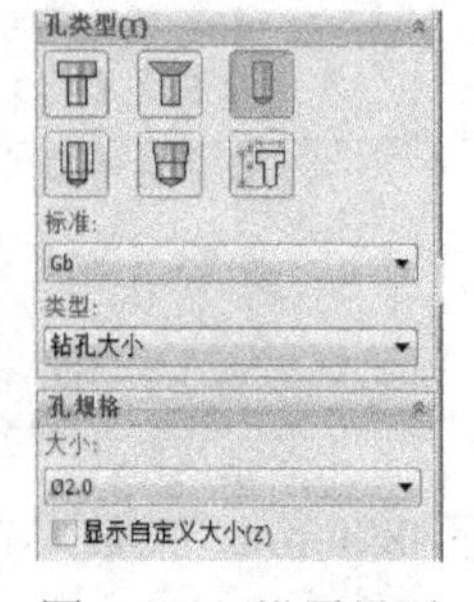

图 5-187 设置界面

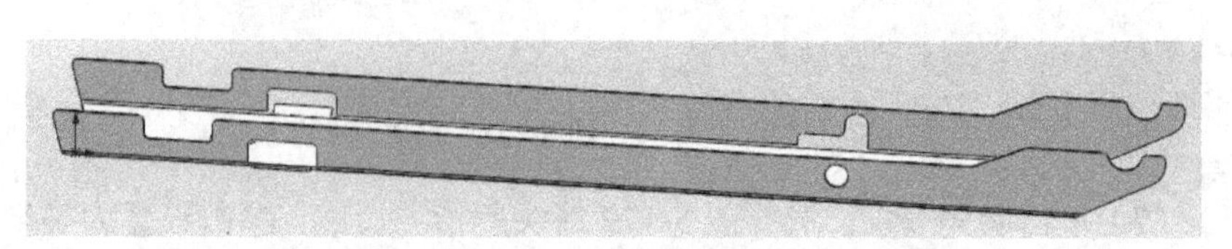

图 5-188 ϕ2.0（2）直径孔 1

（10）单击**设计库**，单击 **design library 前面的加号** Design Library，再单击 **forming tools** forming tools，然后右击 **ribs** ribs，单击**打开文件夹**。在弹出的菜单栏中选择**复制**、**粘贴**文件 **single rib** single rib，如图 5-189 所示。双击打开 **single rib-副本**。打开的 SolidWorks 文件如图 5-190 所示。

single rib - 副本
single rib

图 5-189　复制 single rib-副本

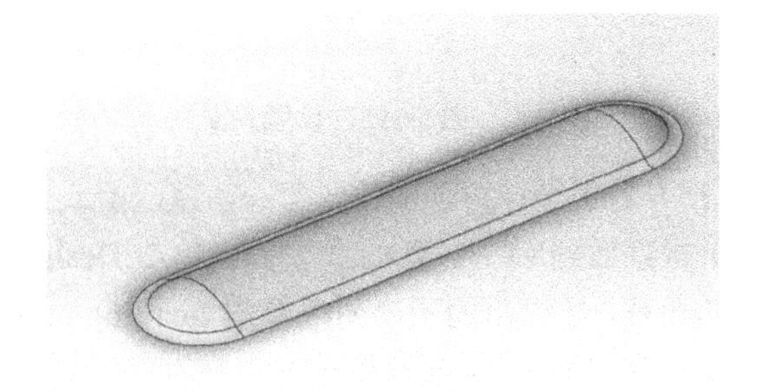

图 5-190　打开 single rib-副本

（11）单击设计树中的 **sketch10** Sketch10，在弹出的栏目中单击**编辑草图**，如图 5-191 所示。将尺寸改为 **0.50mm×1.50mm**，如图 5-192 所示，单击**确定**。

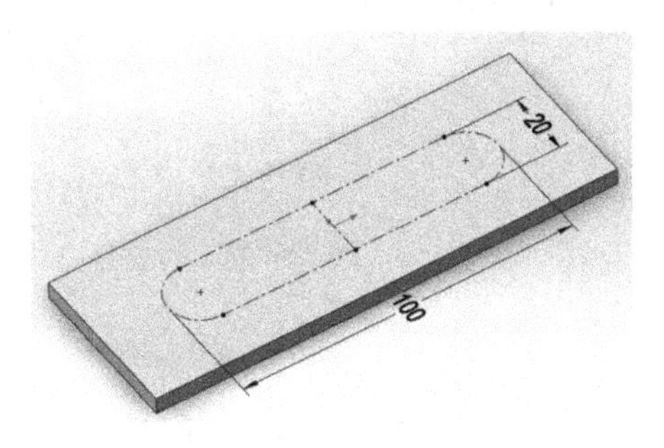

图 5-191　编辑草图

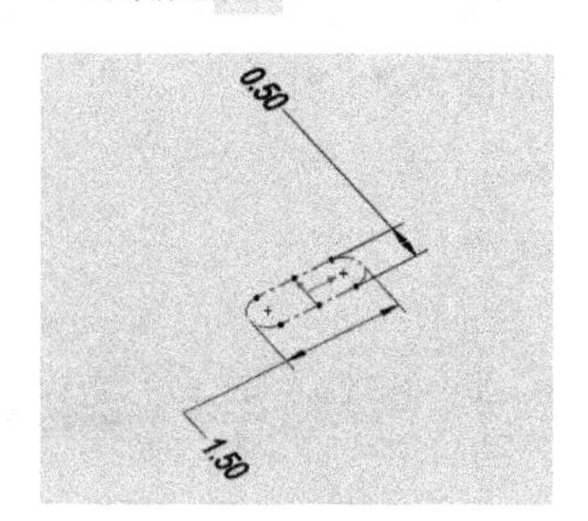

图 5-192　0.50mm*1.50mm

（12）单击 Boss-Extrude1 前面的加号，在弹出的子序列中单击 Sketch2，单击**编辑草图**，弹出的画面如图 5-193 所示。将 **sketch2** 中的圆的尺寸改为 **ϕ0.40mm**，单击**确定**，结果如图 5-194 所示。

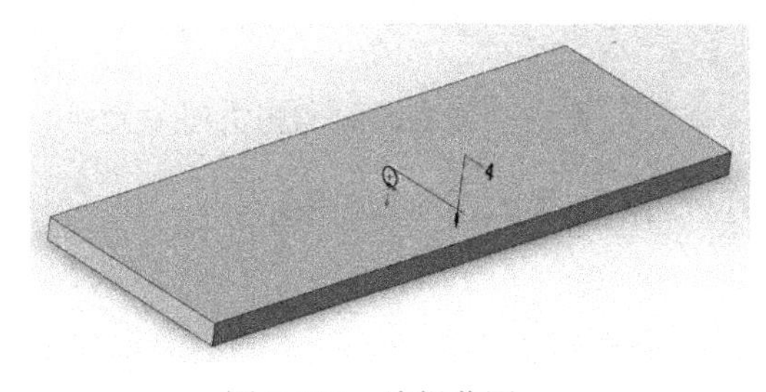

图 5-193　编辑草图

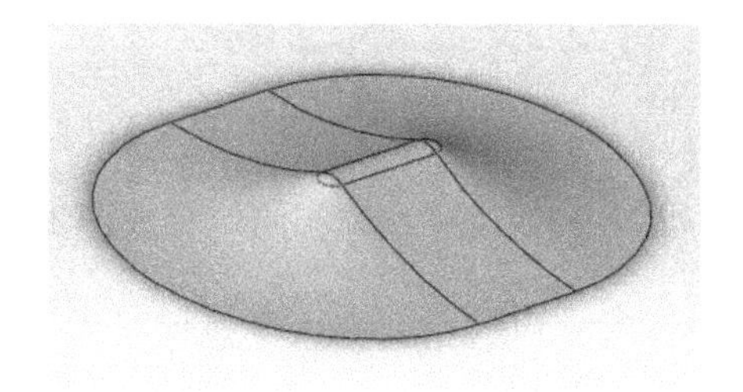

图 5-194　ϕ0.40mm

（13）单击 Fillet3，在弹出的子序列中单击**编辑特征**，将圆角半径改为 **0.40mm**，设置界面如图 5-195 所示，单击**确定**，结果如图 5-196 所示。

（14）单击文件菜单栏下的**保存**命令，保存文件。

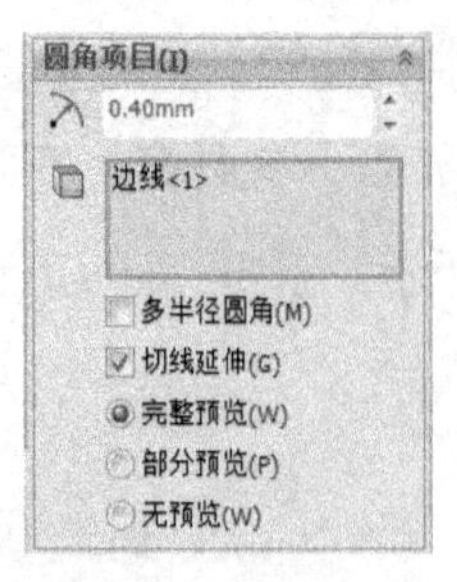

图 5-195 设置界面

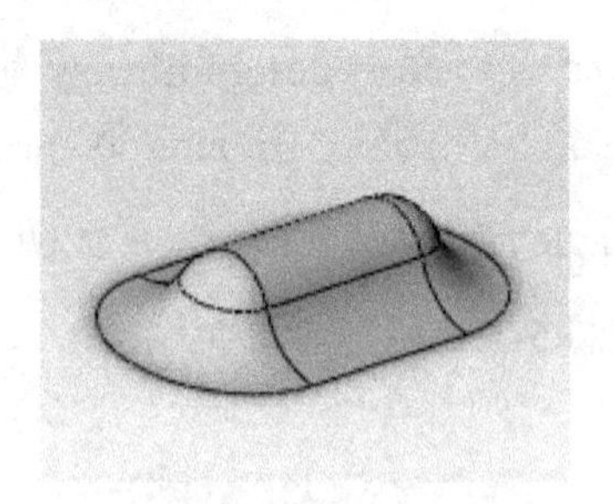

图 5-196 *R*0.40mm

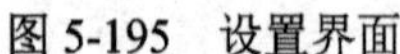

（15）右击设计树顶端的 single rib - 副本 (Default<<[，在弹出的菜单栏中单击**添加到库** 添加到库(G)，单击 **Design Library** Design Library 前面的加号，在弹出的子序列中单击 **forming tools 前的加号**，再单击 **ribs**，最后单击**确定**。详细步骤见图 5-197。最后关闭文件。

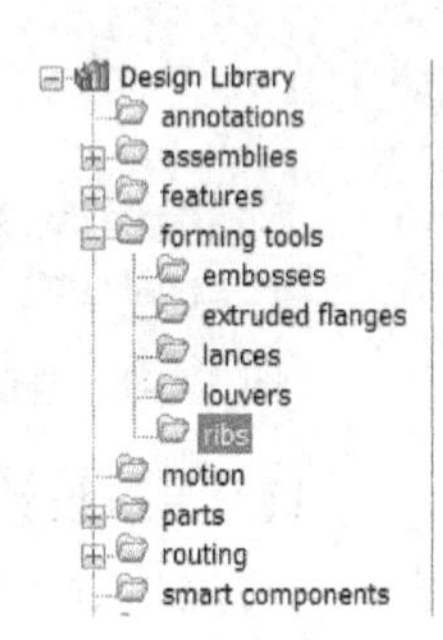

图 5-197 步骤

（16）单击**设计库** 中 **forming tools** forming tools 前的加号，然后单击 **ribs**，找到步骤（14）中保存的文件“**single rib-副本**”将其拖拽到图 5-198 中的面①。单击**反转工具**，调整**旋转角度**为 **180°**，设置界面如图 5-199 所示。然后单击**位置** 位置，再单击**智能尺寸**，具体尺寸如图 5-200 所示，结果如图 5-201 所示。

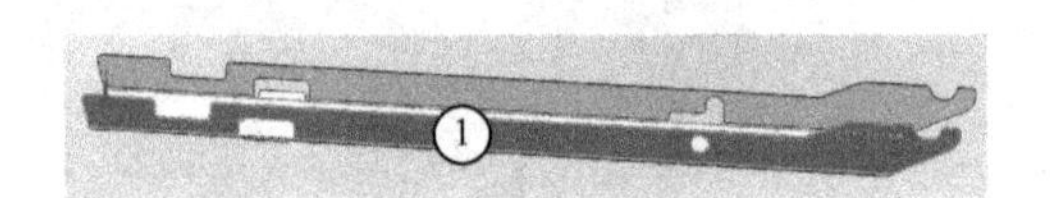

图 5-198 面①

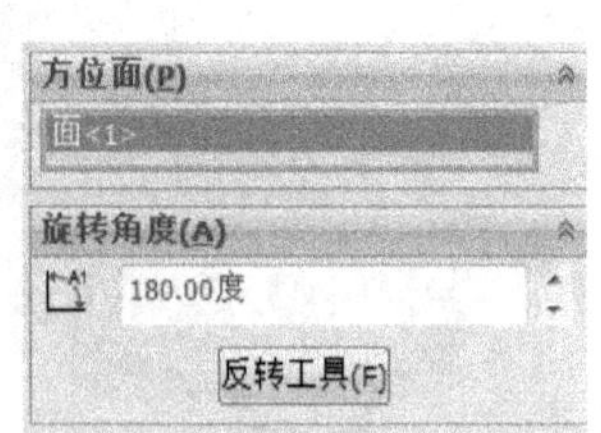

图 5-199 设置界面

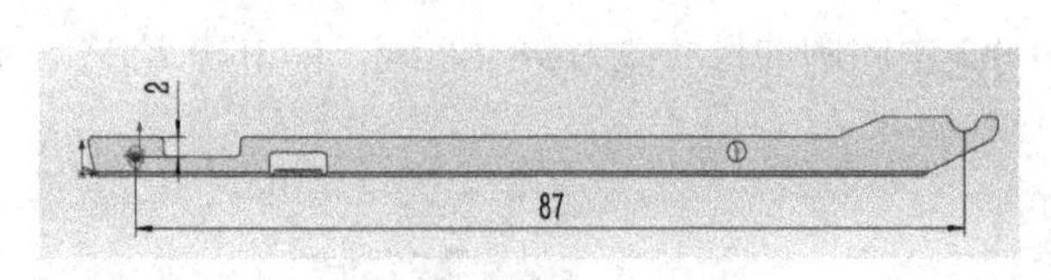

图 5-200 尺寸

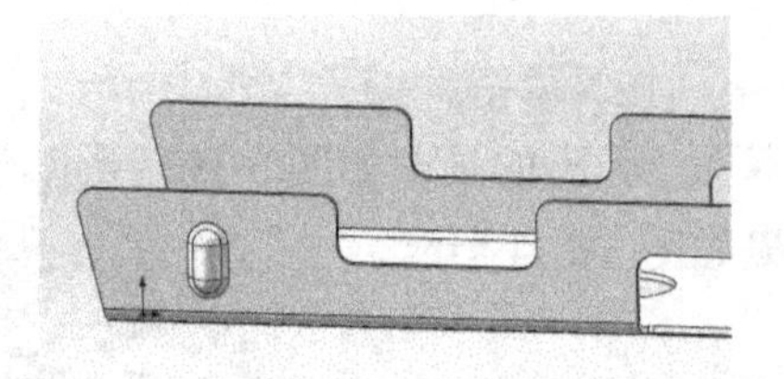

图 5-201 成形工具-载拉件 1

（17）与步骤（16）相同，将成形工具拖到另一面，结果如图 5-202 所示。

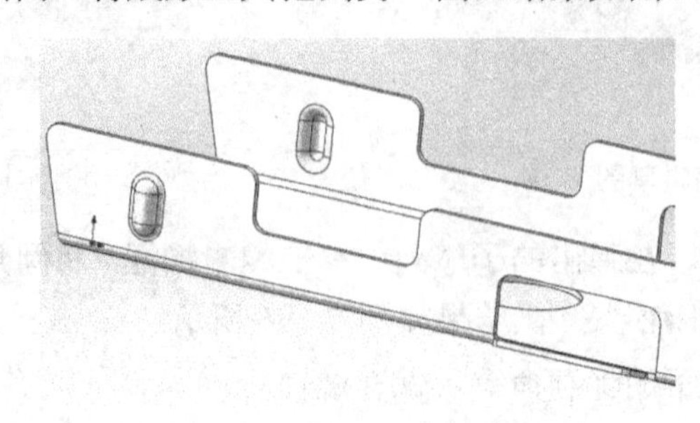

图 5-202 成形工具-载拉件 2

（18）至此，完成了订书机载拉件的全部建模工作，最终模型如图 5-203 所示。单击**保存**，在**另存为**对话框中将文件名改为**载拉件**，保存类型为**零件（*.prt；*.sldprt）**，单击**保存**完成存盘。

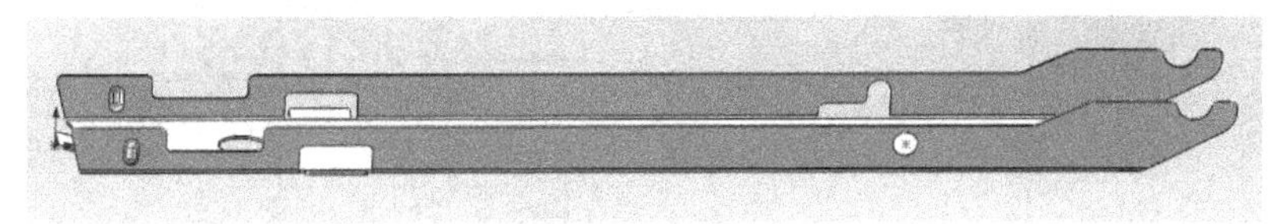

图 5-203　载拉件

5.2.6　订书机移动板连接架的建模

移动板连接架的主要建模思路是先用**基体法兰/薄片**建立一个钣金薄片，然后用**切除拉伸**将矩形切出来，再用**绘制的折弯**把需要折弯的地方折出一定的角度，最后使用**成形工具**来表现中间凸出来的长条。零件实体模型及相应的设计树如图 5-204、图 5-205 所示。

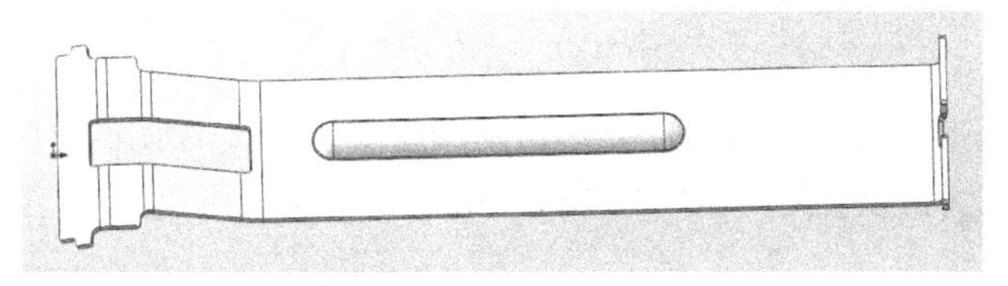

图 5-204　移动板连接架模型

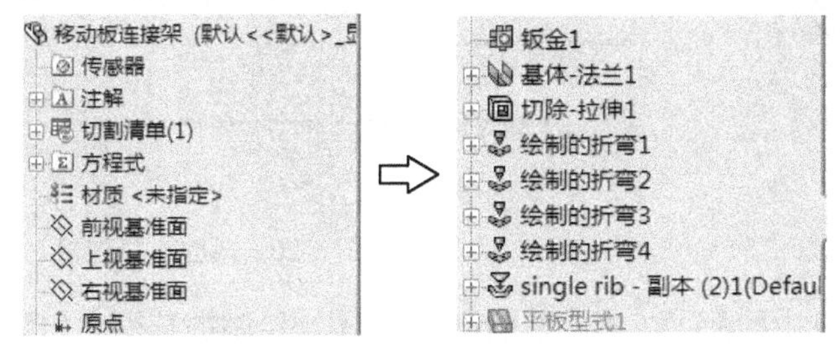

图 5-205　移动板连接架设计树

（1）启动 SolidWorks，单击**文件→新建**命令，选择**零件**图标，然后单击**确定**。

（2）选择**上视基准面** 上视基准面，单击**草图绘制**，绘制的草图 1 及草图细节如图 5-206 所示。然后单击**基体法兰/薄片**，设置**厚度**为 **0.40mm**，结果如图 5-207 所示。

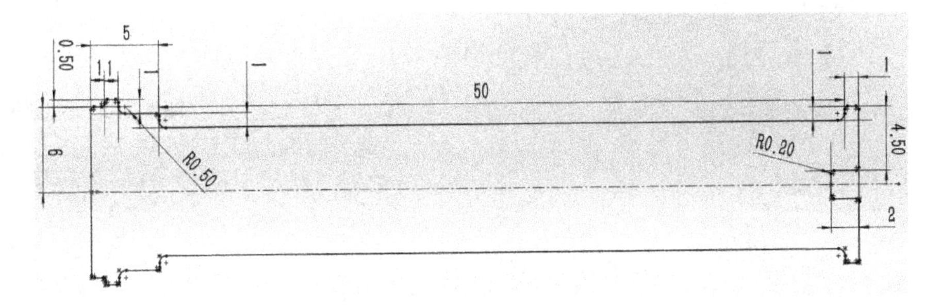

图 5-206　草图 1 及细节

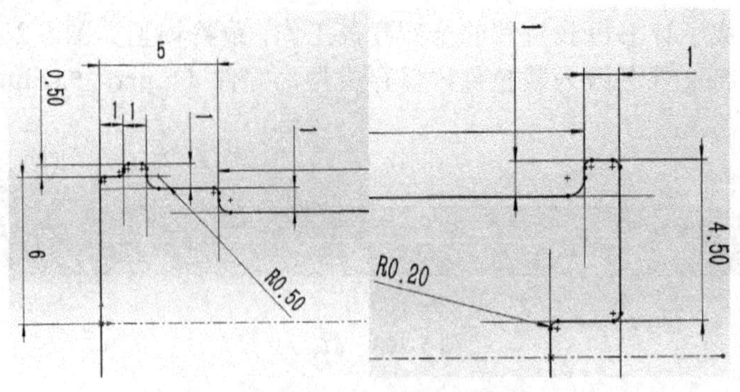

图 5-206　草图 1 及细节（续）

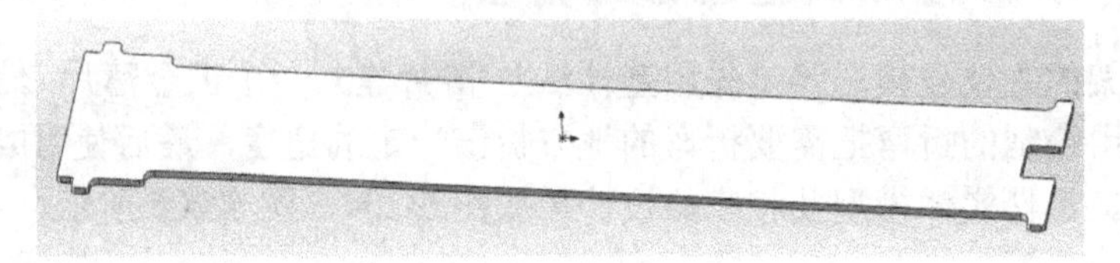

图 5-207　基体法兰 1

（3）选择**上视基准面** 上视基准面，单击**草图绘制**，绘制的草图 2 如图 5-208 所示。然后单击**拉伸切除**，设置**给定深度**为 **10.00mm**，最后单击**确定**，结果如图 5-209 所示。

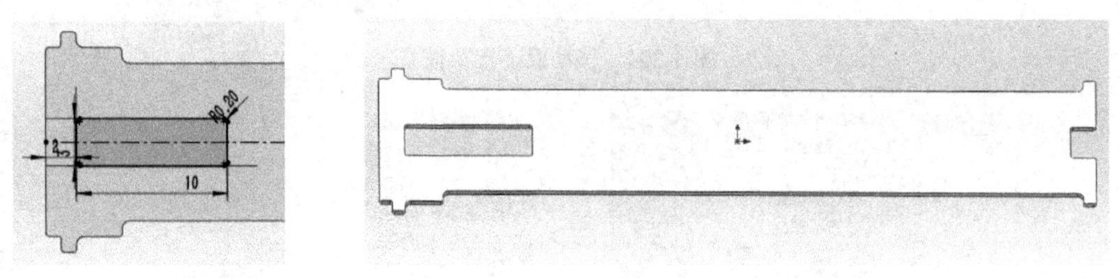

图 5-208　草图 2　　　　图 5-209　切除-拉伸 1

（4）选择图 5-210 中的面①，单击**草图绘制**，绘制的草图 3 如图 5-211 所示。单击**绘制的折弯** 绘制的折弯，选择草图 3 中的面②为固定面，选择**折弯中心线**，**折弯角度**为 **15°**，**半径**为 **5.00mm**，然后单击**确定**。设置界面如图 5-212 所示，结果如图 5-213 所示。

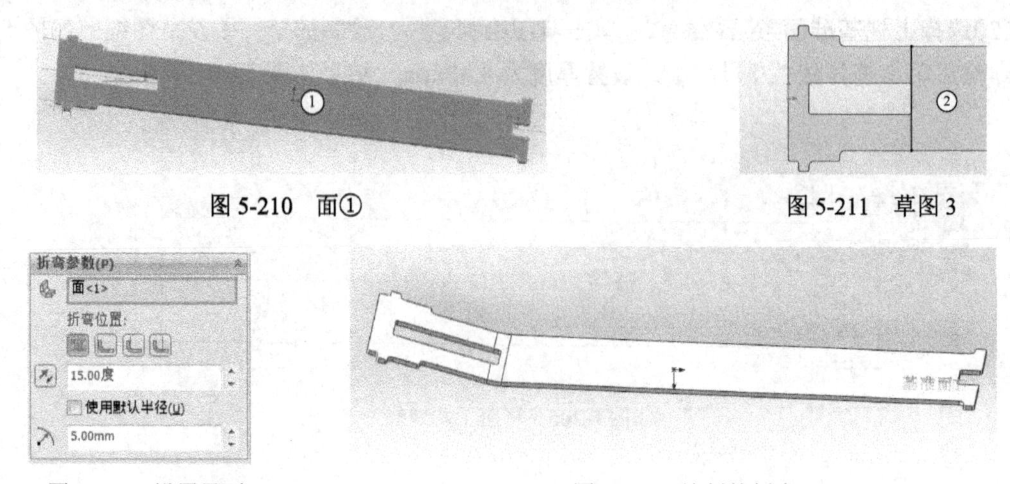

图 5-210　面①　　　　图 5-211　草图 3

图 5-212　设置界面　　　　图 5-213　绘制的折弯 1

（5）选择图 5-214 中的面①，单击**草图绘制**，绘制的草图 4 如图 5-215 所示。单击**绘制的折弯** 绘制的折弯，设置界面如图 5-216 所示，选择草图 4 中的面②为固定面，选择**折弯中心线**，**折弯角度**为 **15°**，**半径**为 **2.00mm**，然后单击**确定**，结果如图 5-217 所示。

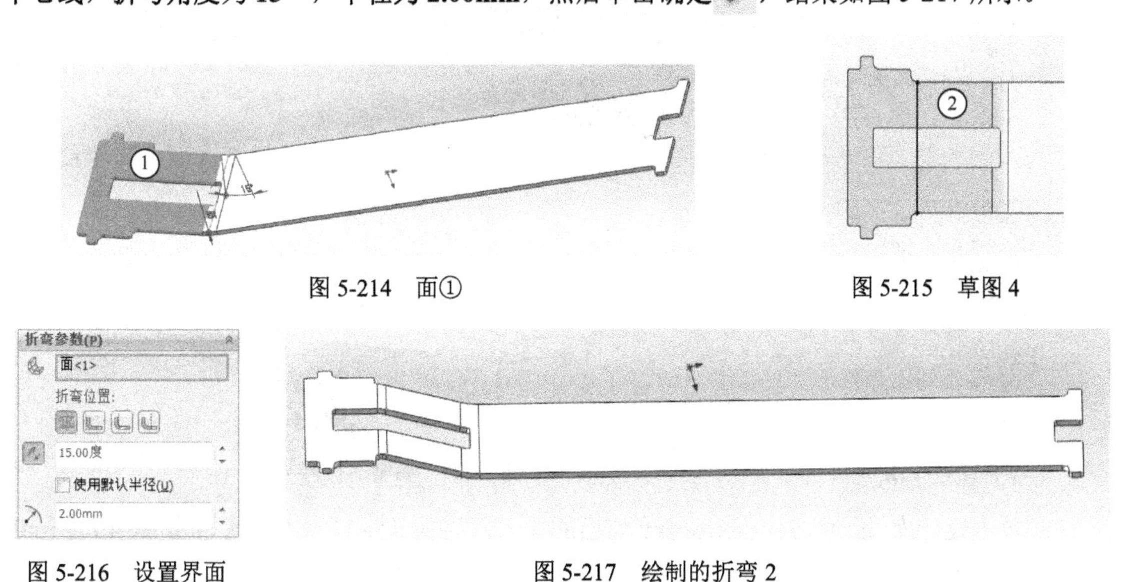

图 5-214　面①

图 5-215　草图 4

图 5-216　设置界面

图 5-217　绘制的折弯 2

（6）选择图 5-218 中的面①，单击**草图绘制**，绘制的草图 5 如图 5-219 所示。单击**绘制的折弯** 绘制的折弯，设置界面如图 5-220 所示，选择草图 5 中的面②为固定面，选择**折弯中心线**，**折弯角度**为 **15°**，**半径**为 **2.00mm**，然后单击**确定**，结果如图 5-221 所示。

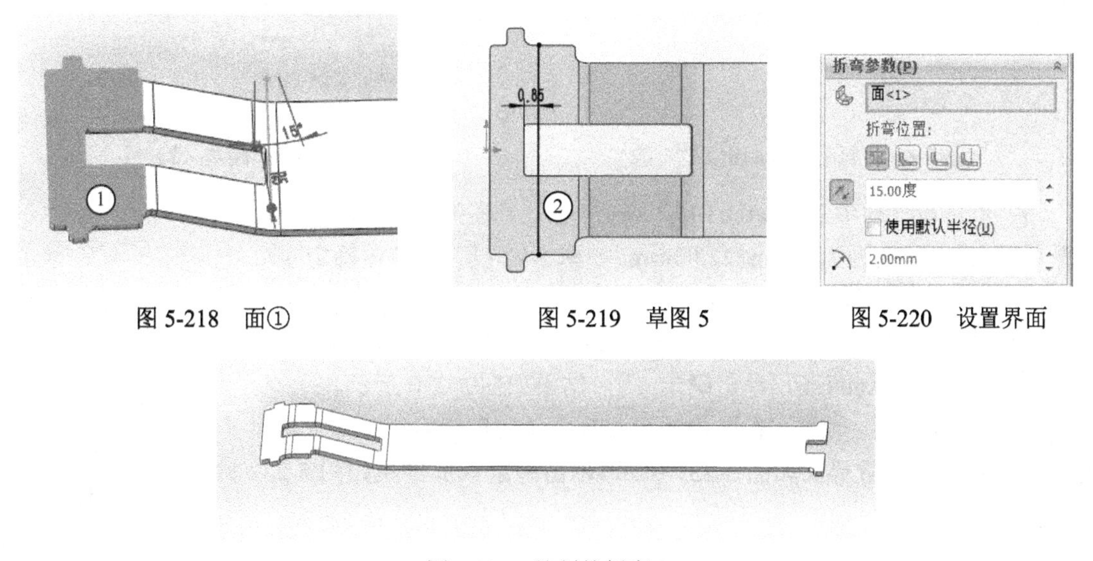

图 5-218　面①

图 5-219　草图 5

图 5-220　设置界面

图 5-221　绘制的折弯 3

（7）选择图 5-222 中的面①，单击**草图绘制**，绘制的草图 6 如图 5-223 所示。单击**绘制的折弯** 绘制的折弯，设置界面如图 5-224 所示，选择草图 6 中的面②为固定面，选择**折弯中心线**，**折弯角度**为 **90°**，**半径**为 **0.50mm**，然后单击**确定**，结果如图 5-225 所示。

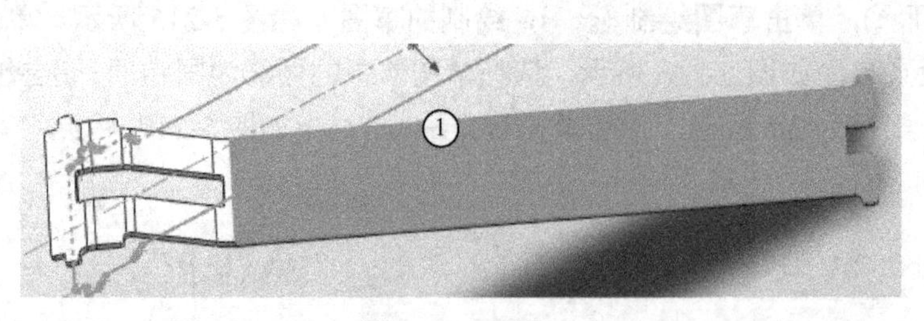

图 5-222 面①

②

图 5-223 草图 6

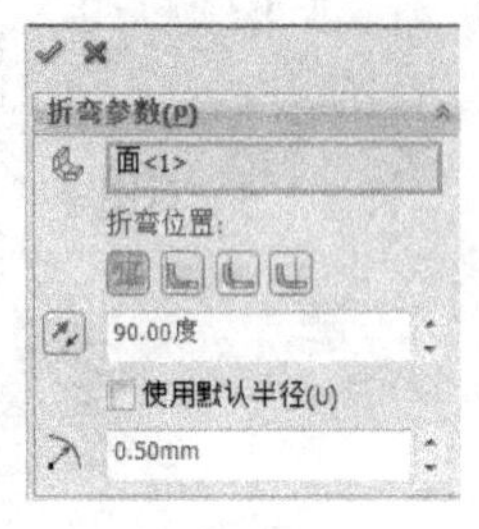

图 5-224 设置界面

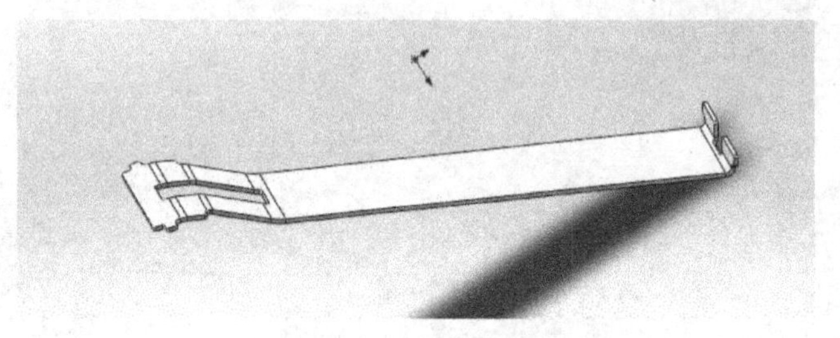

图 5-225 绘制的折弯 4

（8）单击**设计库** 中 **design library** 前面的加号 Design Library，再单击 **forming tools** forming tools，然后右击 **ribs** ribs，单击**打开文件夹**。在弹出的菜单栏中**复制**、**粘贴**文件 **single rib** single rib，如图 5-226 所示。双击打开 **single rib-副本（2）**。打开的 SolidWorks 文件如图 5-227 所示。

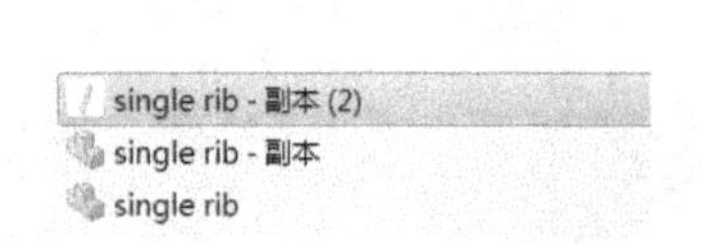

图 5-216 复制 single rib-副本（2）

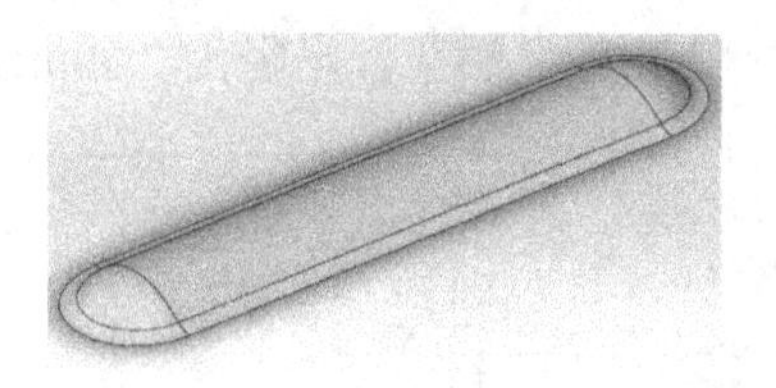

图 5-227 single rib-副本（2）

（9）单击设计树中的 **sketch10** Sketch10，在弹出的栏目中单击**编辑草图**，将尺寸改为 **2.00mm*22.00mm**，如图 5-228 所示，单击**确定**。

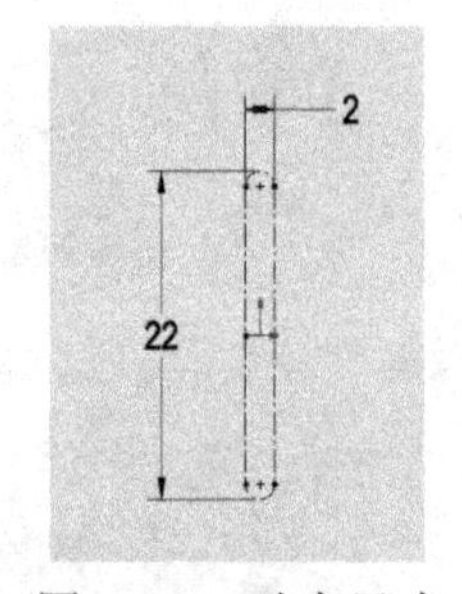

图 5-228 改变尺寸

（10）单击 Boss-Extrude1 前面的加号，在弹出的子序列中单击 Sketch2，单击**编辑草图**，弹出的画面如图 5-229 所示。将 sketch2 中的圆的尺寸改为 **ϕ0.60mm**，单击**确定**，结果如图 5-230 所示。

（11）单击 Fillet3，在弹出的子序列中单击**编辑特征**，将圆角半径改为 **0.50mm**，设置界面如图 5-231 所示，单击**确定**，结果如图 5-232 所示。

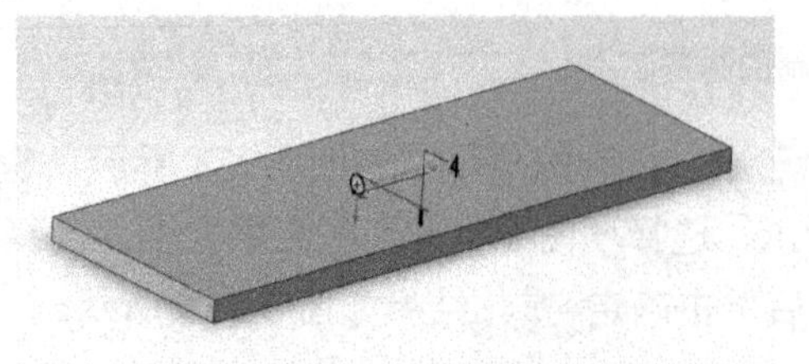

图 5-229 编辑草图

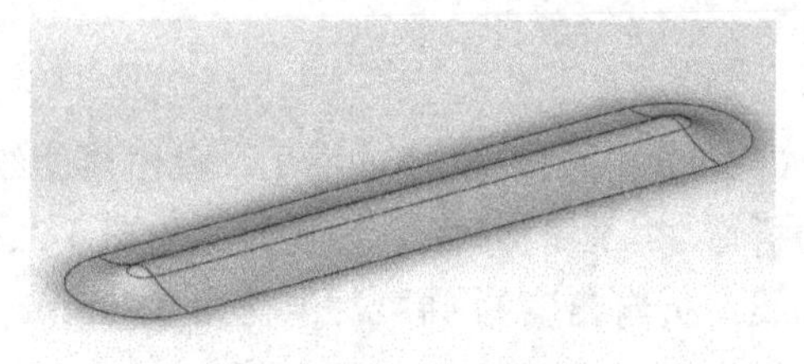

图 5-230 改变尺寸为ϕ0.60mm

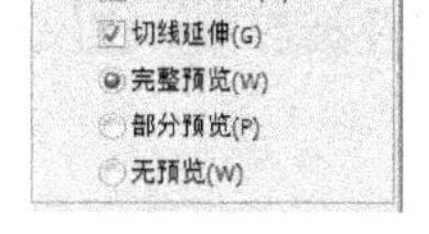

图 5-231　设置界面

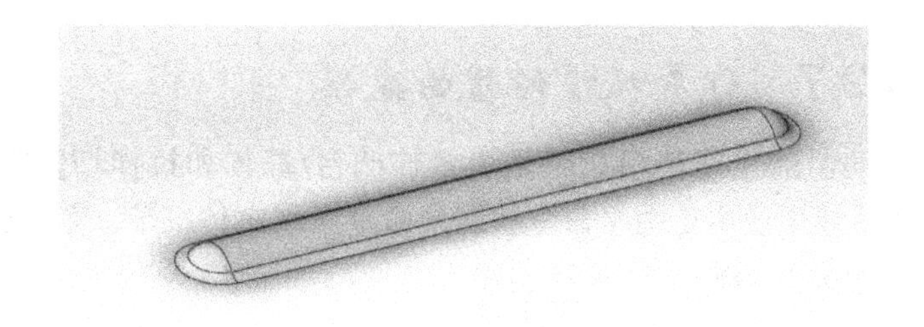

图 5-232　圆角 3

（12）单击**文件**菜单栏下的**保存**命令，保存文件。

（13）右击**设计树顶端** single rib - 副本 (2) (Default，在弹出的菜单栏中单击**添加到库** 添加到库(G)，单击 **Design Library** Design Library 前面的加号，在弹出的子序列中单击 **forming tools** 前的加号，再单击 **ribs**，设置界面如图 5-233 所示，单击**确定**后关闭文件。

图 5-233　设置界面

（14）单击**设计库**中 **forming tools** forming tools 前的加号，然后单击 **ribs**，找到步骤（12）保存的文件 **single rib-副本（2）**，将其拖拽到图 5-234 中的面①上。单击**反转工具**，调整旋转角度为 **90°**，设置界面如图 5-235 所示。然后单击**位置** 位置，再单击**智能尺寸**，具体尺寸结果如图 5-236 所示。

图 5-234　面①

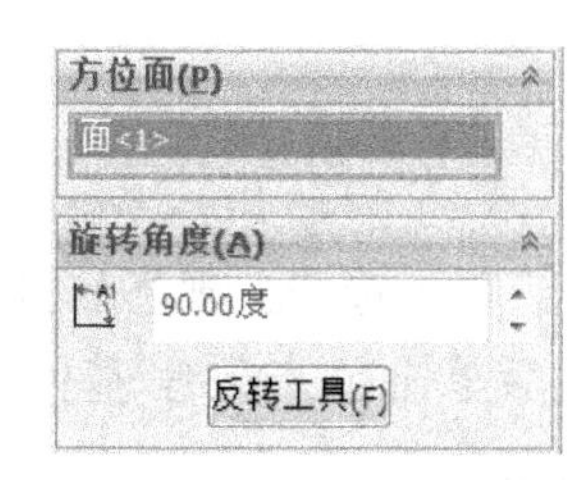

图 5-235　设置界面

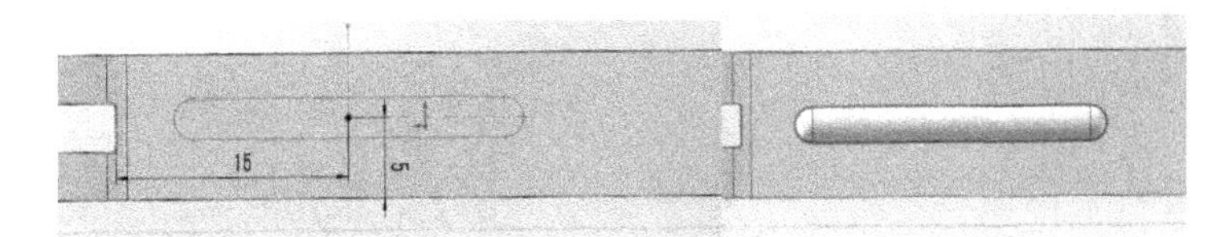

图 5-236　尺寸及成形工具-移动板连接架

（15）至此，完成了订书机移动板连接架的全部建模工作，最终模型如图 5-237 所示。单击**保存**，在**另存为**对话框中将文件名改为**移动板连接架**，保存类型为**零件**（***.prt**；***.sldprt**），单击**保存**完成存盘。

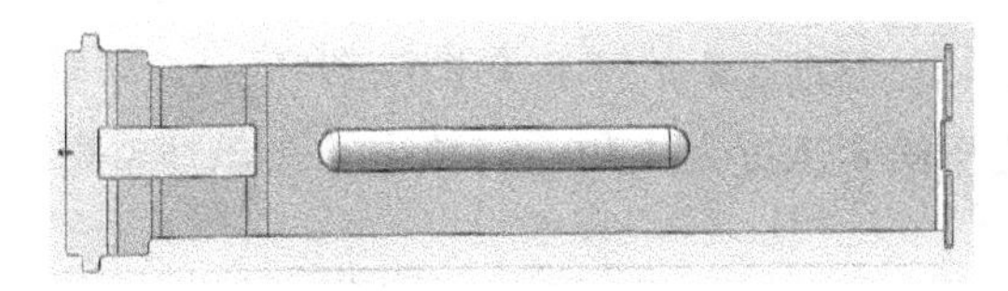

图 5-237　移动板连接架

5.2.7 订书机推动器的建模

推动器的主要建模思路是用**拉伸凸台/基体**和**拉伸切除**将零件主体建起模型，然后继续使用这两个命令和**圆角**命令表现主体细节。零件实体模型及相应的设计树如图 5-238、图 5-239 所示。

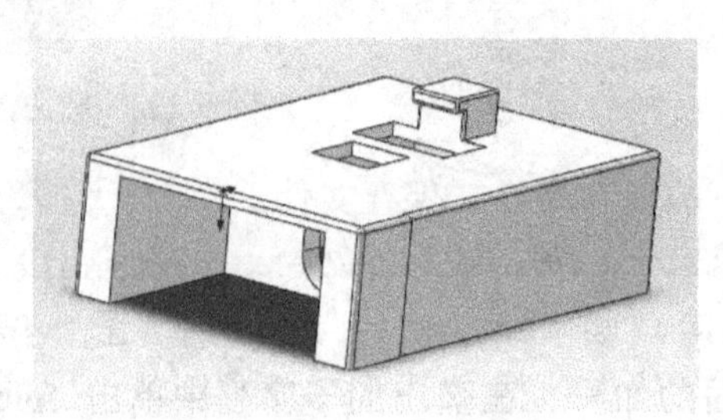

图 5-238 推动器模型

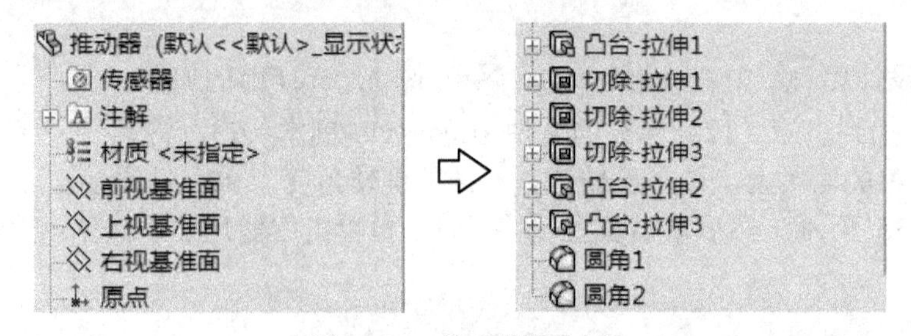

图 5-239 推动器设计树

（1）启动 SolidWorks，单击**文件→新建**命令，选择**零件**图标，然后单击**确定**。

（2）选择**上视基准面**，单击**草图绘制**，绘制的草图 1 如图 5-240 所示。然后单击**拉伸凸台/基体**，设置**给定深度**为 5.00mm，最后单击**确定**，结果如图 5-241 所示。

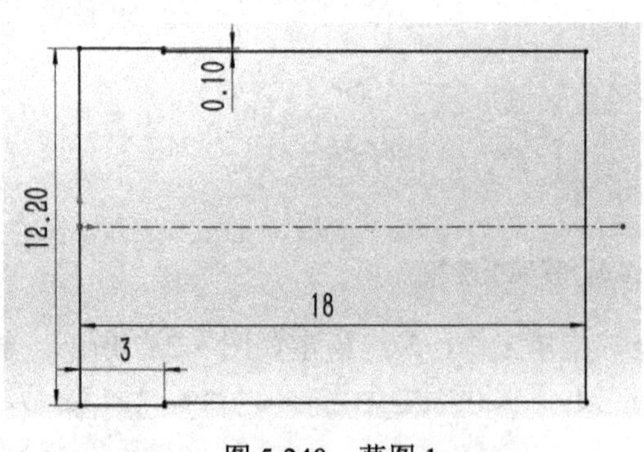

图 5-240 草图 1

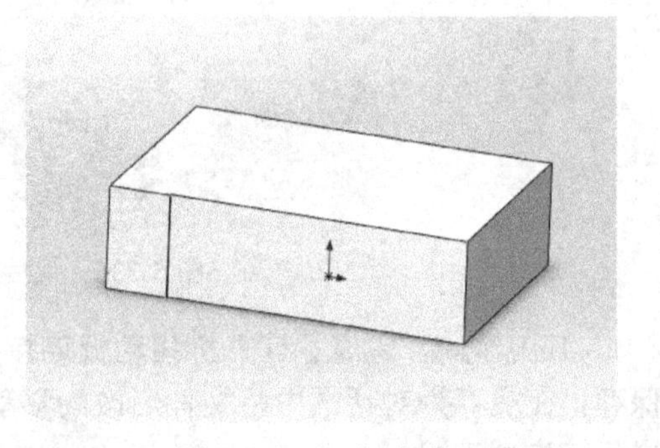

图 5-241 凸台-拉伸 1

（3）选择**上视基准面**，单击**草图绘制**，绘制的草图 2 如图 5-242 所示。然后单击**拉伸切除**，设置**给定深度**为 4.50mm，单击以调整切除方向，最后单击**确定**，结果如图 5-243 所示。

（4）选择图 5-244 中的面①，单击**草图绘制**，绘制的草图 3 如图 5-245 所示。然后单击**拉伸切除**，设置**给定深度**为 0.50mm，最后单击**确定**，结果如图 5-246 所示。

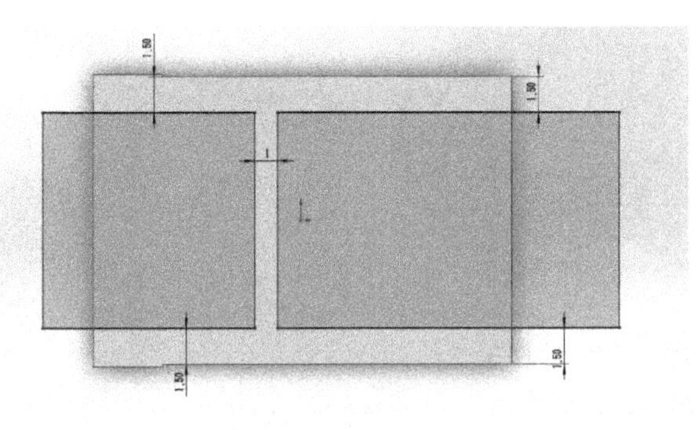

图 5-242　草图 2

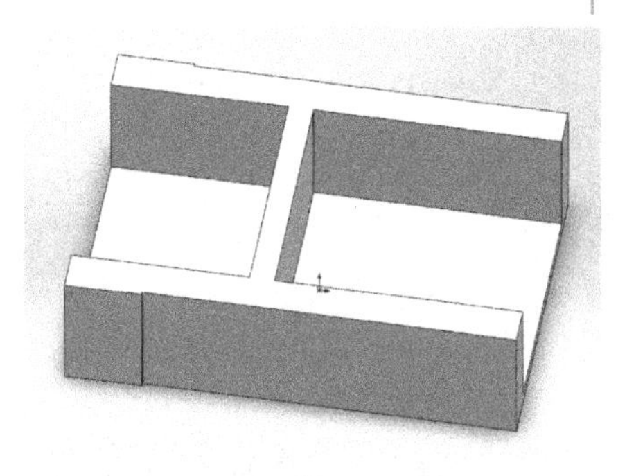

图 5-243　切除-拉伸 1

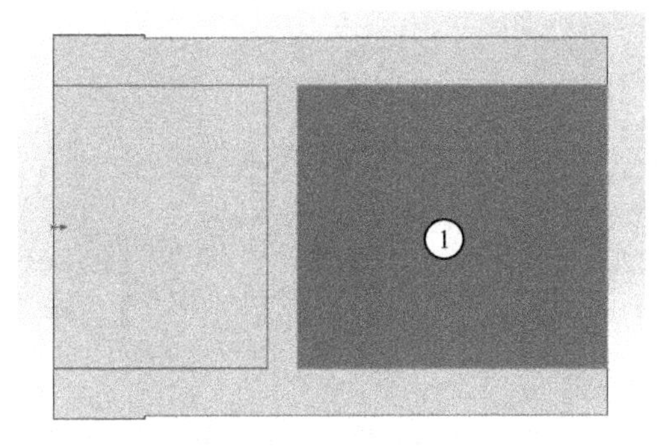

图 5-244　面①

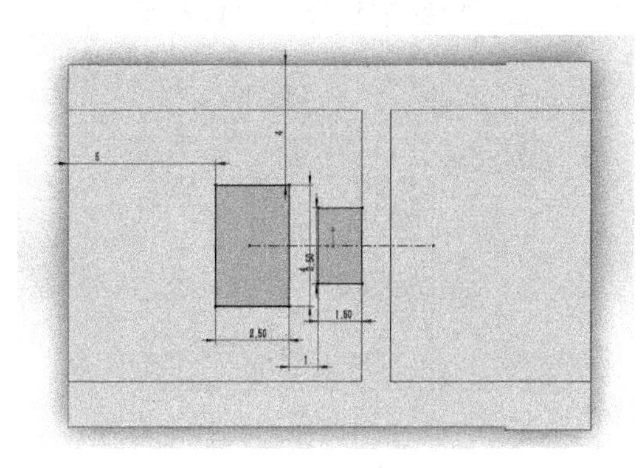

图 5-245　草图 3

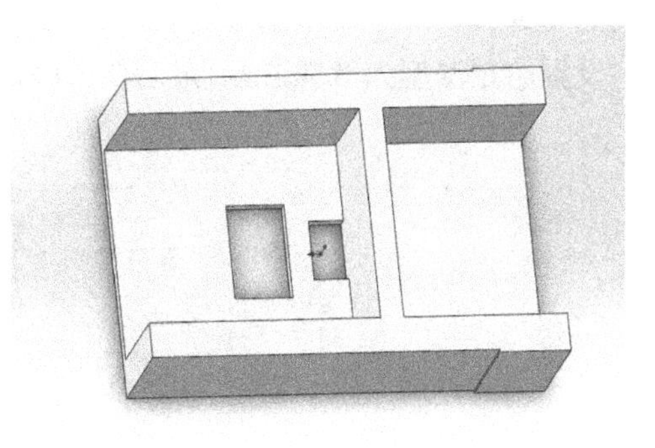

图 5-246　切除-拉伸 2

（5）选择图 5-247 中的面①，单击**草图绘制**，绘制的草图 4 如图 5-248 所示。然后单击**拉伸切除**，设置**给定深度**为 1.00mm，最后单击**确定**，结果如图 5-249 所示。

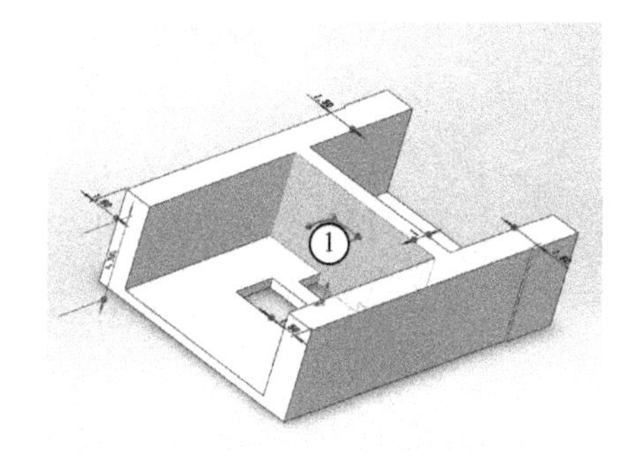

图 5-247　面①

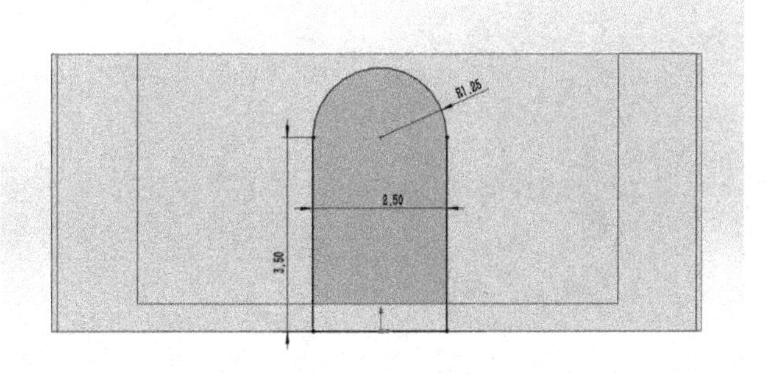

图 5-248　草图 4

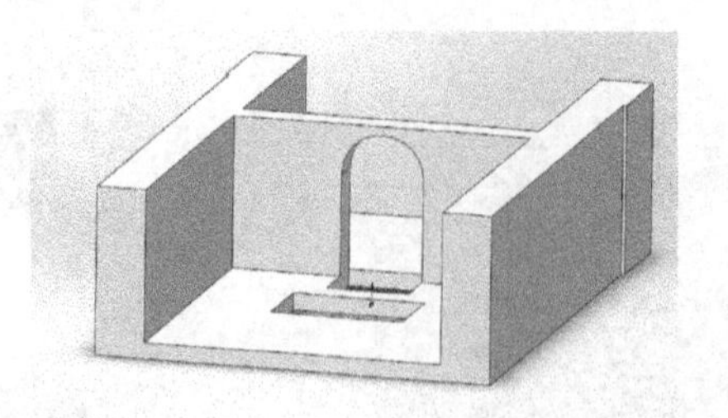

图 5-249 切除-拉伸 3

（6）选择**上视基准面** 上视基准面，单击**草图绘制**，绘制的草图 5 如图 5-250 所示。然后单击**拉伸凸台/基体**，设置**给定深度**为 1.00mm，最后单击**确定**，结果如图 5-251 所示。

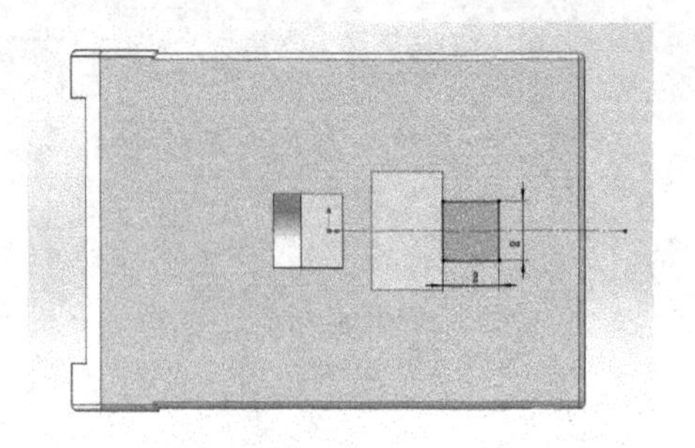

图 5-250 草图 5

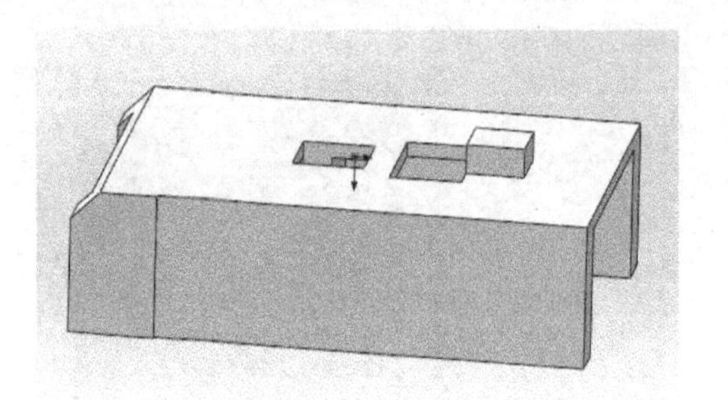

图 5-251 凸台-拉伸 2

（7）选择**上视基准面** 上视基准面，单击**草图绘制**，绘制的草图 6 如图 5-252 所示。然后单击**拉伸凸台/基体**，设置**给定深度**为 **0.50mm**，最后单击**确定**，结果如图 5-253 所示。

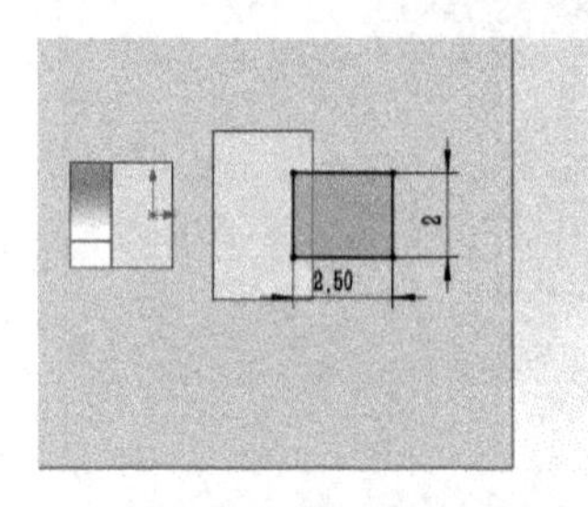

图 5-252 草图 6

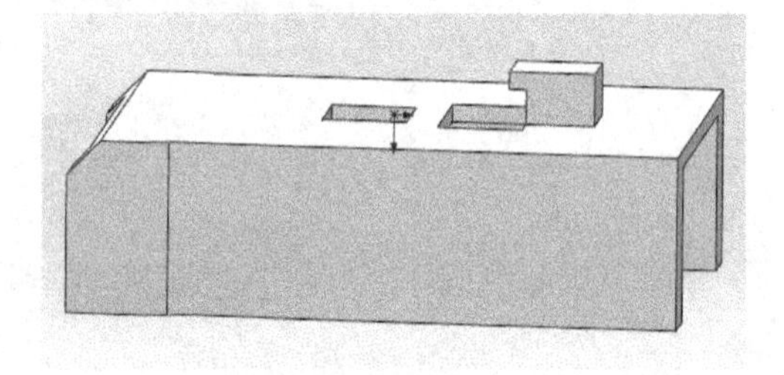

图 5-253 凸台-拉伸 3

（8）单击**圆角**，选择图 5-254 中箭头所指的线，参数设置为**等半径 0.20mm**，结果如图 5-255 所示。

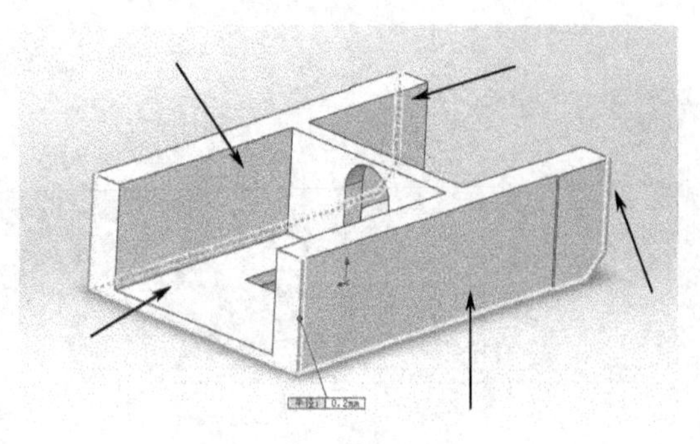

图 5-254 选择边线

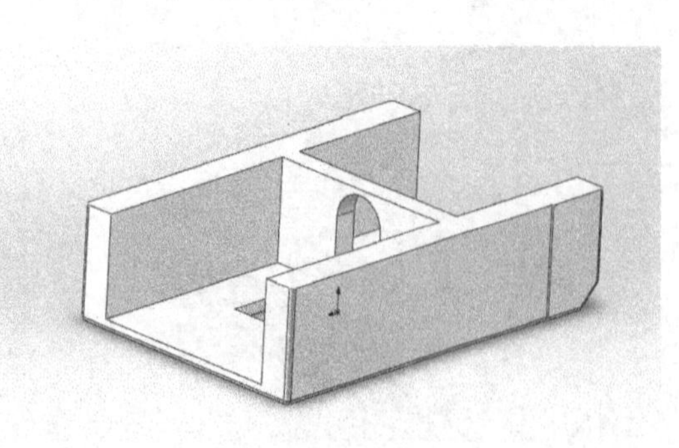

图 5-255 圆角 1

（9）单击**圆角**，选择图 5-256 中箭头所指的线，参数设置为**等半径 0.10mm**，结果如图 5-257 所示。

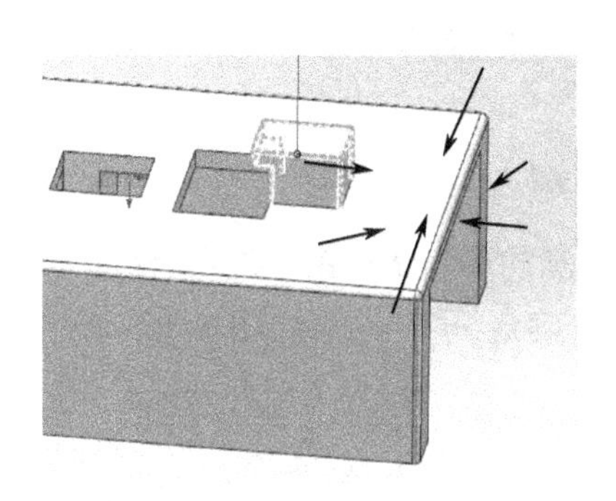

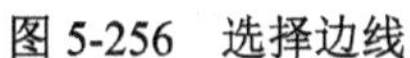
图 5-256 选择边线

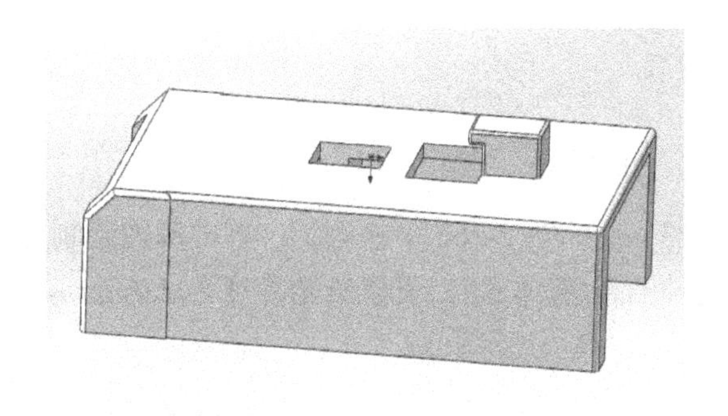
图 5-257 圆角 2

（10）至此，完成了订书机推动器的全部建模工作，最终模型如图 2-258。单击**保存**，在**另存为**对话框中将其文件名改为**推动器**，保存类型为**零件（*.prt；*.sldprt）**，单击**保存**完成存盘。

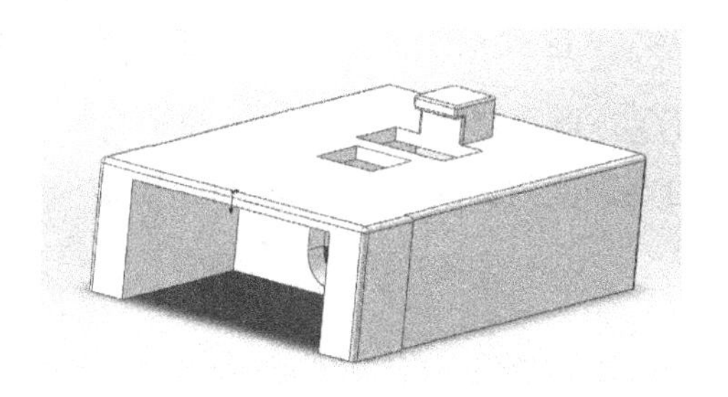
图 5-258 推动器

5.2.8 订书机弹簧导杆的建模

弹簧导杆的主要建模思路是用**拉伸凸台/基体**拉出长杆，再继续用**拉伸**命令将长杆的头部细节拉出来。零件实体模型及相应的设计树如图 5-259、图 5-260 所示。

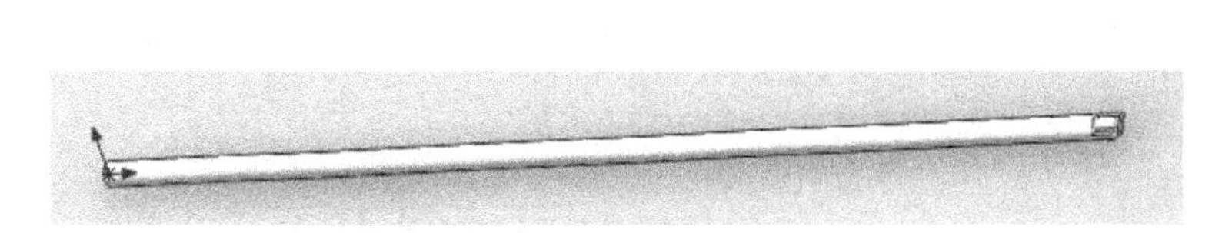
图 5-259 弹簧导杆模型

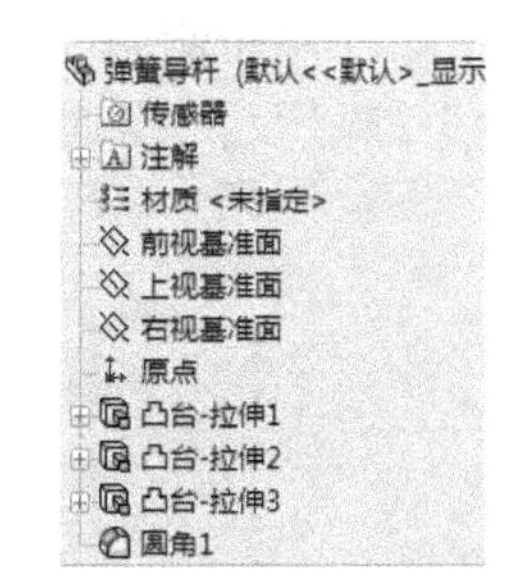

图 5-260 弹簧导杆设计树

（1）启动 SolidWorks，单击**文件→新建**命令，选择**零件**图标，然后单击**确定**。

（2）选择**右视基准面** 右视基准面，单击**草图绘制**，绘制的草图 1 如图 5-261 所示。然后单击**拉伸凸台/基体**，设置**给定深度**为 **85.00mm**，最后单击**确定**，结果如图 5-262 所示。

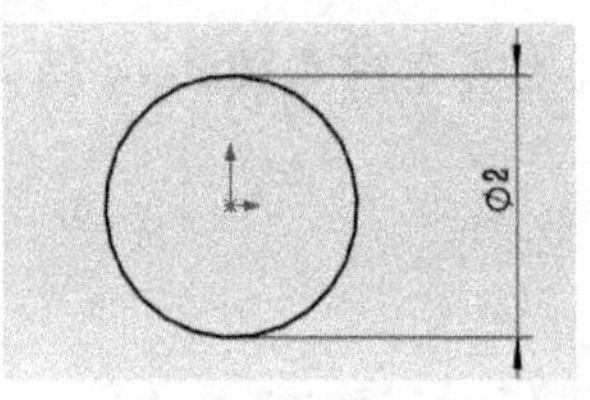

图 5-261 草图 1

图 5-262 凸台-拉伸 1

（3）选择图 5-263 中的面①，单击**草图绘制**，绘制的草图 2 如图 5-264 所示。然后单击**拉伸凸台/基体**，设置**给定深度**为 **2.00mm**，最后单击**确定**，结果如图 5-265 所示。

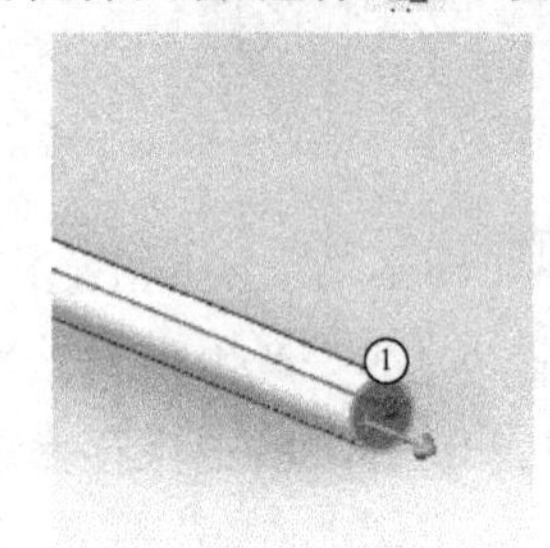

图 5-263 面①

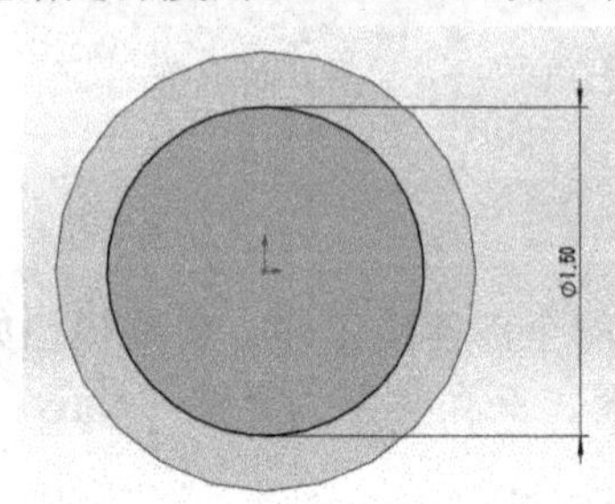

图 5-264 草图 2

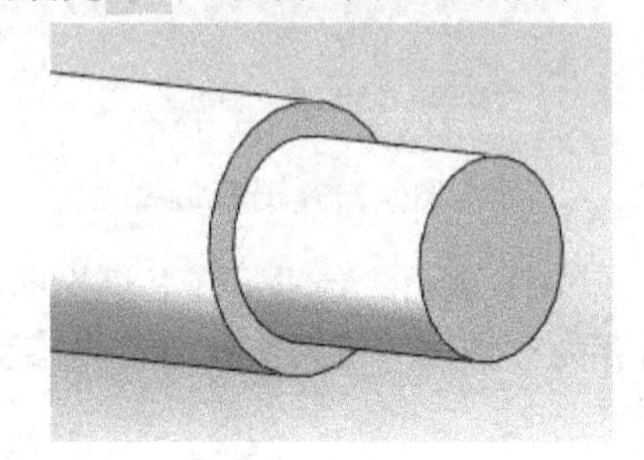

图 5-265 凸台-拉伸 2

（4）选择图 **5-266 中的面①**，单击**草图绘制**，绘制的草图 3 如图 5-267 所示。然后单击**拉伸凸台/基体**，设置**给定深度**为 **2.00mm**，最后单击**确定**，结果如图 5-268 所示。

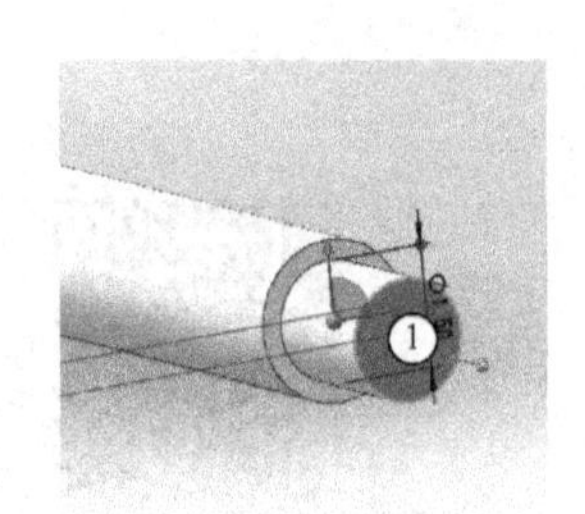

图 5-266 面①

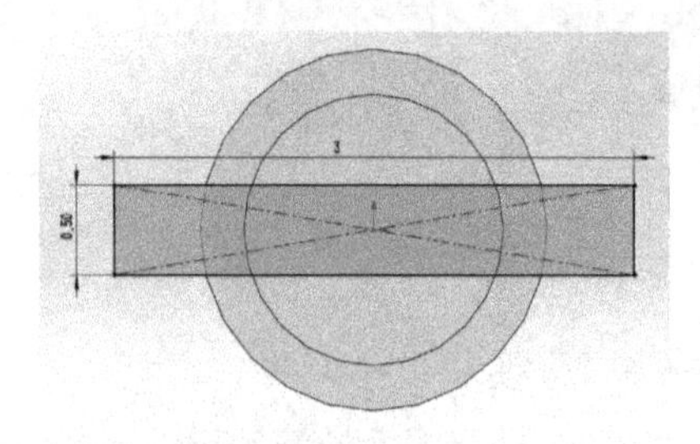

图 5-267 草图 3

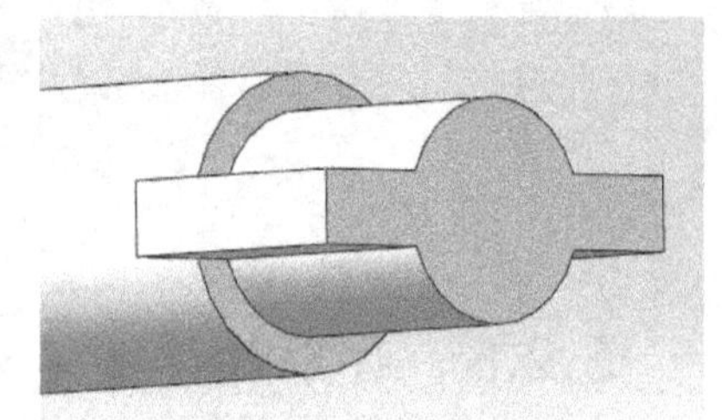

图 5-268 凸台-拉伸 3

（5）单击**圆角**，选择图 5-269 中箭头所指的线，参数设置为**等半径 0.20mm**，结果如图 5-270 所示。至此，完成了弹簧导杆的建模工作。

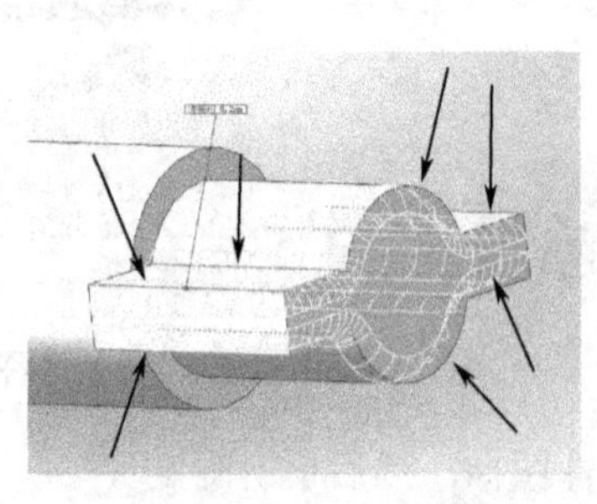

图 5-269 选择边线

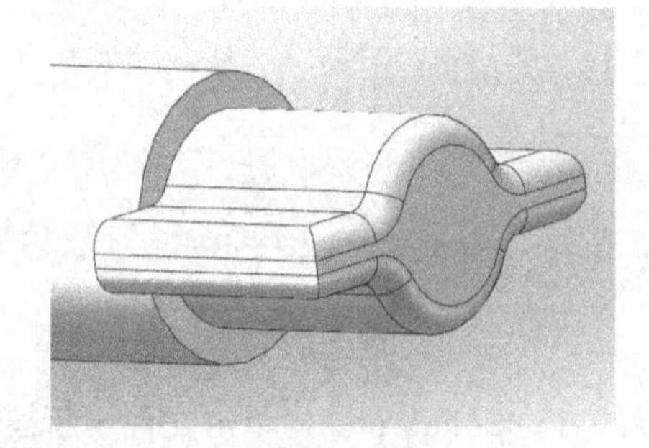

图 5-270 圆角 1

（6）至此，完成了订书机弹簧导杆的全部建模工作，最终模型如图 5-271 所示。单击**保存**，在**另存为**对话框中将其文件名改为**弹簧导杆**，保存类型为**零件**（***.prt**；***.sldprt**），单击**保存**完成存盘。

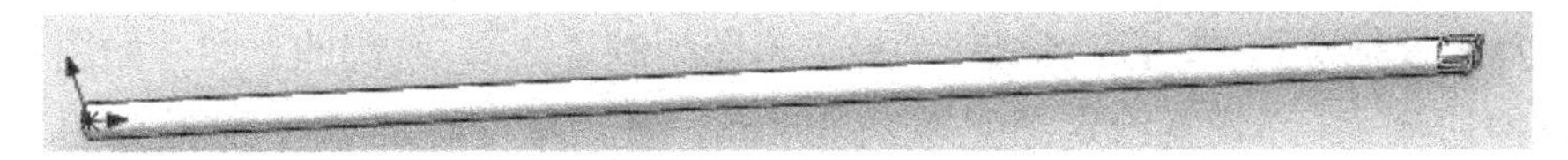

图 5-271　弹簧导杆

5.2.9　订书机书钉槽的建模

书钉槽的主要建模思路是先用**基体法兰/薄片**拉出一块钣金薄片，然后使用**切除拉伸**和**异型孔向导**切出所需的形状，接着用**绘制的折弯**，折出所需的形状，最后使用**成形工具**表现将实体上凸出来部分。零件模型及设计树如图 5-272、图 5-273 所示。

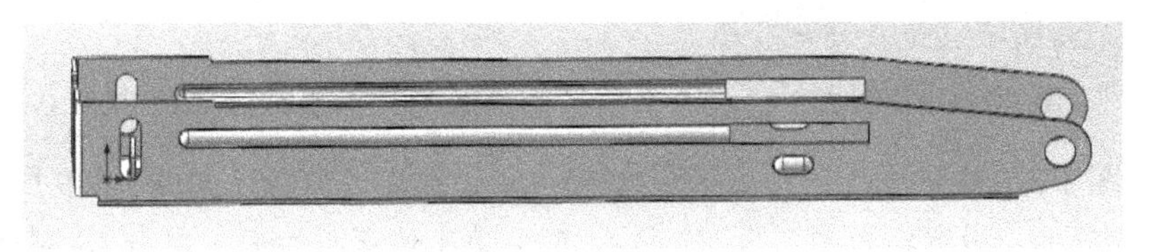

图 5-272　书钉槽模型

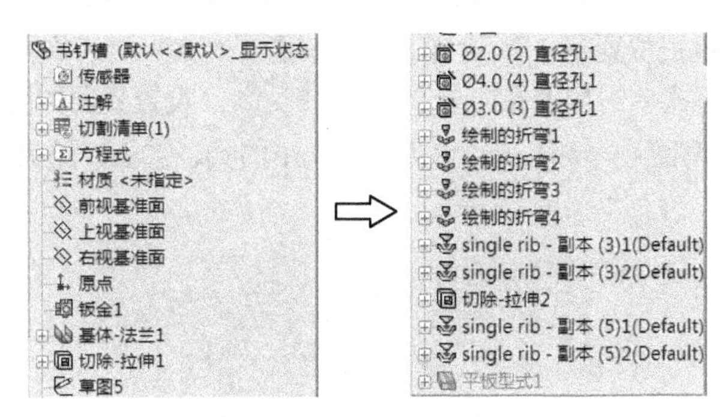

图 5-273　书钉槽设计树

（1）启动 SolidWorks，单击**文件→新建**命令，选择**零件**图标，然后单击**确定**。

（2）选择**上视基准面**上视基准面，单击**草图绘制**，绘制的草图 1 如图 5-274 所示。然后单击**基体法兰/薄片**，设置**厚度**为 **0.40mm**，结果如图 5-275 所示。

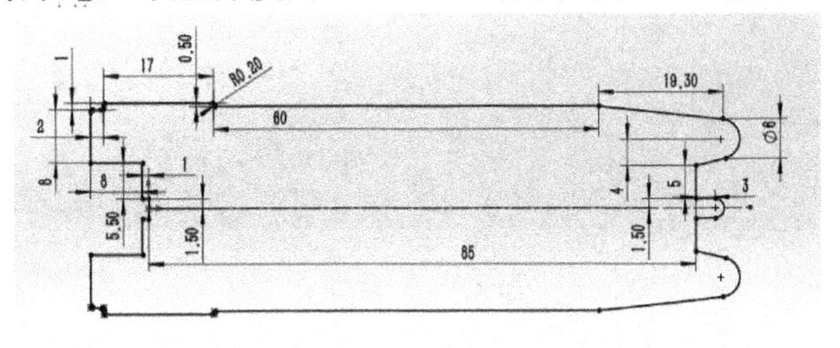

图 5-274　草图 1

图 5-275　基体-法兰 1

（3）选择**上视基准面** 上视基准面 ，单击**草图绘制**，绘制的草图 2 如图 5-276 所示。然后单击**拉伸切除**，设置**给定深度**为 **10.00mm**，最后单击**确定**，结果如图 5-277 所示。

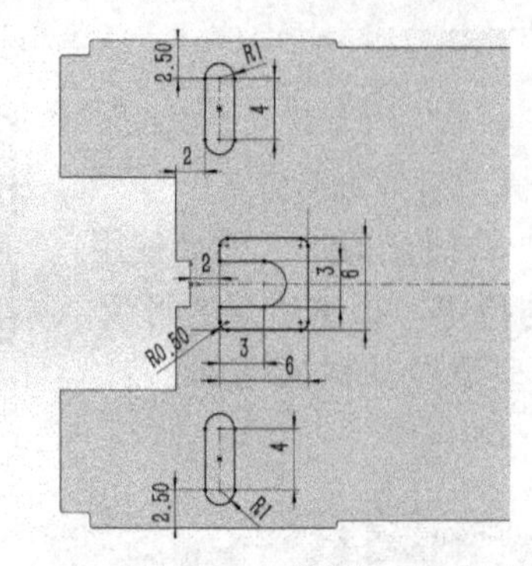

图 5-276　草图 2

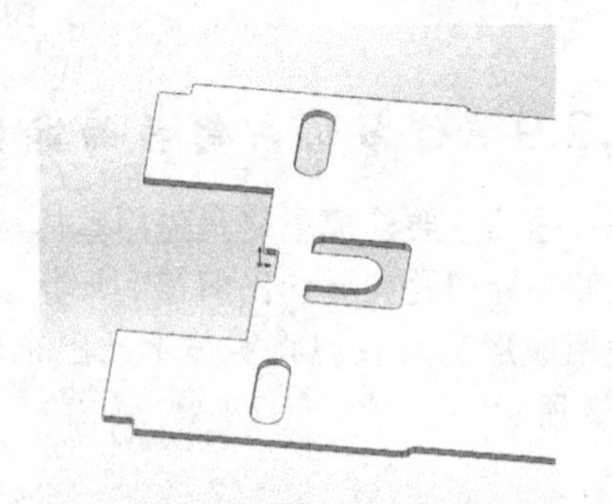

图 5-277　切除-拉伸 1

（4）选择图 5-278 中的面①，单击草图绘制，绘制的草图 3 如图 5-279 所示。单击**异型孔向导**，单击，设置界面如图 5-280 所示。然后单击**位置** 位置 ，单击 **3D 草图** 3D 草图 ，单击草图 3 中的②、③点，结果如图 5-281 所示。再次**单击异型孔向导**，单击，参数设置如图 5-282 所示。然后单击**位置** 位置 ，单击 **3D 草图** 3D 草图 ，单击草图 3 中的④、⑤点，结果如图 5-283 所示。再次单击**异型孔向导**，单击，设置界面如图 5-284 所示。然后单击**位置** 位置 ，单击 **3D 草图** 3D 草图 ，单击草图 3 中的⑥、⑦点，结果如图 5-285 所示。

图 5-278　面①

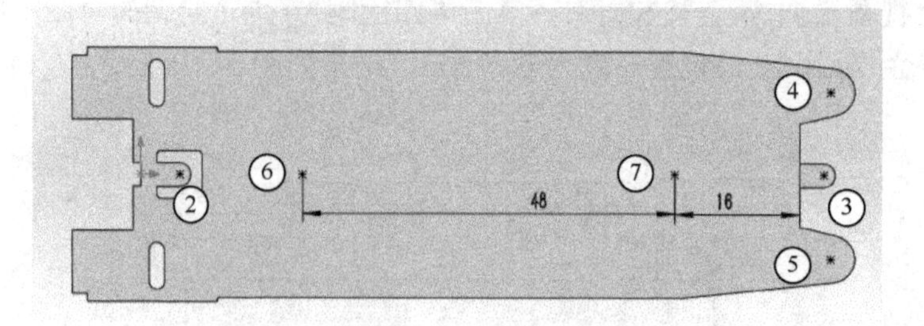

图 5-279　草图 3

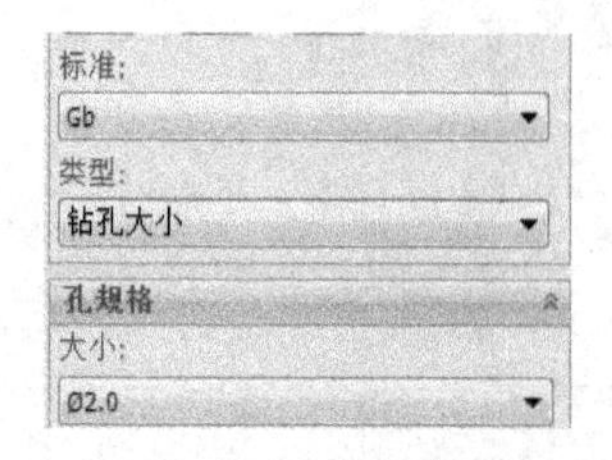

图 5-280　设置界面 1

图 5-281　ϕ2.0（2）直径孔 1

图 5-282　设置界面 2

图 5-283　ϕ4.0（4）直径孔 1

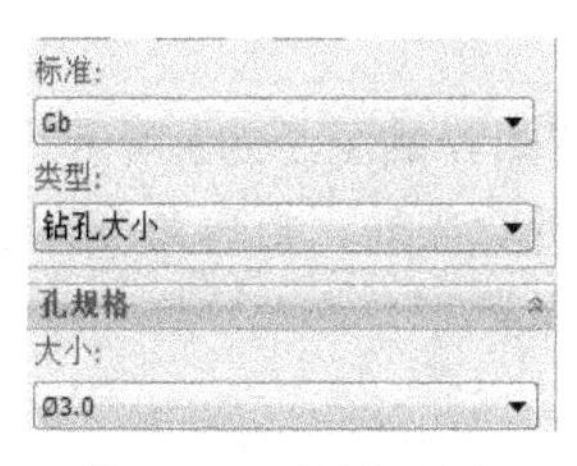

图 5-284　设置界面 3

图 5-285　ϕ3.0（3）直径孔 1

（5）选择图 5-286 中的面①，单击**草图绘制**，绘制的草图 4 如图 5-287 所示。单击**绘制的折弯**，绘制的折弯，选择草图 4 中的面②为固定面，选择**折弯在外**，**折弯角度**为 **90°**，**使用默认半径**，然后单击**确定**，设置界面及结果如图 5-288 所示。

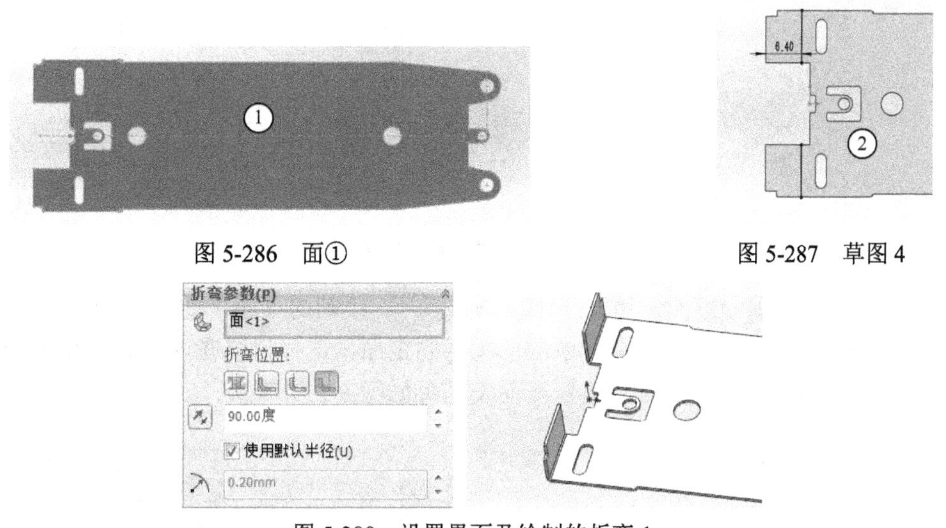

图 5-286　面①

图 5-287　草图 4

图 5-288　设置界面及绘制的折弯 1

（6）选择图 5-289 中的面①，单击**草图绘制**，绘制的草图 5 如图 5-290 所示。单击**绘制的折弯** 绘制的折弯，选择草图 5 中的面②为固定面，选择**折弯在外**，**折弯角度**为 **90°**，**使用默认半径**，然后单击**确定**，设置界面及结果如图 5-291 所示。

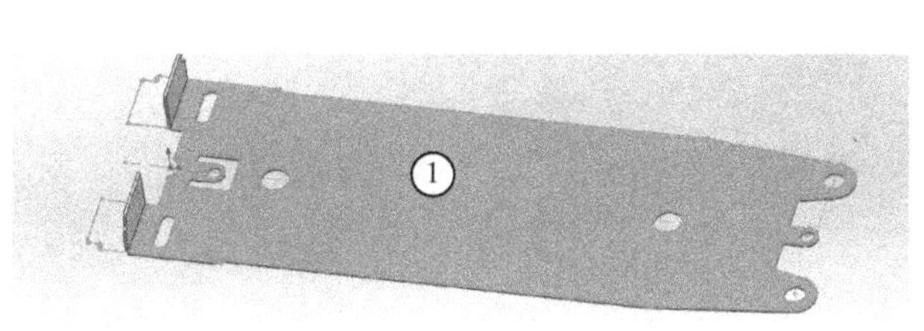

图 5-289　面①

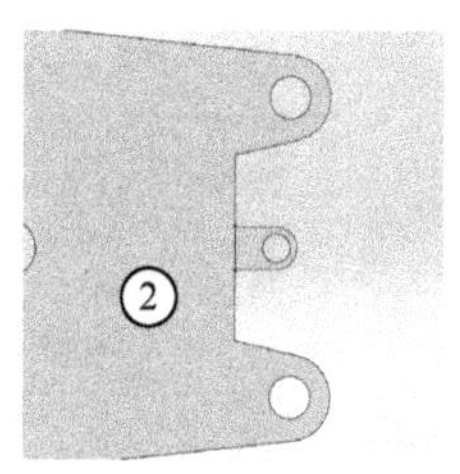

图 5-290　草图 5

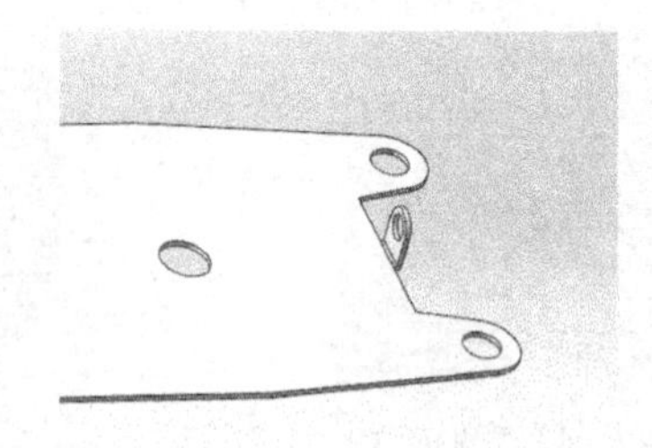

图 5-291　设置界面及绘制的折弯 2

（7）选择图 5-292 中的面①，单击**草图绘制**，绘制的草图 6 如图 5-293 所示。单击**绘制的折弯** 绘制的折弯 ，选择草图 6 中的面②为固定面，选择**折弯在外**，**折弯角度**为 **90°**，使用默认半径，然后单击**确定**，设置界面及结果如图 5-294 所示。

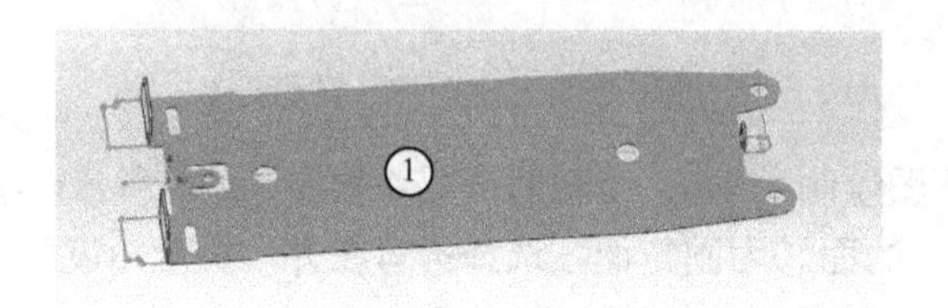

图 5-292　面①

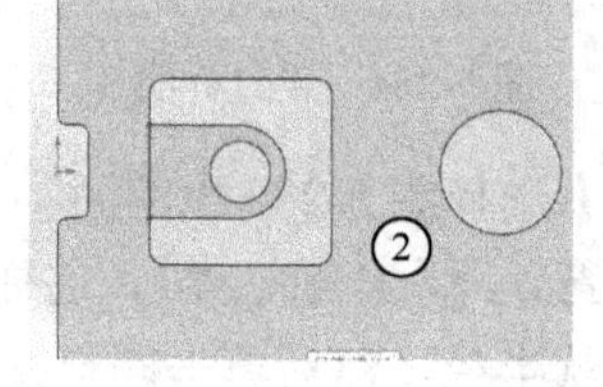

图 5-293　草图 6

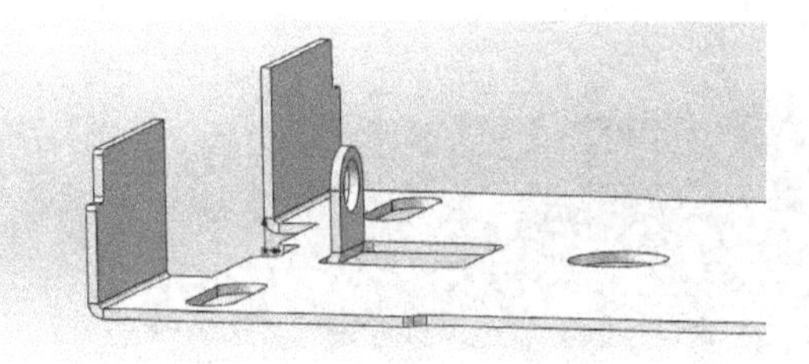

图 5-294　设置界面及绘制的折弯 3

（8）选择图 5-295 中的面①，单击**草图绘制**，绘制的草图 7 如图 5-296 所示。单击**绘制的折弯** 绘制的折弯 ，选择草图 7 中的面②为固定面，选择**材料在内**，**折弯角度**为 **90°**，使用默认半径，然后单击**确定**，显示界面及结果如图 5-297 所示。

图 5-295　面①

图 5-296　草图 7

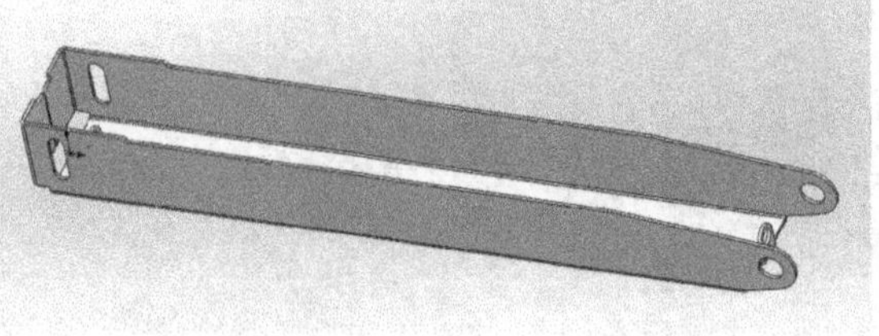

图 5-297　显示界面及绘制的折弯 4

（9）单击**设计库**，单击 **Design library** 前面的加号 Design Library，再单击 **forming tools** forming tools，然后右击 **ribs** ribs，单击**打开文件夹**。在弹出的菜单栏中**复制**、**粘贴文件 single rib** single rib，双击打开 **single rib-副本（3）**。打开的 SolidWorks 文件如图 5-298 所示。

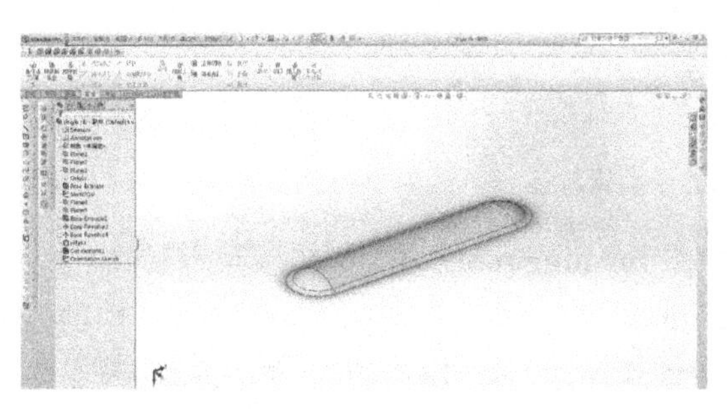

图 5-298 single rib-副本

（10）单击设计树中的 **sketch10** Sketch10，在弹出的栏目中单击**编辑草图**，结果如图 5-299 所示。将尺寸改为 **1.00mm*3.00mm**，单击**确定**，结果如图 5-300 所示。

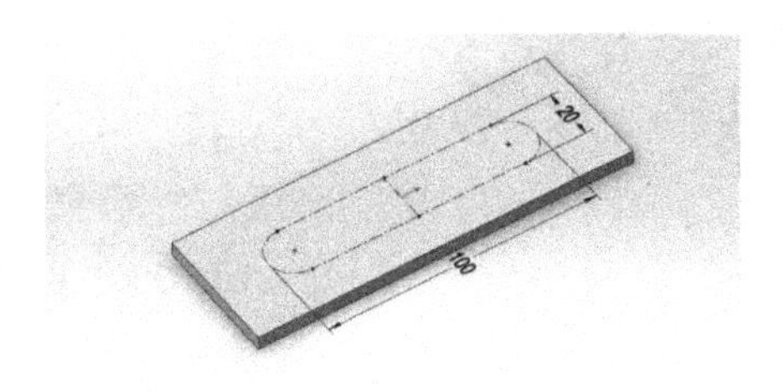

图 5-299 编辑草图

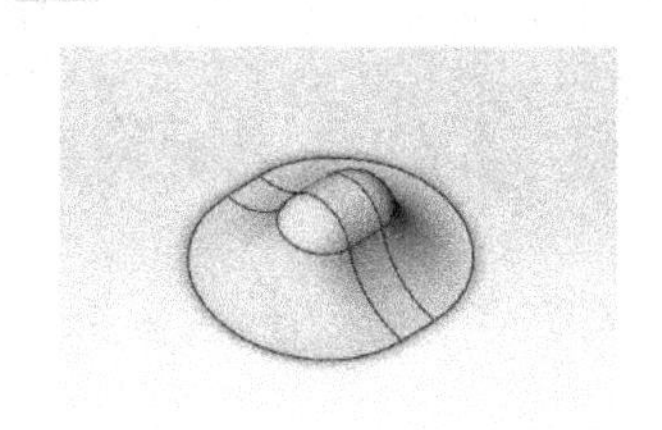

图 5-300 改变尺寸为 1.00mm*3.00mm

（11）单击 Boss-Extrude1 前面的加号，在弹出的子序列中单击 Sketch2，单击**编辑草图**，弹出的画面如图 5-301 所示。将 sketch2 中的圆的尺寸改为 **ϕ0.6mm**，单击**确定**，结果如图 5-302 所示。

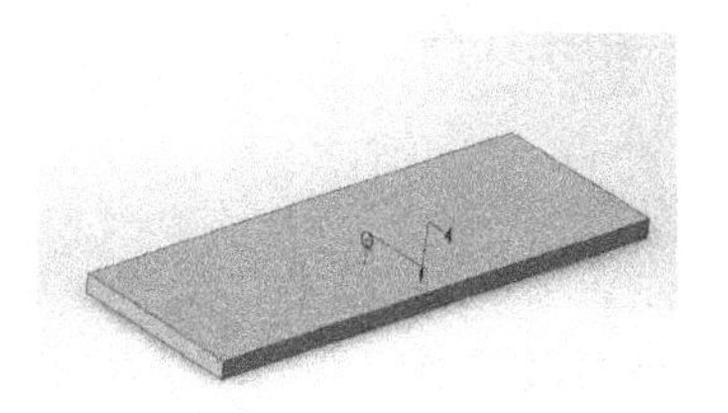

图 5-301 编辑草图

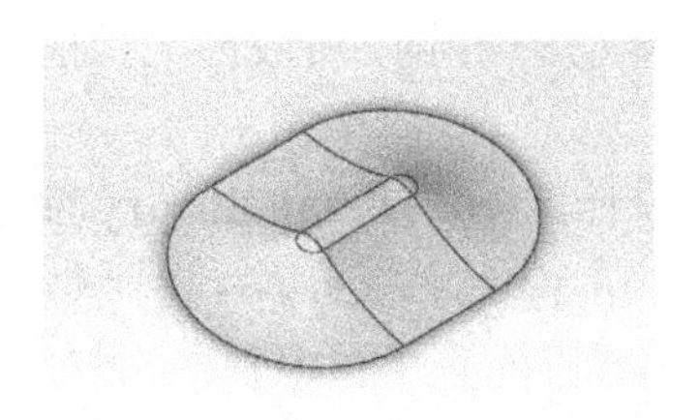

图 5-302 改变尺寸为ϕ0.6mm

（12）单击 Fillet3，在弹出的子序列中单击**编辑特征**，将圆角半径改为 **0.50mm**，单击**确定**，结果如图 5-303 所示。

（13）单击**文件**菜单栏下的**保存**命令，保存文件。

（14）右击设计树顶端的 single rib - 副本 (Default<<[，在弹出的菜单栏中单击**添加到库** 添加到库(G)，单击 **Design Library** Design Library 前面的加号，在弹出的子序列中单击 **forming tools** 前的加号，再单击 **ribs**，最后单击**确定**。详细步骤见图 5-304。最后关闭文件。

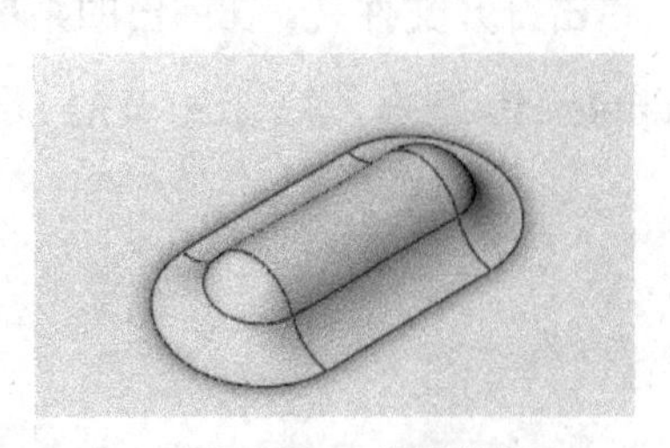

图 5-303　编辑特征

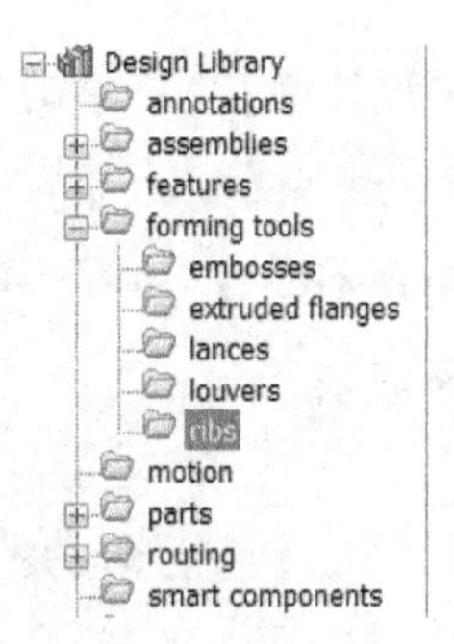

图 5-304　步骤

（15）单击设计库 中 **forming tools** forming tools 前的加号，然后单击 **ribs**，找到步骤（13）保存的文件“single rib-副本（3）” 将其拖拽到图 5-305 中的面①。单击**反转工具**，调整**旋转角度**为 180°，设置界面如图 5-306 所示。然后单击**位置** 位置，再单击**智能尺寸**，具体尺寸如图 5-307 所示。

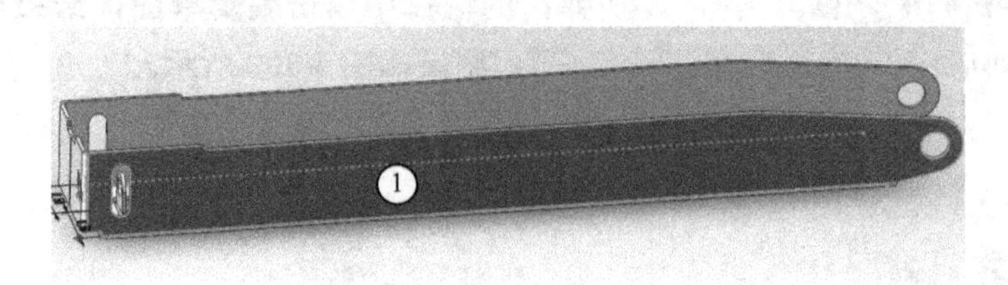

图 5-305　面①

图 5-306　设置界面

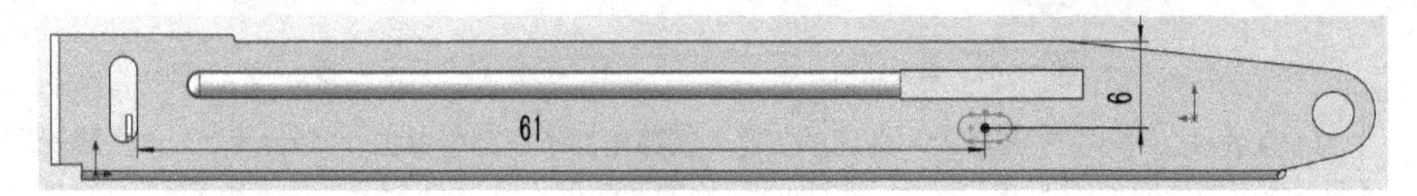

图 5-307　尺寸

（16）与步骤（15）相同，将成形工具拖到另一面，结果如图 5-308 所示。

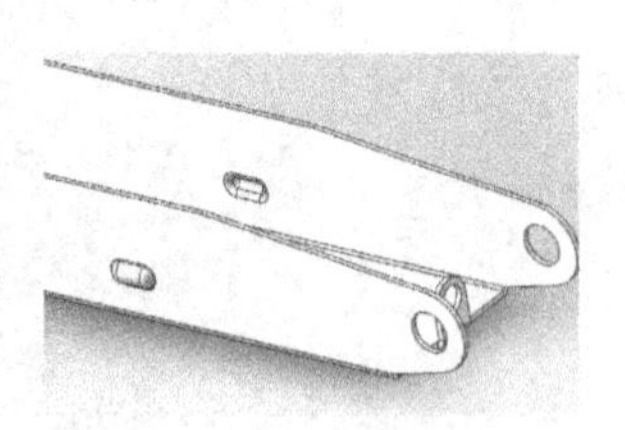

图 5-308　成形工具

（17）单击**设计库** **Design library** 前面的加号 Design Library，再单击 **forming tools** forming tools，然后右击 **ribs** ribs，单击**打开文件夹**。在弹出的菜单栏中**复制**、**粘贴文件 single rib** single rib，如图 5-309 所示。双击打开 single rib-副本（4）。打开的 SolidWorks 文件如图 5-310 所示。

single rib - 副本 (4)

图 5-309　复制 single rib

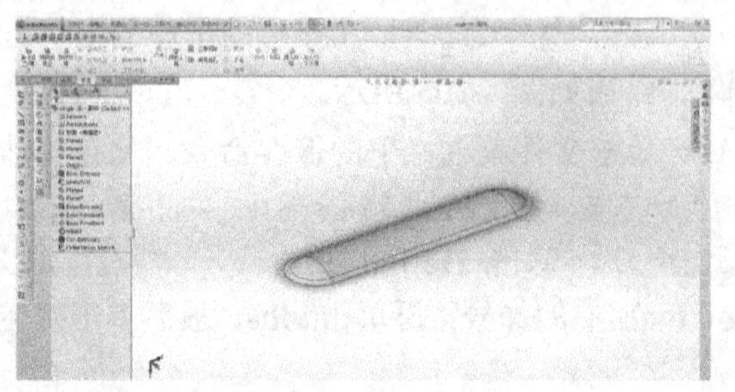

图 5-310　single rib-副本（4）

（18）单击设计树中的 **sketch10** Sketch10 ，在弹出的栏目中单击**编辑草图**，将尺寸改为 **1.00mm*62.00mm**，然后单击**确定**，结果如图 5-311 所示。

图 5-311　1.00mm*2.00mm

（19）单击 Boss-Extrude1 前面的加号，在弹出的子序列中单击 Sketch2 ，单击**编辑草图**，将 sketch2 中的圆的尺寸改为 **0.6mm**，单击**确定**，结果如图 5-312 所示。

图 5-312　编辑草图

（20）单击 Fillet3 ，在弹出的子序列中单击**编辑特征**，将圆角半径改为 **0.50mm**，单击**确定**，结果如图 5-313 所示。

图 5-313　编辑特征

（21）单击文件菜单栏下的**保存**命令，保存文件。

（22）右击设计树顶端，在弹出的菜单栏中单击**添加到库** 添加到库(G) ，单击 **Design Library** Design Library 前面的加号，在弹出的子序列中单击 **forming tools** 前的加号，再单击 **ribs**，最后单击**确定**。

（22）单击设计库中 **forming tools** forming tools 前的加号，然后单击 **ribs**，找到步骤（21）保存的文件 **“single rib-副本（4）”** 将其拖拽到图 5-314 中的面①上。单击**反转工具**，调整**旋转角度**为 180°，设置界面如图 5-315 所示。然后单击**位置** 位置 ，再单击**智能尺寸**，具体尺寸如图 5-316 所示。

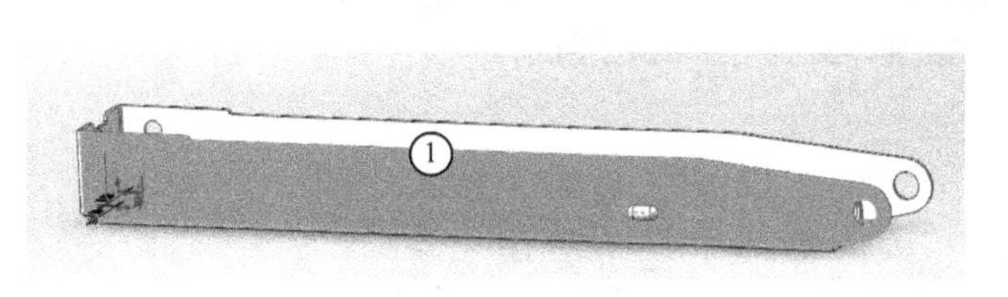

图 5-314　面①

图 5-315　设置界面

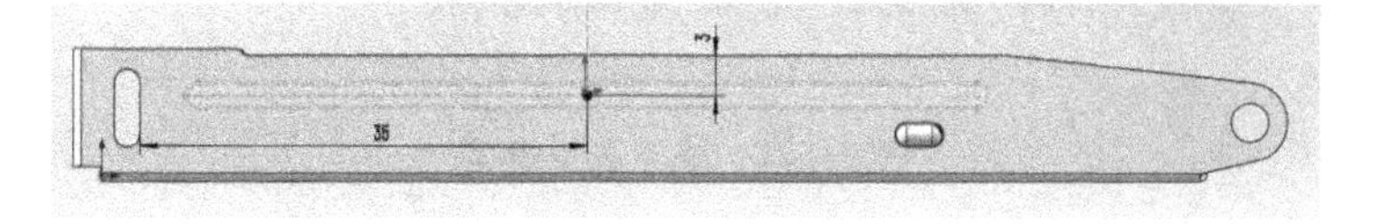

图 5-316　尺寸

（24）与步骤（23）相同，将成形工具拖到另一面，结果如图 5-317 所示。

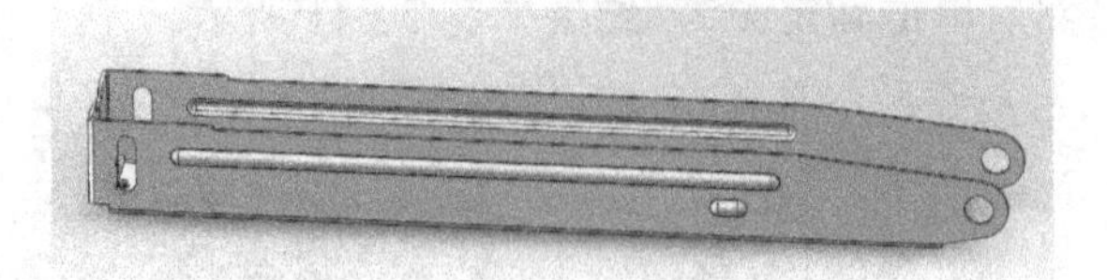

图 5-317　成形工具

（25）选择**前视基准面** 前视基准面 ，单击**草图绘制**，绘制的草图 8 如图 5-318 所示。单击**拉伸切除**，参数设置为**两侧对称 30.00mm**，单击**确定**，结果如图 5-319 所示。至此，完成书钉槽的建模。

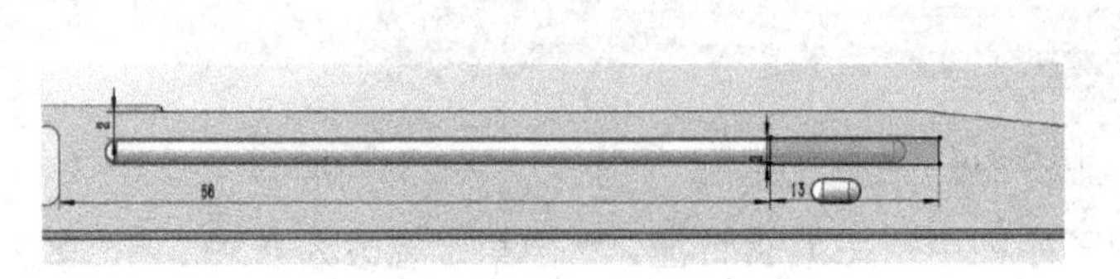

图 5-318　草图 8

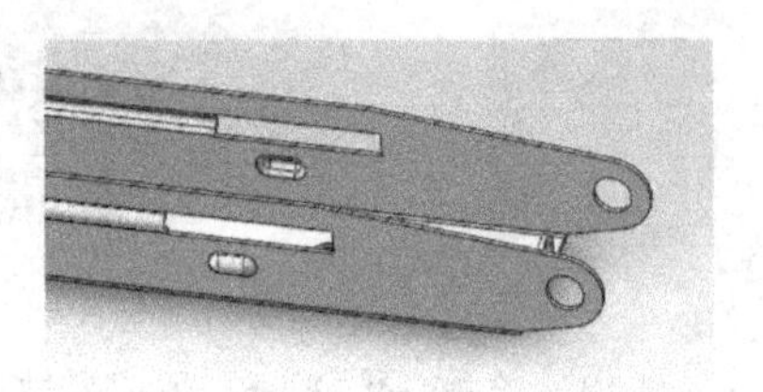

图 5-319　切除-拉伸 2

（26）至此，完成了水订书机书钉槽的全部建模工作，最终模型如图 5-320 所示。单击**保存**，在**另存为**对话框中将其文件名改为**书钉槽**，保存类型为**零件（*.prt；*.sldprt）**，单击**保存**完成存盘。

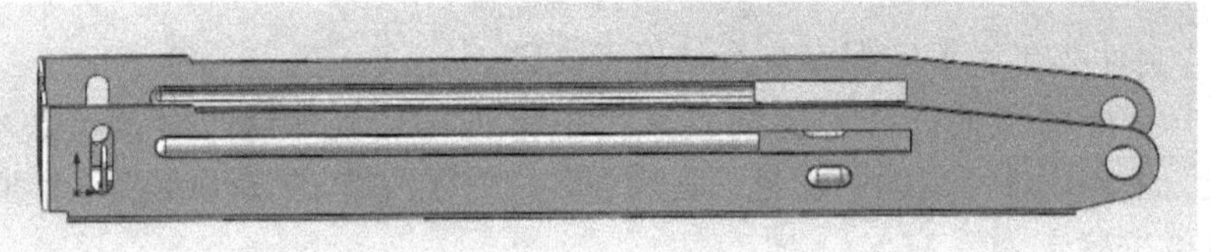

图 5-320　书钉槽

5.2.10　订书机成型底板的建模

成型底板的主要建模思路是先用**基体法兰/薄片**拉出一块钣金薄片，然后使用**切除拉伸**和**异型孔向导**切出所需的孔，接着用**绘制的折弯**，折出所需的形状，最后使用**成形工具**表现将实体上凸出来部分。零件模型及设计树如图 5-321、图 5-322 所示。

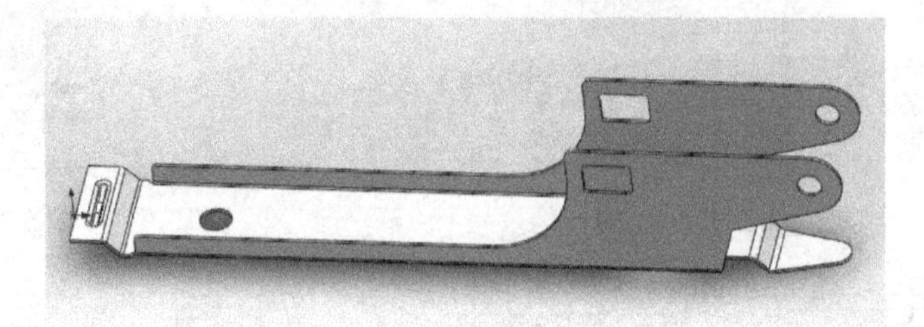

图 5-321　成型底板模型

（1）启动 SolidWorks，单击**文件→新建**命令，选择**零件**图标，然后单击**确定**。

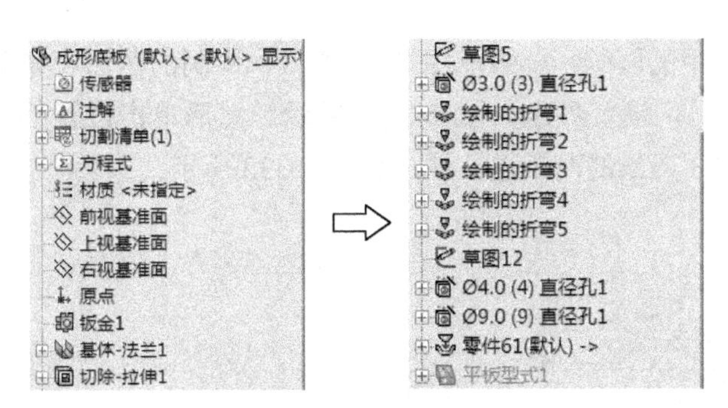

图 5-322　成型底板设计树

（2）选择**上视基准面** ，单击**草图绘制** ，绘制的草图 1 如图 5-323 所示。然后单击**基体法兰/薄片** ，设置**厚度**为 **0.40mm**，结果如图 5-324 所示。

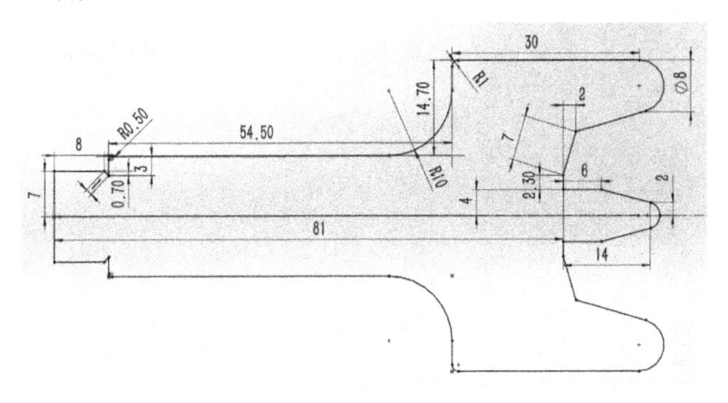

图 5-323　草图 1

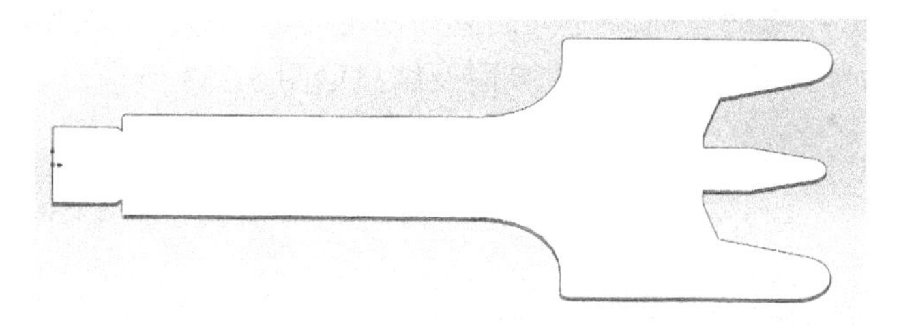

图 5-324　基体-法兰 1

（3）选择**上视基准面** ，单击**草图绘制** ，绘制的草图 2 如图 5-325 所示。然后单击**拉伸切除** ，设置**给定深度**为 **10.00mm**，最后单击**确定** ，结果如图 5-326 所示。

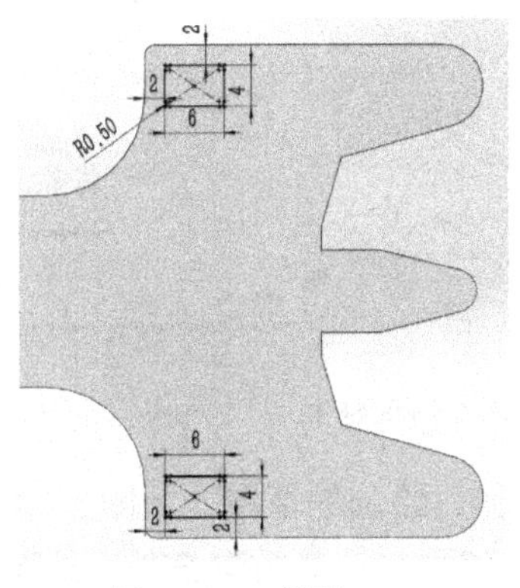

图 5-325　草图 2

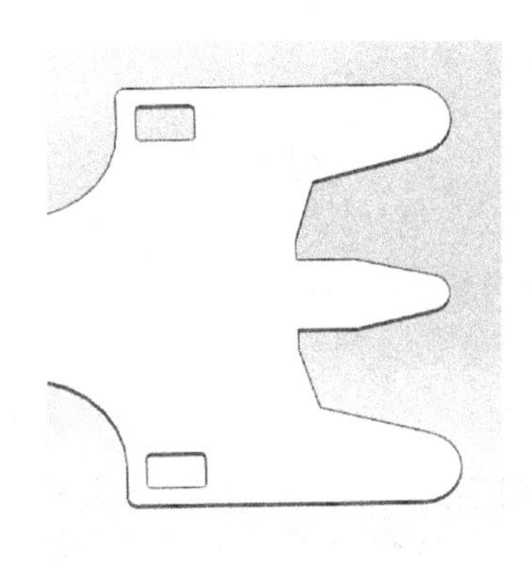

图 5-326　切除-拉伸 1

（4）选择图 5-327 中的面①，单击**草图绘制**，绘制的草图 3 如图 5-328 所示。单击**异型孔向导**，单击，设置界面如图 5-329 所示。然后单击**位置**，单击 **3D 草图**，单击草图 3 所绘的两个点，结果如图 5-330 所示。

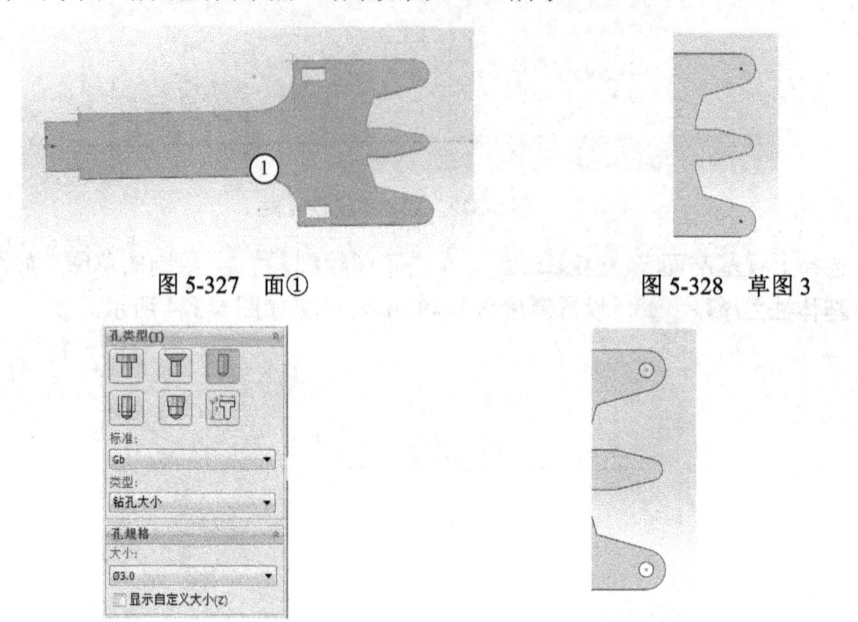

图 5-327　面①　　图 5-328　草图 3

图 5-329　设置界面　　图 5-330　ϕ3.0（3）直径孔

（5）选择图 5-331 中的面①，单击**草图绘制**，绘制的草图 4 如图 5-332 所示。单击**绘制的折弯** 绘制的折弯，选择草图 4 中的面②为固定面，选择**折弯在外**，**折弯角度**为 45°，半径为 0.50mm，然后单击**确定**，设置界面及结果如图 5-333 所示。

图 5-331　面①　　图 5-332　草图 4

图 5-333　设置界面及绘制的折弯 1

（6）选择图 5-334 中的面①，单击**草图绘制**，绘制的草图 5 如图 5-335 所示。单击**绘制的折弯** 绘制的折弯，选择草图 5 中的面②为固定面，选择**折弯在外**，**折弯角度**为 90°，半径为 0.50mm，单击**反向**，然后单击**确定**，设置界面及结果如图 5-336 所示。

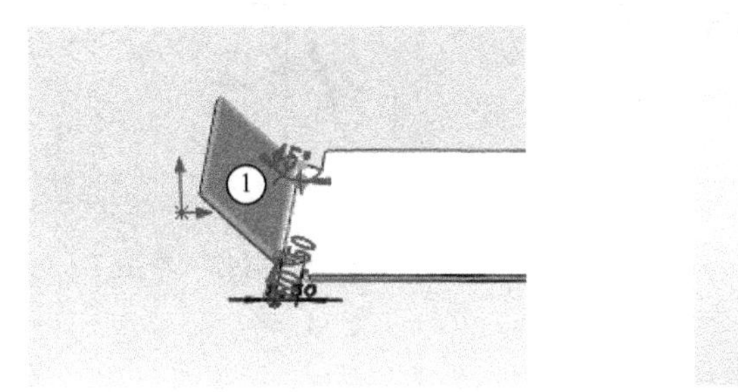

图 5-334　面①

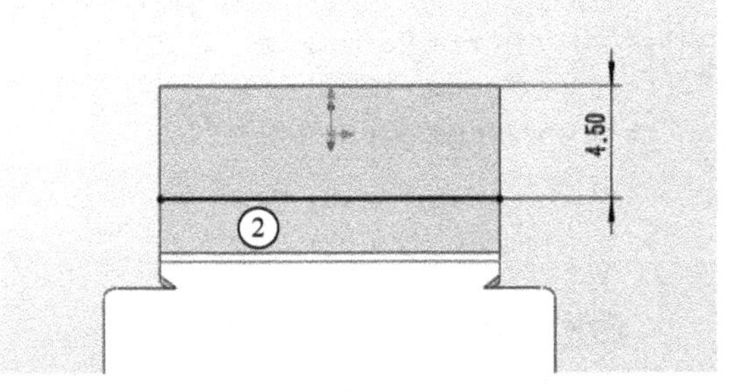

图 5-335　草图 5

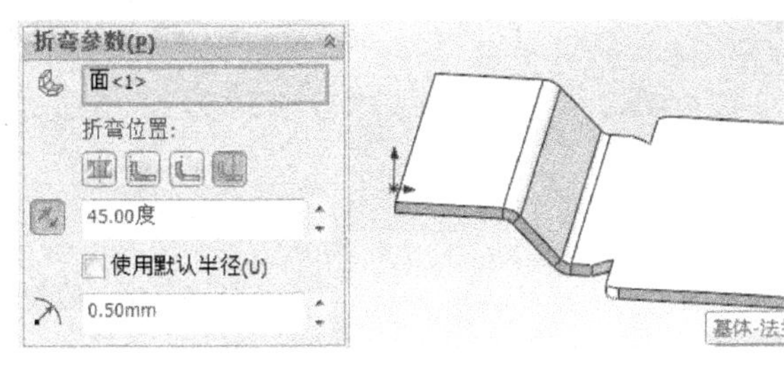

图 5-336　设置界面及绘制的折弯 2

（7）选择图 5-337 中的面①，单击**草图绘制**，绘制的草图 6 如图 5-338 所示。单击**绘制的折弯** 绘制的折弯，设置界面如图 5-339 所示，选择草图 6 中的面②为固定面，选择**折弯在外**，**折弯角度**为 90°，使用默认半径，然后单击**确定**，结果如图 5-340 所示。

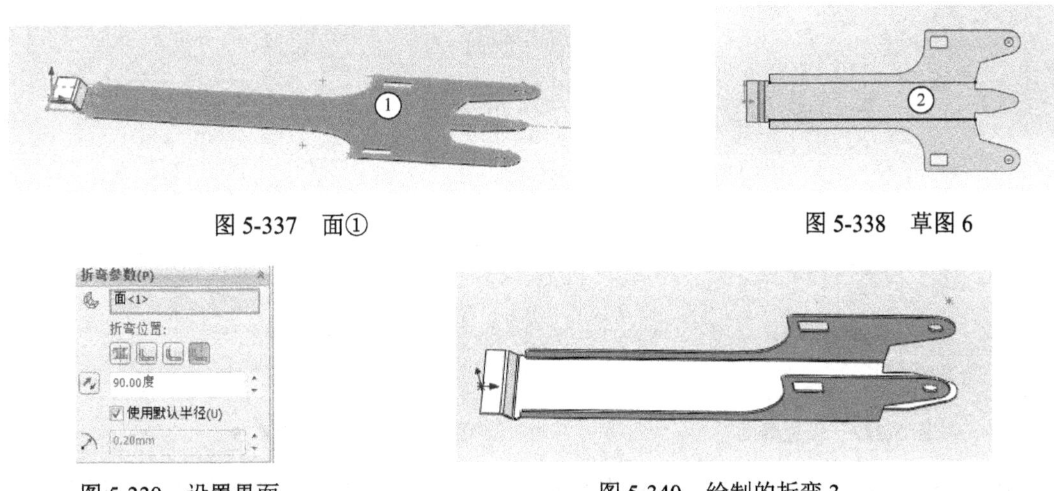

图 5-337　面①

图 5-338　草图 6

图 5-339　设置界面

图 5-340　绘制的折弯 3

（8）选择图 5-341 中的面①，单击**草图绘制**，绘制的草图 7 如图 5-342 所示。单击**绘制的折弯** 绘制的折弯，设置界面如图 5-343 所示，选择草图 7 中的面②为固定面，选择**折弯在外**，折弯角度为 45°，半径为 1.00mm，然后单击**确定**，结果如图 5-344 所示。

（9）选择图 5-345 中的面①，单击**草图绘制**，绘制的草图 8 如图 5-346 所示。单击**绘制的折弯** 绘制的折弯，设置界面如图 5-347 所示，选择草图 8 中的面②为固定面，选择**折弯在外**，**折弯角度**为 **45°**，**半径**为 **1.00mm**，然后单击**确定**，结果如图 5-348 所示。

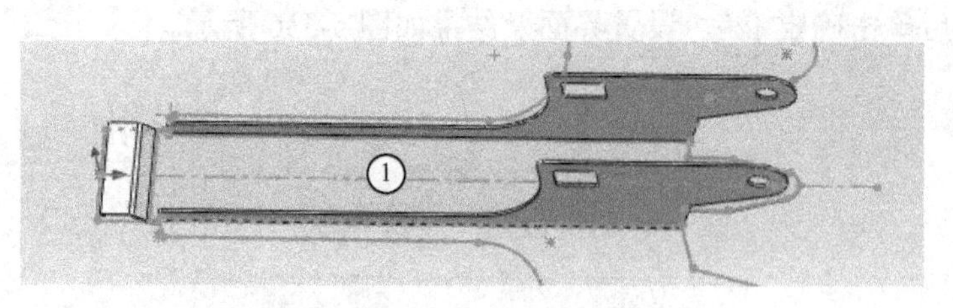

图 5-341　面①

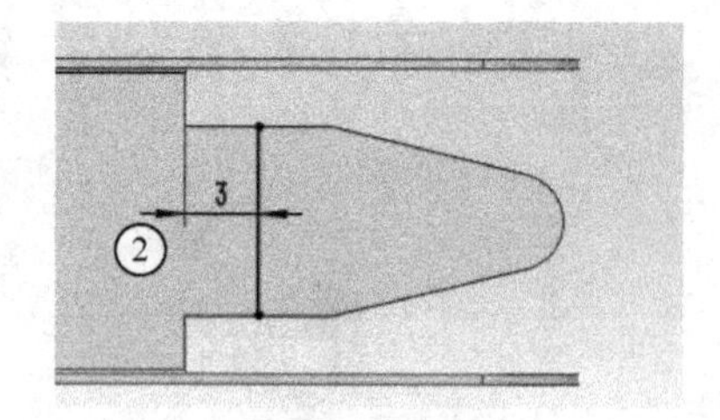

图 5-342　草图 7

图 5-343　设置界面

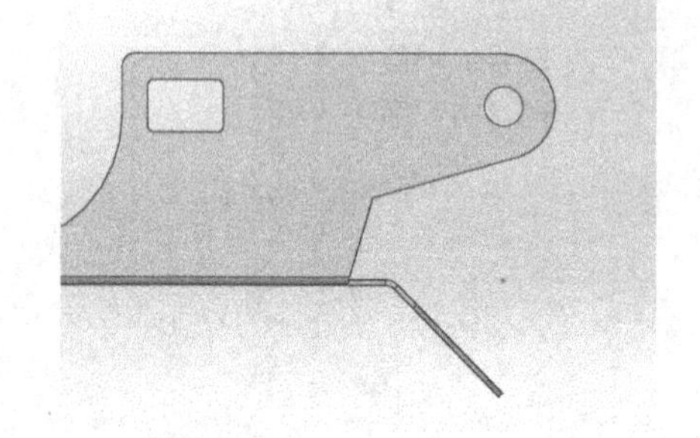

图 5-344　绘制的折弯 4

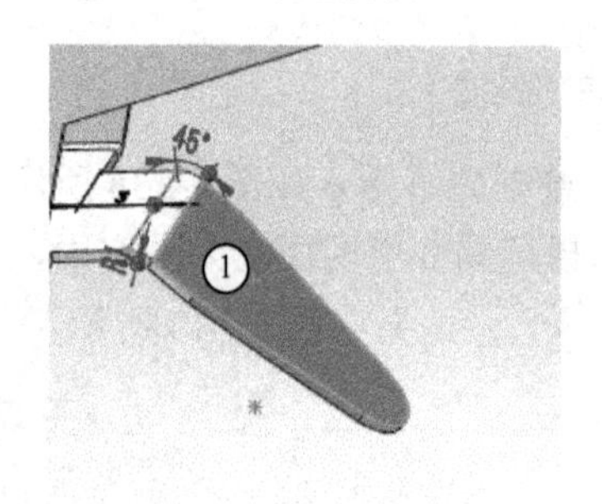

图 5-345　面①

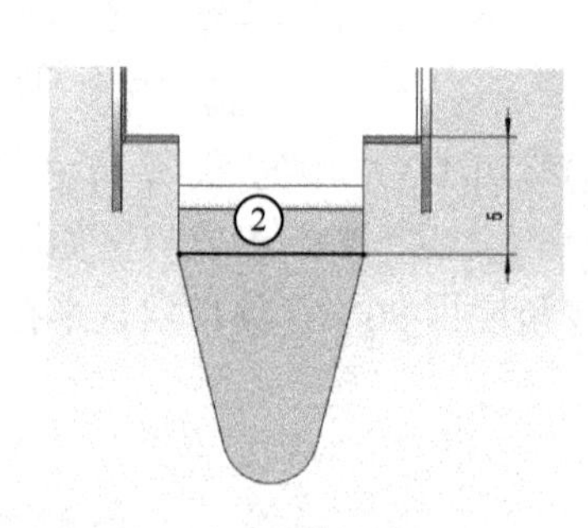

图 5-346　草图 8

图 5-347　设置界面

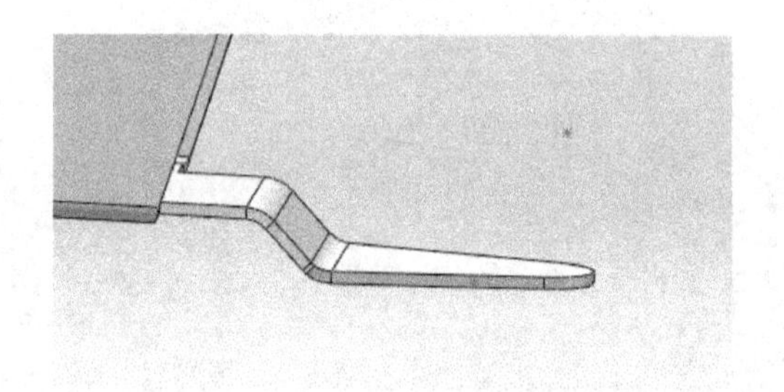

图 5-348　绘制的折弯 5

（10）选择图 5-349 中的面①，单击**草图绘制**，绘制的草图 9 如图 5-350 所示。单击**异型孔向导**，单击，设置界面如图 5-351 所示。然后单击**位置** 位置 ，单击 **3D 草图** 3D 草图 ，单击草图 9 中的②点，结果如图 5-352 所示。再次单击**异型孔向导**，单击，设置界面如图 5-353 所示。然后单击**位置** 位置 ，单击 **3D 草图** 3D 草图 ，单击草图 9 中的③点，结果如图 5-354 所示。

（11）单击**文件→新建**，新建一个 SolidWorks 文件。

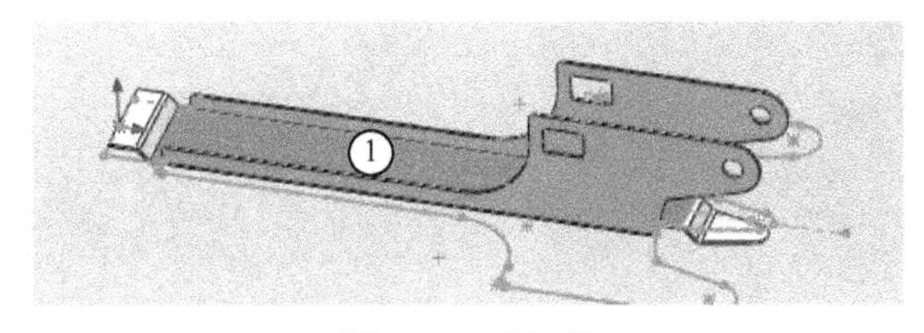

图 5-349　面 ①

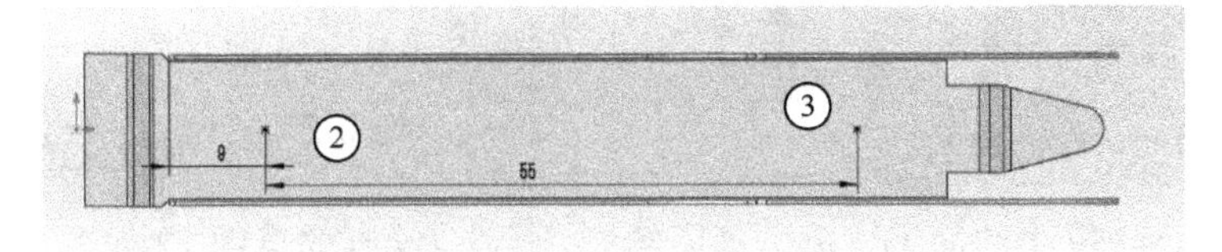

图 5-350　草图 9

图 5-351　设置界面 1

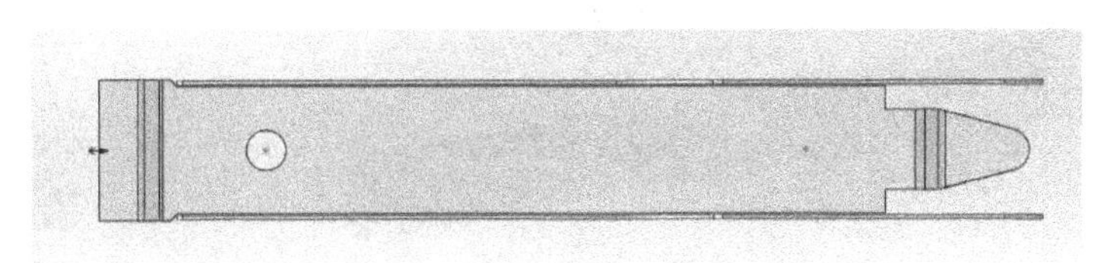

图 5-352　ϕ4.0（4）直径孔 1

图 5-353　设置界面 2

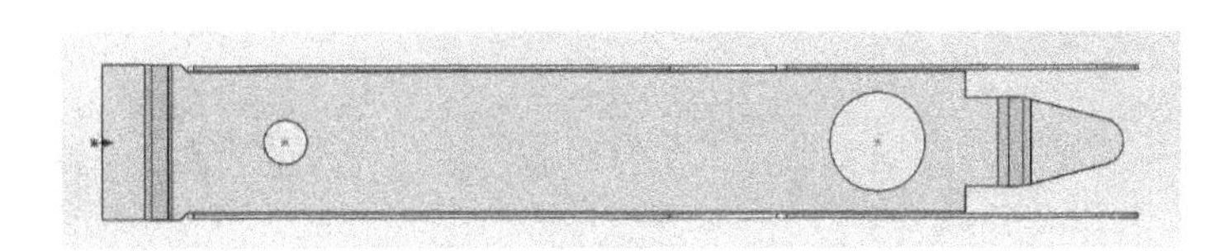

图 5-354　ϕ9.0（9）直径孔 1

（12）选择**上视基准面** 上视基准面 ，单击**草图绘制**，绘制的草图 10 如图 5-355 所示。然后单击**拉伸凸台/基体**，设置**给定深度**为 1.00mm，最后单击**确定**，结果如图 5-356 所示。

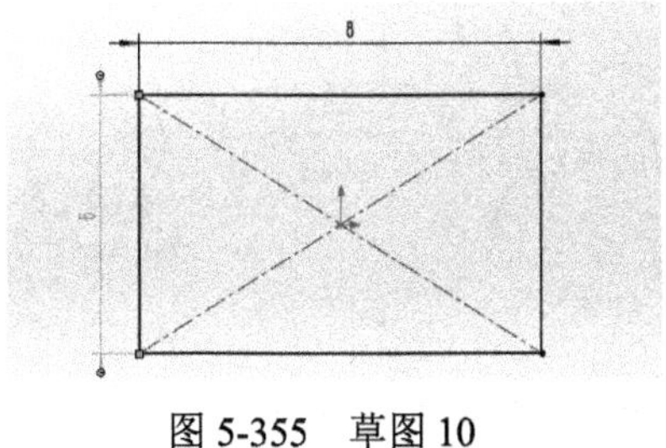

图 5-355　草图 10

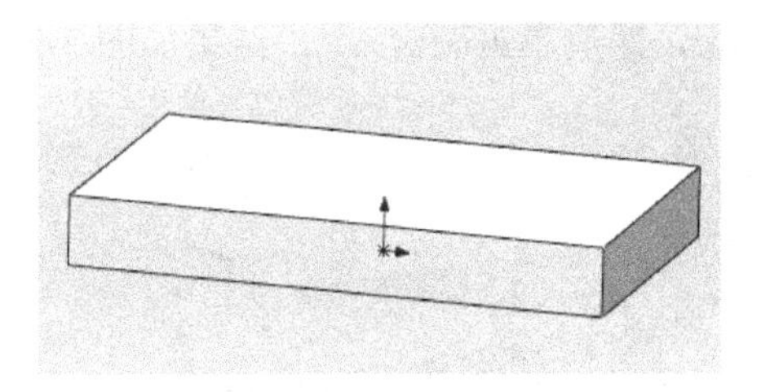

图 5-356　凸台-拉伸 1

（13）选择**上视基准面** 前视基准面 ，单击**草图绘制**，绘制的草图 11 如图 5-357 所示。然后单击**拉伸切除**，参数设置为**完全贯穿**，调整切除方向，最后单击**确定**，结果如图 5-358 所示。

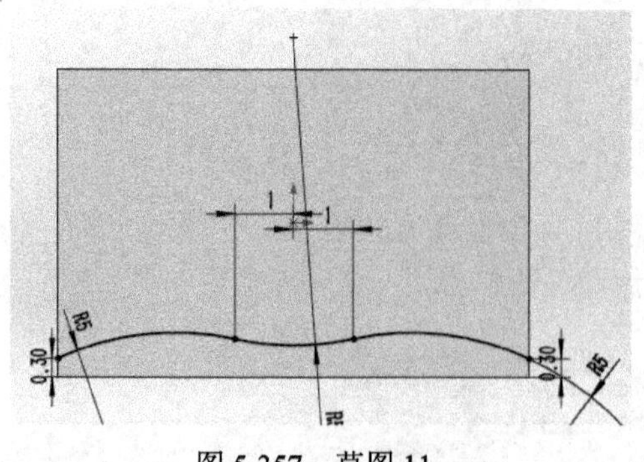

图 5-357 草图 11

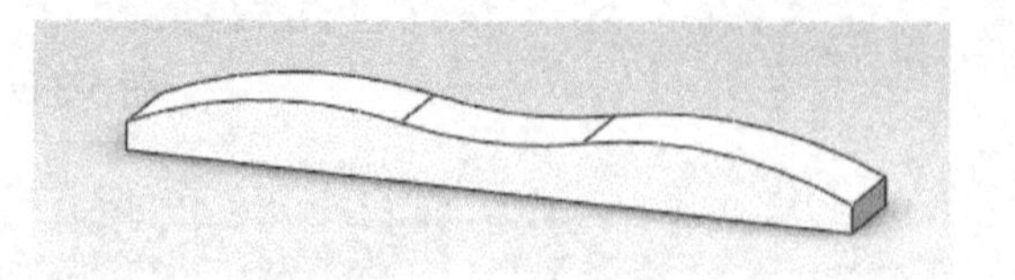

图 5-358 切除-拉伸 1

（14）选择图 5-359 中的面①，单击**草图绘制**，绘制的草图 12 如图 5-360 所示。然后单击**拉伸凸台/基体**，设置**给定深度**为 1.00mm，最后单击**确定**，结果如图 5-361 所示。

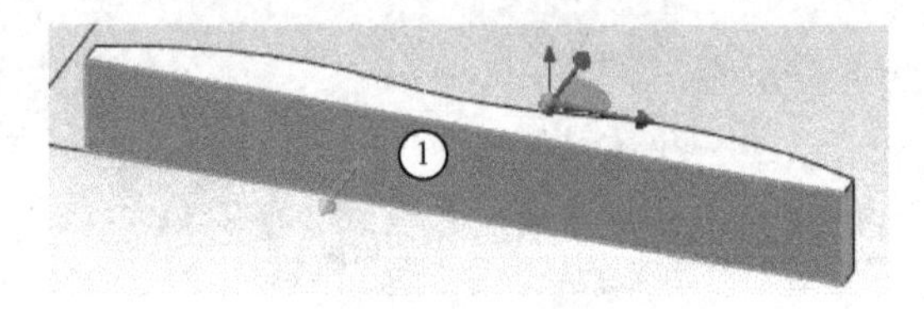

图 5-359 面①

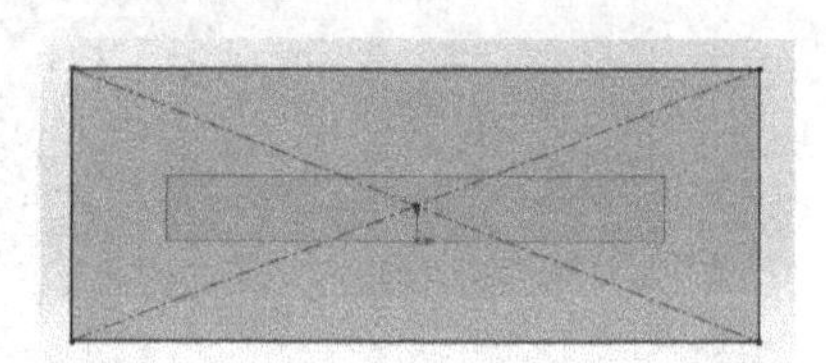

图 5-360 草图 12

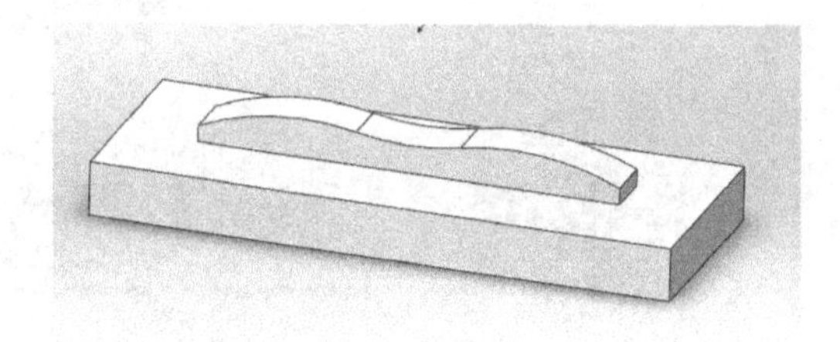

图 5-361 凸台-拉伸 2

（15）单击**圆角**，选择图 5-362 中箭头所指的边，参数设置为**等半径 0.50mm**，然后单击**确定**。再次单击**圆角**，选择图 5-363 中箭头所指的边，参数设置为**等半径 0.50mm**，然后单击**确定**。再次单击**圆角**，选择图 5-364 中箭头所指的边，参数设置为**等半径 0.20mm**，然后单击**确定**，结果如图 5-365 所示。

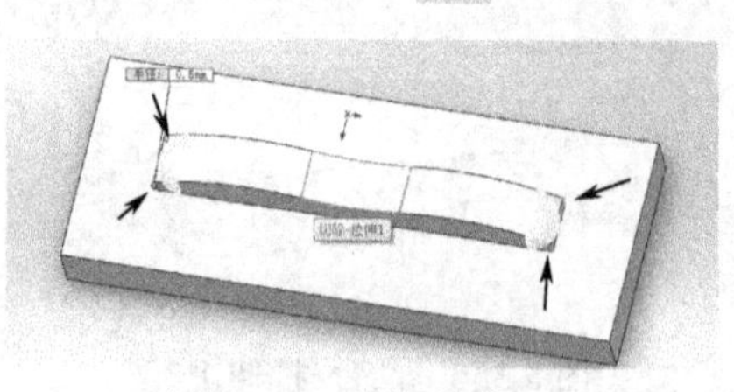

图 5-362 选择边线 1

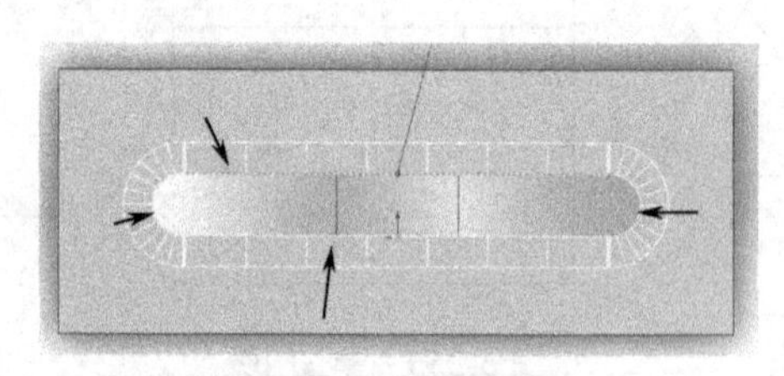

图 5-363 选择边线 2

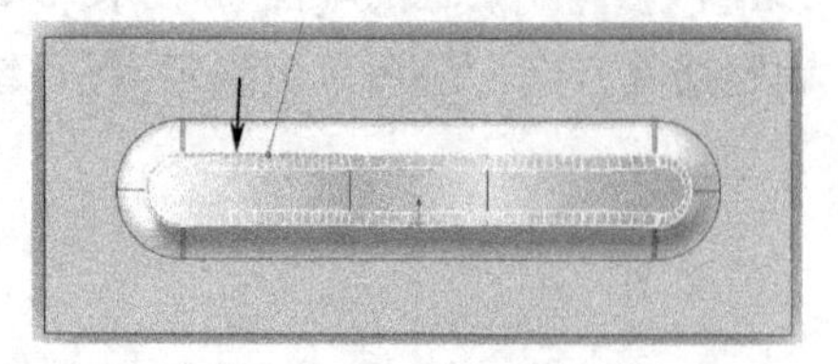

图 5-364 选择边线 3

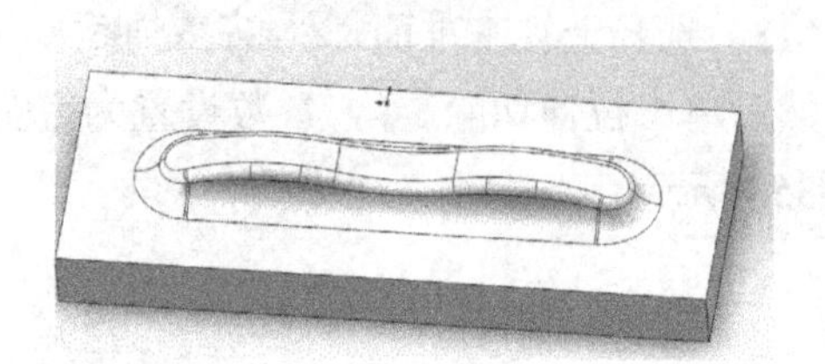

图 5-365 圆角

（16）单击**成形工具** ，设置界面如图 5-366 所示，选择图 5-367 中的面①为停止面，单击**确定**，结果如图 5-368 所示。

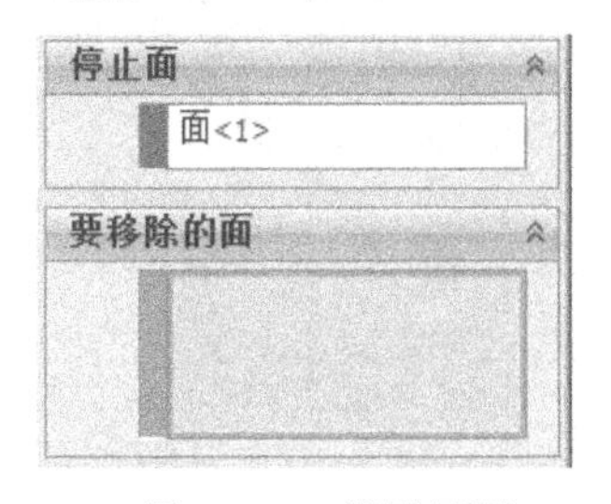

图 5-366　设置界面

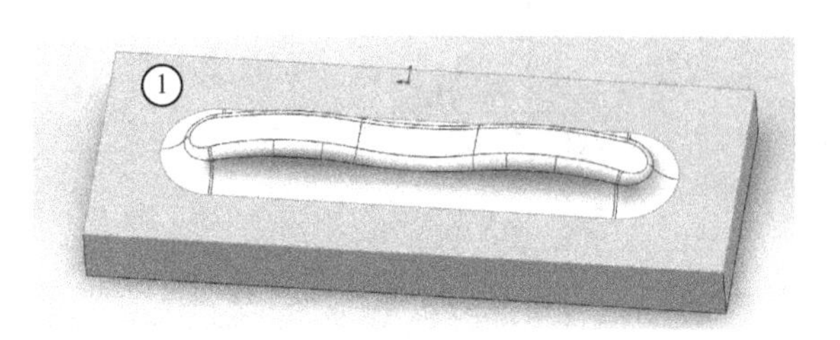

图 5-367　面①

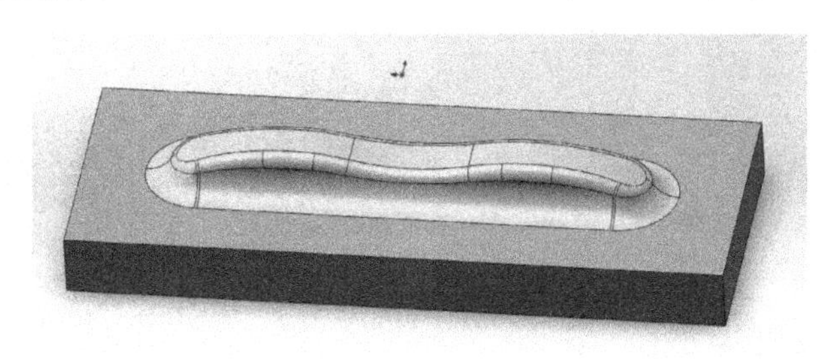

图 5-368　成形工具

（17）单击**文件**菜单栏下的**保存**命令，将文件命名为**成形工具——成型底板**，单击**确定**，保存文件。

（18）右击设计树顶端 成形工具——成型底板（默认<，在弹出的菜单栏中单击**添加到库** 添加到库(G)，单击 **Design Library** Design Library 前面的加号，在弹出的子序列中单击 **forming tools** 前的加号，再单击 **Lances**，最后单击**确定**。关闭“成形工具——成型底板”文件。

（19）单击设计库 中 **forming tools** forming tools 前的加号，然后单击 **Lances**，找到步骤（17）保存的文件“成形工具——成型底板”，将其拖拽到图 5-369 中的面①，调整旋转角度为 90°，设置界面如图 5-370 所示。然后单击**位置** 位置，再单击**智能尺寸**，具体尺寸如图 5-371 所示，结果如图 5-372 所示。

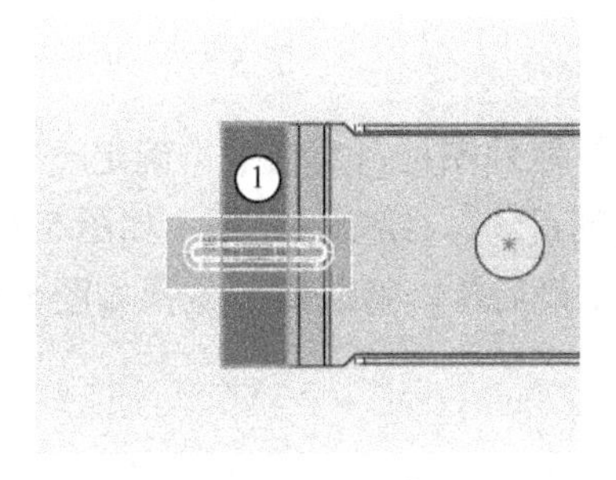

图 5-369　面①

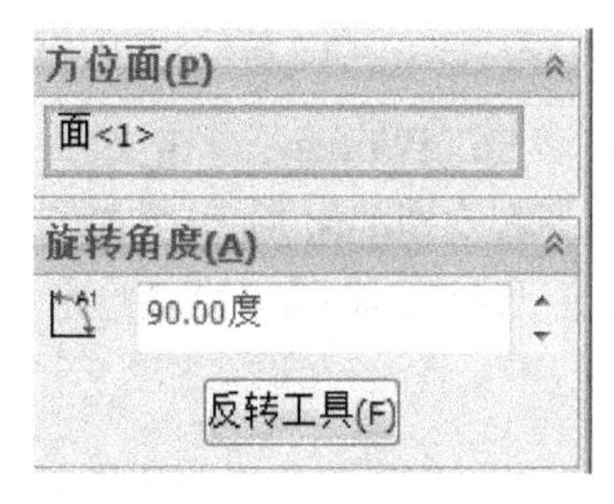

图 5-370　设置界面

（20）至此，完成了**订书机成型底板**的全部建模工作，最终模型如图 5-373 所示。单击**保存**，在**另存为**对话框中将其文件名改为**成型底板**，保存类型为**零件**（***.prt**；***.sldprt**），单击**保存**完成存盘。

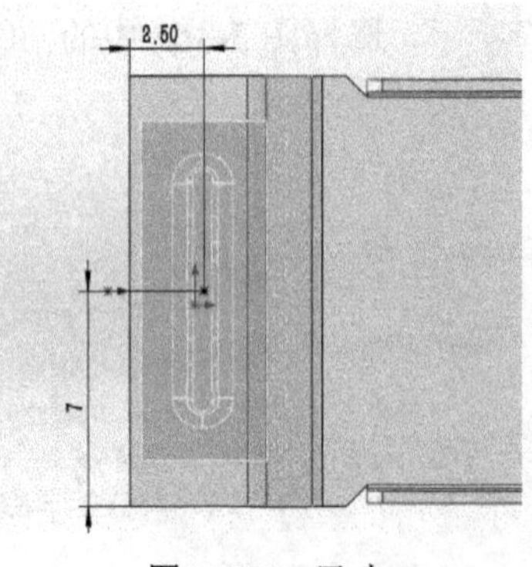

图 5-371　尺寸

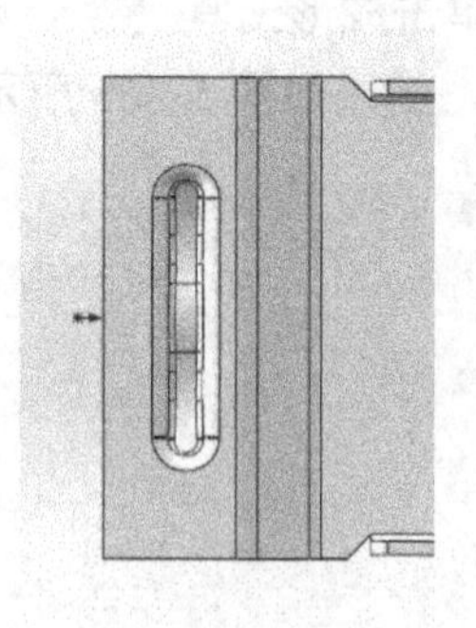

图 5-372　成形工具

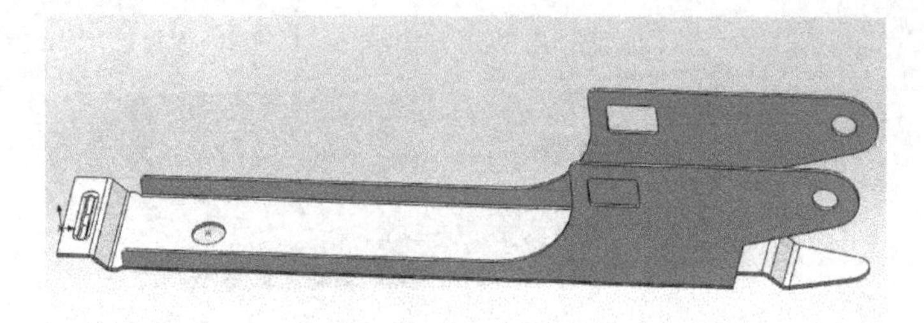

图 5-373　成型底板

5.2.11　订书机中轴的建模

中轴的建模很简单，是一个由**拉伸凸台/基体**拉成的圆柱。建模时可以在中间建一个基准面，装配时可以利用该基准面进行配合。零件实体模型及相应的设计树如图 5-374、图 5-375 所示。

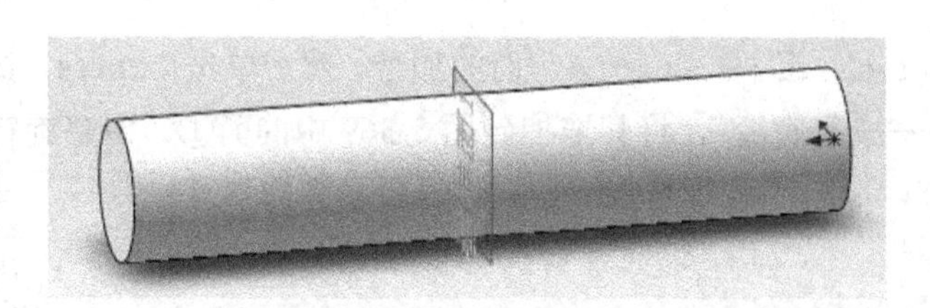

图 5-374　中轴模型

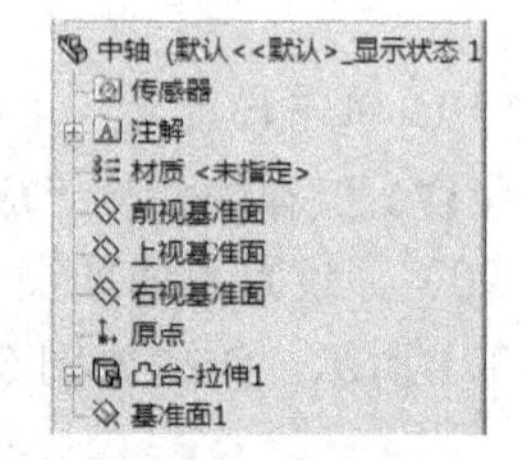

图 5-375　中轴设计树

（1）启动 SolidWorks，单击**文件**→**新建**命令，选择**零件**图标，然后单击**确定**。

（2）选择**右视基准面** 上视基准面 ，单击**草图绘制**，绘制的草图 1 如图 5-376 所示。然后单击**拉伸凸台/基体**，设置**给定深度**为 **16.00mm**，最后单击**确定**，结果如图 5-377 所示。

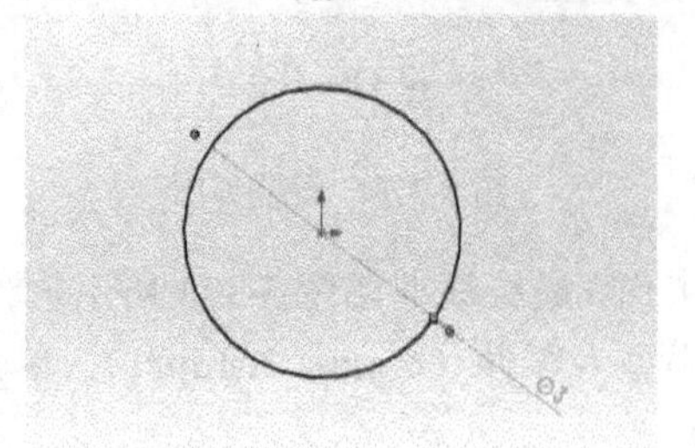

图 5-376　草图 1

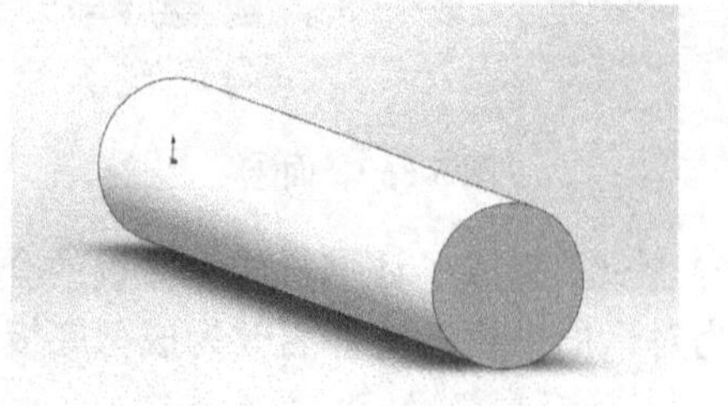

图 5-377　凸台-拉伸 1

（3）选择**右视基准面** 右视基准面 ，单击**参考几何体→基准面**，设置界面如图 5-378 所示，单击**确定**。

（4）至此，完成了**订书机中轴**的全部建模工作，最终模型如图 5-379 所示。单击**保存**，在**另存为**对话框中将其文件名改为**中轴**，保存类型为**零件（*.prt；*.sldprt）**，单击**保存**完成存盘。

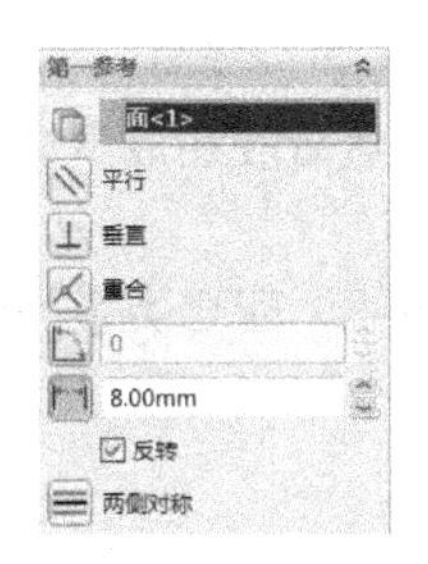

图 5-378　设置界面

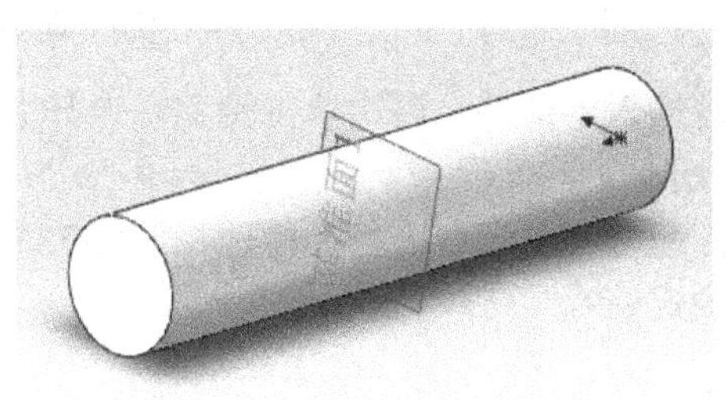

图 5-379　基准面 1

5.2.12　装配体

（1）启动 SolidWorks，单击**文件→新建**命令，选择**装配体**图标，然后单击**确定**，进入装配环境。

（2）单击**插入零部件**，再次单击**浏览**按钮，选择成型底板这个零件，将其放在底座的上面，如图 5-380 所示。

（3）单击**配合**，在配合选择一栏选择图 5-381 中箭头所指的边线，配合类型**同轴心**。配合好后单击**确定**。

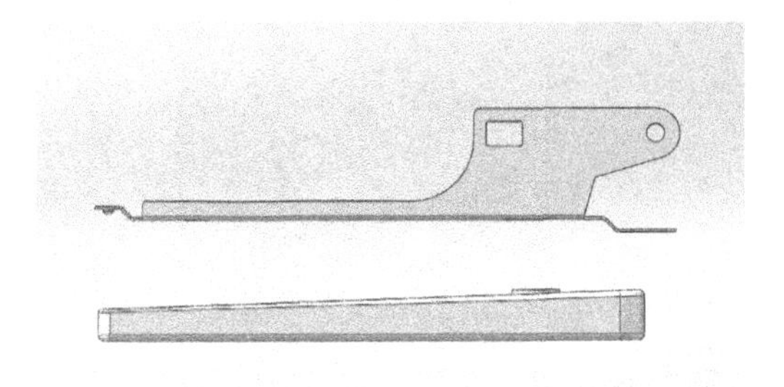

图 5-380　成型底板

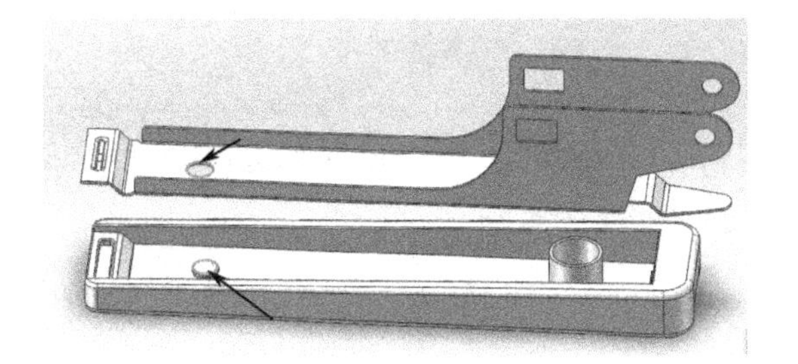

图 5-381　选择边线

（4）在**配合选择**一栏选择图 5-382 中箭头所指的边线，配合类型为**同轴心**。配合好后单击**确定**。

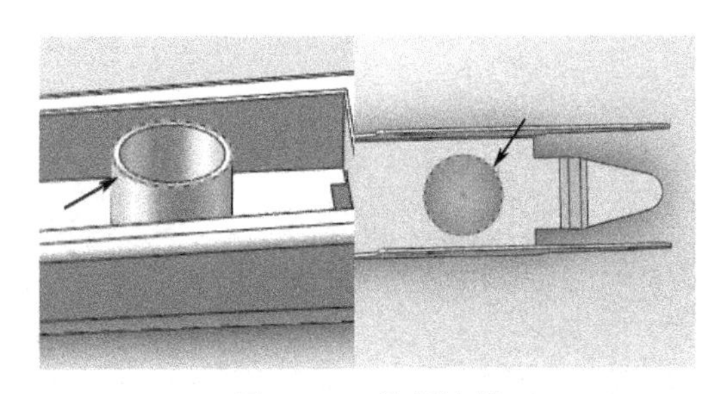

图 5-382　选择边线

（5）在**配合选择**一栏选择图 5-383 中的面①、面②，配合好后单击**确定**。

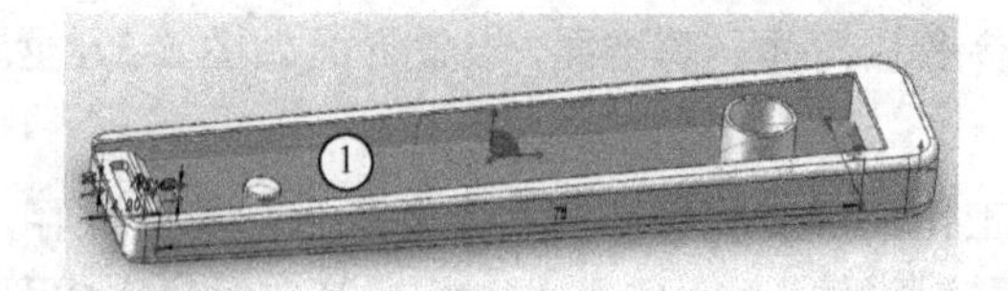

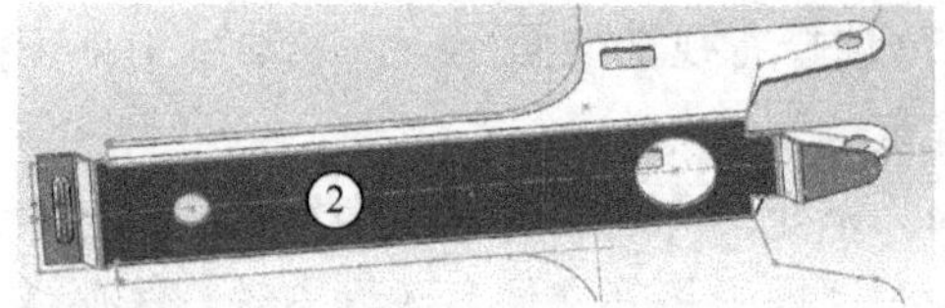

图 5-383 面①、面②

（6）单击**插入零部件**，再次单击**浏览**，选择书钉槽这个零件，然后放在成型底板的上面，如图 5-384 所示。

（7）单击**配合**，在**配合选择**一栏选择图 5-385 中箭头所指的边线，配合类型为同轴心，配合好后单击**确定**✔。

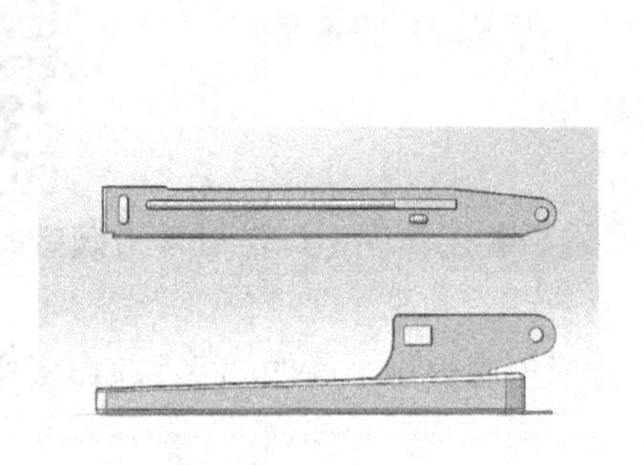

图 5-384 插入书钉槽

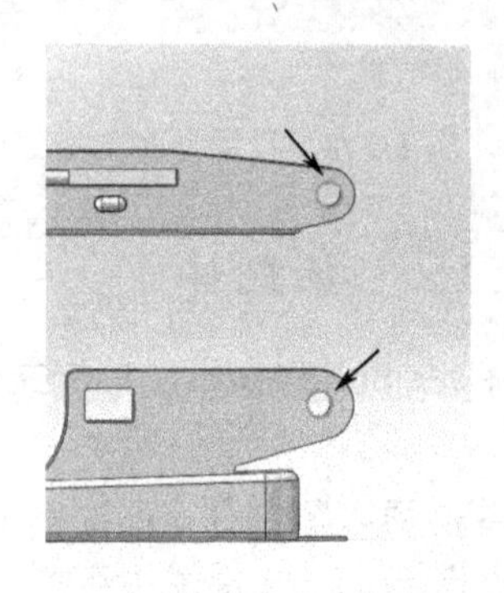

图 5-385 选择边线

（8）在**配合选择**一栏选择图 5-386 中的面①、面②，配合好单击**确定**✔。

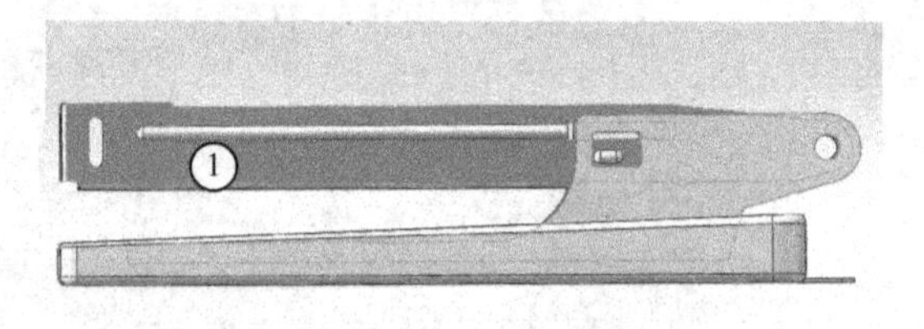

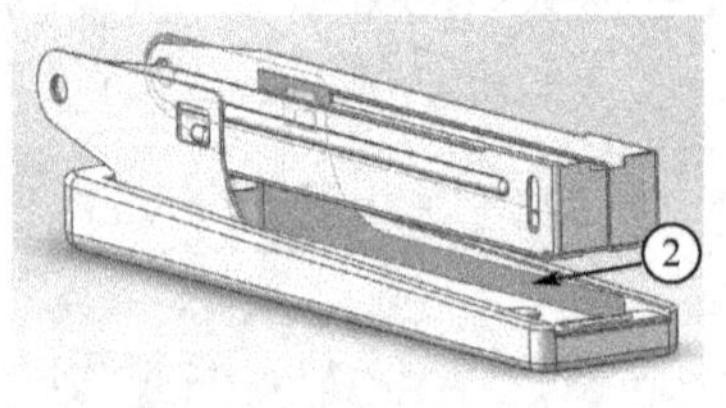

图 5-386 面①、面②

（9）单击**插入零部件**下的小三角，单击**新零件**，选择**零件**，单击**确定**✔后单击**前视基准面**，进入**草图绘制**。绘制的草图 1 如图 5-387 所示。

（10）单击**草图绘制**，选择**前视基准面** 前视基准面，绘制的草图 2 如图 5-388 所示。

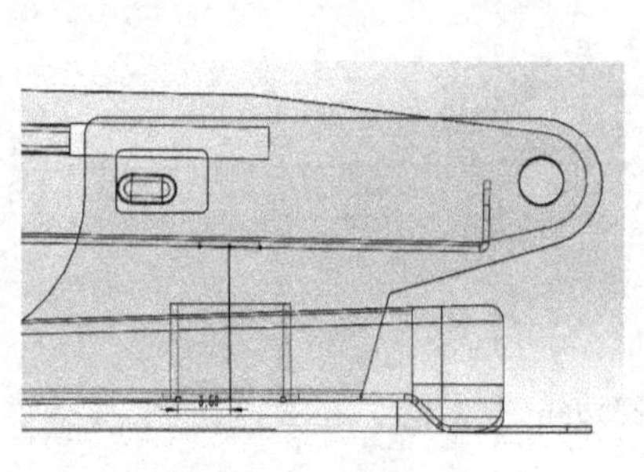

图 5-387 草图 1

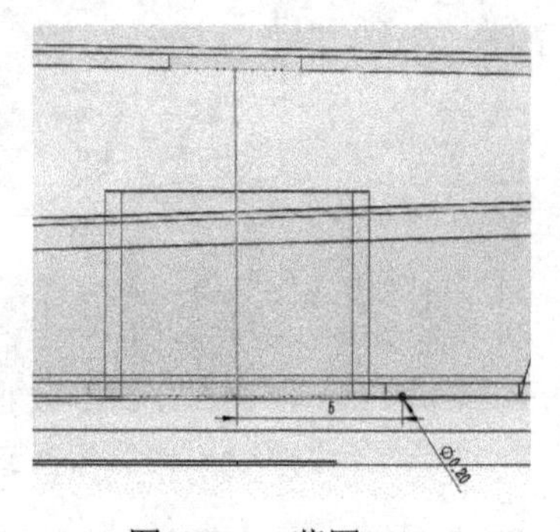

图 5-388 草图 2

（11）单击**扫描**，选择草图 2 所绘的圆为轮廓，草图 1 所绘的直线为路径，展开**选项**工具栏，选择**沿路径扭转**，**定义方式**选择**旋转**，圈数为 **5 圈**，设置界面如图 5-389 所示，结果如图 5-390 所示。

图 5-389　设置界面

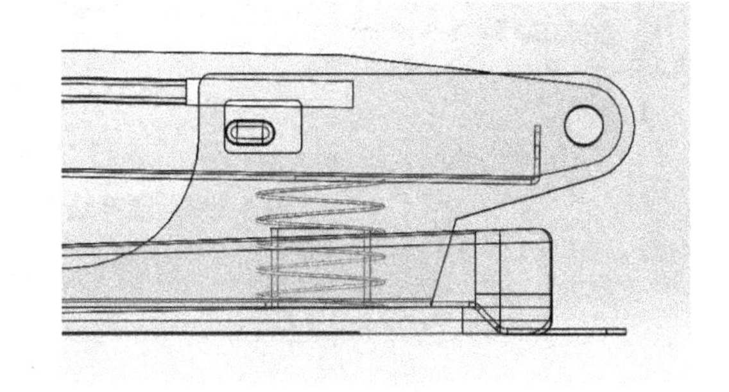

图 5-390　扫描

（12）单击**插入零部件**，再次单击**浏览**，选择弹簧导杆这个零件，将其拖到书钉槽的上面，如图 5-391 所示。

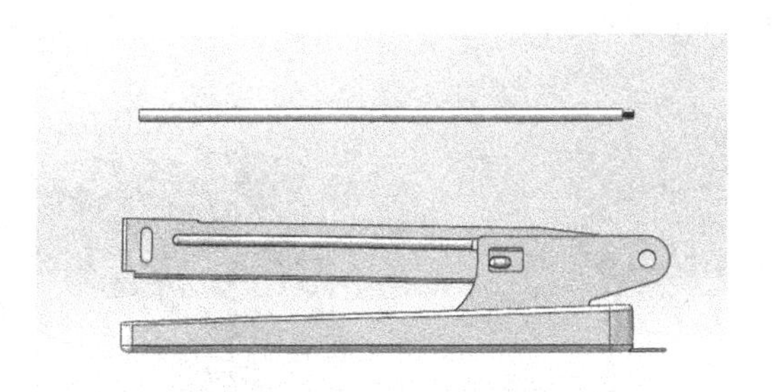

图 5-391　插入弹簧导杆

（13）单击**配合**，在配合选择那一栏选择图 5-392 中的面①、面②，配合好后单击**确定**。

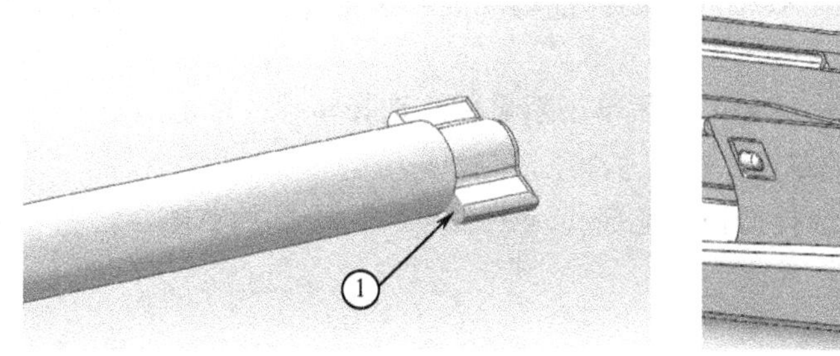

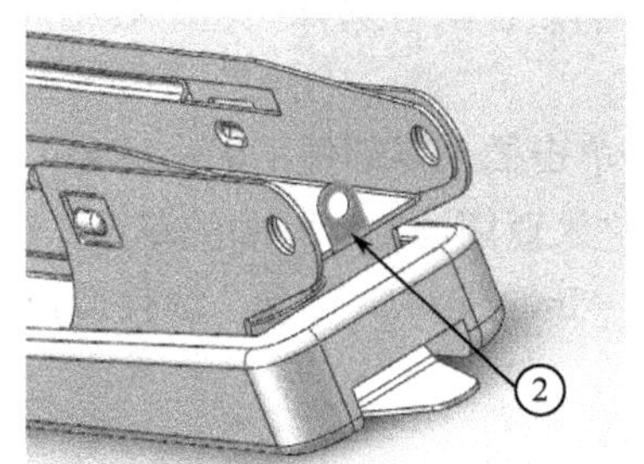

图 5-392　面①、面②

（14）单击**配合**，在**配合选择**一栏选择图 5-393 中箭头所指的线，配合类型为**同轴心**，配合好后单击**确定**。

（15）单击**插入零部件**，再次单击**浏览**，选择推动器这个零件，然后放在弹簧导杆的上面，如图 5-394 所示。单击**移动零部件**下面的小三角，选择**旋转零部件**，将推动器旋转，结果如图 5-395 所示。

（16）单击**配合**，在**配合选择**一栏选择图 5-396 中的面①、面②。配合好后单击**确定**。

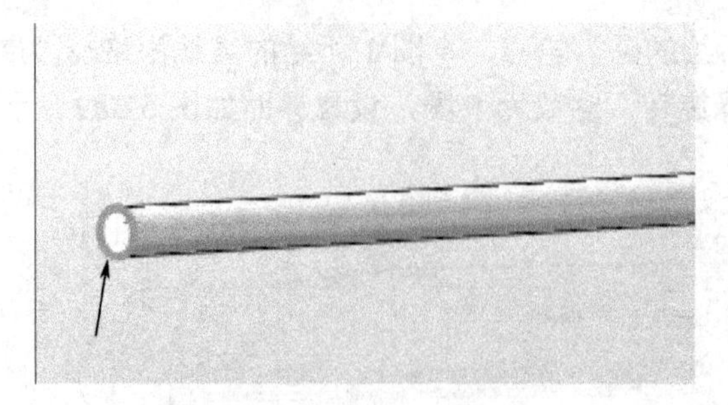

图 5-393 选择边线

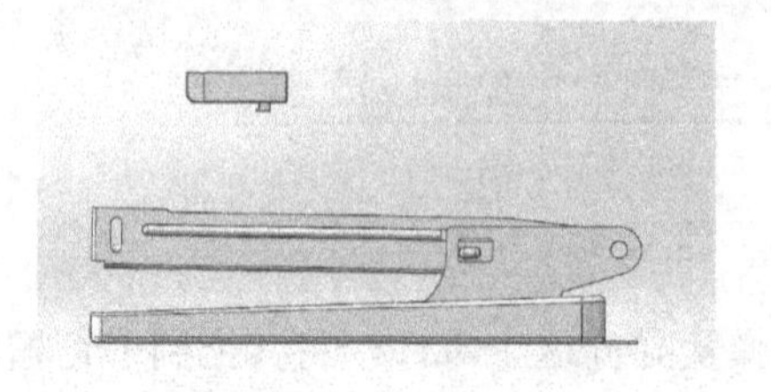

图 5-394 选择零部件

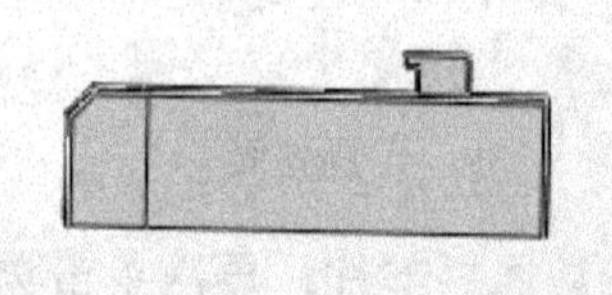

图 5-395 旋转零部件

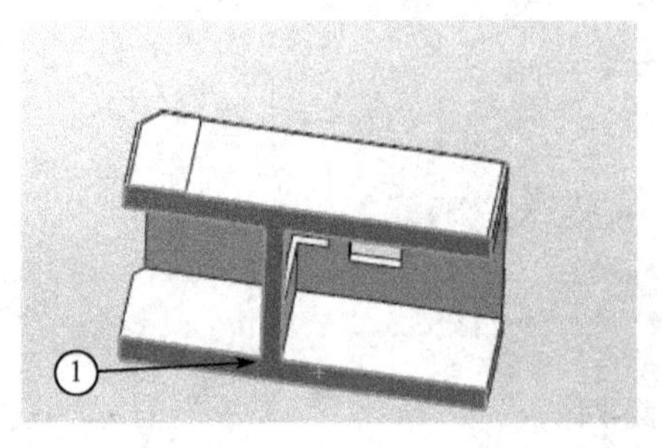

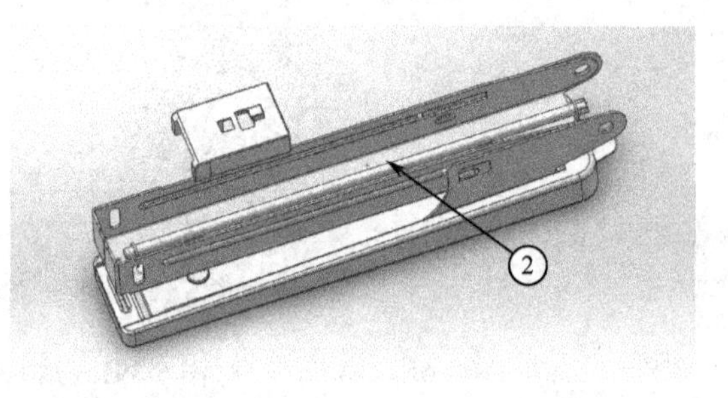

图 5-396 面①、面②

（17）然后在**配合选择**一栏选择推动器的前视基准面和装配体的前视基准面，配合好单击**确定**✔。

（18）单击**插入零部件**下的小三角，然后单击**新零件**，选择**零件**，单击**确定**✔后单击**前视基准面**，进入**草图绘制**。绘制的草图 1 如图 5-397 所示。

（19）单击**草图绘制**，选择**前视基准面** 前视基准面 ，绘制的草图 2 如图 5-398 所示。

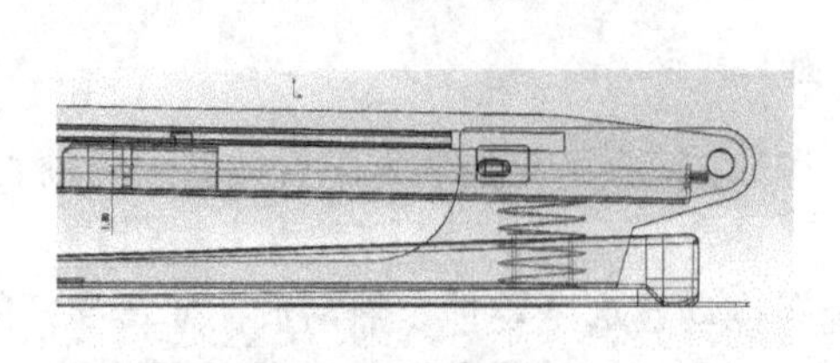

图 5-397 草图 1

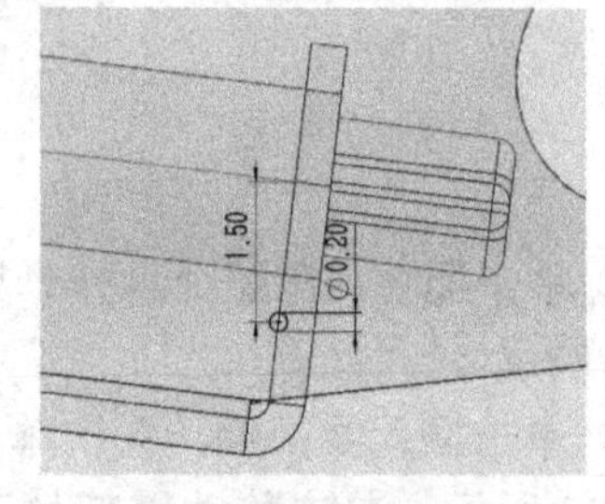

图 5-398 草图 2

（20）单击**扫描**，选择草图 2 所绘的圆为轮廓，草图 1 所绘的直线为路径，展开**选项**工具栏，选择**沿路径扭转**，**定义方式**选择**旋转**，**圈数**为 **80 圈**，设置界面如图 5-399 所示，结果如图 5-400 所示。

图 5-399　设置界面

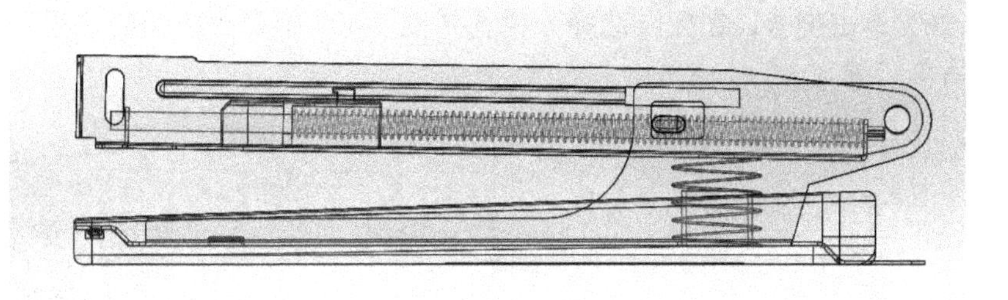

图 5-400　扫描

（21）单击**插入零部件**，再次单击**浏览**，选择过载拉件这个零件，然后放在弹簧导杆的上边，如图 5-401 所示。

（22）单击**移动零部件**下面的小三角，选择**旋转零部件**，将推动器旋转，结果如图 5-402 所示。

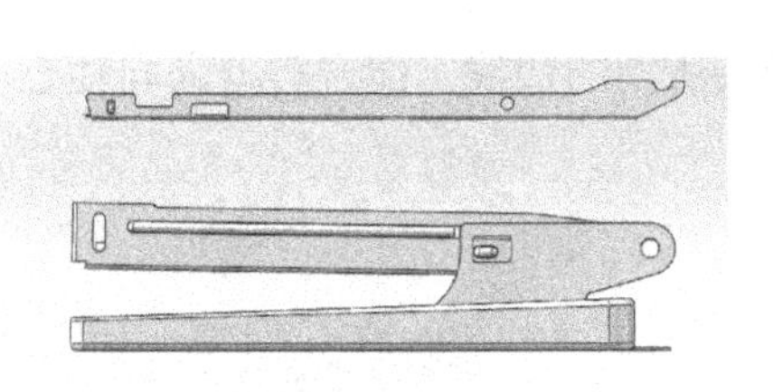

图 5-401　插入载拉件

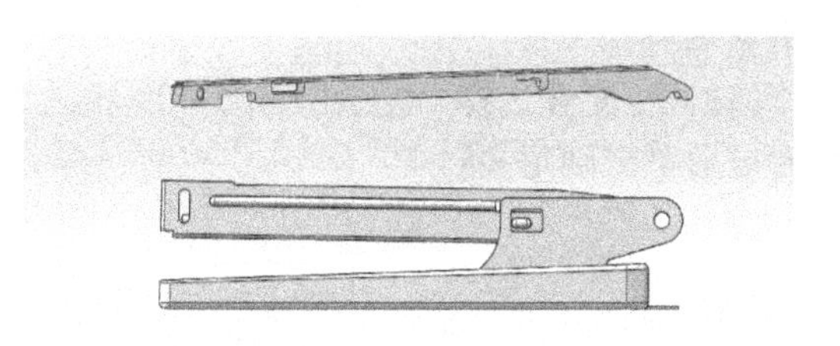

图 5-402　选择零部件

（23）单击**配合**，在**配合选择**一栏选择图 5-403 和图 5-404 中箭头所指的边线，配合类型为同轴心，配合好后单击**确定**✔。

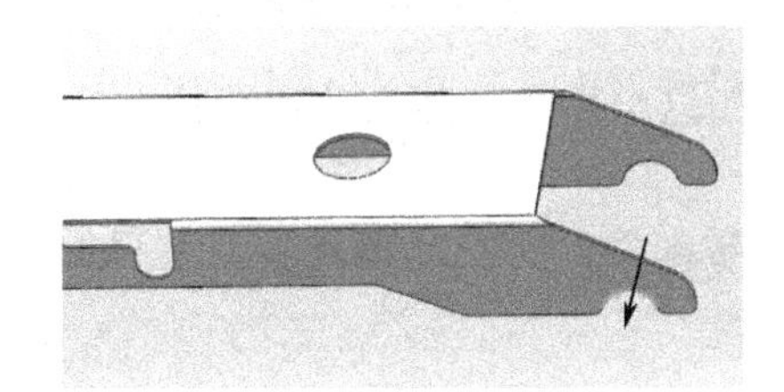

图 5-403　选择边线 1

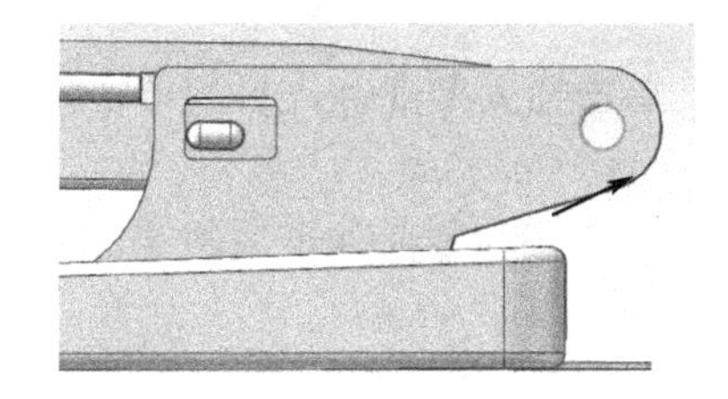

图 5-404　选择边线 2

（24）在**配合选择**一栏选择图 5-405 中箭头所指的边线和装配体的前视基准面，配合好后单击**确定**✔。

（25）单击**插入零部件**，再次单击**浏览**，选择移动板连接架这个零件，然后放在载拉件的上边，如图 5-406 所示。

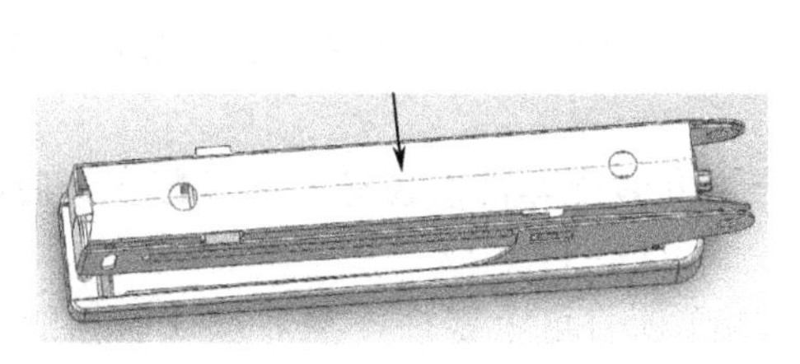

图 5-405　选择边线

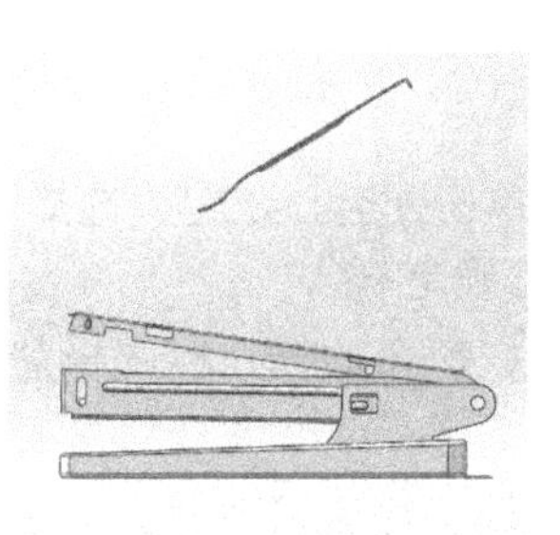

图 5-406　插入移动板连接架

（26）单击**配合**，在配合选择一栏选择图 5-407 中箭头所指的边线和图 5-408 中的面①，配合好后单击**确定**。

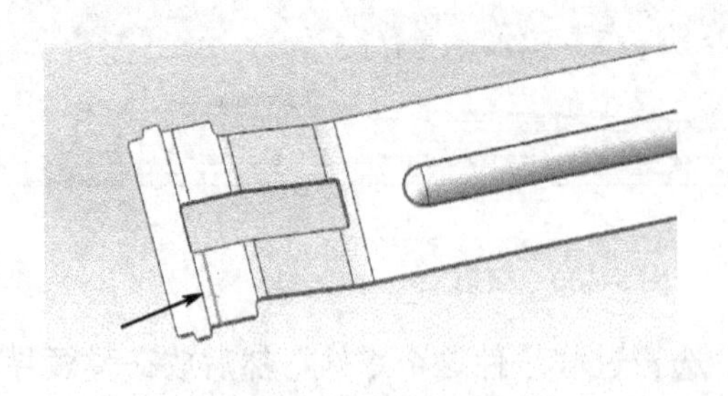
图 5-407 选择边线

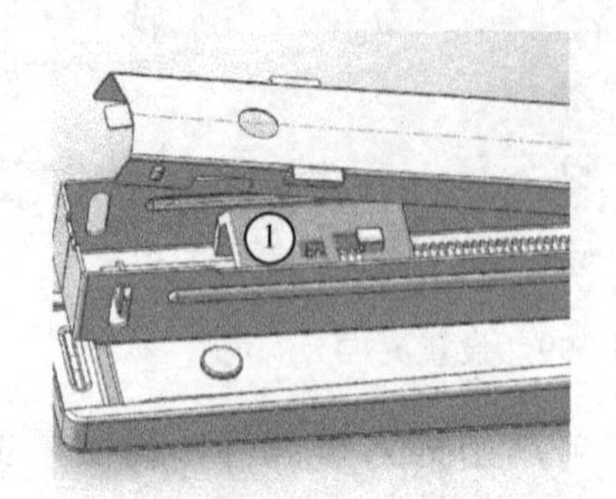
图 5-408 面①

（27）在**配合选择**一栏选择移动板连接架的前视基准面和装配体的前视基准面，配合好后单击**确定**。

（28）在**配合选择**一栏选择图 5-409 和图 5-410 中箭头所指的边线，配合类型为**同轴心**，配合好后单击**确定**。

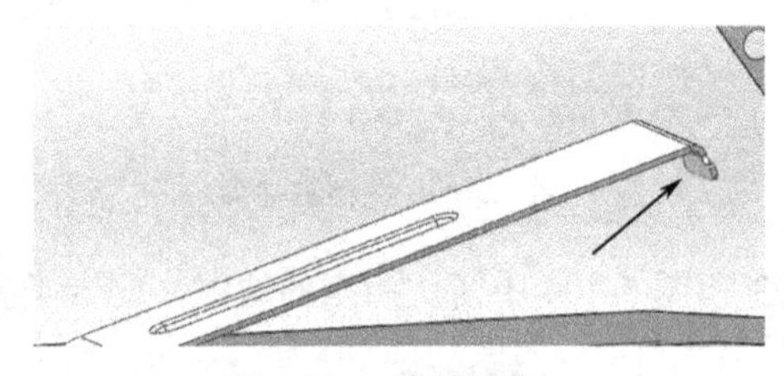
图 5-409 选择边线 1

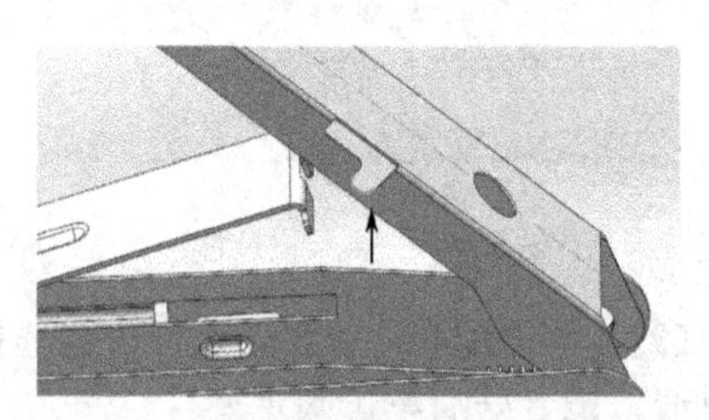
图 5-410 选择边线 2

（29）单击**插入零部件**，再次单击**浏览**，选择盖扣这个零件，然后放在载拉件的上边，如图 5-411 所示。

（30）单击**移动零部件**下面的小三角，选择**旋转零部件**，将推动器旋转，结果如图 5-412 所示。

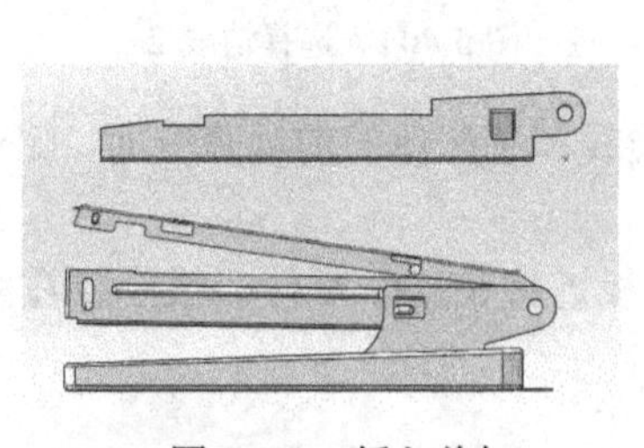
图 5-411 插入盖扣

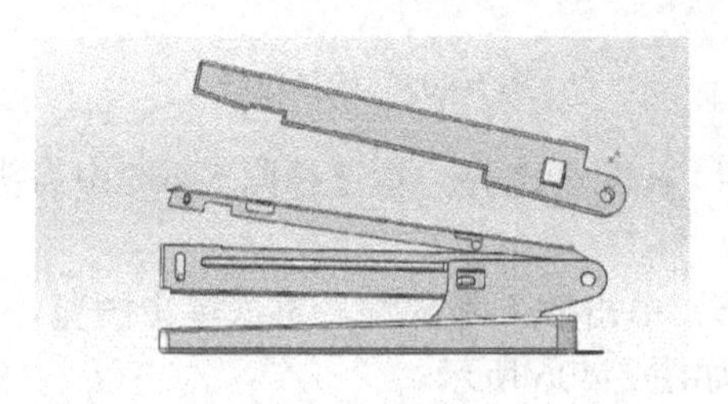
图 5-412 选择零部件

（31）单击**配合**，在配合选择一栏选择图 5-413 中箭头所指的边线，配合类型为**同轴心**，配合好后单击**确定**。

（32）在**配合选择**一栏选择**盖扣的前视基准面**和**装配体的前视基准面**，配合好后单击**确定**。

（33）单击**插入零部件**，再次单击**浏览**，选择顶盖这个零件，然后放在盖扣的上边，如图 5-414 所示。

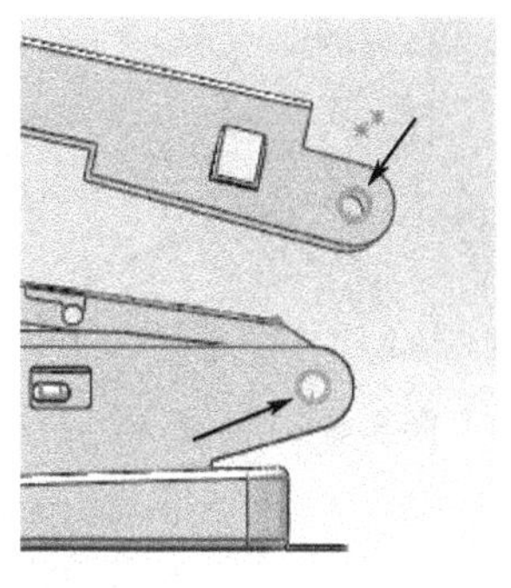

图 5-413 选择边线

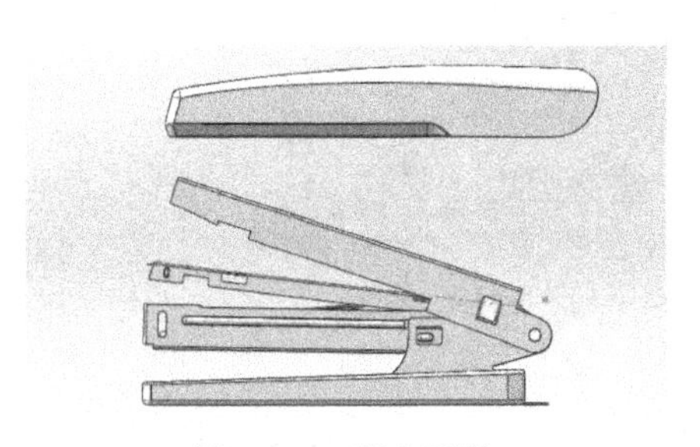

图 5-414 插入顶盖

（34）单击**配合**，在**配合选择**一栏选择**装配体的前视基准面**和**顶盖的前视基准面**，配合好后单击**确定**✓。

（35）单击**插入零部件**，再次单击**浏览**，选择压钉弹片这个零件，然后放在盖扣和顶盖中间，如图 5-415 所示。

（36）单击**移动零部件**下面的小三角，选择**旋转零部件**，将推动器旋转，结果如图 5-416 所示。

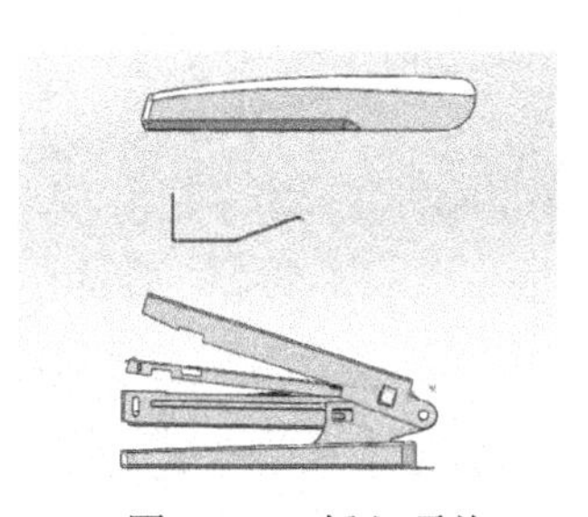

图 5-415 插入顶盖

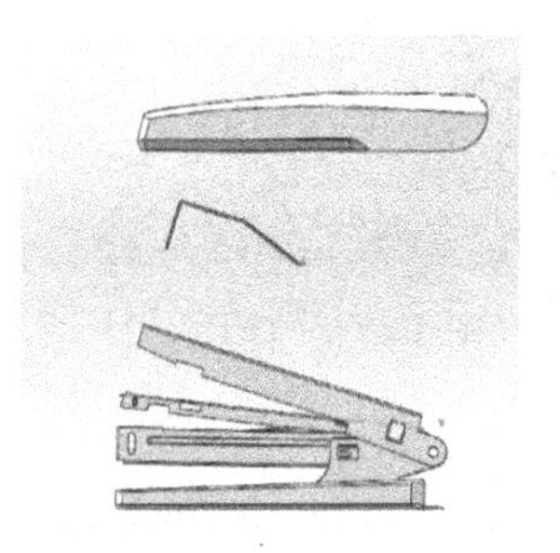

图 5-416 选择零部件

（37）单击**配合**，在**配合选择**一栏选择图 5-417 和图 5-418 中箭头所指的边线，配合类型为**同轴心**，配合好后单击**确定**✓。

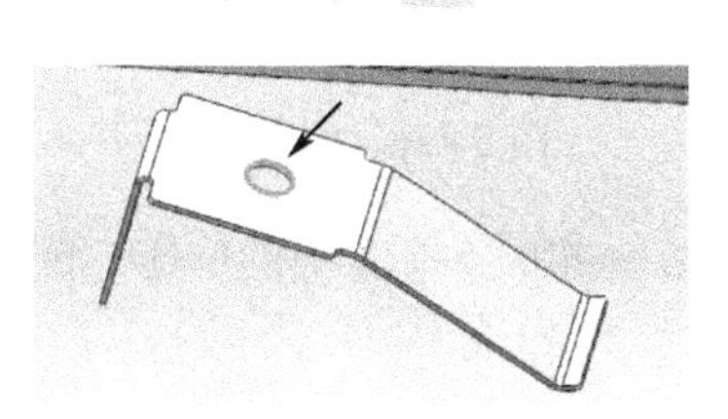

图 5-417 选择边线 1

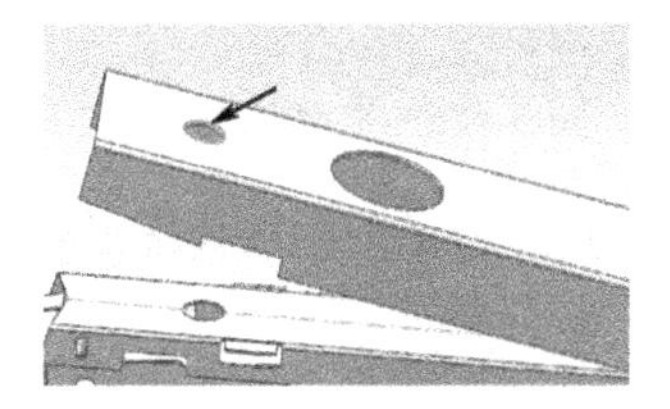

图 5-418 选择边线 2

（38）在**配合选择**一栏选择**装配体的前视基准面**和**压钉弹片的前视基准面**，配合好后单击**确定**✓。

（39）在**配合选择**一栏选择图 5-419 中的面①和图 5-420 中的面②，配合好后单击**确定**✓。

（40）在**配合选择**一栏选择图 5-421 中箭头所指的边线和图 5-422 中的面①，配合好后单击**确定**✓。

（41）在**配合选择**一栏选择图 5-423 中的面①和图 5-424 中的面②，配合好单击**确定**✓。

（42）在**配合选择**一栏选择图 5-425 中箭头所指的边线和图 5-426 中的面①，配合好后单击**确定**✓。

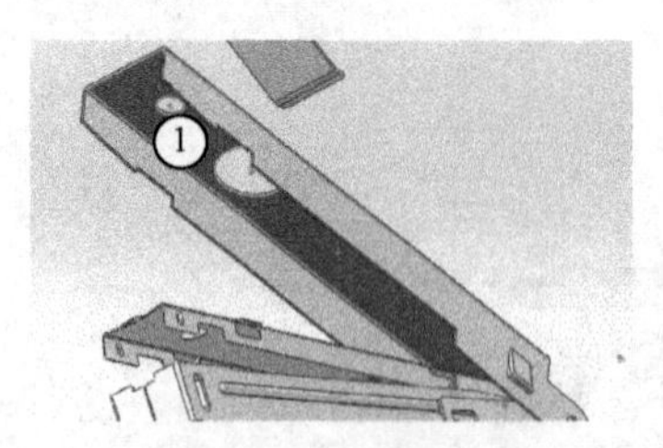

图 5-419　面①

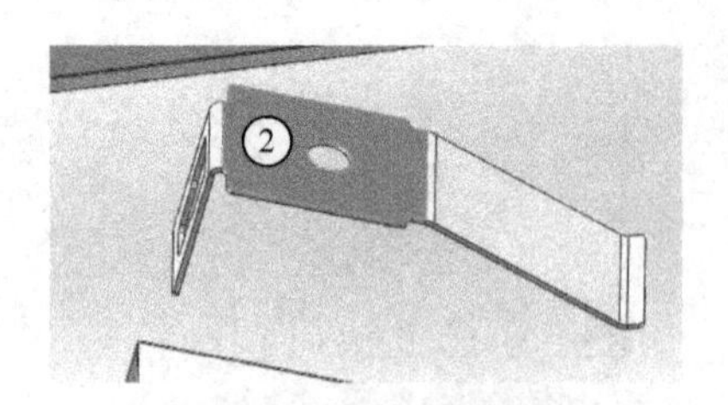

图 5-420　面②

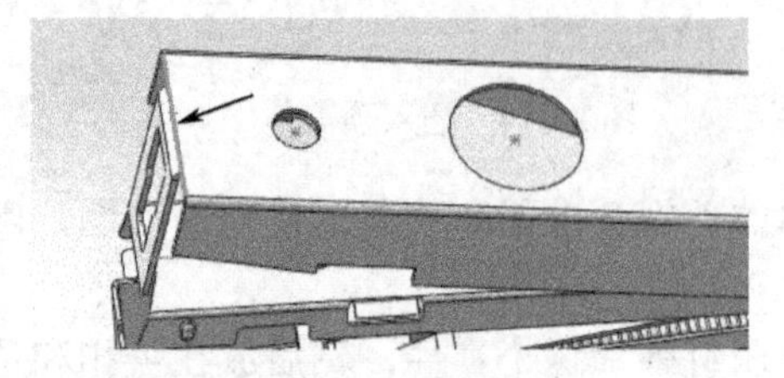
图 5-421　选择边线

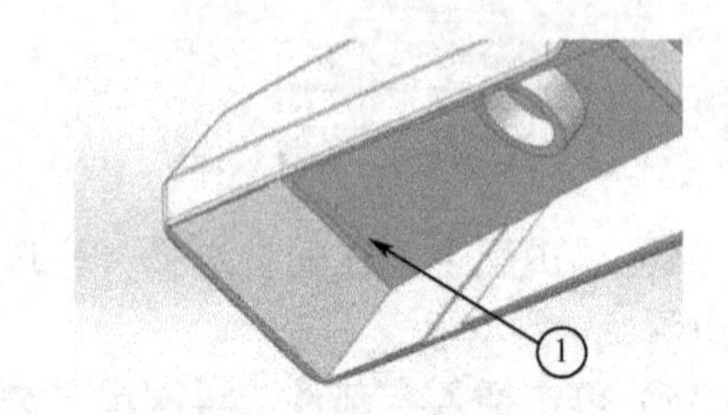

图 5-422　面①

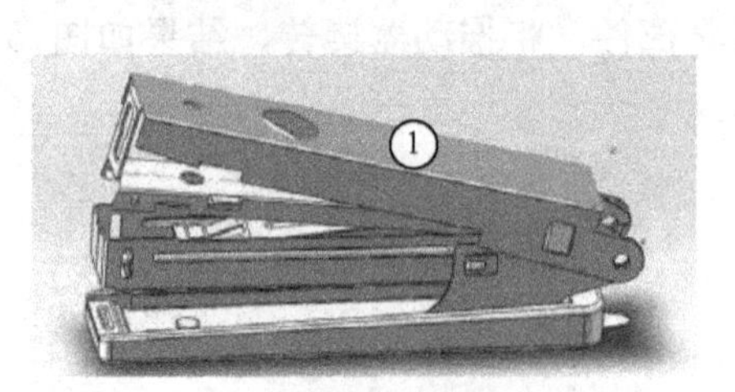

图 5-423　面①

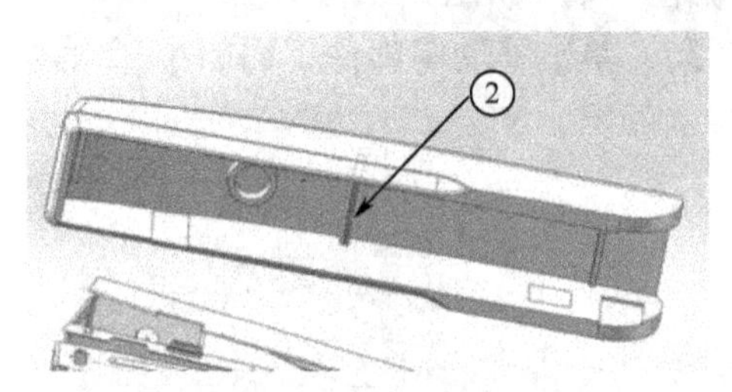

图 5-424　面②

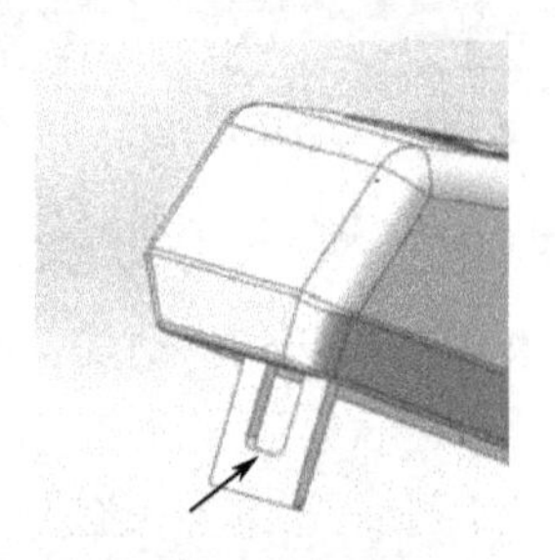
图 5-425　选择边线

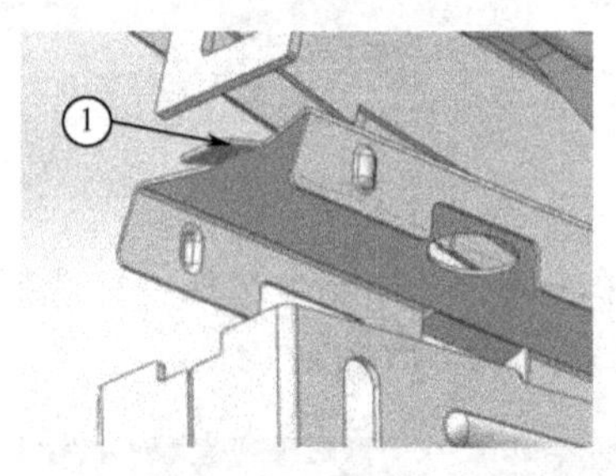

图 5-426　面①

（43）在**配合选择**一栏选择图 5-427 中箭头所指的边线和图 5-428 中的面①，配合好后单击**确定**。

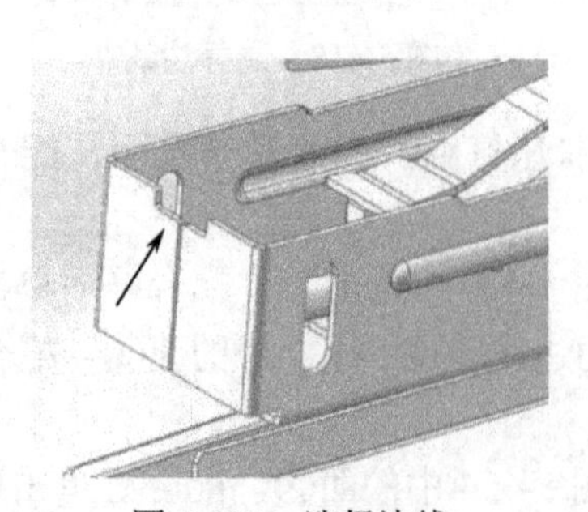
图 5-427　选择边线

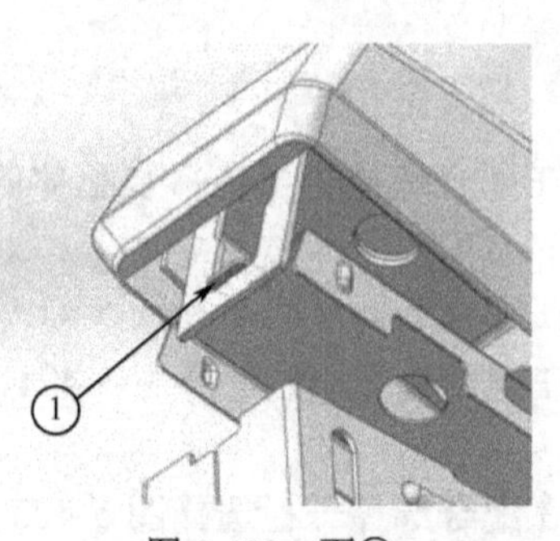

图 5-428　面①

（44）至此，完成了**订书机装配体**的全部建模工作，最终模型如图 5-429 所示。单击**保存**，在**另存为**对话框中将其文件名改为**订书机**，保存类型为**零件**（***.asm**；***.sldasm**），单击**保存**完成存盘。

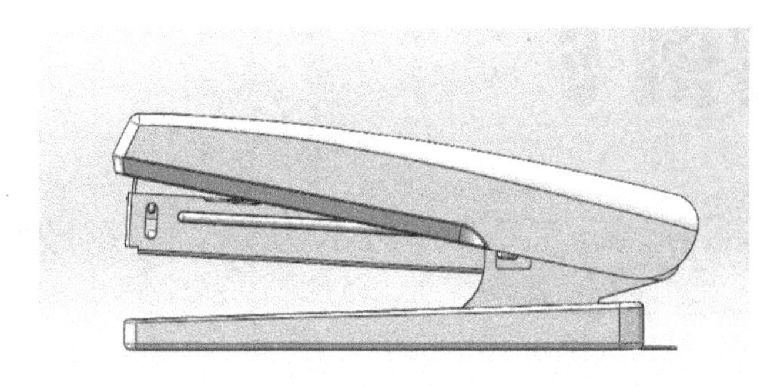

图 5-429　订书机装配体

（45）使用 Photoview360 插件（或者 Keyshot 软件），对装配体赋予材质并进行渲染，最终效果如图 5-430 所示。

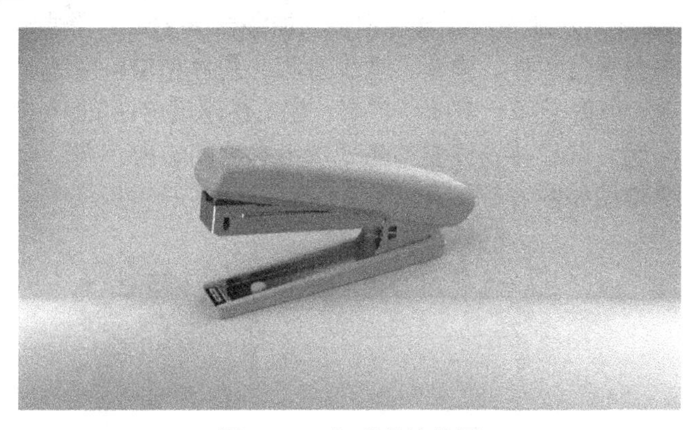

图 5-430　订书机渲染图

5.3　思考

（1）曲面切除能否用拉伸切除代替，如何操作？
（2）理解使用放样切割的条件。
（3）文字除了用拉伸特征还能用其他方法实现吗？
（4）弹簧能否先做成一个零件，再装配上去，这样会出现什么问题？

案例 6

加湿器建模

6.1 案例概述

本案例详细介绍了一款加湿器的建模过程，读者应先分析加湿器的结构，加湿器分成上下两个部分，一共 14 个零件，分别为加湿器上主体、加湿器下主体、顶端出气盖大部件、顶端出气盖小盖小部件、底端出水盖主体、弹簧、橡胶塞芯、垫片和塑料塞芯、加湿器下主体底盖、加湿器下主体旋钮开关、小盖子和一个环形竹炭。首先要建模前面的 14 个零件，然后再新建一个装配体将其装配在一起，其中特别注意的是底端出水盖的装配，要合理控制其小零件之间的距离。装配体模型及渲染图如图 6-1 所示。

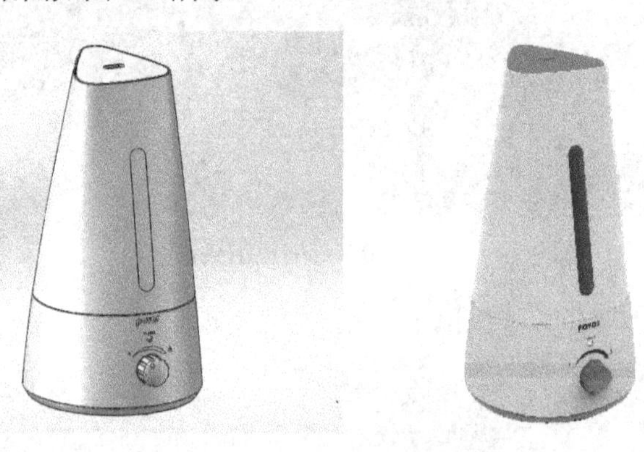

图 6-1　装配体模型及渲染图

6.2 操作步骤

6.2.1 加湿器上主体的建模

加湿器上主体的主要建模思路是先用**放样凸台/基体、曲面拉伸、曲面切除**和**拉伸切除**将大致主体建模，再继续用**平面区域、加厚切除、拉伸凸台/基体、拔模、拉伸切除、放样切割、抽壳、延展曲面、螺旋线/涡状线、扫描切除、分割、倒角圆角**来表现细节部分。零件实体模型及相应的设计树如图 6-2 所示。

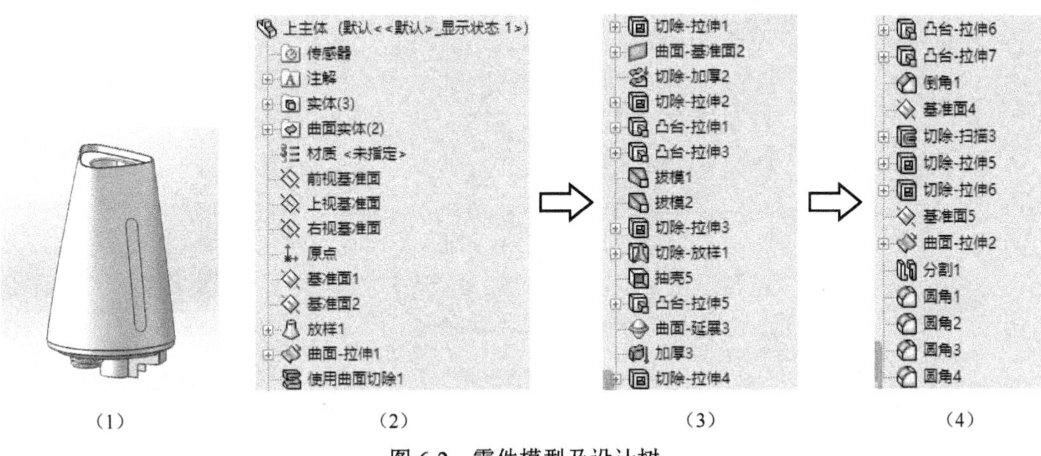

（1）　　（2）　　（3）　　（4）

图 6-2　零件模型及设计树

（1）启动 SolidWorks，单击**文件→新建**命令，选择**零件**图标，然后单击**确定**，进入建模环境。

（2）选择**上视基准面**，然后单击**参考几何体**，选择**基准面**，建立**基准面 1** 和**基准面 2**，与上视基准面的距离分别为 **7mm** 和 **270mm**，设置界面如图 6-3 所示，基准面结果如图 6-4 所示。

图 6-3　设置界面　　图 6-4　基准面结果

（3）分别选择**上视基准面**和基准面 1，单击**草图绘制**，绘制草图 1 和 2，分别做直径为 **150mm** 和 **149mm** 的圆，再选择**基准面 2**，单击**绘制草图**，绘制草图 3，如图 6-5 和图 6-6 所示。

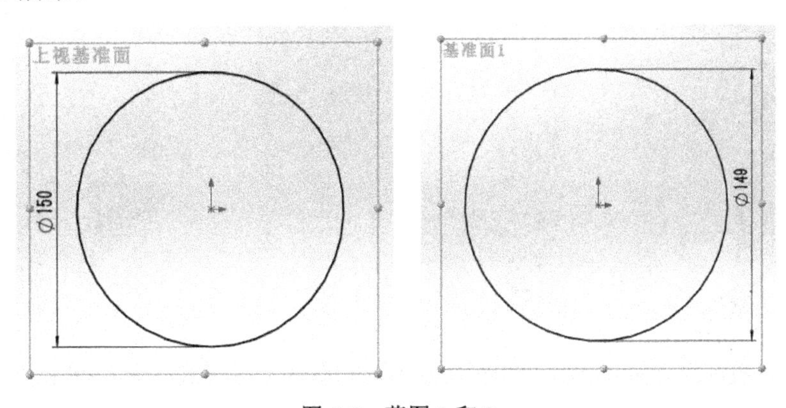

图 6-5　草图 1 和 2

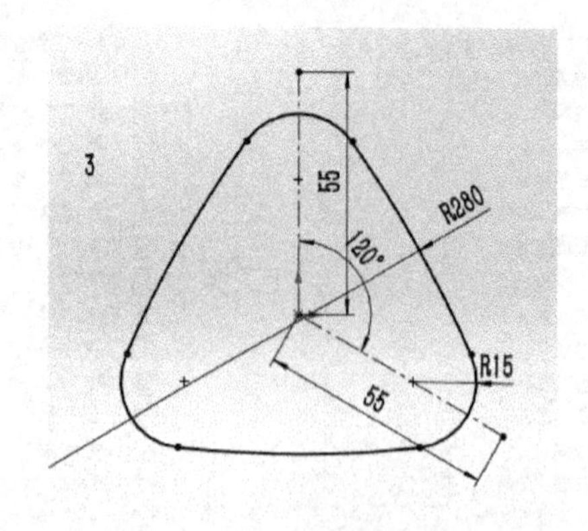

图 6-6 草图 3

（4）单击**放样凸台**放样凸台/基体，依次选择三个草图，设置界面如图 6-7 所示，草图选择如图 6-8 所示，放样结果如图 6-9 所示。

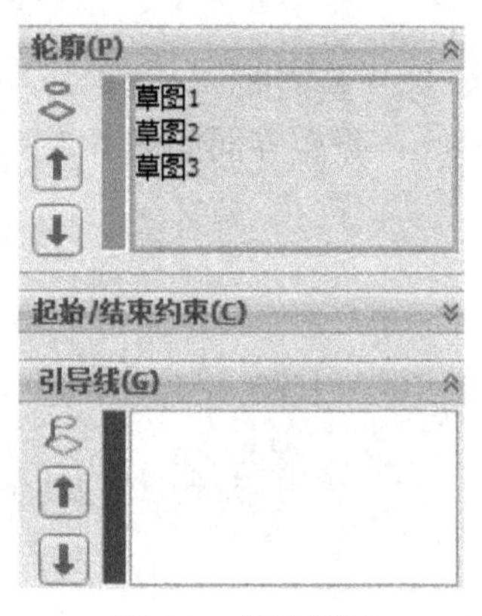

图 6-7 设置界面

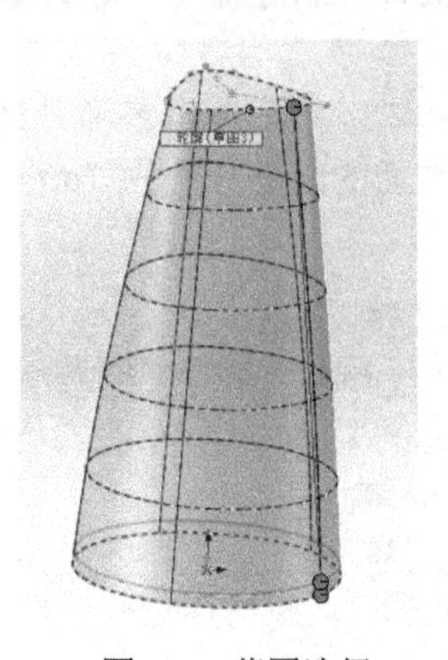

图 6-8 草图选择

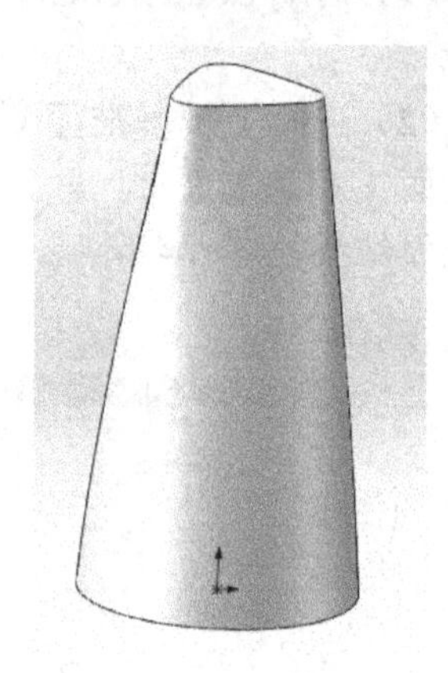

图 6-9 放样结果

（5）单击**前视基准面**前视基准面，单击**草图绘制**，**绘制草图 4，与原点距离为 75mm**，如图 6-10 所示。然后选择**拉伸曲面**，选定刚刚绘制的草图 4，设置界面如图 6-11 所示。选择**两侧对称**，拉伸距离超出实体即可，拉伸结果如图 6-12 所示。然后单击**使用曲面切除**使用曲面切除，选择刚建立的**曲面拉伸 1**，方向选择向下，曲面切除如图 6-13 所示，切除结果图 6-14 所示。最后隐藏曲面拉伸 1。

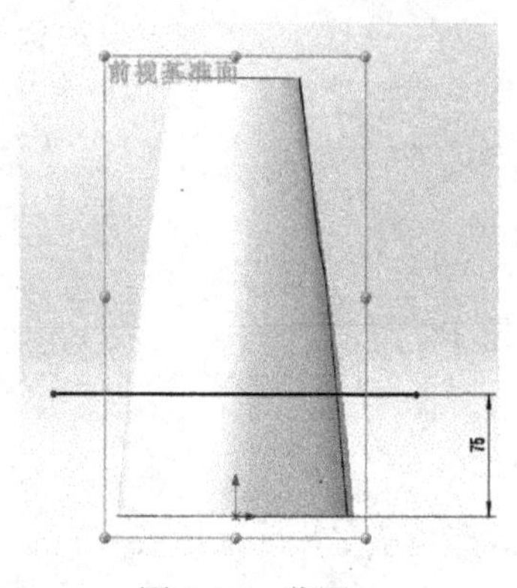

图 6-10 草图 4

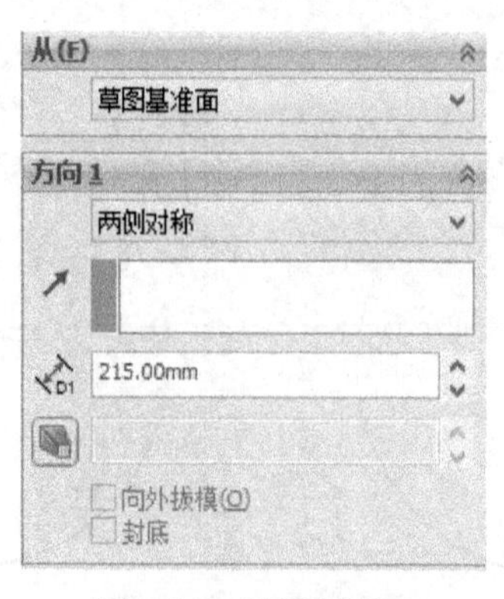

图 6-11 设置界面

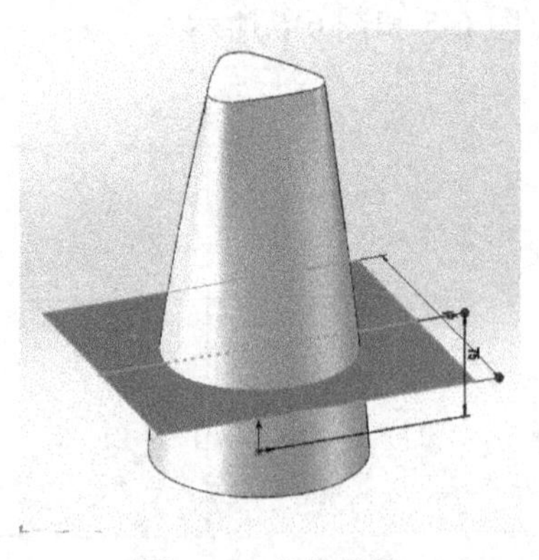

图 6-12 拉伸结果

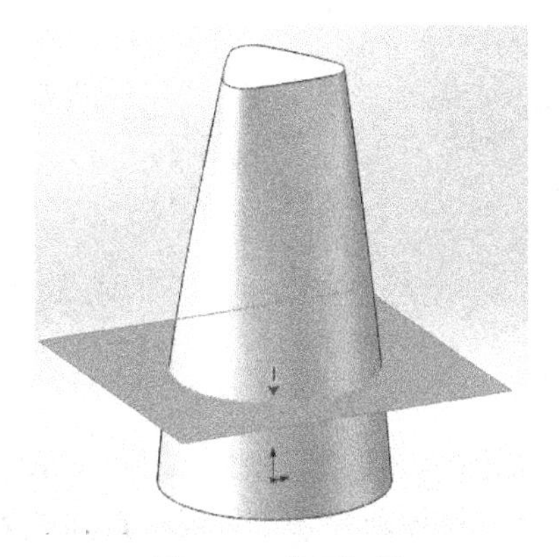

图 6-13　曲面切除

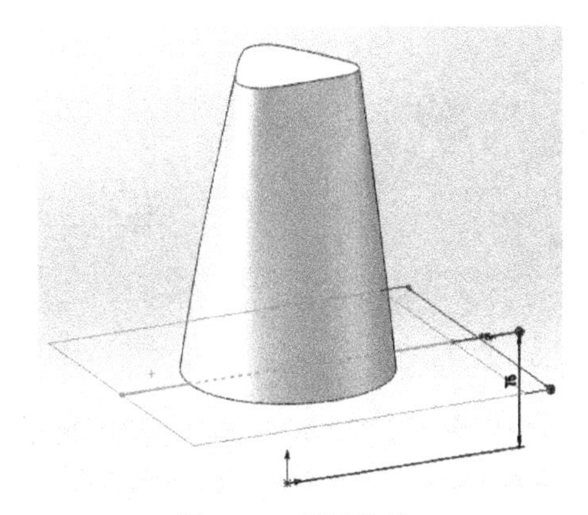

图 6-14　切除结果

（6）单击**右视基准面** 右视基准面 ，单击**草图绘制** ，绘制草图 5，如图 6-15 所示。然后单击**拉伸切除**，选择**两侧对称**，距离超出实体即可，拉伸设置界面如图 6-16 所示，拉伸切除结果如图 6-17 所示。

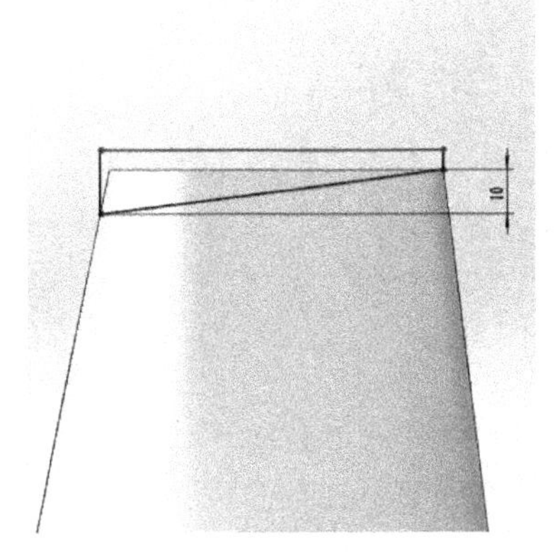

图 6-15　草图 5

图 6-16　拉伸设置界面

图 6-17　拉伸切除结果

（7）选择如图 6-18 实体顶部**所示的面**①，单击**正视于**→**草图绘制** ，绘制草图 6，单击**等距实体**，**距离**为 **1.5mm**，方向向里，如图 6-19 所示。然后选择**曲面**里的**平面区域** 平面区域，选择刚绘制的草图 6，生成平面（曲面-基准面 2），如图 6-20 所示。最后单击**加厚切除** 加厚切除 ，设置界面如图 6-21 所示。选择**曲面-基准面 2**，**距离**设置为 **8mm**，**方向向下**，切除结果如图 6-22 所示。

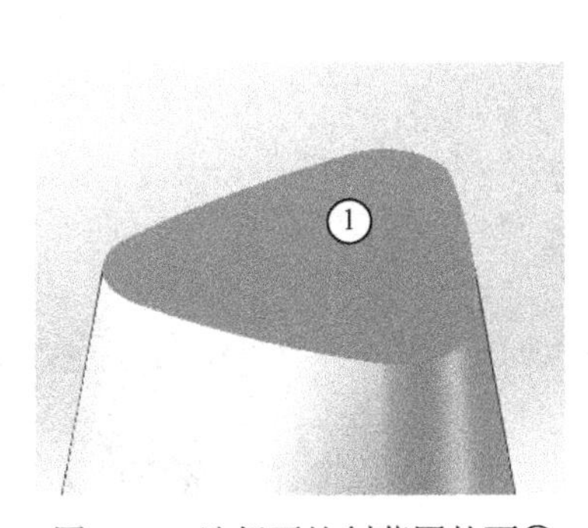

图 6-18　选择要绘制草图的面①

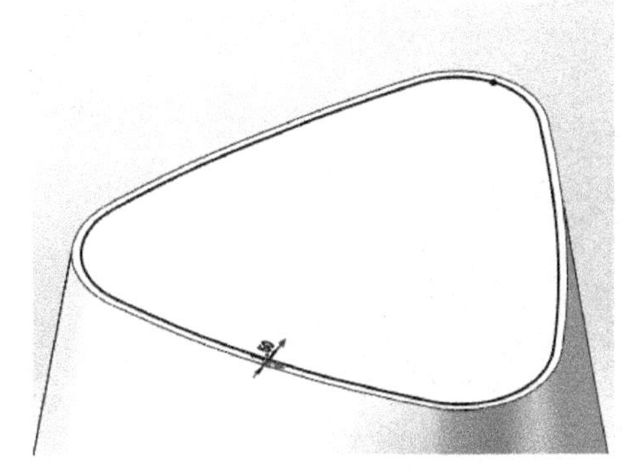

图 6-19　草图 6

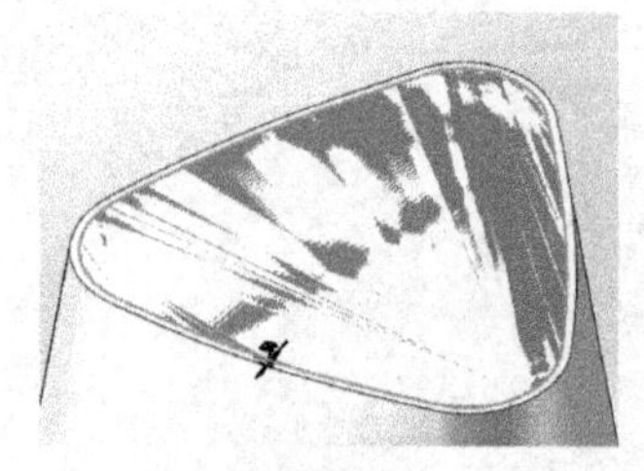

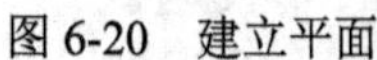

图 6-20　建立平面

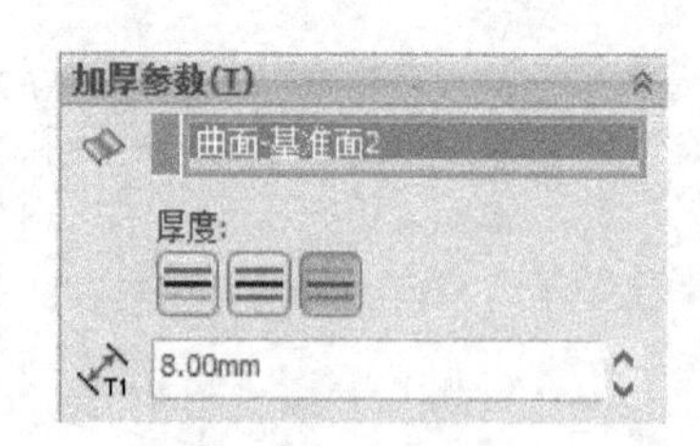

图 6-21　设置界面

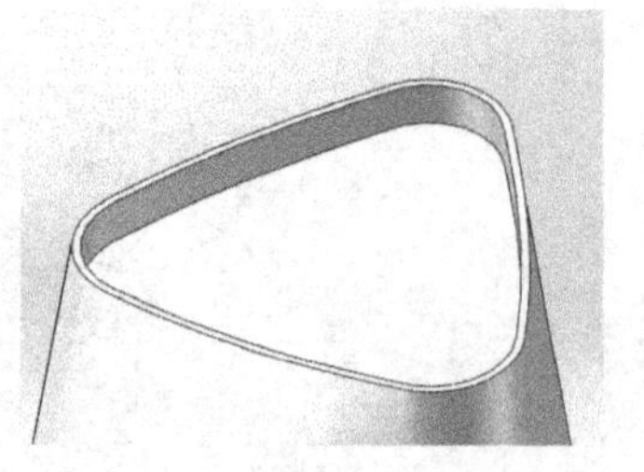

图 6-22　切除结果

（8）选择如图 6-23 所示的面①，单击**正视于**→**草图绘制**，绘制草图 7，单击**等距实体**，**距离为 1mm，方向向里**，如图 6-24 所示。然后单击**拉伸凸台**，**设置给定深度为 6mm，设置界面**如图 6-25 所示，**拉伸结果**如图 6-26 所示。继续在此**拉伸凸台**上**选择面②绘制草图 8**（**草图之中运用到等距实体**，**等距 6mm，圆角 4mm，长 38mm，宽 22mm**），如图 6-27 所示。并选择**拉伸凸台/基体**，**设置给定深度为 5mm**，拉伸结果如图 6-28 所示。

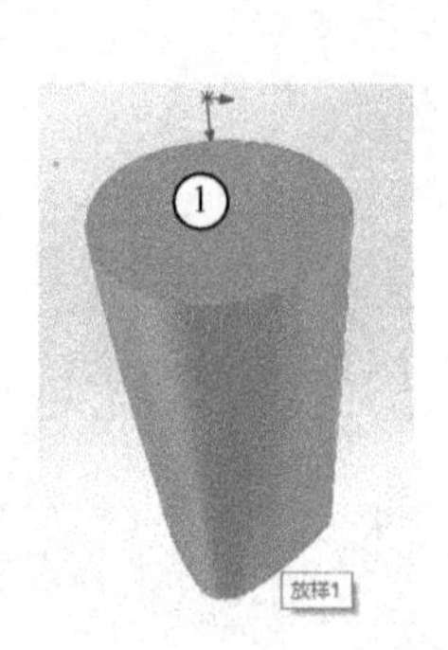

图 6-23　上主体底面①

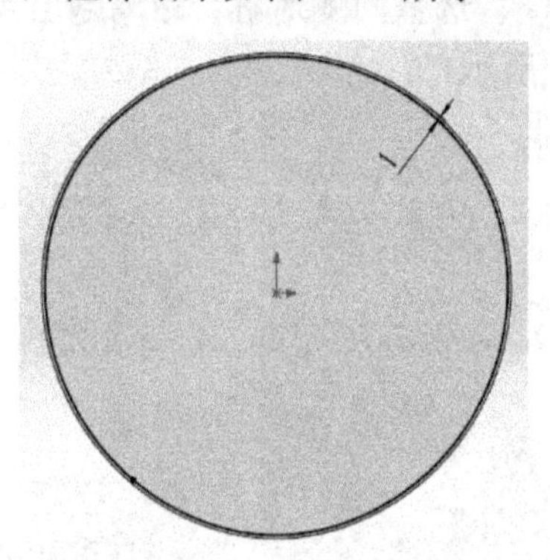

图 6-24　草图 7

图 6-25　设置界面

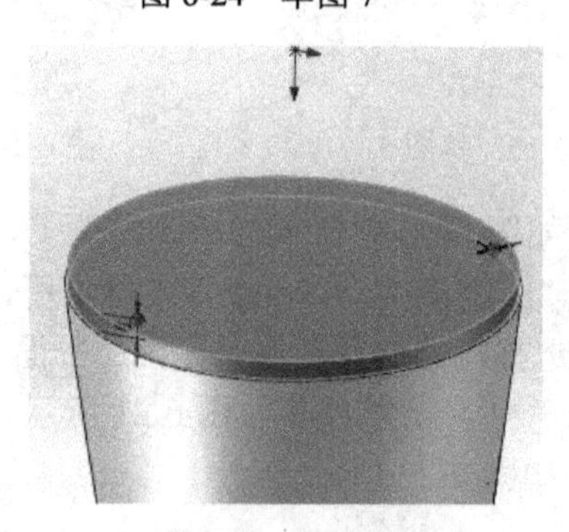

图 6-26　拉伸结果

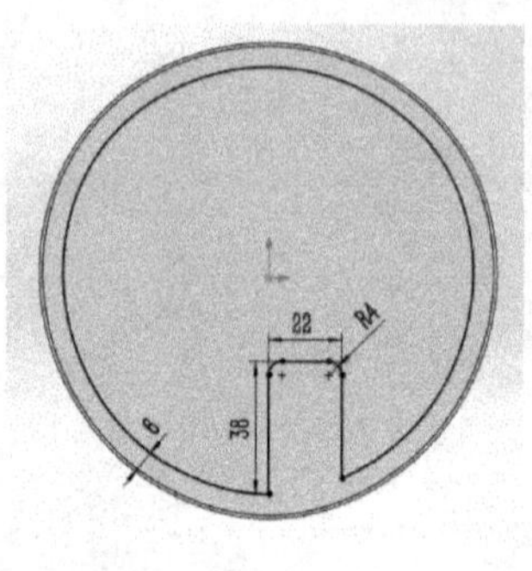

图 6-27　选择面②和绘制草图 8

图 6-28　拉伸凸台/基体结果

（9）选择**拔模** 拔模，设置界面和所选面如图 6-29 所示。**拔模角度**为 **39°**，拔模结果如图 6-30 所示。然后继续第二次拔模，如图 6-31 和图 6-32 所示，**拔模角度**为 **22°**。

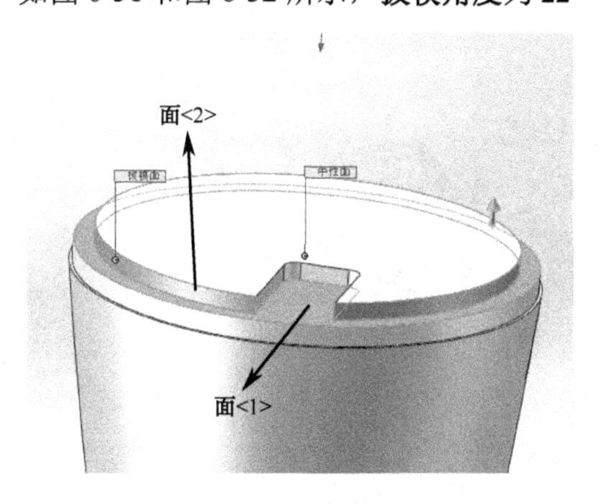

图 6-29　设置界面和所选面

图 6-30　拔模结果

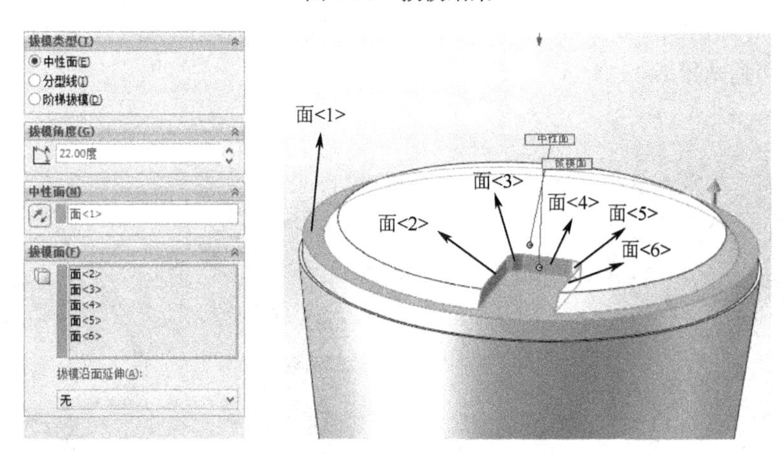

图 6-31　第二次拔模设置界面和所选面

（10）选择图 6-33 **所示的面①**，单击**正视于**→**草图绘制**，绘制草图 9，如图 6-34 所示。然后选择**拉伸切除**，选择绘制的草图 9，设置**给定深度**为 **15mm**。拉伸切除结果如图 6-35 所示。

图 6-32　第二次拔模结果

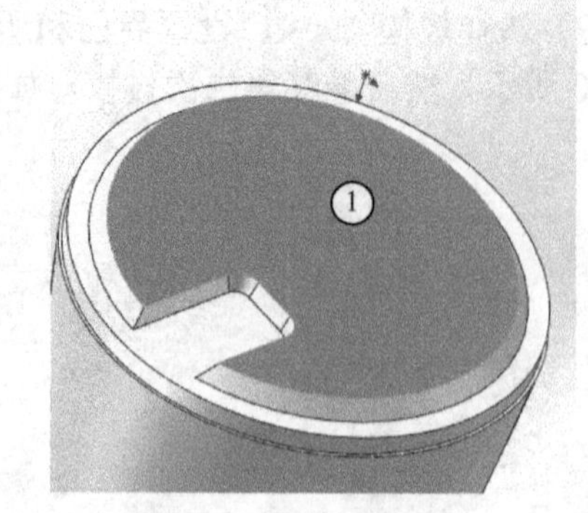

图 6-33　所选面①

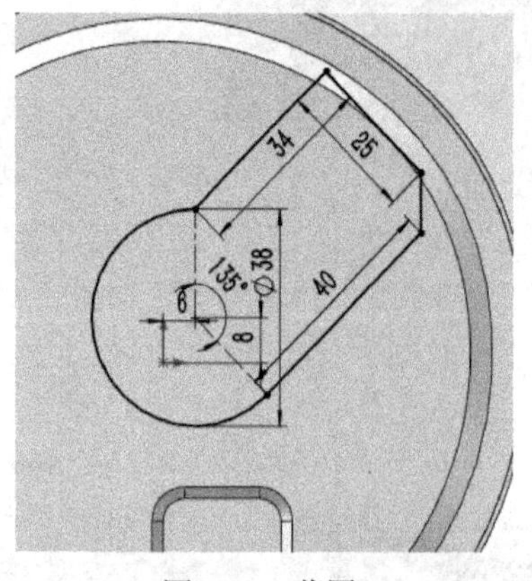

图 6-34　草图 9

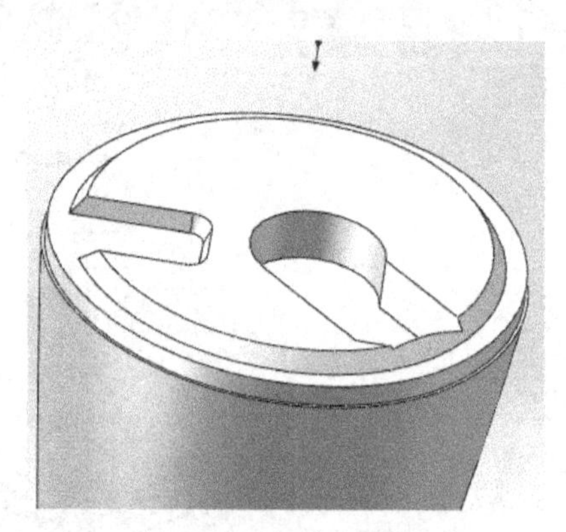
图 6-35　拉伸切除结果

（11）选择**基准面 2**，单击**绘制草图**，绘制草图 10，如图 6-36 所示。然后选择**拉伸切除**，选择绘制的草图 10，设置**给定深度为 34mm**，切除结果如图 6-37 所示。

（12）选择如图 6-38 **所示的面①**，单击**正视于**→**草图绘制**，绘制草图 11，如图 6-39 所示。再次选择如图 6-40 **所示的面②**，单击**正视于**→**草图绘制**，绘制草图 12，如图 6-41 所示。然后选择**放样切割** 放样切割，依次选择刚绘制的两个草图 10 和 11，放样切割所选边线如图 6-42 和放样切割结果 6-43 所示。

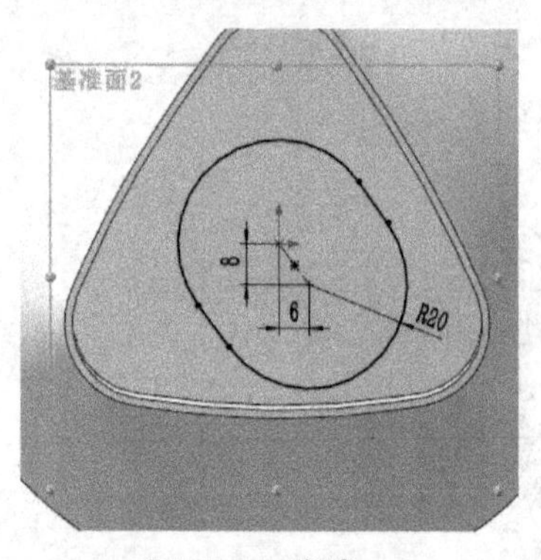

图 6-36　草图 10

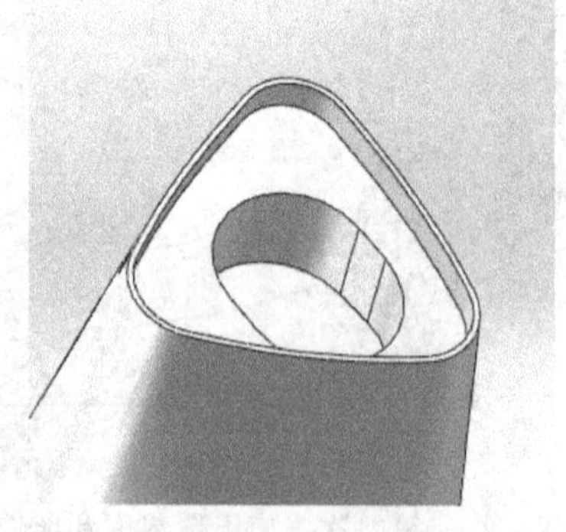
图 6-37　切除结果

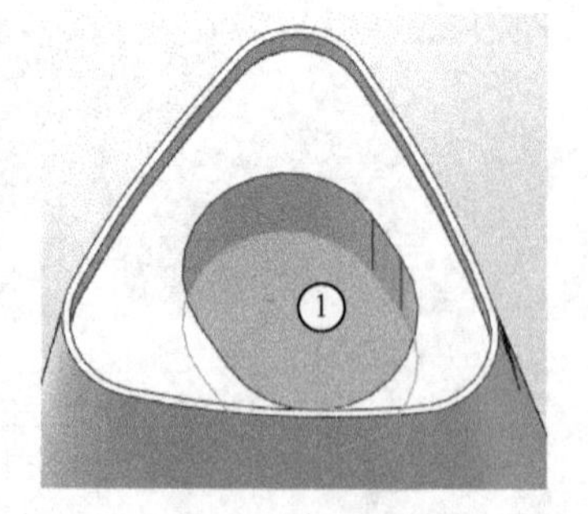

图 6-38　所选面①

（13）选择**抽壳** 抽壳，设置**距离为 2mm**，如图 6-44 所示。

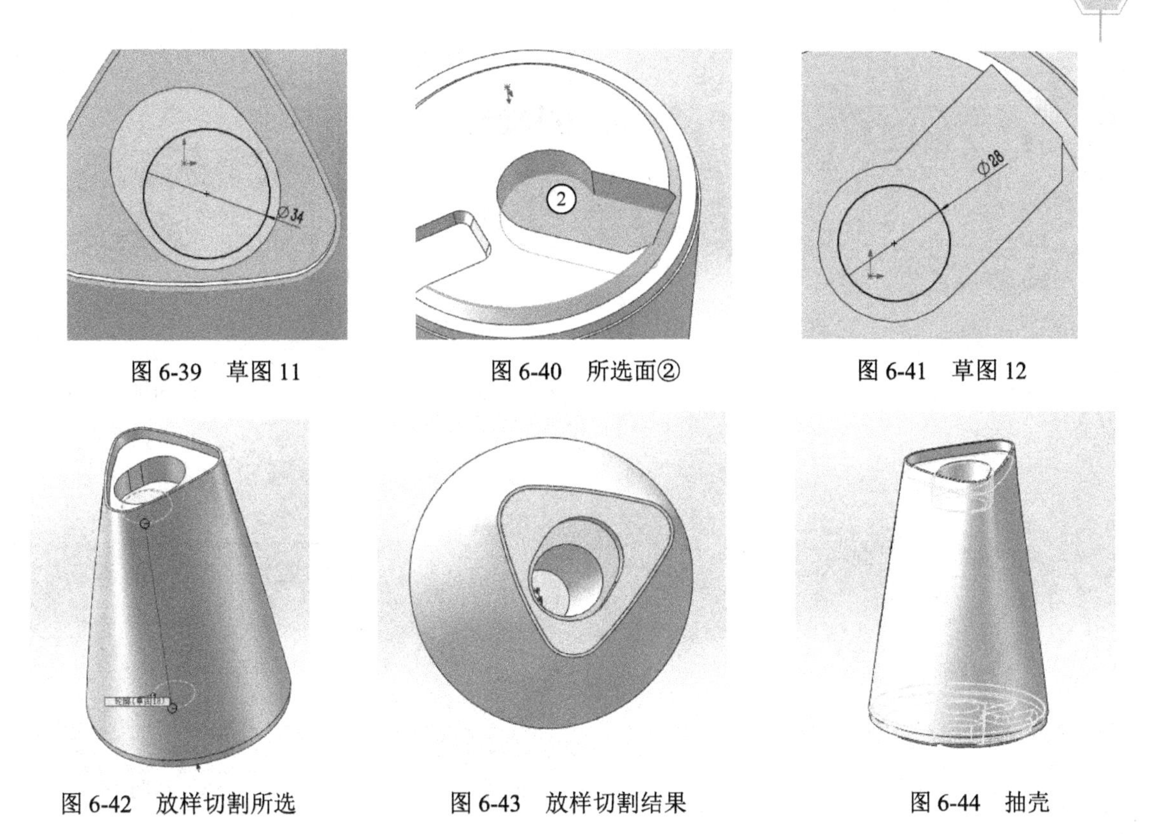

图 6-39　草图 11　　图 6-40　所选面②　　图 6-41　草图 12

图 6-42　放样切割所选　　图 6-43　放样切割结果　　图 6-44　抽壳

（14）选择如图 6-45 所示的面①，单击**正视于**→**草图绘制**，**绘制草图 13，利用等距实体**，**分别距离为 1.5mm 和 3mm**，如图 6-46 所示。然后选择**拉伸凸台/基体**，设置**给定深度为 2.5mm**，**拉伸凸台/基体结果**如图 6-47 所示。

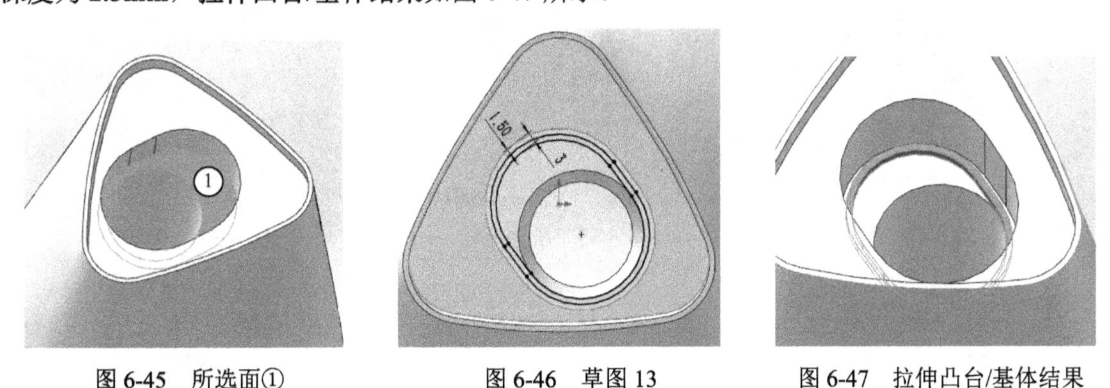

图 6-45　所选面①　　图 6-46　草图 13　　图 6-47　拉伸凸台/基体结果

（15）选择**插入→曲面→延展曲面** 延展曲面(A)...，设置界面如图 6-48 所示，选择**所选边线**如图 6-49 所示（注意方向，方向向外）。曲面延展结果如图 6-50 所示。然后选择**加厚** 加厚，选取该**延展曲面**，参数设置为 **40mm**，加厚结果如图 6-51 所示。接着选中图 6-52 所示的面①，单击**正视于**→**草图绘制**，绘制草图 14，如图 6-53 所示。然后单击**拉伸切除**，设置**给定深度**，距离超出实体就行，拉伸结果如图 6-54 所示。最后选如图 6-55 所示的面②，单击**正视于**→**草图绘制**，绘制草图 15，如图 6-56 所示。选择**拉伸凸台/基体**，选择**成形到一面**，设置界面如图 6-57 所示、形成的面如图 6-58 所示，拉伸结果如图 6-59 所示。

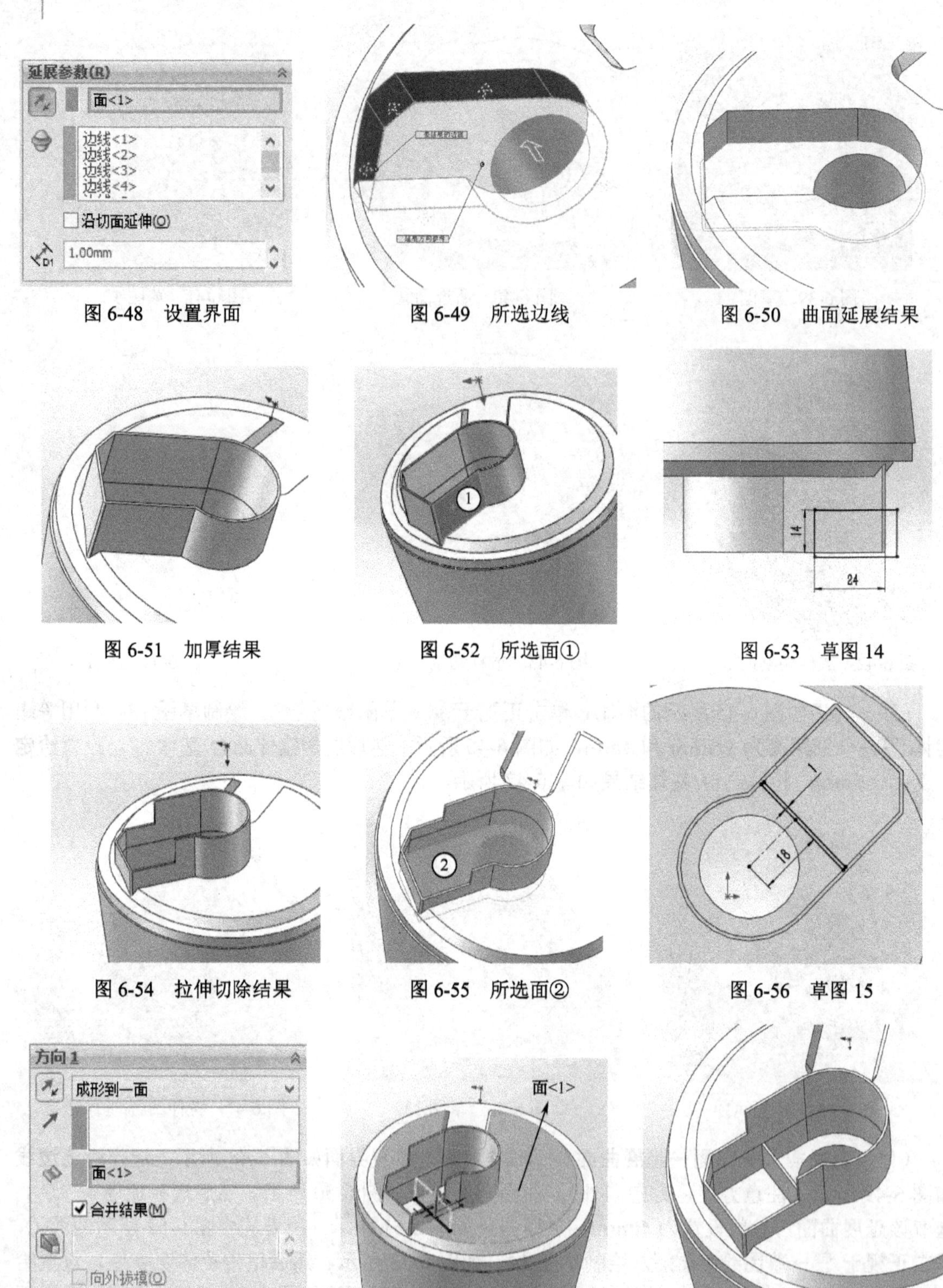

图 6-48 设置界面

图 6-49 所选边线

图 6-50 曲面延展结果

图 6-51 加厚结果

图 6-52 所选面①

图 6-53 草图 14

图 6-54 拉伸切除结果

图 6-55 所选面②

图 6-56 草图 15

图 6-57 设置界面

图 6-58 成形到一面

图 6-59 拉伸结果

（16）选择如图 6-60 **所示的面①**，单击**正视于**→**草图绘制**，绘制草图 16，如图 6-61 所示。单击**拉伸凸台/基体**，设置**给定深度为 12mm**，不要合并结果，拉伸凸台/基体结果如

图 6-62 所示。单击倒角，选择边，设置角度为 **30°**，距离为 **5mm**，设置界面如图 6-63 所示、边线选择如图 6-64 所示，倒角结果如图 6-65 所示。

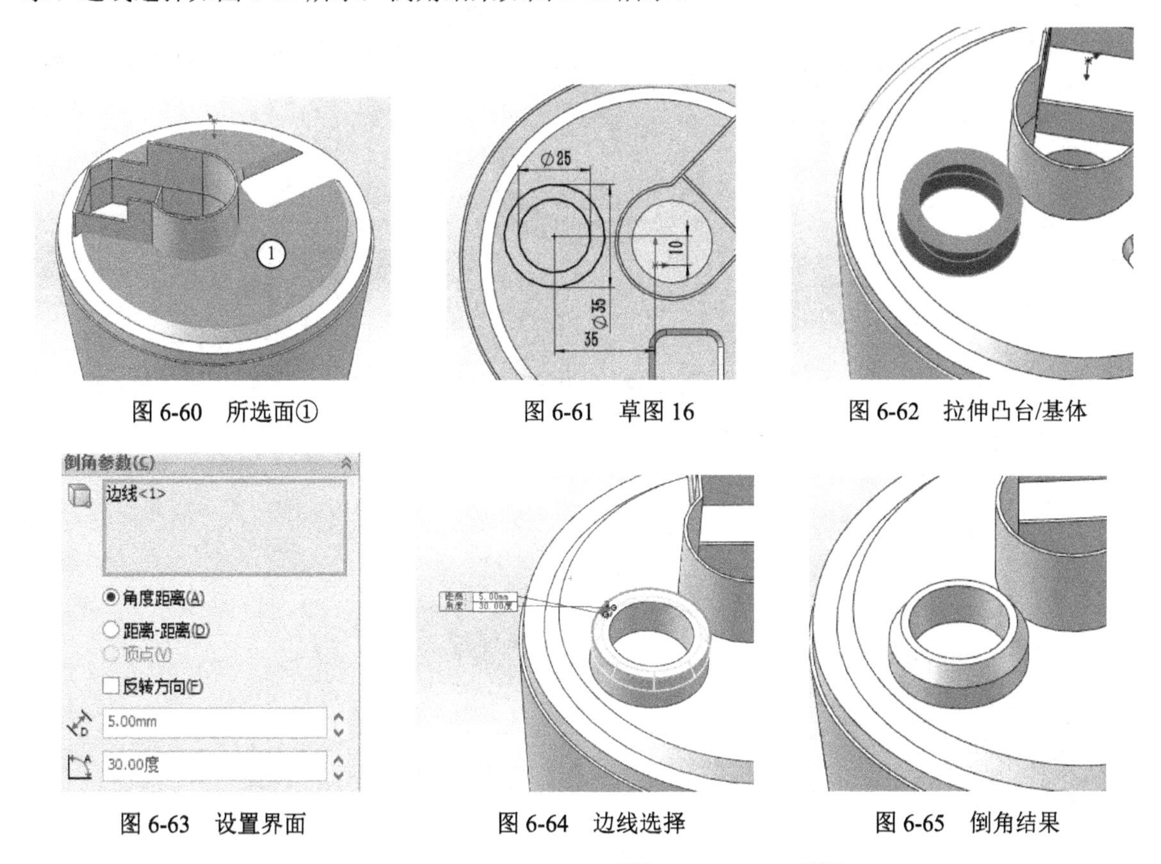

图 6-60　所选面①　　图 6-61　草图 16　　图 6-62　拉伸凸台/基体

图 6-63　设置界面　　图 6-64　边线选择　　图 6-65　倒角结果

（17）选择如图 6-66 **所示的面**①，单击**正视于**→**草图绘制**，绘制草图 17，如图 6-67 所示。然后选择**曲线**中的**螺旋线/涡状线** 螺旋线/涡状线，选取刚绘制的草图 17，设置界面如图 6-68 所示，螺旋线结果如图 6-69 所示。

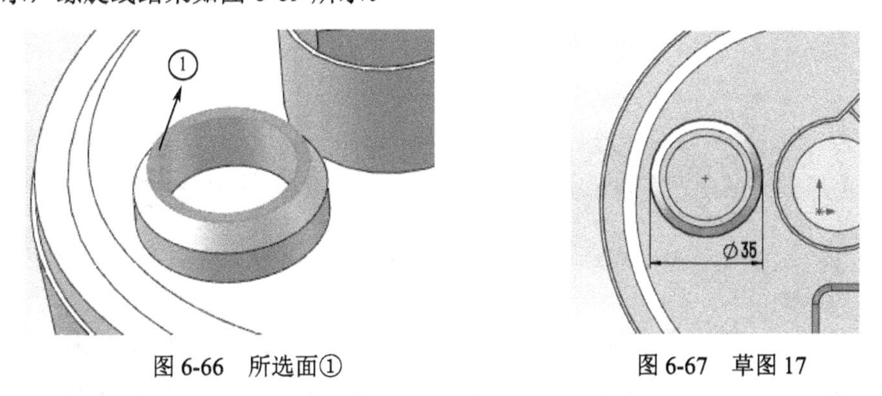

图 6-66　所选面①　　图 6-67　草图 17

（18）单击**参考几何体**，选择**基准面** 基准面，选取**前视基准面** 前视基准面，建立**基准面 3**，距离设置为 **10mm**，设置界面如图 6-70 所示，**基准面结果**如图 6-71 所示。选取该**基准面 3**，单击**草图绘制**，绘制草图 18，如图 6-72 所示。然后选择**扫描切除** 扫描切除，选取刚绘制的草图 17 及螺旋线，扫描切除设置界面如图 6-73 所示，选取线如图 6-74 所示，扫描切除结果如图 6-75 所示。

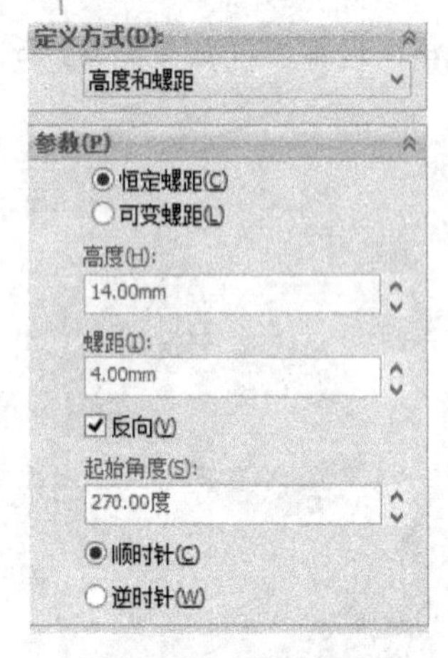

图 6-68 设置界面

图 6-69 螺旋线结果

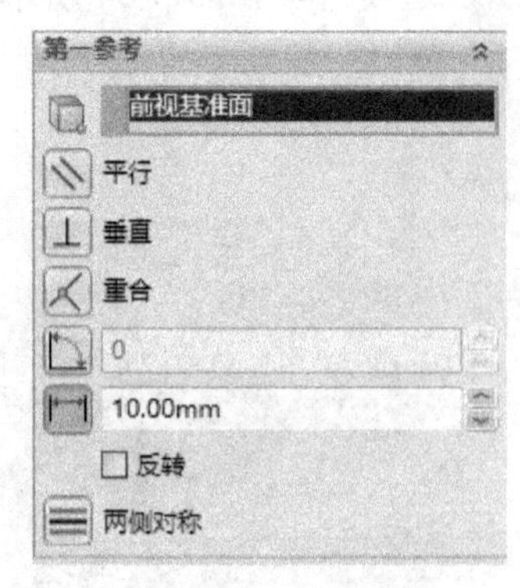

图 6-70 设置界面

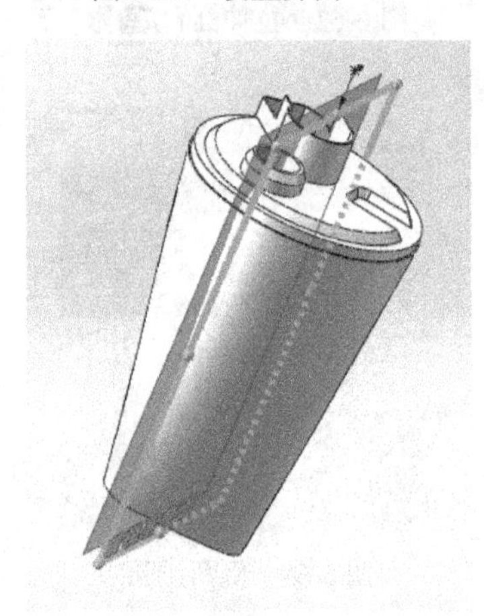

图 6-71 选取前视基准面

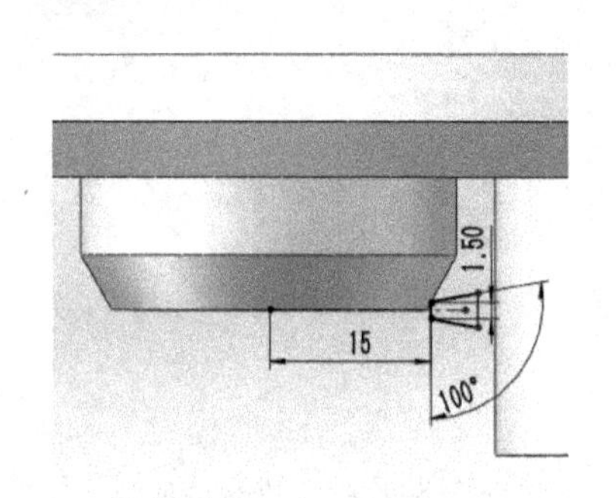

图 6-72 草图 18

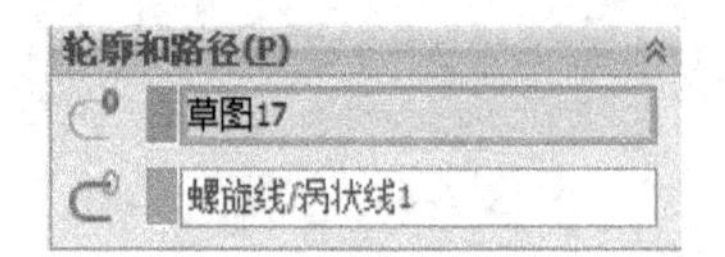

图 6-73 扫描切除设置界面

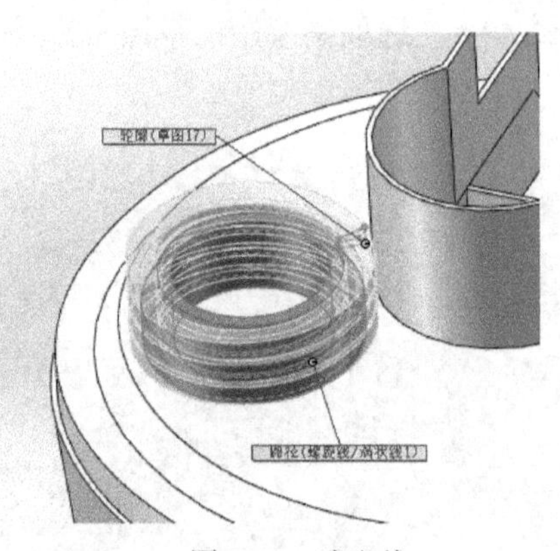

图 6-74 选取线

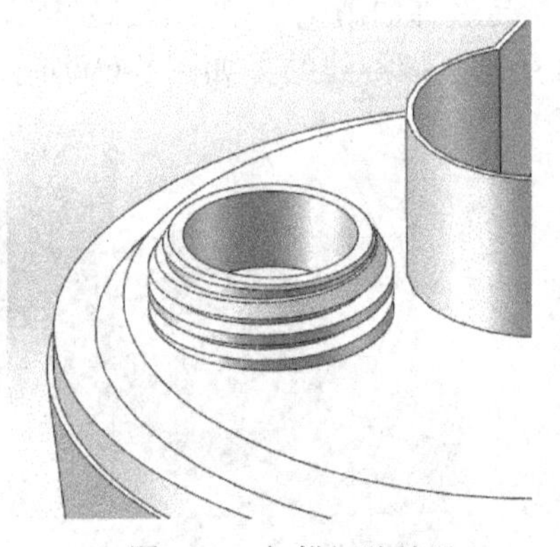

图 6-75 扫描切除结果

（19）选择图 6-76 所示的面①，单击**正视于**→**草图绘制**，绘制草图 19，如图 6-77 所示。然后选择**拉伸切除**，**设置给定深度**为 **15mm**，如图 6-78 和图 6-79 所示。最后选择图 6-80 所示的面②，单击**正视于**→**草图绘制**，绘制草图 20，如图 6-81 所示。然后选择**拉伸切除**，**设置给定深度**为 **5mm**，拉伸切除结果如图 6-82 所示。

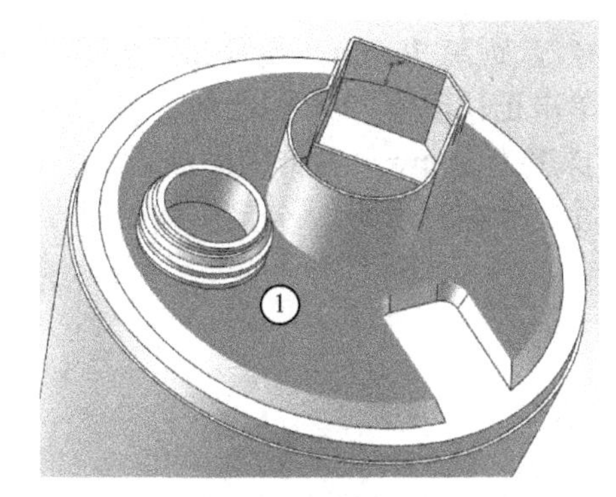

图 6-76　所选面①

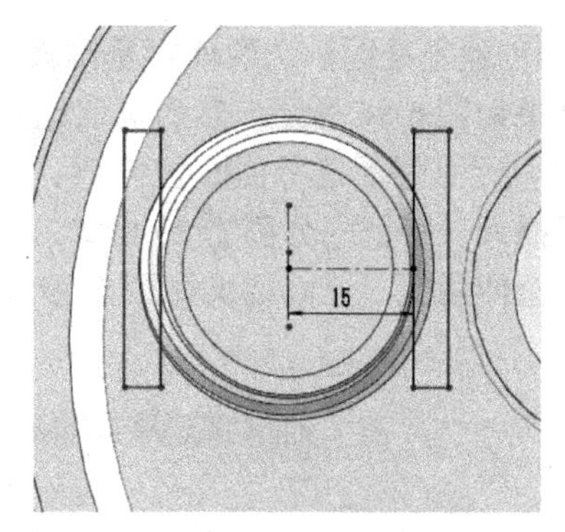

图 6-77　草图 19

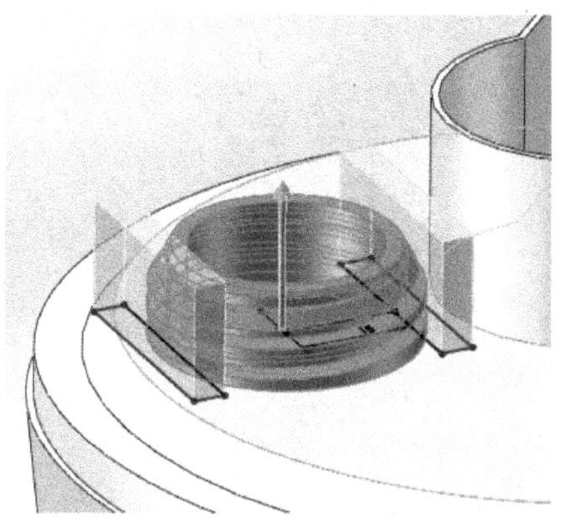

图 6-78　拉伸切除

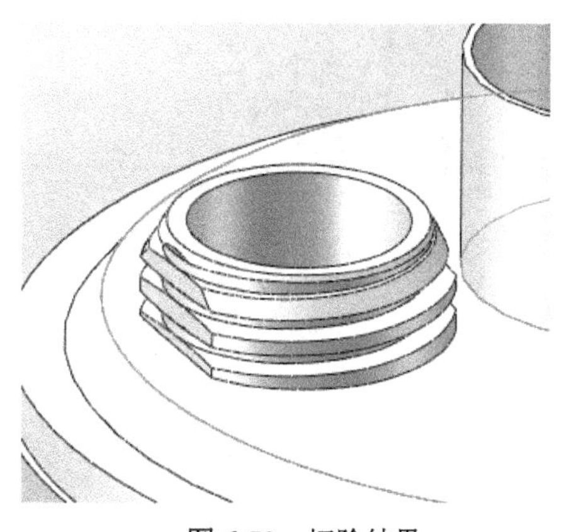

图 6-79　切除结果

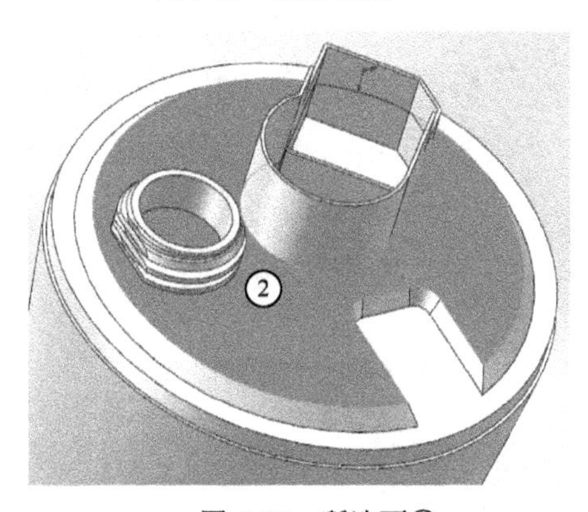

图 6-80　所选面②

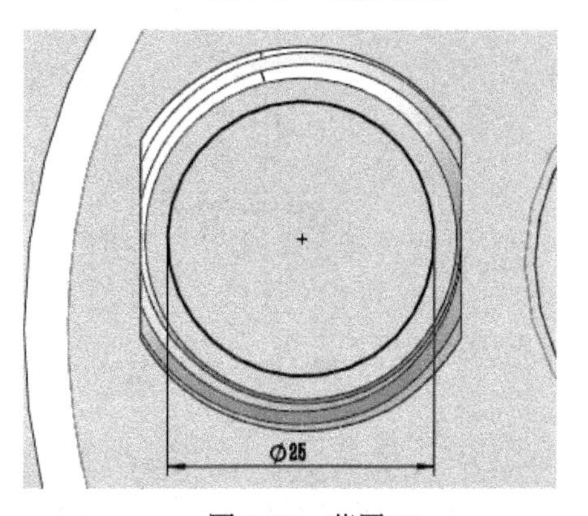

图 6-81　草图 20

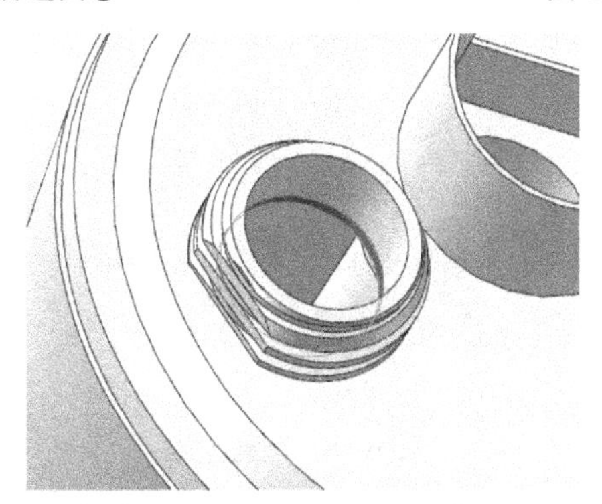

图 6-82　拉伸切除结果（给定的深度超过壳的厚度就行了）

（20）创建**基准面**，选取**前视基准面** 前视基准面，距离 **70mm**，**设置界面**如图 6-83 所示，**基准面结果**如图 6-84 所示。然后选取该**基准面**，单击**正视于**→**草图绘制**，绘制草图 21，如图 6-85 所示。然后选择**曲面拉伸**，设置**给定深度**为 **30mm**，拉伸曲面结果如图 6-86 所示。然后选择**插入**→**特征**→**分割** 分割(L)...，设置界面如图 6-87 所示，分割实体如图 6-88 所示。最后隐藏拉伸曲面，分割结果如图 6-89 所示。

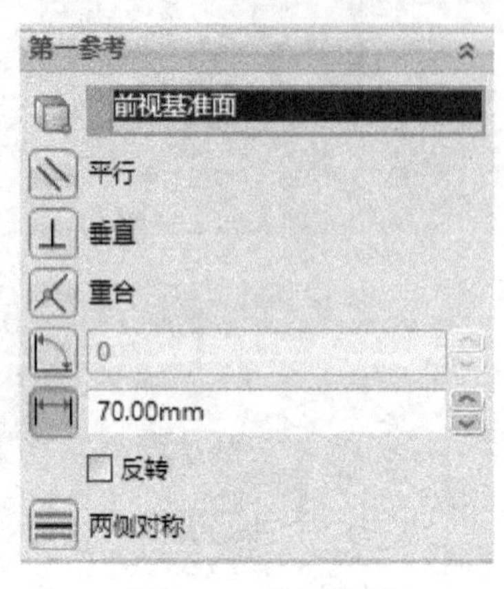

图 6-83　设置界面

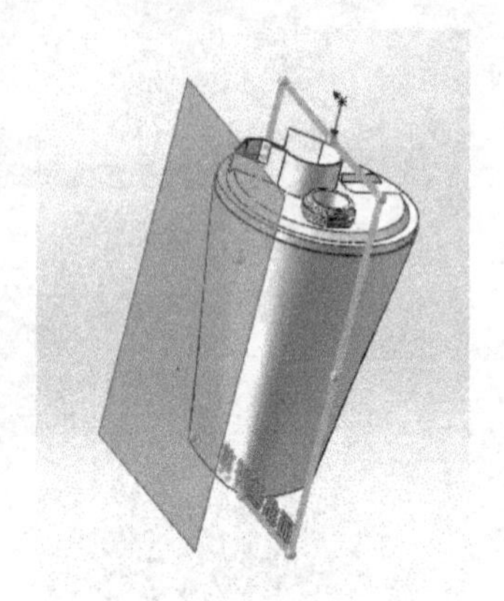

图 6-84　选取前视基准面

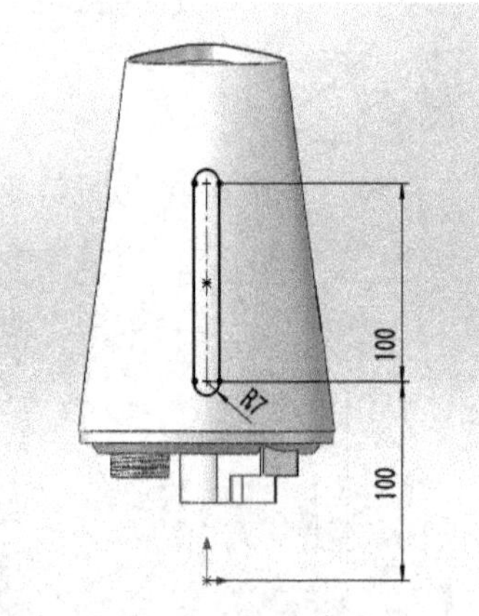

图 6-85　草图 21

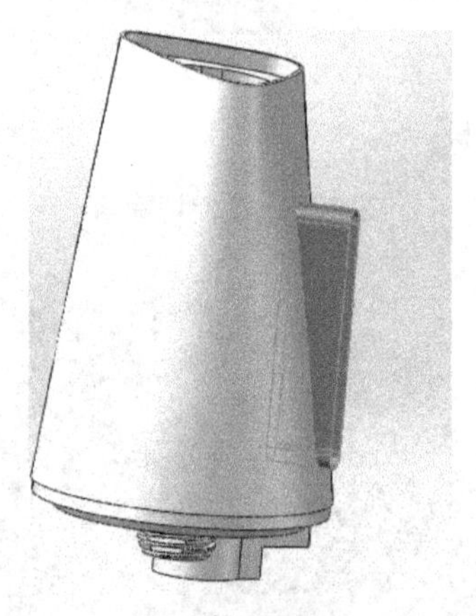

图 6-86　拉伸曲面结果

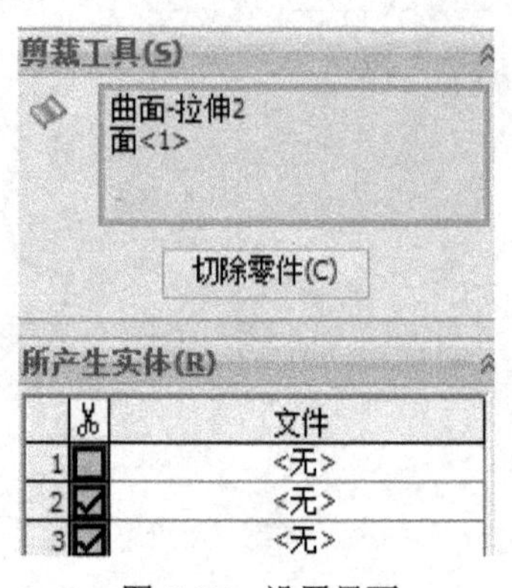

图 6-87　设置界面

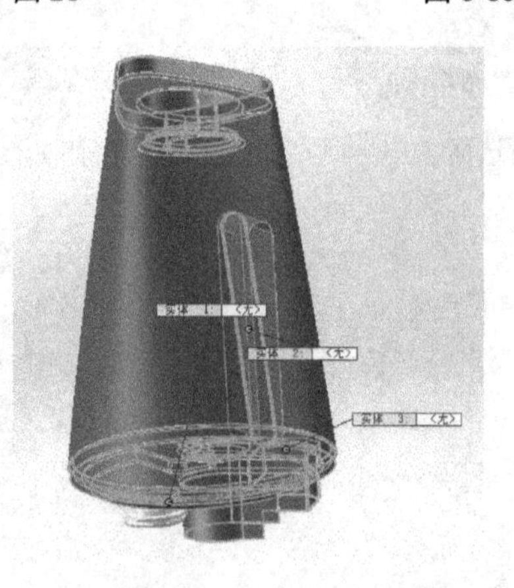

图 6-88　分割实体

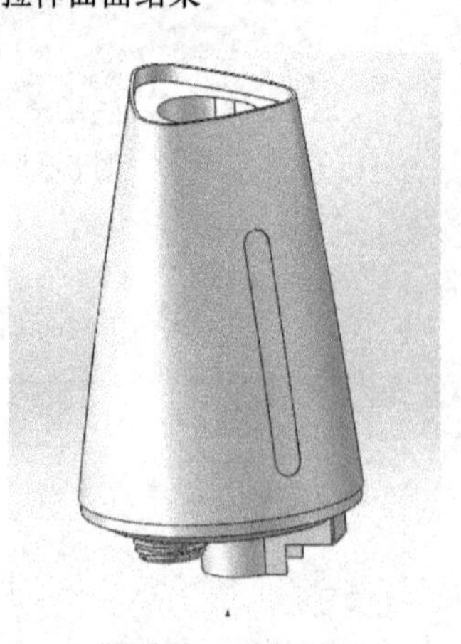

图 6-89　分割结果

（21）选择**圆角**，如图 6-90～6-93 所示（**圆角尺寸可以自己给定**）。

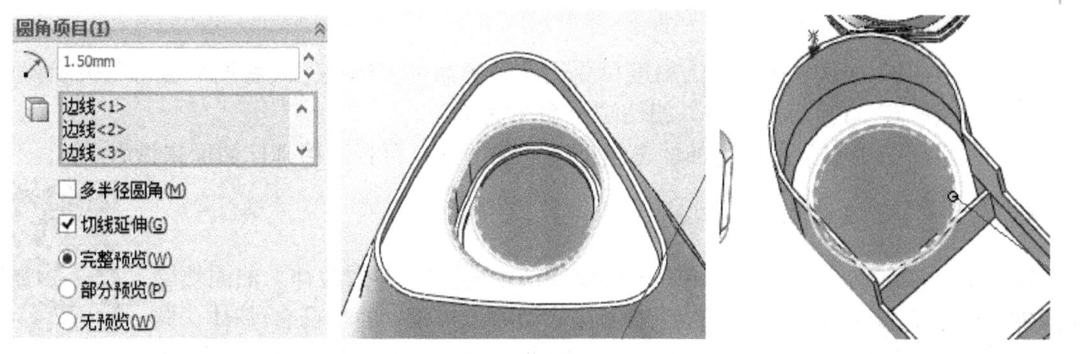

图 6-90　圆角 1

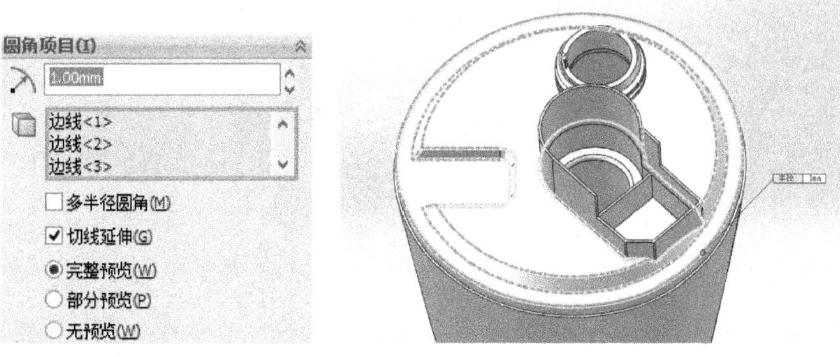

图 6-91　圆角 2

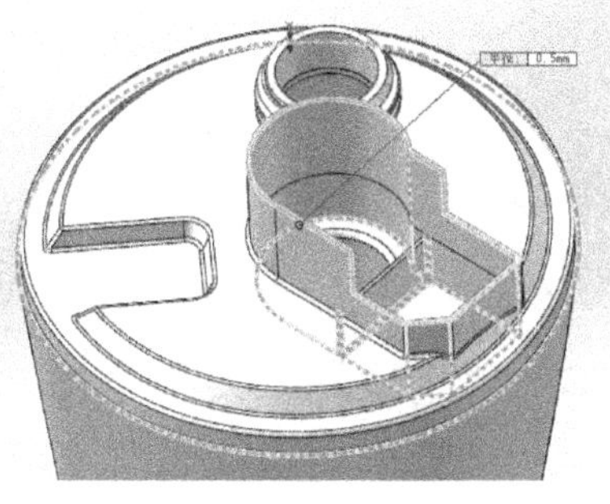

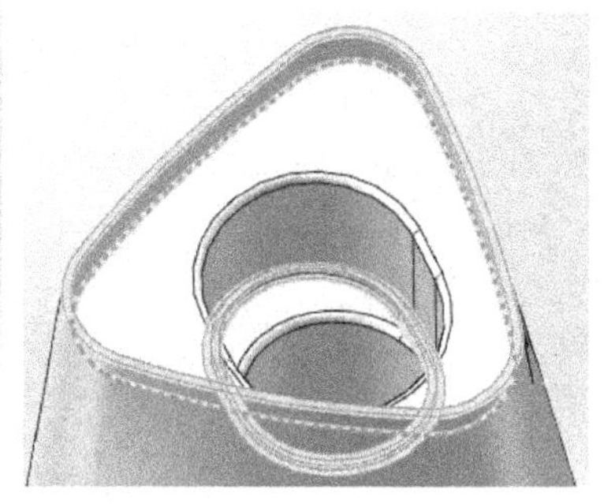

图 6-92　圆角 3

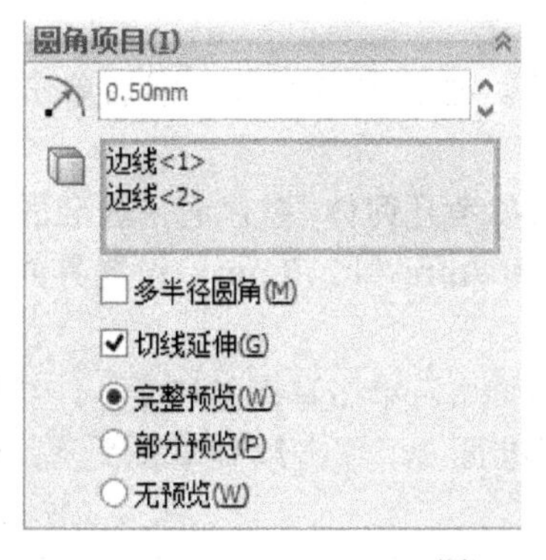

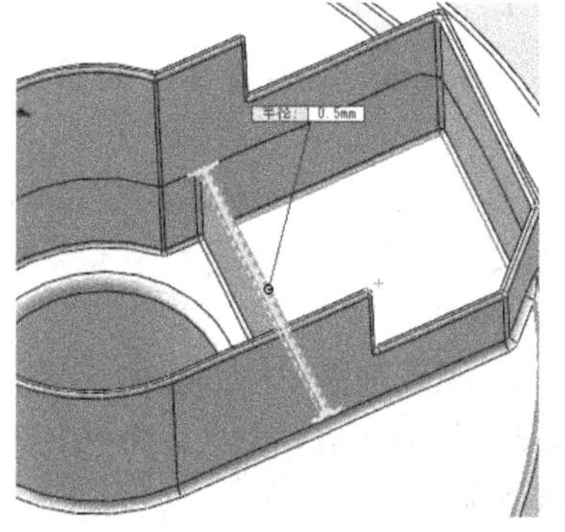

图 6-93　圆角 4

思考：

（1）步骤（9）、（10）拔模出的斜度可否用其他的命令来解决？或者说是否可免去步骤（8）的拉伸凸台/基体，直接形成模型？相比哪个命令简单？

（2）思考步骤（15）的延展曲面与延伸曲面的区别，可否运用延伸曲面来做？

6.2.2 加湿器下主体的建模

加湿器下主体的主要建模思路是先用**放样凸台/基体**、**曲面拉伸**、**曲面切除**和**拉伸切除**将大致主体建出来，再继续用**拉伸切除**、**拔模**、**拉伸凸台/基体**、**圆角**、**拉伸切除**、**旋转切除**、**圆顶**、**抽壳**、**分割线**来表现细节部分。零件实体模型及相应的设计树如图 6-94 所示。

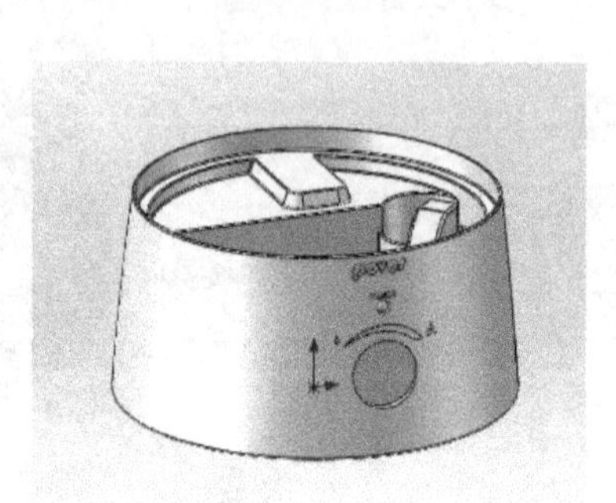

（1）

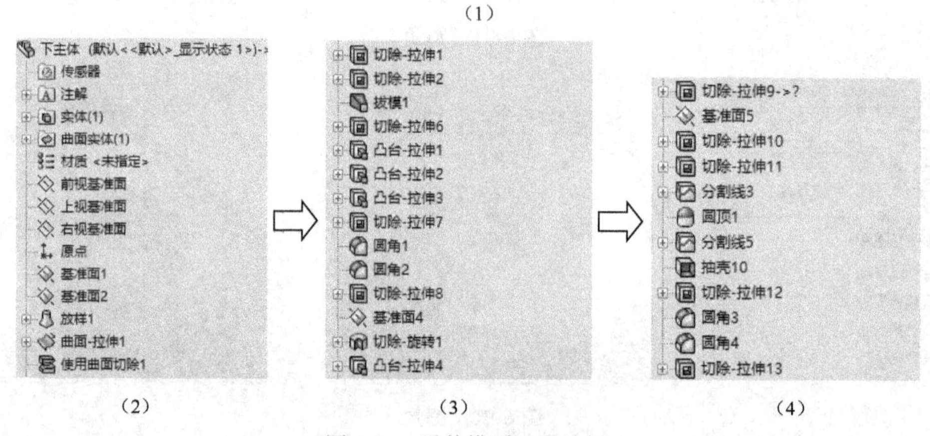

（2） （3） （4）

图 6-94 零件模型及设计树

（1）启动 SolidWorks，单击**文件→新建**命令，选择**零件**图标，然后单击**确定**，进入建模环境。

（2）选择**上视基准面** 上视基准面，然后单击**参考几何体**，选择**基准面** 基准面。建立**基准面 1** 和**基准面 2**，与上视基准面的距离分别为 **7mm** 和 **270mm**，**设置界面**如图 6-95 所示，**基准面结果**如图 6-96 所示。

（3）分别选择**上视基准面** 上视基准面 和**基准面 1**，单击**草图绘制**，绘制草图 1 和 2，分别做直径 **150mm** 和 **149mm** 的圆。再选择**基准面 2**，单击**绘制草图**，绘制草图 3，如图 6-97 和图 6-98 所示。

（4）单击**放样凸台/基体** 放样凸台/基体，依次选择草图 1，2，3，设置界面如图 6-99 所示，草图选择如图 6-100 所示，放样结果如图 6-101 所示。

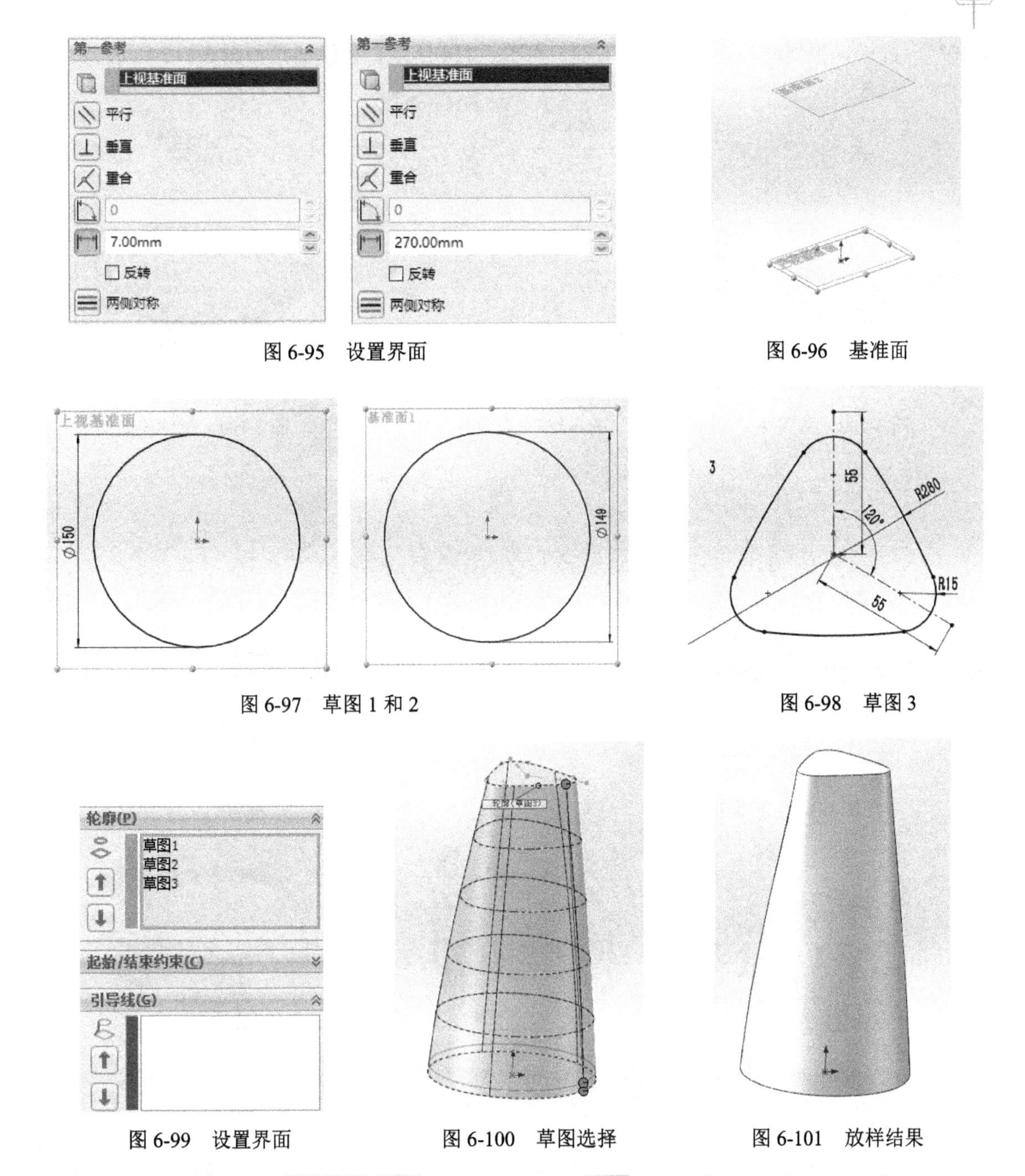

图 6-95　设置界面

图 6-96　基准面

图 6-97　草图 1 和 2

图 6-98　草图 3

图 6-99　设置界面

图 6-100　草图选择

图 6-101　放样结果

（5）单击**前视基准面** 前视基准面，单击**绘制草图**，绘制草图 4，**与原点距离**为 **75mm**，如图 6-102 所示。然后选择**拉伸曲面**，选定刚刚绘制的草图 4，设置界面如图 6-103 所示。选择**两侧对称**，拉伸距离超出实体即可，拉伸曲面结果如图 6-104 所示。然后单击**使用曲面切除** 使用曲面切除，选择刚建立的曲面拉伸 1，方向选择向上，曲面切除如图 6-105 所示，切除结果如图 6-106 所示。最后隐藏曲面拉伸 1。

（6）选择图 6-107 所示的面①，单击**正视于**→**草图绘制**，绘制草图 5（**等距实体，1mm**），如图 6-108 所示。然后选择**拉伸切除**，设置**给定深度**为 **8.5mm**，拉伸切除结果如图 6-109 所示。选择图 6-110 所示的面②，继续单击**草图绘制**和**拉伸切除**，设置**给定深度**为 **5.5mm**，如图 6-111 所示，拉伸切除结果如图 6-112 所示。最后选择**拔模** 拔模，拔模角度

为 **20°**，拔模设置界面和选取面如图 6-113 和图 6-114 所示，拔模结果如图 6-115 所示。

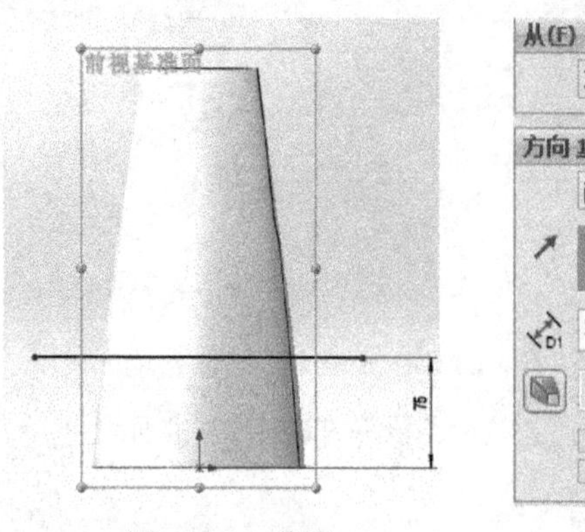

图 6-102　草图 4

图 6-103　设置界面

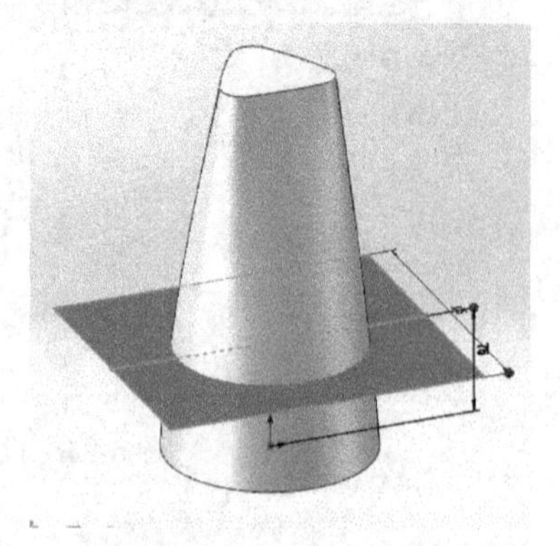

图 6-104　拉伸曲面结果

图 6-105　曲面切除

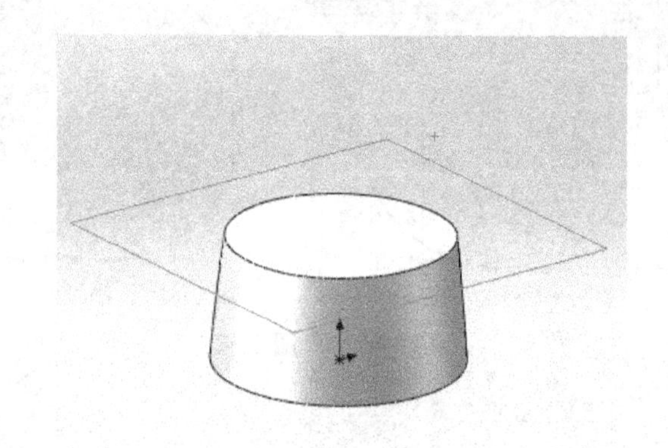

图 6-106　切除结果

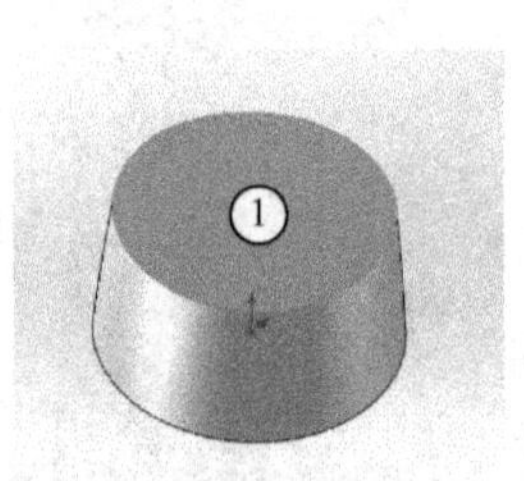

图 6-107　所选面①

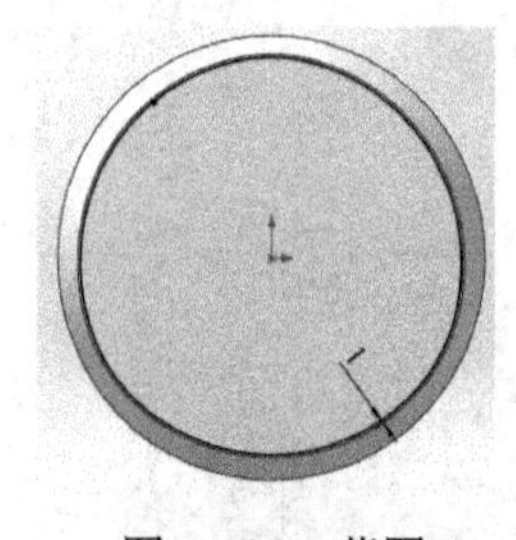

图 6-108　草图 5

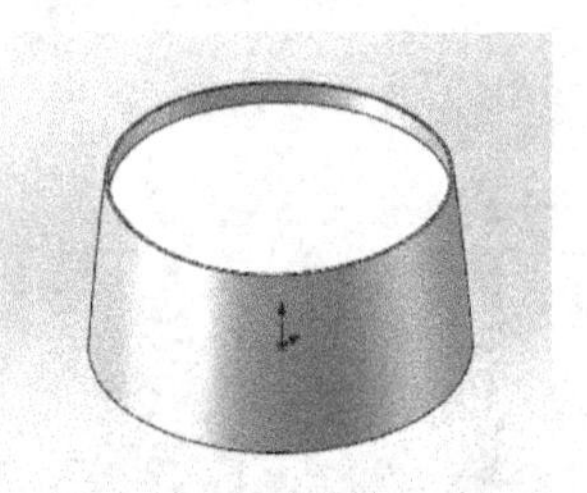

图 6-109　拉伸切除结果

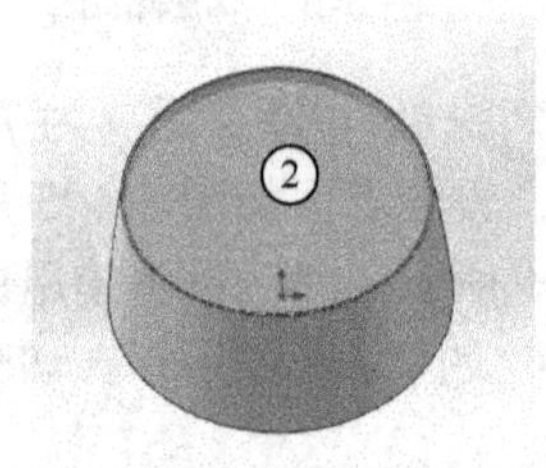

图 6-110　所选面②

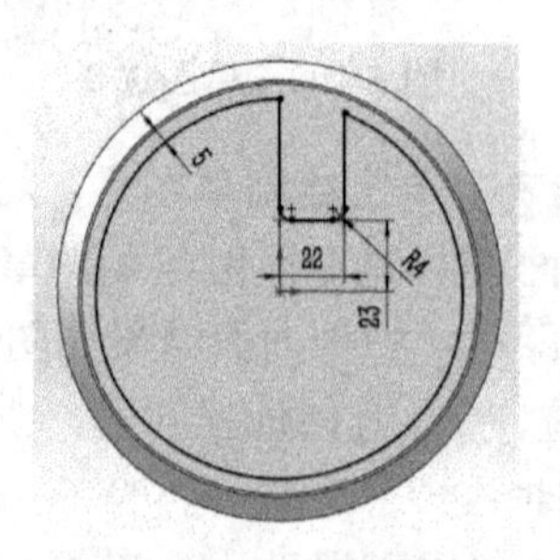

图 6-111　草图 6

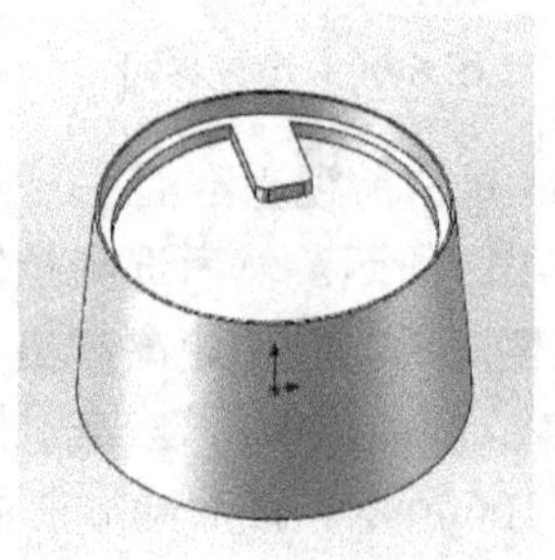

图 6-112　拉伸切除结果

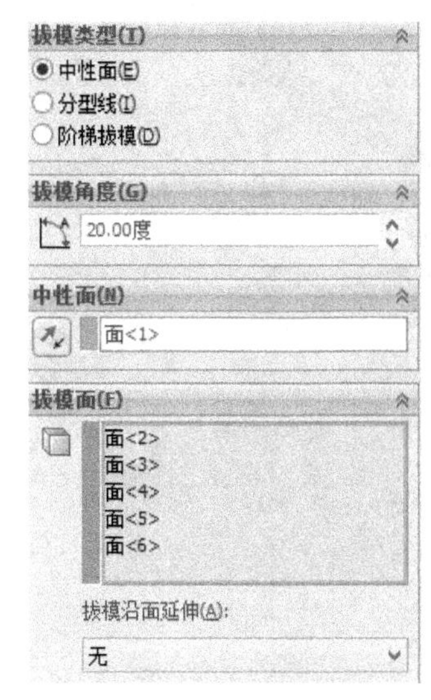

图 6-113　设置界面

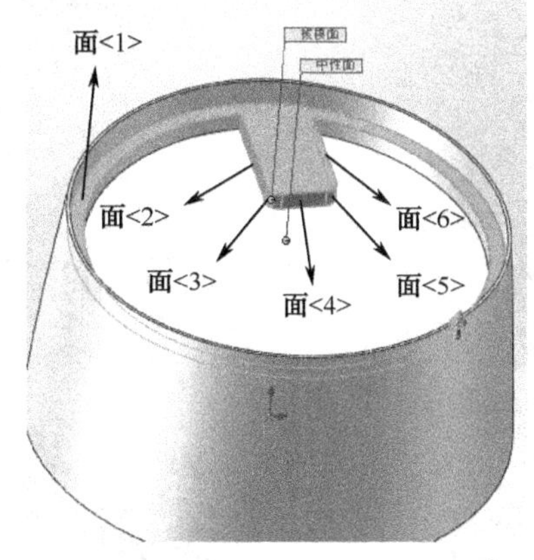

图 6-114　选取面

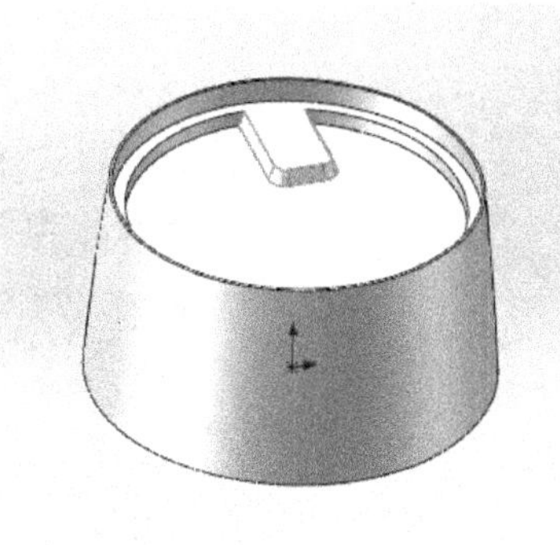

图 6-115　拔模结果

（7）选择如图 6-116 所示的面①，单击**正视于**→**草图绘制**，绘制草图 7，如图 6-117 所示。然后选择**拉伸切除**，设置**给定深度**为 **35mm**，拉伸切除结果如图 6-118 所示。然后继续选择如图 6-119 **所示的面②**，单击**正视于**→**绘制草图**，绘制草图 8，如图 6-120 所示。然后选择**拉伸凸台/基体**，设置**给定深度**为 **20mm**，拉伸切除结果如图 6-121 所示。然后同样选择如图 6-119 所示的面②，单击**绘制草图**，绘制草图 9 和 10，单击**拉伸凸台/基体**，如图 6-122、图 6-123、图 6-124 和图 6-125 所示。

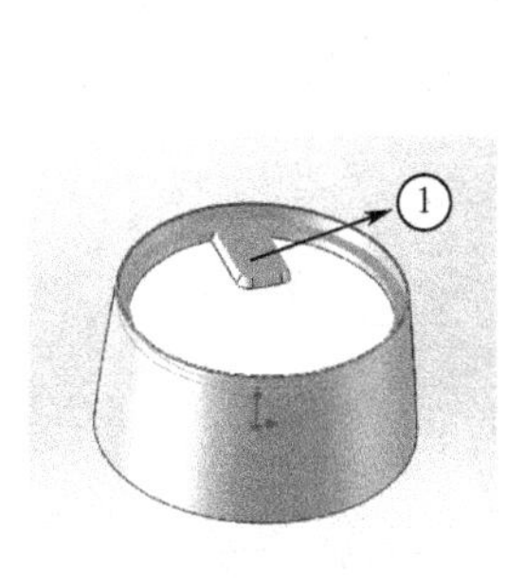

图 6-116　所选面①

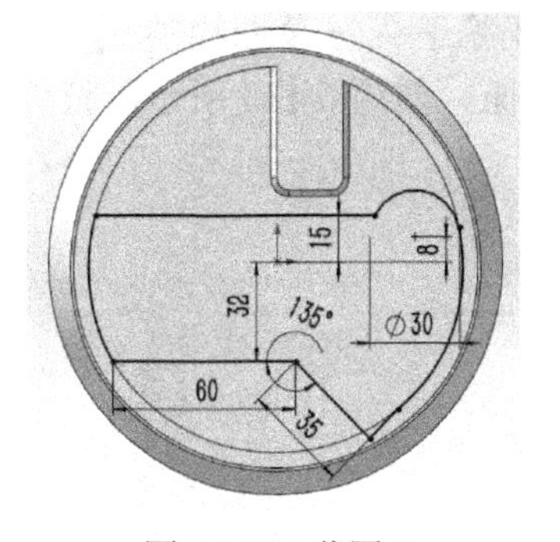

图 6-117　草图 7

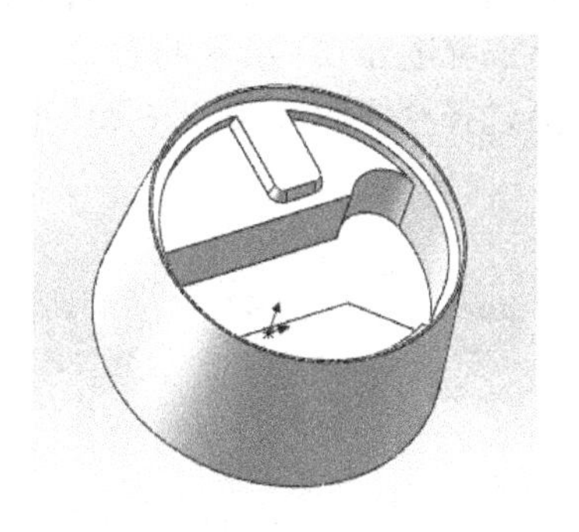

图 6-118　拉伸切除结果

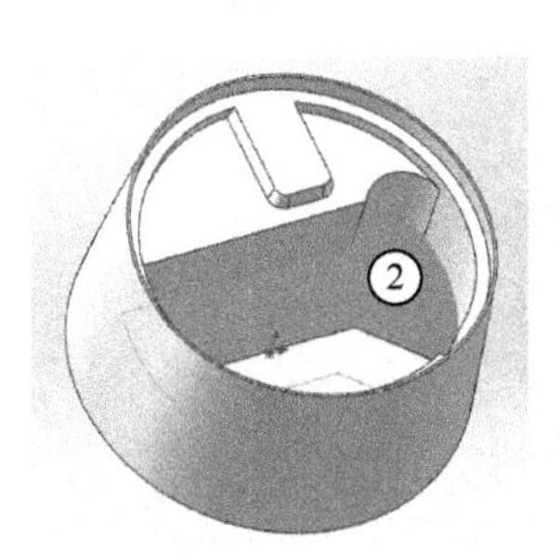

图 6-119　所选面②

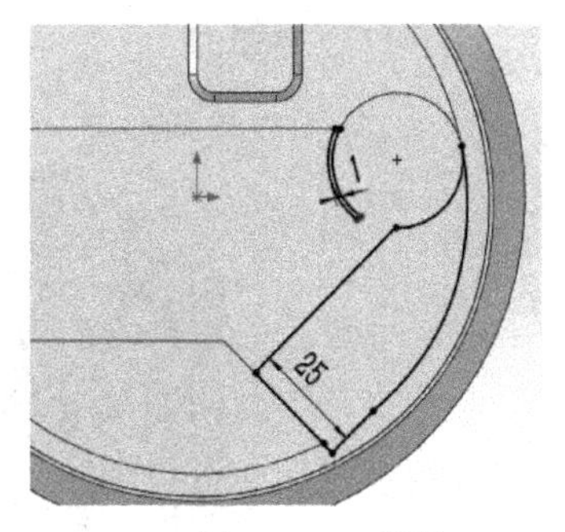

图 6-120　草图 8

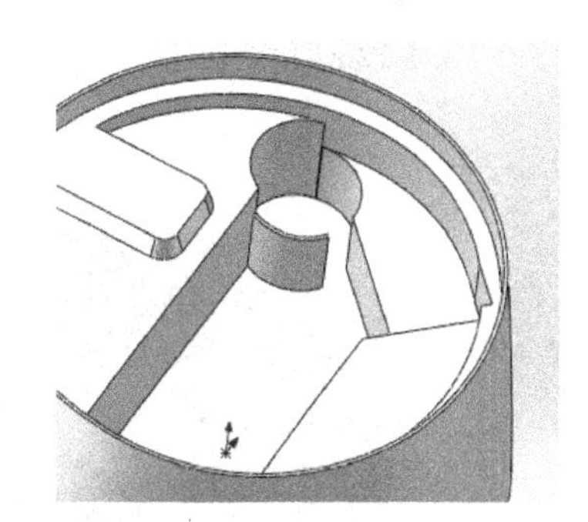

图 6-121　拉伸凸台/基体结果

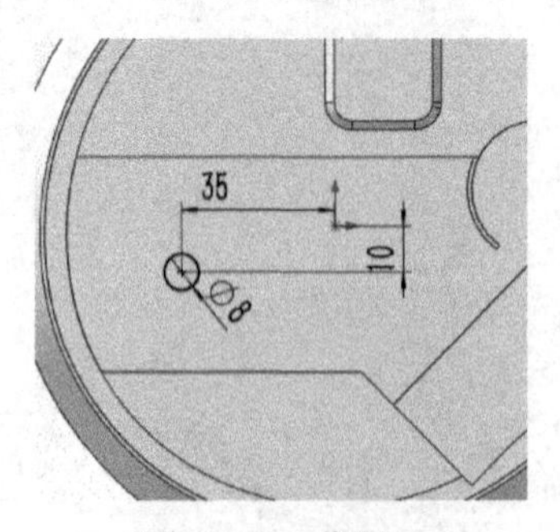

图 6-122　草图 9

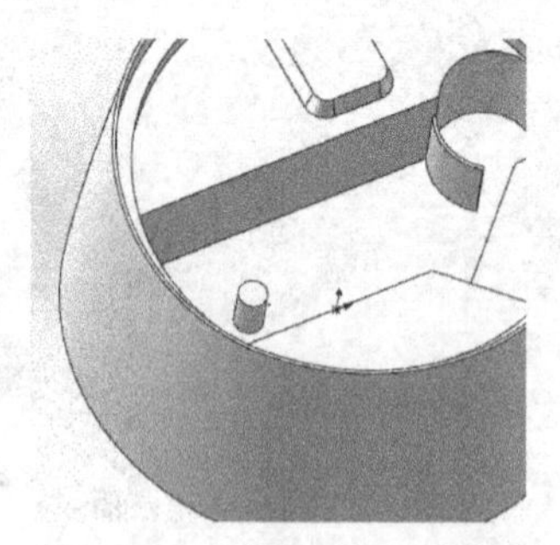
图 6-123　拉伸凸台/基体结果

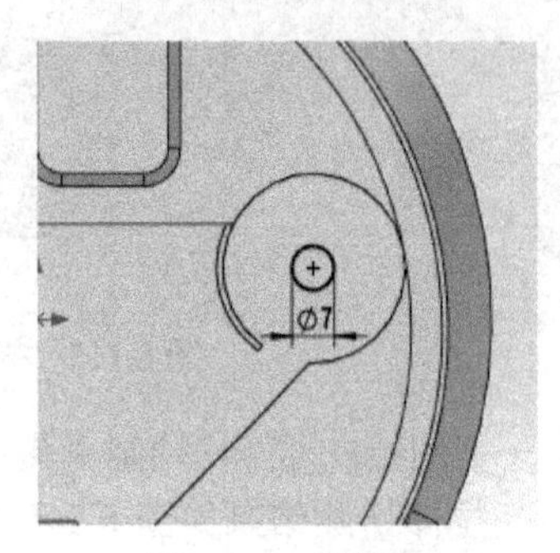

图 6-124　草图 10

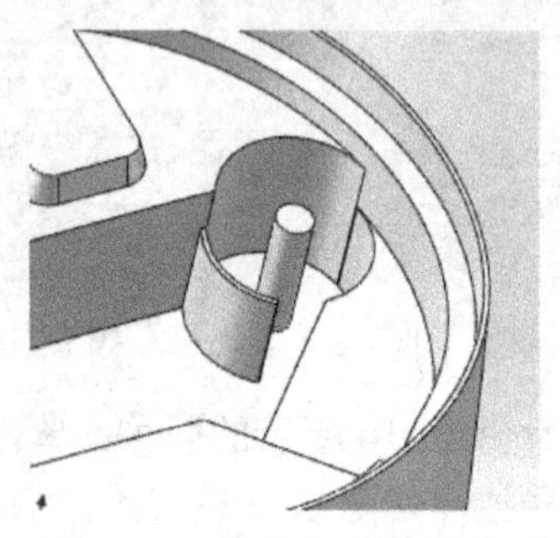
图 6-125　拉伸凸台/基体结果

（8）选择如图 6-126 所示的面①，单击**正视于**→**草图绘制**，绘制草图 11，如图 6-127 所示。然后选择**拉伸切除**，设置**给定深度**为 **2mm**，**方向向上**，拉伸切除结果如图 6-128 所示。然后选择**圆角**，设置两个圆角的参数为 **2mm** 和 **1mm**，**所选边线**如图 6-129 和图 6-130 所示。最后选择图 6-131 所示的面②，单击**正视于**→**草图绘制**，绘制草图 12，如图 6-132 所示。然后选择**拉伸切除**，选择**成形到一面**，如图 6-133 所示，拉伸切除结果如图 6-134 所示。

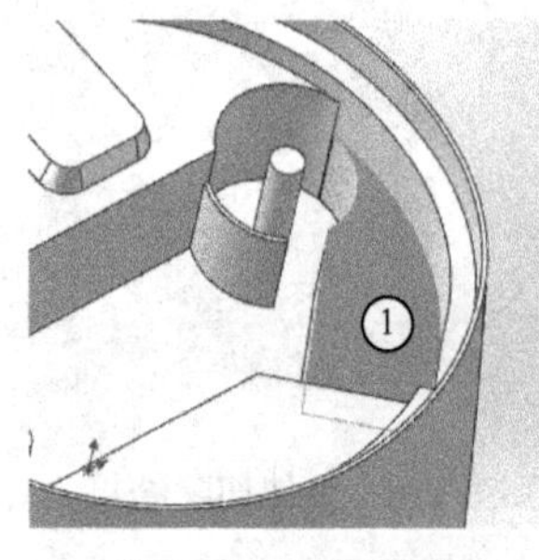

图 6-126　所选面①

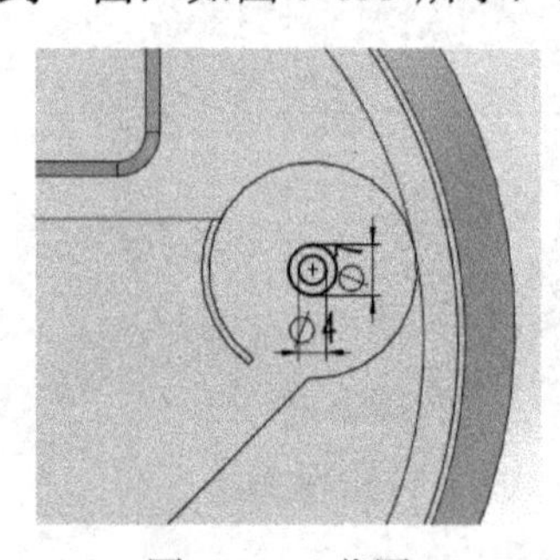

图 6-127　草图 11

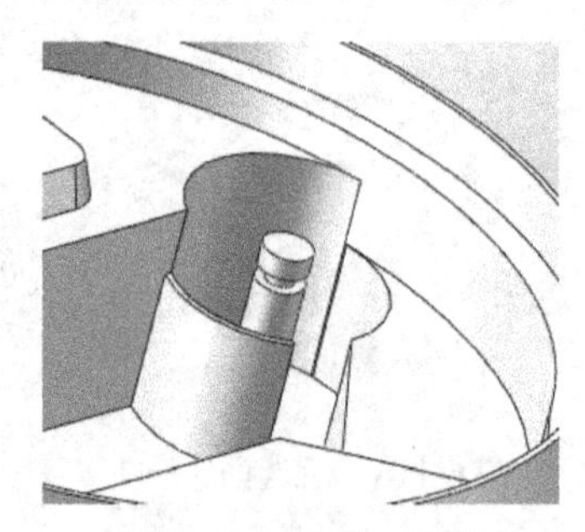
图 6-128　拉伸切除结果

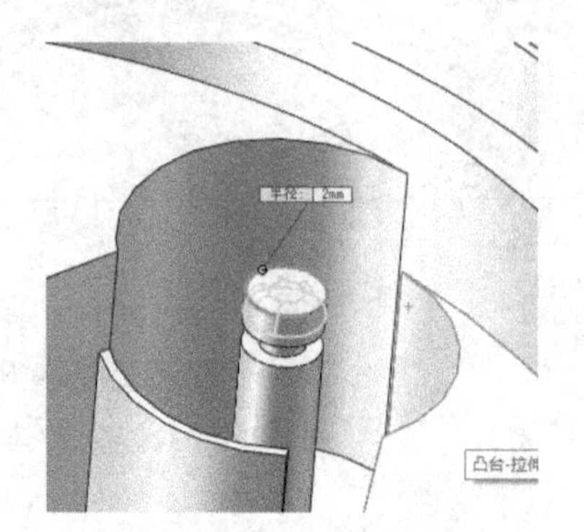
图 6-129　圆角 1 所选边线

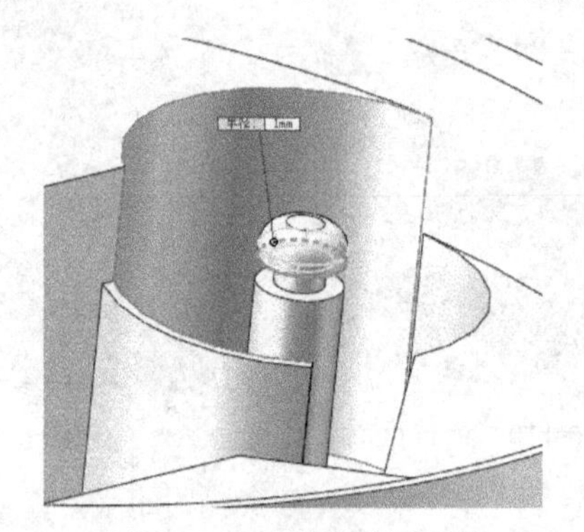
图 6-130　圆角 2 所选边线

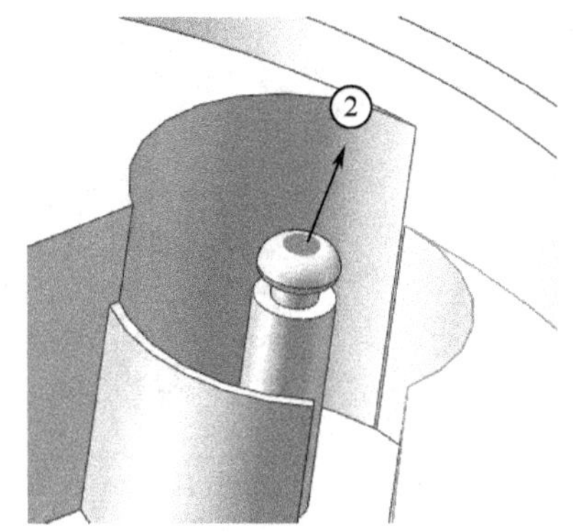

图 6-131 所选面②

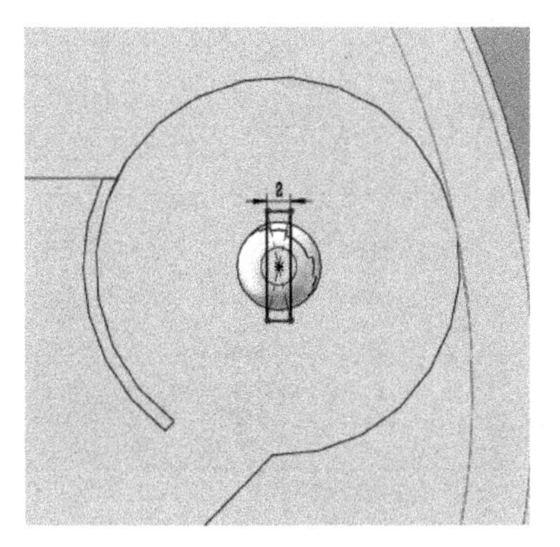

图 6-132 草图 12

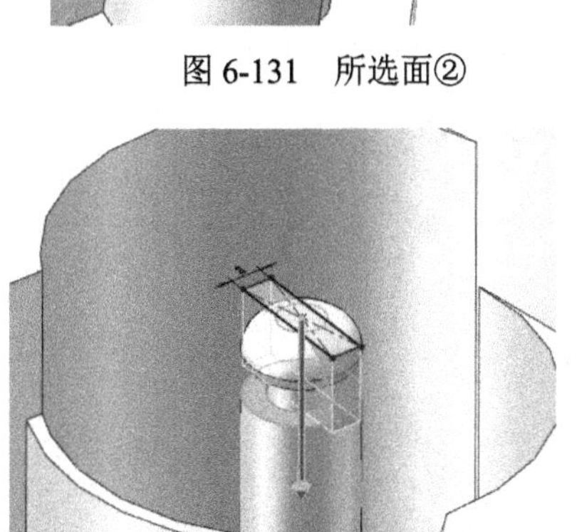

图 6-133 成形到一面

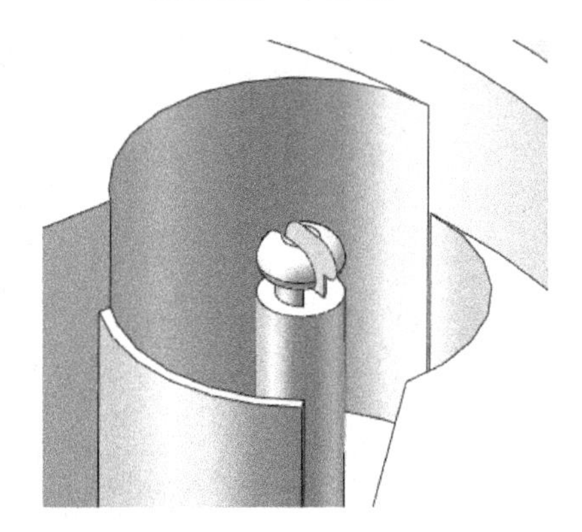

图 6-134 拉伸切除结果

（9）创建基准面 3，设置界面如图 6-135 所示，基准面的选择如图 6-136 所示。接着选择**正视于**→**草图绘制**，绘制草图 13，如图 6-137 所示。选择**旋转切除**，旋转切除结果如图 6-138 所示。

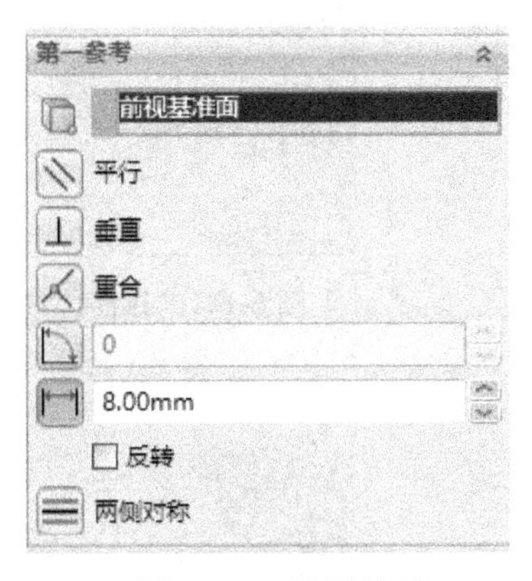

图 6-135 设置界面

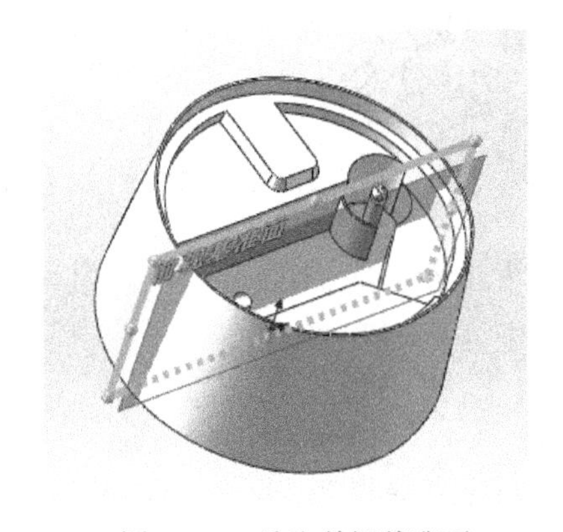

图 6-136 选取前视基准面

（10）选择如图 6-139 所示的面①，单击**正视于**→**草图绘制**，绘制草图 14，如图 6-140 所示。然后选择**拉伸凸台/基体**，设置**给定深度**为 **25mm**，方向向上，拉伸凸台/基体结果如图 6-141 所示。然后同样选择如图 6-142 所示的面②，单击**正视于**→**草图绘制**，绘制草图 15，如图 6-143 所示。然后选择**拉伸切除**，设置**给定深度**为 **15mm**，拉伸切除结果如图 6-144 所示。

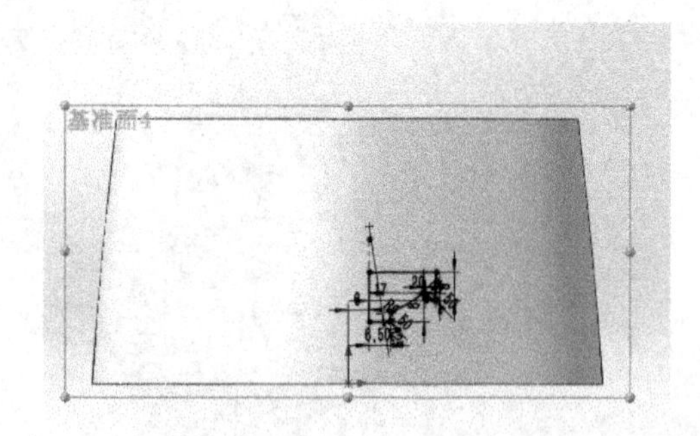

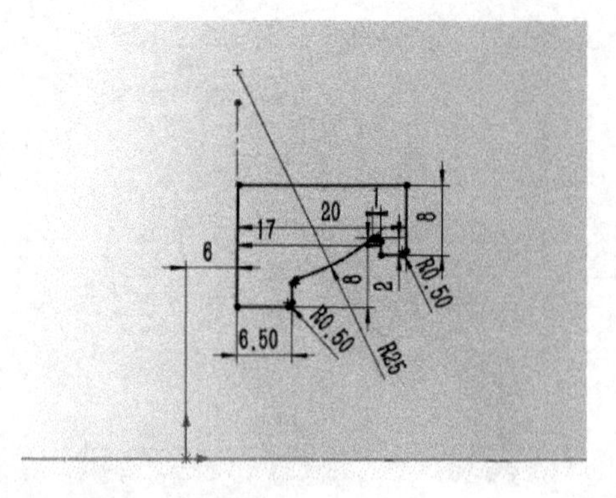

图 6-137 草图 13 及草图放大

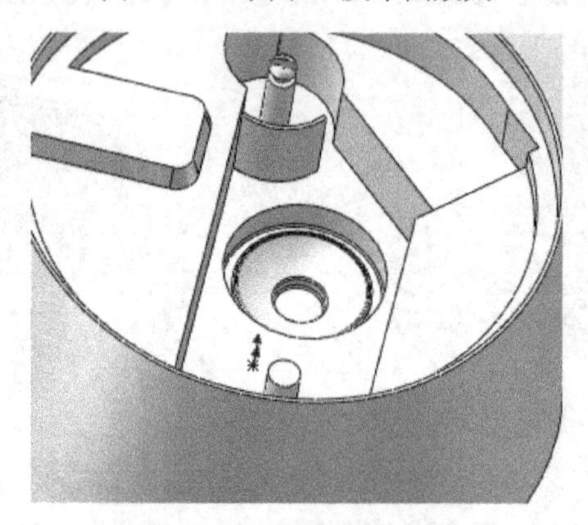

图 6-138 旋转切除结果

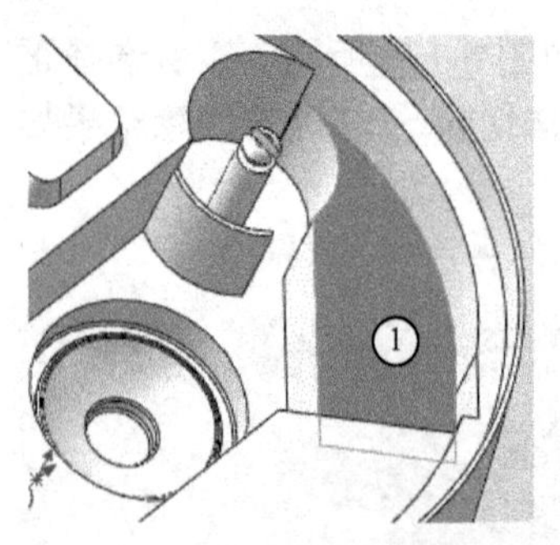

图 6-139 所选面①

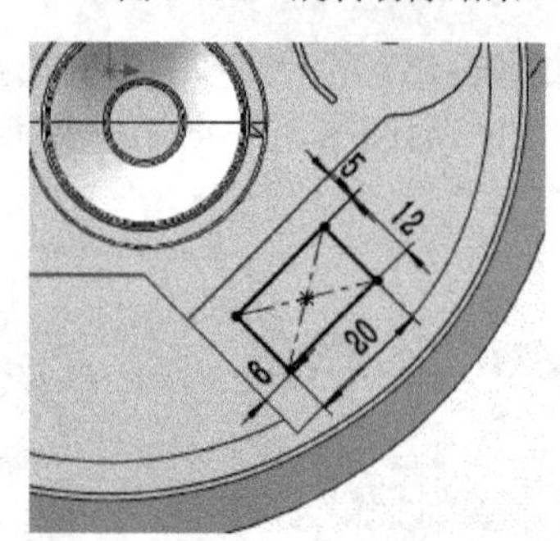

图 6-140 草图 14

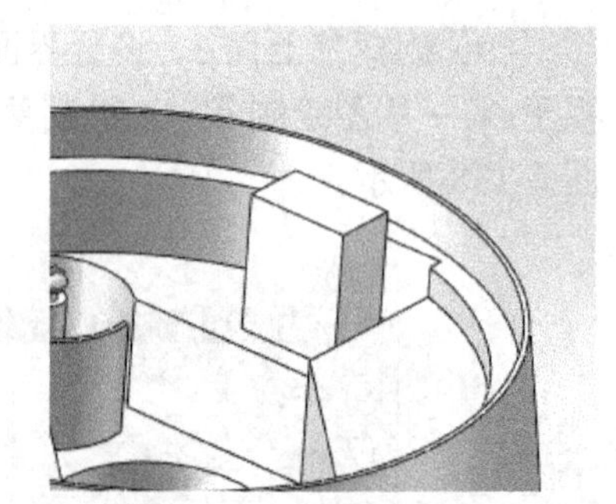

图 6-141 拉伸凸台/基体结果

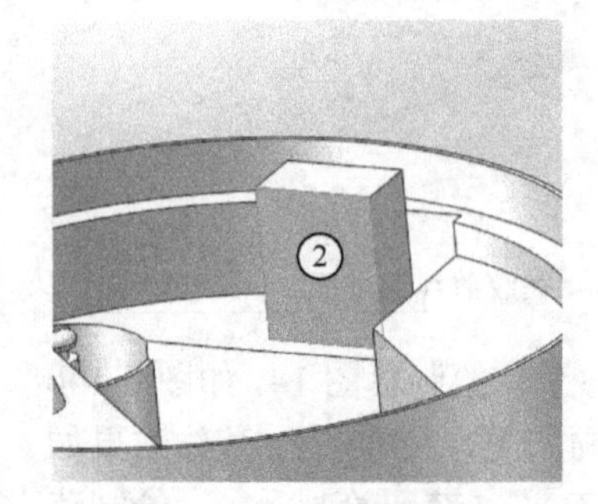

图 6-142 所选面②

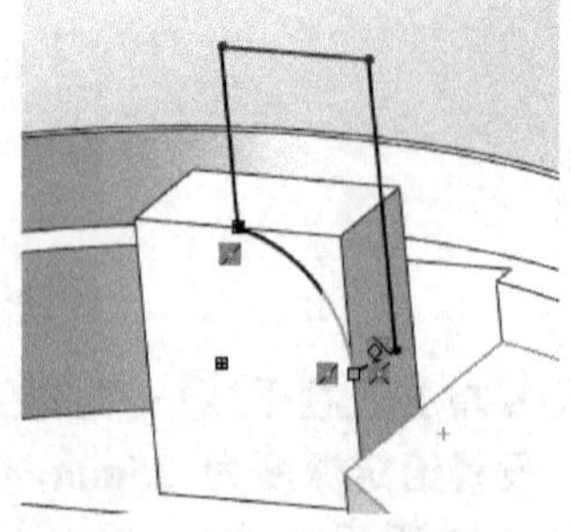

图 6-143 草图 15

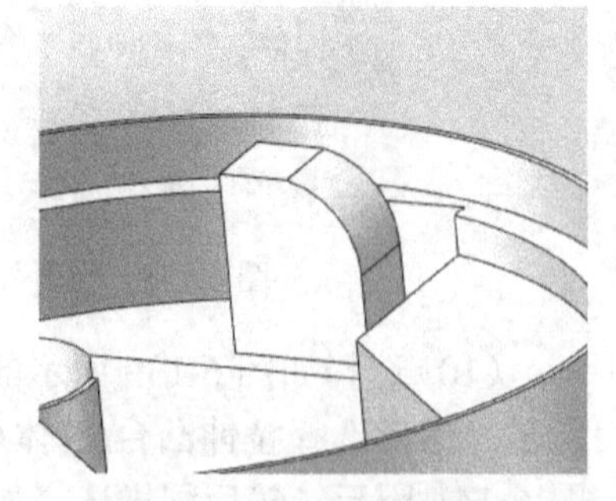

图 6-144 拉伸切除结果

（11）建立基准面 4，设置界面如图 6-145 所示，基准面的选择如图 6-146 所示。然后选择该基准面，绘制草图 16 和草图 17，如图 6-147 和图 6-148 所示。并选择**拉伸切除**，设置给

定深度分别为 9.5mm 和 11.5mm，拉伸切除结果如图 6-149 和图 6-150 所示。然后依旧在该基准面上**绘制草图 18**，然后选择**分割线** 分割线 ，选取草图 18，如图 6-151 和图 6-152 所示。最后选择**圆顶** 圆顶，设置界面如图 6-153 所示，选取面如图 6-154 所示。

图 6-145　设置界面

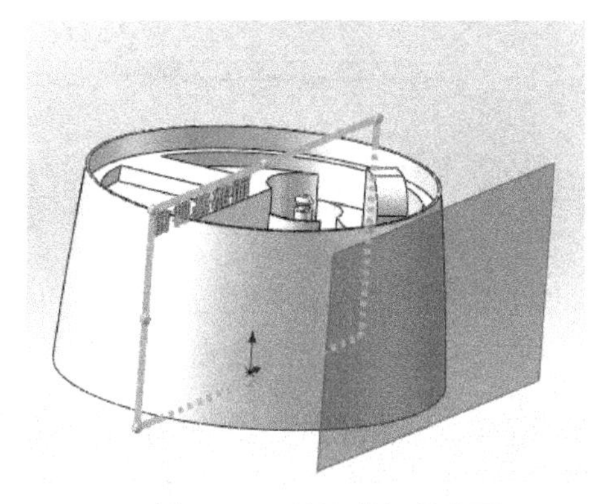

图 6-146　选取前视基准面

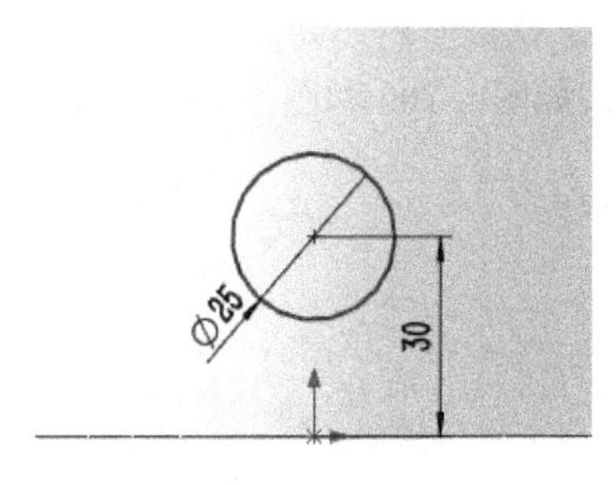

图 6-147　草图 16

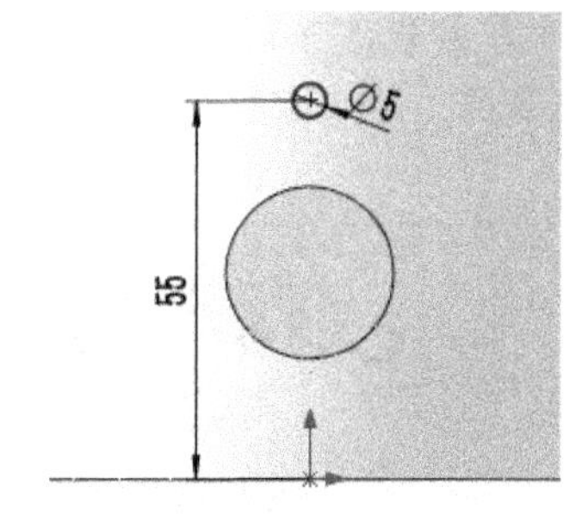

图 6-148　草图 17

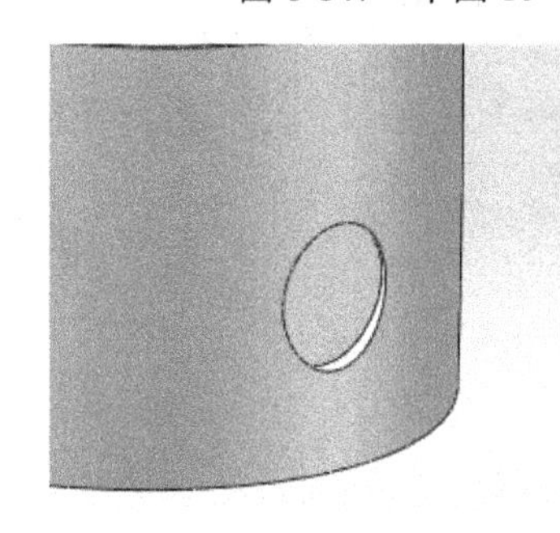

图 6-149　草图 16 拉伸切除结果

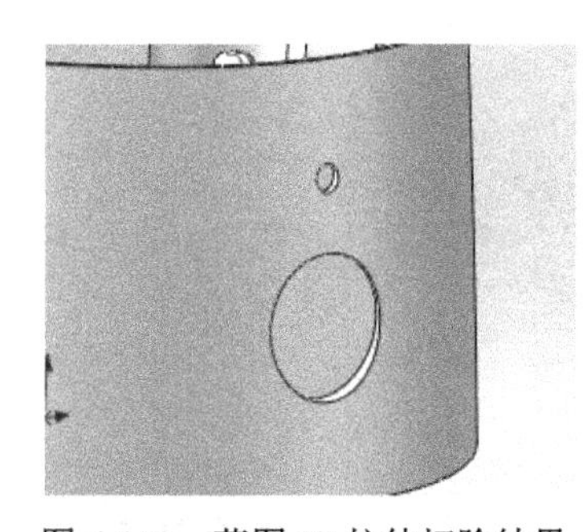

图 6-150　草图 17 拉伸切除结果

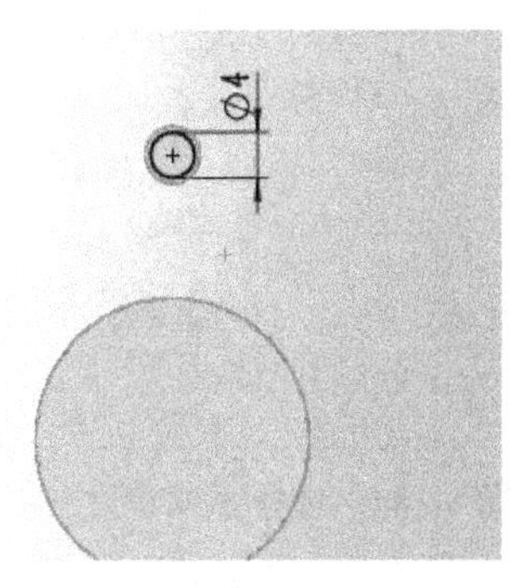

图 6-151　草图 18

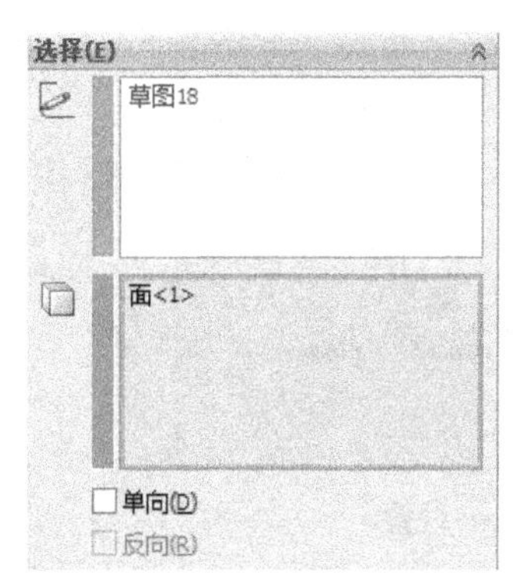

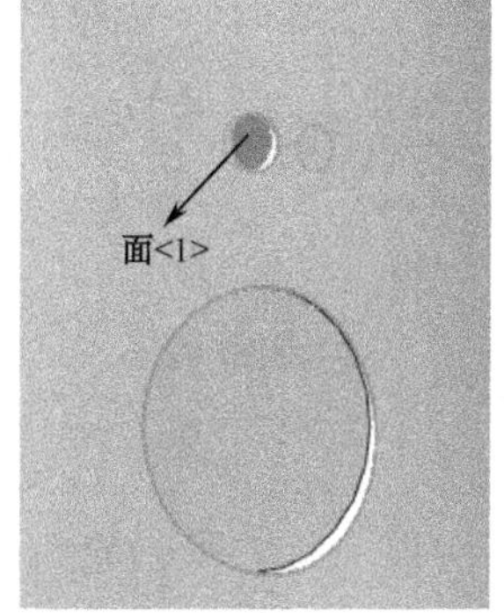

图 6-152　设置界面及分割线选取

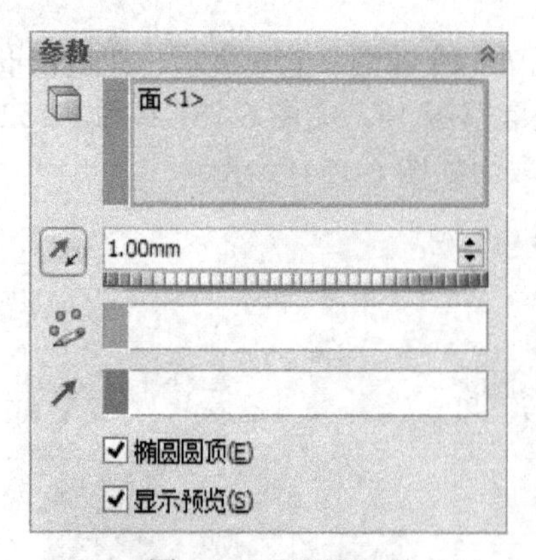

图 6-153　设置界面

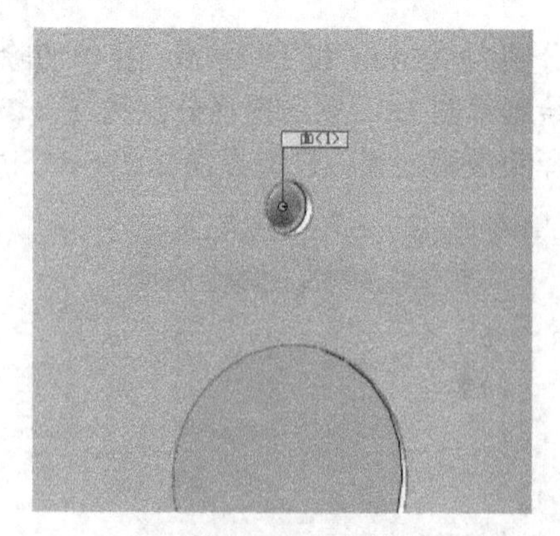

图 6-154　所选面

（12）选取**前视基准面**，单击**草图绘制**，绘制草图 19，如图 6-155 所示。单击**字体**，进入操作界面，如图 6-156 所示。输入 **povos** 或**运行/缺水**。然后单击操作界面下部的字体 字体(F)...，进入字体编辑，可根据自己所需设置，这里参照图 6-157 和图 6-158。字体后面的水滴大小及长度条可以根据自己喜好设定，这里给出尺寸，如图 6-159 所示。最后选择**分割线** 分割线，选取整个草图，进行分割，如图 6-160 和图 6-161 所示。

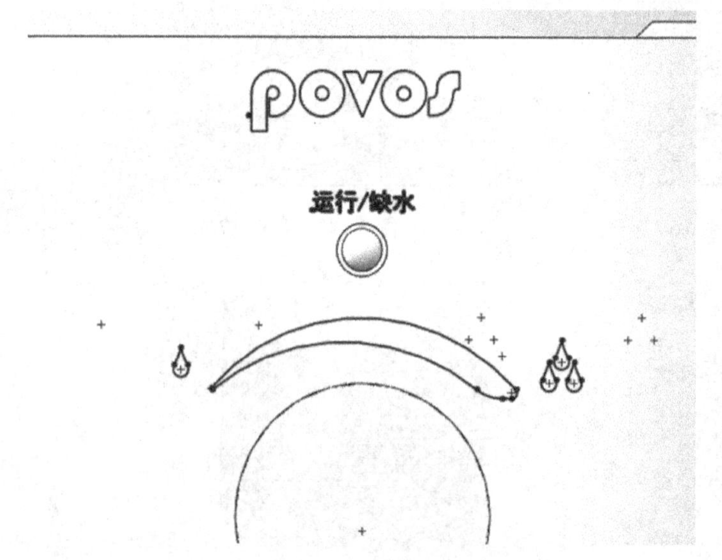

图 6-155　草图 19

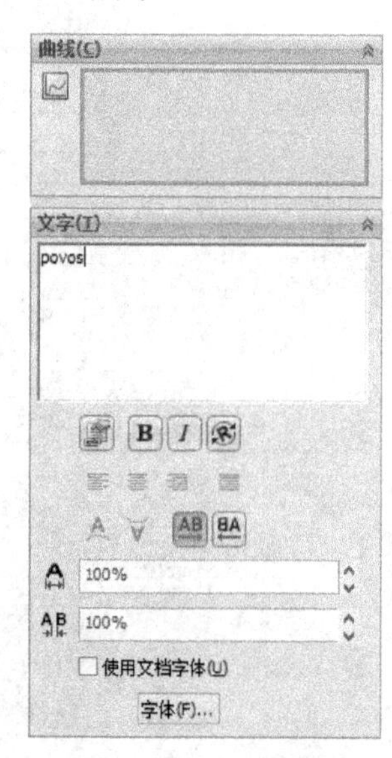

图 6-156　操作界面

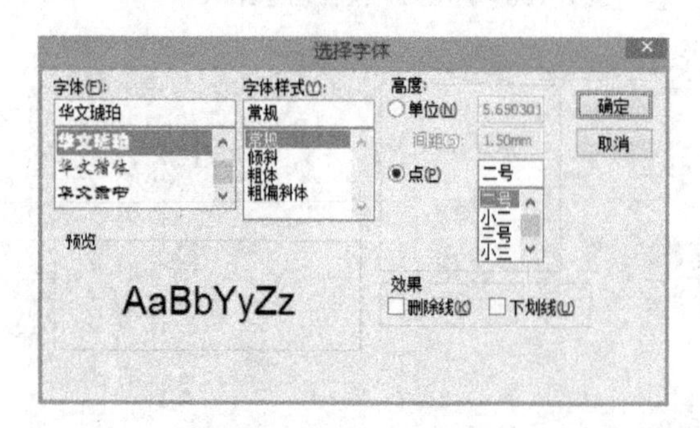

图 6-157　povos 设置

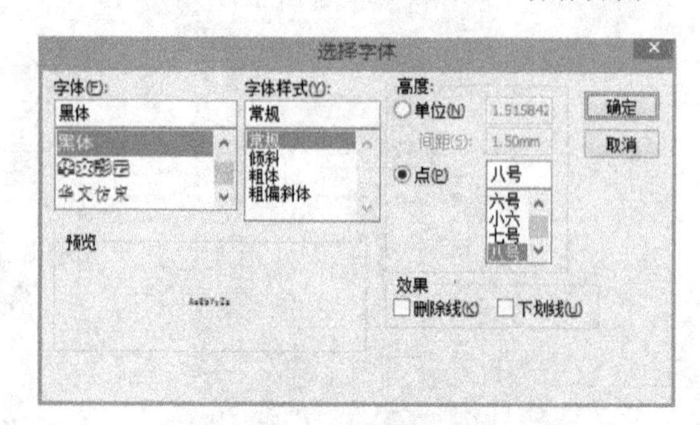

图 6-158　运行/缺水设置

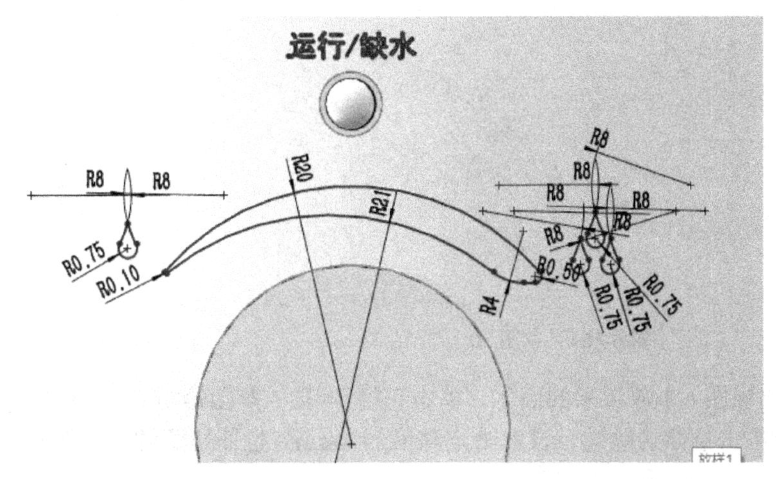

图 6-159　水滴及长度条尺寸

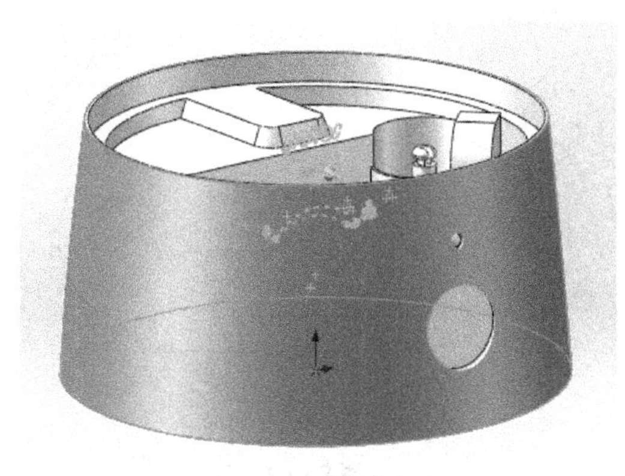

图 6-160　分割线选取

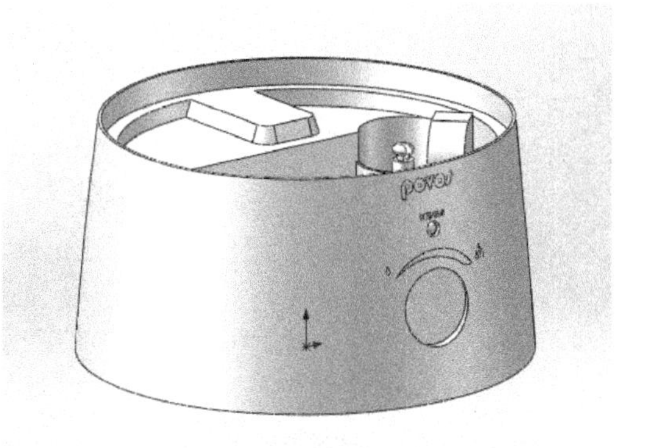

图 6-161　分割后结果

（13）选择**抽壳**，距离为 **1mm**，设置地面为**多厚度 5mm**，参数如图 6-162 所示。

（14）选择图 6-163 所示的面①，单击**正视于**→**草图绘制**，绘制草图 20，如图 6-164 所示。然后单击**拉伸切除**，设置**给定深度**为 **2mm**，拉伸切除结果如图 6-165 所示。

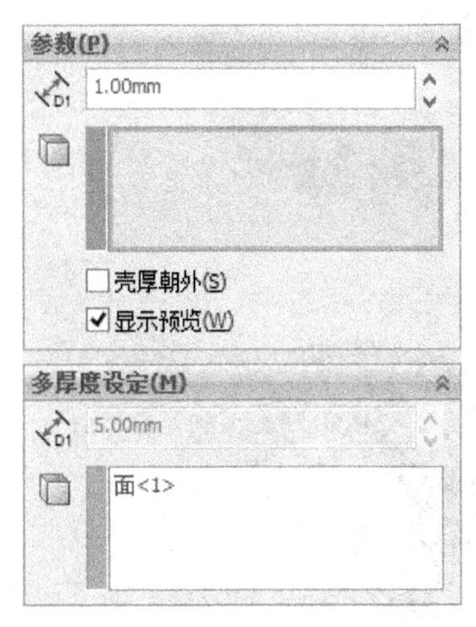

图 6-162　抽壳

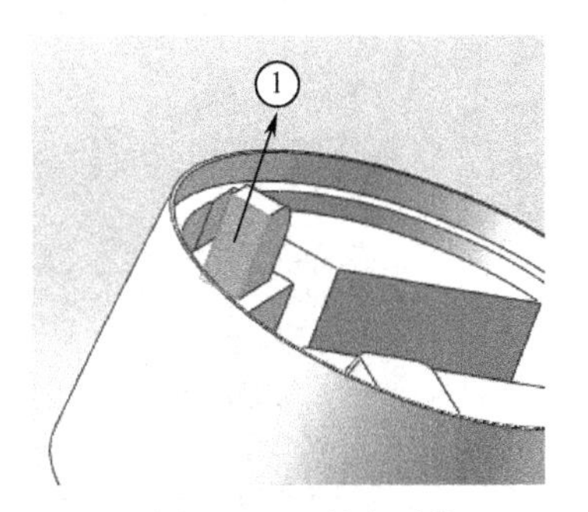

图 6-163　所选面①

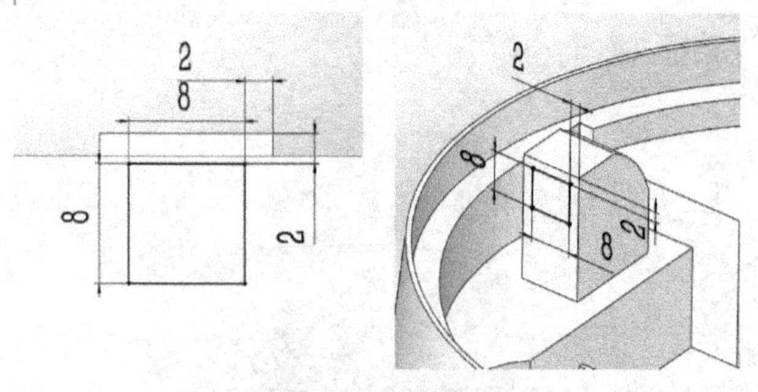

图 6-164　草图 20

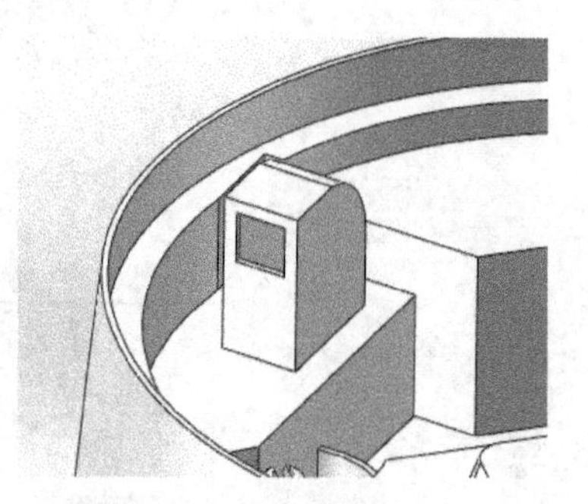

图 6-165　拉伸切除结果

（15）选择图 6-166 所示的面①，单击**正视于**→**草图绘制**，绘制草图 21，如图 6-167 所示。然后单击**拉伸切除**，设置**给定深度**为 **4mm**，拉伸切除结果如图 6-168 所示。最后选择**圆角**，如图 6-169 和图 6-170 所示。

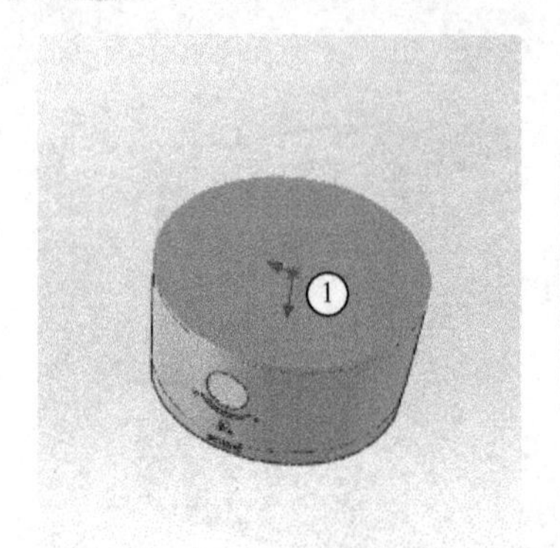

图 6-166　所选面①

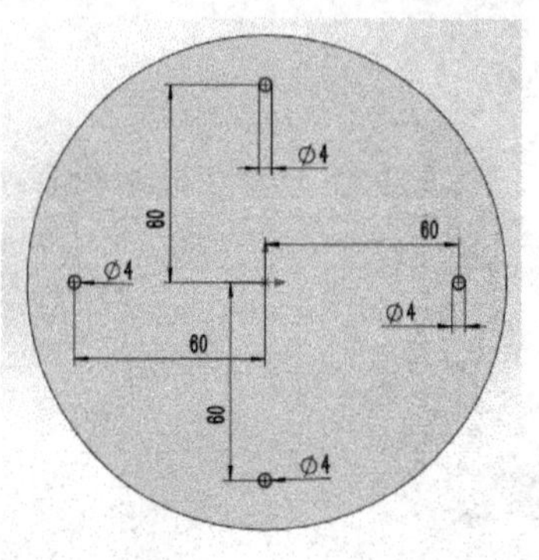

图 6-167　草图 21

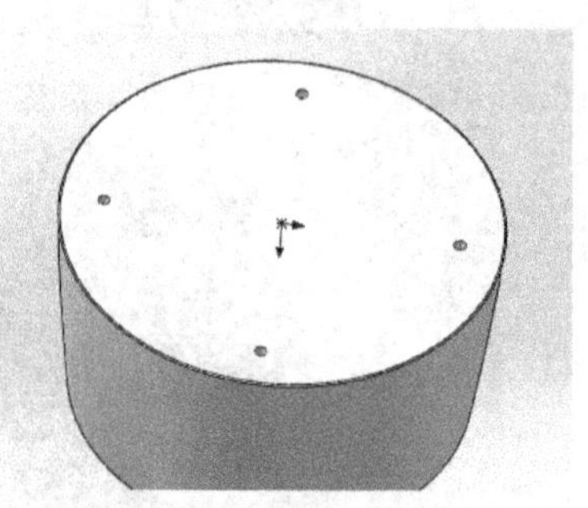

图 6-168　拉伸切除结果

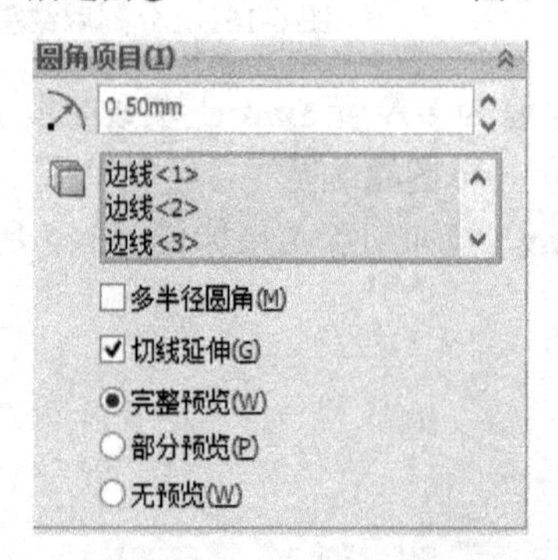

图 6-169　圆角 1

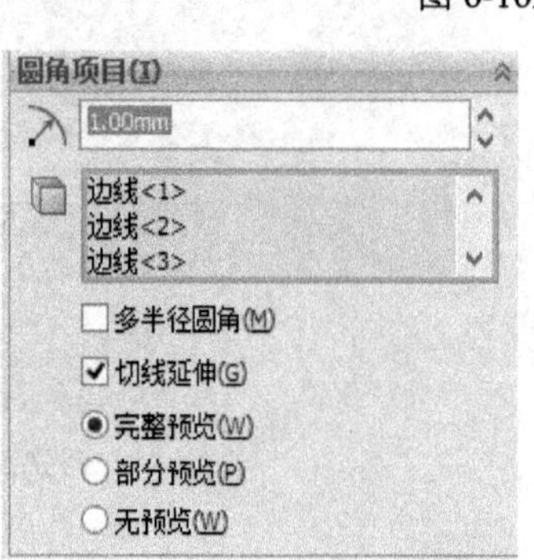

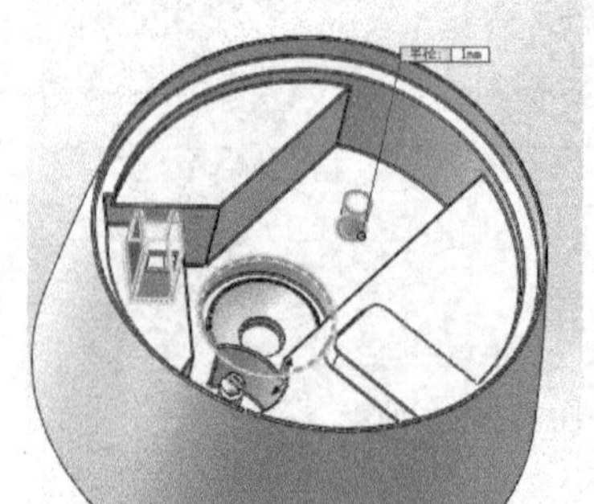

图 6-170　圆角 2

思考：

（1）商标、图案和字体不用分割线，是否可以运用包覆命令？可以达到一样的效果吗？

6.2.3　加湿器顶端出气盖的建模

加湿器顶端出气盖分为顶端出气盖大部件和顶端出气盖小盖小部件。

6.2.3.1　顶端出气盖大部件的建模

顶端出气盖大部件的主要建模思路是先用**放样凸台/基体**、**曲面拉伸**、**曲面切除**和**拉伸切除**将大致主体建模，再继续用**拉伸切除**、**拉伸凸台/基体**、**拉伸切除**、**弹簧扣**、**圆角**来表现细节部分。零件实体模型及相应的设计树如图 6-171 所示。

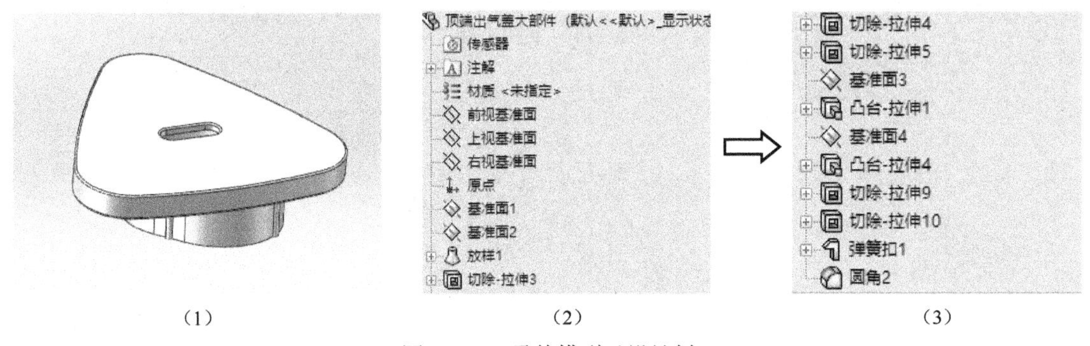

（1）　　　　（2）　　　　（3）

图 6-171　零件模型及设计树

（1）启动 SolidWorks，单击**文件→新建**命令，选择**零件**图标，然后单击**确定**，进入建模环境。

（2）选择**上视基准面**，然后单击**参考几何体**，选择**基准面**。建立基准面 1 和基准面 2，与上视基准面的距离分别为 **7mm** 和 **270mm**，设置界面如图 6-172 所示，基准面结果如图 6-173 所示。

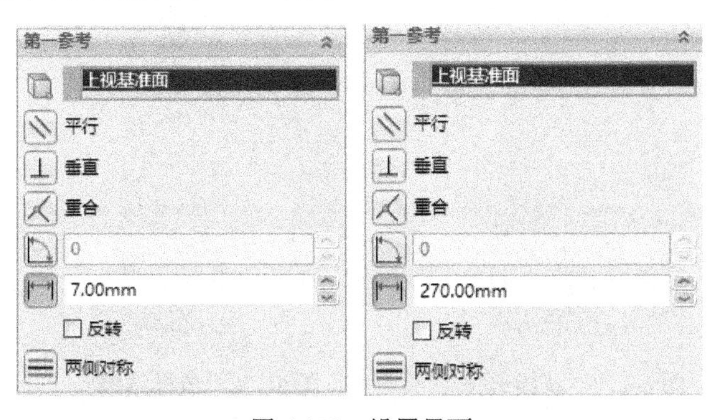

图 6-172　设置界面

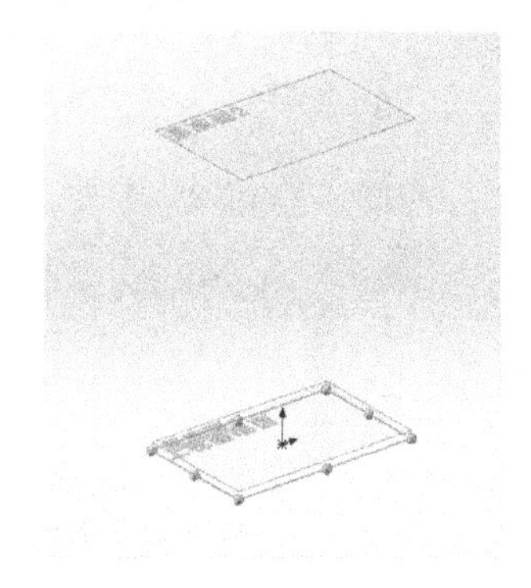

图 6-173　基准面结果

（3）分别选择**上视基准面**和**基准面 1**，单击**草图绘制**，绘制草图 1 和 2，分别做直径 **150mm** 和 **149mm** 的圆。再选择**基准面 2**，单击**草图绘制**，绘制草图 3，如图 6-174 和图 6-175 所示。

（4）单击**放样凸台/基体**，依次选择草图 1，2，3。设置界面如图 6-176 所示，草图选择如图 6-177 所示，放样结果如图 6-178 所示。

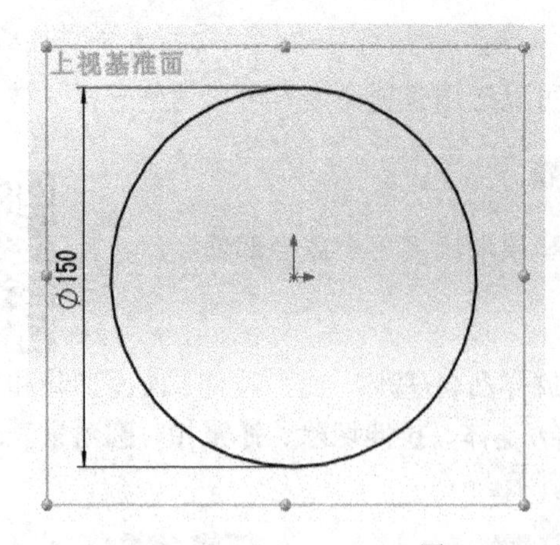

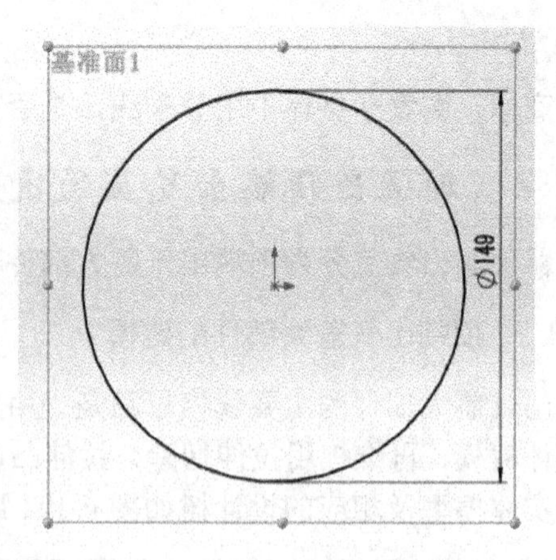

图 6-174　草图 1 和 2

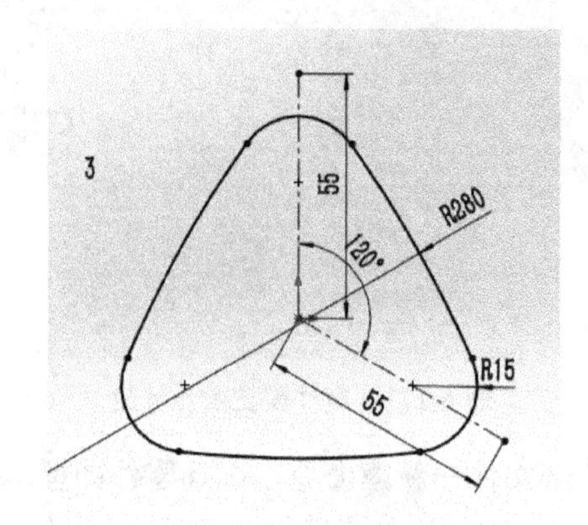

图 6-175　草图 3

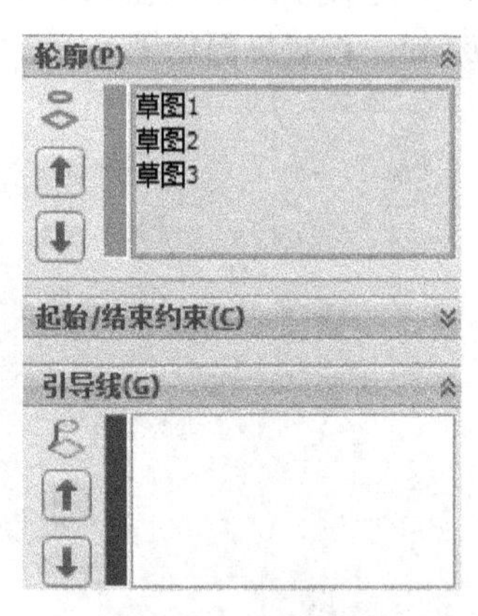

图 6-176　设置界面

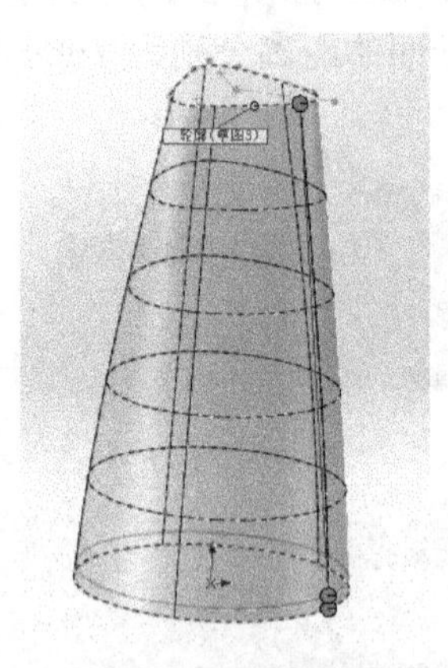

图 6-177　草图选择

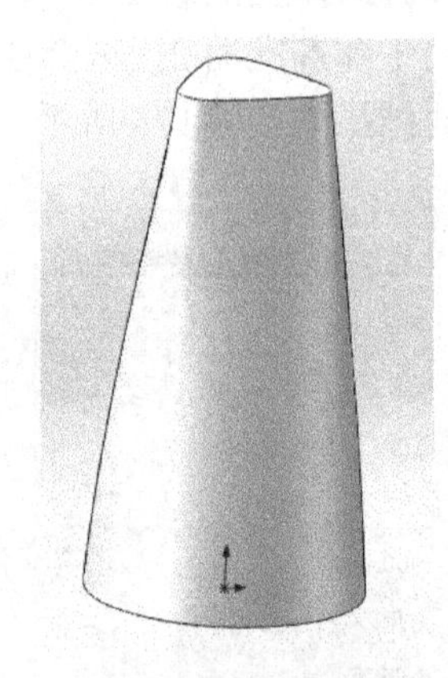

图 6-178　放样结果

（5）单击**右视基准面** 右视基准面，单击**草图绘制**，绘制草图 4，如图 6-179 所示，单击**拉伸切除**，设置界面如图 6-180 所示，拉伸切除结果如图 6-181 所示。

（6）选择图 6-182 **所示的面①**，单击**正视于**→**草图绘制**，绘制草图 5，选择**等距实体**，**等距为 1.5mm**，如图 6-183 所示。单击**拉伸切除**，选择**完全贯穿**，拉伸切除结果如图 6-184 所示。

（7）选择图 6-185 **所示的面①**（朝下）。单击**正视于**→**草图绘制**，绘制草图 6，如图 6-186 所示。单击**拉伸切除**，设置**给定深度为 5.5mm**，拉伸切除结果如图 6-187 所示。

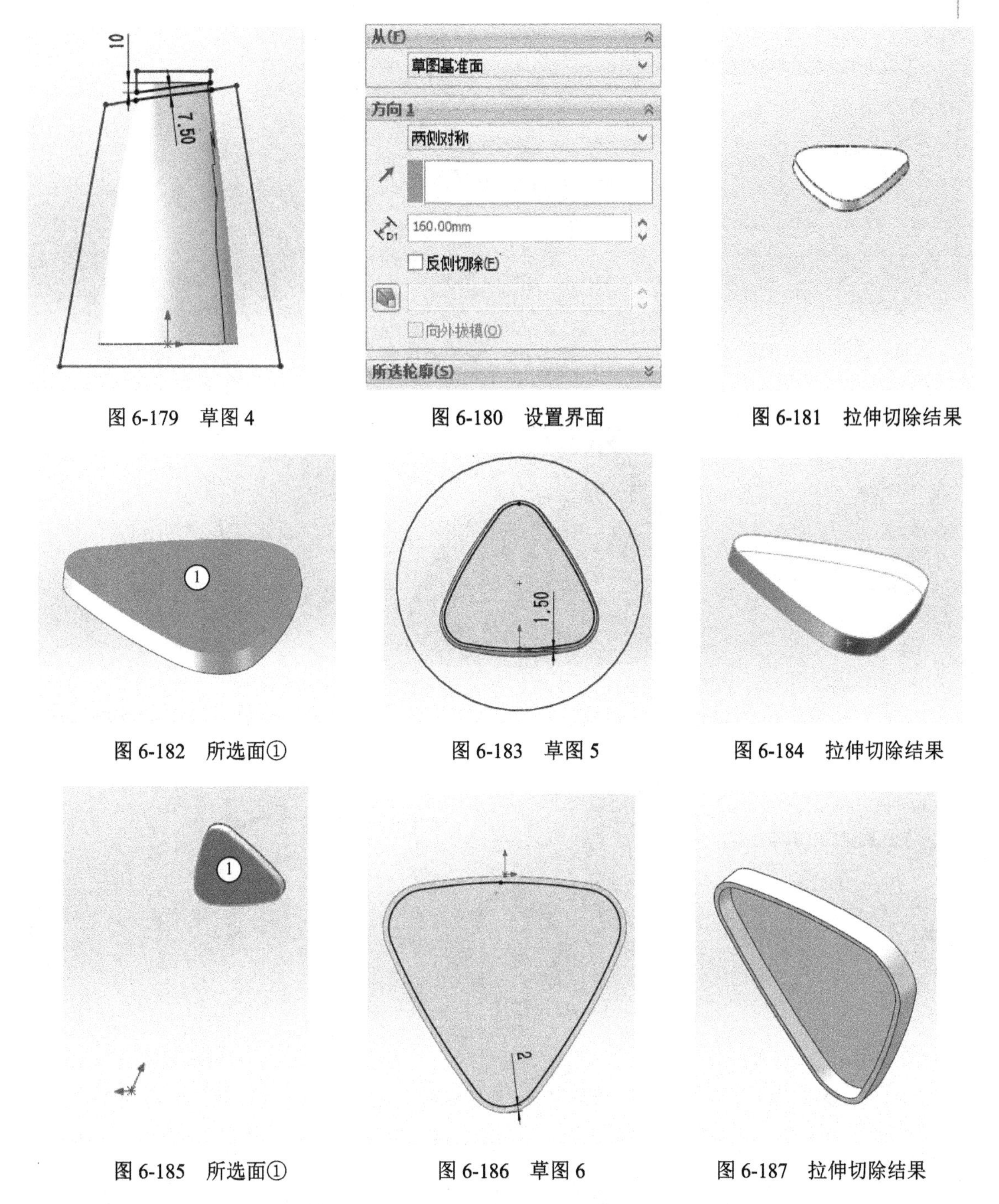

图 6-179 草图 4　　图 6-180 设置界面　　图 6-181 拉伸切除结果

图 6-182 所选面①　　图 6-183 草图 5　　图 6-184 拉伸切除结果

图 6-185 所选面①　　图 6-186 草图 6　　图 6-187 拉伸切除结果

（8）建立基准面 3。设置界面如图 6-188 所示，选取基准面，如图 6-189 所示。选取该基准面 3，单击**正视于**→**草图绘制**，绘制草图 7，如图 6-190 所示。单击**拉伸凸台/基体**，选择**成形到一面**，设置界面如图 6-191 所示，拉伸结果如图 6-192 所示。

（9）建立基准面 4。设置界面如图 6-193 所示，选取基准面如图 6-194 所示。选取该基准面 4，单击**正视于**→**草图绘制**，绘制草图 8，如图 6-195 所示。然后单击**拉伸凸台/基体**，选择**成形到一面**，设置界面如图 6-196 所示，拉伸结果如图 6-197 所示。

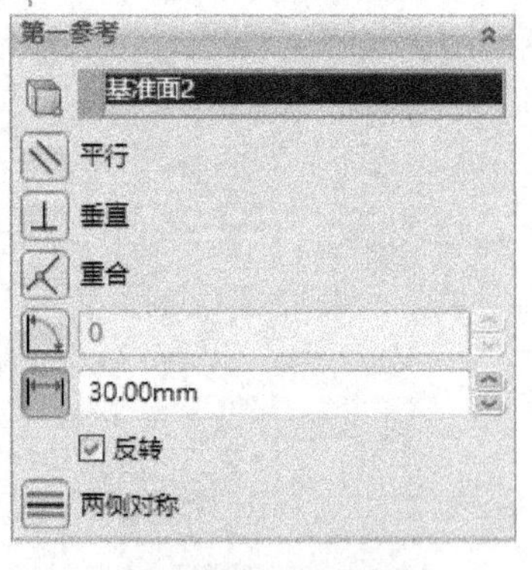

图 6-188　设置界面

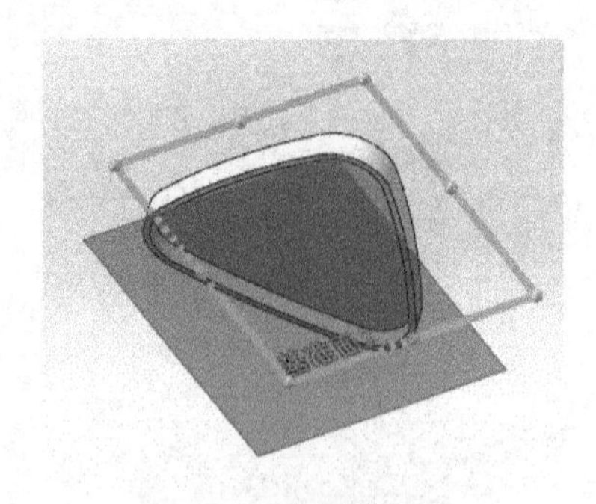

图 6-189　选取基准面

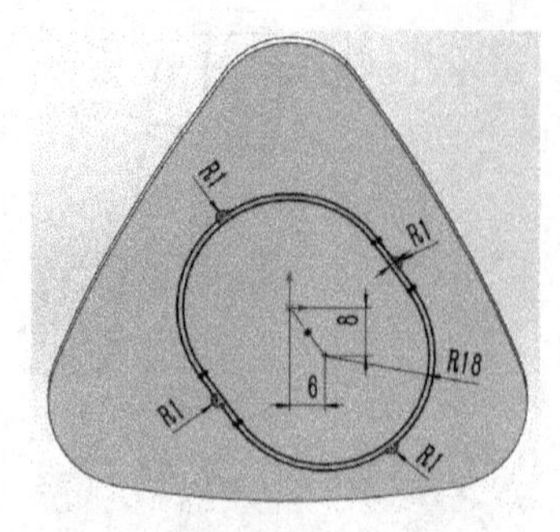

图 6-190　草图 7

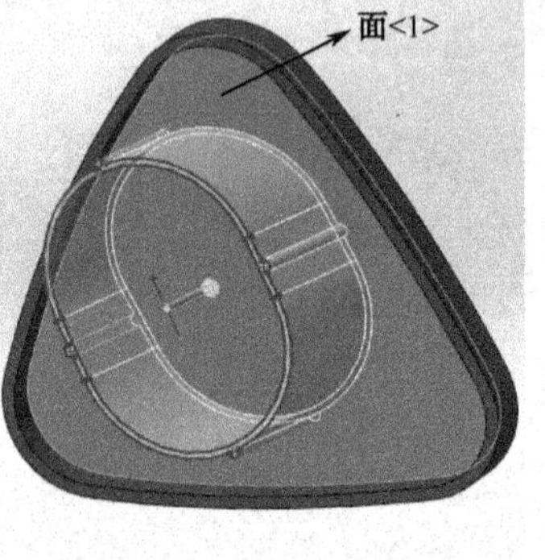

图 6-191　设置界面及所选面

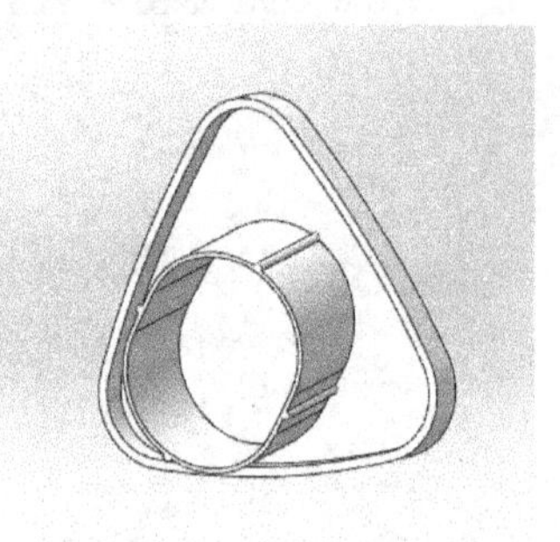

图 6-192　拉伸结果

图 6-193　设置界面

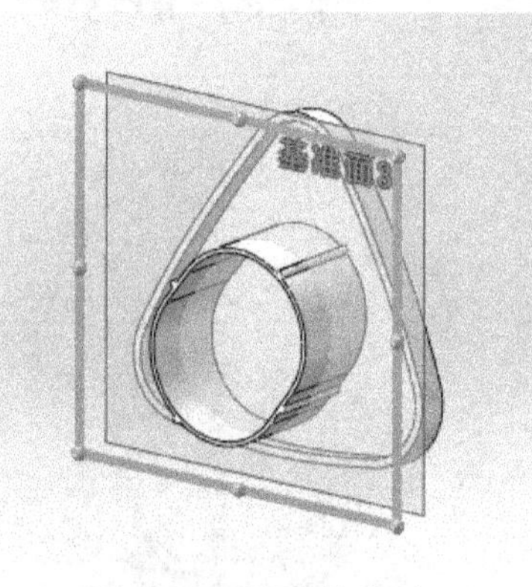

图 6-194　选取基准面

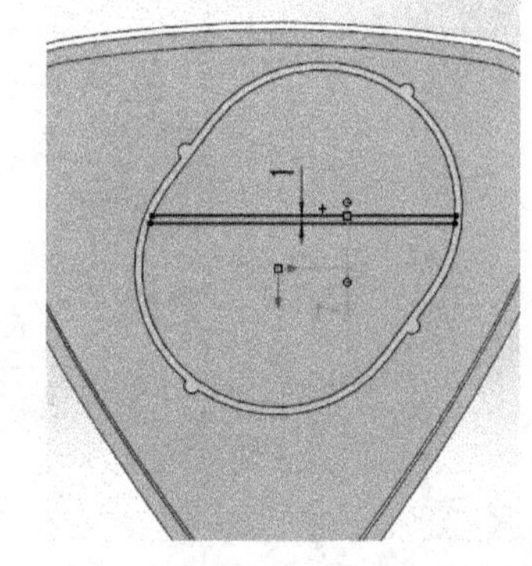

图 6-195　草图 8

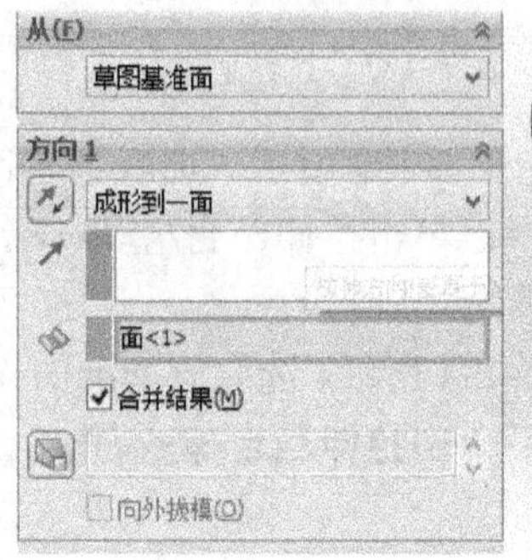

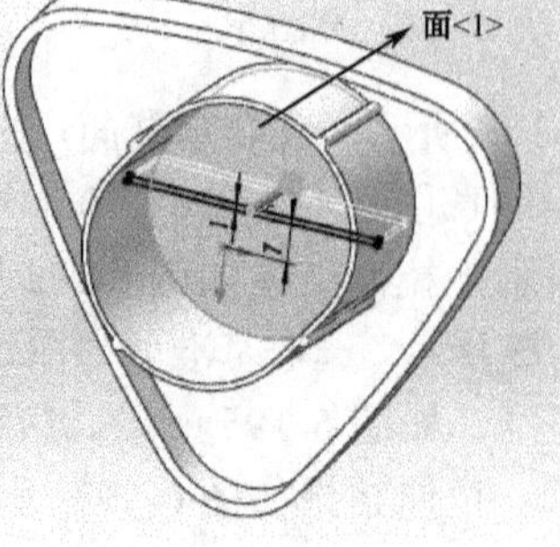

图 6-196　设置界面

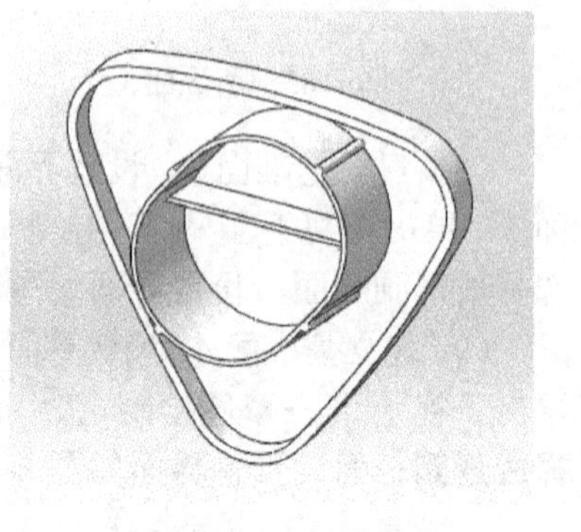

图 6-197　拉伸结果

（10）选该基准面 2，单击**正视于**→**草图绘制**，绘制草图 9，如图 6-198 所示。单击**拉伸切除**，设置**给定深度**为 **15mm**。设置界面如图 6-199 所示，拉伸切除结果如图 6-200 所示。

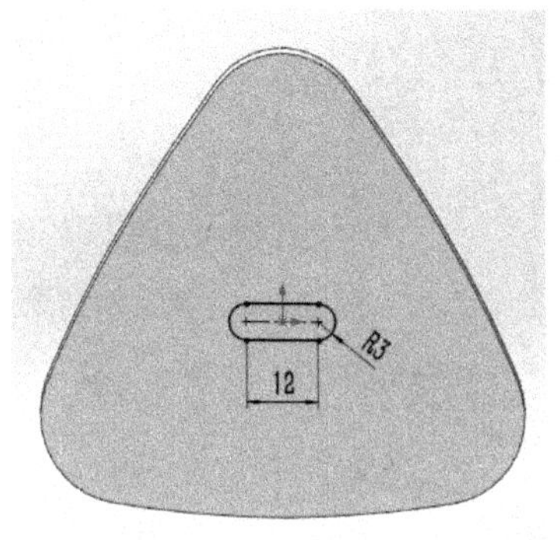

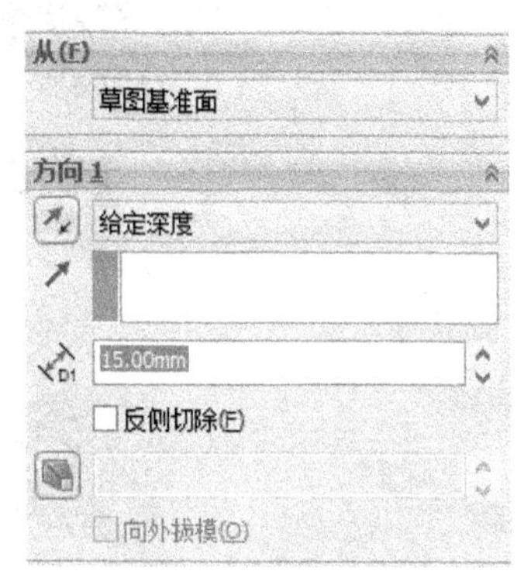

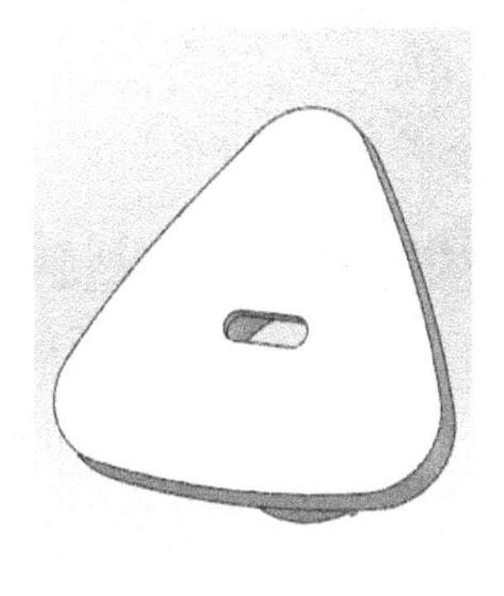

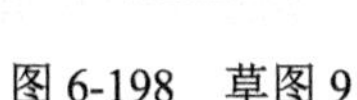

图 6-198　草图 9　　图 6-199　设置界面　　图 6-200　拉伸切除结果

（11）选择图 6-201 所示的面①，单击**正视于**→**草图绘制**，绘制草图 10，如图 6-202 所示。单击**拉伸切除**，设置**给定深度**为 **12mm**，拉伸切除结果如图 6-203 所示。

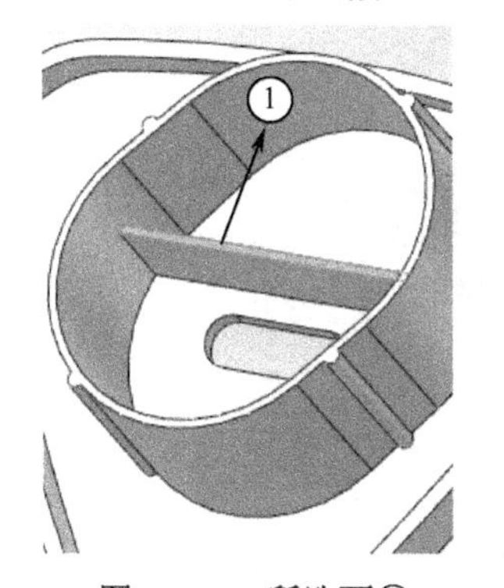

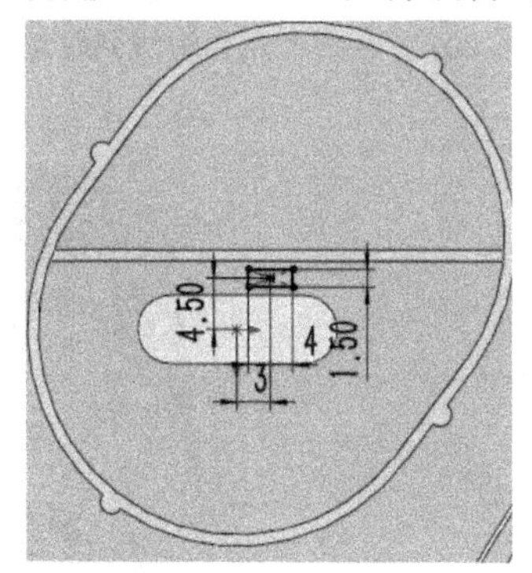

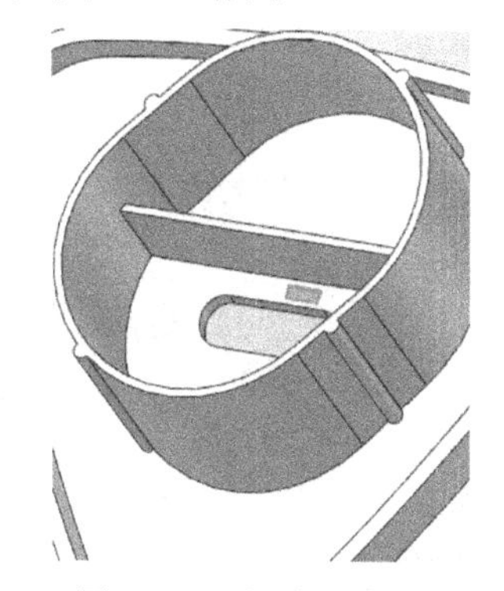

图 6-201　所选面①　　图 6-202　草图 10　　图 6-203　拉伸切除结果

（12）选择**插入**→**扣合特征**→**弹簧扣** 弹簧扣(H)，弹簧扣设置界面如图 6-204 所示。所选面如图 6-205 所示，弹簧扣结果如图 6-206 所示。然后选中弹簧扣下面的 **3D 草图** 弹簧扣1 3D草图1，并编辑。同时选中点和边线，如图 6-207 所示，编辑**属性** 属性，添加几何关系，单击**中点** 中点(M)，属性编辑如图 6-208 所示。然后退出编辑草图，弹簧扣最后结果如图 6-209 所示，弹簧扣正好卡入凹槽。

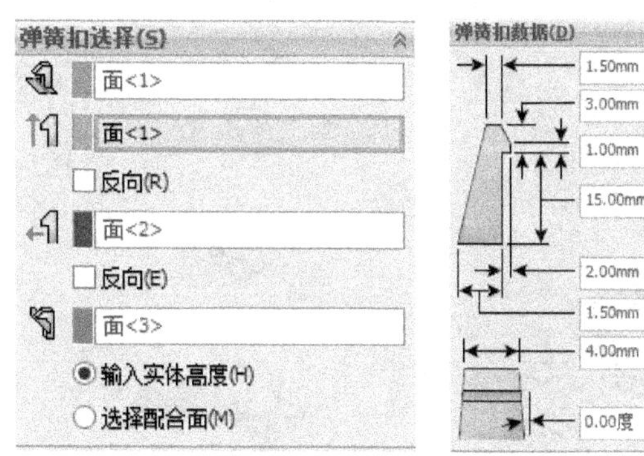

图 6-204　弹簧扣设置界面

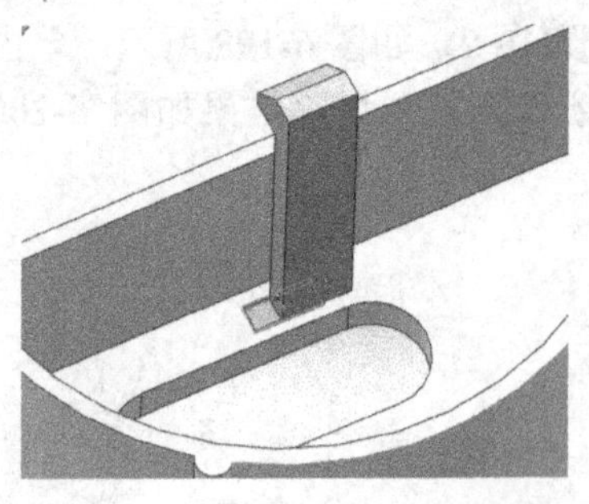
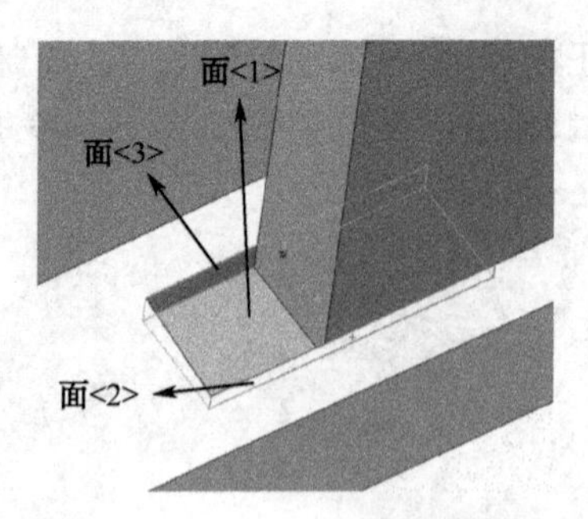

图 6-205　所选面

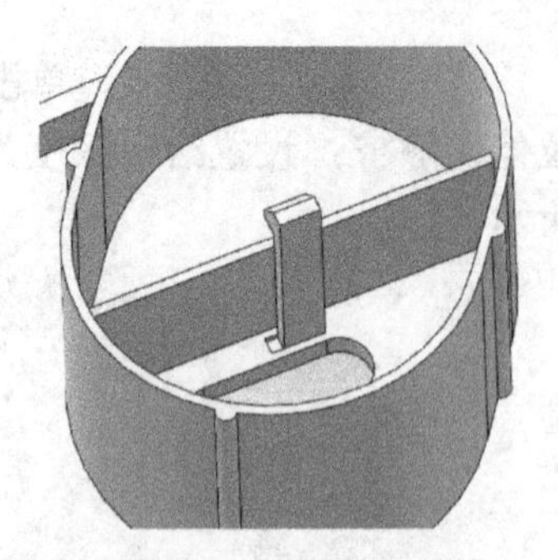

图 6-206　弹簧扣结果

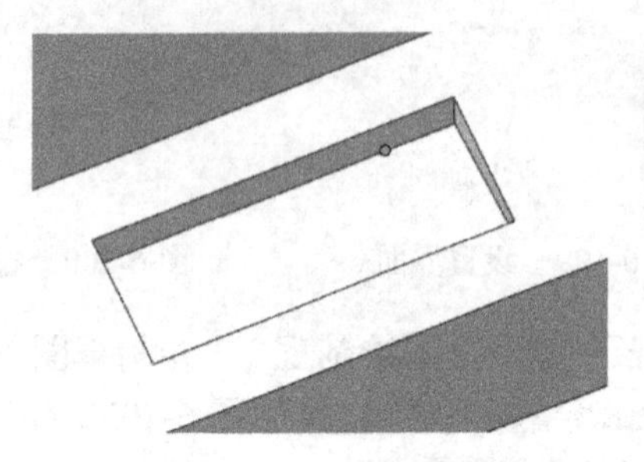

图 6-207　这两个点和边线同时选择

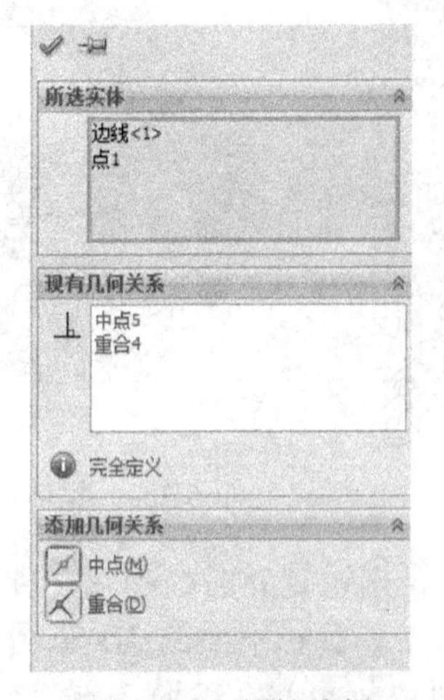

图 6-208　属性编辑

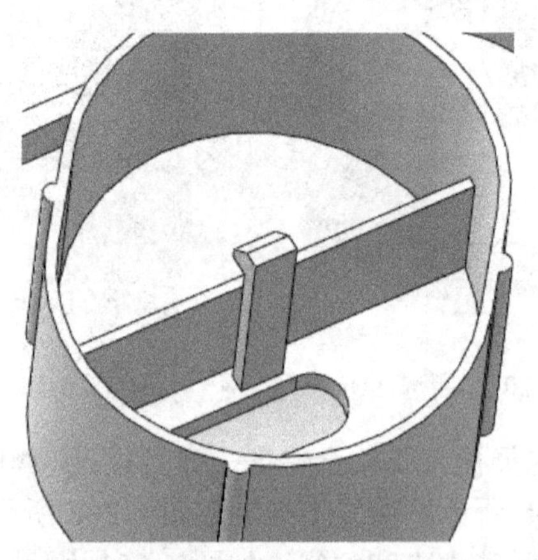

图 6-209　最后结果

（13）最后选择**圆角**，如图 6-210 所示。

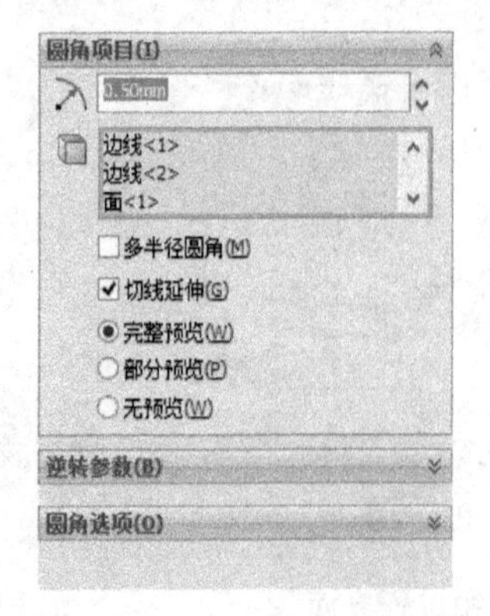

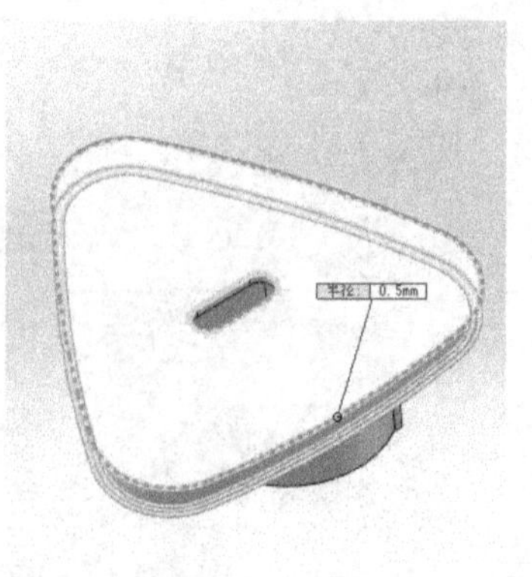

图 6-210　圆角

6.2.3.2　顶端出气盖小盖小部件的建模

顶端出气盖小盖小部件的主要建模思路是用**拉伸凸台/基体**和**拉伸切除**命令。零件实体模型及相应的设计树如图 6-211 所示。

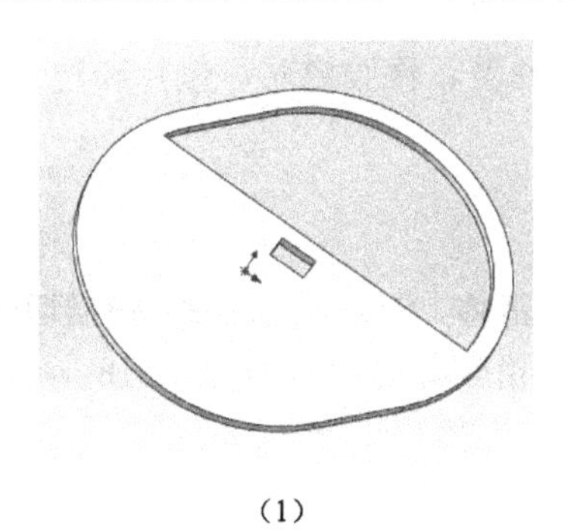

（1）

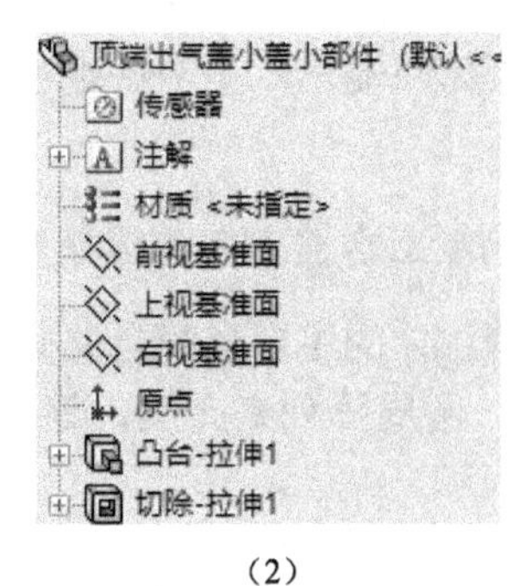

（2）

图 6-211　零件模型及设计树

（1）启动 SolidWorks，单击**文件→新建**命令，选择**零件**图标，然后单击**确定**，进入建模环境。

（2）选择**上视基准面**，单击**草图绘制**，绘制草图 1，如图 6-212 所示，然后单击**拉伸凸台/基体**，设置界面如图 6-213 所示，拉伸结果如图 6-214 所示。

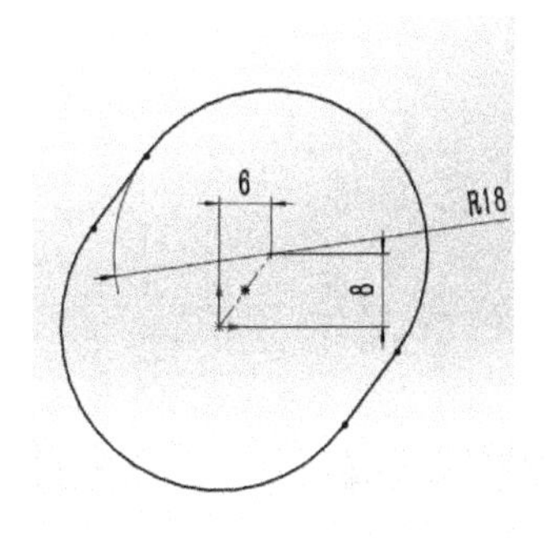

图 6-212　草图 1

图 6-213　设置界面

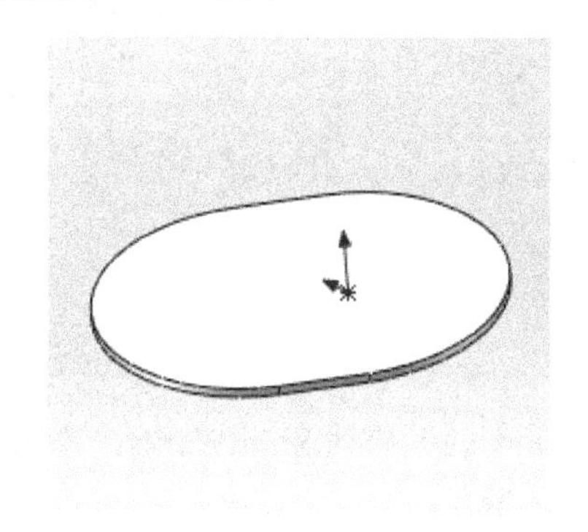

图 6-214　拉伸结果

（3）选择**上视基准面**，单击**草图绘制**，绘制草图 2，如图 6-215 所示（绘制草图时用到**等距实体**），单击**拉伸切除**，设置界面如图 6-216 所示，拉伸切除结果如图 6-217 所示。

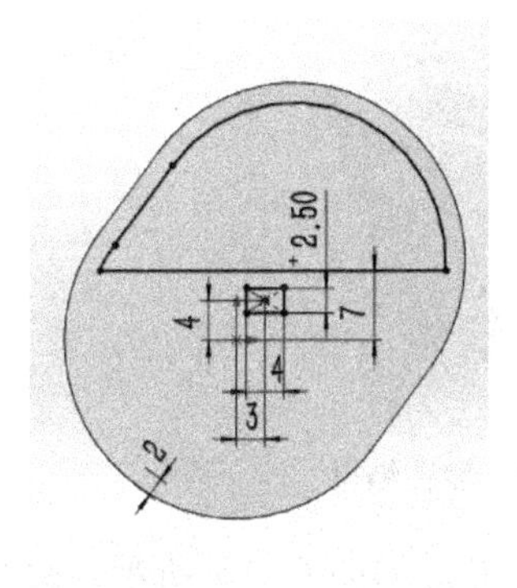

图 6-215　草图 2

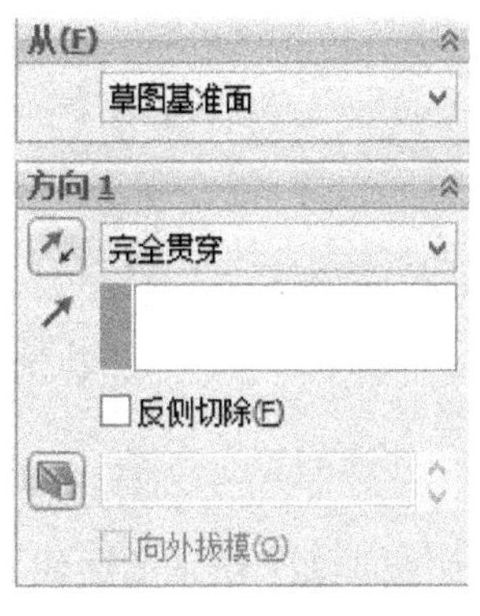

图 6-216　设置界面

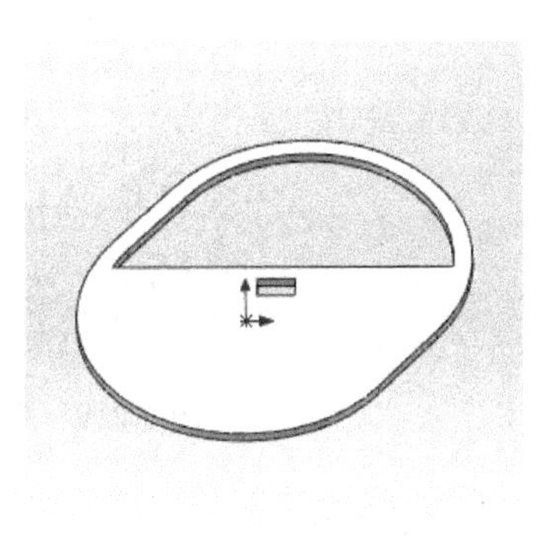

图 6-217　拉伸切除结果

思考：

（1）思考弹簧扣的好处，可以运用到什么地方？

6.2.4 加湿器上主体底端出水盖的建模

加湿器上主体底端出水盖分底端出水盖主体、弹簧、橡胶塞芯、垫片和塑料塞芯。

6.2.4.1 底端出水盖主体的建模

底端出水盖主体的主要建模思路是用**旋转凸台/基体**、**倒角**、**螺旋线**、**扫描切除**、**拉伸切除**、**拉伸凸台/基体**、**圆周阵列**来完成。零件实体模型及相应的设计树如图 6-218 所示。

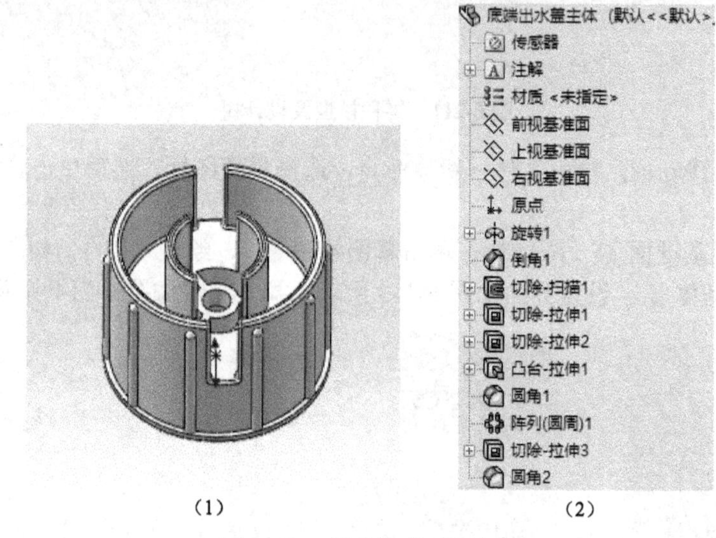

（1）　　　　（2）

图 6-218　零件模型及设计树

（1）启动 SolidWorks，单击**文件→新建**命令，选择**零件**图标，然后单击**确定**✓，进入建模环境。

（2）单击**前视基准面**，单击**草图绘制**，绘制草图 1，如图 6-219 所示。然后单击**旋转凸台**，旋转结果如图 6-220 所示。

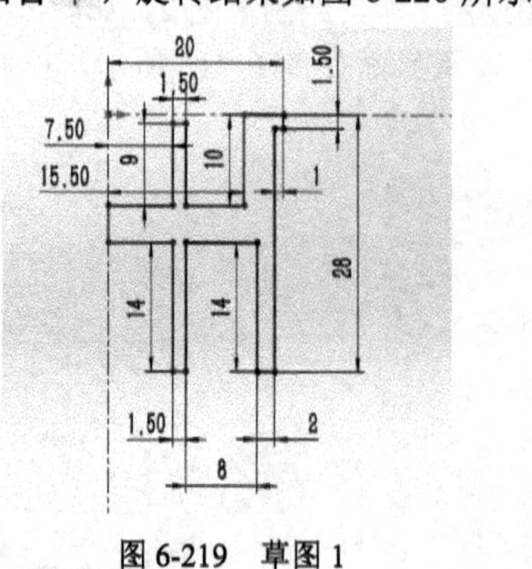

图 6-219　草图 1

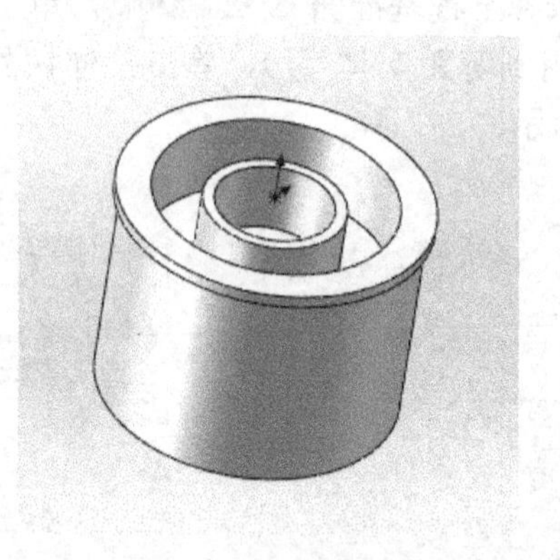

图 6-220　旋转结果

（3）单击**倒角**，然后选择如图 6-221 所示的边线，设置界面如图 6-222 所示，**距离为 2mm**，**角度为 45°**，倒角结果如图 6-223 所示。

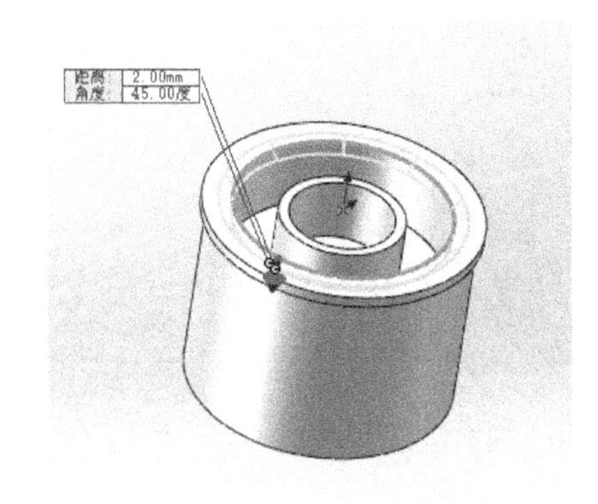

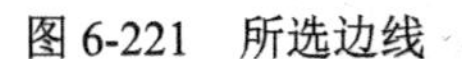

图 6-221　所选边线

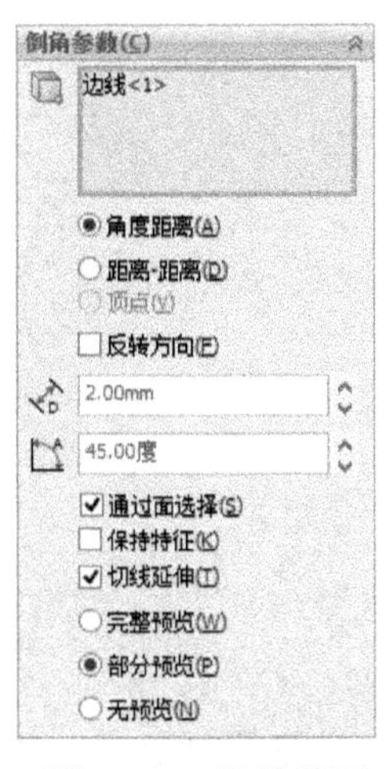

图 6-222　设置界面

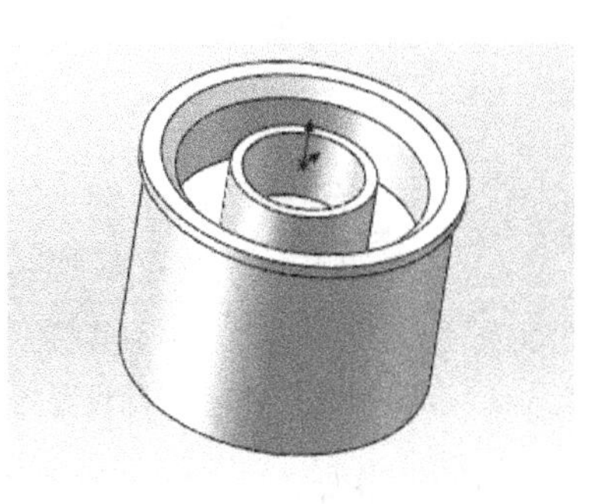

图 6-223　倒角结果

（4）选择如图 6-224 **所示的面①**。单击**正视于**→**草图绘制**，绘制草图 2，如图 6-225 所示。然后选择**曲线**，**螺旋线** 螺旋线/涡状线，选取草图 2，螺旋线设置界面如图 6-226 所示，螺旋线结果如图 6-227 所示。然后选择**前视基准面** 前视基准面，并绘制草图 3，如图 6-228 所示。最后选择**扫描切除** 扫描切除，分别选取草图 3 和螺旋线，设置界面如图 6-229 所示，扫描切除结果如图 6-230 所示。

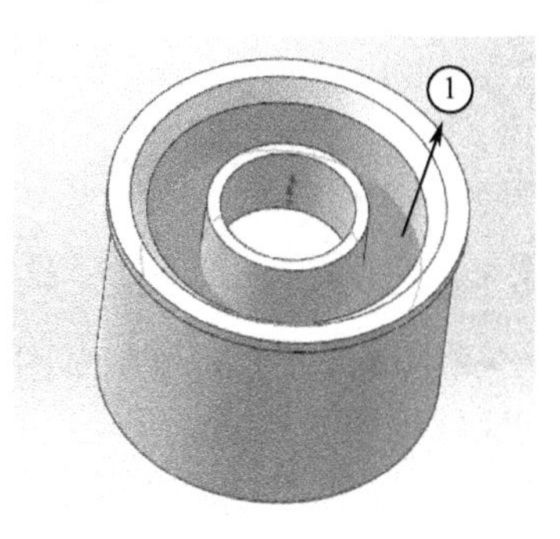

图 6-224　所选面①

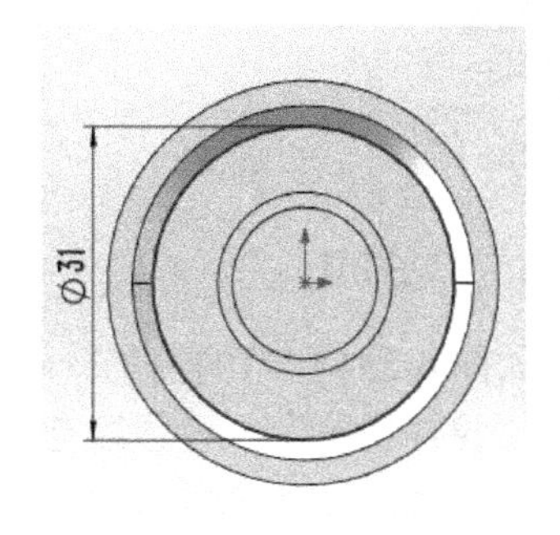

图 6-225　草图 2

图 6-226　螺旋线设置界面

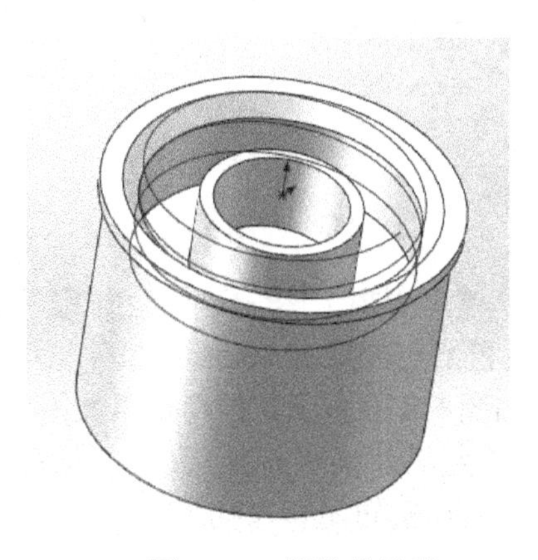

图 6-227　螺旋线结果

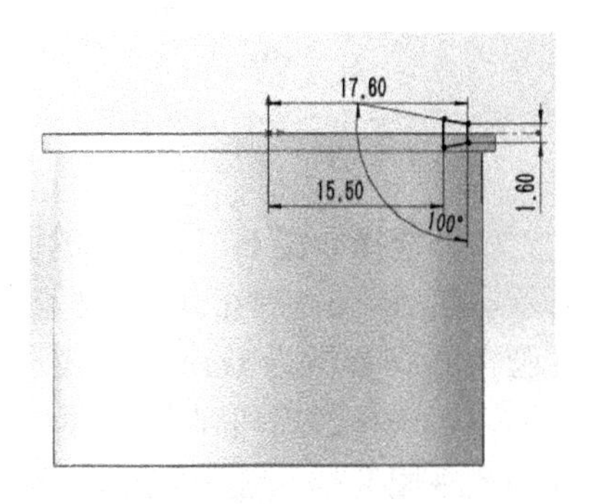

图 6-228　草图 3

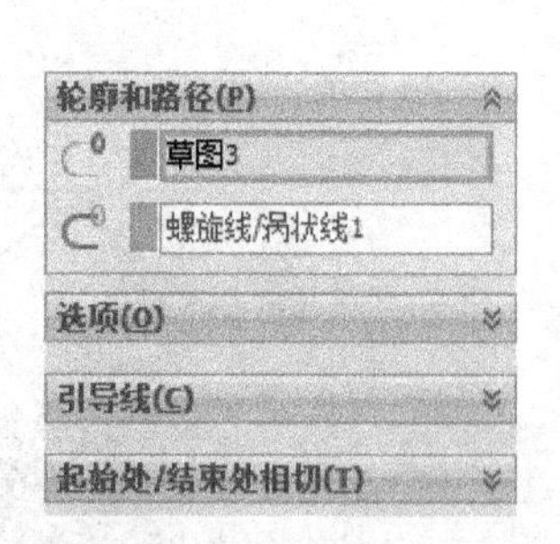

图 6-229　扫描切除设置界面

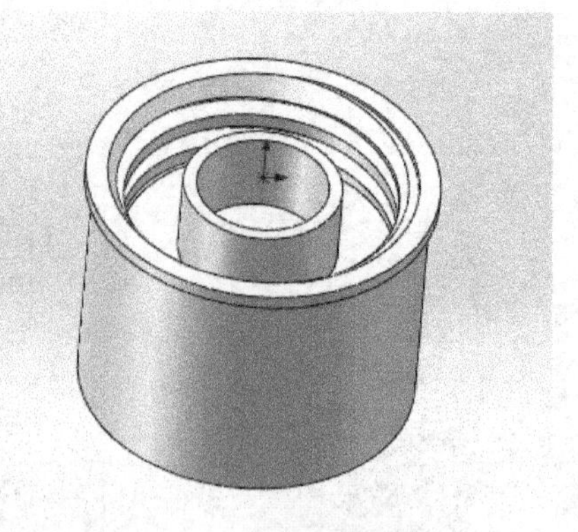

图 6-230　扫描切除结果

（5）选择如图 6-231 所示的面①。单击**正视于**→**草图绘制**，绘制草图 4，如图 6-232 所示。然后单击**拉伸切除**，设置为**完全贯穿**，拉伸切除结果如图 6-233 所示。

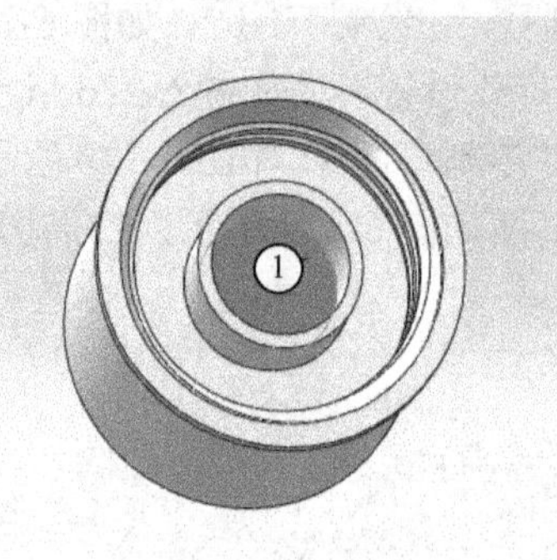

图 6-231　所选面①

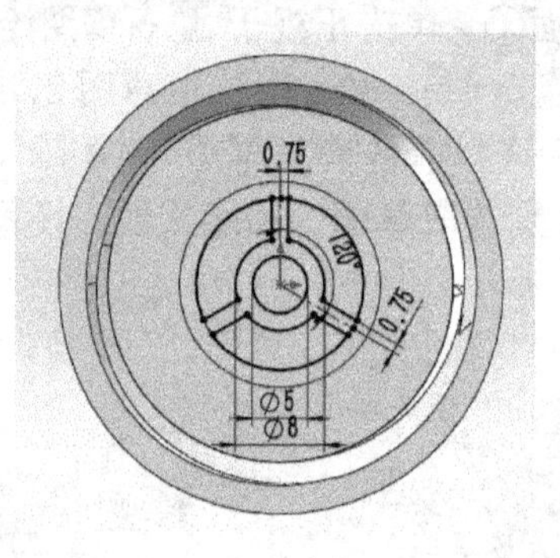

图 6-232　草图 4

图 6-233　拉伸切除结果

（6）选择如图 6-234 所示的面①。单击**正视于**→**草图绘制**，绘制草图 5，如图 6-235 所示。然后单击**拉伸切除**，设置**给定深度**，拉伸切除结果如图 6-236 所示。

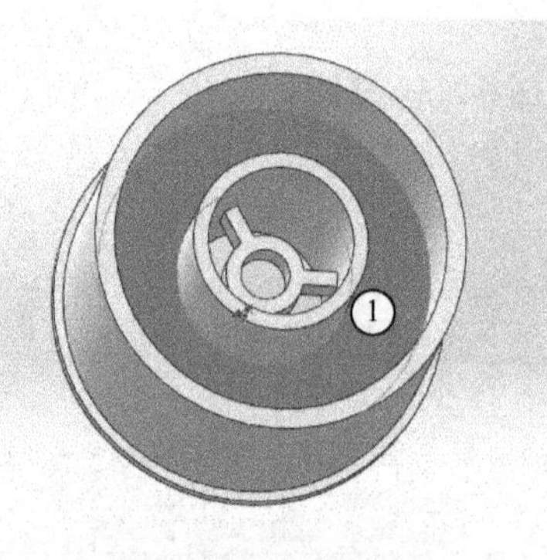

图 6-234　所选面①

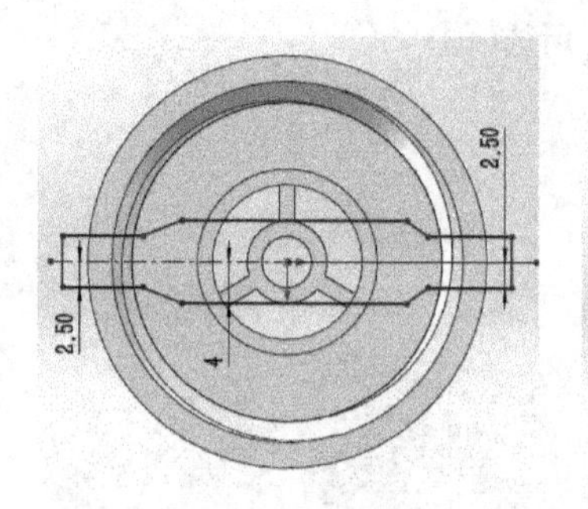

图 6-235　草图 5

图 6-236　拉伸切除结果

（7）选择如图 6-237 所示的面①，单击**正视于**→**草图绘制**，绘制草图 6，如图 6-238 所示。然后单击**拉伸凸台/基体**，设置**给定深度**为 **25mm**，拉伸结果如图 6-239 所示。然后选择**圆角**，参数为 **1mm**，边线选取如图 6-240 所示，圆角结果如图 6-241 所示。

（8）选择**圆周阵列** 圆周阵列，设置界面如图 6-242 所示。选取特征如图 6-243 所示（基准轴从视图选择临时轴勾选）。圆周阵列结果如图 6-244 所示。

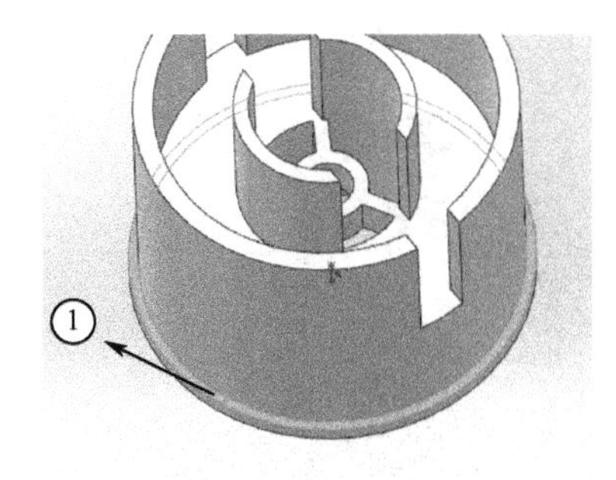

图 6-237　所选面①

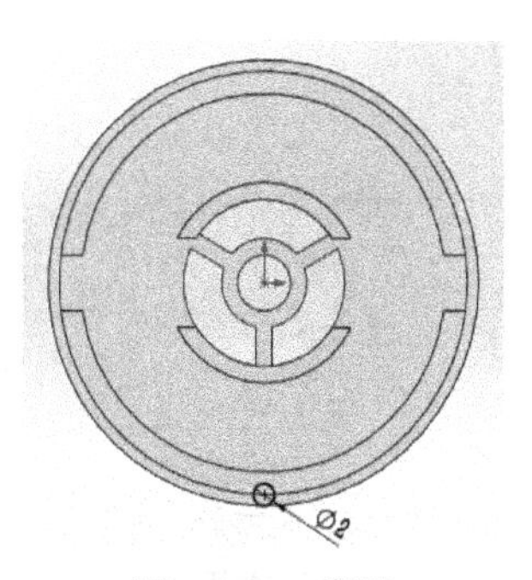

图 6-238　草图 6

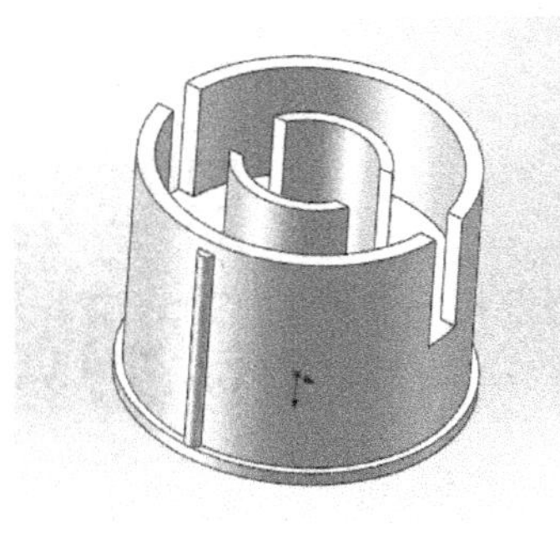

图 6-239　拉伸结果

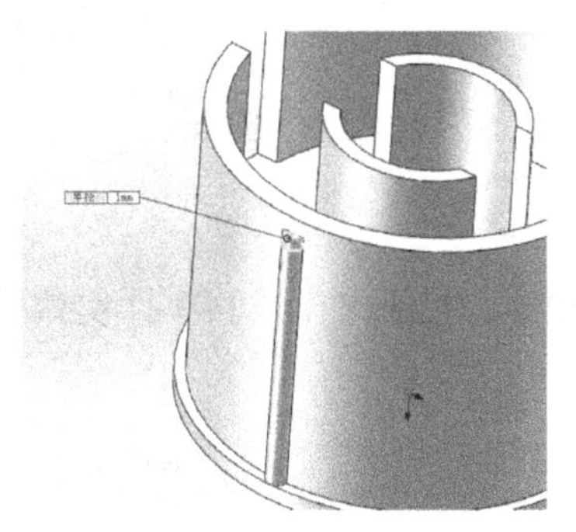

图 6-240　边线选择

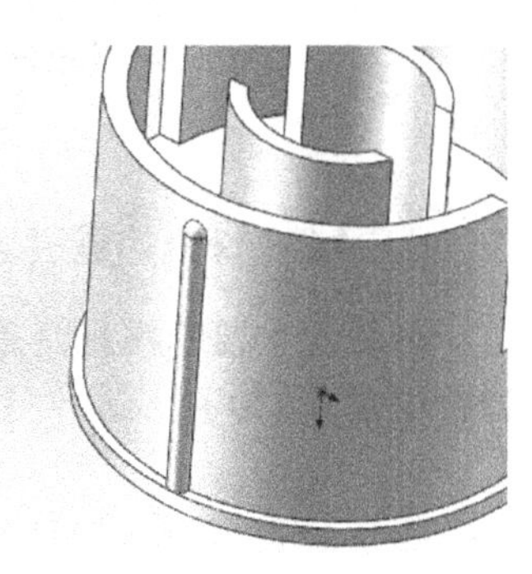

图 6-241　圆角结果

图 6-242　设置界面

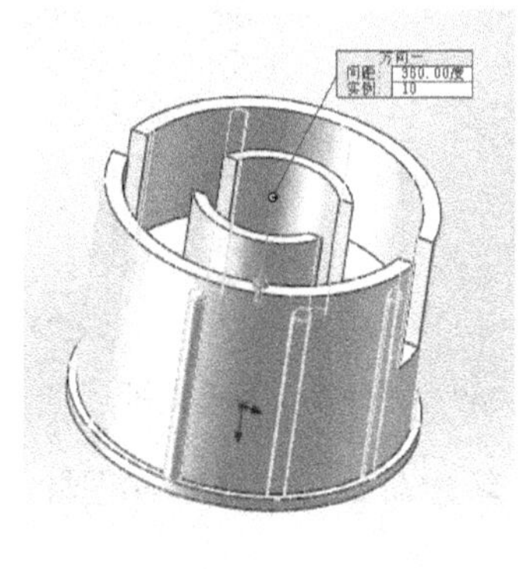

图 6-243　选取特征

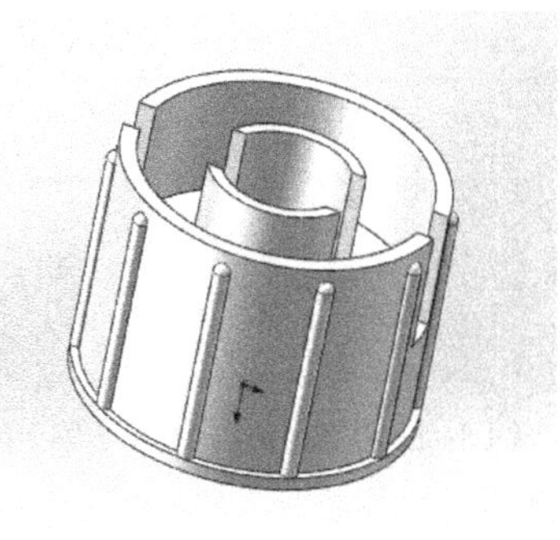

图 6-244　圆周阵列结果

（9）选择如图 6-245 所示的面①，单击**正视于**→**草图绘制**，绘制草图 7，如图 6-246 所示。然后单击**拉伸切除**，设置**给定深度**为 **2mm**，拉伸切除结果如图 6-247 所示。最后选择**圆角**，圆角如图 6-248 所示。

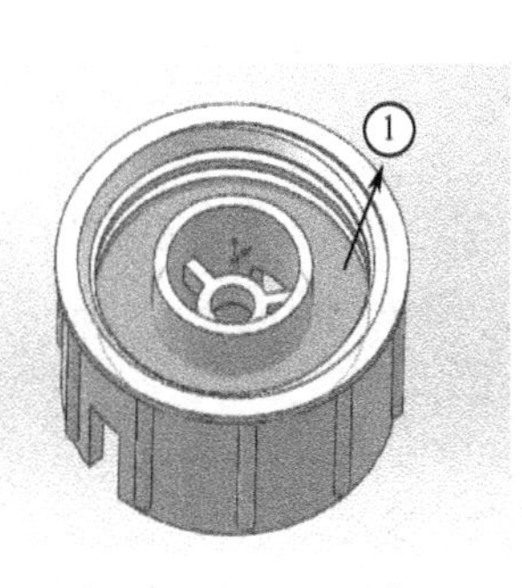

图 6-245　所选面①

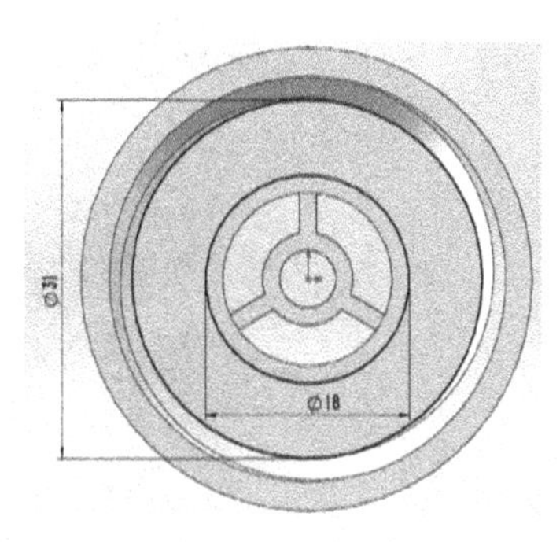

图 6-246　草图 7

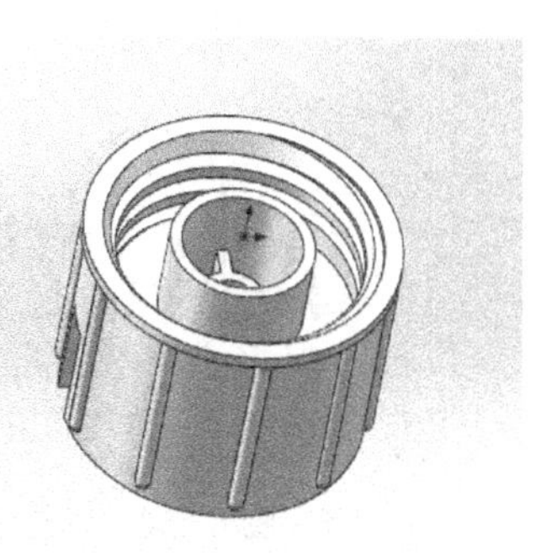

图 6-247　拉伸切除结果

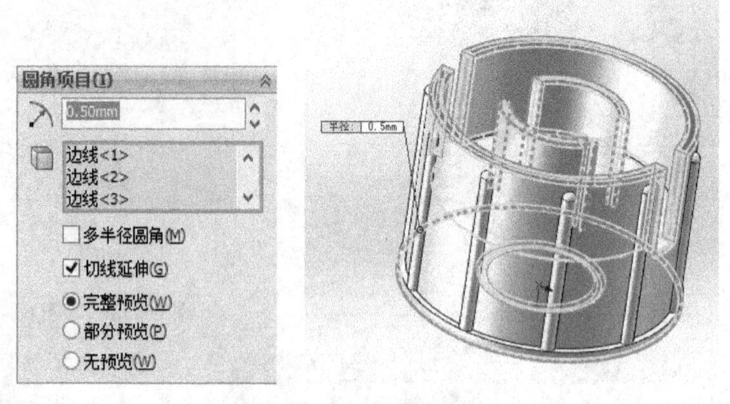

图 6-248 圆角

6.2.4.2 弹簧的建模

弹簧的主要建模思路是用**螺旋线**、**扫描**来完成。零件实体模型及相应的设计树如图 6-249 所示。

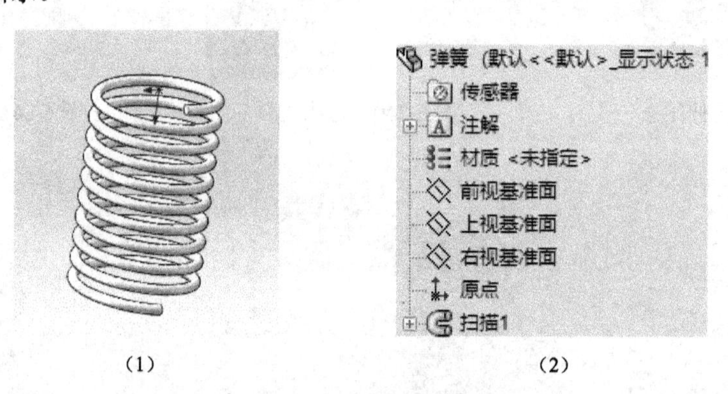

图 6-249 零件模型及设计树

（1）启动 SolidWorks，单击**文件→新建**命令，选择**零件**图标，然后单击**确定**，进入建模环境。

（2）单击**上视基准面**，单击**草图绘制**，绘制草图 1，如图 6-250 所示。接着选择曲线→**螺旋线/涡状线**，选取草图 1，螺旋线参数如图 6-251 所示。然后单击**前视基准面**，单击**绘制草图**，绘制草图 2，如图 6-252 所示。最后选择**扫描**。选取草图 2 和螺旋线，如图 6-253 所示，扫描结果如图 6-254 所示。

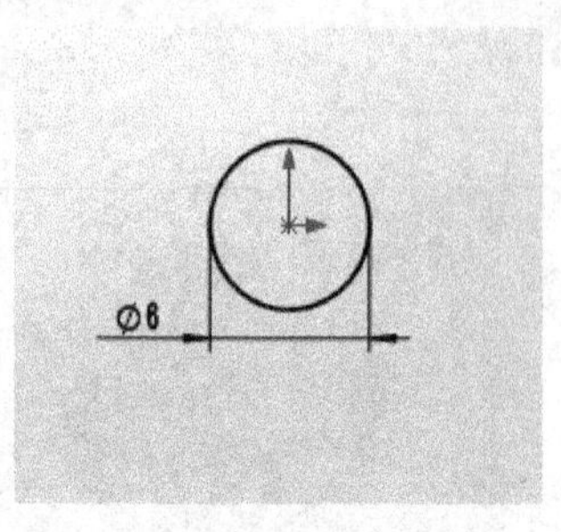

图 6-250 草图 1

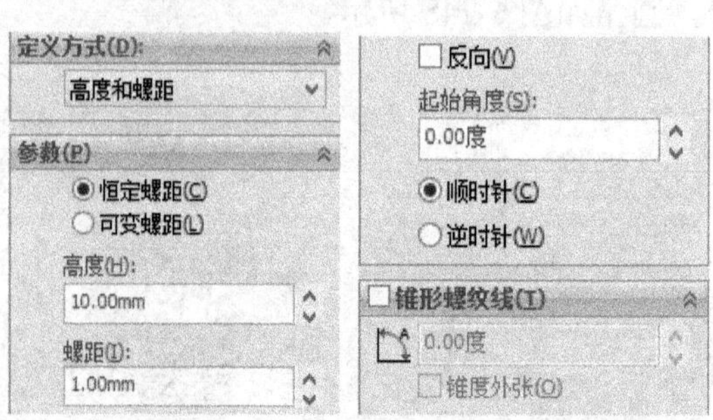

图 6-251 螺旋线参数

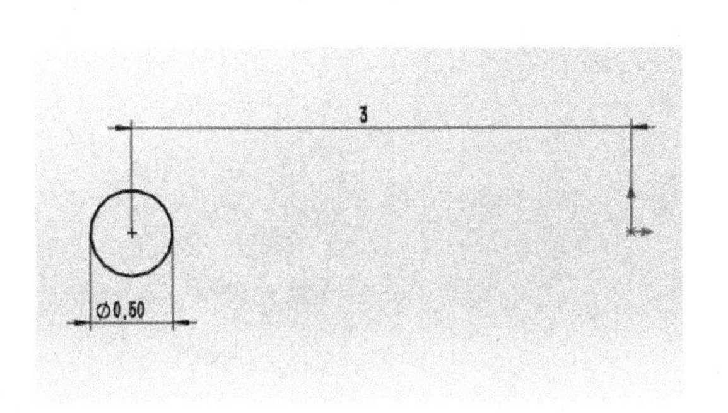

图 6-252　草图 2

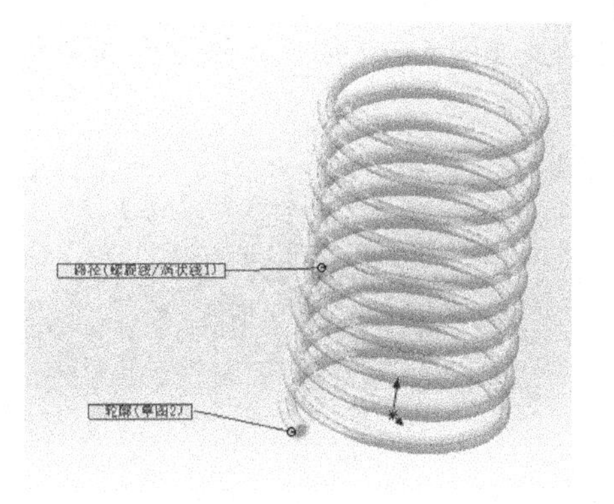

图 6-253　扫描选取

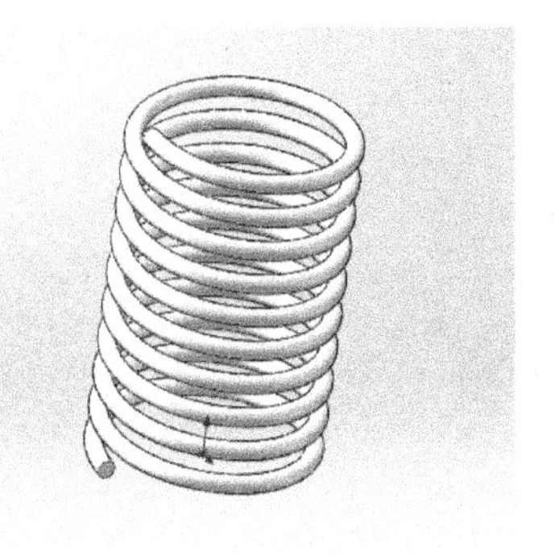

图 6-254　扫描结果

6.2.4.3　橡胶塞芯的建模

橡胶塞芯的主要建模思路是用**旋转凸台**、**拉伸凸台/基体**、**圆角**来完成。零件实体模型及相应的设计树如图 6-255 所示。

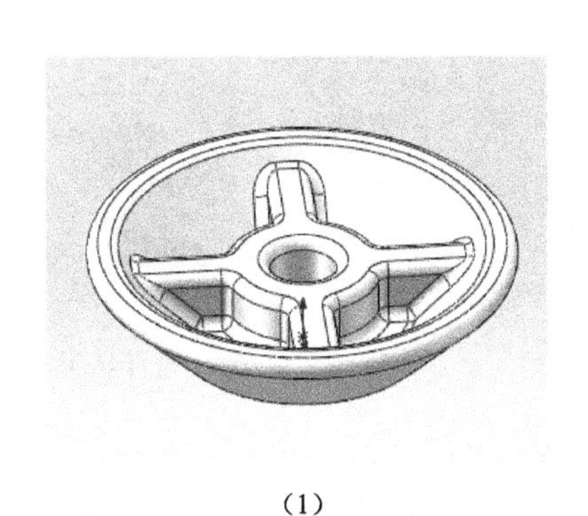

（1）

橡胶塞芯（默认<<默认>_显示状
传感器
注解
材质 <未指定>
前视基准面
上视基准面
右视基准面
原点
旋转2
凸台-拉伸2
圆角1
圆角2

（2）

图 6-255　零件模型及设计树

（1）启动 SolidWorks，单击**文件→新建**命令，选择**零件**图标，然后单击**确定**，进入建模环境。

（2）单击**前视基准面** 前视基准面，单击**草图绘制**，绘制草图 1，如图 6-256 所示，然后选择**旋转凸台**，选取草图 1，旋转凸台结果如图 6-257 所示。

（3）选择如图 6-258 所示的面①，单击**正视于**→**草图绘制**，绘制草图 2，如图 6-259 所示。然后选择**拉伸凸台/基体**，选取**草图 2**，选择**成形到实体**，设置界面如图 6-260 所示，拉伸结果如图 6-261 所示。最后选择**圆角**，圆角如图 6-262 和图 6-263 所示。

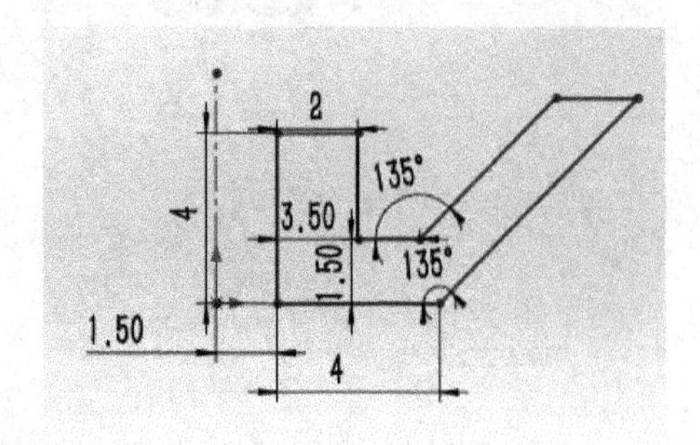

图 6-256 草图 1

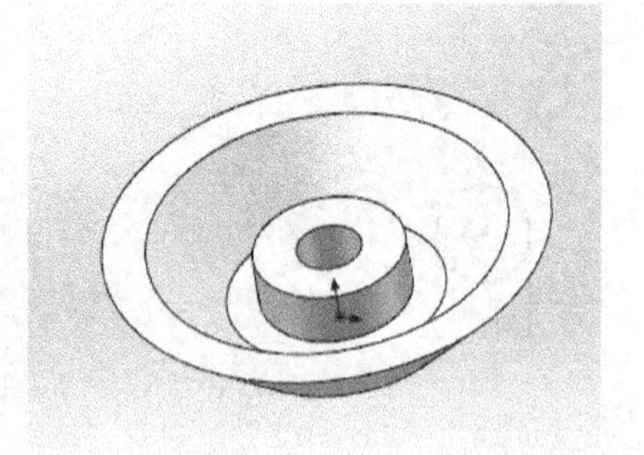

图 6-257 旋转凸台结果

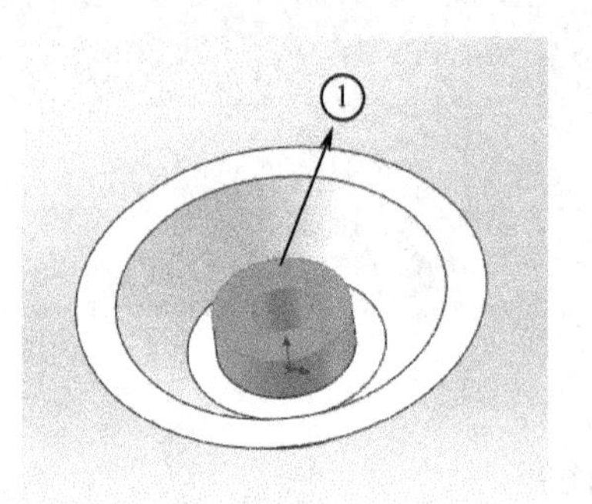

图 6-258 所选面①

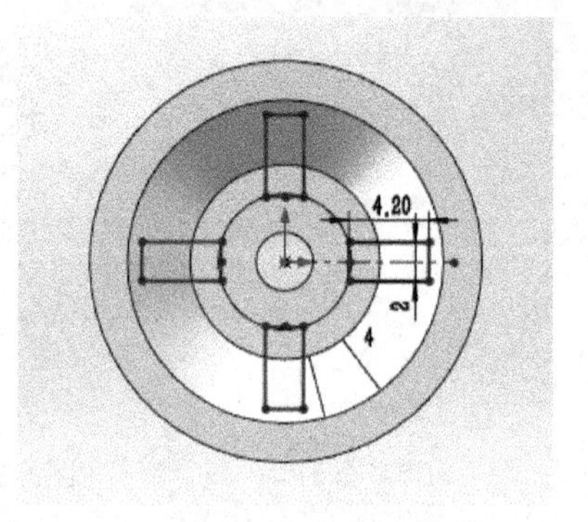

图 6-259 草图 2

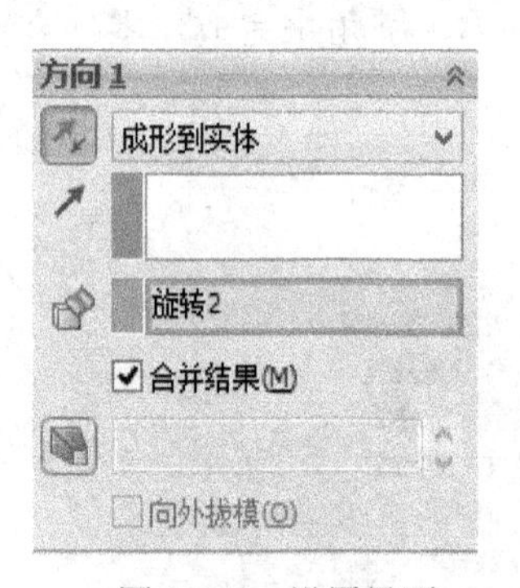

图 6-260 设置界面

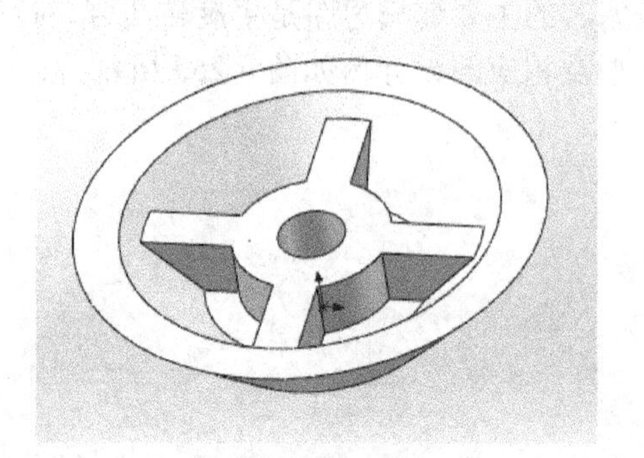

图 6-261 拉伸结果

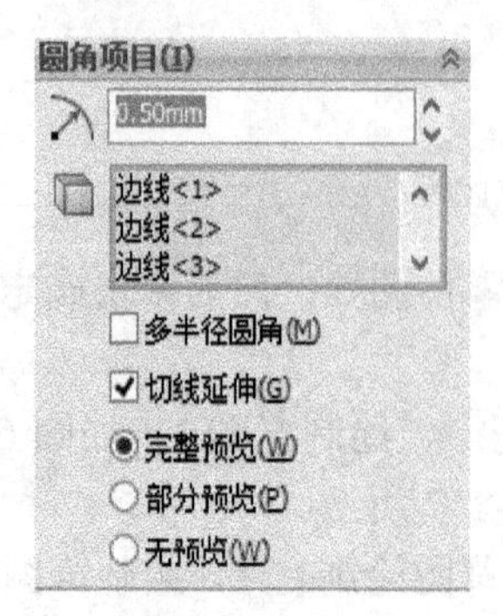

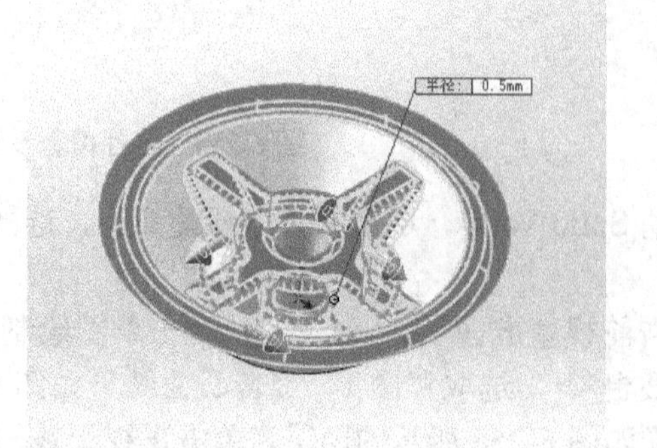

图 6-262 圆角 1

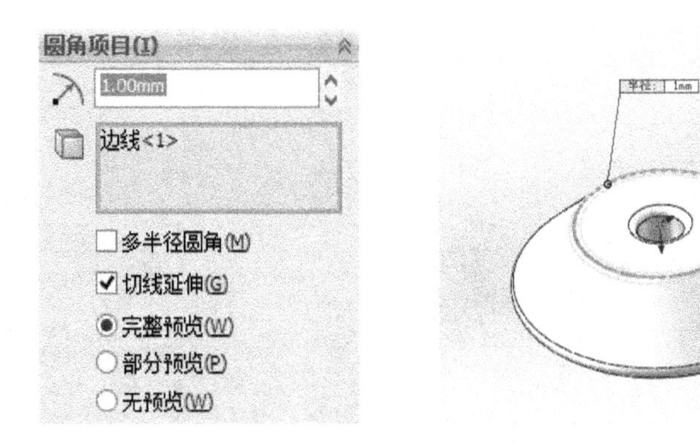

图 6-263　圆角 2

6.2.4.4　垫片的建模

垫片的主要建模思路是用**拉伸凸台/基体**、**圆角**来完成。零件实体模型及相应的设计树如图 6-264 所示。

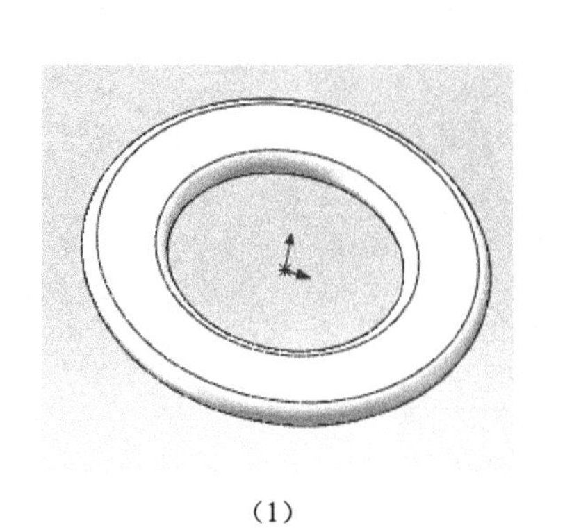

（1）

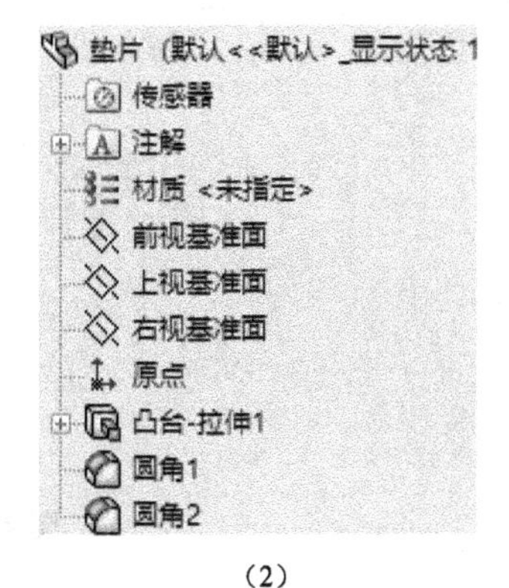

（2）

图 6-264　零件模型及设计树

（1）启动 SolidWorks，单击**文件→新建**命令，选择**零件**图标，然后单击**确定**✔，进入建模环境。

（2）单击**上视基准面**◇上视基准面，单击**草图绘制**，绘制草图 1，如图 6-265 所示，然后选择**拉伸凸台/基体**，选取草图 1，设置**给定深度**为 **2mm**，拉伸结果如图 6-266 所示。最后选择**圆角**，圆角如图 6-267 和图 6-268 所示。

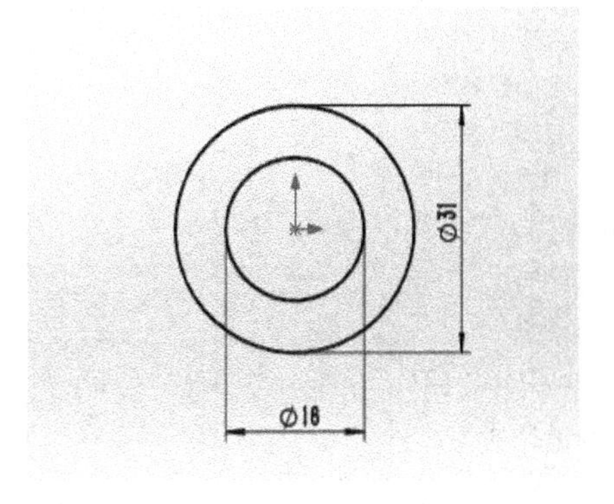

图 6-265　草图 1

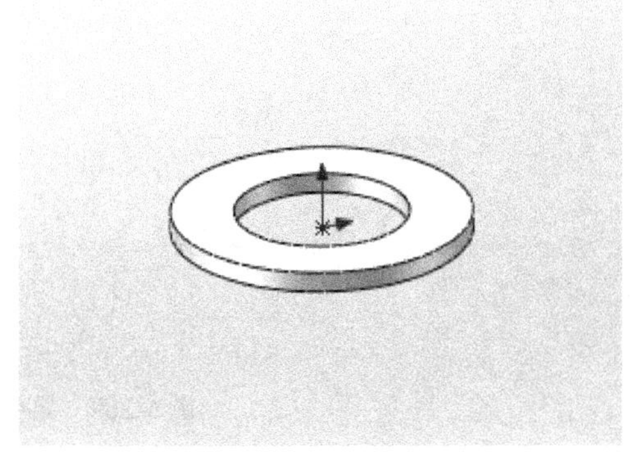

图 6-266　拉伸结果

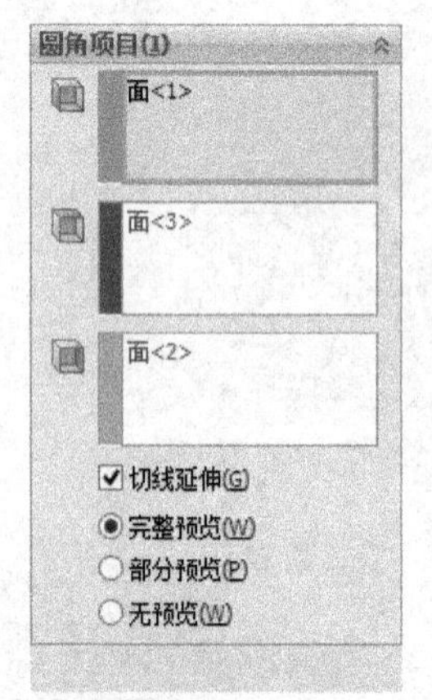

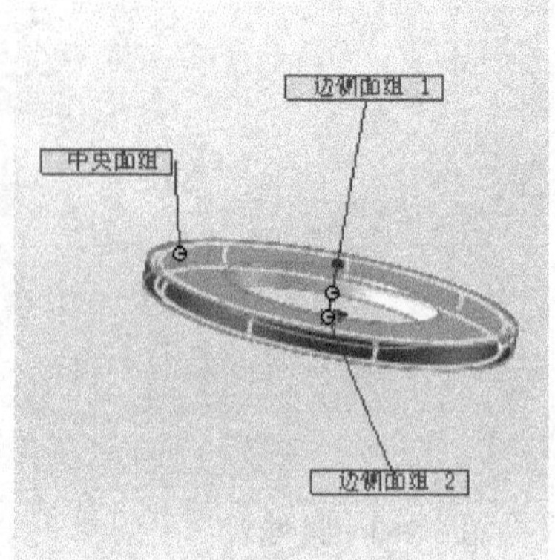

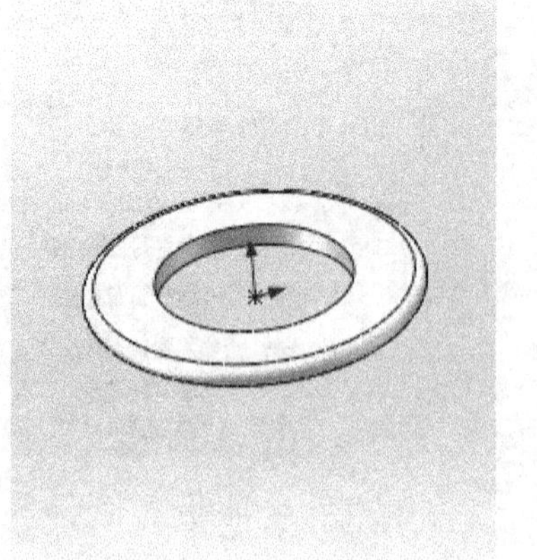

图 6-267　圆角 1

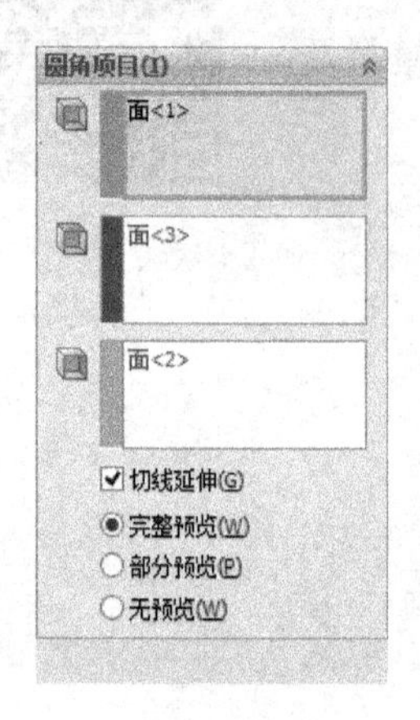

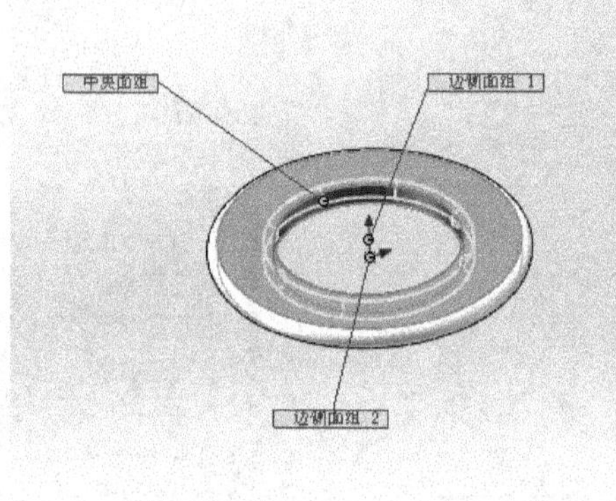

图 6-268　圆角 2

6.2.4.5　塑料塞芯

塑料塞芯的主要建模思路是用**旋转凸台、圆周阵列、线性阵列、圆角**来完成。零件实体模型及相应的设计树如图 6-269 所示。

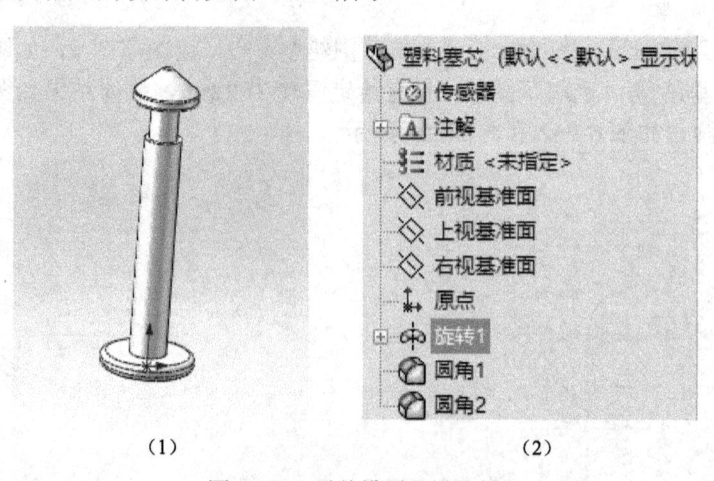

图 6-269　零件模型及设计树

（1）启动 SolidWorks，单击**文件→新建**命令，选择**零件**图标，然后单击**确定**，进入建模环境。

（2）单击**前视基准面**，单击**草图绘制**，绘制草图 1，如图 6-270 所示，然后选择**旋转凸台**，选取草图 1，旋转凸台结果如图 6-271 所示。最后选择圆角，圆角如图 6-272 和图 6-273 所示。

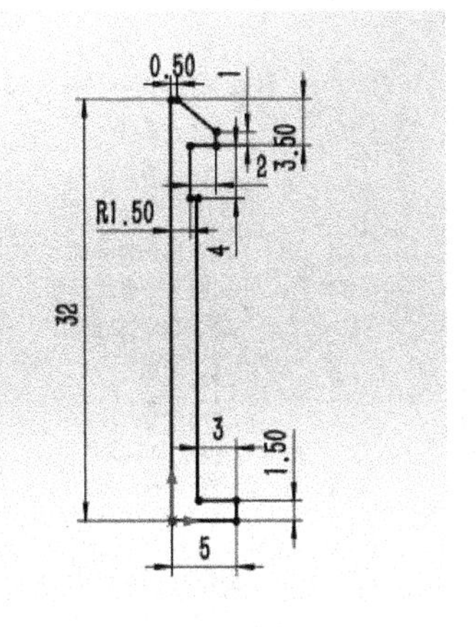

图 6-270　草图 1

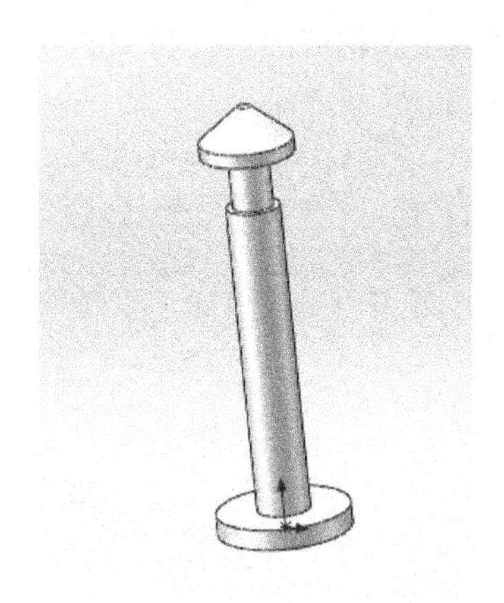

图 6-271　旋转凸台结果

图 6-272　圆角 1

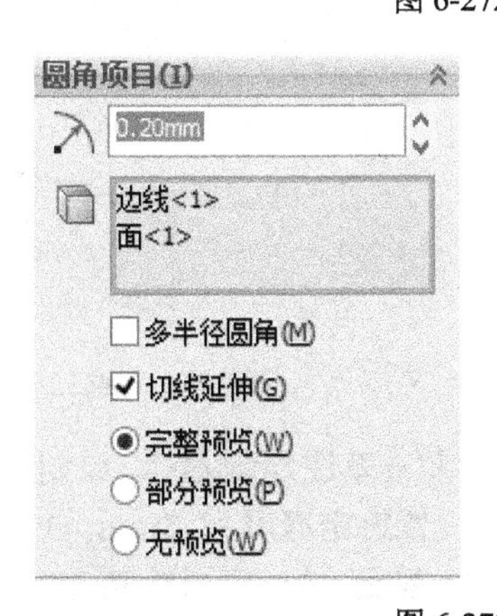

图 6-273　圆角 2

思考：

（1）底盖螺纹的螺旋线不从步骤（4）所指的面①开始往外旋，而是从底盖外面边缘的面往里旋会对后面扫描切除的结果有何变化？会失败吗？

6.2.5 加湿器下主体底盖的建模

加湿器下主体底盖的主要建模思路是用**旋转凸台**、**拉伸切除**、**圆角**来完成。零件实体模型及相应的设计树如图 6-274 所示。

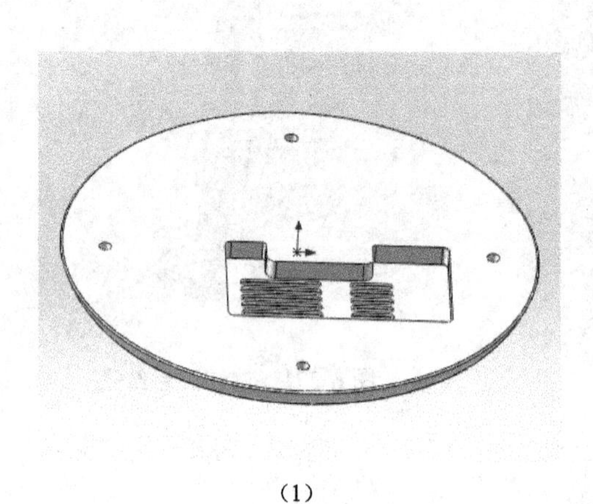

（1）

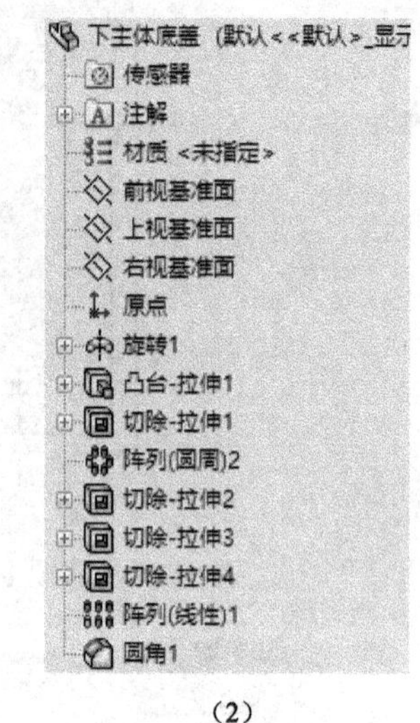

（2）

图 6-274 零件模型及设计树

（1）启动 SolidWorks，单击**文件→新建**命令，选择**零件**图标，然后单击**确定**，进入建模环境。

（2）单击**前视基准面** 前视基准面，单击**草图绘制**，绘制草图 1，如图 6-275 所示，然后单击**旋转凸台**，旋转结果如图 6-276 所示。

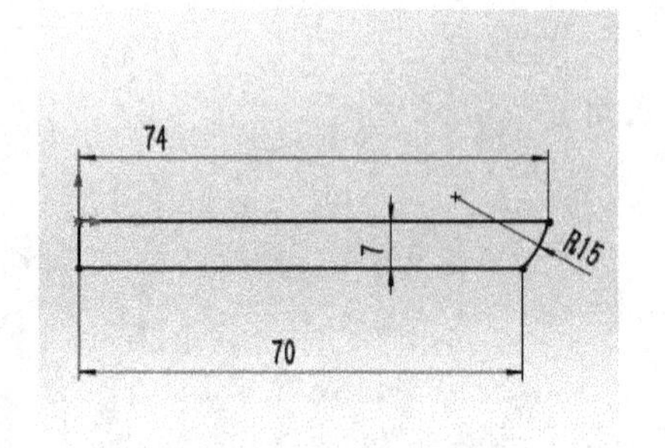

图 6-275 草图 1

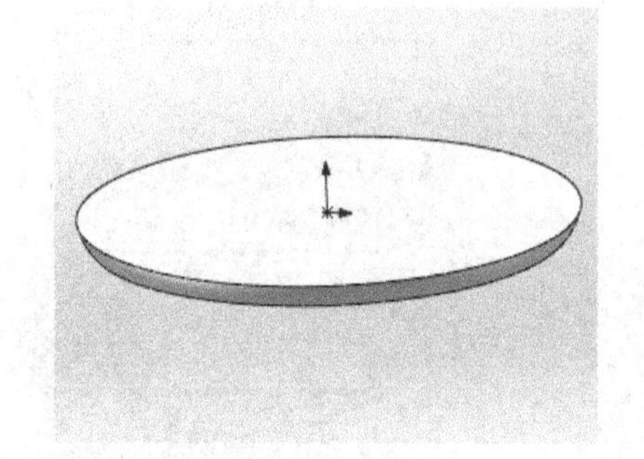

图 6-276 旋转结果

（3）选择如图 6-277 所示的面①，单击**正视于**→**草图绘制**，绘制草图 2，如图 6-278 所示。然后选择**拉伸凸台/基体**，选取草图 2，设置**给定深度**为 **2mm**，**拉伸结果**如图 6-279 所示。然后继续选择图 6-277 所示的面①，单击**正视于**→**草图绘制**，给制草图 3，如图 6-280 所示。然后选择**拉伸切除**，选取草图 3，设置为**完全贯穿**，拉伸切除结果如图 6-281 所示。

（4）选择**圆周阵列** 圆周阵列，设置界面如图 6-282 所示，特征选取如图 6-283 所示（基准轴从视图选择临时轴勾选）。阵列结果如图 6-284 所示。

（5）选择如图 6-285 所示的面①，单击**正视于**→**草图绘制**，绘制草图 4，如图 6-286

所示。然后选择**拉伸切除**，选取草图 4，设置**给定深度**为 **5mm**，拉伸切除结果如图 6-287 所示。

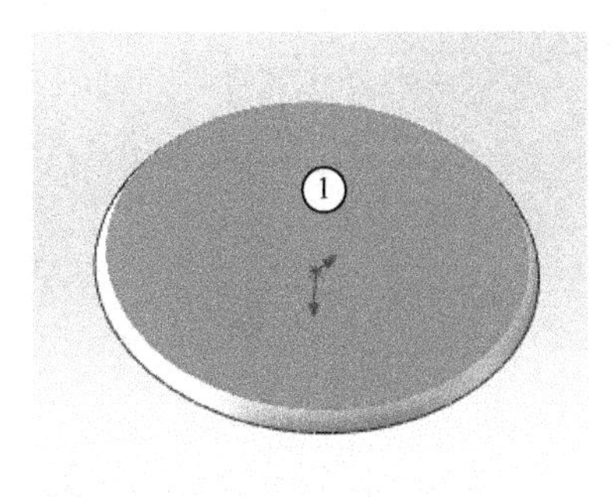

图 6-277　所选面①

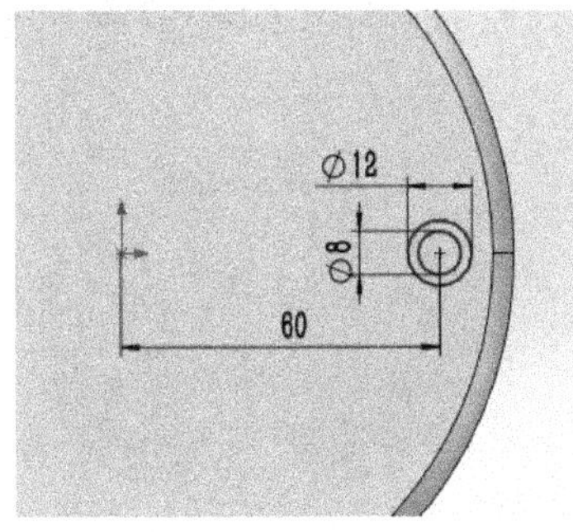

图 6-278　草图 2

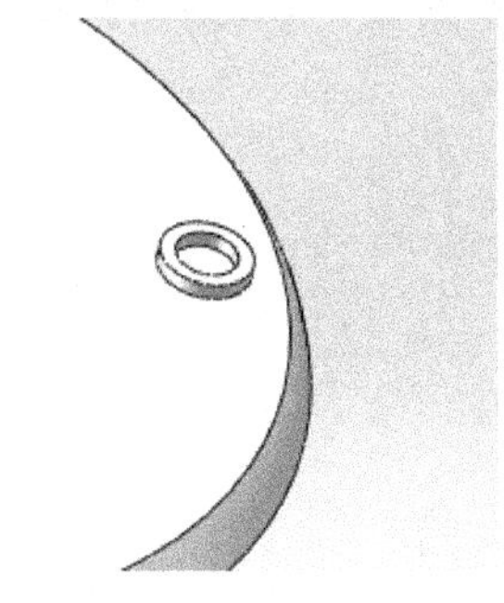
图 6-279　拉伸结果

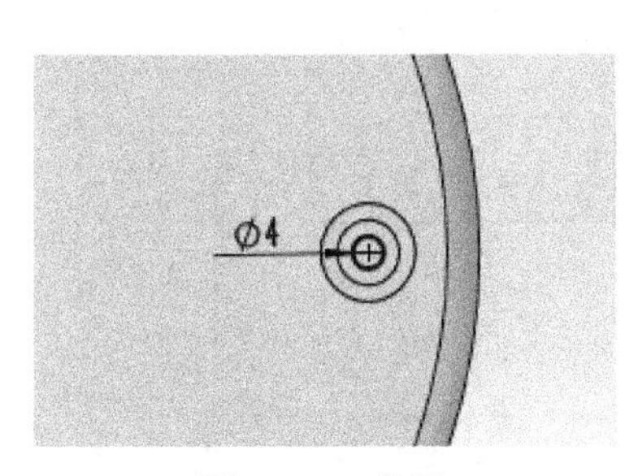

图 6-280　草图 3

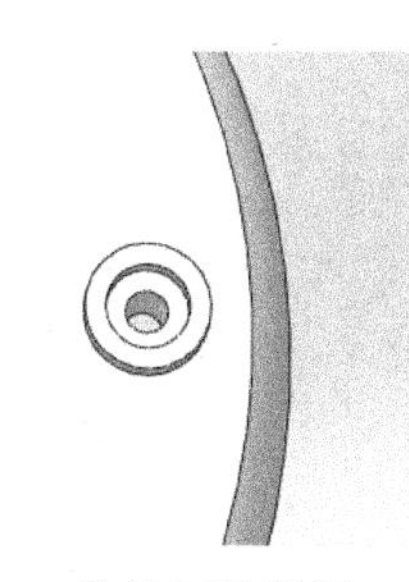
图 6-281　拉伸切除结果

图 6-282　设置界面

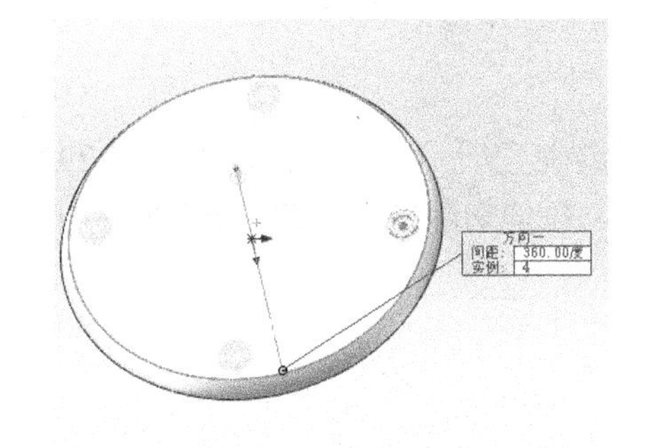

图 6-283　特征选取

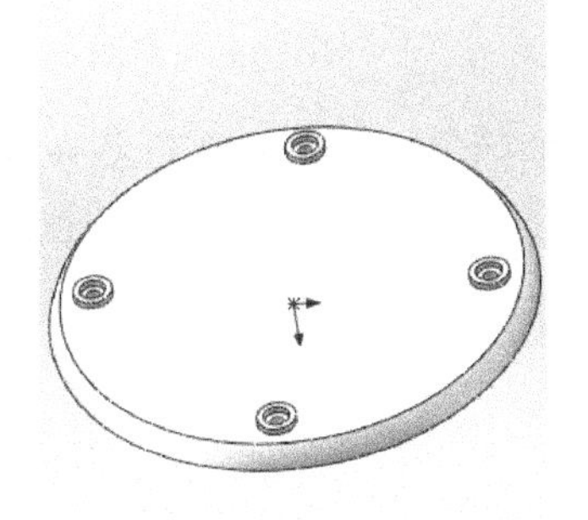
图 6-284　阵列结果

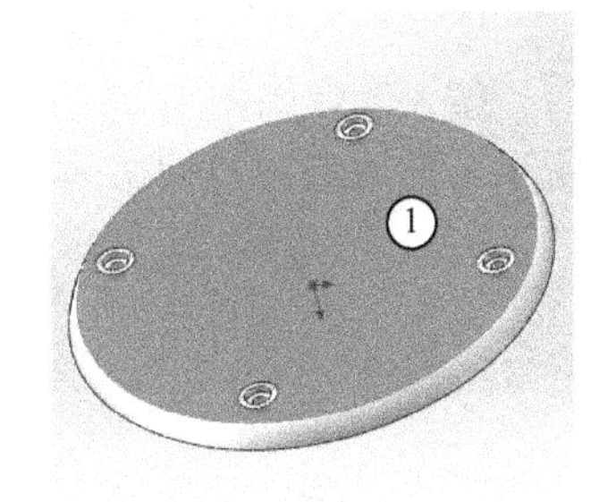

图 6-285　所选面①

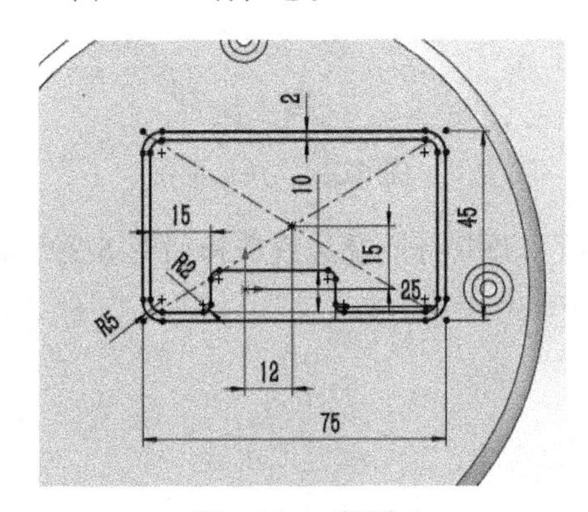

图 6-286　草图 4

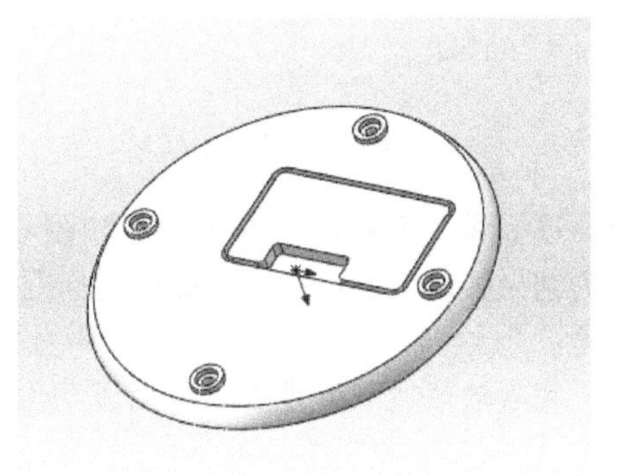
图 6-287　拉伸切除结果

（6）选择如图 6-288 所示的面①，单击**正视于**→**草图绘制**，绘制草图 5（利用**等距实体**，**选取草图 4，设置向内等距为 1mm**），如图 6-289 所示。然后选择**拉伸切除**，选取**草图 5**，设置**给定深度为 5mm**，拉伸切除结果如图 6-290 所示。

图 6-288　所选面

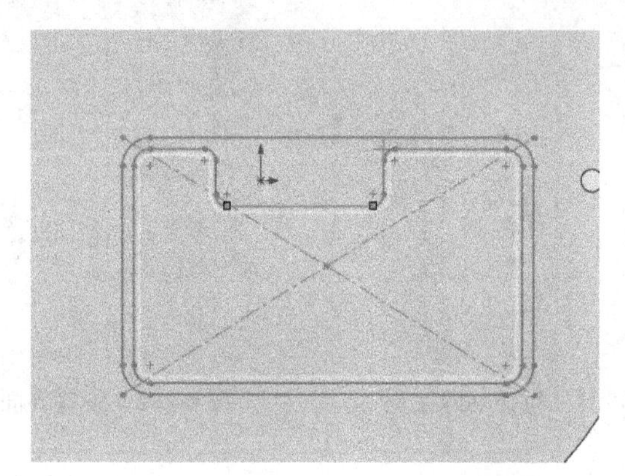

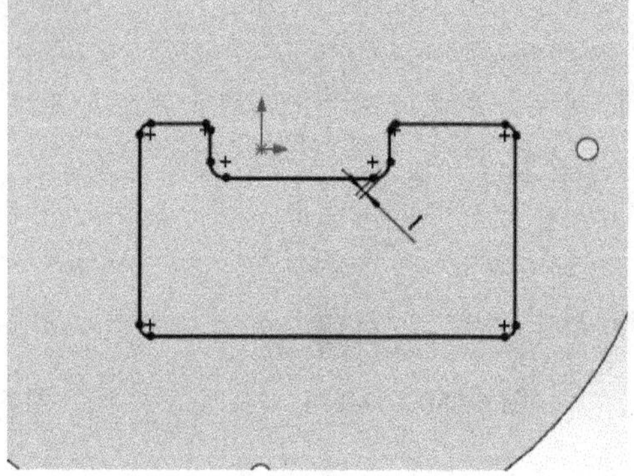

图 6-289　草图 5

（7）选择如图 6-291 所示的面①，单击**正视于**→**草图绘制**，绘制草图 6，如图 6-292 所示。然后选择**拉伸切除**，选取草图 6，设置为**完全贯穿**，拉伸切除结果如图 6-293 所示。

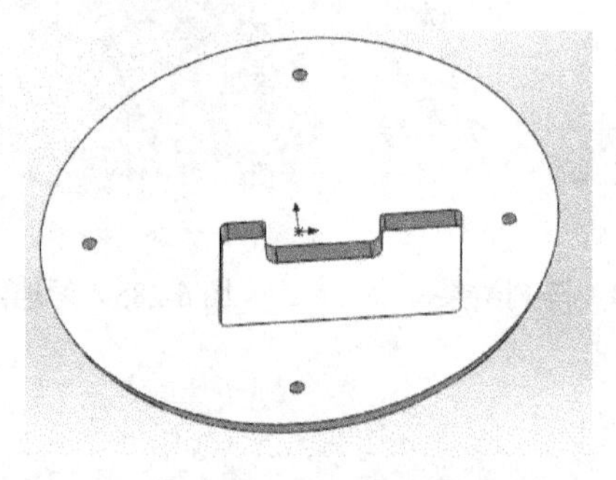

图 6-290　拉伸切除结果

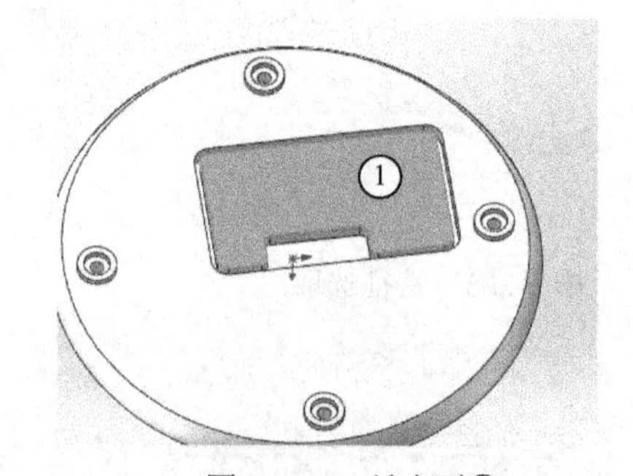

图 6-291　所选面①

（8）选择**线性阵列**，设置界面如图 6-294 所示。选取特征及边线选择如图 6-295 所示，线性阵列结果如图 6-296 所示。最后选择**圆角**，如图 6-297 所示。

思考：

（1）底盖散热通风处是否可以用压凹做？

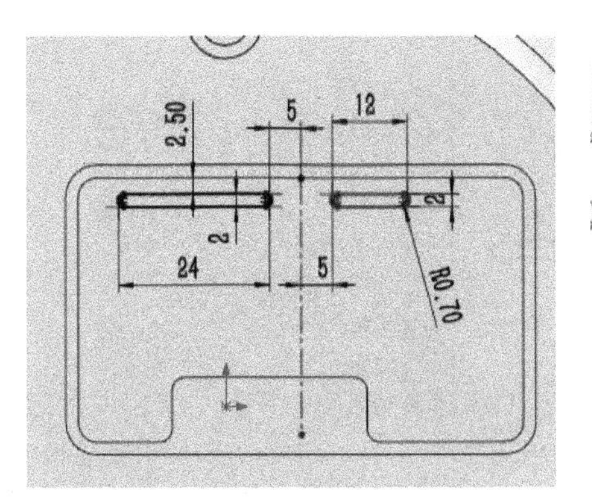

图 6-292　草图 6

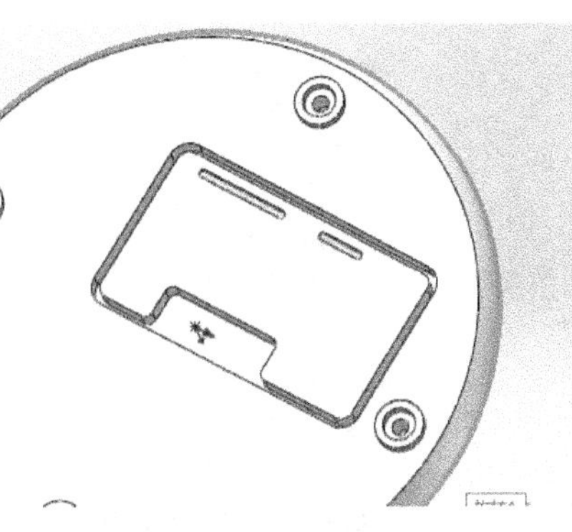
图 6-293　拉伸切除结果

图 6-294　设置界面

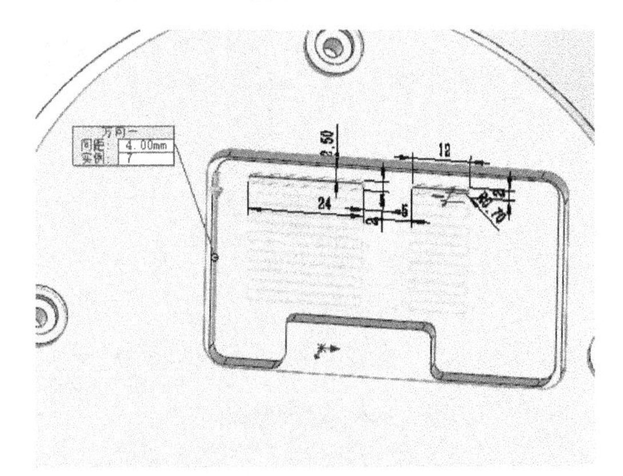
图 6-295　选取特征及边线选择

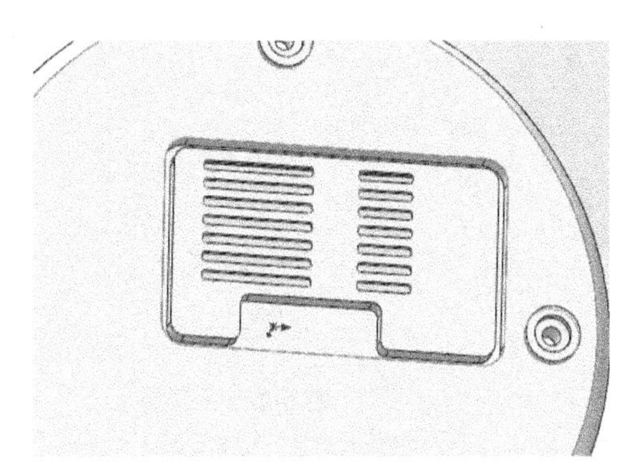
图 6-296　线性阵列结果

图 6-297　圆角

6.2.6　加湿器下主体旋钮开关的建模

加湿器下主体旋钮开关的主要建模思路是用**拉伸凸台/基体**、**圆顶**、**拉伸切除**、**圆周阵列**、**分割线**、**等距曲面**、**加厚切除**、**圆角**来完成。零件实体模型及相应的设计树如图 6-298 所示。

（1）启动 SolidWorks，单击**文件→新建**命令，选择**零件**图标，然后单击**确定**，进入建模环境。

（2）单击**上视基准面** 上视基准面，单击**草图绘制**，绘制草图 1，如图 6-299 所示，然后单击**拉伸凸台/基体**，设置**给定深度**为 **12mm**，拉伸结果如图 6-300 所示。然后选择**圆顶**命令，设置界面和选取面如图 6-301 和图 6-302 所示，最后结果如图 6-303 所示。

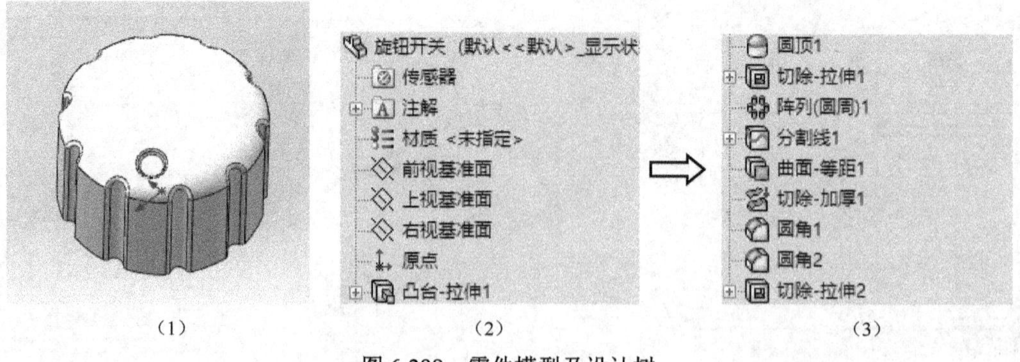

(1) (2) (3)

图 6-298 零件模型及设计树

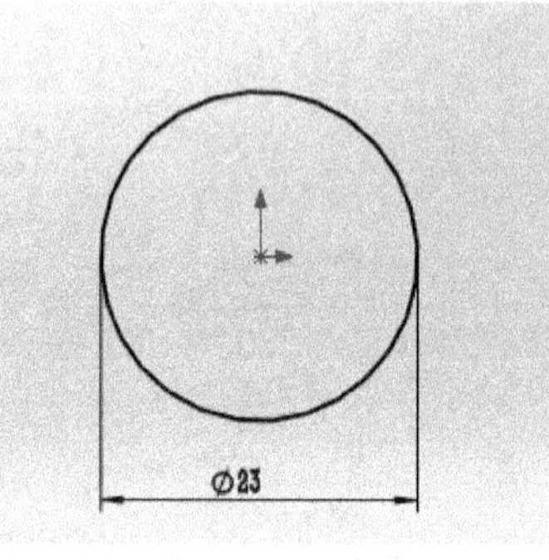

图 6-299 草图 1

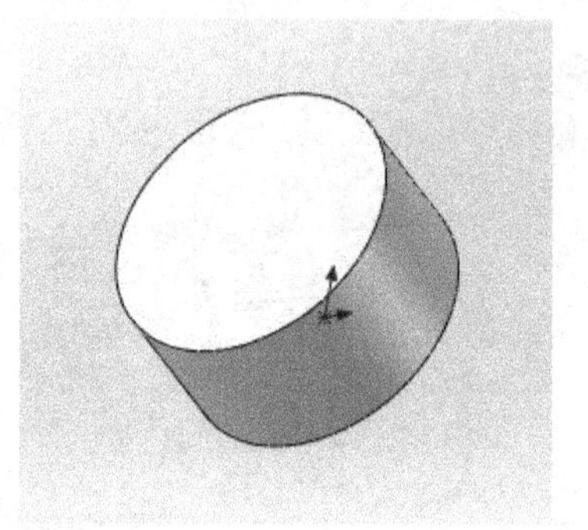

图 6-300 拉伸结果

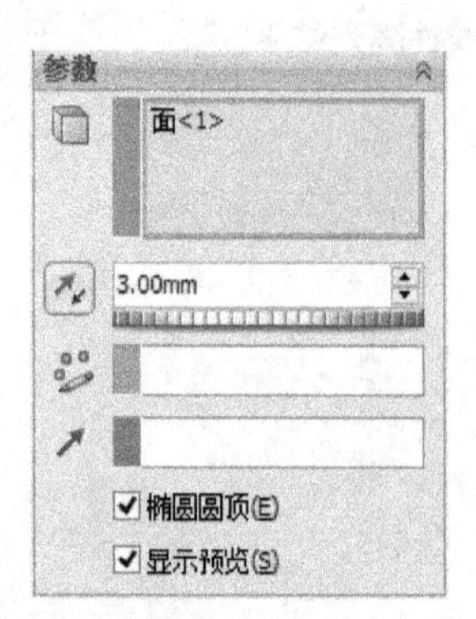

图 6-301 设置界面

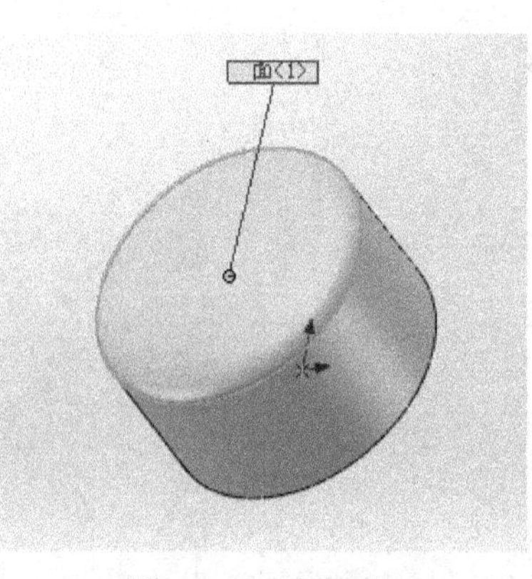

图 6-302 选取面

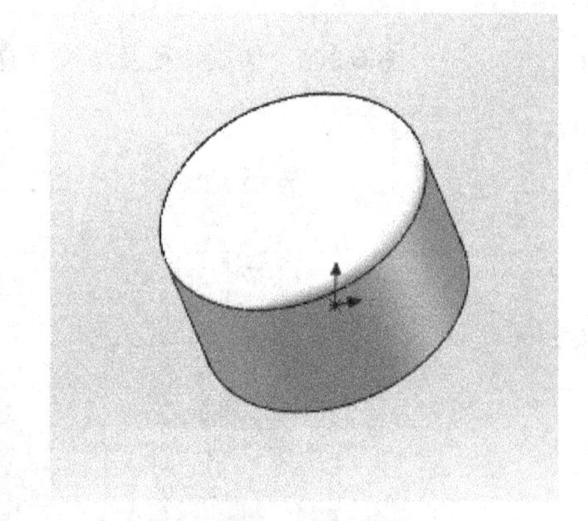

图 6-303 结果

（3）单击**上视基准面** 上视基准面，单击**草图绘制**，绘制草图 2，如图 6-304 所示，然后单击**拉伸切除**，设置为**完全贯穿**，拉伸切除结果如图 6-305 所示。然后选择**圆周阵列**命令 圆周阵列，设置界面如图 6-306 所示，特征选取如图 6-307 所示（基准轴从视图选择临时轴勾选），阵列结果如图 6-308 所示。

（4）单击**上视基准面** 上视基准面，单击**草图绘制**，绘制草图 3，如图 6-309 所示。然后选择**曲线**→**分割线** 分割线，选取草图 3，选取要分割的面，分割的面如图 6-310 所示，分割结果如图 6-311 所示。

（5）单击**等距曲面** 等距曲面，**距离**设置为 **0mm**，选取如图 6-312 所示的面①，等距曲面结果如图 6-313 所示。然后选择**加厚切除** 加厚切除，方向向里加厚，加厚 **0.5mm**，选取**等距曲面** 等距曲面，加厚切除结果如图 6-314 所示。

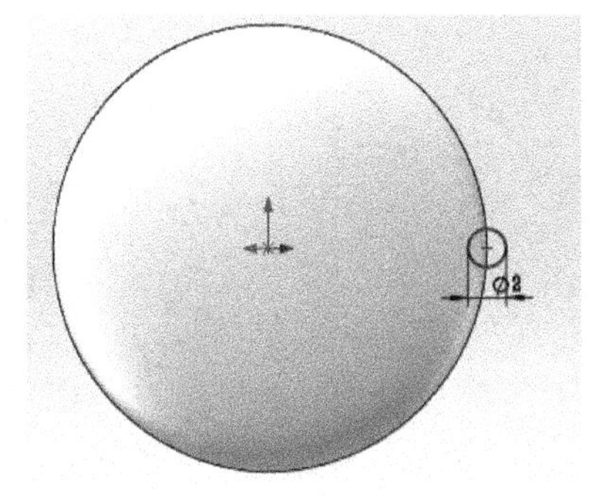

图 6-304　草图 2

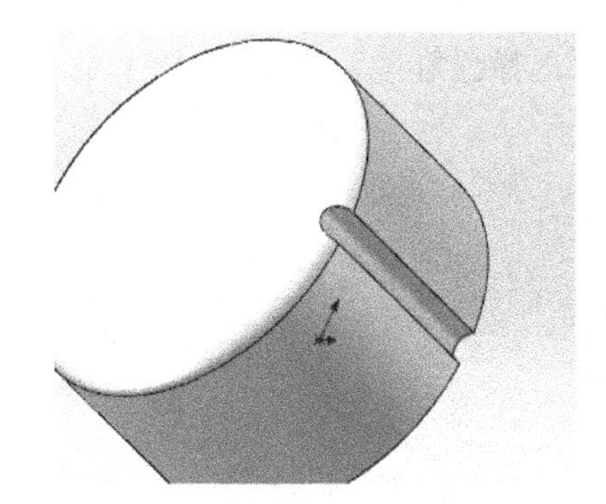

图 6-305　拉伸切除结果

图 6-306　设置界面

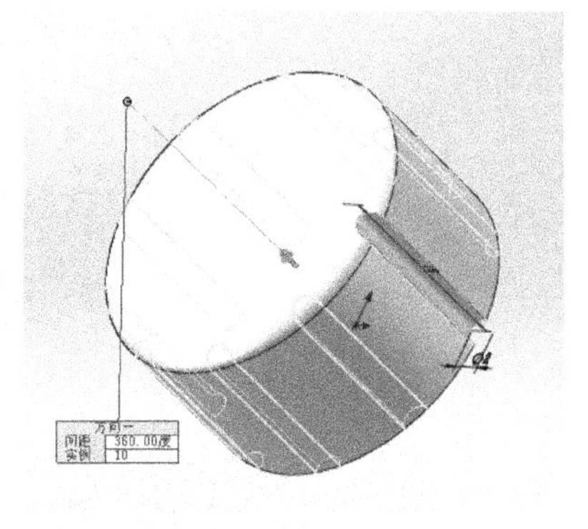

图 6-307　特征选取

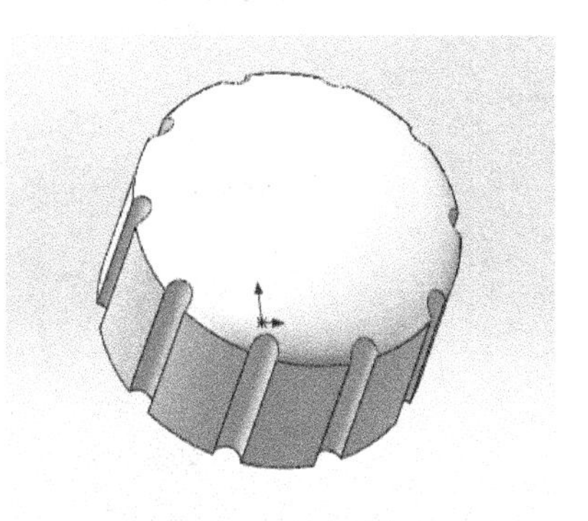

图 6-308　阵列结果

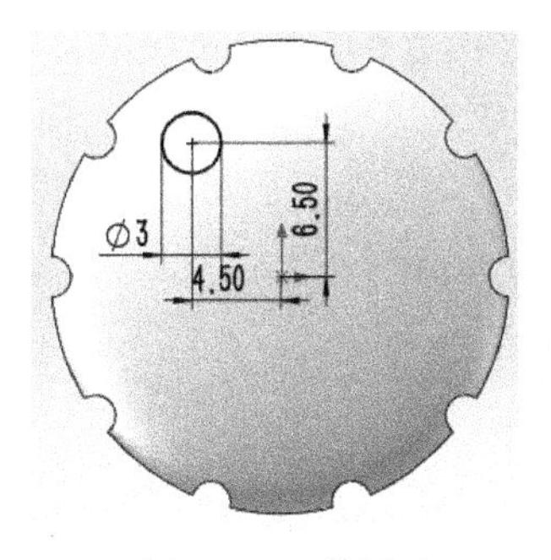

图 6-309　草图 3

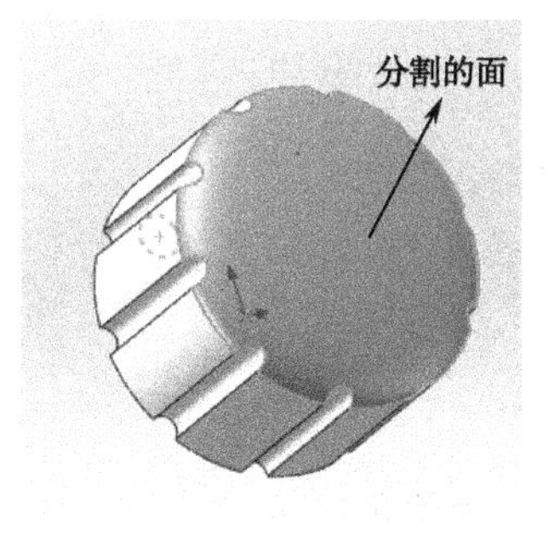

图 6-310　分割的面

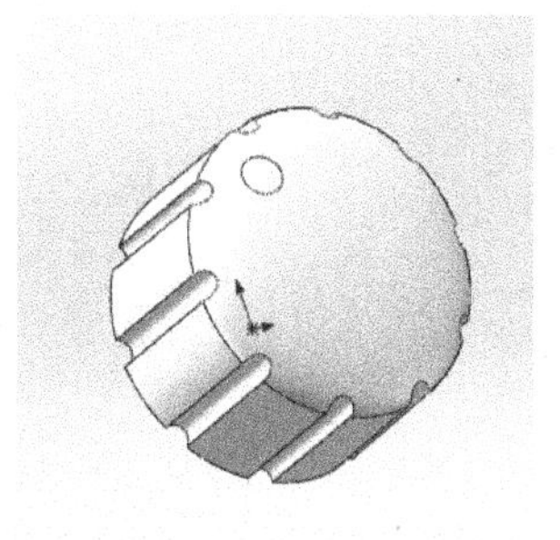

图 6-311　分割结果

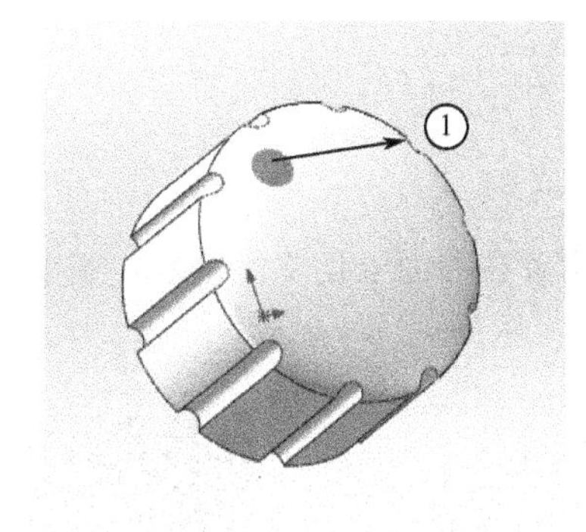

图 6-312　所选面①

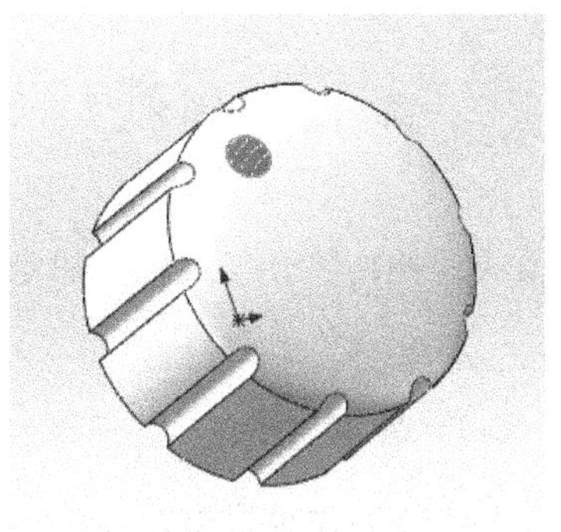

图 6-313　等距曲面结果

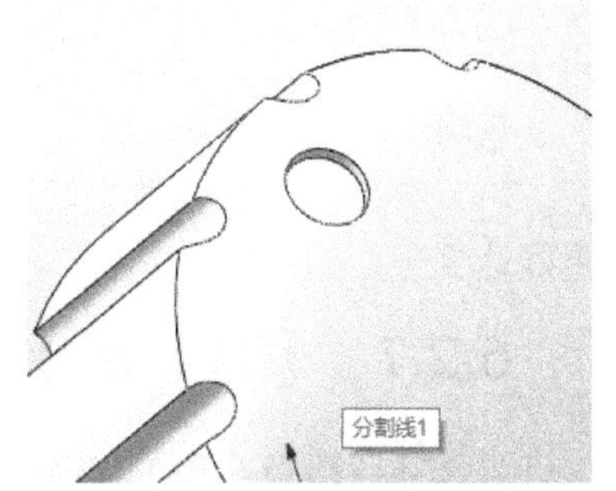

图 6-314　加厚切除结果

（6）选择如图 6-315 所示的面①，单击**正视于**→**草图绘制**，绘制草图 4，如图 6-316 所示。然后选择**拉伸切除**，选取草图 4，设置**给定深度**为 **12mm**，拉伸切除结果如图 6-317

所示。最后选择**圆角**，如图 6-318 和图 6-319 所示。

图 6-315　所选面①

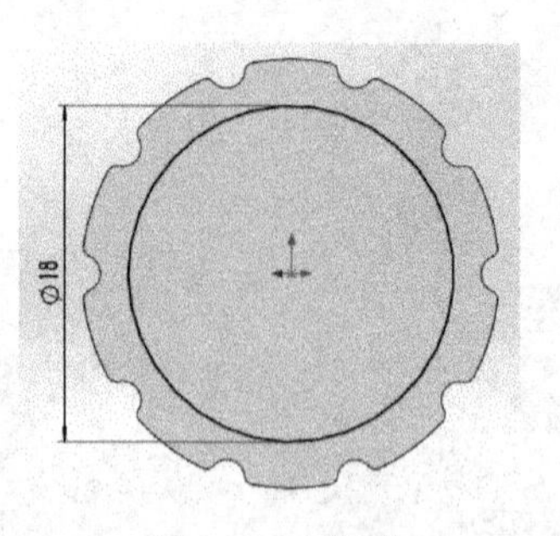

图 6-316　草图 4

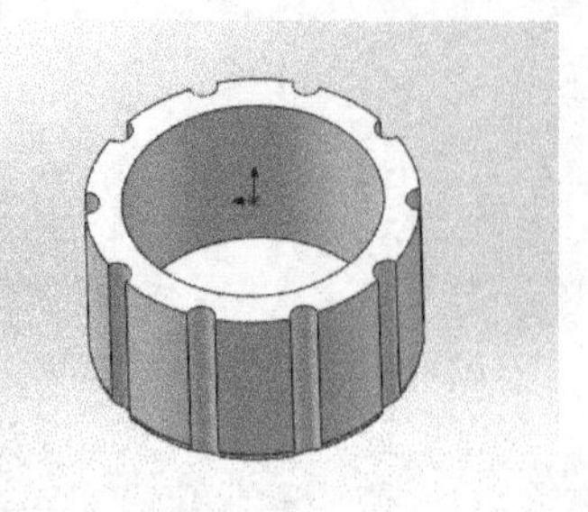

图 6-317　拉伸切除结果

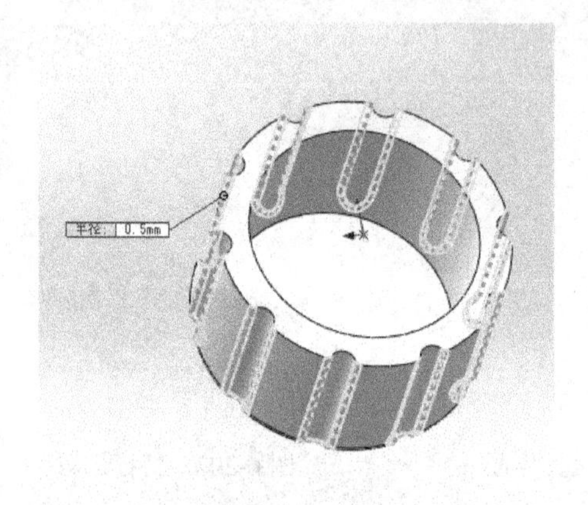

图 6-318　圆角 1

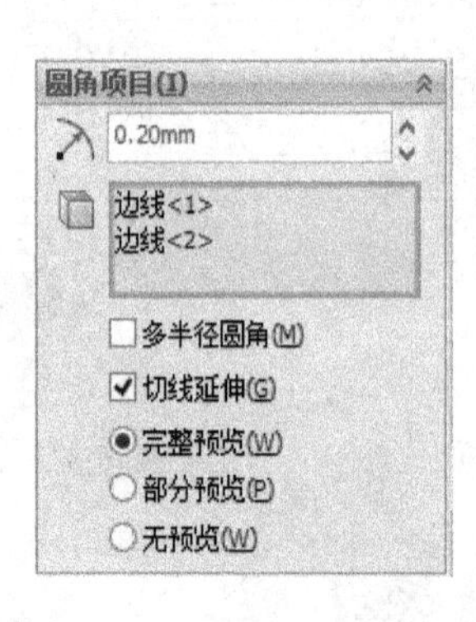

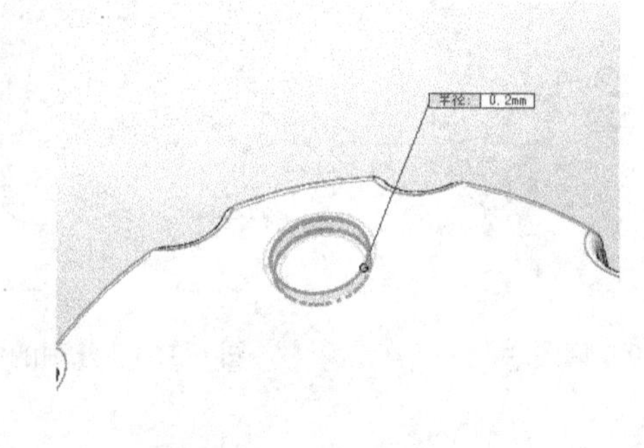

图 6-319　圆角 2

思考：

（1）步骤（5）的加厚切除改换成拉伸切除会怎么样？思考两者在曲面上切除的区别，哪个更能达到预期的效果？

6.2.7　加湿器内部小零件的建模

小零件的建模分一个小盖子和一个环形竹炭建模。

6.2.7.1　小盖子的建模

小盖子的主要建模思路是用**拉伸凸台/基体**、**拉伸切除**、**圆角**来完成。零件实体模型及相应的设计树如图 6-320 所示。

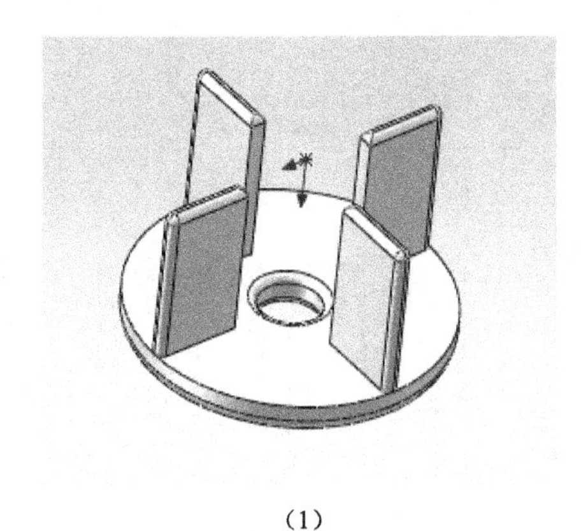

（1）

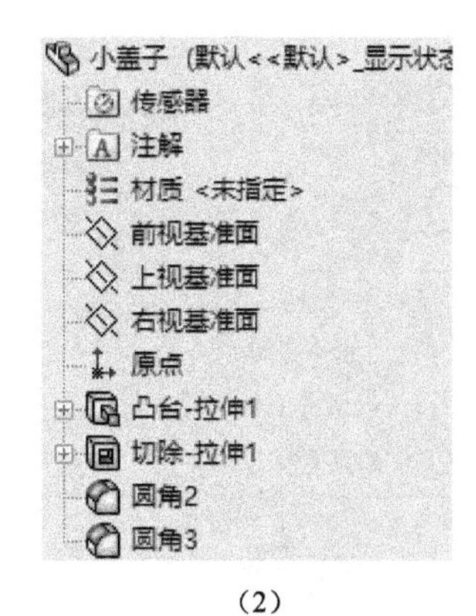

（2）

图 6-320　零件模型及设计树

（1）启动 SolidWorks，单击**文件→新建**命令，选择**零件**图标，然后单击**确定**，进入建模环境。

（2）单击**上视基准面**，单击**草图绘制**，绘制草图 1，如图 6-321 所示。单击**拉伸凸台/基体**，设置**给定深度**为 **12mm**，拉伸结果如图 6-322 所示。

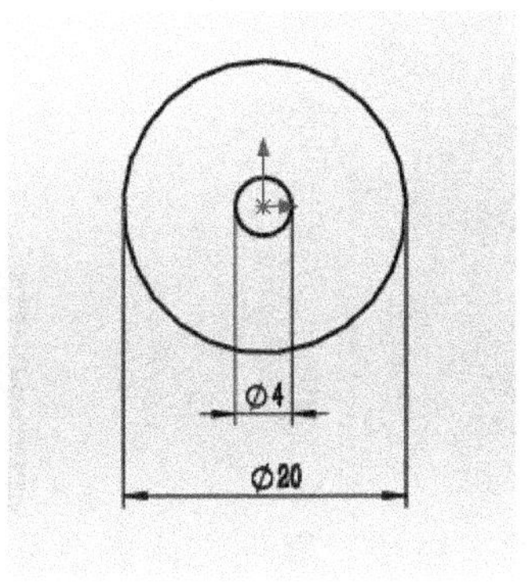

图 6-321　草图 1

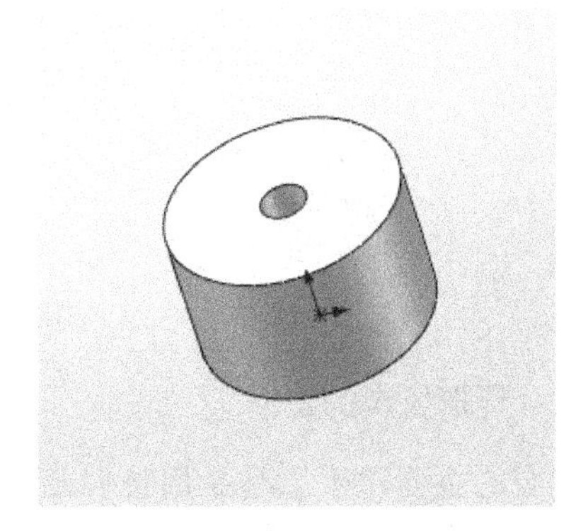

图 6-322　拉伸结果

（2）单击**上视基准面**，单击**草图绘制**，绘制草图 2，如图 6-323 所示。然后单击**拉伸切除**，设置**给定深度**为 **10mm**，切除结果如图 6-324 所示。最后选择**圆角**，如图 6-325 和图 6-326 所示。

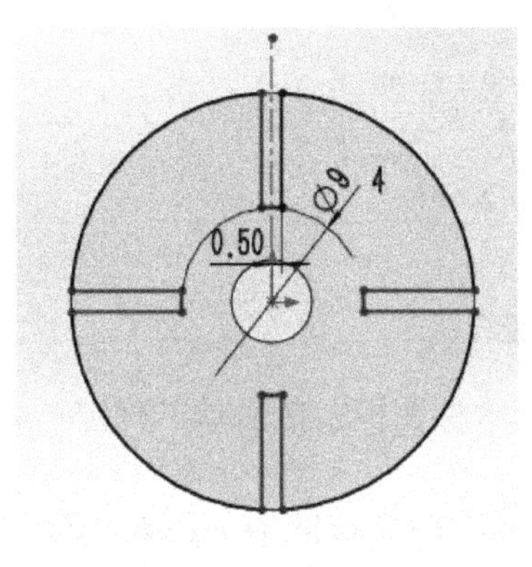

图 6-323　草图 2

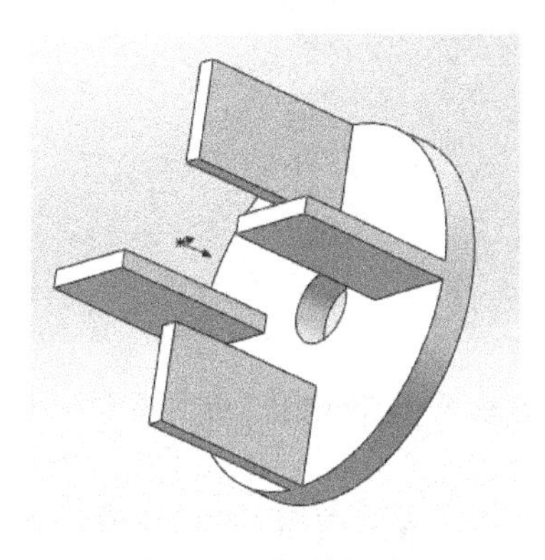

图 6-324　拉伸切除结果

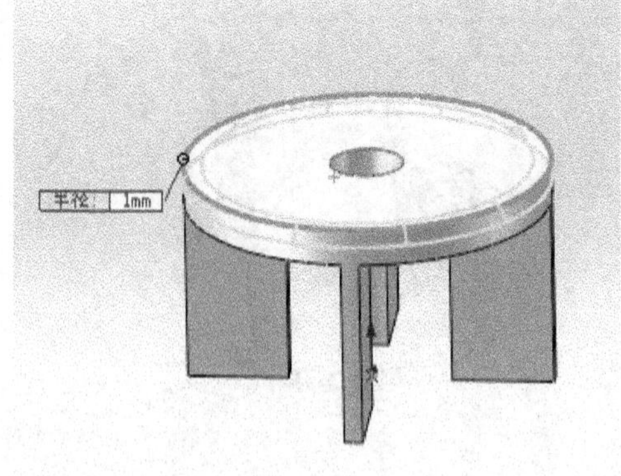

图 6-325 圆角 1

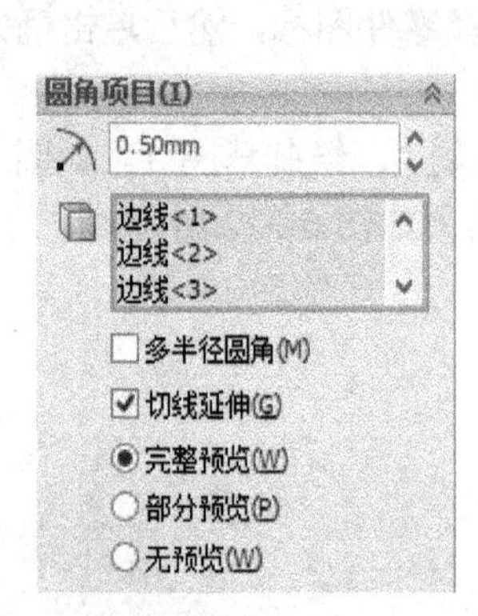

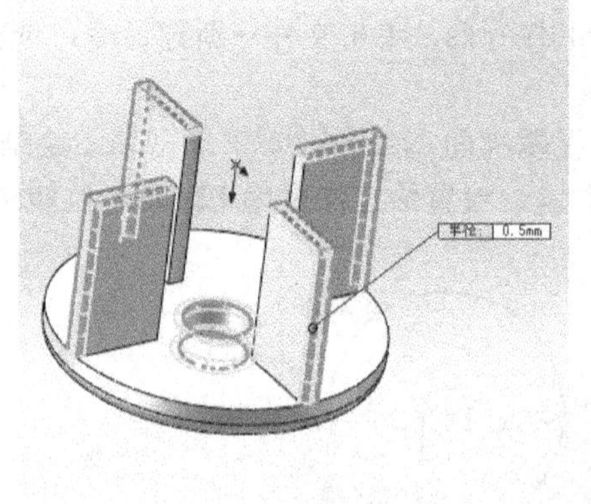

图 6-326 圆角 2

6.2.7.2 环形竹炭的建模

环形竹炭的主要建模思路是用**拉伸凸台/基体**、**圆角**来完成。零件实体模型及相应的设计树如图 6-327 所示。

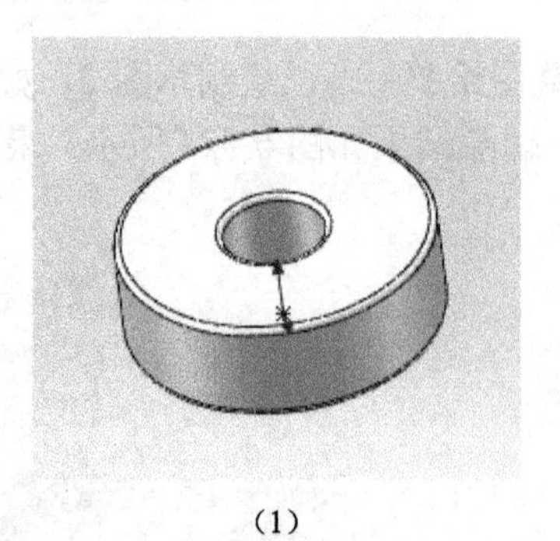

(1)

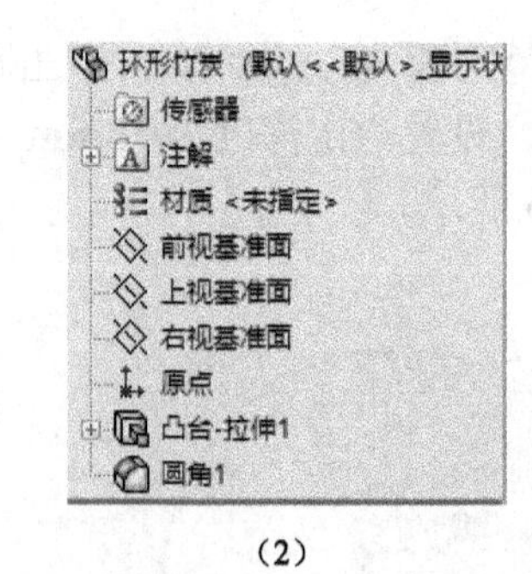

(2)

图 6-327 零件模型及设计树

（1）启动 SolidWorks，单击**文件→新建**命令，选择**零件**图标，然后单击**确定**，进入建模环境。

（2）单击**上视基准面**，单击**草图绘制**，绘制草图 1，如图 6-328 所示。单击**拉伸凸台/基体**，设置**给定深度**为 **8mm**，拉伸结果如图 6-329 所示。最后选择**圆角**，如图 6-330 所示。

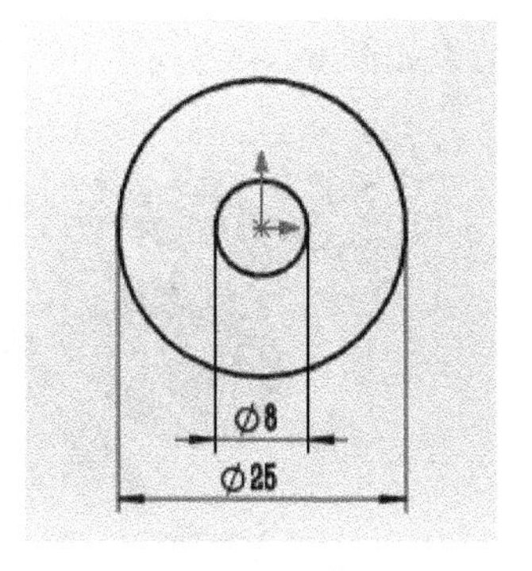

图 6-328　草图 1

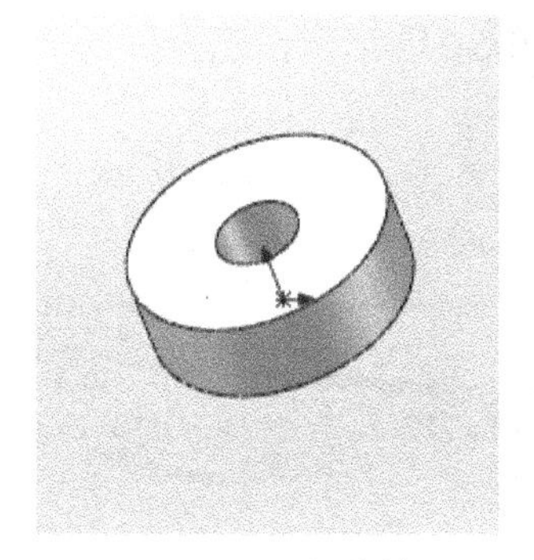

图 6-329　拉伸结果

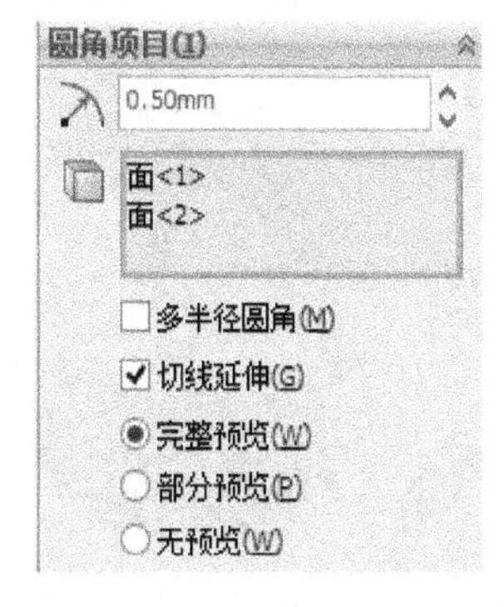

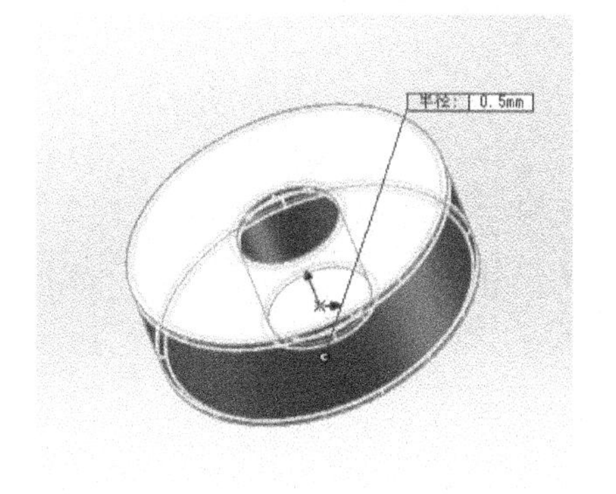

图 6-330　圆角

6.2.8　装配体

（1）启动 SolidWorks，单击**文件→新建**命令，选择**装配体**图标，然后单击**确定**✓，进入装配环境。

（2）在开始装配体下面有一个**浏览**按钮，单击这个按钮，然后选择**上主体**这个零件。双击鼠标左键，**上主体**自动放在装配空间的中间处，上主体为固定。

（3）单击**插入零部件**，再次单击**浏览**按钮，选择**顶端出气盖大部件**这个零件，放在**上主体**的旁边，同样再插入零部件**顶端出气盖小部件小盖**放在旁边，如图 6-331 所示。

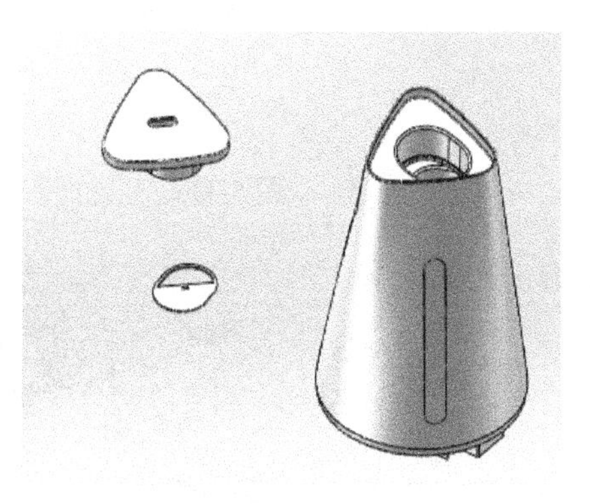

图 6-331

（4）先组合**顶端出气盖大部件**和**小部件**，分三次面的配合。单击**配合**命令，进行面配合，在配合选择一栏选择图 6-332 所示的面①和图 6-333 所示的面②，配合好后单击**确定**✓。接着继续选择面来配合，如图 6-334 所示的面③和图 6-335 所示的面④，方向不对的话，单击**反转方向**，配合好后单击**确定**✓。最后继续选择面来配合，如图 6-336 所示的面⑤和⑥，结果如图 6-337 所示，配合好后单击**确定**✓。

（5）开始组合**上主体**和**顶端出气盖整体**。因为上主体和顶端出气盖曲面无法配合，所以我们选择基准面配合，同样分三次配合。单击**配合**命令，在配合选择一栏选择图 6-338 所示的**上主体的前视基准面**和图 6-339 所示的**顶端出气盖大部件的前视基准面**，配合好后单击**确定**✓。接着是两个零件的**右视基准面**，如图 6-340 和图 6-341 所示。最后是两个零件的**上视基准面**，如图 6-342 和图 6-343 所示，配合好后单击**确定**✓，结果如图 6-344 所示。

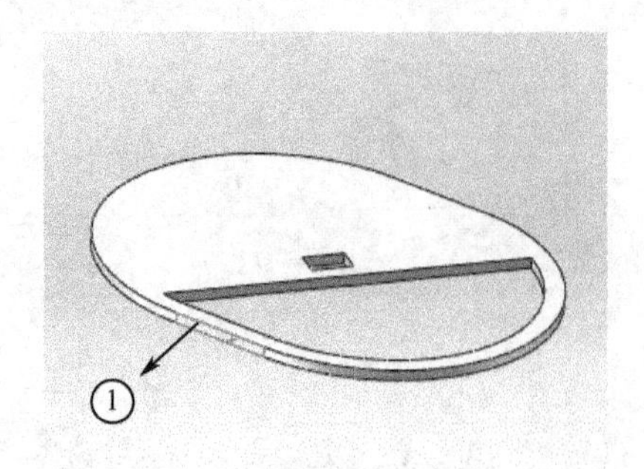

图 6-332　所选面①

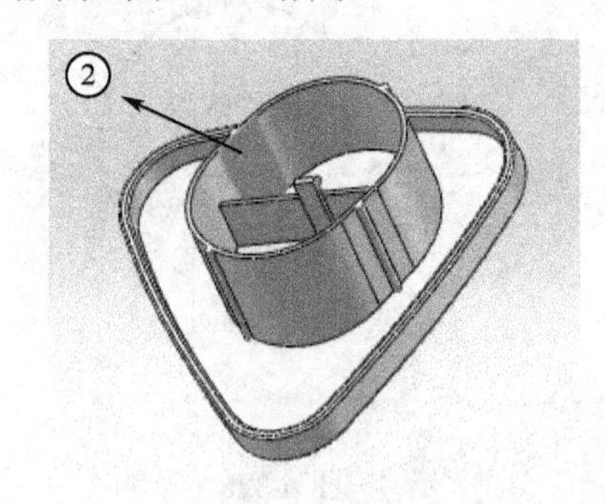

图 6-333　所选面②

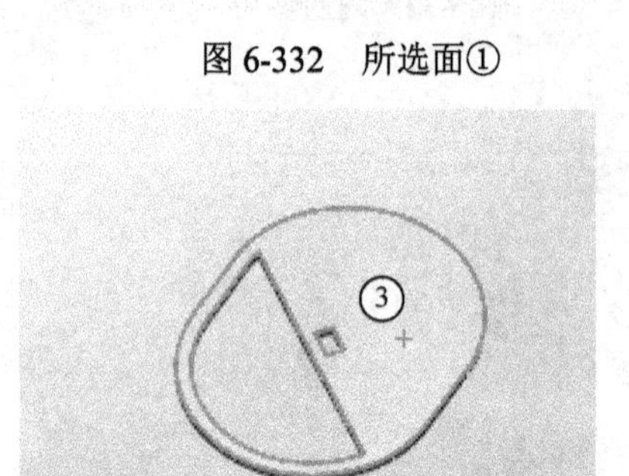

图 6-334　所选面③

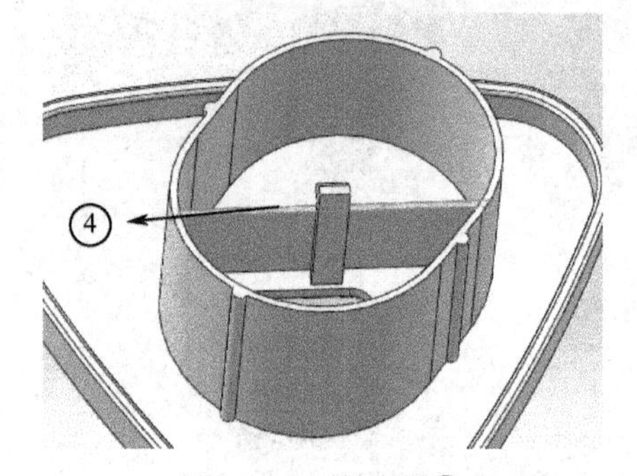

图 6-335　所选面④

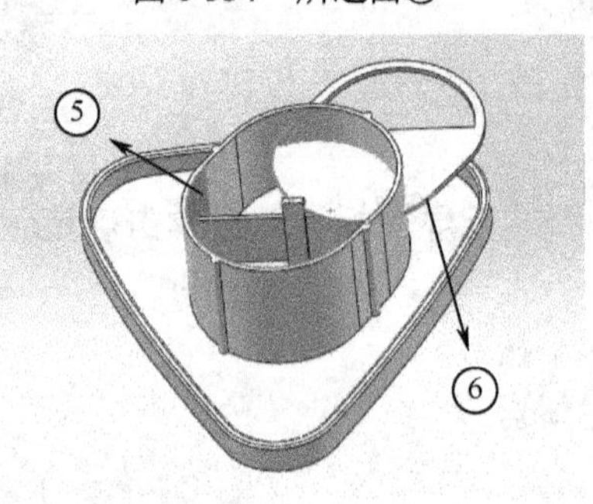

图 6-336　所选面⑤

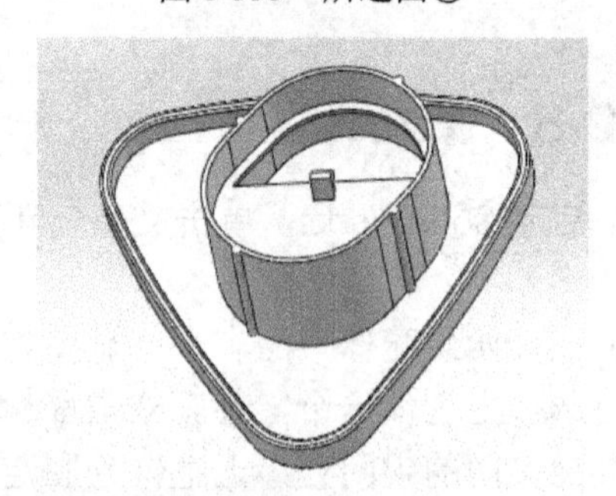

图 6-337　配合结果

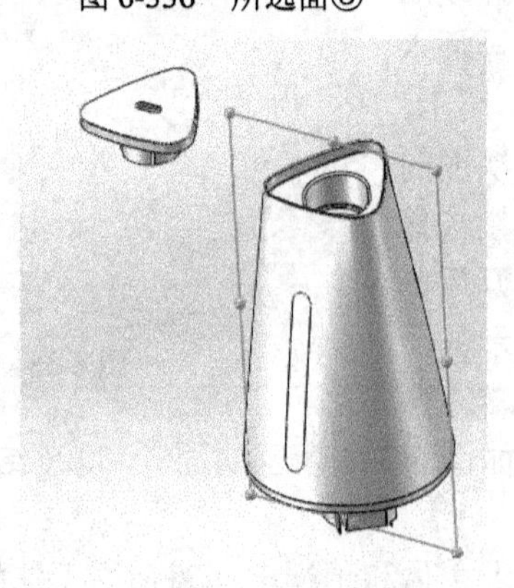

图 6-338　上主体前视基准面

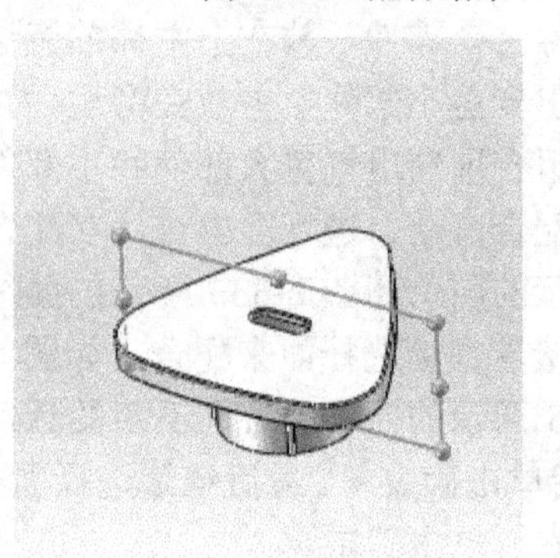

图 6-339　顶端出气盖大部件前视基准面

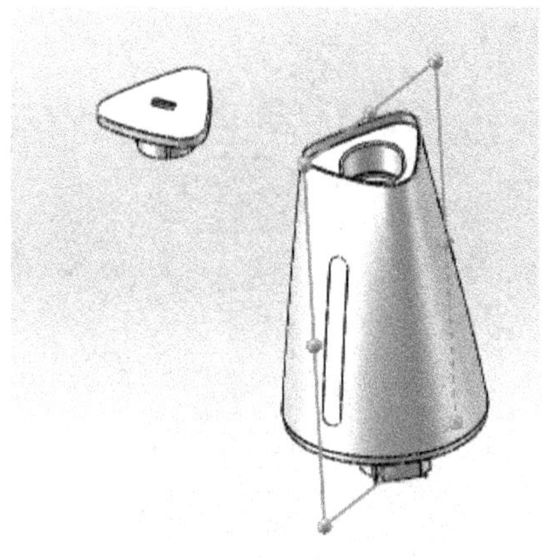

图 6-340　上主体右视基准面

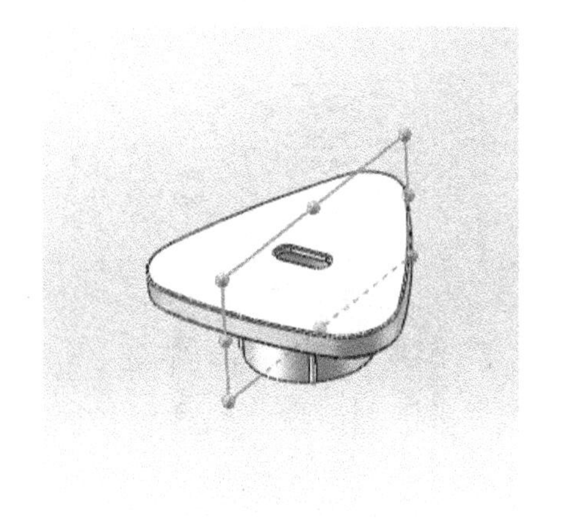

图 6-341　顶端出气盖大部件右视基准面

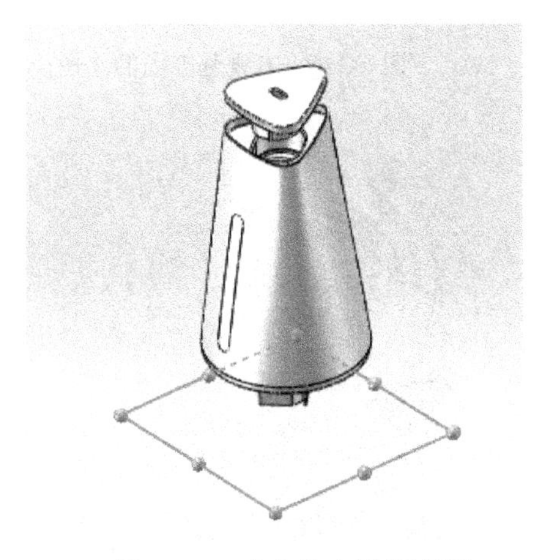

图 6-342　上主体上视基准面

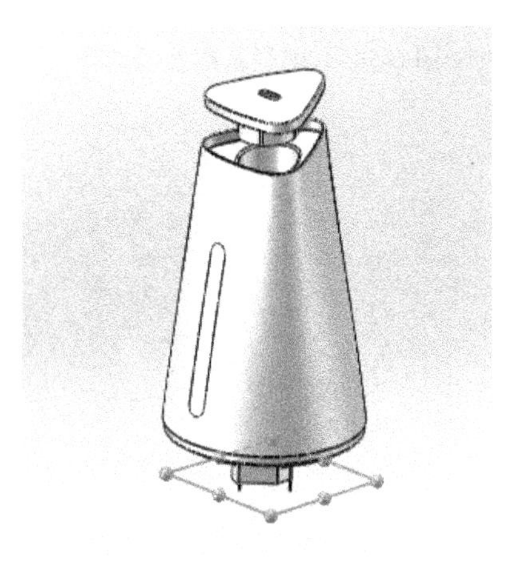

图 6-343　顶端出气盖大部件上视基准面

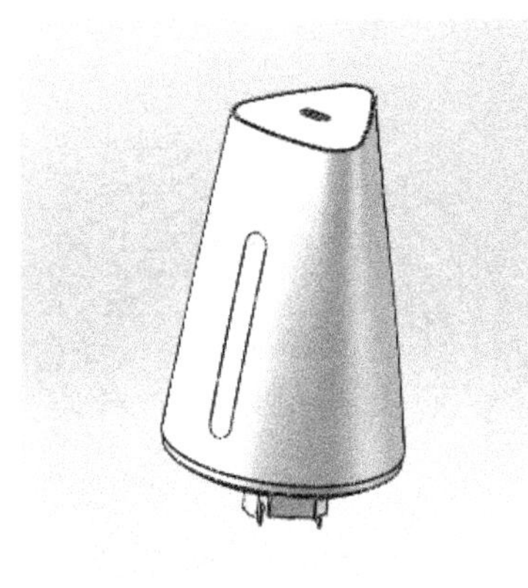

图 6-344　配合结果

（6）单击**插入零部件**，再次单击**浏览**按钮，依次插入 5 个零部件，分别为**底端出水盖主体**、**弹簧**、**垫片**、**橡胶塞芯**和**塑料塞芯**。这五个零件将要组成一个出水盖整体，我们先来组合**出水盖主体**和**垫片**，这两个零件分三步配合。基准面配合和面配合，单击**配合**命令，在配合选择一栏选择图 6-345 所示两个零件的前视基准面，配合好后单击**确定**✓。接着选择两个零件的右视基准面来配合，如图 6-346 所示两个零件的右视基准面，配合好后单击**确定**✓。选择图 6-347 **所示的面①**和图 6-348 **所示的面②**，进行面配合，配合好后单击**确定**✓，结果如图 6-349 所示。

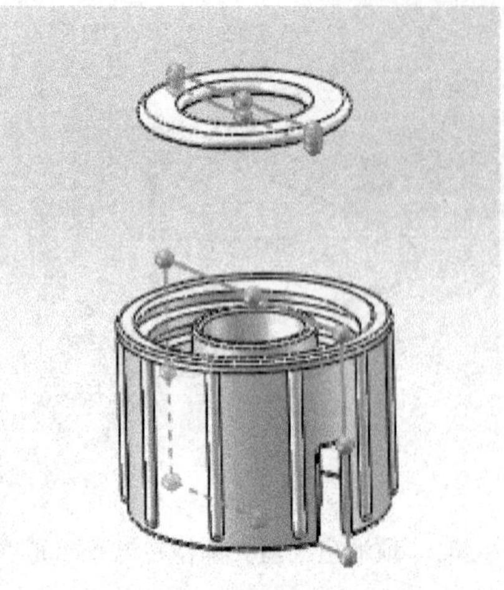

图 6-345 前视基准面的选择

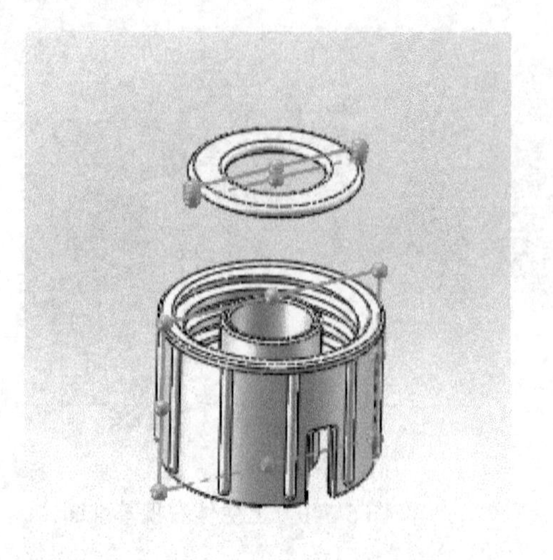

图 6-346 右视基准面的选择

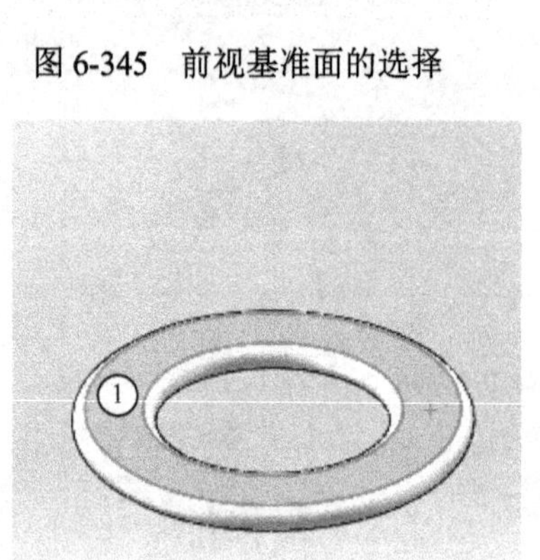

图 6-347 所选面①

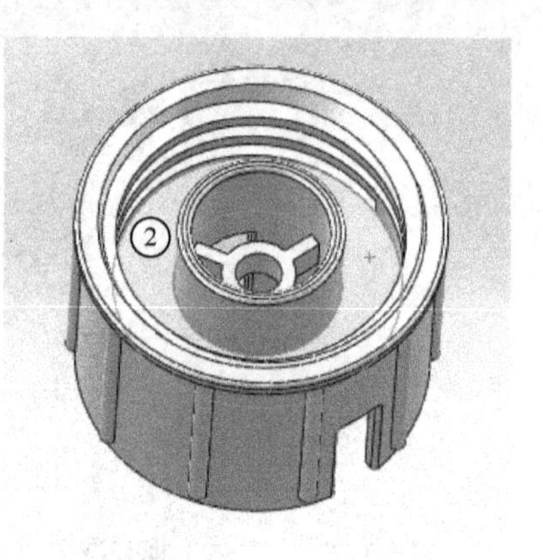

图 6-348 所选面②

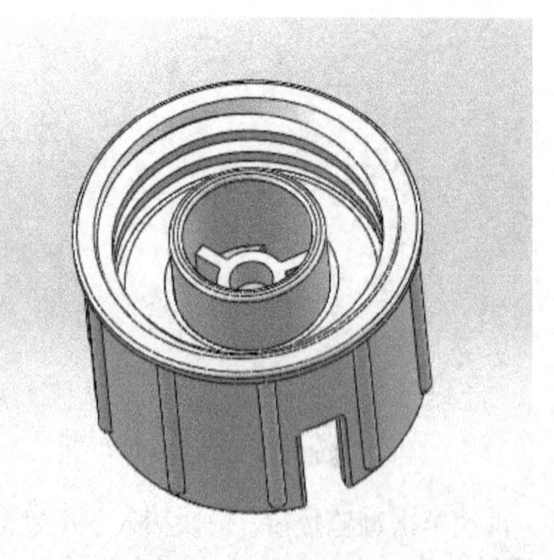

图 6-349 配合结果

（7）配合**橡胶塞芯**和**塑料塞芯**，分两步配合。单击**配合**，进行面配合，在配合选择一栏选择如图 6-350 **所示的面①和②**，配合好后单击**确定**✓。接着选择如图 6-351 **所示的面③和图** 6-352 **所示的面④**，进行面配合，配合好后单击**确定**✓，结果如图 6-353 所示。

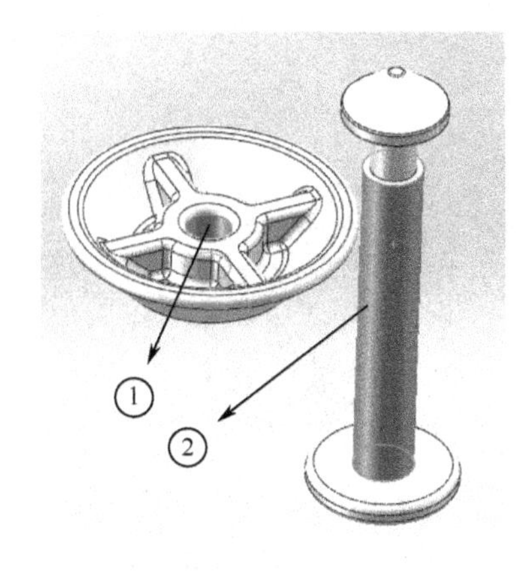

图 6-350　所选面①和②

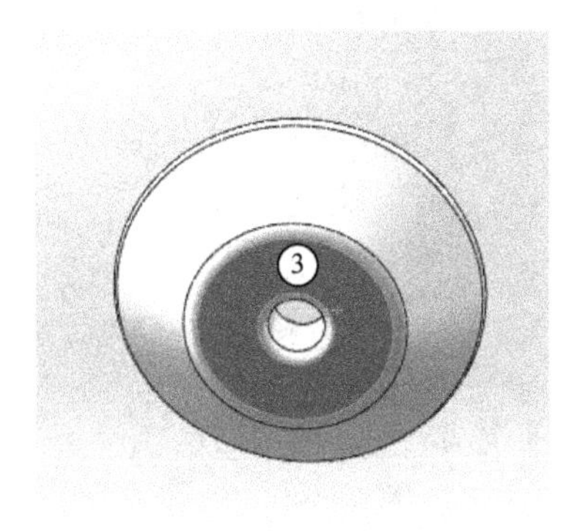

图 6-351　所选面③

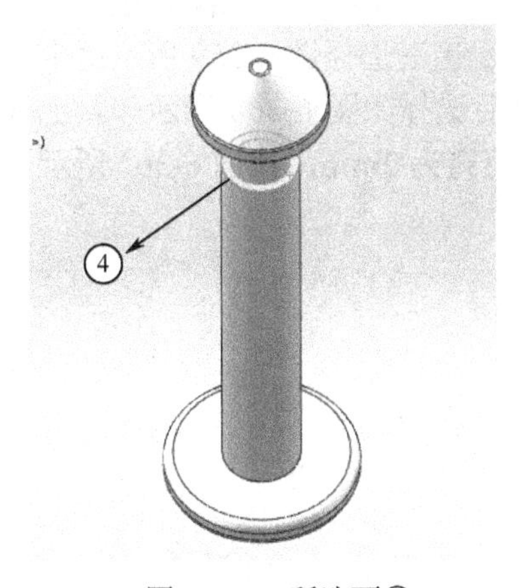

图 6-352　所选面④

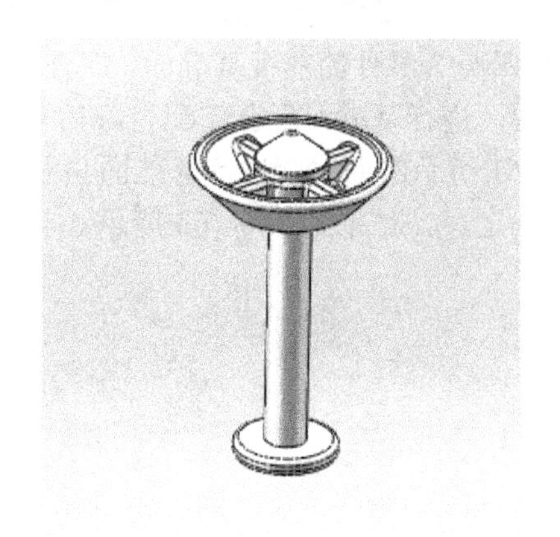

图 6-353　配合结果

（8）然后配合**出水盖主体**和刚配合的**塑料塞芯**，分两步配合。单击**配合**命令，进行面配合，在配合选择一栏选择如图 6-354 所示的面①和②，配合好后单击**确定**。接着选择如图 6-355 所示的面③和④，进行面配合，然后选择**距离为 1mm**，如图 6-356 所示，配合好后单击**确定**，配合结果如图 6-357 所示。

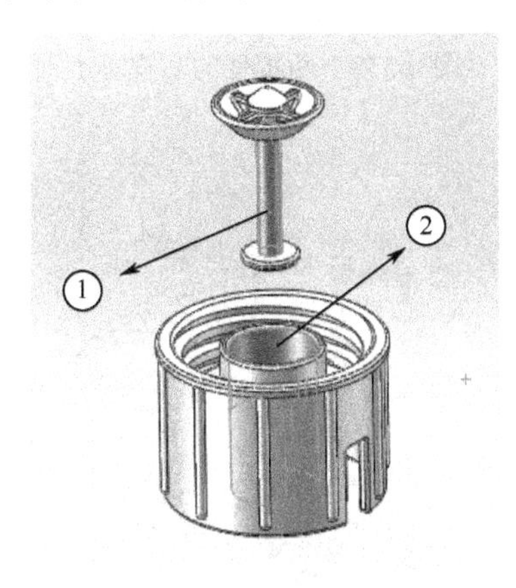

图 6-354　所选面①和②

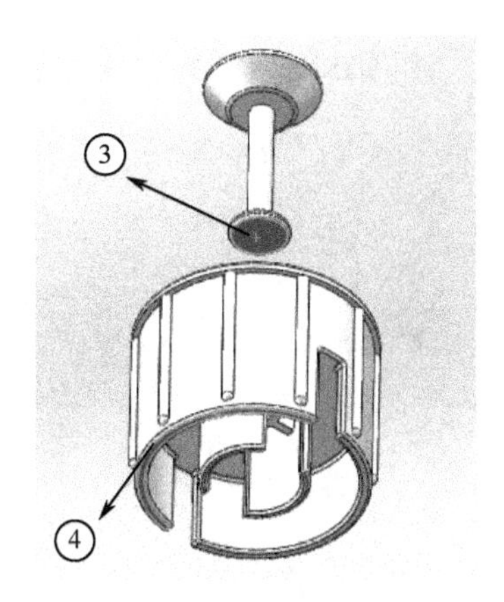

图 6-355　所选面③和④

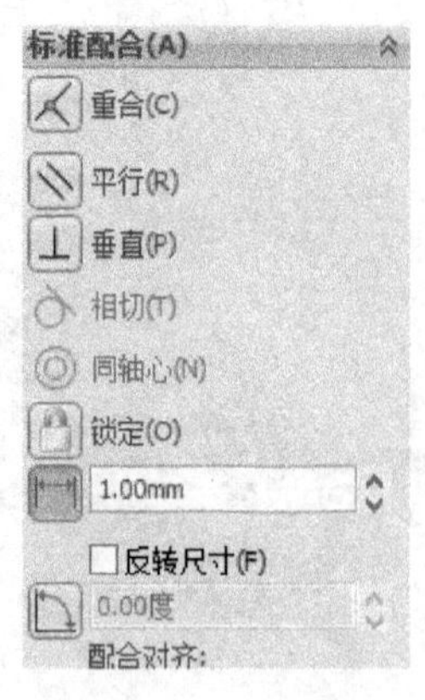

图 6-356 设置界面

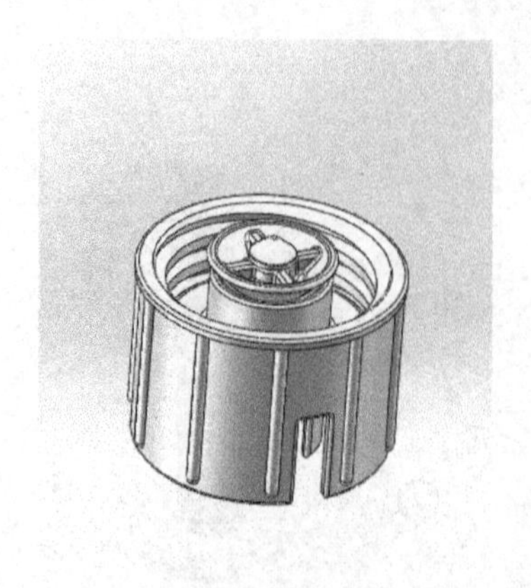
图 6-357 配合结果

（9）配合**弹簧**和**出水盖**，分为三步：单击**配合**，进行基准面配合，在配合选择一栏选择图 6-358 所示两个零件的前视基准面，配合好后单击**确定**✓。接着选择图 6-359 所示两个零件的右视基准面，进行基准面配合，配合好后单击**确定**✓。最后选择如图 6-360 所示弹簧上视基准面和图 6-361 所示的面①，进行基准面与面的配合，设置**距离**为 **2mm**，如图 6-362 所示，配合好后单击**确定**✓，结果如图 6-363 所示。

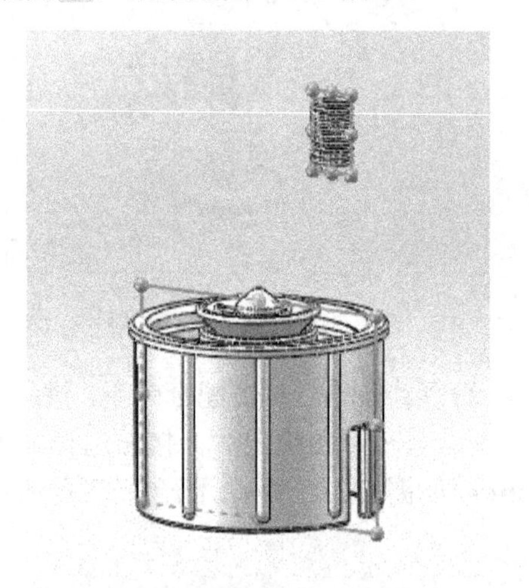
图 6-358 两零件的前视基准面

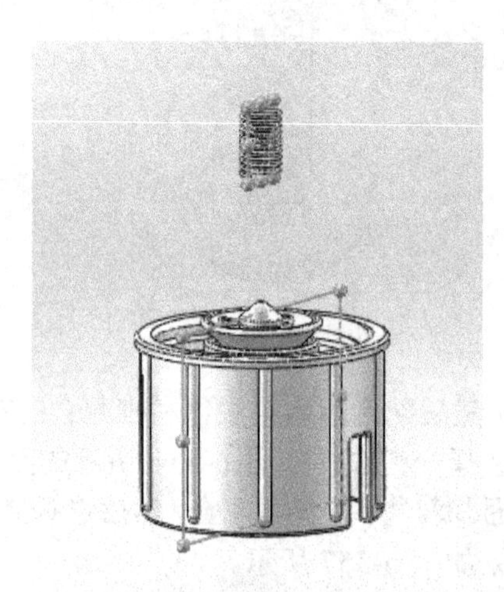
图 6-359 两零件的右视基准面

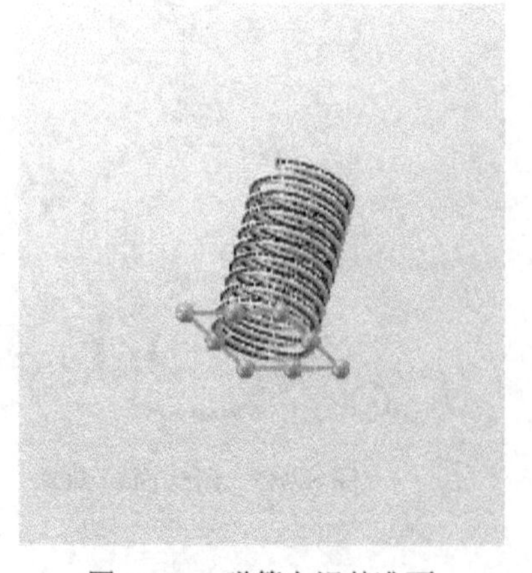
图 6-360 弹簧上视基准面

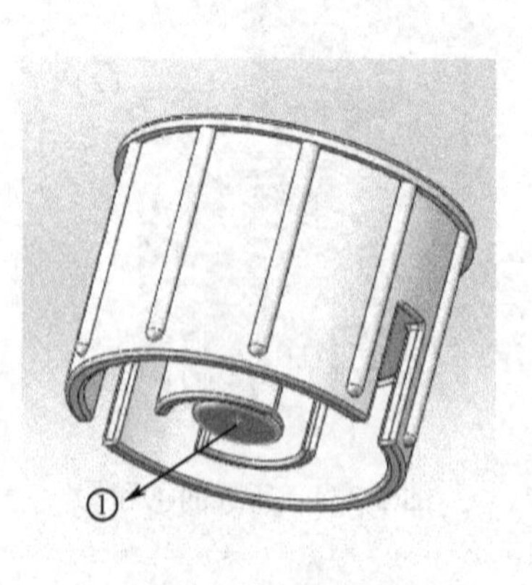

图 6-361 所选面①

图 6-362 设置界面

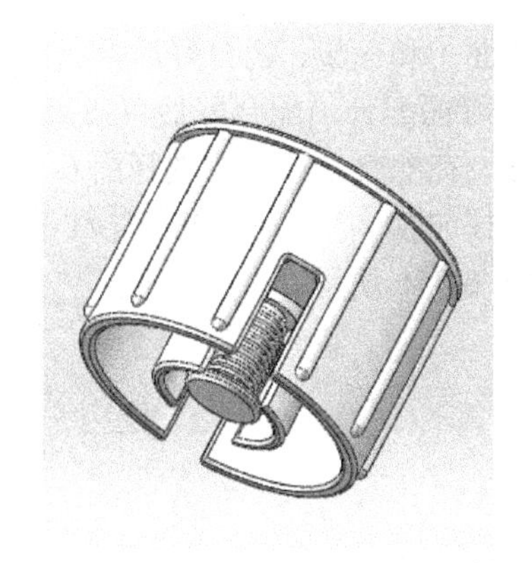

图 6-363 配合结果

（10）开始配合**上主体**和**出水盖**，分两步。单击**配合**命令，在配合选择一栏选择图 6-364 所示的面①和面②，进行面配合，配合好后单击**确定**✓。然后选择如图 6-365 所示的面③和图 6-366 所示的面④，进行面配合，设置**距离**为 **2mm**，配合好后单击**确定**✓，如图 6-367 所示，结果如图 6-368 所示。

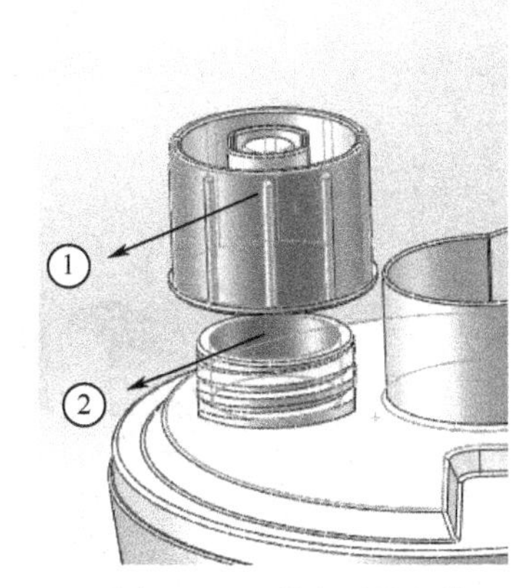

图 6-364 所选面①和②

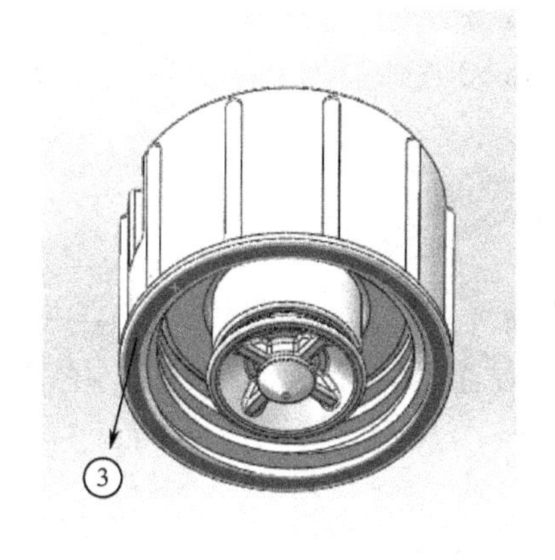

图 6-365 所选面③

图 6-366 所选面④

图 6-367 设置界面

图 6-368 配合结果

（11）单击**插入零部件**，再次单击**浏览**按钮，依次插入 3 个零部件，分别为**下主体**、**环形竹炭**和**小盖子**。先配合**下主体**和**环形竹炭**，单击**配合**命令，进行面配合，在**配合选择**一栏选择

图 6-369 所示的面①和面②，配合好后单击**确定**✓。然后选择如图 6-370 所示的面③和图 6-371 所示的面④，进行面配合，配合好后单击**确定**✓，结果如图 6-372 所示。再来配合**小盖子**和**下主体**，单击**配合**，在配合选择一栏选择图 6-373 所示的面⑤和面⑥，进行面配合，配合好后单击**确定**✓。然后选择如图 6-374 所示的面⑦和图 6-375 所示的面⑧，进行面配合，配合好后单击**确定**✓，结果如图 6-376 所示。

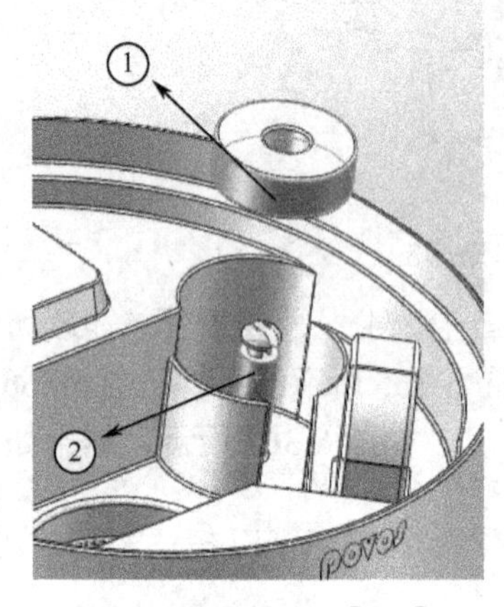

图 6-369　所选面①和②

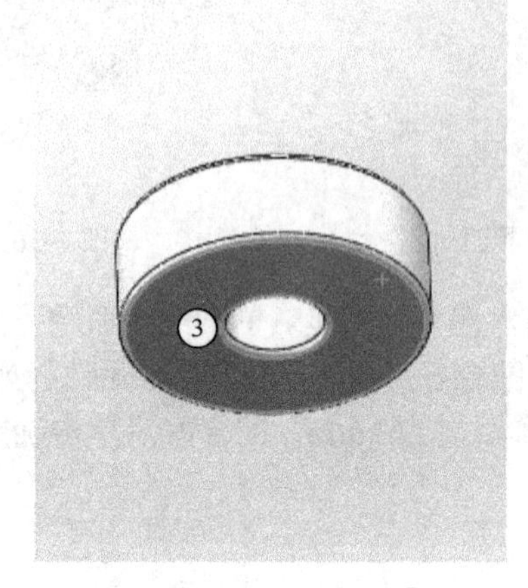

图 6-370　所选面③

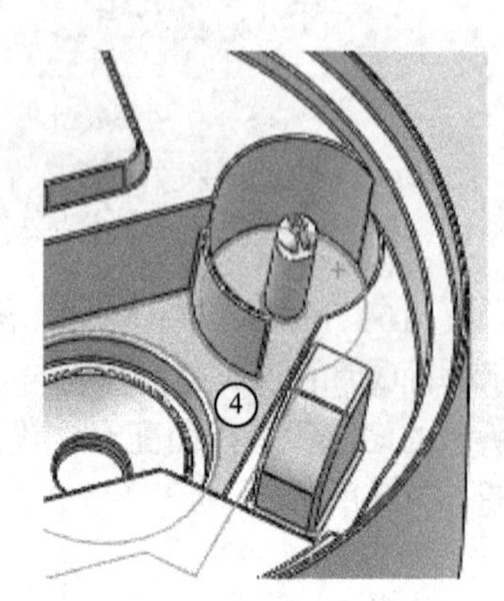

图 6-371　所选面④

图 6-372　配合结果

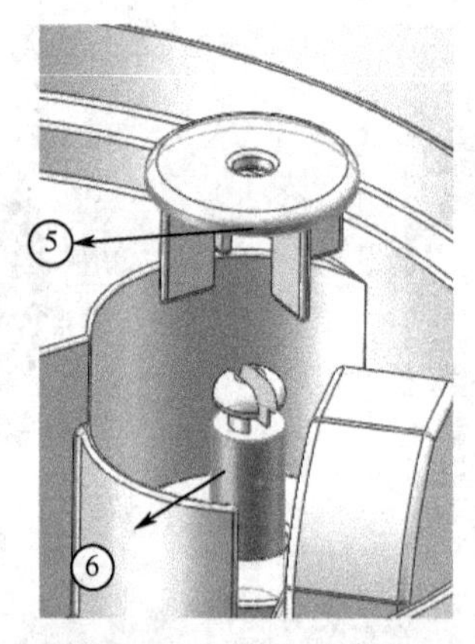

图 6-373　所选面⑤和⑥

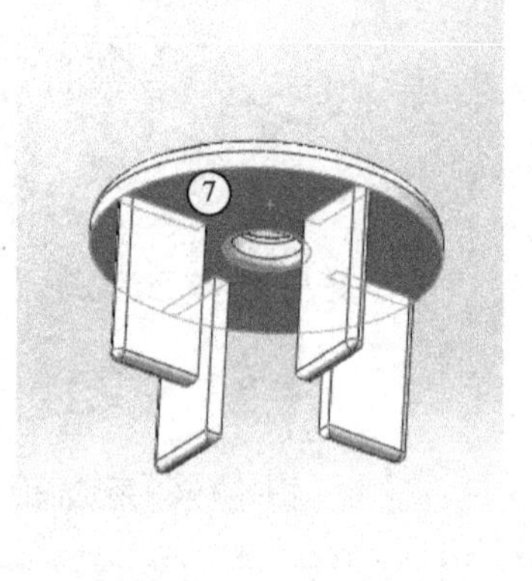

图 6-374　所选面⑦

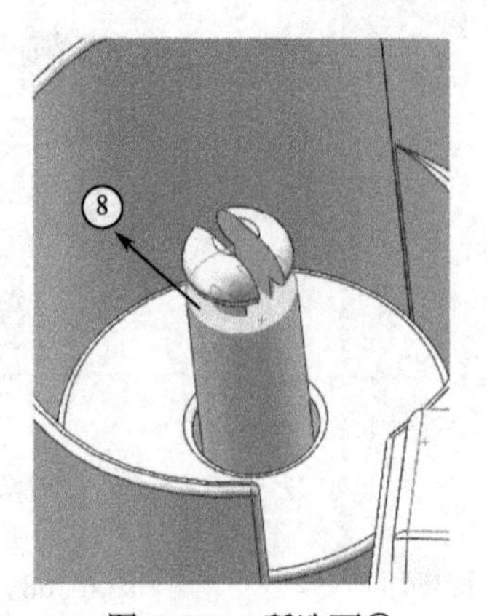

图 6-375　所选面⑧

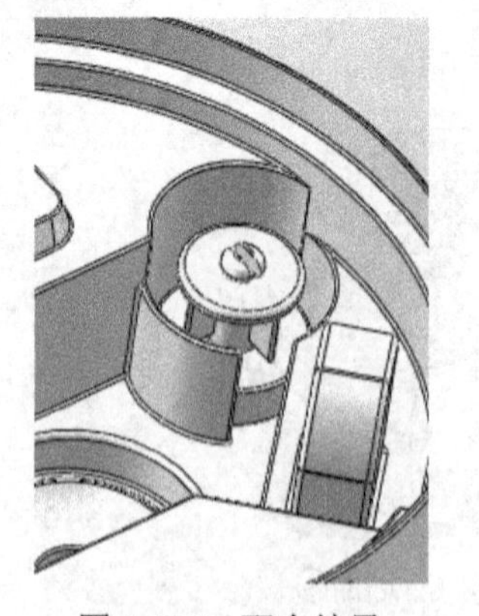
图 6-376　配合结果

（12）单击**插入零部件**，再次单击**浏览**，插入**旋转开关**。单击**配合**，在**配合选择**一栏选择

图 6-377 所示的面①和面②，进行面配合，配合好后单击**确定**✔。然后选择如图 6-378 所示的面③和图 6-379 所示的面④，进行面配合，配合好后单击**确定**✔，结果如图 6-380 所示。

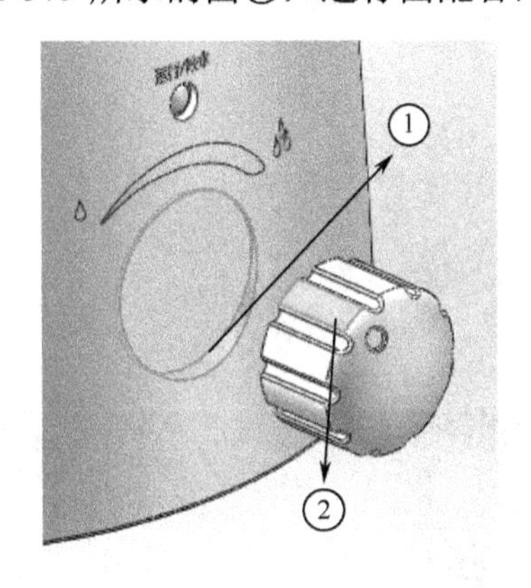

图 6-377　所选面①和②

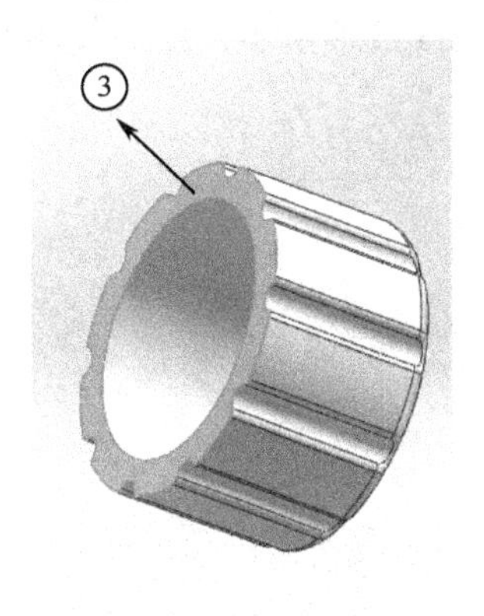

图 6-378　所选面③

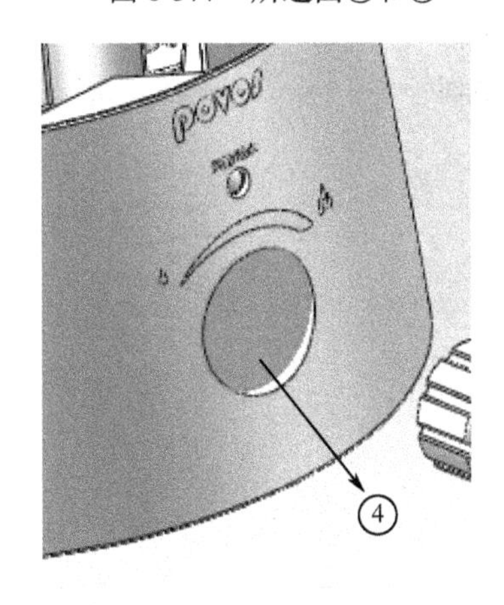

图 6-379　所选面 4

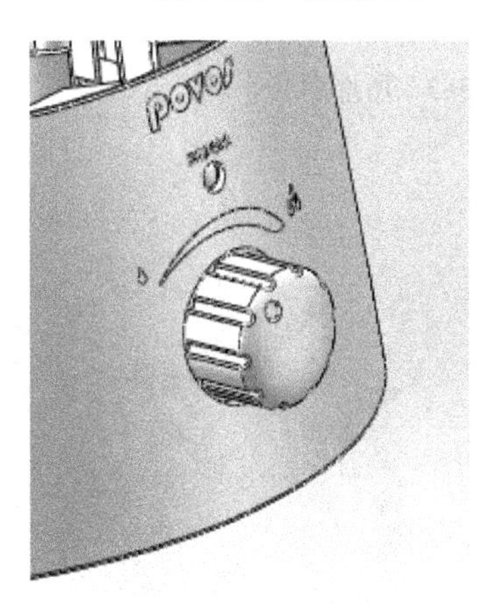

图 6-380　配合结果

（13）单击**插入零部件**，再次单击**浏览**，插入**下主体底盖**。单击**配合**命令，在**配合选择**一栏选择图 6-381 所示的面①和图 6-382 所示的面②，进行面配合，配合好后单击**确定**✔。然后选择如图 6-383 所示的面③和图 6-384 所示的面④，进行面配合，配合好后单击**确定**✔，结果如图 6-385 所示。

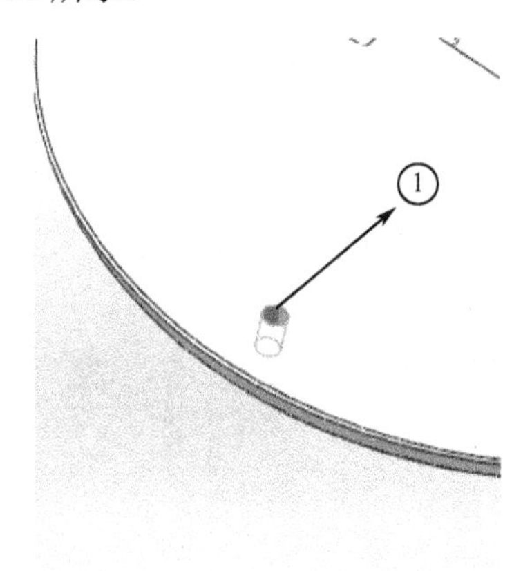

图 6-381　所选面①

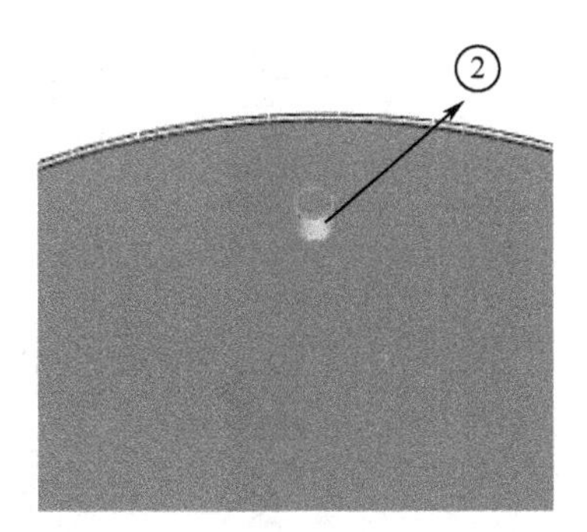

图 6-382　所选面②

（14）最后组合**上主体**和**下主体**。利用三个基准面来配合，单击**配合**，在**配合选择**一栏选择图 6-386 所示的**前视基准面**，配合好后单击**确定**✓。同样配合**上视基准面**和**右视基准面**，如图 6-387 和图 6-388 所示，结果如图 6-389 所示。

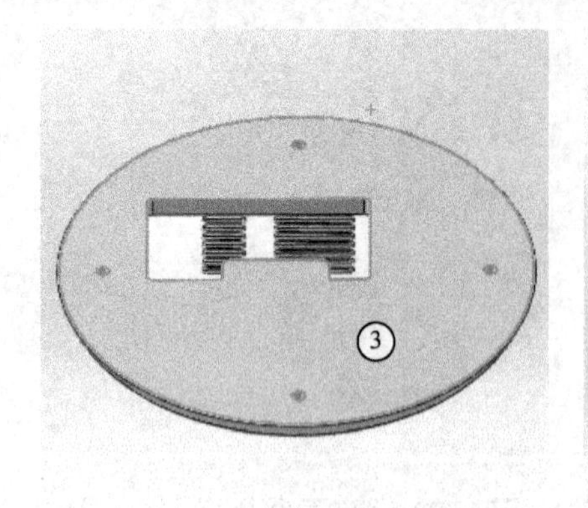

图 6-383　所选面③

图 6-384　所选面④

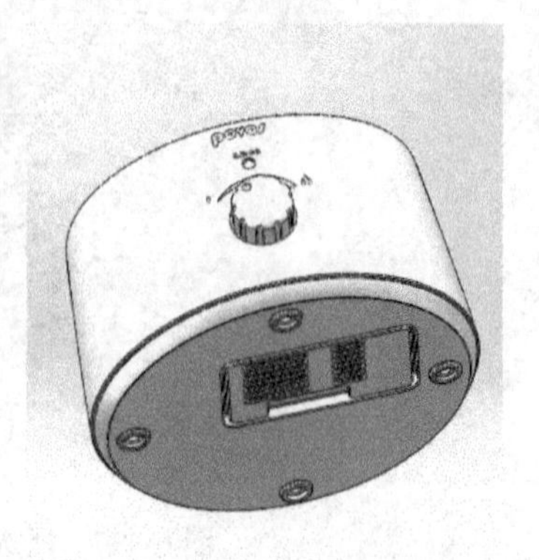

图 6-385　配合结果

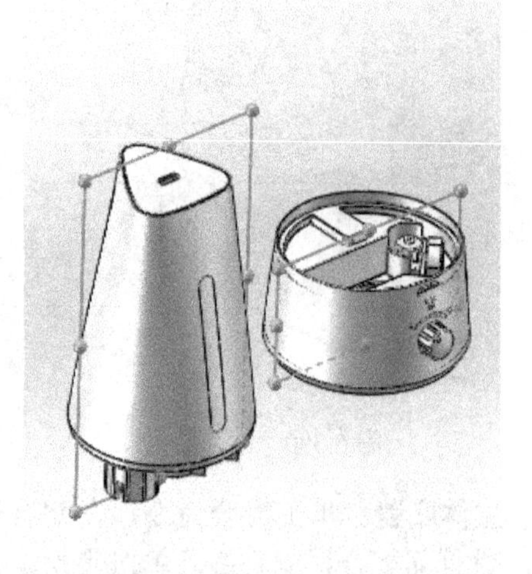

图 6-386　两个主体的前视基准面

图 6-387　两个主体的右视基准面

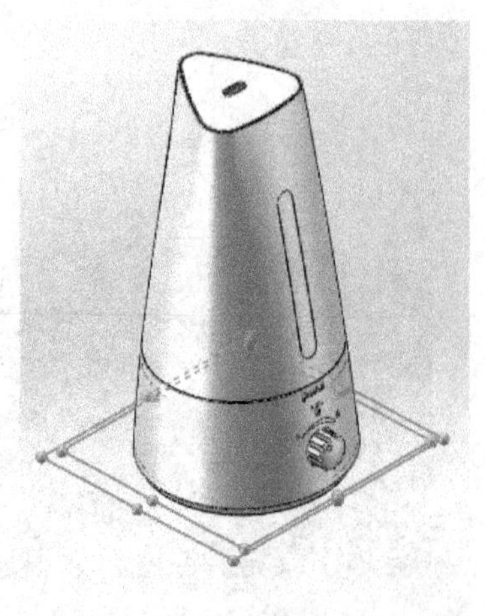

图 6-388　两个主体的上视基准面

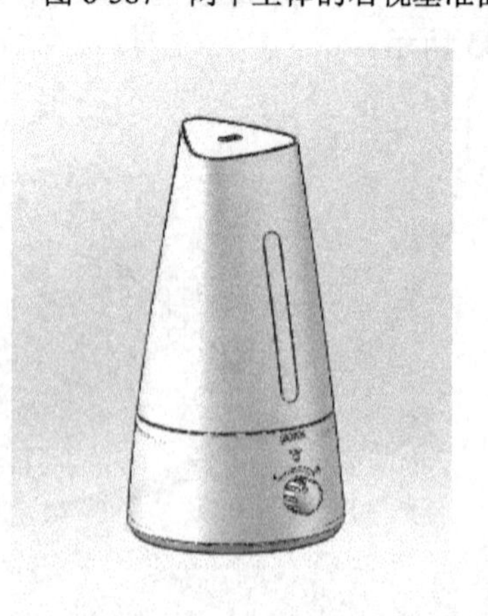

图 6-389　配合结果

（15）至此，加湿器整机已经装配好了，图 6-390 是装配后的整机效果。

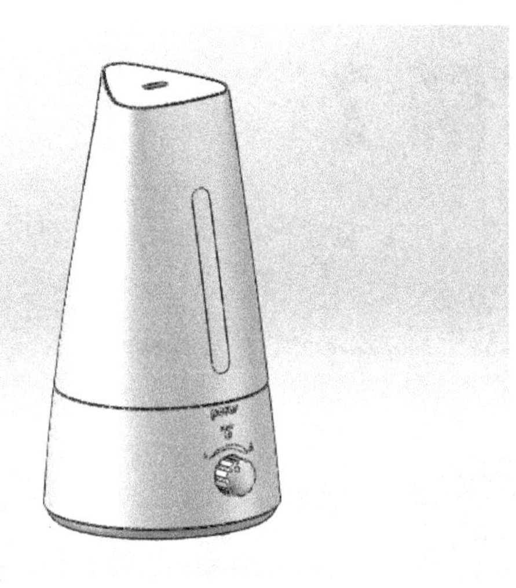

图 6-390　装配体效果

6.3　思考

（1）思考整个加湿器用曲面来做会怎么样？会简单吗？或许会更美观？

（2）思考为什么加湿器上主体、下主体和顶端出气盖前几个步骤一样，之后运用切割形成，如果单个来建会怎么样？可以达到同样效果吗？对后面的装配有没有影响？

（3）试着用更多的命令来做零件，寻找更加方便快速的方法完成建模。

（4）本章用了分割命令来画曲面上草图，可尝试用投影曲线的方法。

（5）进行螺纹建模的时候用到了螺旋线和扫描切除，你还能想到更快速的方法吗？

（6）尝试不用基准面而用点线面等进行配合。

案例 7

咖啡机建模

7.1 案例概述

本案例详细介绍了一款咖啡机的建模过程，主要建模思路是先分析咖啡机的结构，把咖啡机分成左右两个部分，先建模左边部分，主要用到的命令是**拉伸**、**切除**、**分割线**、**等距曲面**、**加厚切除**、**曲面填充**。右边主要用到**组合**、**分割**、**删除实体**等命令。然后依次建模左主体、右主体、时间旋钮、污水槽、开关、咖啡壶、咖啡壶盖、过滤槽、注水盖 9 个零件后，进行装配体的装配，装配时应该充分考虑各个零件、各个面的几何关系来进行装配。最后读者应注意咖啡机的内部结构，要建一个简单的内部结构，使咖啡机接近实际产品。零件实体模型如图 7-1 所示。

图 7-1　零件模型和渲染图

7.2 操作步骤

7.2.1 咖啡机左主体的建模

咖啡机左主体的主要建模思路是用**拉伸凸台/基体**命令拉伸出大概外形，然后用**分割线**、**抽壳**、**切割**、**加厚切除**等命令来切割这个大概外形形成精细的壳体。最后用**扫描**命令做内部的管道结构。零件实体模型及相应的设计树如图 7-2 所示。

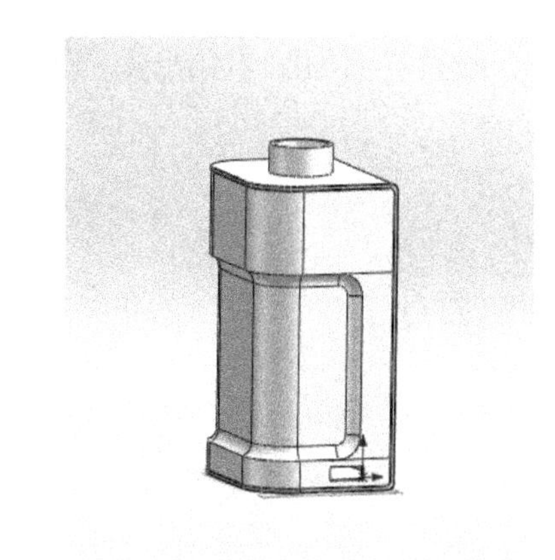

（1）

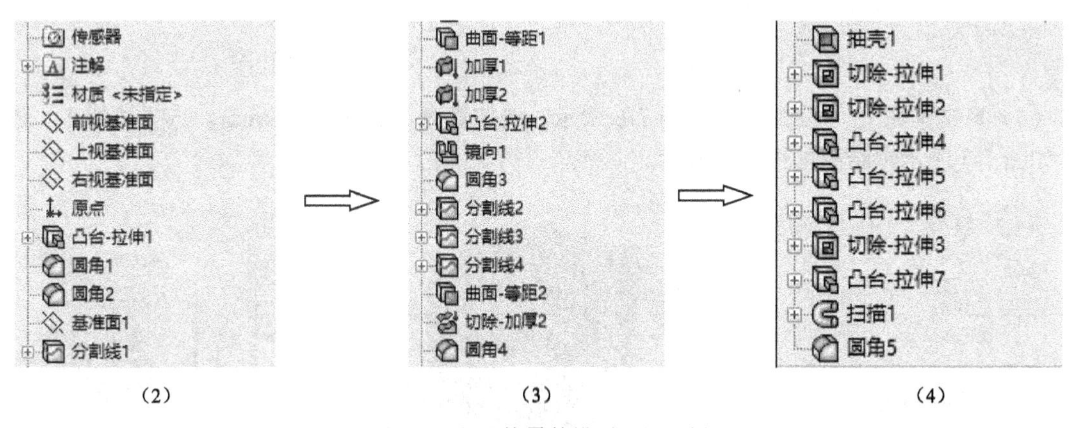

（2） （3） （4）

图 7-2 左主体零件模型及设计树

（1）启动 SolidWorks，单击**文件→新建**命令，选择**零件**图标，然后单击**确定**，进入建模环境。

（2）选择**上视基准面**，单击**草图绘制**，绘制草图 1，如图 7-3 所示。

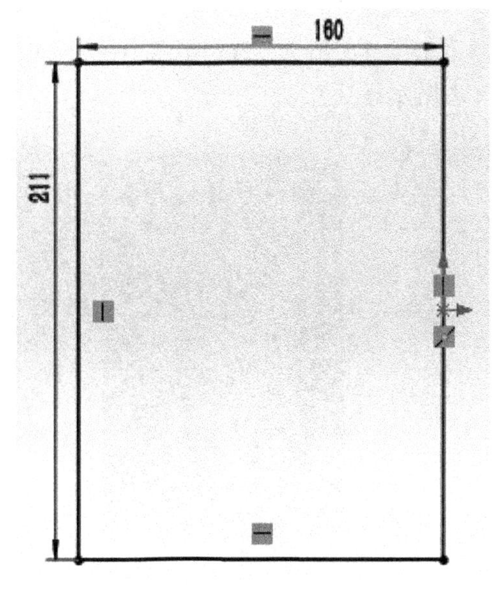

图 7-3 草图 1

（3）单击**拉伸凸台/基体**，设置界面如图 7-4 所示。设置**给定深度**为 **330.00mm**，结果如图 7-5 所示。

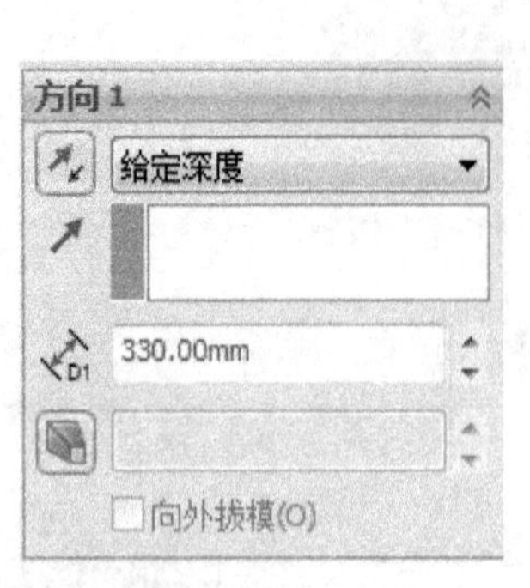

图 7-4　设置界面

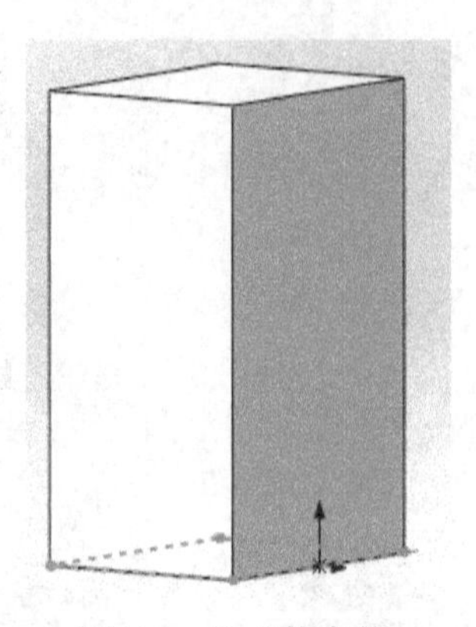

图 7-5　形成的实体

（4）单击**圆角**，设置界面如图 7-6 所示。选定**圆角半径**为 **50.00mm**。选择**边线 1**，**边线 2**，如图 7-7 所示，结果如图 7-8 所示。

图 7-6　设置界面

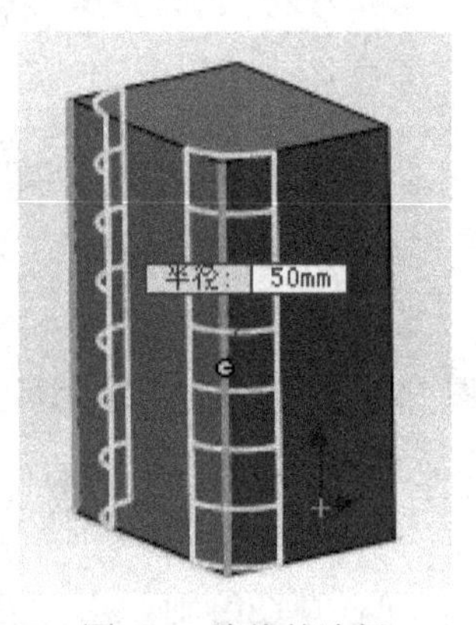

图 7-7　边线的选择

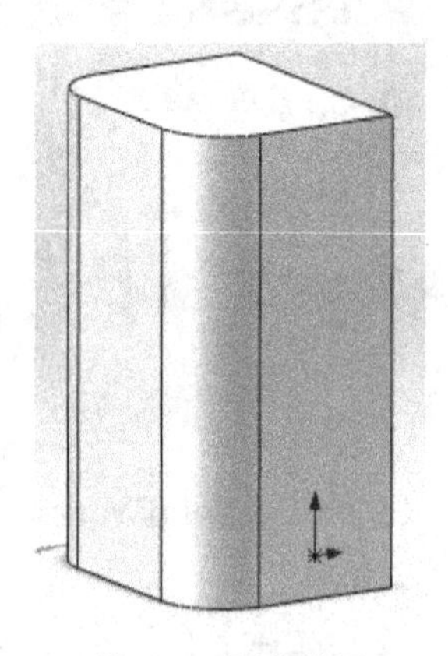

图 7-8　圆角结果

（5）单击**圆角**，设置界面如图 7-9 所示。选定**圆角半径**为 **8.00mm**。选择**边线 1**，**边线 2**，如图 7-10 所示，结果如图 7-11 所示。

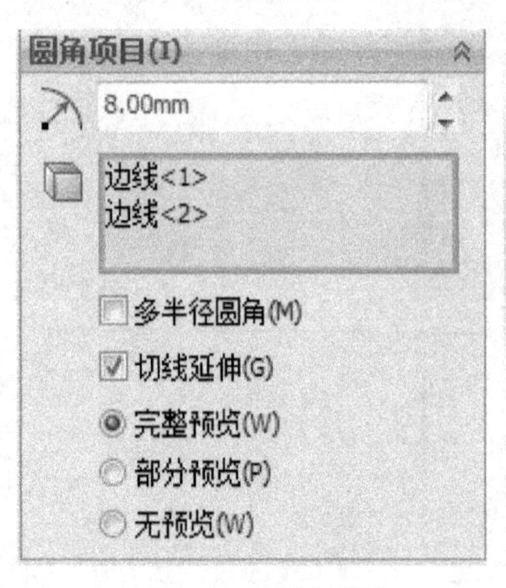

图 7-9　设置界面

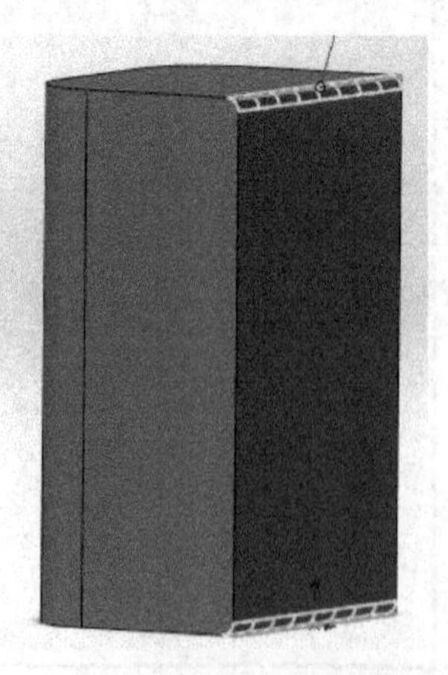

图 7-10　选择的边线

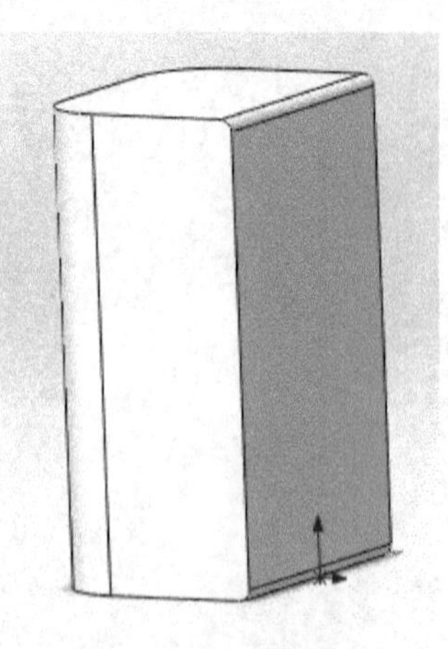

图 7-11　圆角结果

（6）单击**新建基准面** 基准面，然后第一参考选择**右视基准面** 右视基准面，**偏移距离**选择 **190.00mm**，反转打钩，如图 7-12 所示。

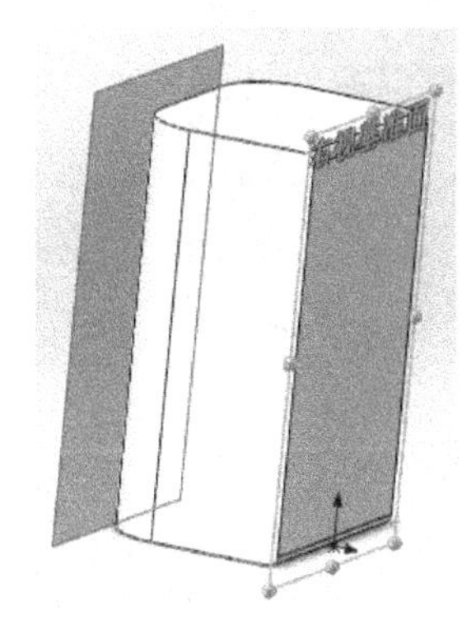

图 7-12 新建基准面

（7）在刚才新建的基准面 1 上绘制如图 7-13 所示的草图 2。

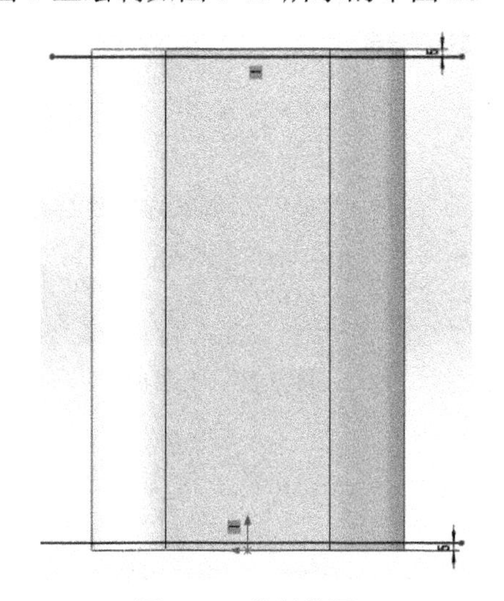

图 7-13 绘制草图 2

（8）选择**曲线-分割线** 分割线，设置界面如图 7-14 所示，结果如图 7-15 所示。

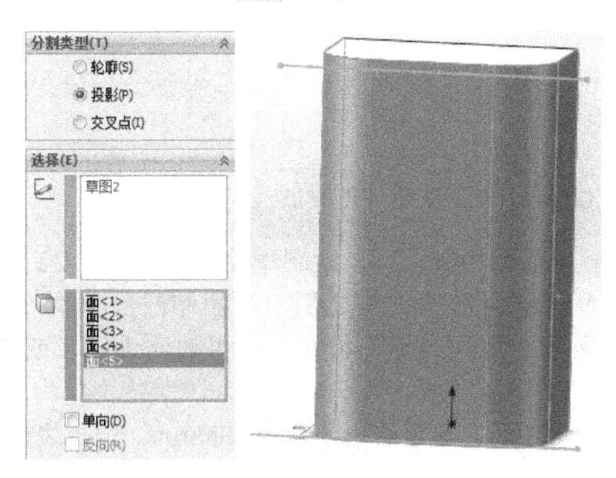

图 7-14 设置界面

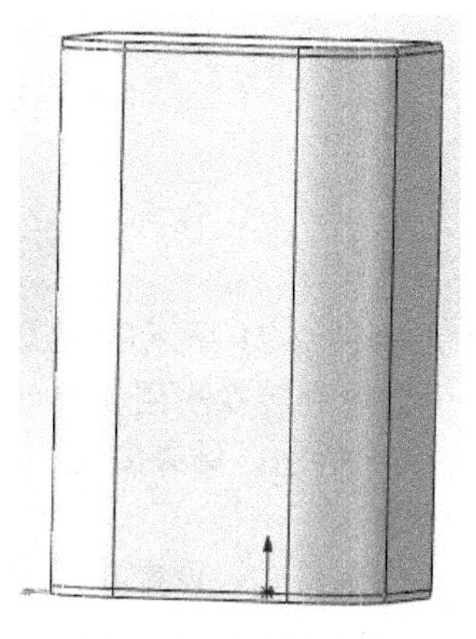

图 7-15 分割线结果

（9）选择**等距曲面**，然后选择图 7-16 上面的面，**等距距离**设置为 **0**。

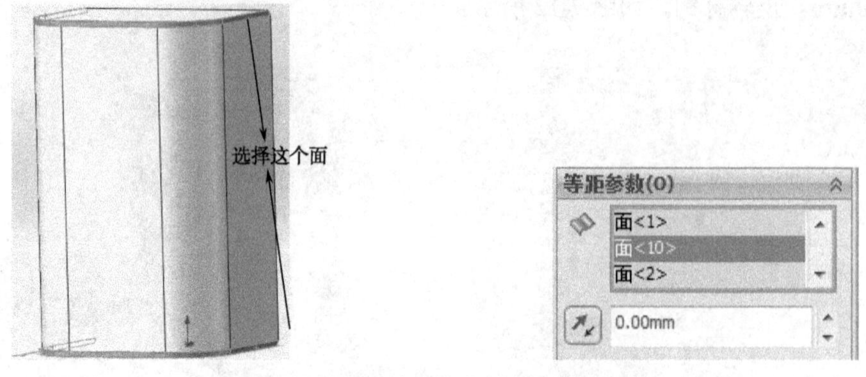

图 7-16　选择要等距的曲面和设置的参数

（10）选择**加厚**，设置界面如图 7-17 所示。由于不能同时选择上下两个等距曲面进行加厚，所以我们先选上面那个等距曲面进行加厚，如图 7-18 所示，再重复加厚命令选择下面的曲面进行加厚，如图 7-19 所示，结果如图 7-20 所示。

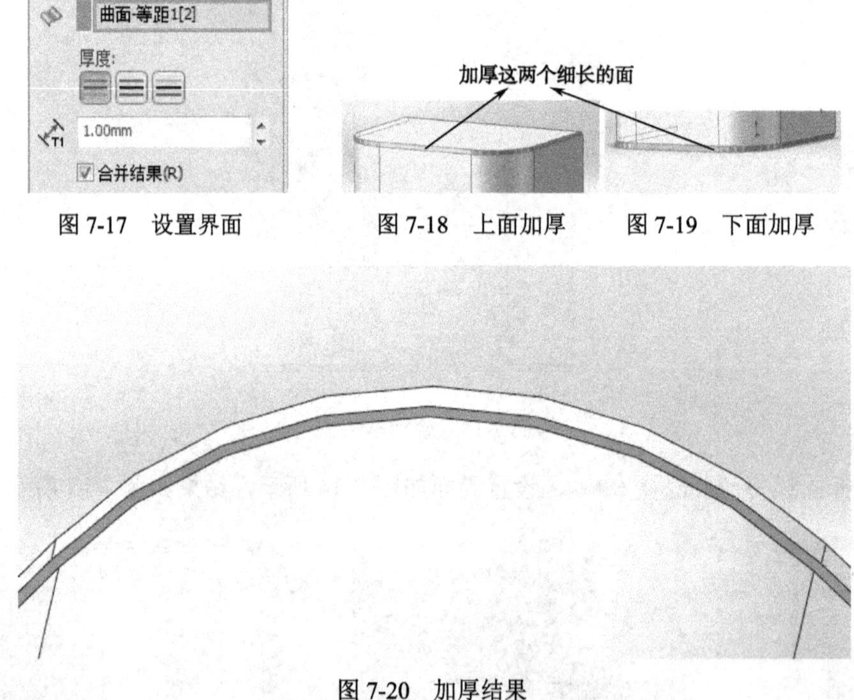

图 7-17　设置界面　　图 7-18　上面加厚　　图 7-19　下面加厚

图 7-20　加厚结果

（11）选择图 7-21 所示的面①，单击**草图绘制**，绘制草图 3，如图 7-22 和图 7-23 所示，其中会用到**转换引用实体**等命令。绘制完草图 3 之后单击**拉伸凸台/基体**，设置界面如图 7-24 所示，结果如图 7-25 所示。依次类推，另外一边也如此进行（或者你们也可以试试镜像）。

（12）单击**圆角**，设置界面如图 7-26 所示。选定**圆角半径**为 **1.00mm**。选择**边线 1**，**边线 2**，如图 7-27 所示。

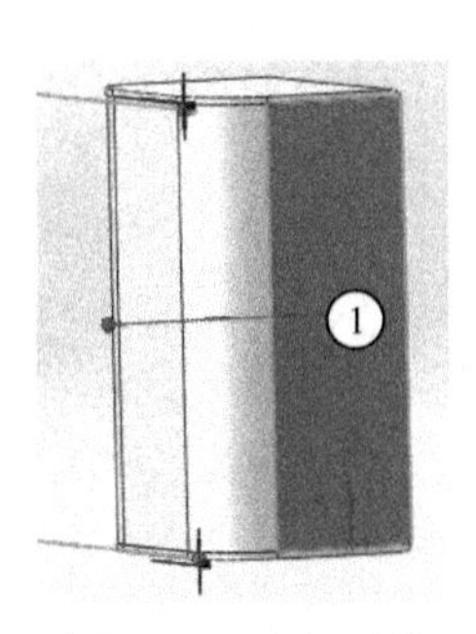

图 7-21　选择面①

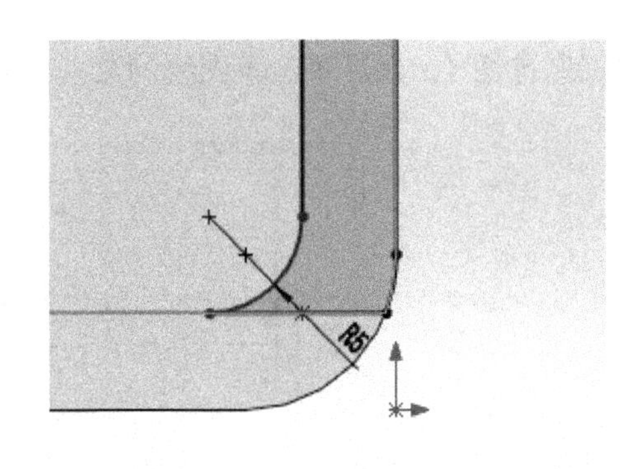

图 7-22　草图 3

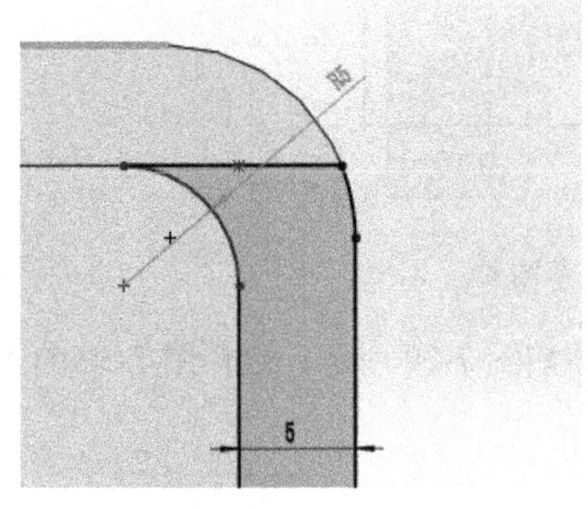

图 7-23　草图 3 细节

图 7-24　设置界面

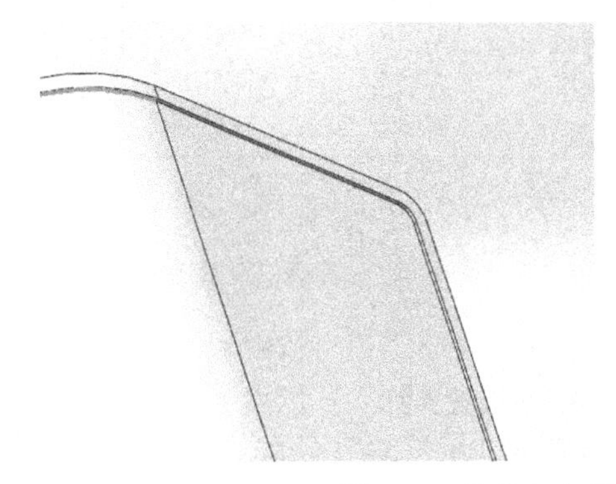

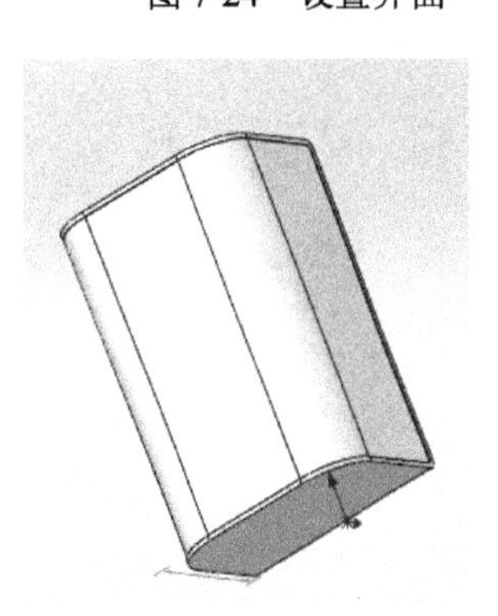

图 7-25　拉伸凸台/基体的最终结果

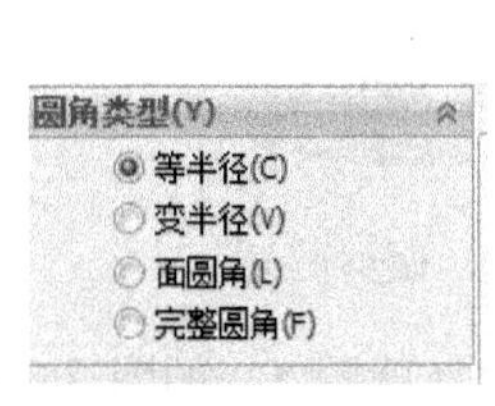

圆角项目(I)
1.00mm
边线<1>
边线<2>
多半径圆角(M)
切线延伸(G)
完整预览(W)
部分预览(P)
无预览(W)

图 7-26　设置界面

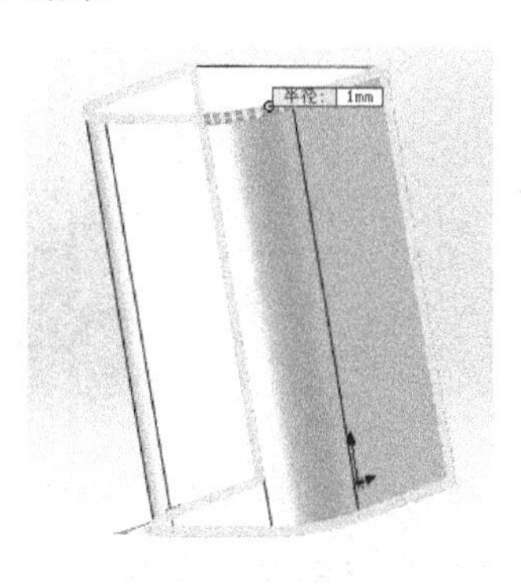

图 7-27　选择的边线

（13）选择**基准面 1**，然后单击**草图绘制**，绘制如图 7-28 的草图 4。

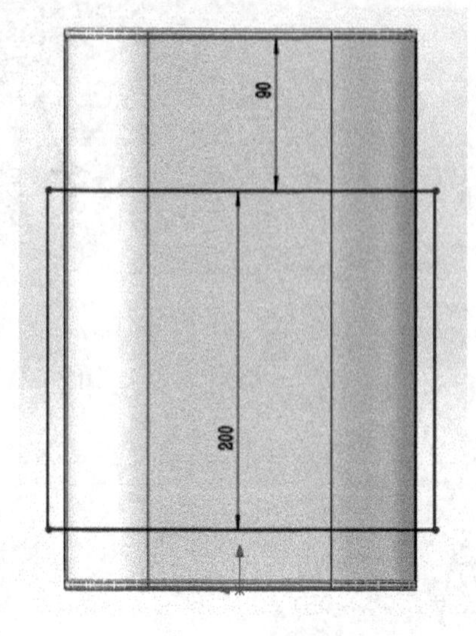

图 7-28　草图 4

（14）单击**曲线→分割线** 分割线，设置界面如图 7-29 所示，选择图 7-30 的 5 个面，结果如图 7-31 所示。

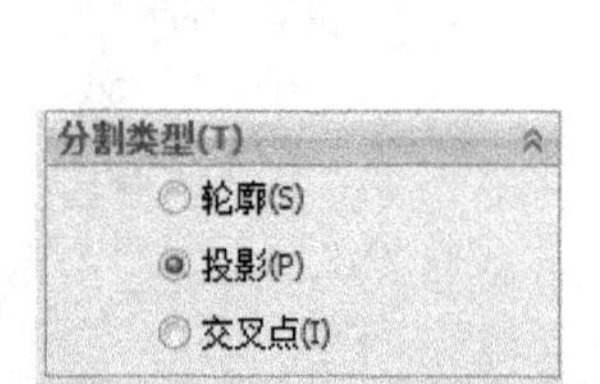

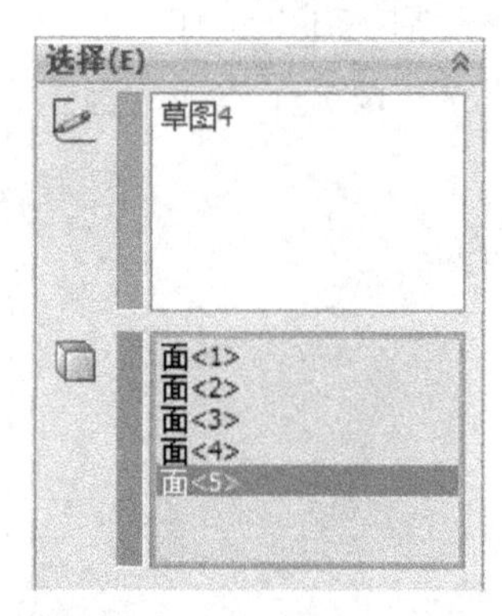

图 7-29　分割线的设置界面

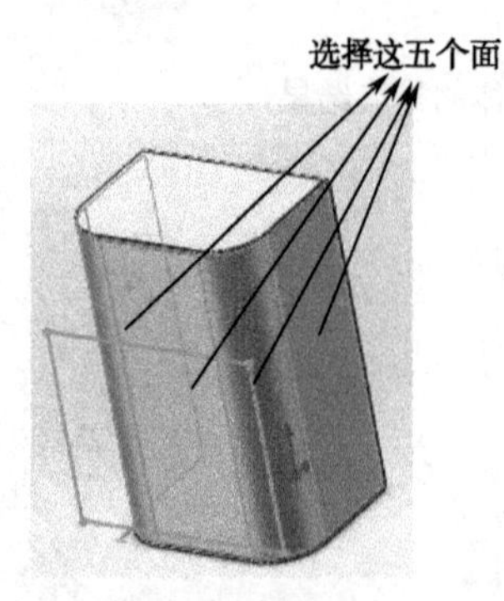

图 7-30　选择五个面

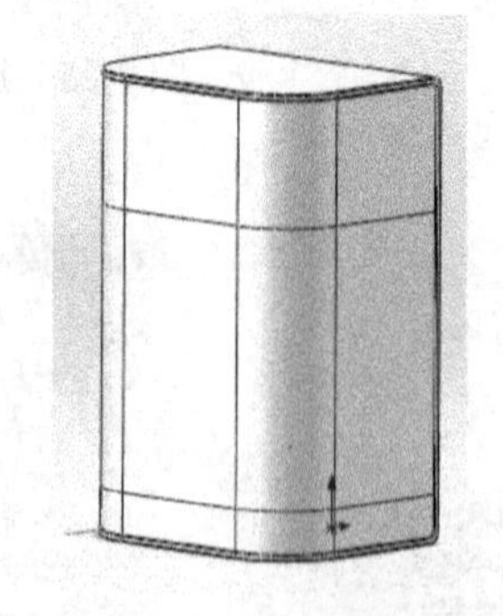

图 7-31　最终结果

（15）选择图 7-32 所示的面①，然后单击**绘制草图**，绘制草图 5，如图 7-33 所示。然后单击**曲线→分割线**，设置界面如图 7-34 所示，选择的面为图 7-35 所示的面②，结果如图 7-36

所示。依次类推，另一边的做法也是一样。

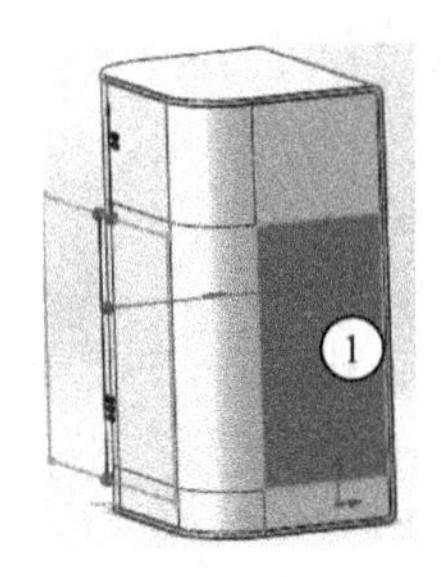

图 7-32　面①

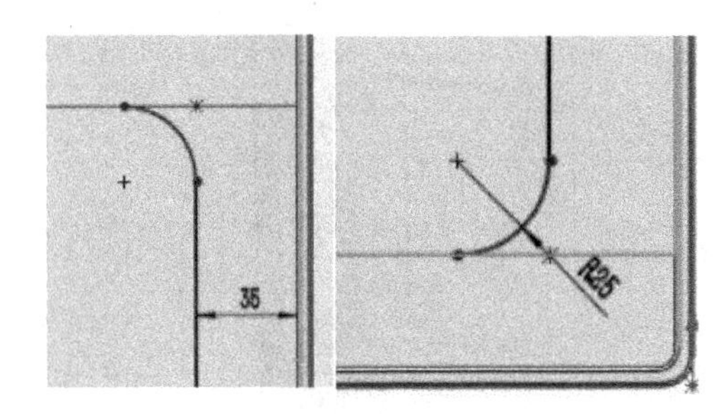

图 7-33　草图 5

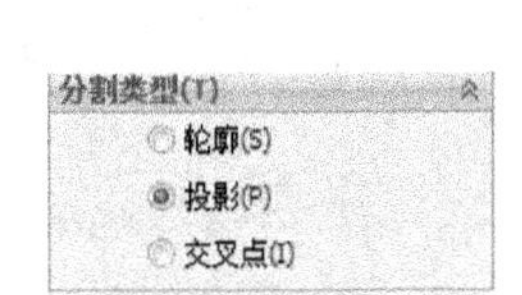

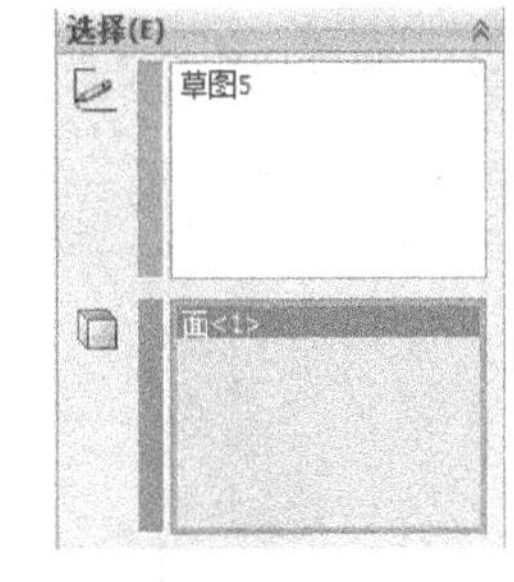

图 7-34　设置界面

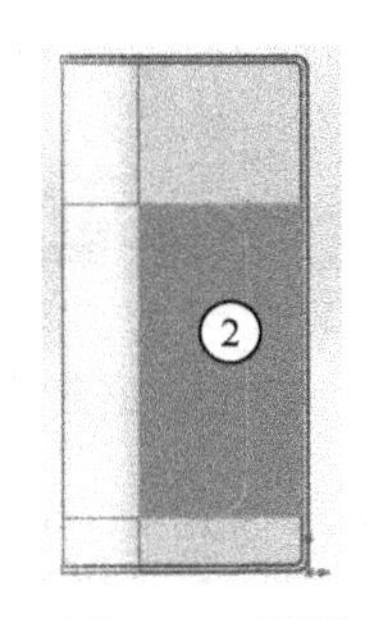

图 7-35　面②

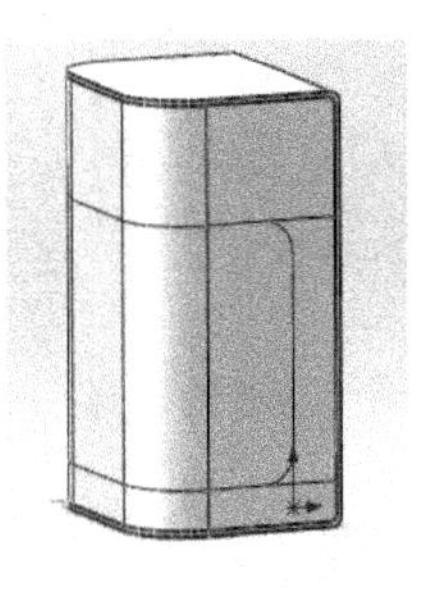

图 7-36　最终结果

（16）单击**曲面→等距曲面**，选择如图 7-37 所示的曲面，然后**等距距离**设置为 **0**，如图 7-38 所示。等距完之后选择**加厚切除** 加厚切除 ，设置界面如图 7-39 所示，结果如图 7-40 所示。然后单击**圆角**，设置界面如图 7-41 所示。边线选择如图 7-42 所示，最终结果如图 7-43 所示。

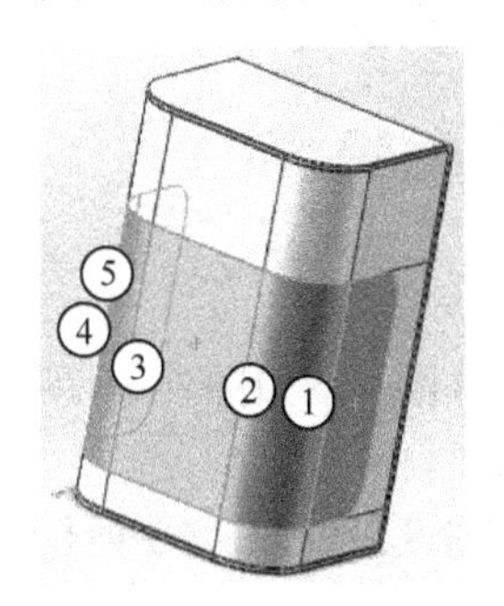

图 7-37　选择面①、②、③、④、⑤

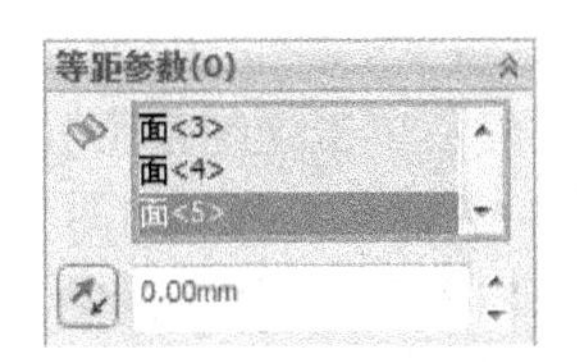

图 7-38　等距曲面设置界面

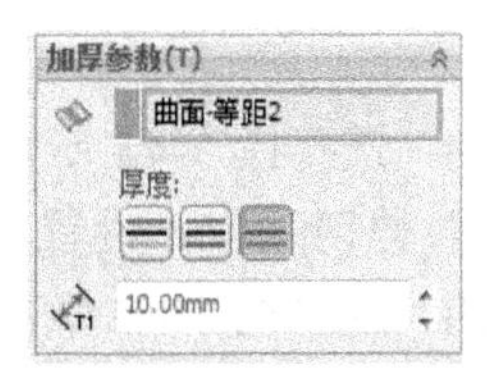

图 7-39　加厚切除设置界面

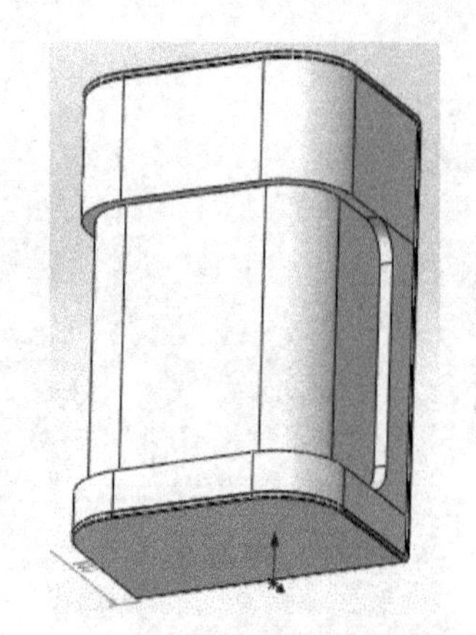

图 7-40　加厚切除的结果

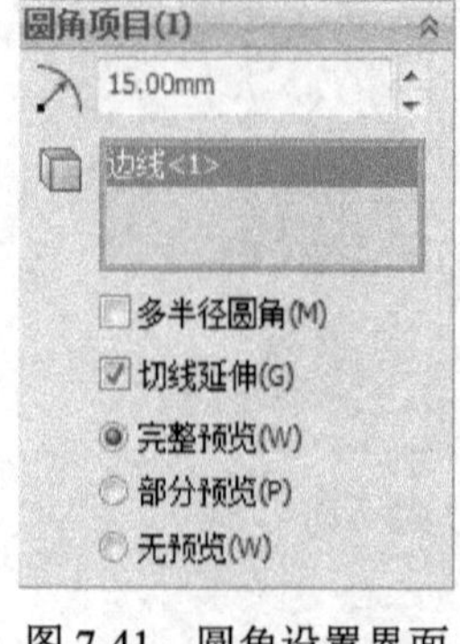

图 7-41　圆角设置界面

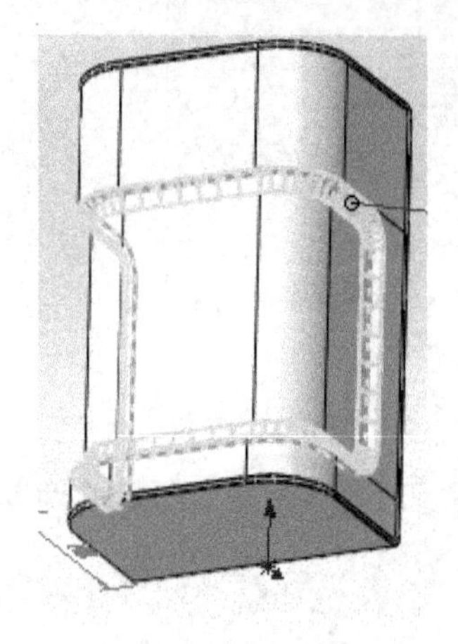

图 7-42　圆角边线的选择

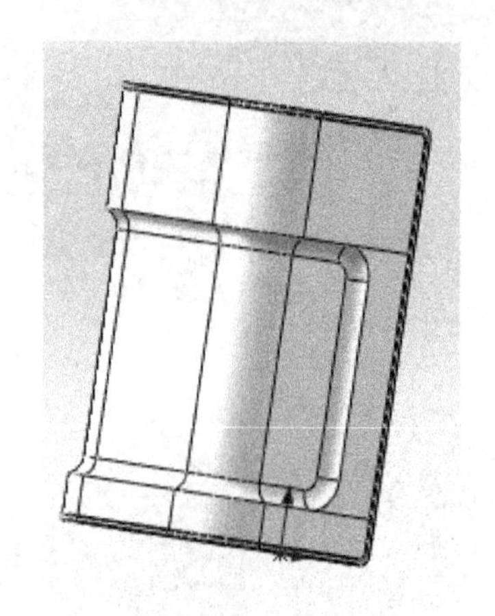

图 7-43　最终结果

（17）单击**抽壳** 抽壳，不选任何面，如图 7-44 所示。

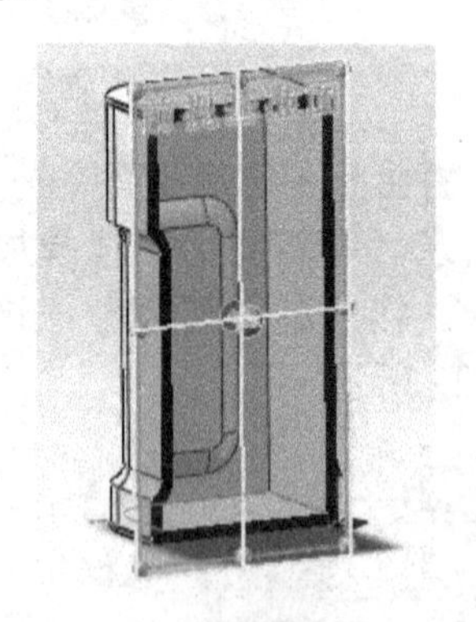

图 7-44　抽壳

（18）选择图 7-45 所示的面①，然后单击**绘制草图**，绘制草图 7，如图 7-46 所示。然后单击**拉伸切除**，设置界面如图 7-47 所示，结果如图 7-48 所示。

（19）选择图 7-49 中的面①，然后单击**草图绘制**，绘制草图 8，如图 7-50 所示。然后单击**拉伸切除**，设置界面如图 7-51 所示，最终结果如图 7-52 所示。

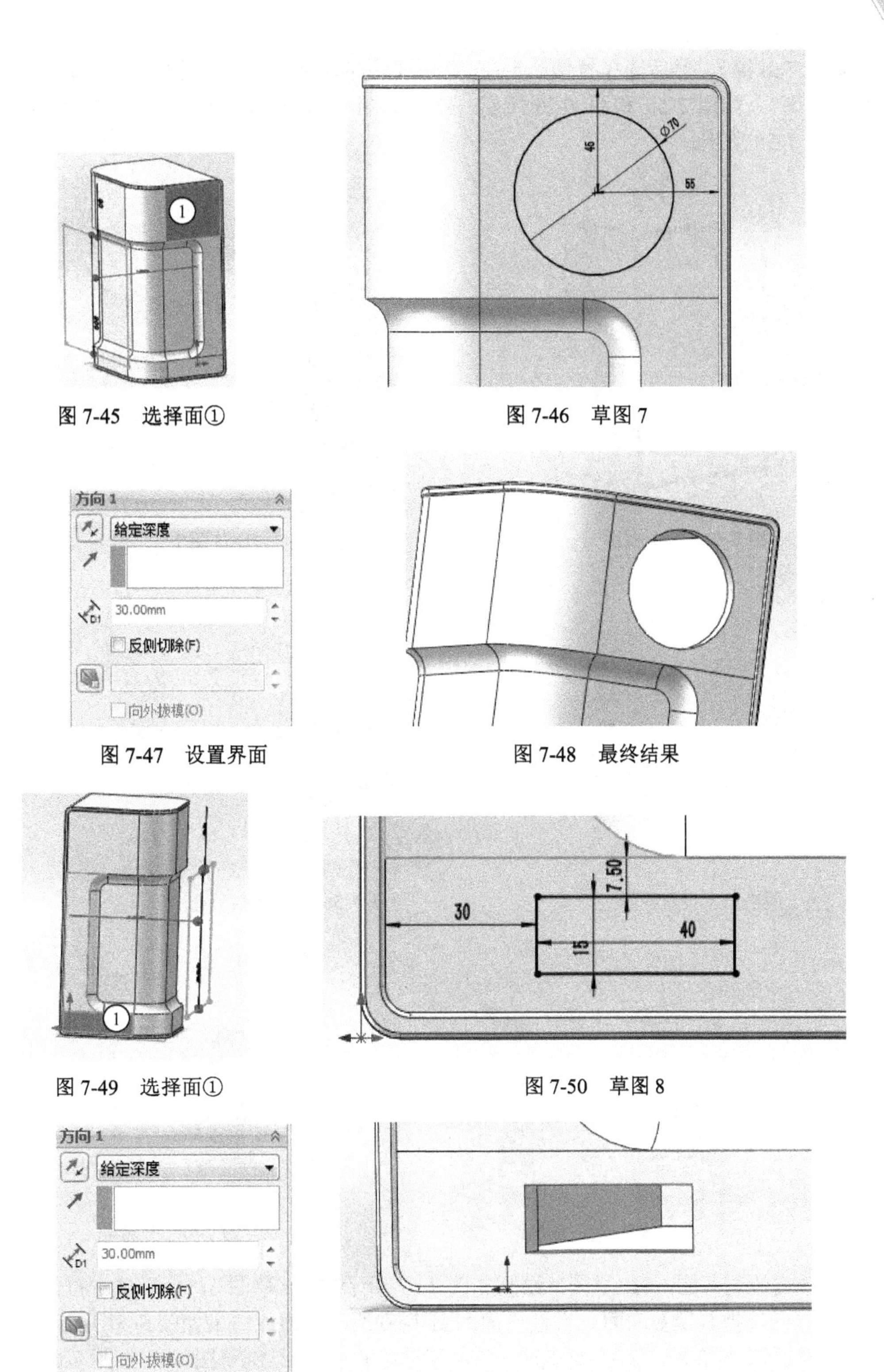

图 7-45　选择面①

图 7-46　草图 7

图 7-47　设置界面

图 7-48　最终结果

图 7-49　选择面①

图 7-50　草图 8

图 7-51　设置界面

图 7-52　最终结果

（20）单击**剖面视图**，然后调成如图 7-53 所示的剖面视图。单击**草图绘制→3D 草图**，绘制如图 7-54 所示的 3D 草图 1（绘制这个草图需要用到**转换引用实体**命令，切换 3D 草图的方向轴可按 Tab 键）。然后选择**拉伸凸台/基体**，方向选择**上视基准面**（3D 草图的拉伸方向必须是一个面），如图 7-55 和图 7-56 所示。结果如图 7-57 所示，依次类推，把下面的板也画出来，如图 7-58 所示。

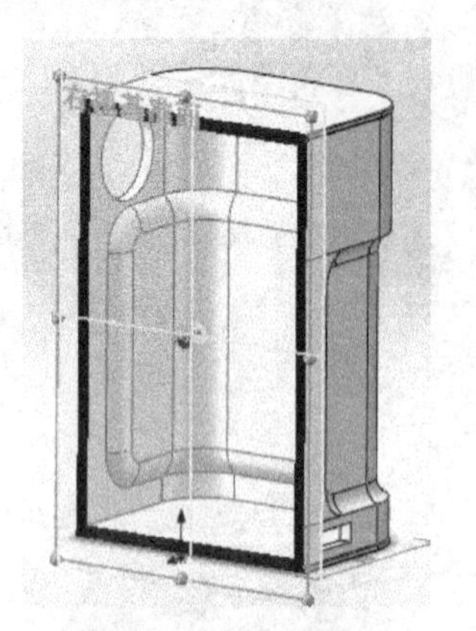

图 7-53 剖面视图

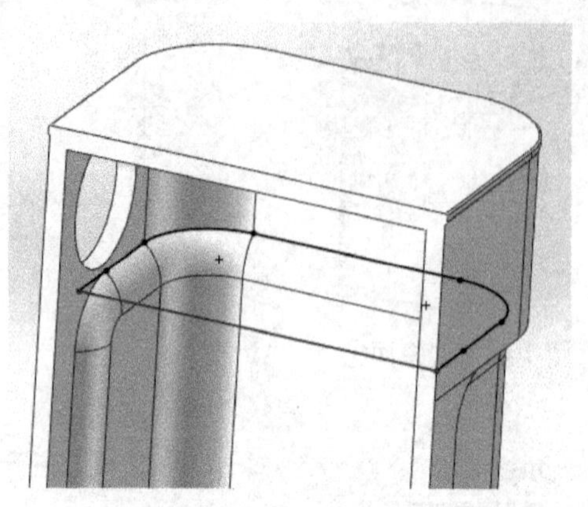

图 7-54 3D 草图 1

图 7-55 设置界面

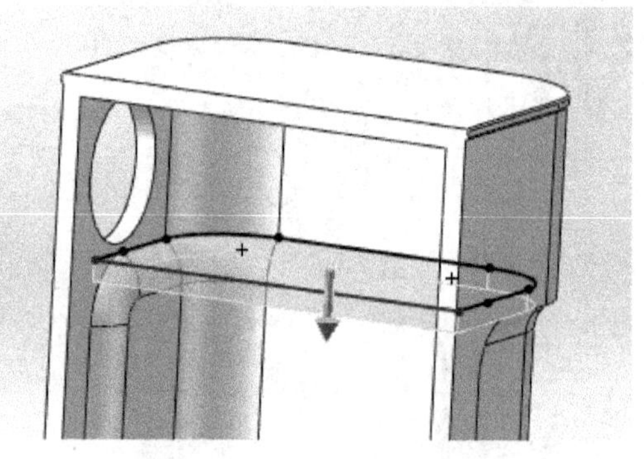

图 7-56 拉伸凸台/基体

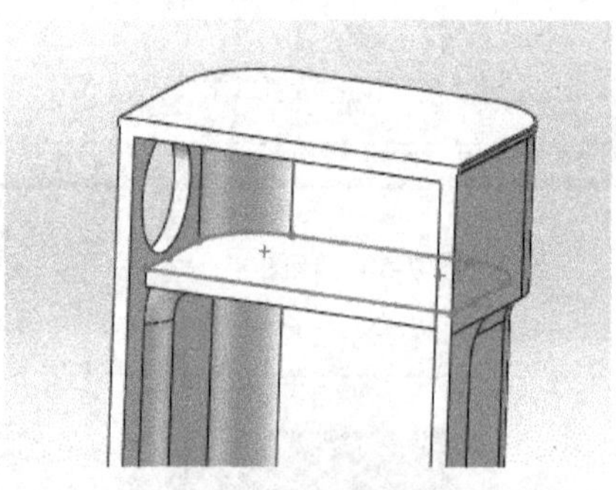

图 7-57 最终结果

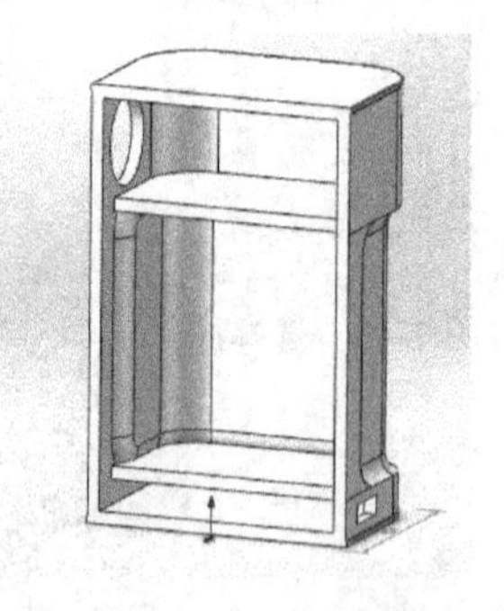

图 7-58 下底板

（21）单击**绘制草图→3D 草图**，绘制如图 7-59 所示的 **3D 草图 2**。然后单击**拉伸凸台/基体**，拉伸方向选择**右视基准面**。设置界面如图 7-60 所示，最终结果如图 7-61 所示。

（22）选择图 7-62 所示的面①，然后单击**草图绘制**，绘制草图 11，如图 7-63 所示。然后单击**拉伸切除**，设置界面如图 7-64 所示。然后单击**剖面视图**，设置剖面视图如图 7-65 所示，选择图 7-66 所示的面②，然后绘制如图 7-67 所示的草图 12，单击**拉伸凸台/基体**，设置界面如图 7-68 所示，最终结果如图 7-69 所示。

图 7-59　3D 草图 2

图 7-60　设置界面

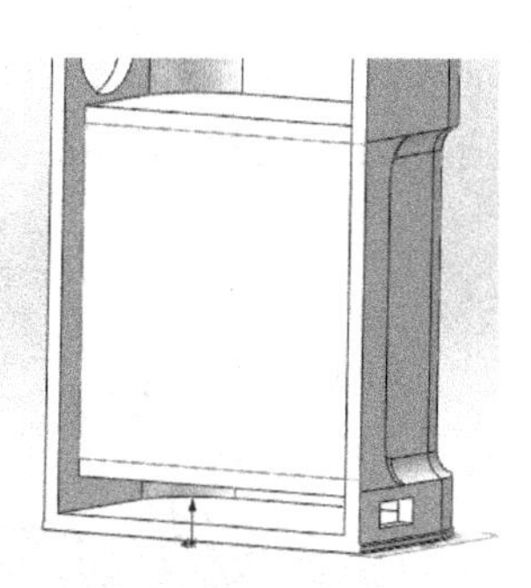

图 7-61　最终结果

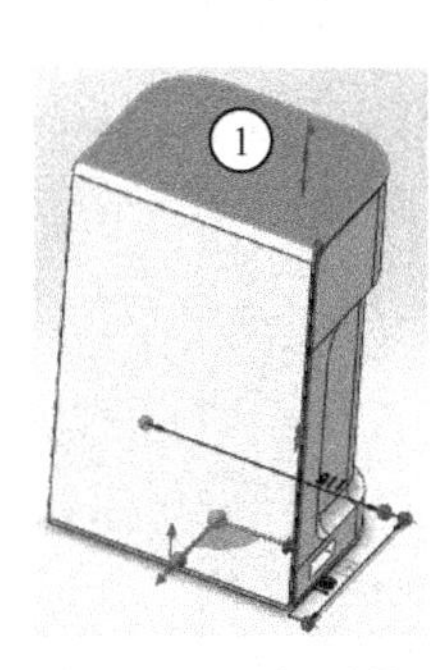

图 7-62　选择面①

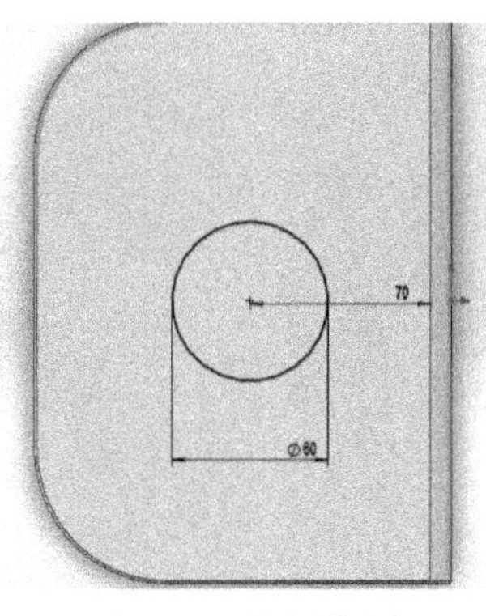

图 7-63　绘制草图 11

图 7-64　设置界面

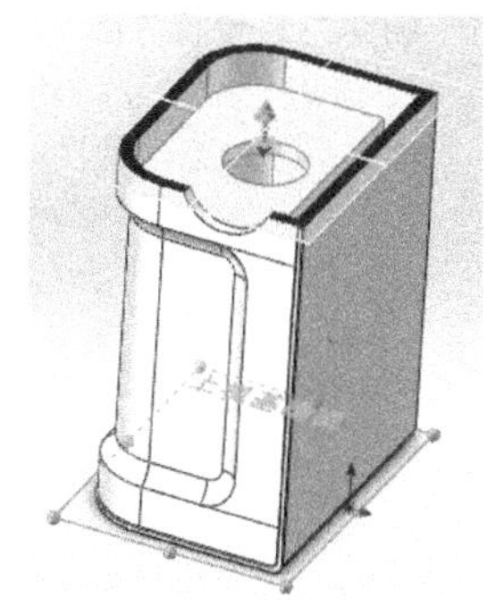

图 7-65　剖面视图

图 7-66　选择面②

图 7-67　草图 12

图 7-68　设置界面

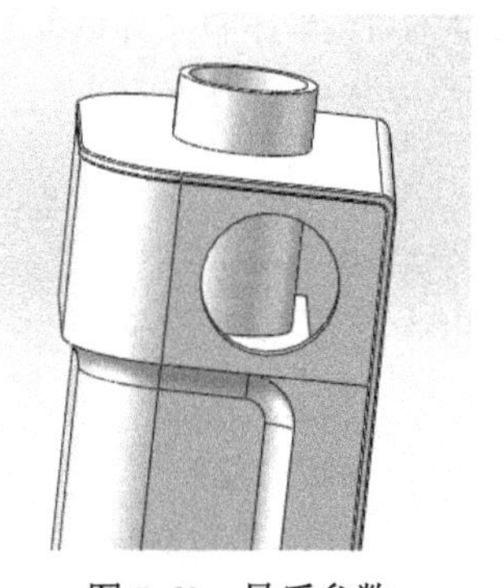

图 7-69　最后参数

（23）选择**右视基准面** 右视基准面，绘制一个如图 7-70 所示的草图 13。单击**剖面视图**，设置剖面视图如图 7-71 所示。单击**绘制草图→3D 草图**，绘制如图 7-72 所示的 3D 草图 3。单击**扫描** 扫描 ，设置界面如图 7-73 所示，结果如图 7-74 所示。

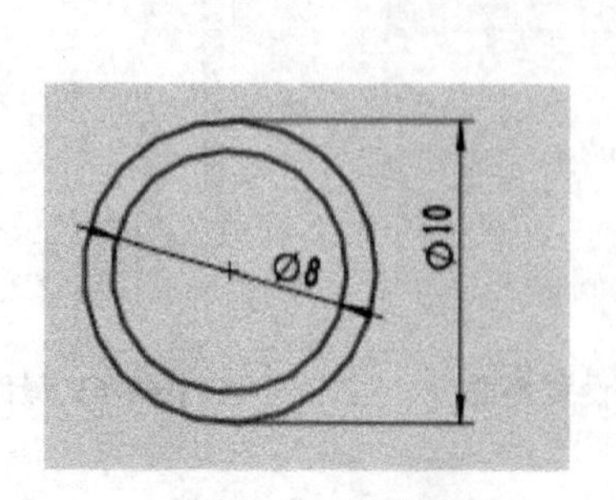

图 7-70 草图 13

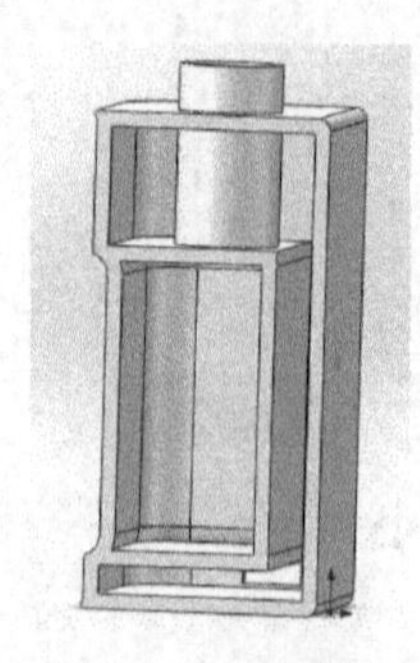

图 7-71 剖面视图

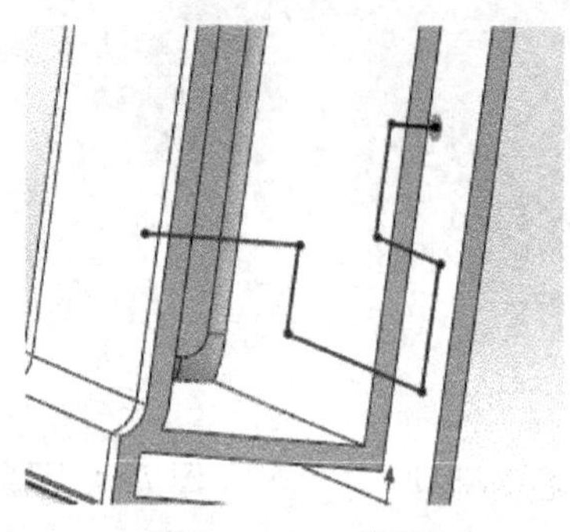

图 7-72 3D 草图 3

图 7-73 设置界面

图 7-74 最终结果

（24）至此，完成了咖啡机左主体的全部建模工作，最终模型如图 7-75 所示。**单击保存**，在**另存为**对话框中将文件名改为**左主体**，保存类型为**零件（*，prt；*,sldprt）**，单击**保存**完成存盘。

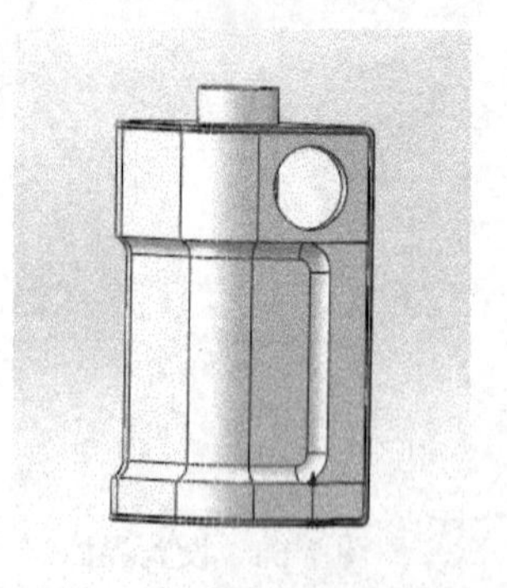

图 7-75 咖啡机左主体

7.2.2　咖啡机右主体的建模

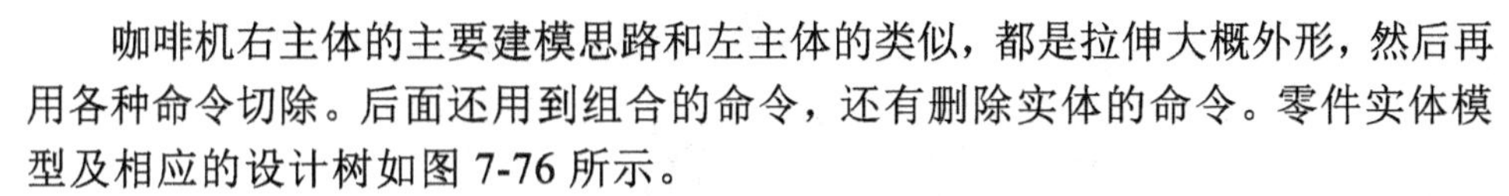

咖啡机右主体的主要建模思路和左主体的类似，都是拉伸大概外形，然后再用各种命令切除。后面还用到组合的命令，还有删除实体的命令。零件实体模型及相应的设计树如图 7-76 所示。

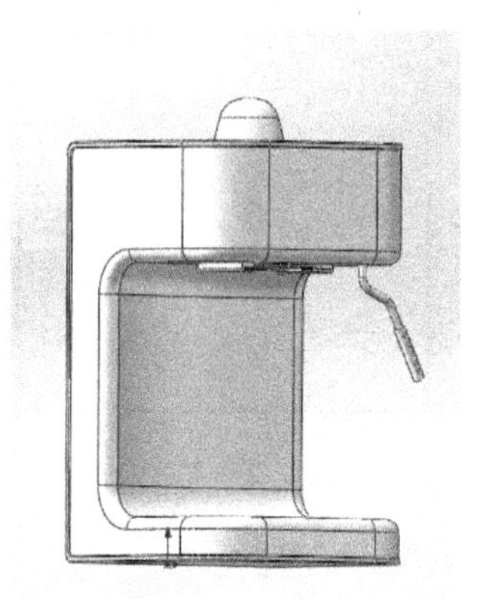

（1）

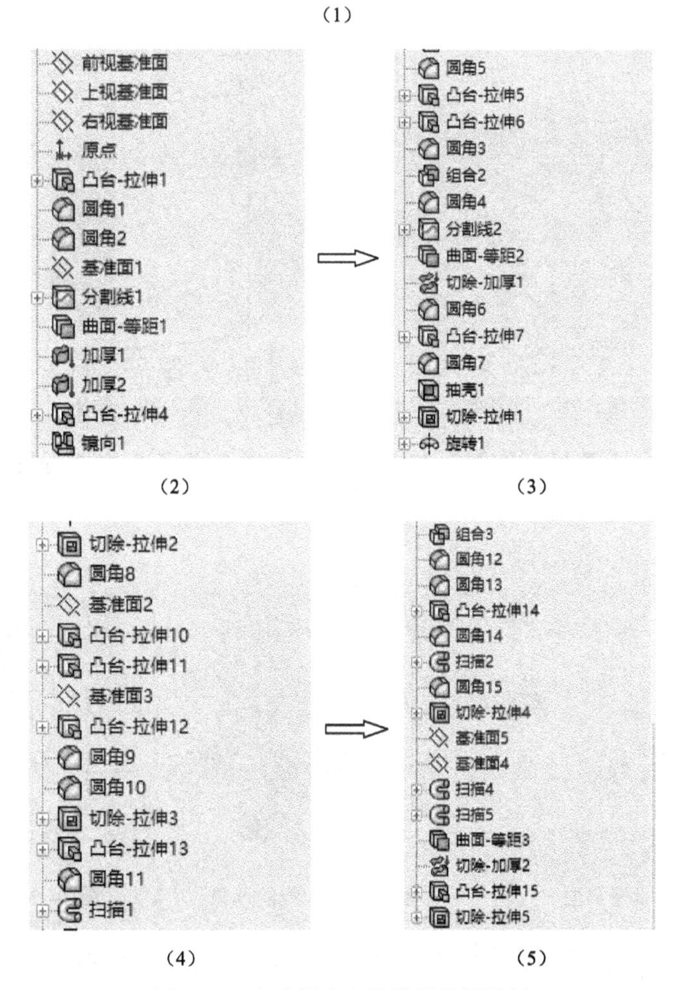

（2）　（3）

（4）　（5）

图 7-76　咖啡机右主体模型及设计树

（1）启动 SolidWorks，单击**文件→新建**命令，选择**零件**图标，然后单击**确定**，进入建模环境。

（2）选择**上视基准面**，单击**草图绘制**，绘制草图 1，如图 7-77 所示。

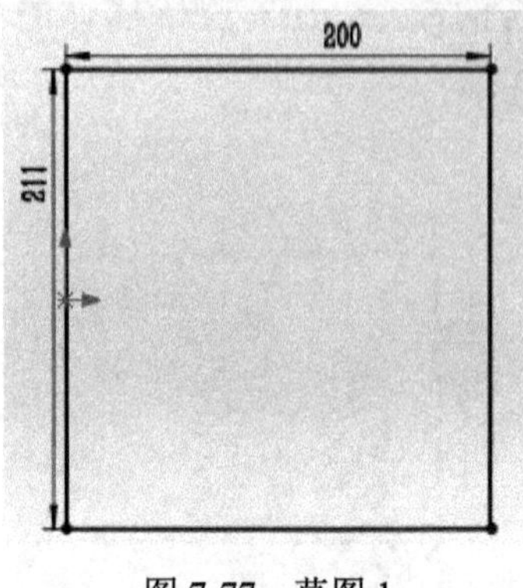

图 7-77 草图 1

（3）单击**拉伸凸台/基体**，设置界面如图 7-78 所示。选择**给定深度**为 **330.00mm**，结果如图 7-79。

图 7-78 设置界面

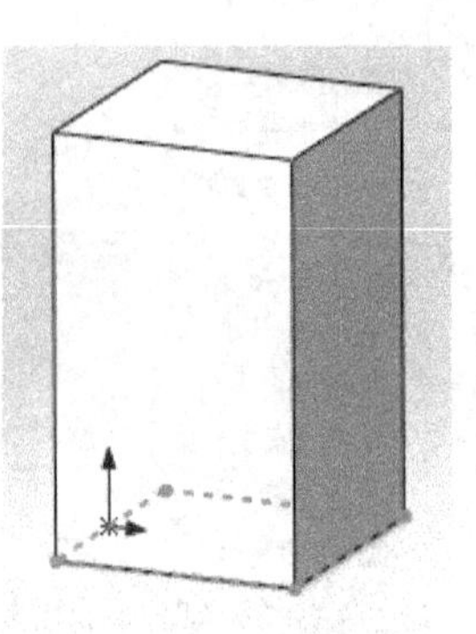

图 7-79 结果

（4）单击**圆角**，设置界面如图 7-80 所示。选定**圆角半径**为 **50.00mm**。选择**边线 1**，**边线 2**，如图 7-81 所示，结果如图 7-82 所示。

图 7-80 设置界面

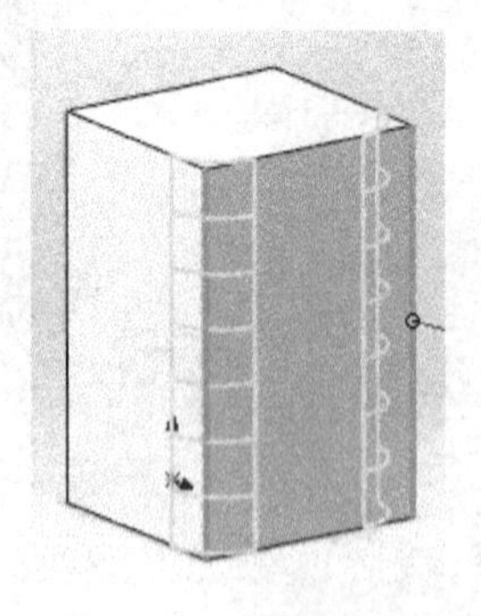

图 7-81 边线的选择

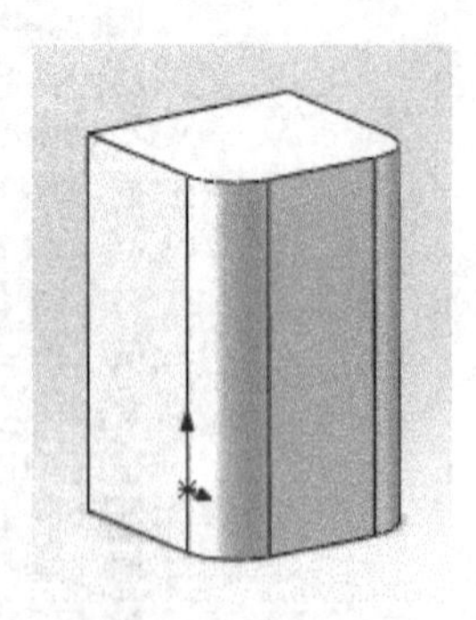

图 7-82 最终结果

（5）单击**圆角**，设置界面如图 7-83 所示。选定**圆角半径**为 **8.00mm**。选择**边线 1**，**边线 2**，如图 7-84 所示，结果如图 7-85 所示。

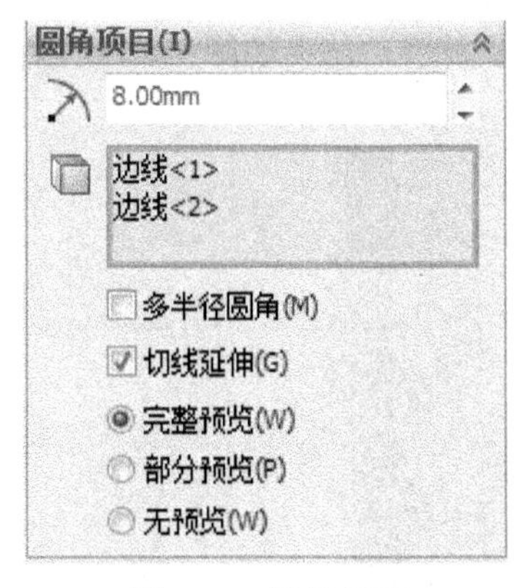

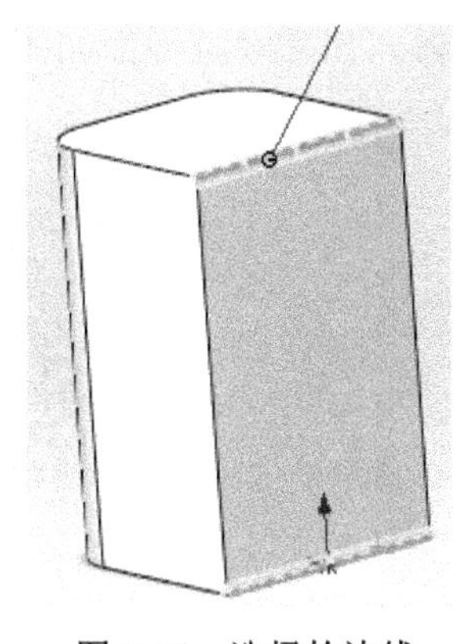

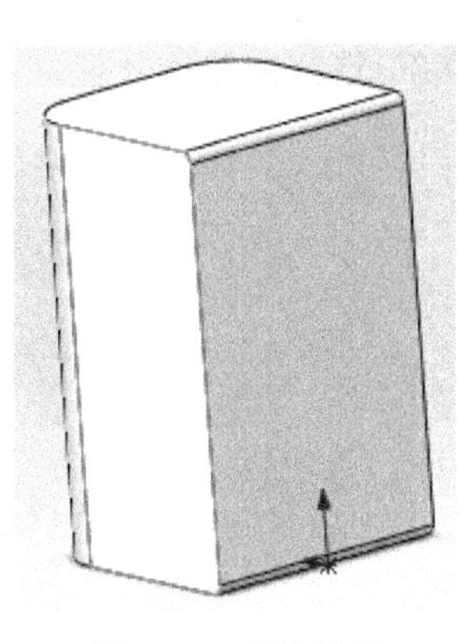

图 7-83 设置界面 图 7-84 选择的边线 图 7-85 圆角结果

（6）单击**新建基准面**，第一参考选择**右视基准面**，**偏移距离**选择 **190.00mm**，**反转**打钩，如图 7-86 所示。

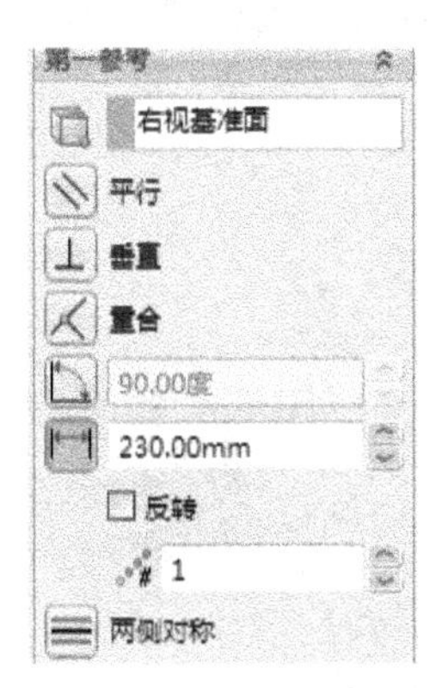

图 7-86 新建基准面 1

（7）选择刚才新建的基准面 1，绘制如图 7-87 所示的草图 2。

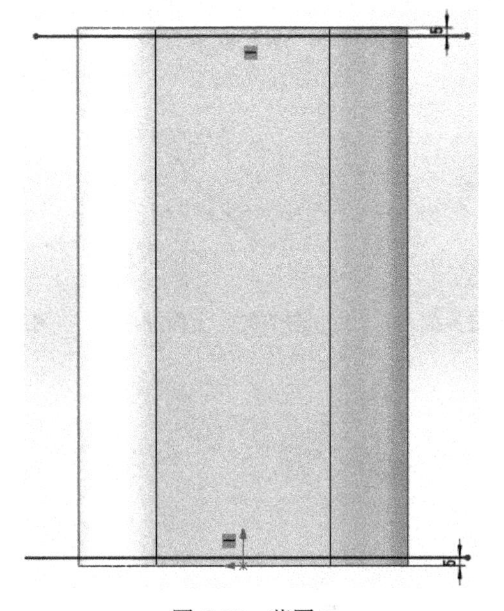

图 7-87 草图 2

（8）选择**曲线→分割线** 分割线，然后设置界面如图 7-88 所示，结果如图 7-89 所示。

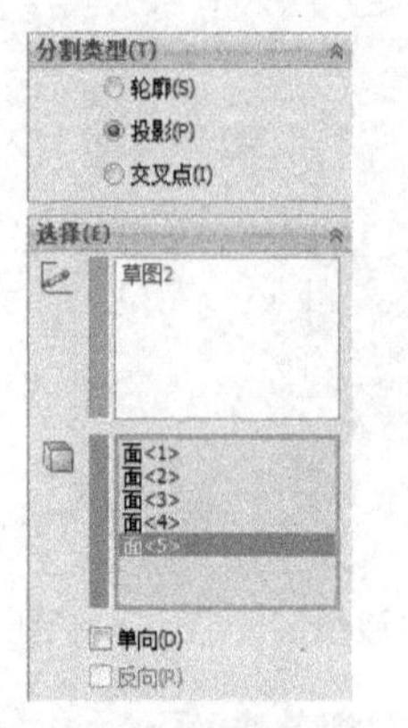

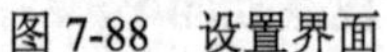

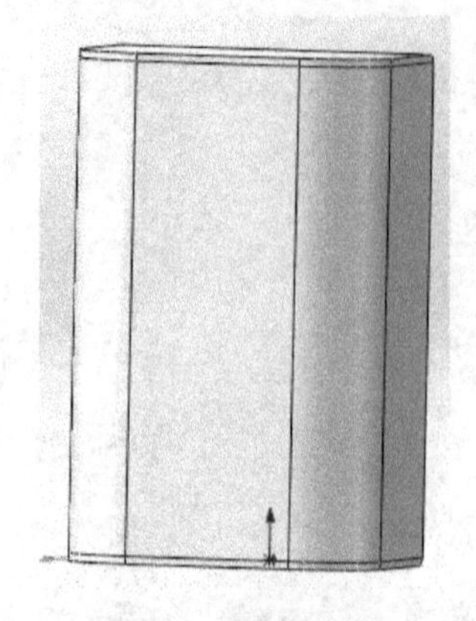

图 7-88　设置界面　　图 7-89　分割线结果

（9）选择**等距曲面** 等距曲面，选择图 7-90 上面的面，**等距距离**设置为 **0**。

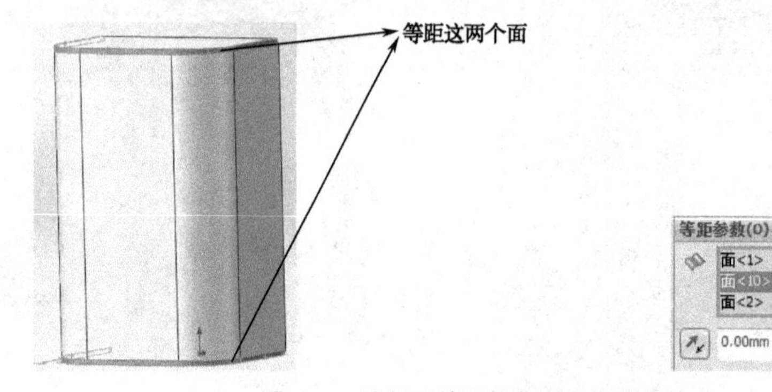

图 7-90　选择要等距的曲面和设置参数

（10）选择**加厚** 加厚，设置界面如图 7-91 所示。由于不能同时选择上下两个等距曲面进行加厚，所以我们先选上面那个等距曲面进行加厚，如图 7-92 所示，再重复**加厚**，选择下面的曲面进行加厚，如图 7-93 所示，结果如图 7-94 所示。

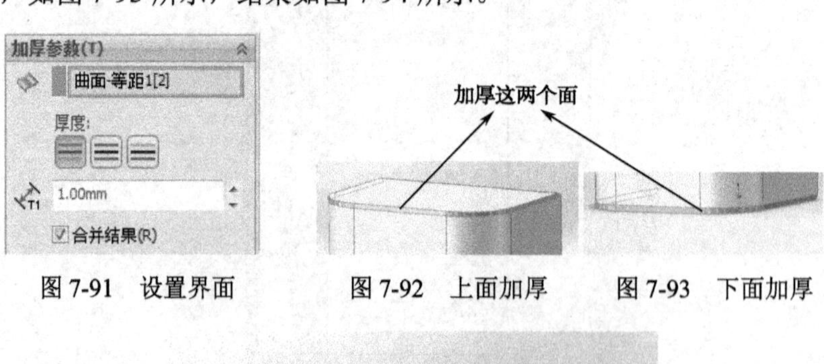

图 7-91　设置界面　　图 7-92　上面加厚　　图 7-93　下面加厚

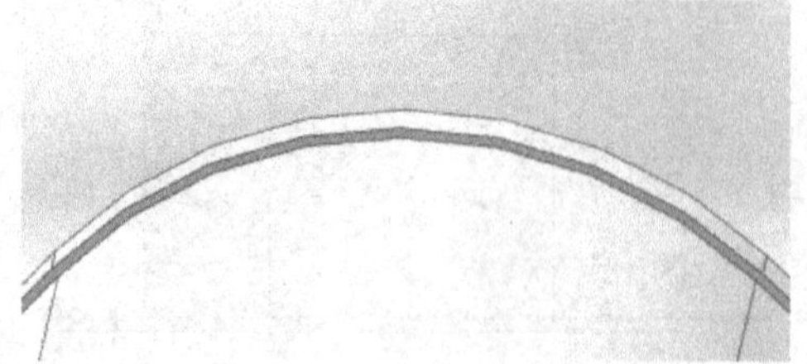

图 7-94　加厚结果

（11）选择图 7-95 所示的面①，单击**草图绘制**，绘制草图 3，如图 7-96 和图 7-97 所示，其中会用到**转换引用实体**等命令。绘制完草图 3 之后单击**拉伸凸台/基体**，设置界面如图 7-98 所示，结果如图 7-99 所示。依次类推，另外一边也如此进行。

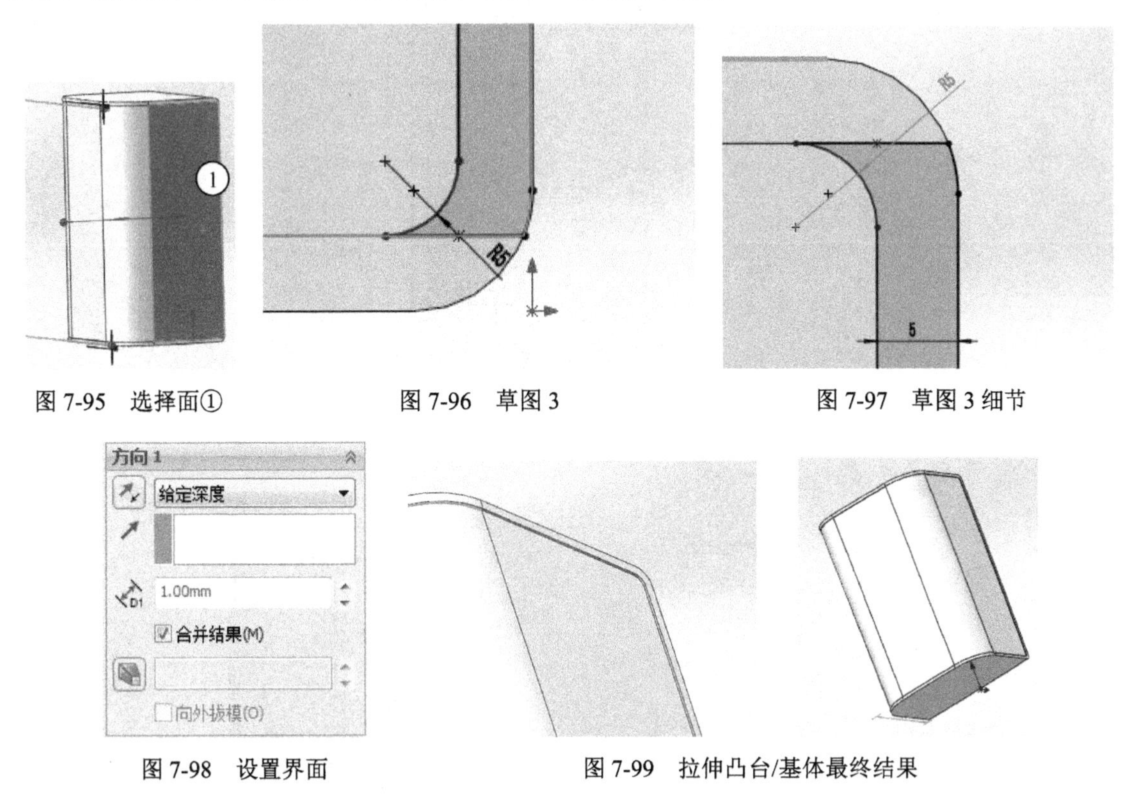

图 7-95　选择面①　　图 7-96　草图 3　　图 7-97　草图 3 细节

图 7-98　设置界面　　图 7-99　拉伸凸台/基体最终结果

（12）单击**圆角**，设置界面如图 7-100 所示。**选定圆角**半径为 **1.00mm**。选择**边线 1**，**边线 2**，如图 7-101 所示。

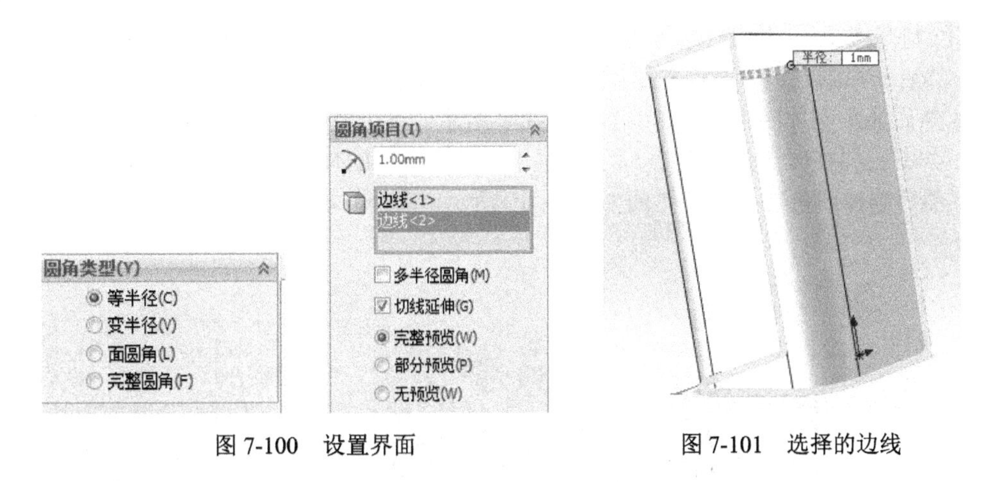

图 7-100　设置界面　　图 7-101　选择的边线

（13）选择**基准面 1**，单击**草图绘制**，绘制如图 7-102 所示的草图 4。

（14）然后选择**拉伸凸台/基体**，设置界面如图 7-103 所示（这里的**合并结果**一定不要打钩），结果如图 7-104 所示。

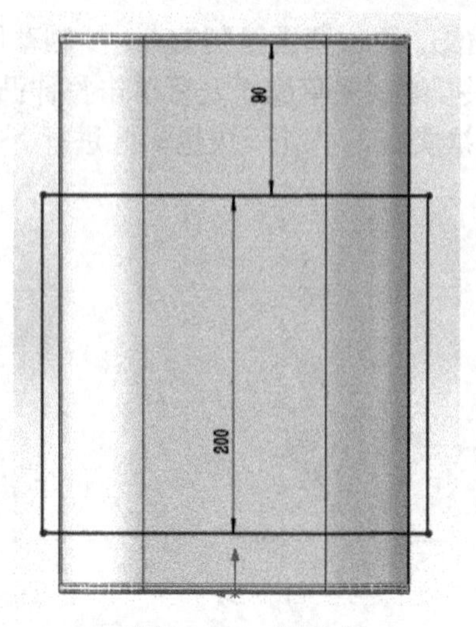

图 7-102 草图 4

图 7-103 设置界面

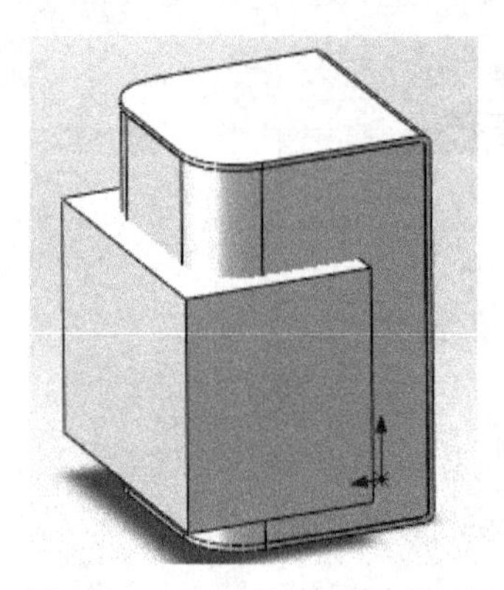

图 7-104 拉伸凸台/基体的结果

（15）**隐藏主要的实体**，隐藏后如图 7-105 所示。选择图 7-106 所示的面①，单击**草图绘制**，绘制草图 7，如图 7-107 所示。单击**拉伸**，拉伸参数如图 7-108 所示，结果如图 7-109 所示。然后选择**圆角**，设置界面如图 7-110 所示，选择的边线如图 7-111 所示，结果如图 7-112 所示。然后显示刚才隐藏的实体，如图 7-113 所示。单击**特征→组合**命令，设置界面如图 7-114 所示，其中主要实体选择图 7-115 的绿色实体，减除的实体选择蓝色的实体，确定后如图 7-116 所示。然后选择**圆角**，设置界面如图 7-117 所示，选择的边线如图 7-118 所示，结果如图 7-119 所示。

图 7-105 隐藏了主要实体

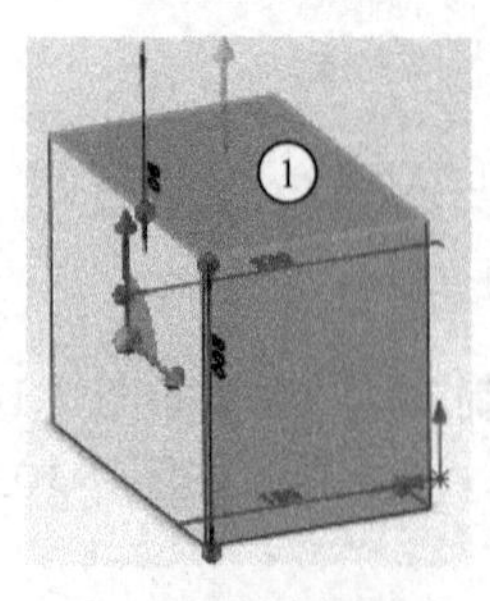

图 7-106 选择面①

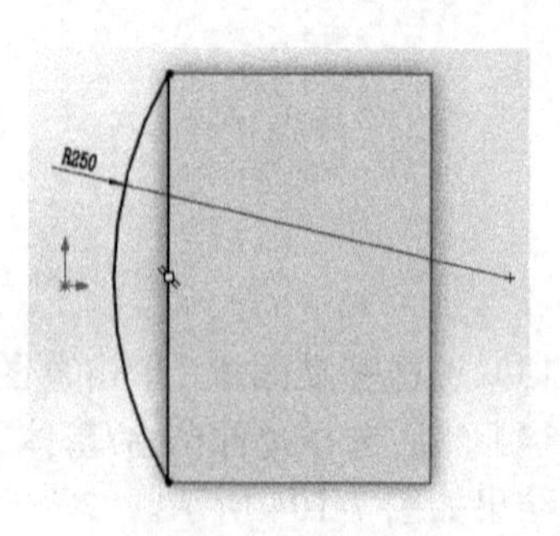

图 7-107 绘制草图

图 7-108　拉伸参数设置界面

图 7-109　拉伸结果

图 7-110　圆角参数设置界面

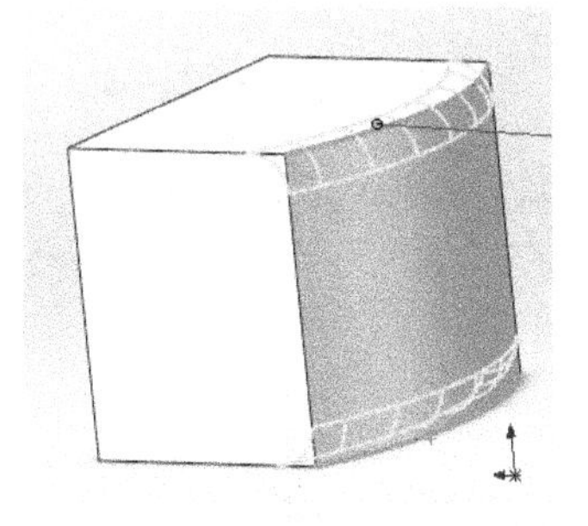
图 7-111 圆角边线的选择

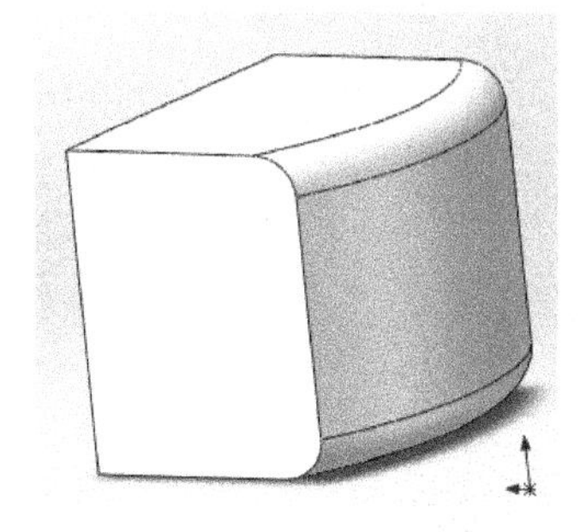
图 7-112　圆角结果

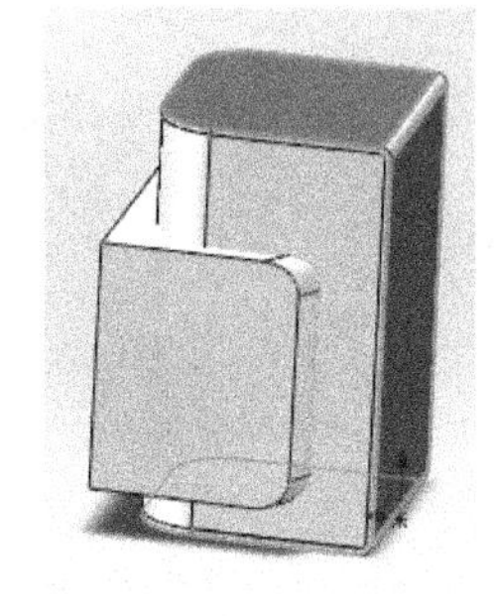
图 7-113　显示隐藏的实体

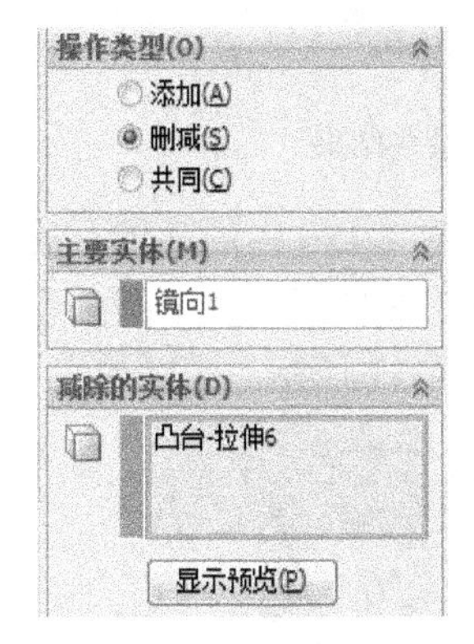

图 7-114　组合命令设置界面

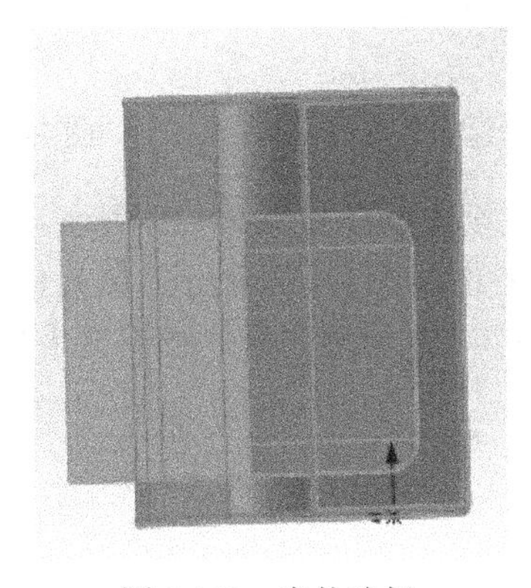
图 7-115　实体选择

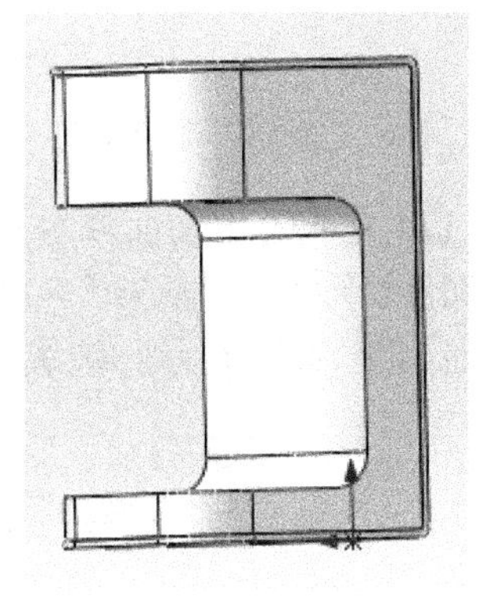
图 7-116　最终结果

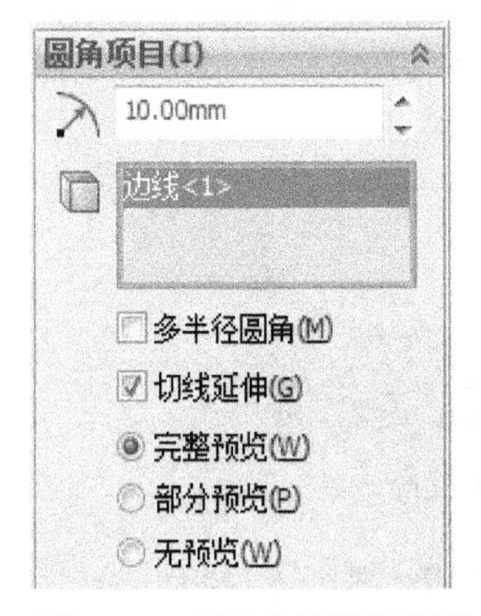

图 7-117　圆角参数设置界面

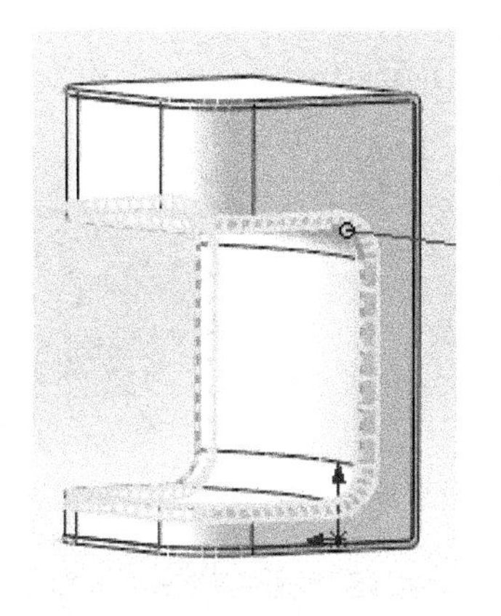
图 7-118　选择的边线

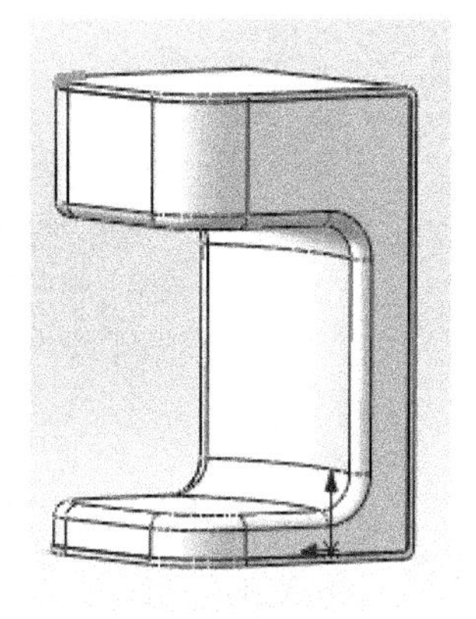
图 7-119　圆角结果

（16）选择图 7-120 中的面①，单击**草图绘制**，绘制如图 7-121 所示的草图 9，单击**曲线→分割线**，设置界面如图 7-122 所示，选择如图 7-123 所示的面②，最后结果如图 7-124 所示。

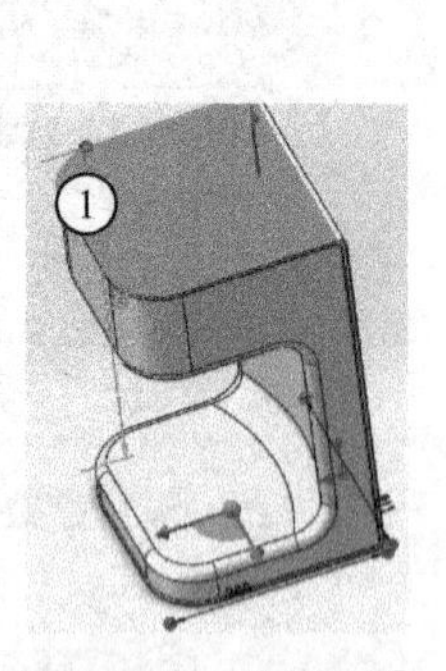

图 7-120　选择面①

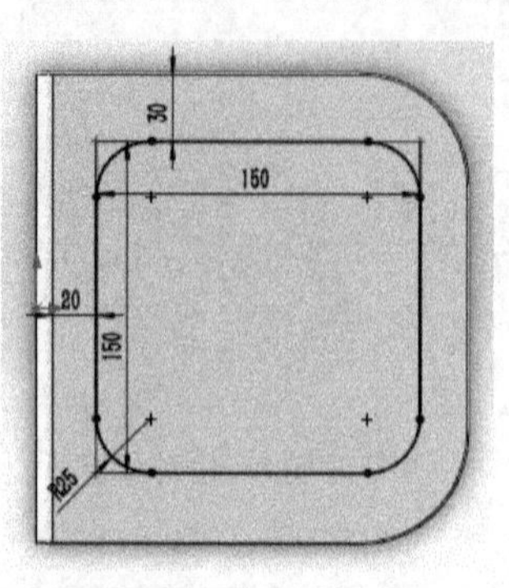

图 7-121　绘制草图

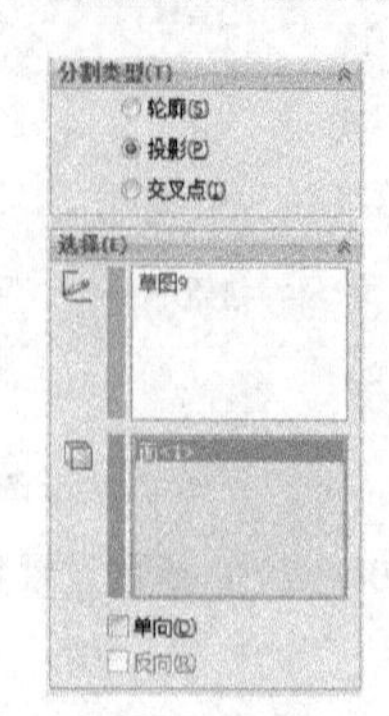

图 7-122　设置界面

图 7-123　选择面②

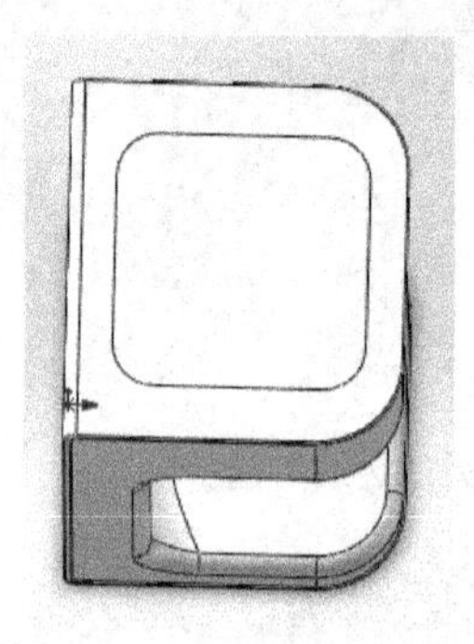
图 7-124　最终结果

（17）单击**等距曲面**，设置界面如图 7-125 所示，选择图 7-126 中的面①，确定后单击**加厚切除**，设置界面如图 7-127 所示，结果如图 7-128 所示。单击**圆角**，设置界面如图 7-129 所示，边线为图 7-130 所选的线，最终结果如图 7-131 所示。

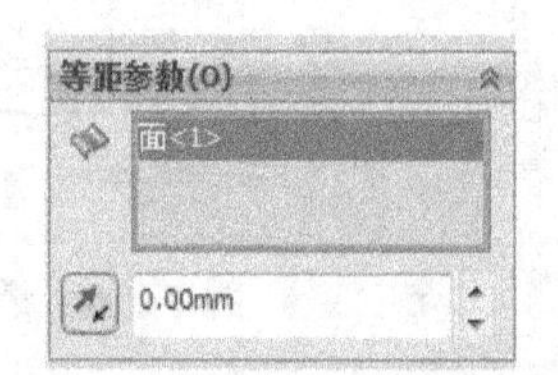

图 7-125　等距设置界面

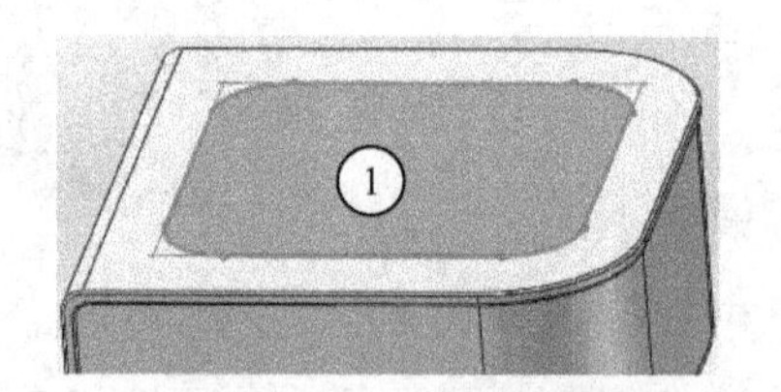

图 7-126　等距选择面①

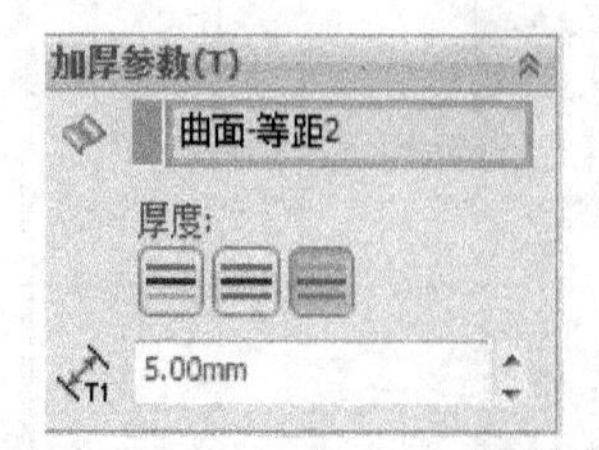

图 7-127　加厚切除设置界面

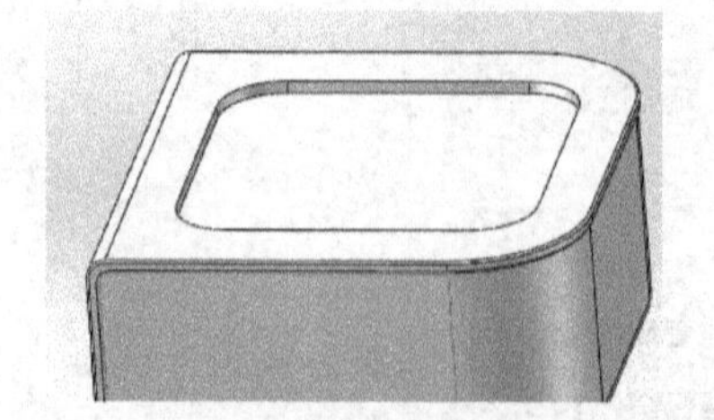
图 7-128　加厚切除结果

（18）单击图 7-132 中的面①，单击**草图绘制**，绘制草图 10，如图 7-133 所示，单击**拉伸凸台/基体**，**拔模**设置为 **14 度**，具体参数设置如图 7-134 所示，结果如图 7-135 所示。单击**圆角**，设置界面如图 7-136 所示，边线选择如图 7-137 所示，结果如图 7-138 所示。

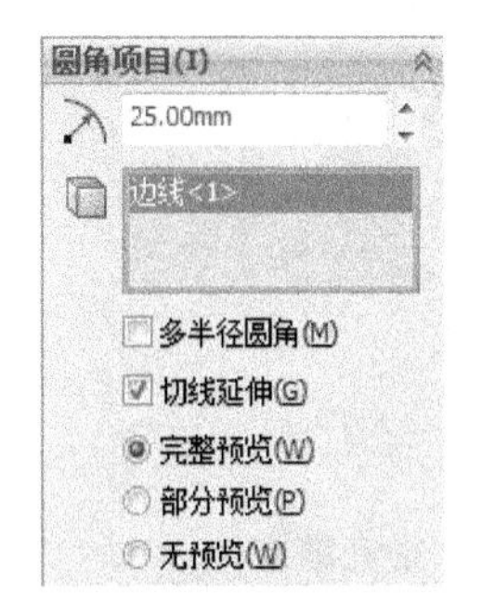

图 7-129　圆角设置界面

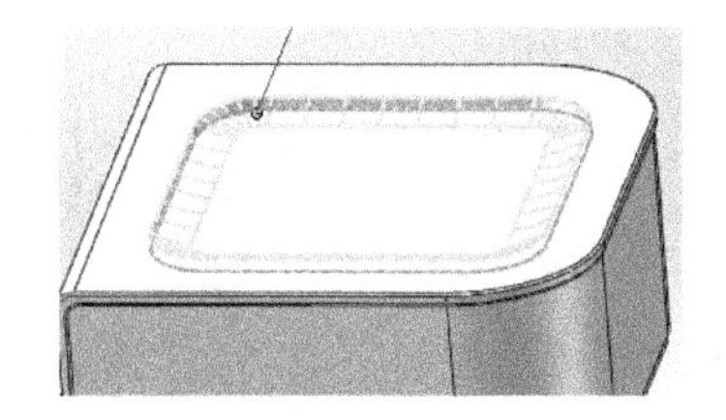

图 7-130　圆角选择边线

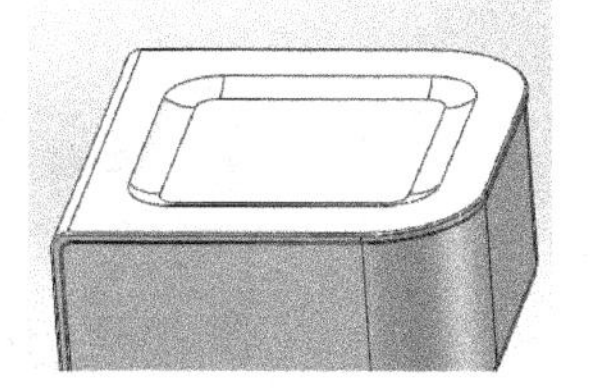

图 7-131　圆角结果

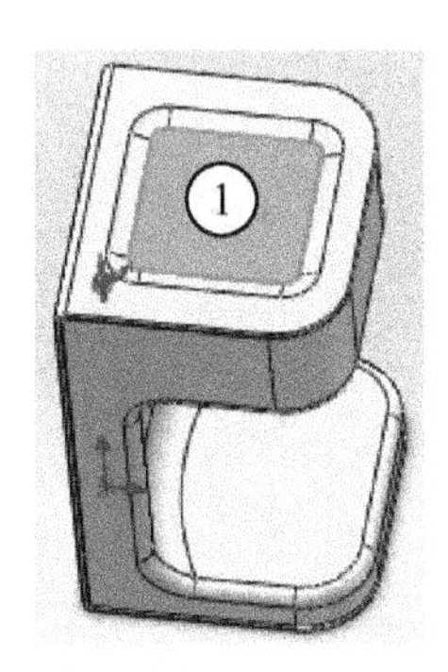

图 7-132　选择面①

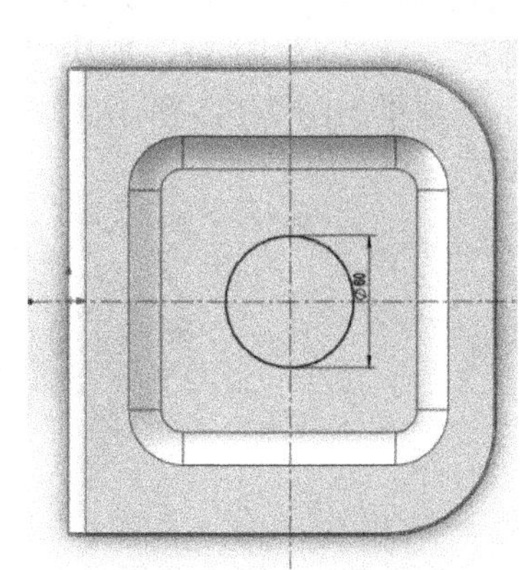

图 7-133　绘制草图 10

图 7-134　拉伸参数设置界面

图 7-135　拉伸结果

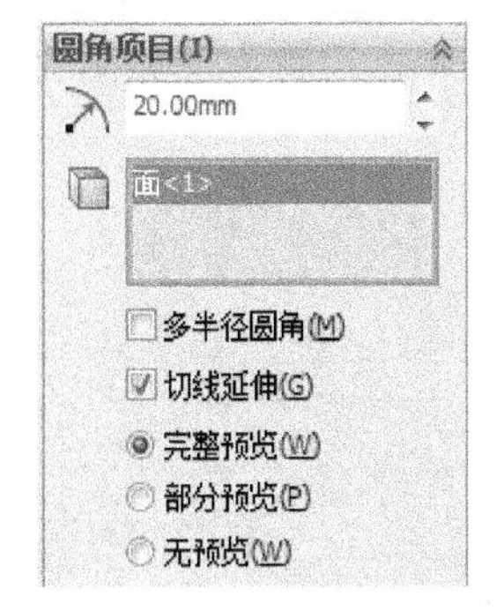

图 7-136　圆角参数设置界面

图 7-137　圆角边线的选择

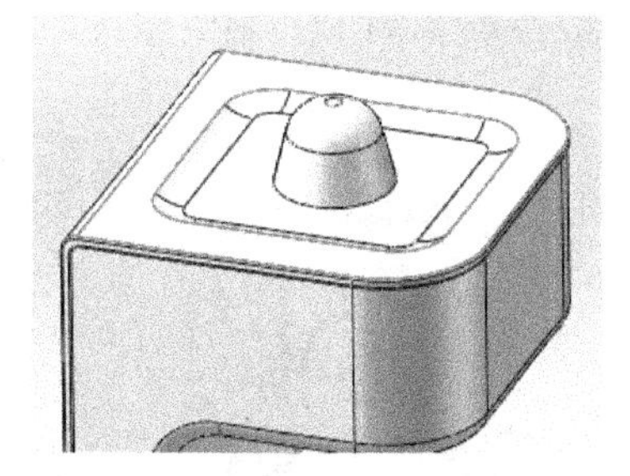

图 7-138　圆角结果

（19）单击**抽壳** 抽壳，设置界面如图 7-139 所示，结果如图 7-140 所示。

图 7-139 抽壳设置界面

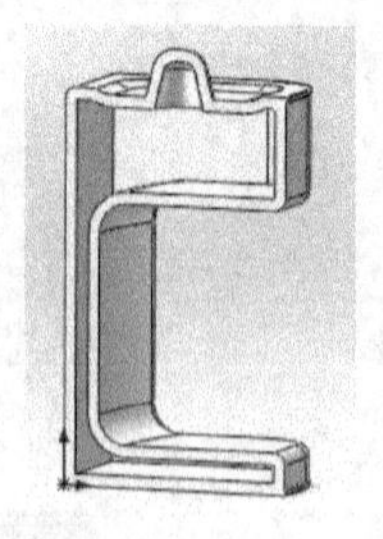

图 7-140 抽壳结果

（20）单击**剖面视图**命令，设置界面如图 7-141 所示的剖面视图。单击图 7-142 中的面①，单击**草图绘制**，绘制草图 11，如图 7-143 所示。然后单击**拉伸凸台/基体**，设置界面如图 7-144 所示，结果如图 7-145 所示。

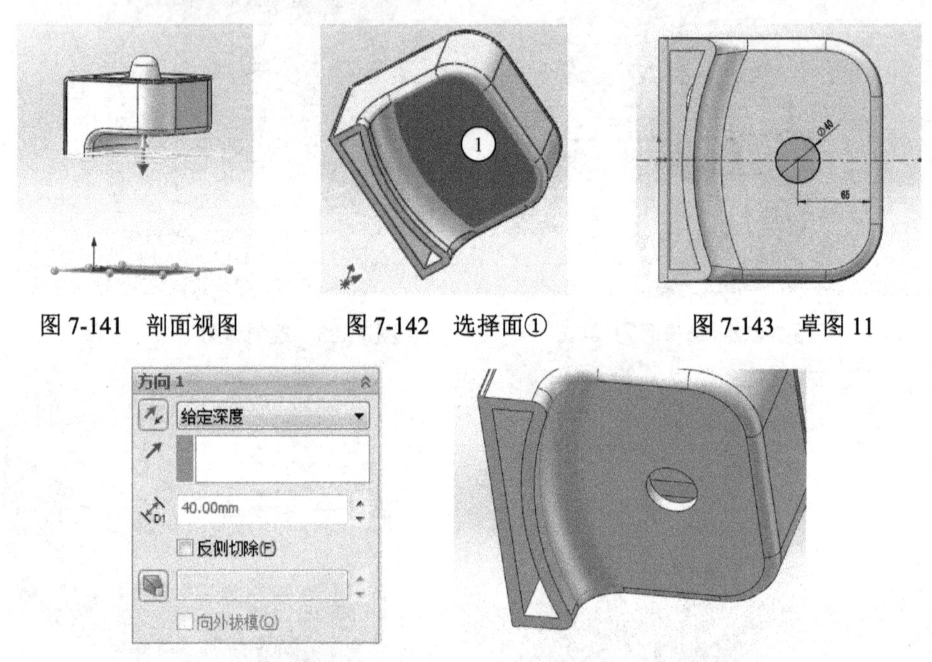

图 7-141 剖面视图　图 7-142 选择面①　图 7-143 草图 11

图 7-144 设置界面　图 7-145 拉伸结果

（21）单击**剖面视图**，设置如图 7-146 所示的剖面视图，单击**前视基准面**，单击**草图绘制**，绘制如图 7-147 所示的草图 12，单击**旋转凸台基体**，设置界面如图 7-148 所示，旋转草图 12，最终结果如图 7-149 所示。

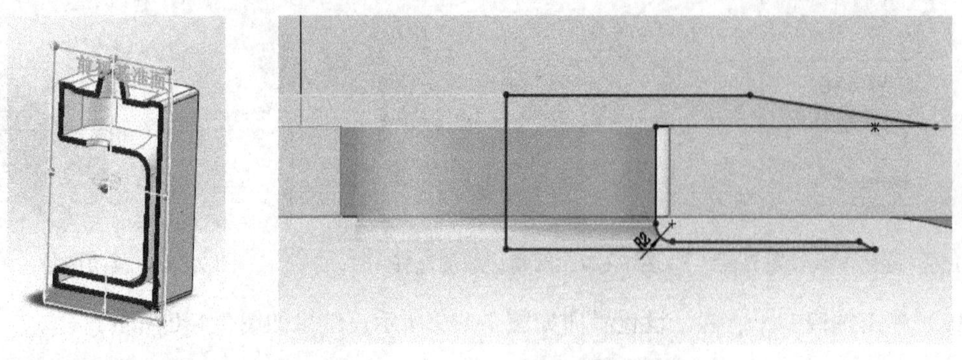

图 7-146 剖面视图

图 7-147 草图 12

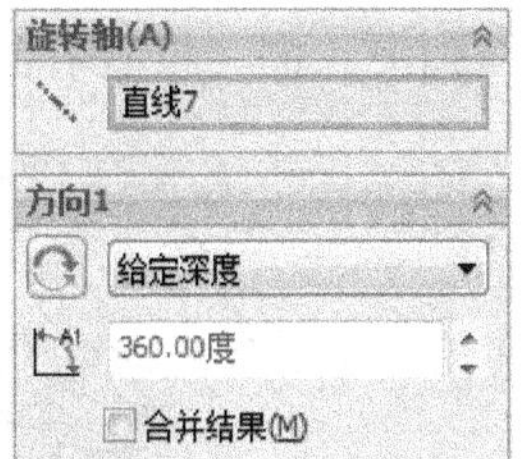

图 7-148　设置界面

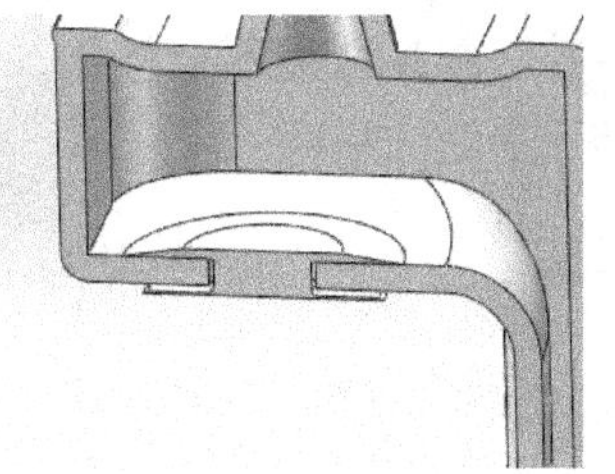

图 7-149　旋转结果

（22）单击**剖面视图**，设置成如图 7-150 所示的剖面视图，单击图 7-151 中的面①，单击**绘制草图**，绘制如图 7-152 所示的草图 13，单击**拉伸切除**，设置界面如图 7-153 所示，结果如图 7-154 所示。

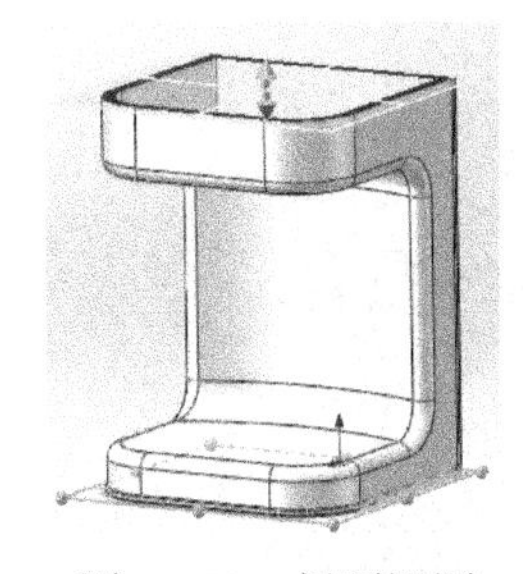

图 7-150　剖面视图

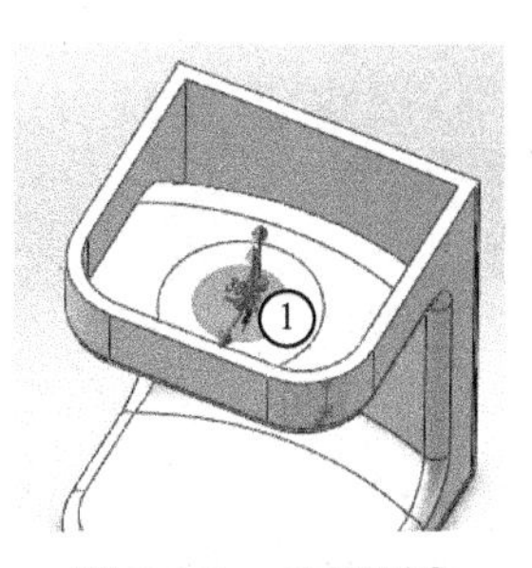

图 7-151　选择面①

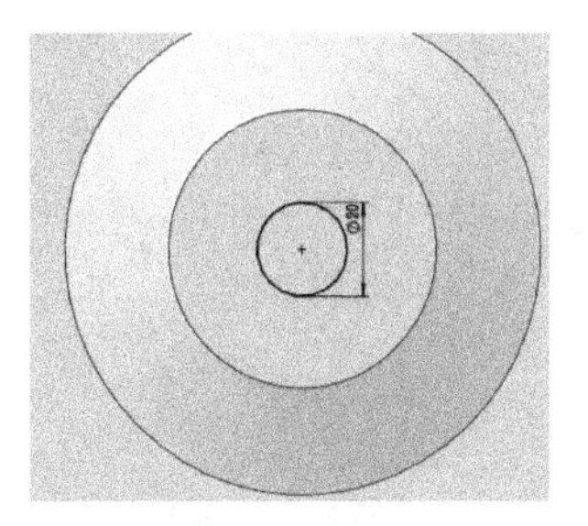

图 7-152　草图 13

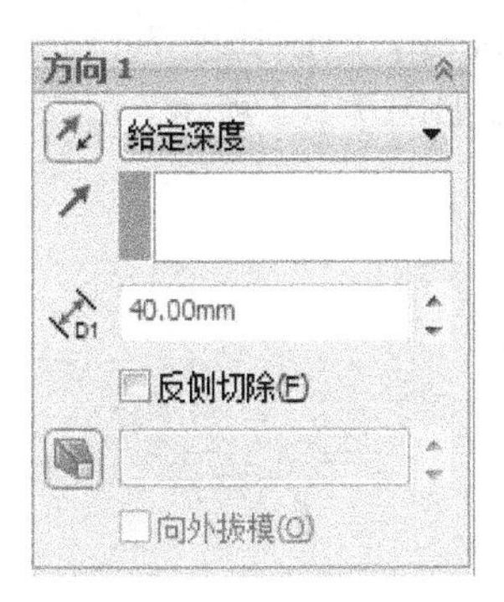

图 7-153　设置界面

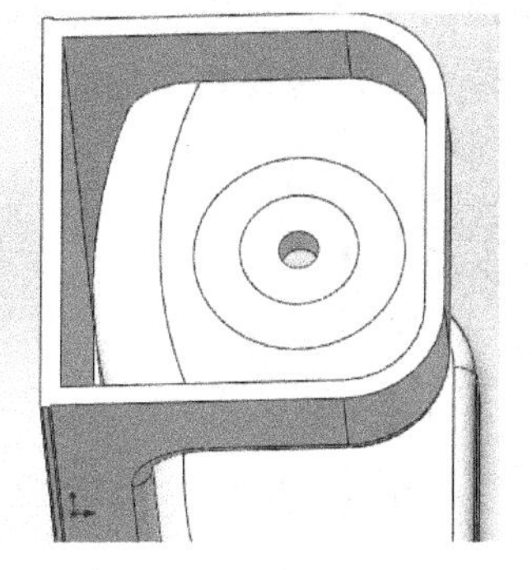

图 7-154　拉伸切除结果

（23）单击**圆角**，设置界面如图 7-155 所示，选择图 7-156 所示的边线，结果如图 7-157 所示。

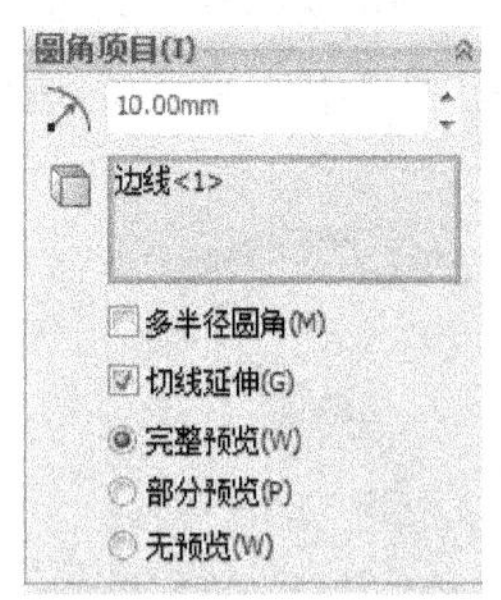

图 7-155　设置界面

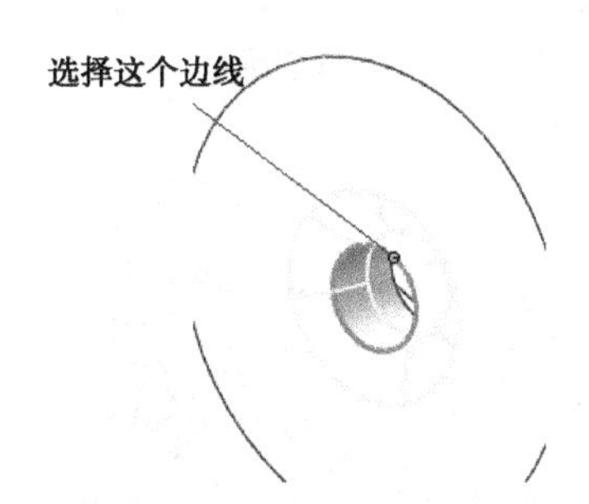

图 7-156　圆角要选择的边线

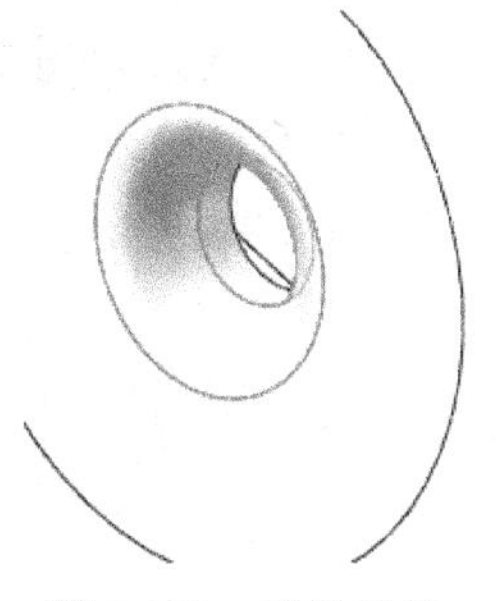

图 7-157　圆角结果

（24）单击**剖面视图**，设置如图 7-158 所示的剖面视图，单击**新建基准面**，第一参考选择图 7-159 所示的**面**①，然后选**重合**，确定后单击**草图绘制**，绘制草图 14，如图 7-160 所示，单击**拉伸凸台/基体**，**合并结果**不要打钩，选择**成型到下一面**，设置界面请参考图 7-161，最终结果如图 7-162 所示。

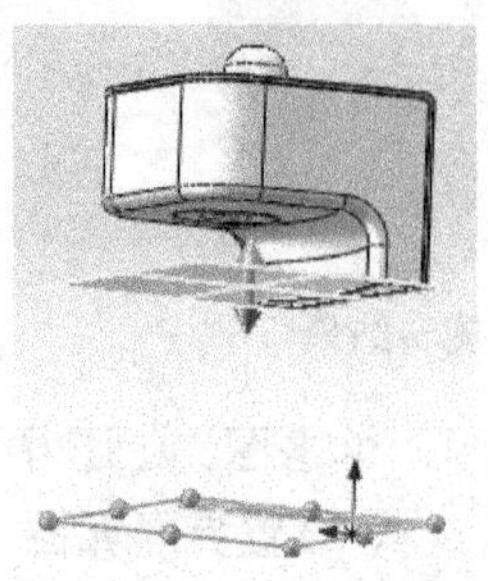

图 7-158 剖面视图

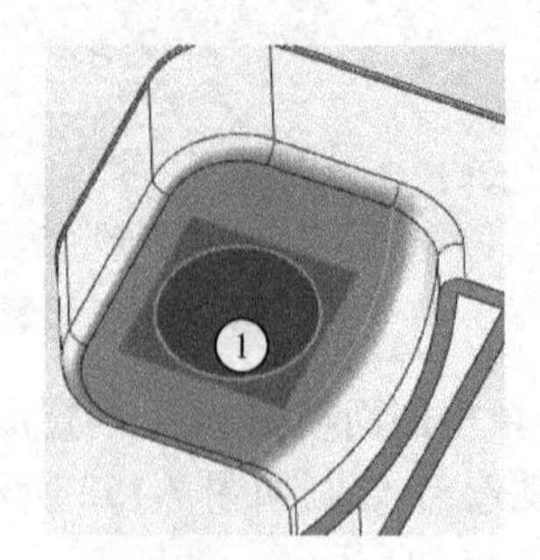

图 7-159 新建基准面

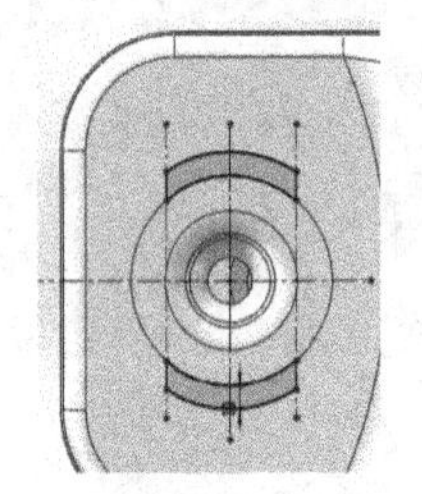

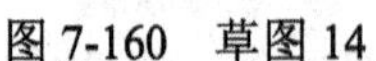

图 7-160 草图 14

图 7-161 设置界面

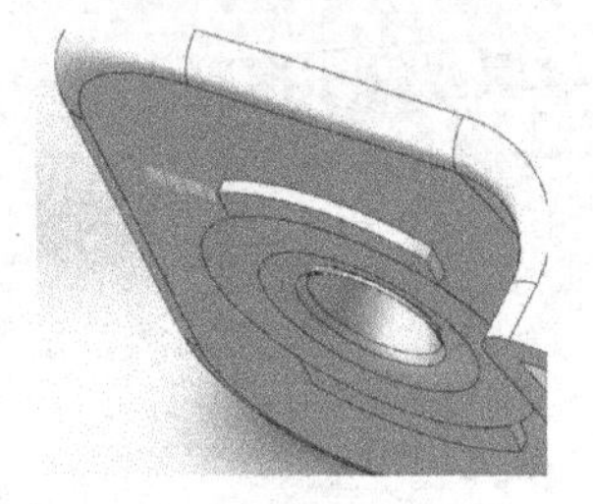

图 7-162 拉伸结果

（25）单击步骤（24）新建的基准面，单击**草图绘制**，绘制如图 7-163 所示的草图 15，单击**拉伸凸台/基体**，设置界面如图 7-164 所示，结果如图 7-165 所示。

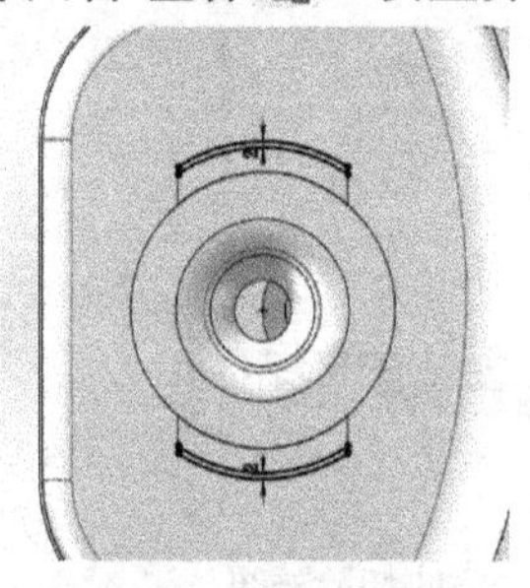

图 7-163 草图 15

图 7-164 设置界面

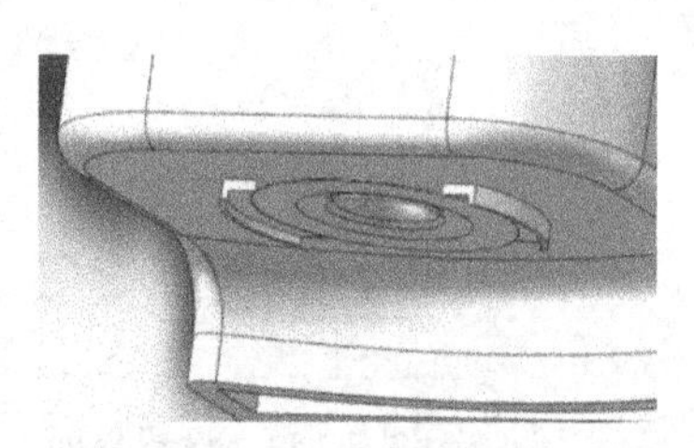

图 7-165 拉伸结果

（26）单击**新建基准面**，设置界面如图 7-166 所示，第一参考选图 7-167 中的面①，选择**重合**。单击**草图绘制**，绘制如图 7-168 所示的草图 16，单击**拉伸凸台/基体**，拉伸参数如图 7-169 所示，结果如图 7-170 所示。然后单击**圆角**，设置界面如图 7-171 所示，边线选择如图 7-172 所示，结果如图 7-173 所示。

图 7-166 新建基准面

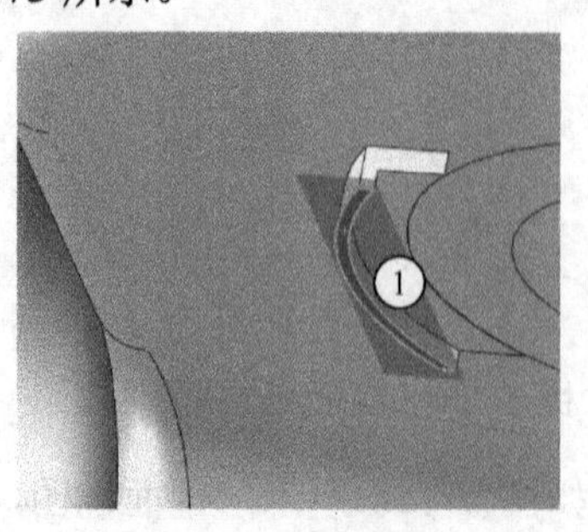

图 7-167 选择面①

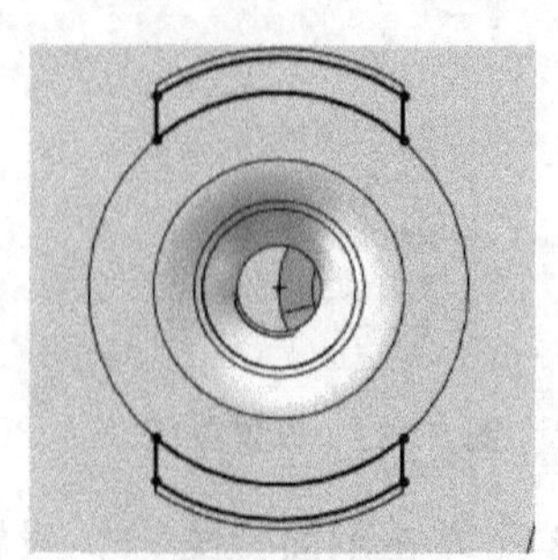

图 7-168 草图 16

图 7-169　拉伸设置界面

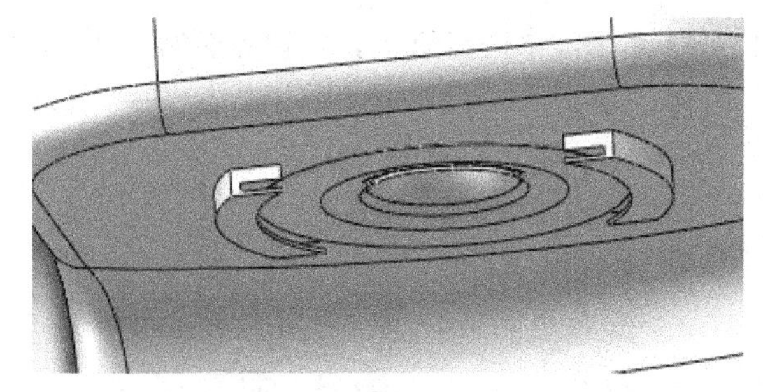

图 7-170　最终结果

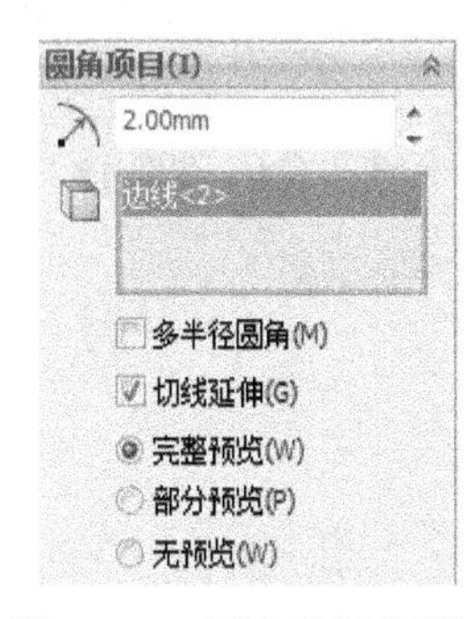

图 7-171　圆角设置界面

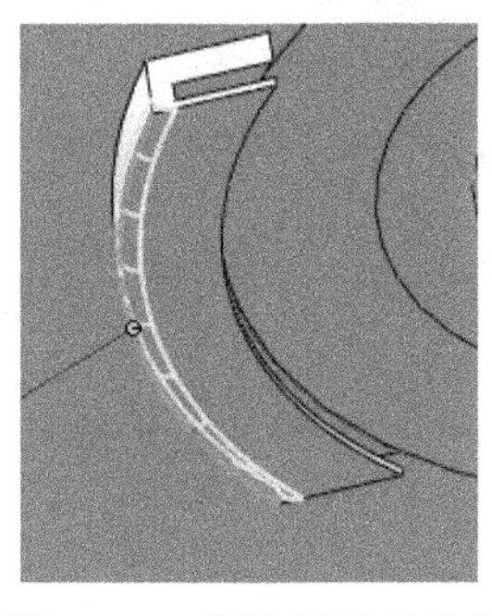

图 7-172　圆角边线的选择

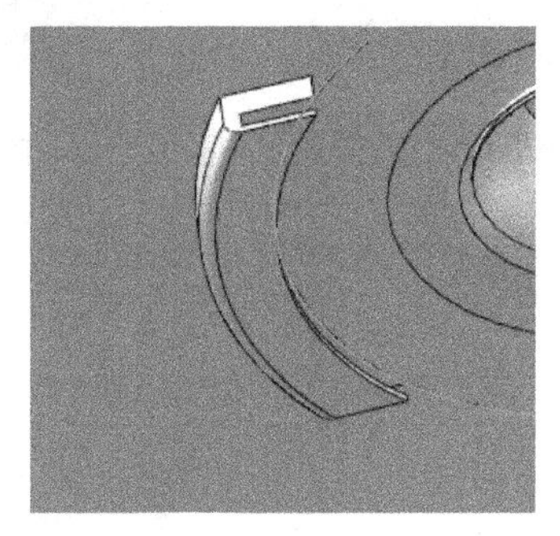

图 7-173　圆角结果

（27）单击**剖面视图**，然后设置成如图 7-174 所示的剖面视图，单击图 7-175 中的面①，单击**草图绘制**，绘制如图 7-176 所示的草图 17，单击**拉伸切除**，设置界面如图 7-177 所示，结果如图 7-178 所示。

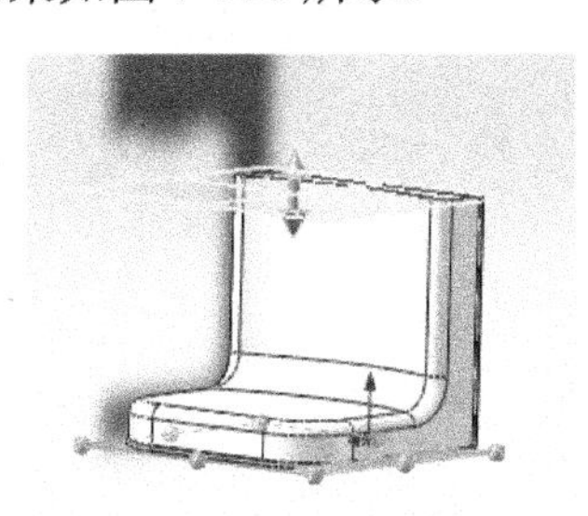

图 7-174　剖面视图

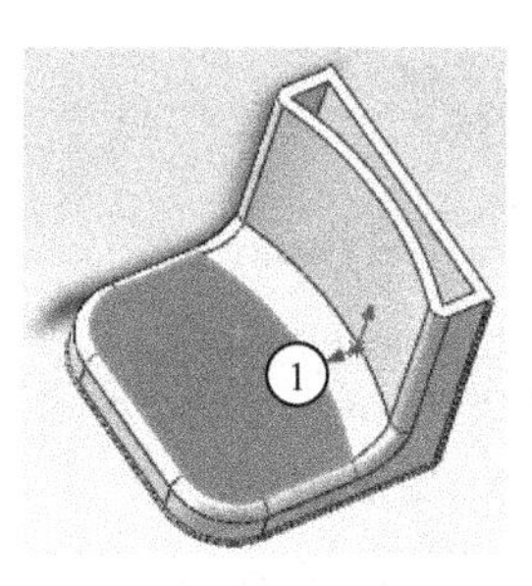

图 7-175　选择面①

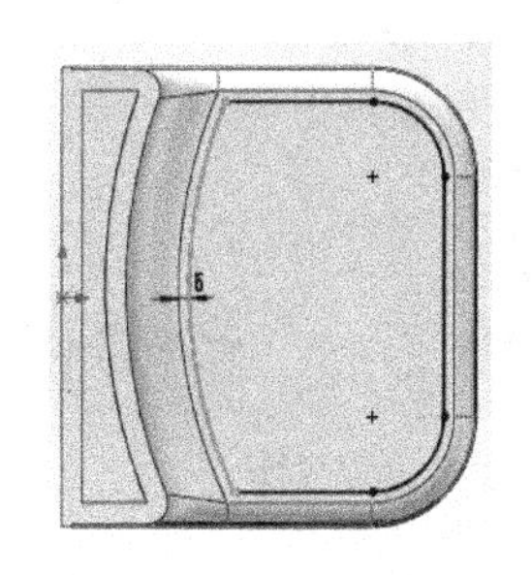

图 7-176　草图 17

图 7-177　拉伸切除设置

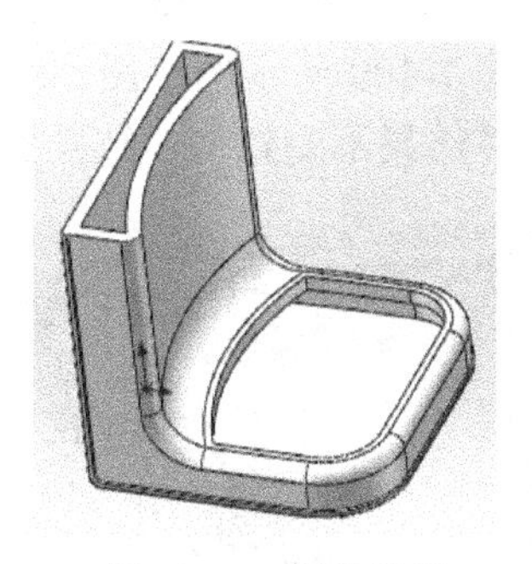

图 7-178　最终结果

（28）单击**剖面视图**，设置剖面视图如图 7-179 所示，单击图 7-180 中的面①，单击**草图绘制**，绘制如图 7-181 所示的草图 18。单击**拉伸凸台/基体**，设置界面如图 7-182 所示，结果如图 7-183 所示。单击**圆角**，设置界面如图 7-184 所示，选择的边线如图 7-185 所示，结果如图 7-186 所示。

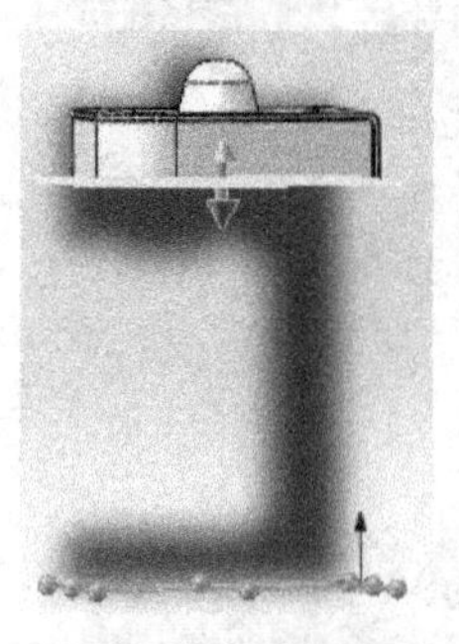
图 7-179 剖面视图

图 7-180 选择面①

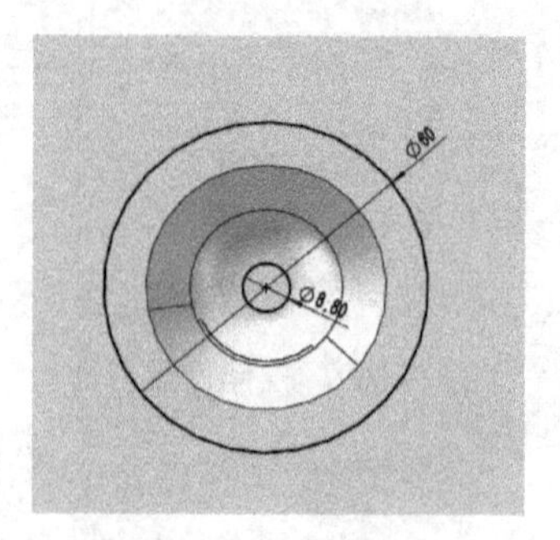

图 7-181 草图 18

图 7-182 拉伸参数设置界面

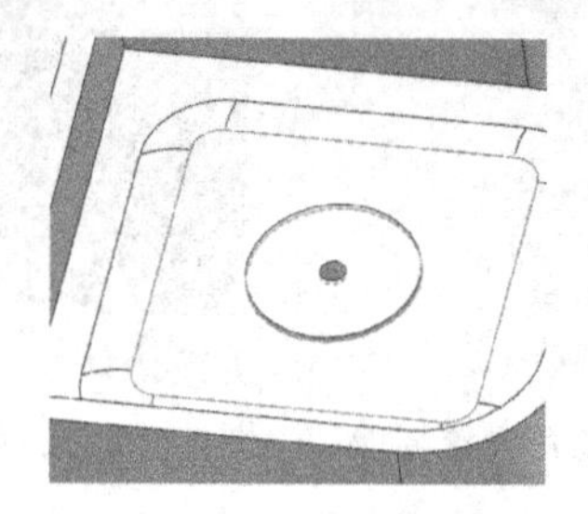
图 7-183 拉伸结果

图 7-184 圆角设置界面

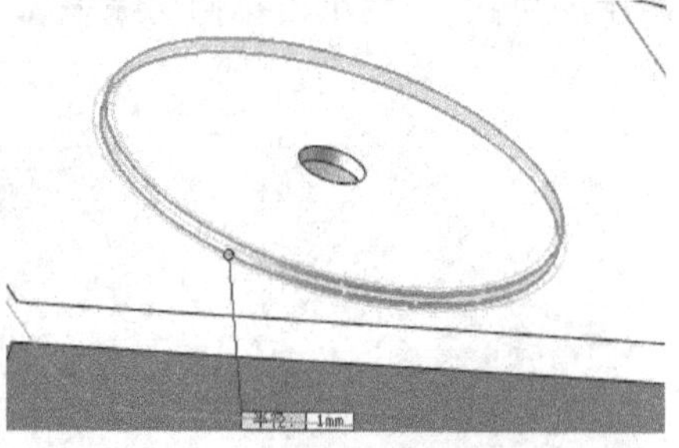
图 7-185 圆角边线的选择

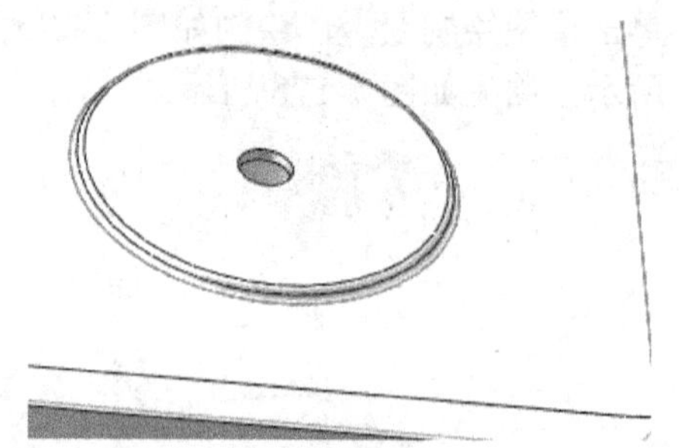
图 7-186 圆角结果

（29）选择图 7-187 中的面①，单击**草图绘制**，绘制如图 7-188 所示的草图 19。退出草图后单击**剖面视图**，选择图 7-189 中的剖面视图，单击**前视基准面** 前视基准面，单击**草图绘制**，绘制如图 7-190 所示的草图 20，然后退出草图。单击**扫描** 扫描，设置界面如图 7-191，**这里的合并结果不要打钩**，结果如图 7-192 所示。

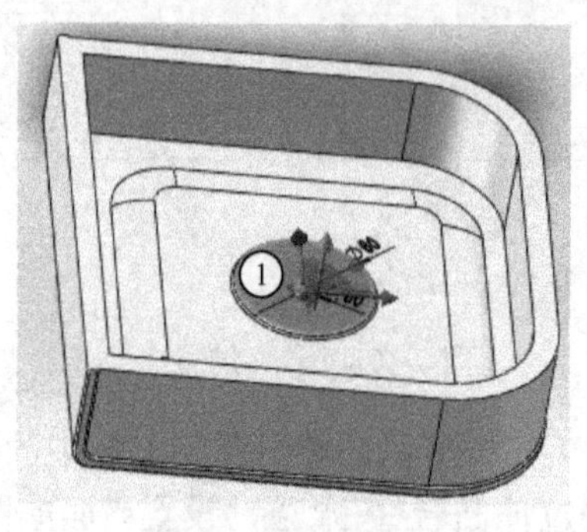

图 7-187 选择面①

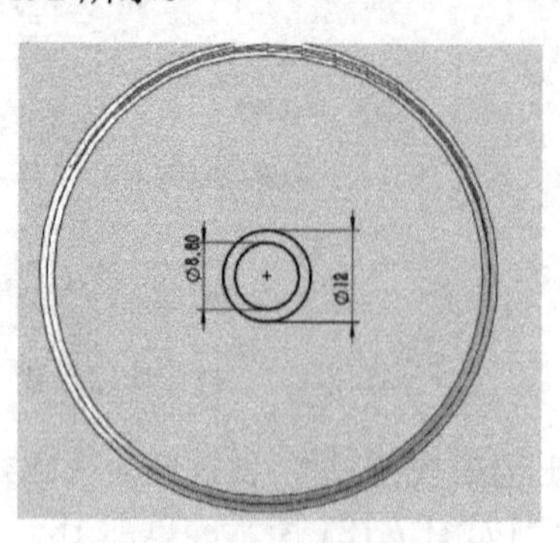

图 7-188 草图 19

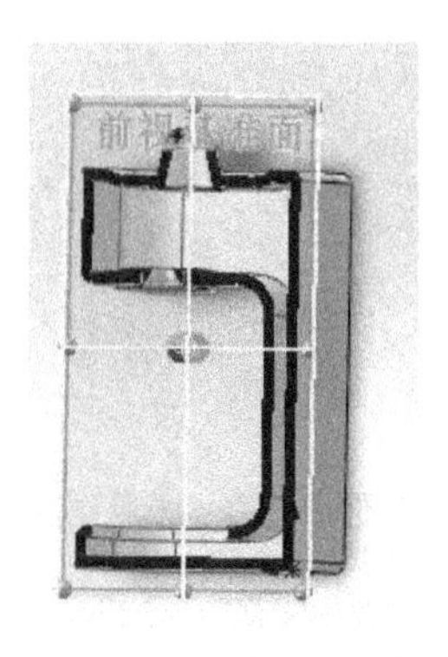

图 7-189 剖面视图

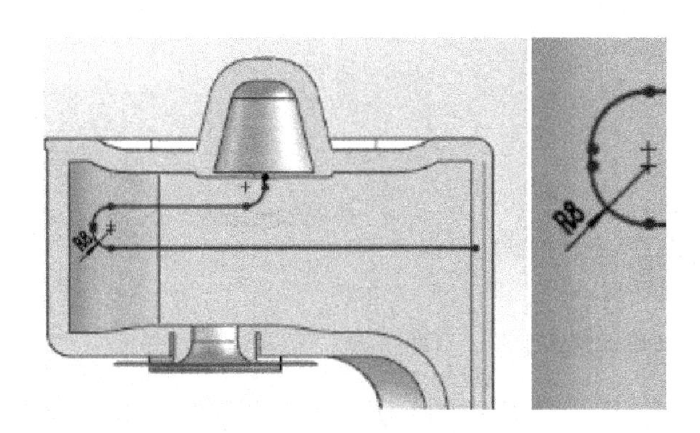

图 7-190 草图 20

图 7-191 扫描设置界面

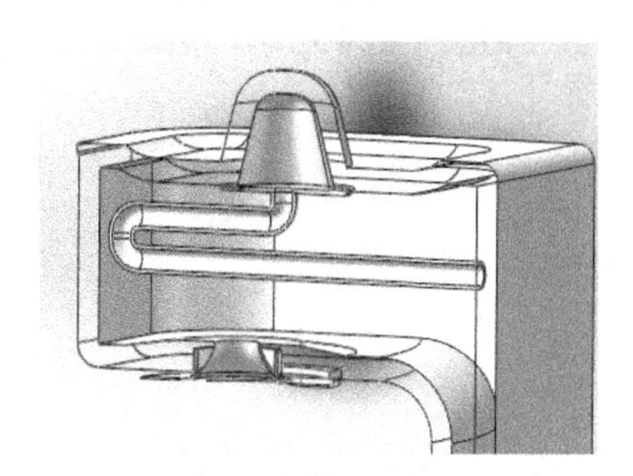

图 7-192 扫描结果

（30）单击**剖面视图**，设置剖面视图如图 7-193 所示，单击图 7-194 中的面①，单击**草图绘制**，绘制如图 7-195 所示的草图 21。单击**拉伸凸台/基体**，设置界面如图 7-196 所示，结果如图 7-197 所示。单击**圆角**，设置界面如图 7-198 所示，选择的边线如图 7-198 所示，结果如图 7-200 所示。

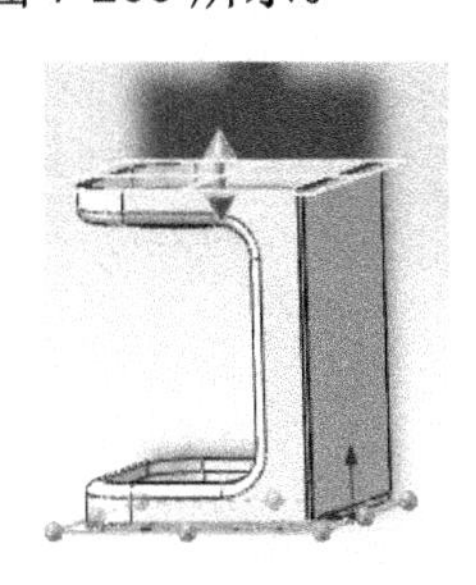

图 7-193 剖面视图

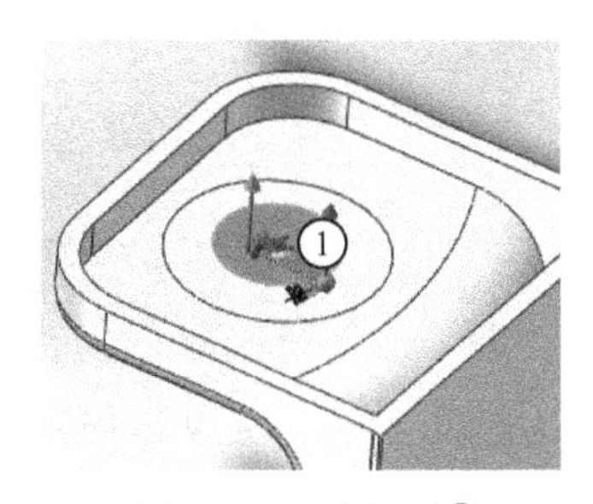

图 7-194 选择面①

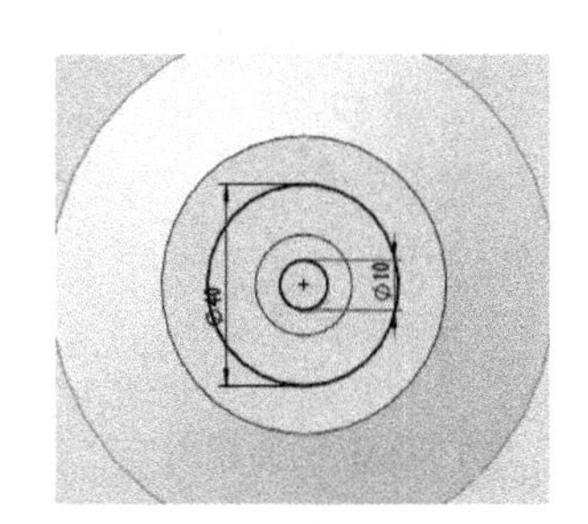

图 7-195 草图 21

图 7-196 拉伸设置界面

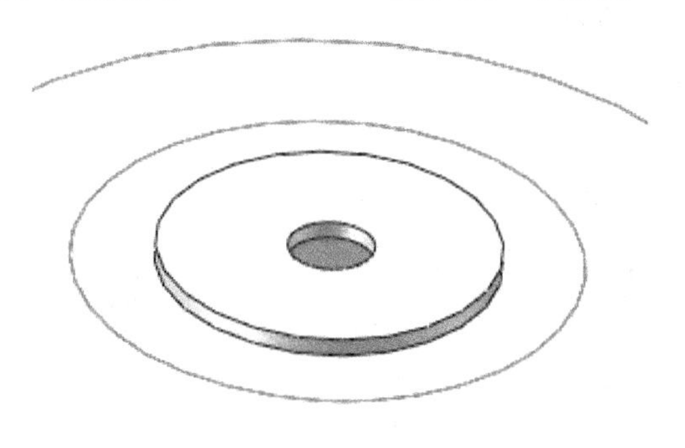

图 7-197 拉伸结果

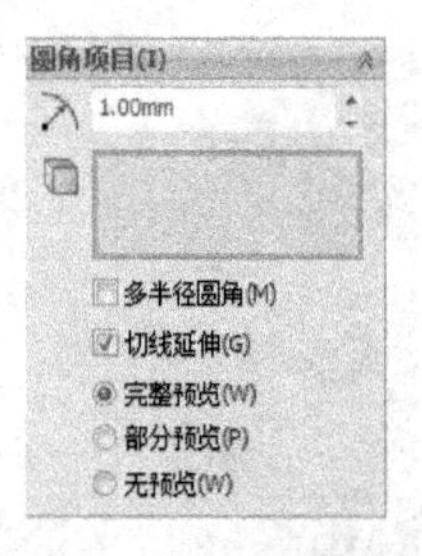

图 7-198　圆角设置界面

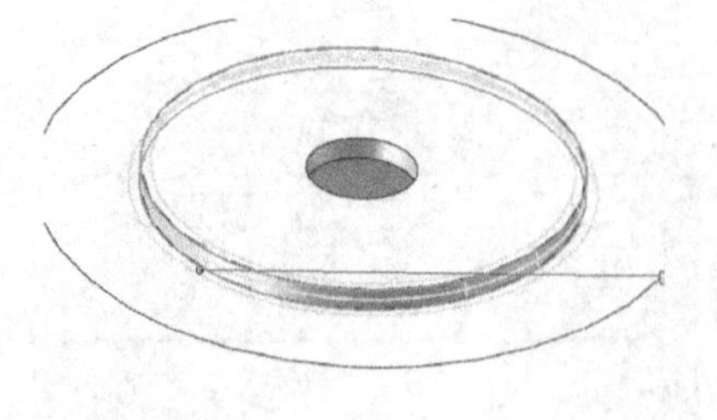
图 7-199　圆角边线的选择

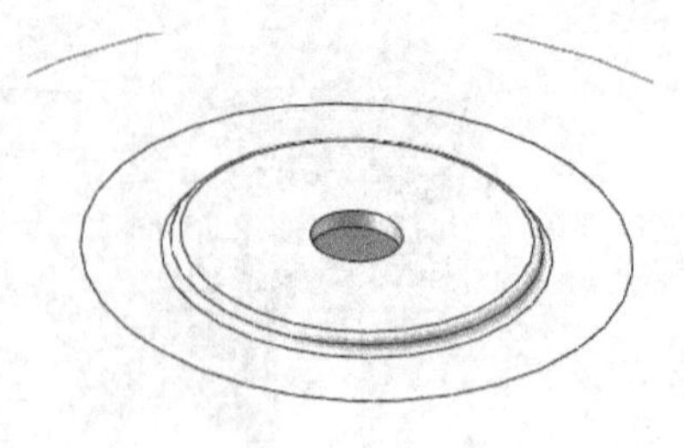
图 7-200　圆角结果

（31）选择图 7-201 中的面①，单击**草图绘制**，绘制草图 22，如图 7-202 所示，然后单击**剖面视图**，设置剖面视图如图 7-203 所示，然后单击**前视基准面** 前视基准面，单击**草图绘制**，绘制草图 23，如图 7-204 所示，然后单击**扫描** 扫描 ，设置界面如图 7-205 所示，结果如图 7-206 所示。

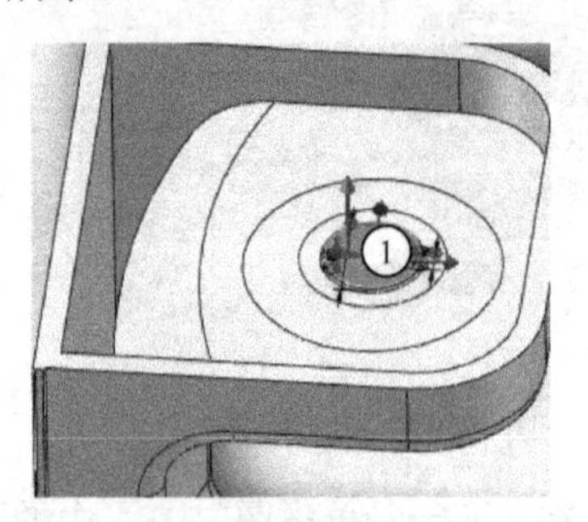

图 7-201　选择面①

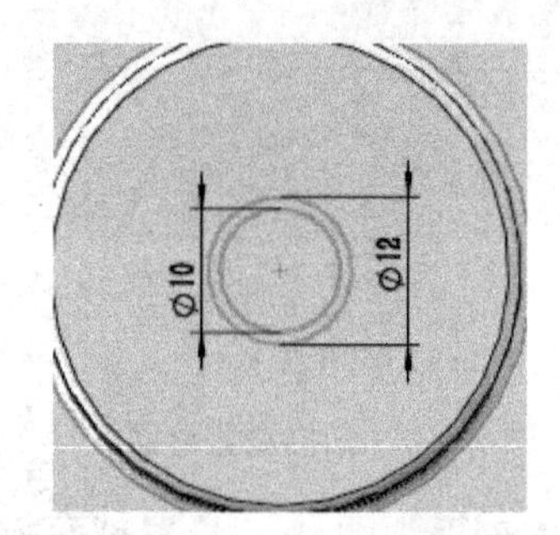

图 7-202　草图 22

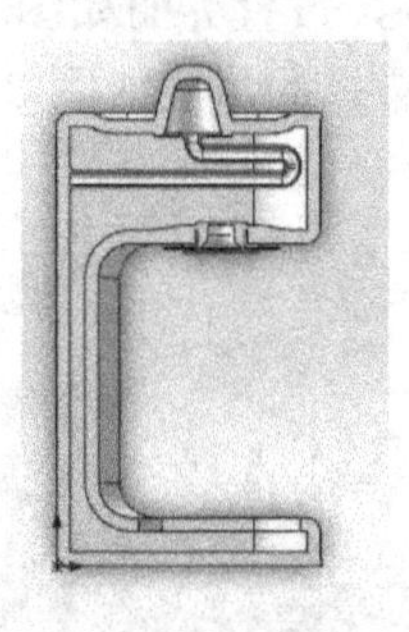
图 7-203 剖面视图

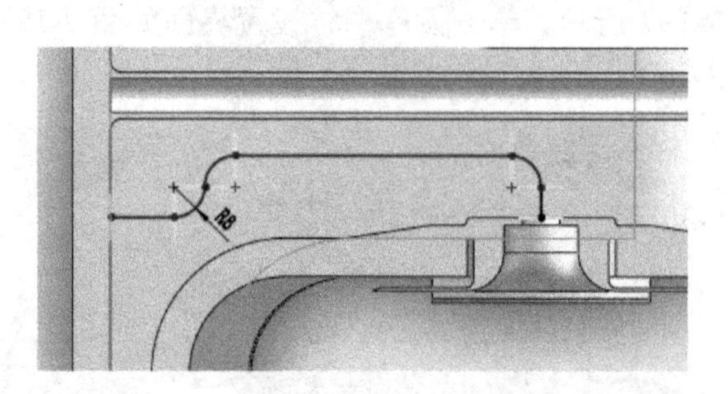

图 7-204　草图 23

图 7-205　扫描设置界面

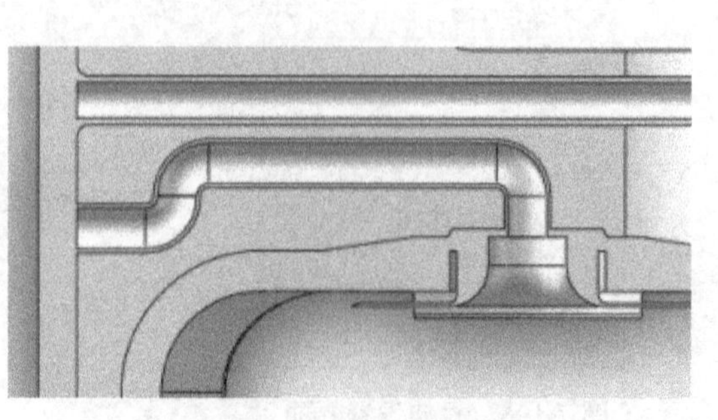
图 7-206　扫描结果

（32）单击**剖面视图**，设置剖面视图，如图 7-207 所示。选择图 7-208 中的面①，单击**草图绘制**，绘制如图 7-209 所示的草图 24，单击**拉伸切除**，设置界面如图 7-210 所示，最终结果如图 7-211 所示。

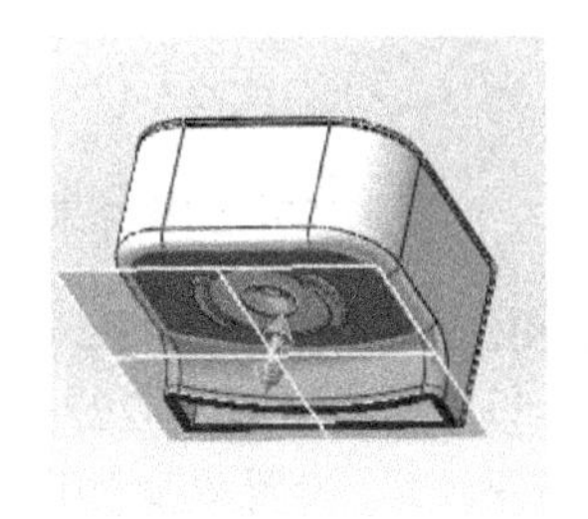
图 7-207　剖面视图

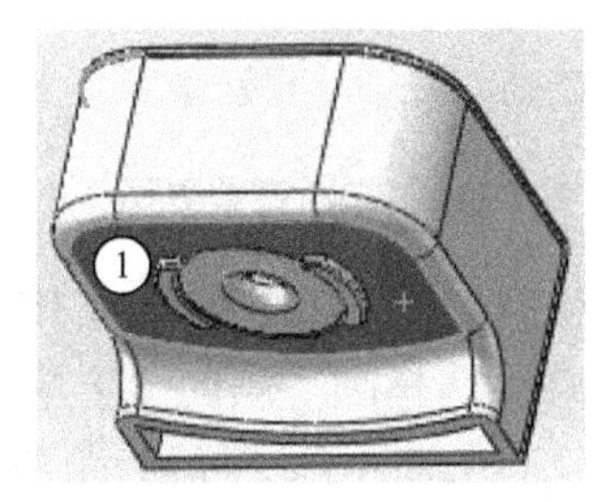

图 7-208　选择面①

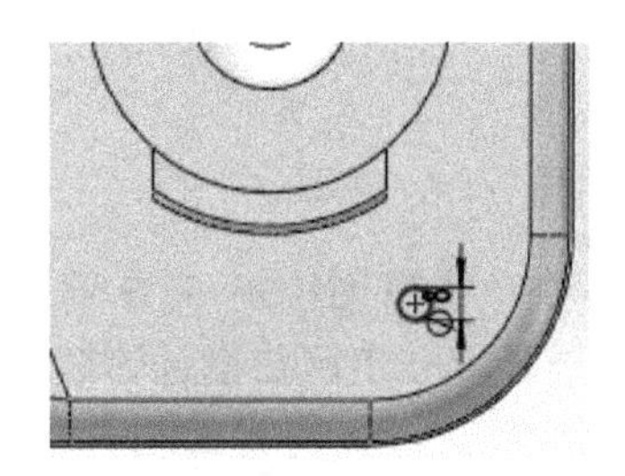
图 7-209　草图 24

图 7-210　拉伸切除设置界面

图 7-211　拉伸切除结果

（33）单击**剖面视图**，设置如图 7-212 所示的剖面视图。单击图 7-213 中的面①，单击**草图绘制**，绘制如图 7-214 所示的草图 25（**注意图中红圈，还要画一个点**）。单击**新建基准面**，设置界面如图 7-215 所示（第一参考选择刚才绘制的圆，第二参考选择刚才红圈内的那个点，图中有两个圆圈），结果如图 7-216 所示。单击**剖面视图**，选择刚才新建的那个基准面，设置成如图 7-217 所示的剖面视图。然后选择刚才新建的基准面，单击**草图绘制**，绘制如图 7-218 所示的草图 26。单击**扫描** 扫描 ，设置界面如图 7-219 所示，结果如图 7-220 所示。

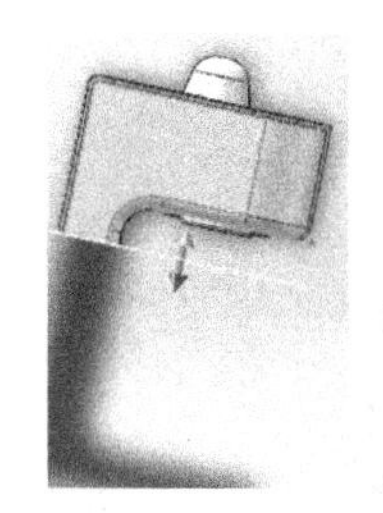
图 7-212　剖面视图

图 7-213　选择面①

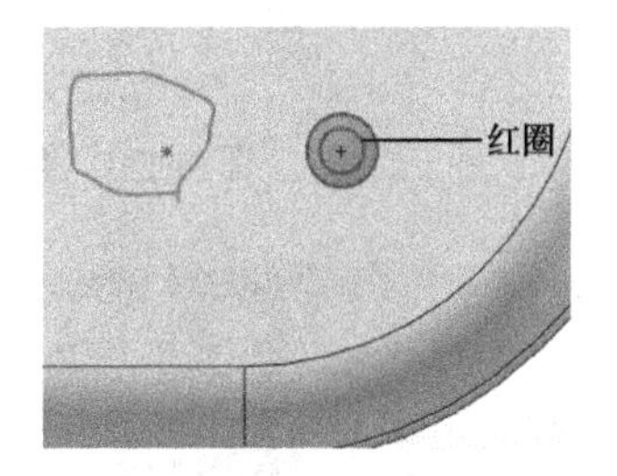

图 7-214　草图 25

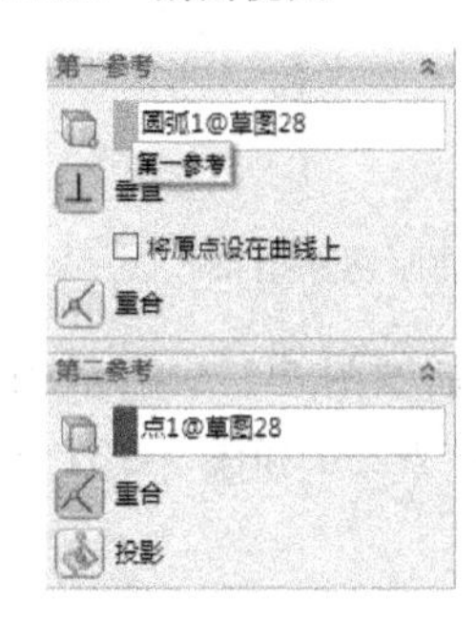

图 7-215　新建基准面设置界面

图 7-216　结果

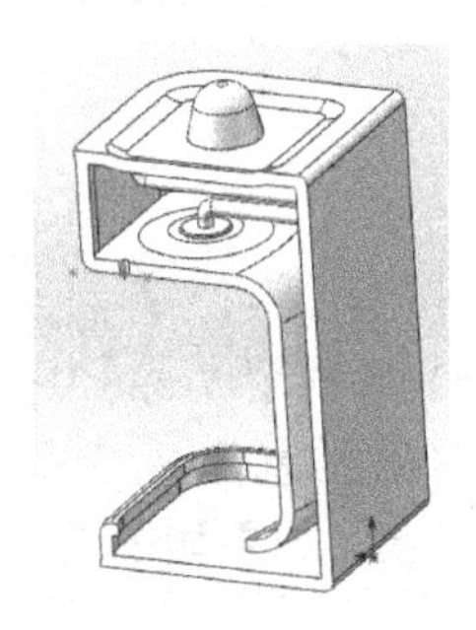
图 7-217　剖面视图

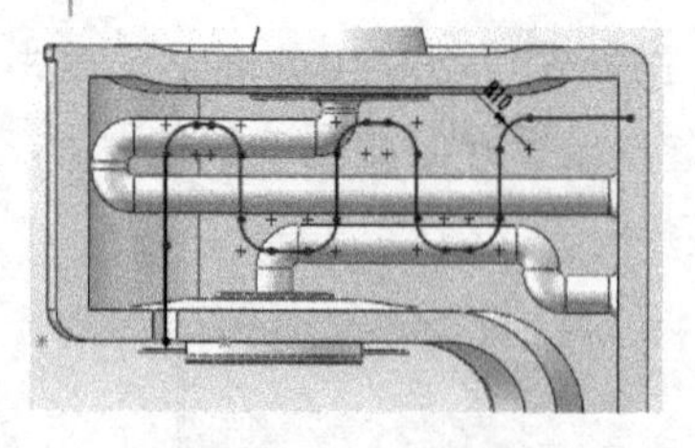

图 7-218　草图 26

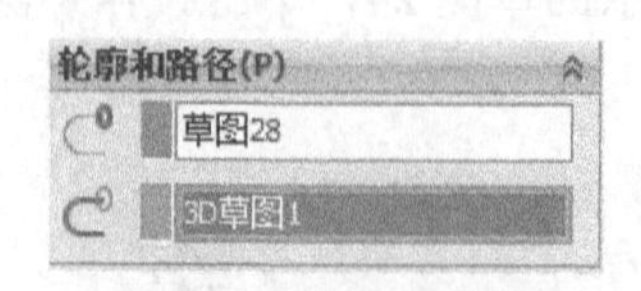

图 7-219　扫面设置界面

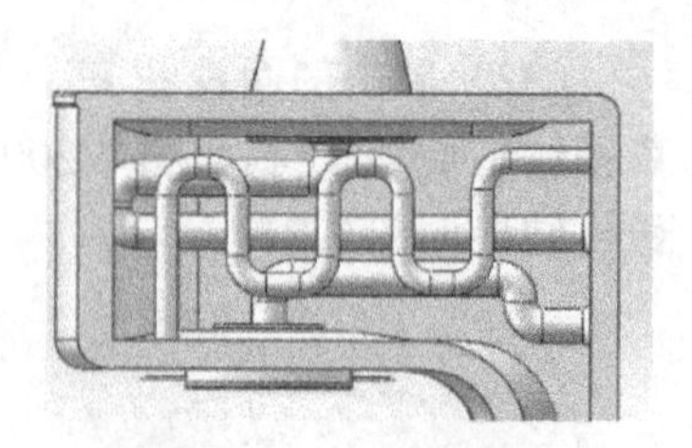

图 7-220　扫描结果

（34）单击**草图绘制→3D 草图**，绘制如图 7-221 所示的 3D 草图。单击**扫描**，扫描的草图选择上一步已扫描过的草图，路径选择刚才画的 3D 草图，设置界面如图 7-222 所示，结果如图 7-223 所示。这时扫描出来的管子太厚了。单击**等距曲面**，设置界面如图 7-224 所示，面的选择如图 7-225 所示。单击**加厚切除**，设置界面如图 7-226 所示，结果如图 7-227 所示。

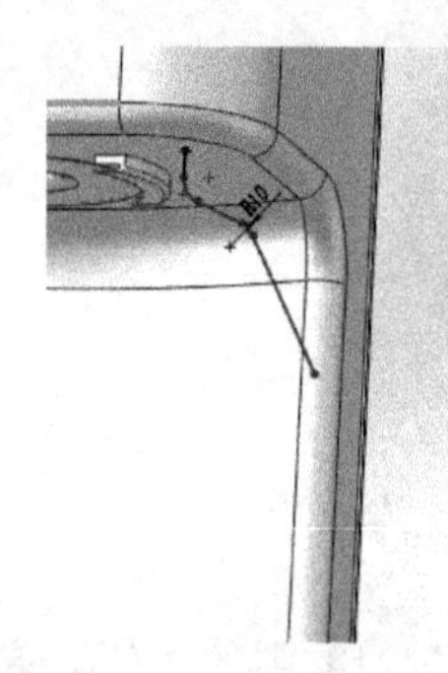

图 7-221　3D 草图

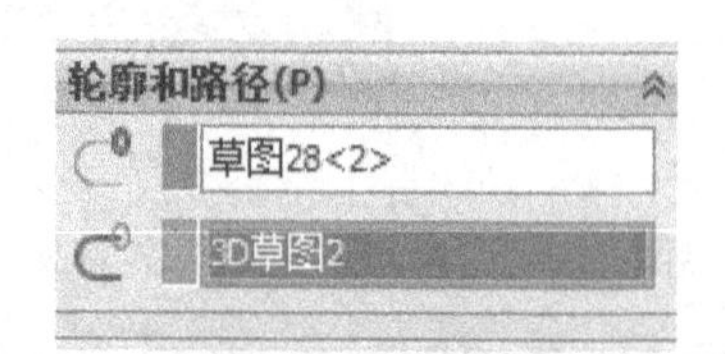

图 7-222　扫描设置界面

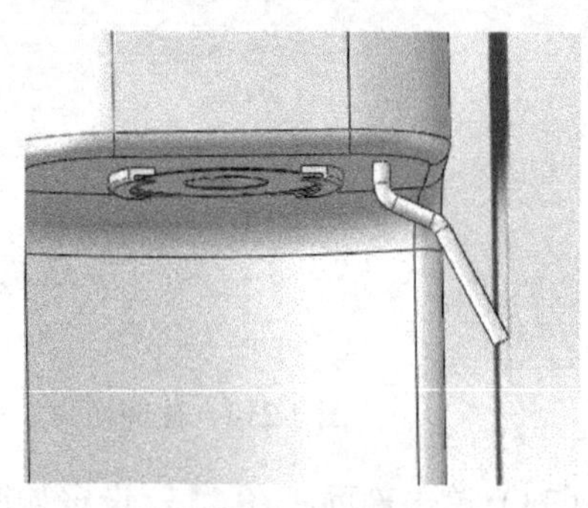

图 7-223　扫描结果

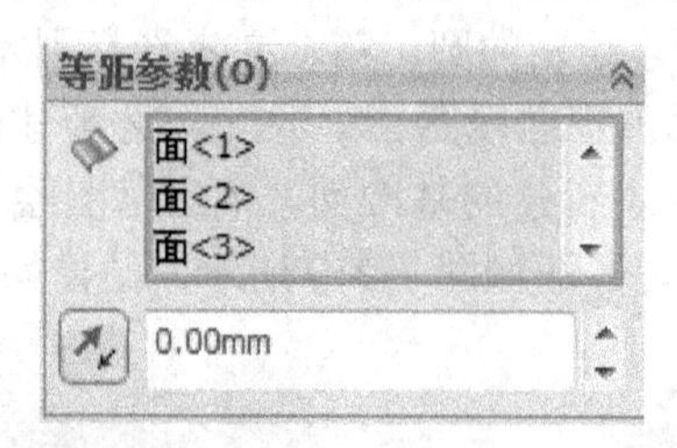

图 7-224　等距设置界面

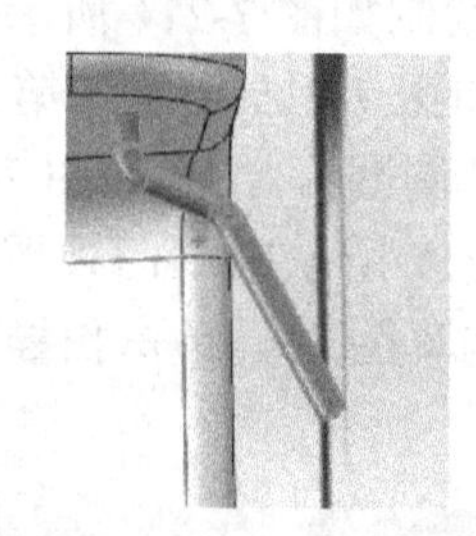

图 7-225　等距面的选择

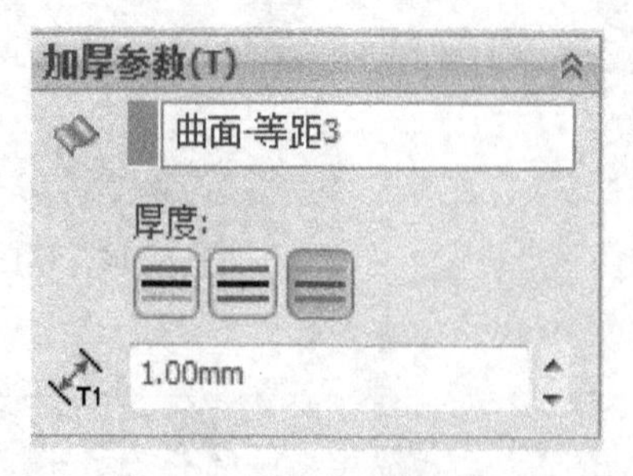

图 7-226　加厚切除设置界面

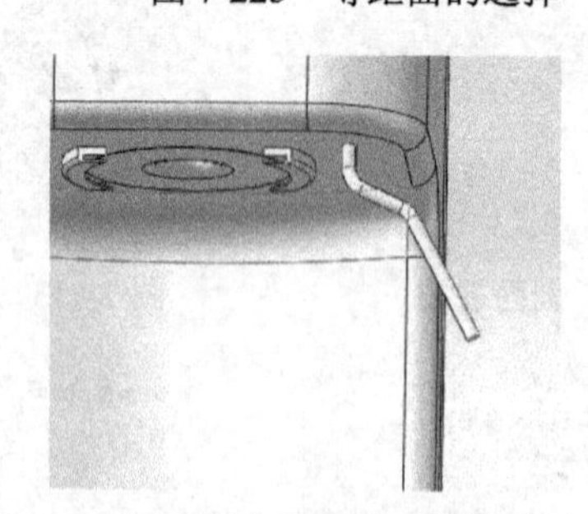

图 7-227　加厚切除结果

（35）单击图 7-228 中所示的**细长的面**，单击**草图绘制**，绘制如图 7-229 所示的草图，单击**拉伸凸台/基体**（这里的**合并结果**不要打钩），设置界面如图 7-230 和图 7-231（有两个方向）所示，结果如图 7-232 所示。

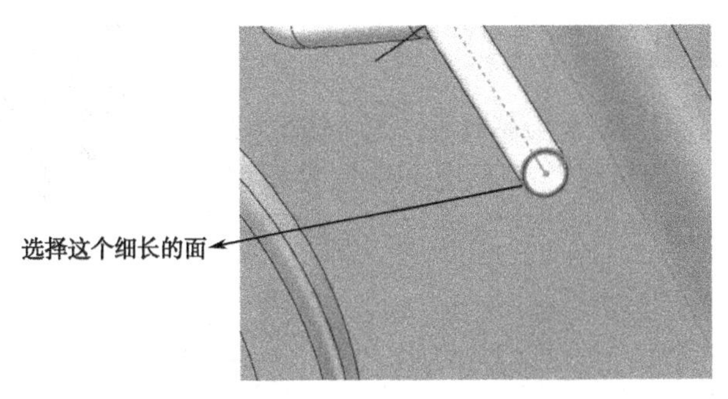

图 7-228　选择图中的面

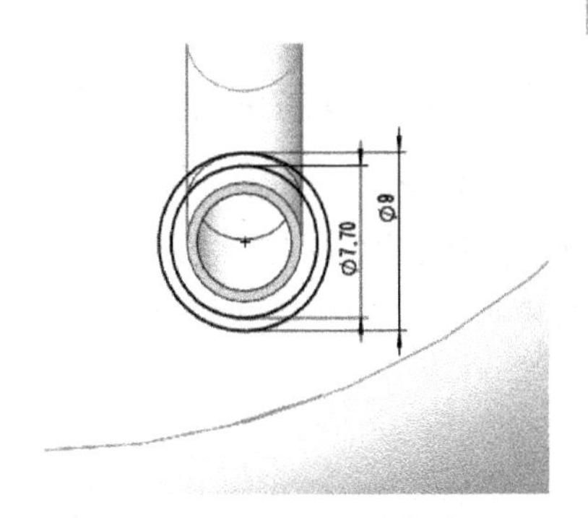

图 7-229　绘制草图

图 7-230　拉伸设置界面 1

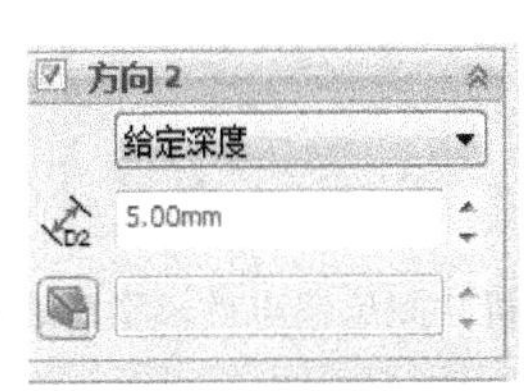

图 7-231　拉伸设置界面 2

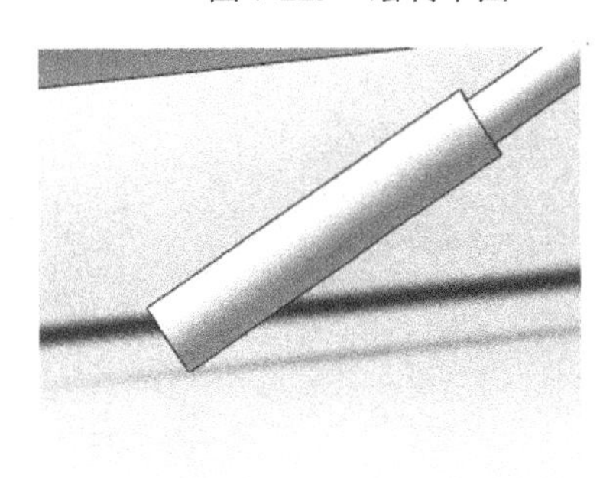

图 7-232　拉伸结果

（36）**隐藏主要实体**，只剩下上一步拉伸的实体，如图 7-233 所示。单击**右视基准面**，单击**草图绘制**，绘制如图 7-234 所示的草图，单击**拉伸切除**，结果如图 7-235 所示。

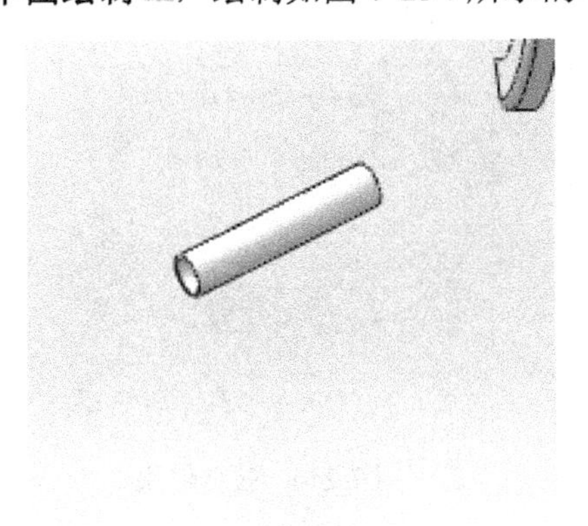

图 7-233　隐藏

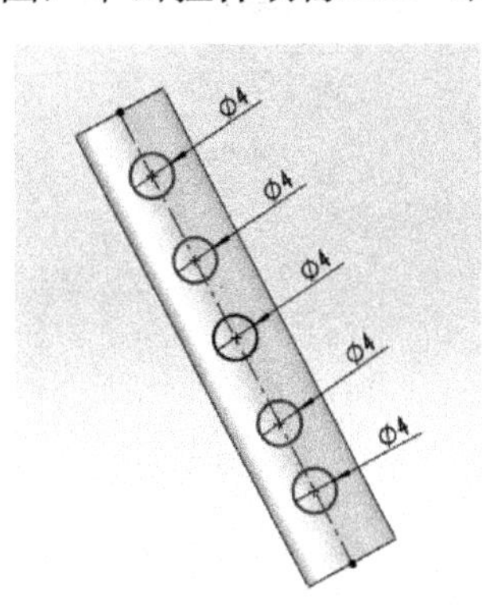

图 7-234　绘制草图

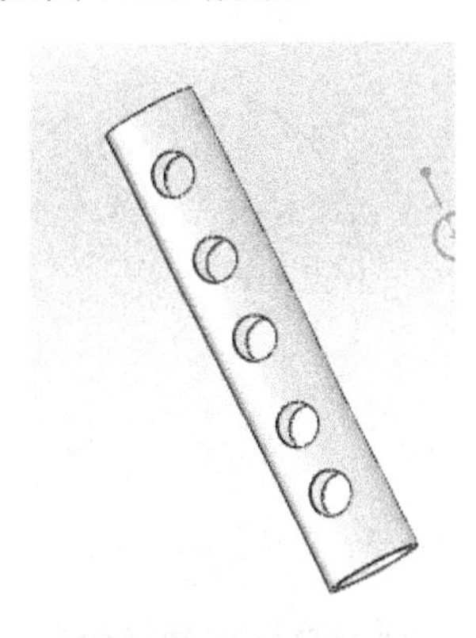

图 7-235　拉伸结果

（37）至此，完成了咖啡机右主体的全部建模工作，最终模型如图 7-236 所示。单击**保存**，在**另存为**对话框中将文件名改为**右主体**，保存类型为**零件（*，prt；*,sldprt）**，单击**保存**完成存盘。

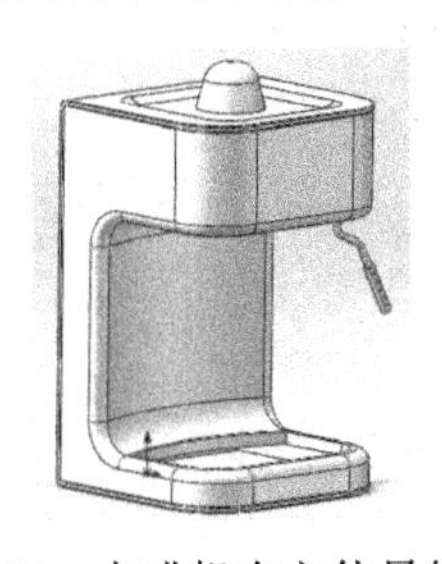

图 7-236　咖啡机右主体最终模型

7.2.3 咖啡机时间旋钮的建模

咖啡机时间旋钮的主要建模思路是先用**拉伸凸台/基体**命令拉伸出一个大概的外形，然后用阵列来实现那些凸起，然后用**旋转凸台**来进一步完善模型。零件实体模型及相应的设计树如图 7-237 所示。

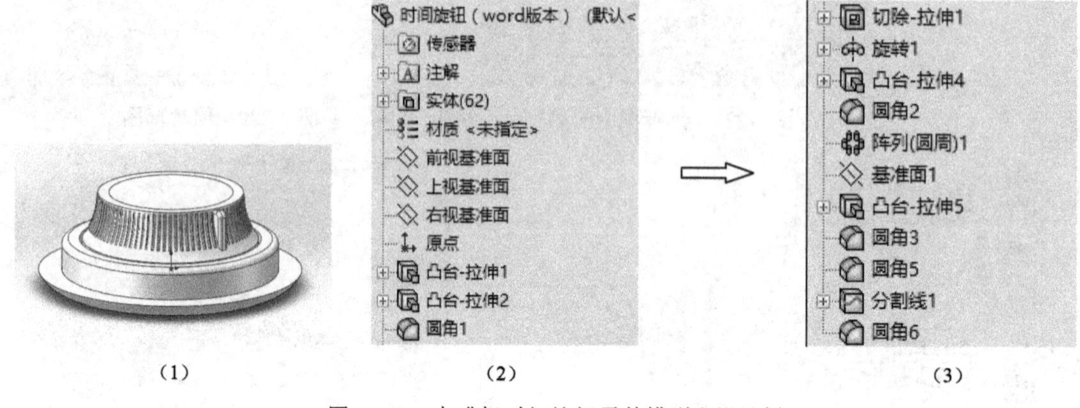

图 7-237 咖啡机时间旋钮零件模型和设计树

（1）启动 SolidWorks，单击**文件→新建**命令，选择**零件**图标，然后单击**确定**，进入建模环境。

（2）单击**上视基准面**，单击**草图绘制**，绘制如图 7-238 所示的草图 1。单击**拉伸凸台/基体**，设置界面如图 7-239 所示，结果如图 7-240 所示。

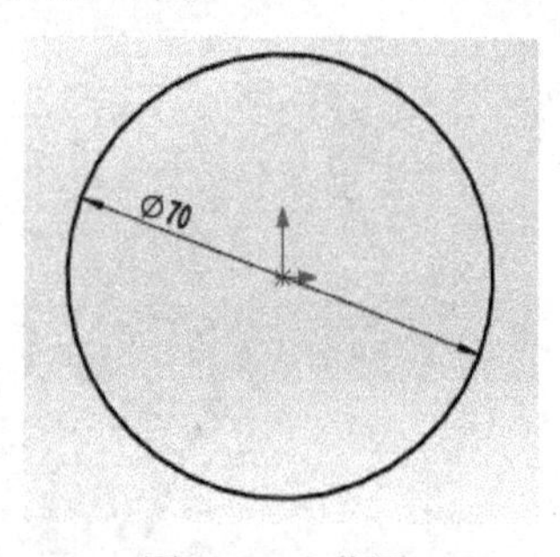

图 7-238 草图 1

图 7-239 拉伸设置界面

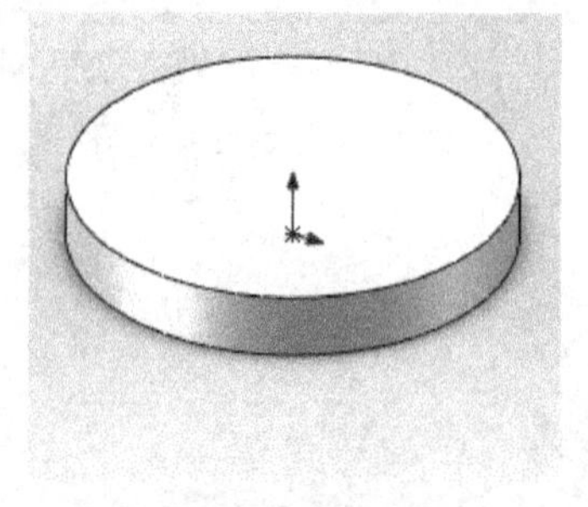

图 7-240 拉伸结果

（3）单击**上视基准面**，单击**草图绘制**，绘制如图 7-241 所示的草图 2。单击**拉伸凸台/基体**，设置界面如图 7-242 所示，结果如图 7-243 所示。

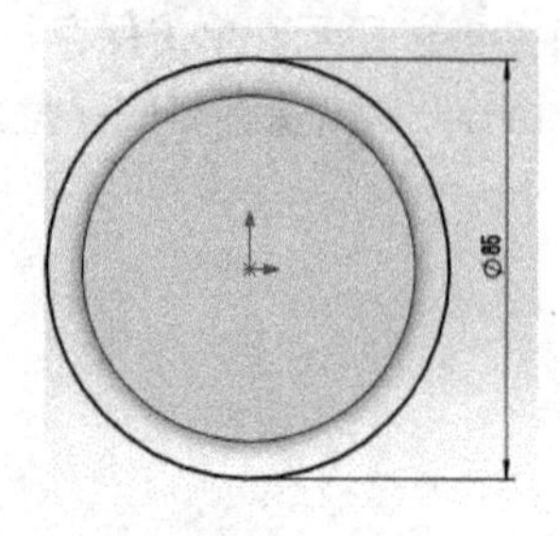

图 7-241 草图 2

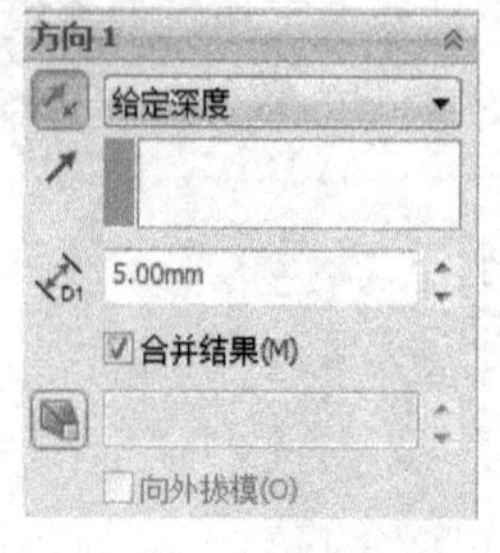

图 7-242 拉伸设置界面

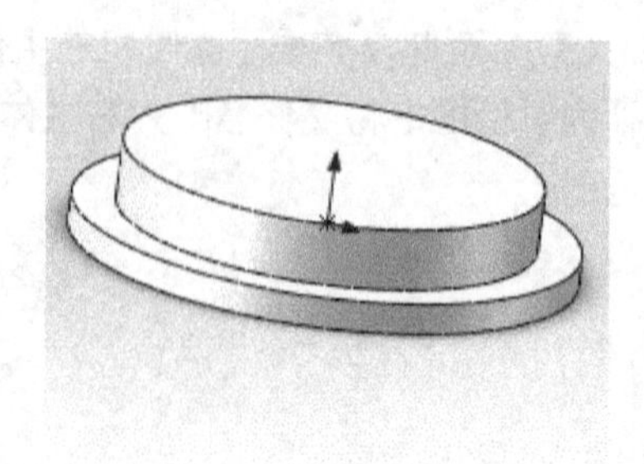

图 7-243 拉伸结果

（4）单击**圆角**，设置界面如图 7-244 所示，选择边线，如图 7-245 所示，结果如图 7-246 所示。

图 7-244 设置界面

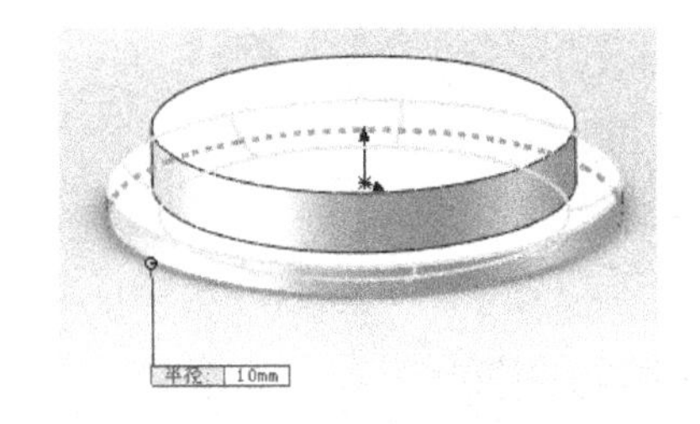

图 7-245 边线的选择

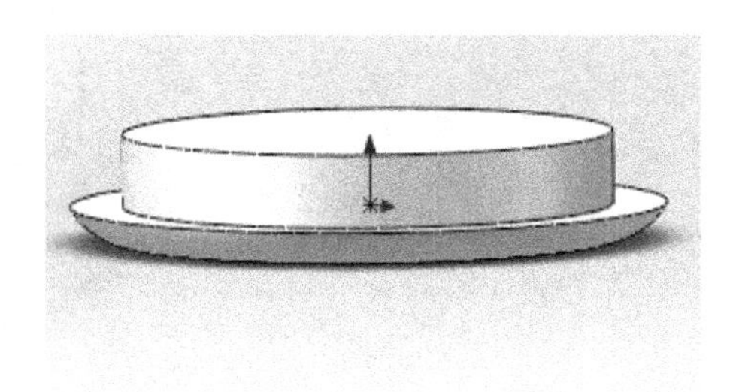

图 7-246 圆角结果

（5）单击如图 7-247 中的面①，单击**草图绘制**，绘制如图 7-248 所示的草图 3。单击**拉伸切除**，设置界面如图 7-249 所示，结果如图 7-250 所示。

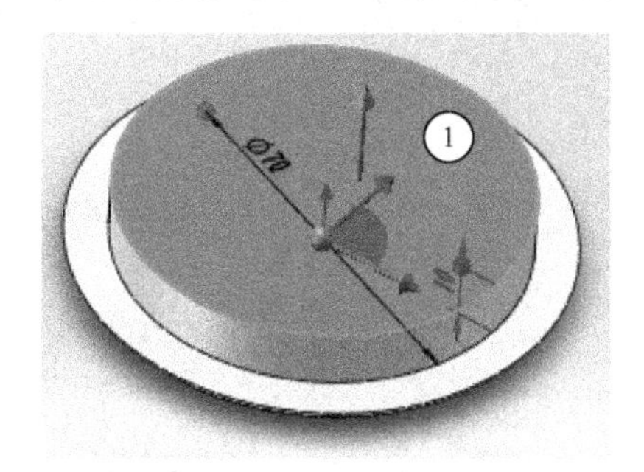

图 7-247 选择图中面①

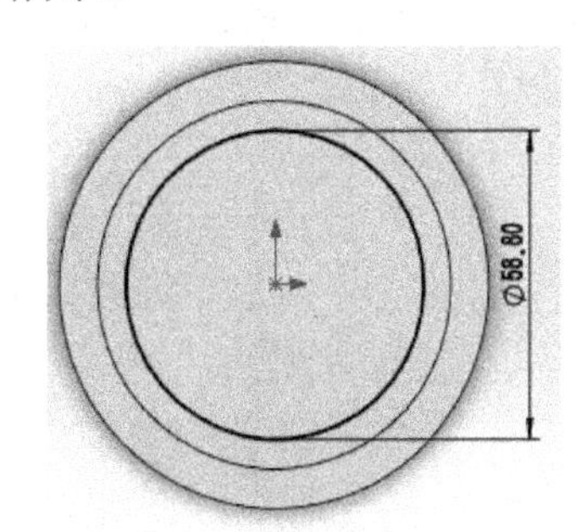

图 7-248 草图 3

图 7-249 拉伸切除设置界面

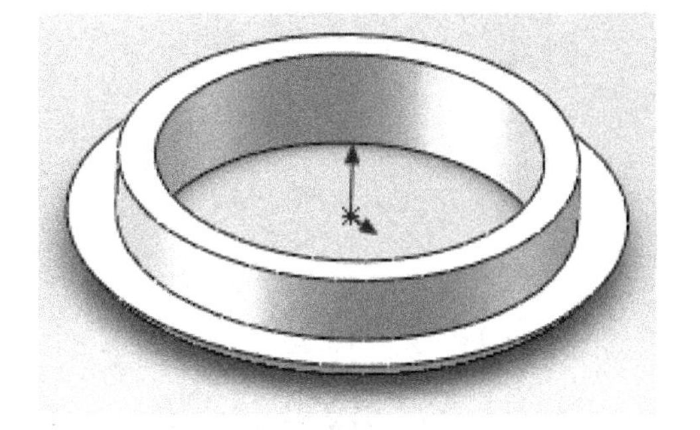

图 7-250 拉伸切除的结果

（6）单击**剖面视图**，设置剖面视图，如图 7-251 所示。单击**草图绘制**，绘制如图 7-252 所示的草图 4，然后单击**旋转凸台**，结果如图 7-253 所示。

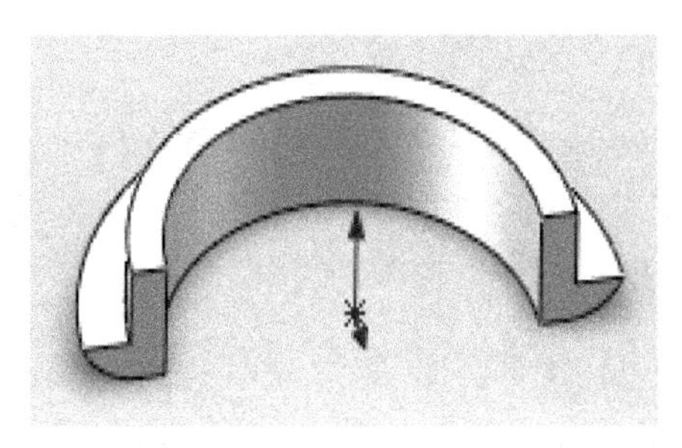

图 7-251 剖面视图

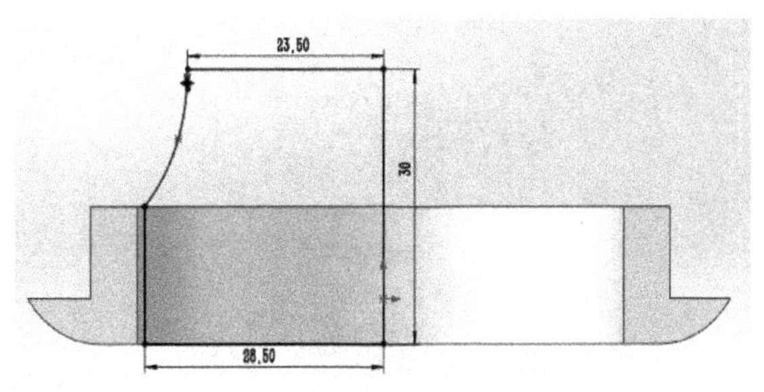

图 7-252 草图 4

图 7-253　旋转结果

（7）单击**右视基准面**，单击**草图绘制**，绘制如图 7-254 所示的草图 5，单击**拉伸凸台/基体**，设置界面如图 7-255 所示（这里的**合并结果**不要打钩，后面要阵列），选择图 7-256 中的面①，结果如图 7-257 所示。然后单击**圆角**，设置界面如图 7-258 所示，结果如图 7-259 所示。

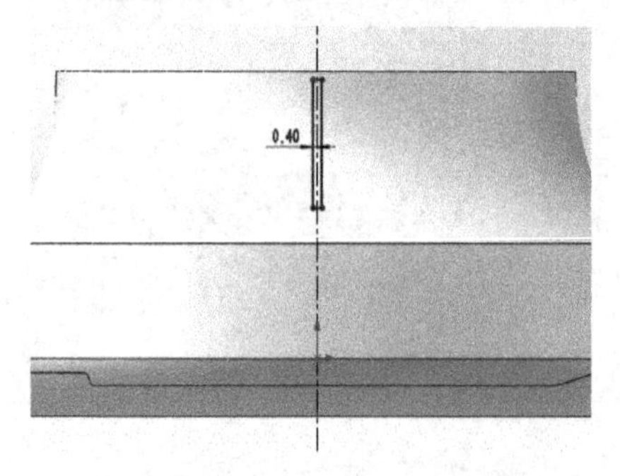

图 7-254　草图 5

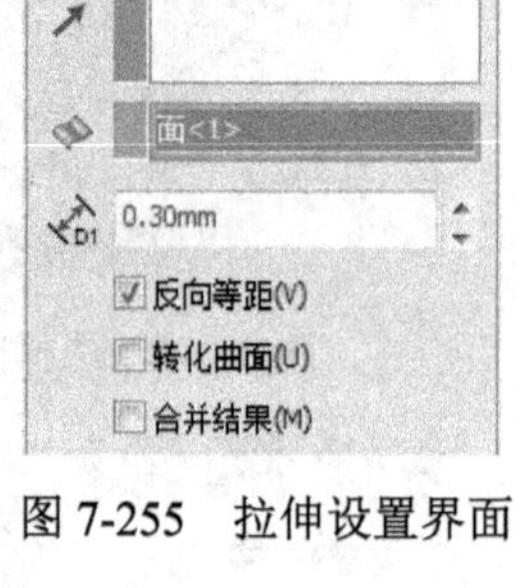

图 7-255　拉伸设置界面

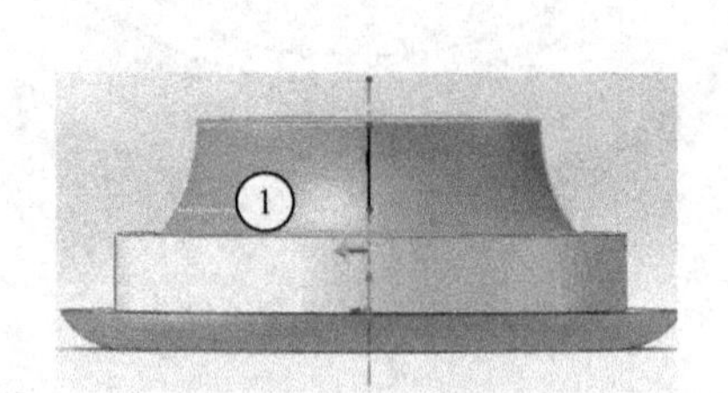

图 7-256　选择面①

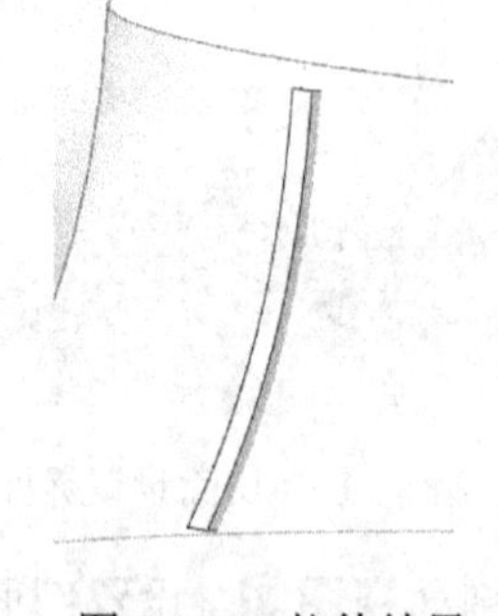

图 7-257　拉伸结果

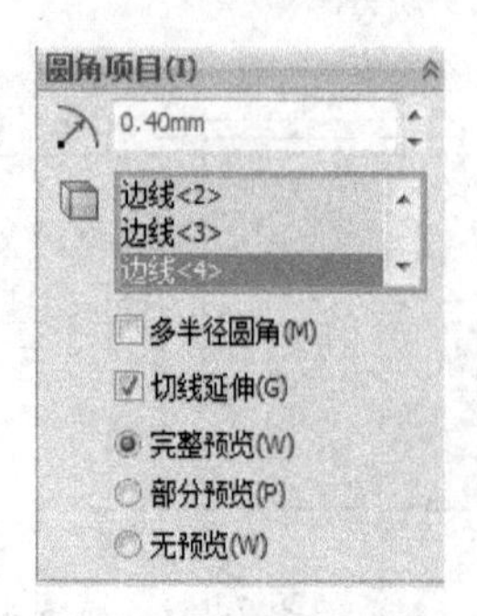

图 7-258　圆角设置界面

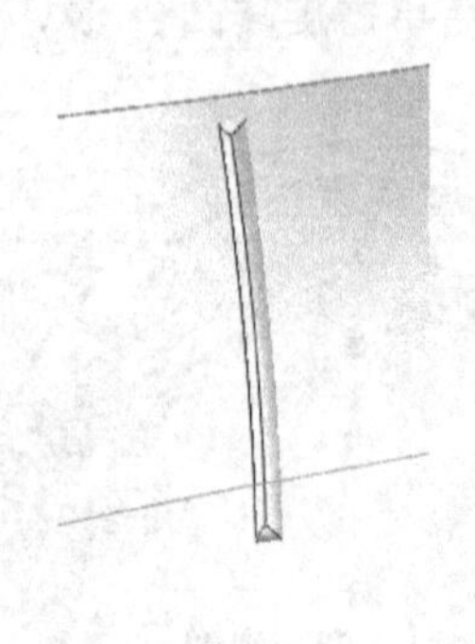

图 7-259　圆角结果

（8）单击**特征→线性阵列→圆周阵列**命令，打开**临时轴**，设置界面如图 7-260 所示，**要阵列的实体选择刚才拉伸圆角的那个实体**，结果如图 7-261 所示。

图 7-260　阵列设置界面

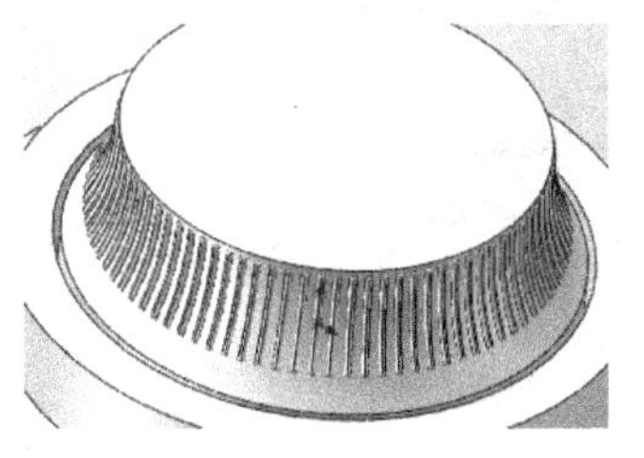

图 7-261　阵列结果

（9）单击**新建基准面**，第一参考选择**前视基准面**，具体设置如图 7-262 所示。然后单击**草图绘制**，绘制如图 7-263 所示的草图 6。单击**拉伸凸台/基体**，拉伸设置如图 7-264 所示，结果如图 7-265 所示。单击**圆角**，设置界面如图 7-266 所示，边线选择如图 7-267 所示，结果如图 7-268 所示。单击**圆角**，设置界面如图 7-269 所示，边线选择如图 7-270 所示，结果如图 7-271 所示。

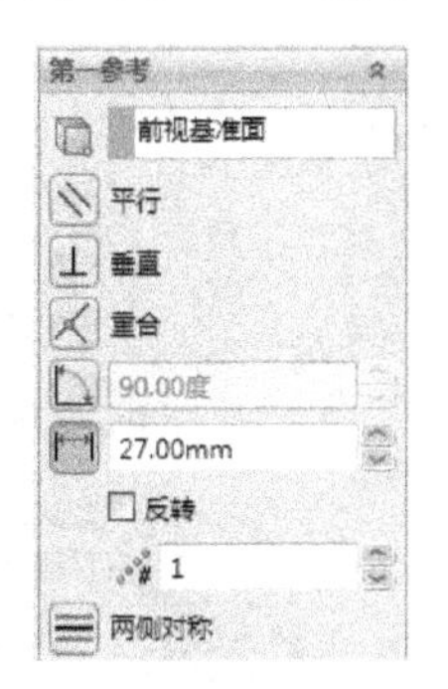

图 7-262　新建基准面

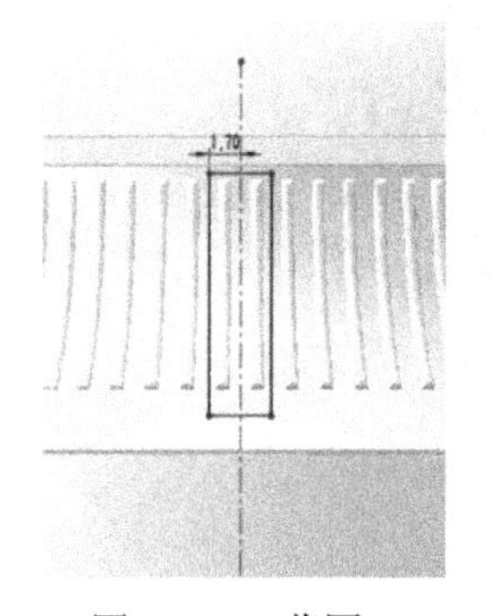

图 7-263　草图 6

图 7-264　拉伸设置界面

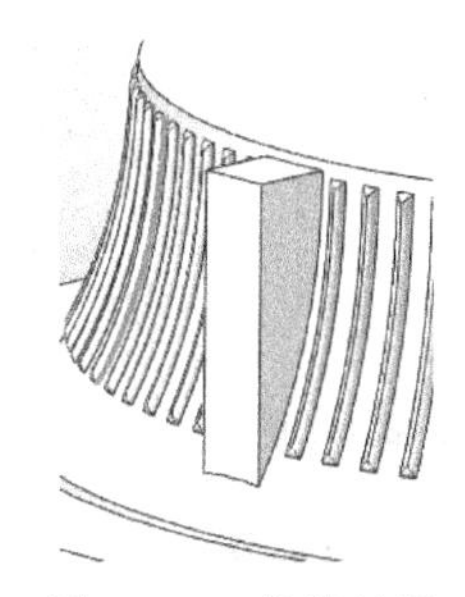

图 7-265　拉伸结果

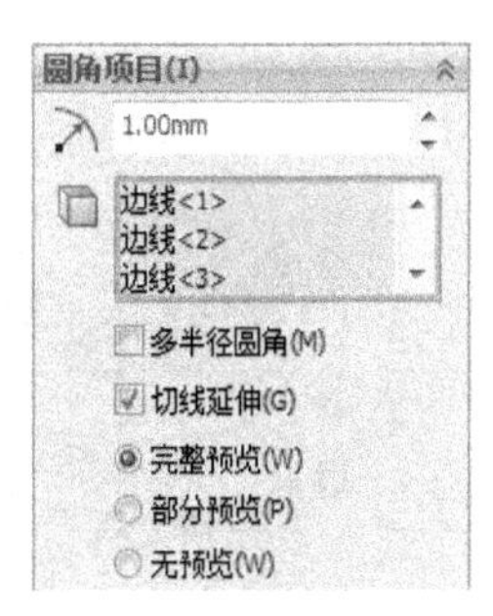

图 7-266　圆角设置界面

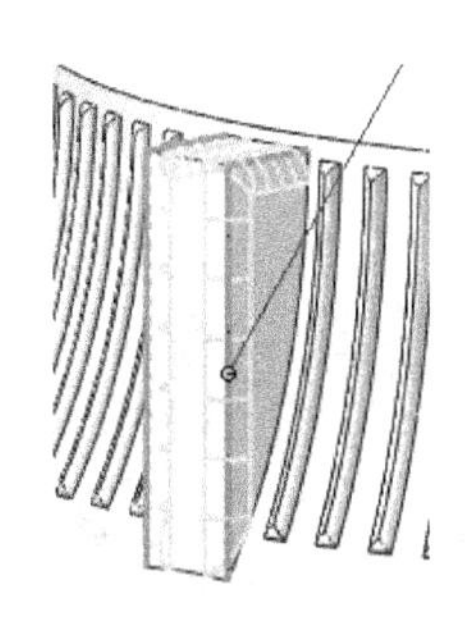

图 7-267　圆角边线的选择

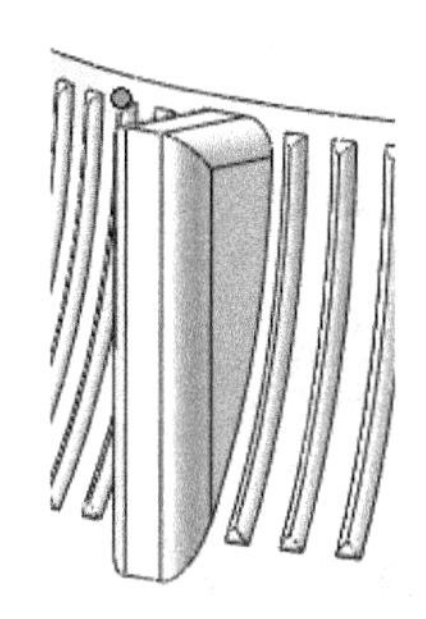

图 7-268　圆角结果

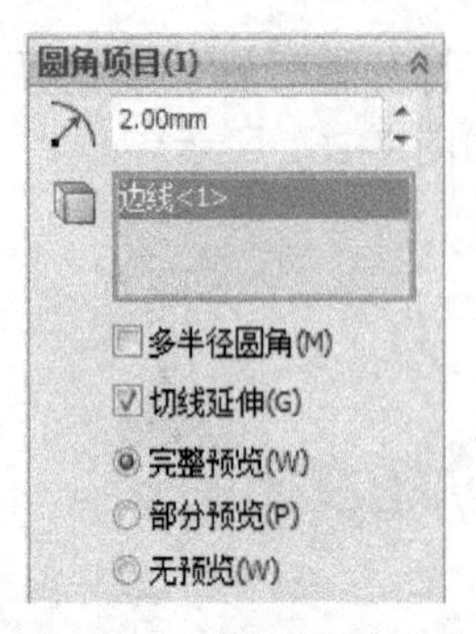

图 7-269　圆角设置界面

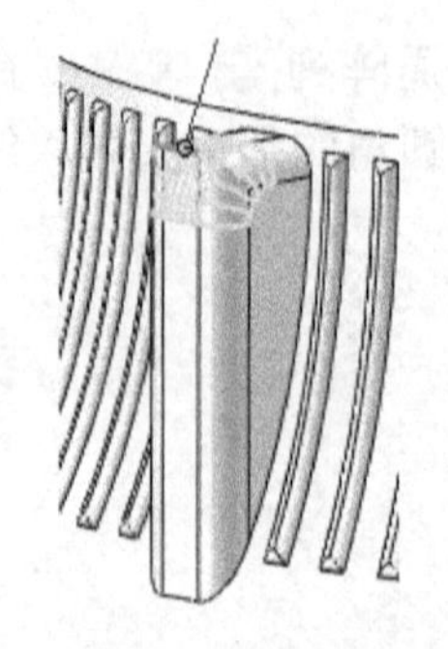
图 7-270　圆角边线的选择

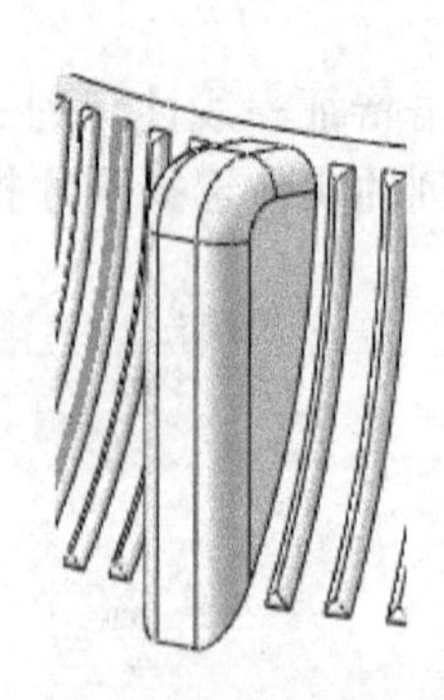
图 7-271　圆角结果

（10）选择如图 7-272 中所示的面①，单击**草图绘制**，绘制如图 7-273 所示的草图 7，然后单击**曲线→分割线**，设置界面如图 7-274 和图 7-275 所示，面的选择如图 7-276 所示，结果如图 7-277 所示。

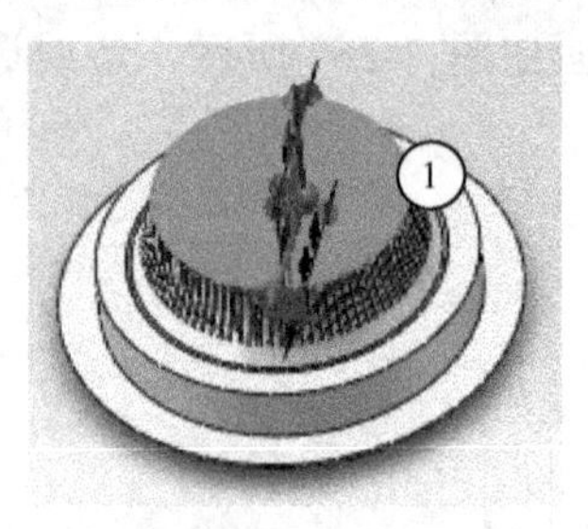

图 7-272　选择面①

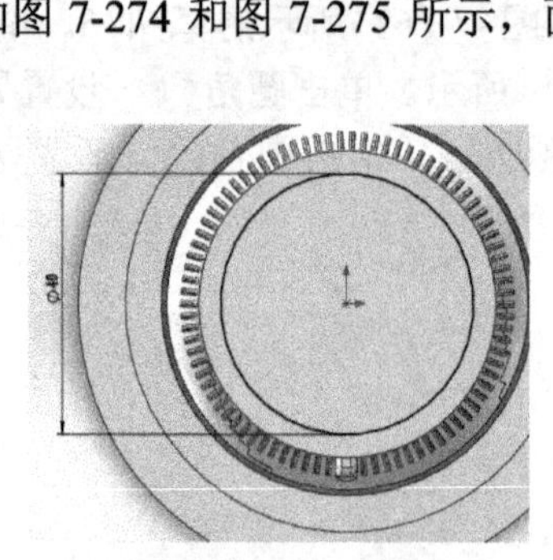
图 7-273　草图 7

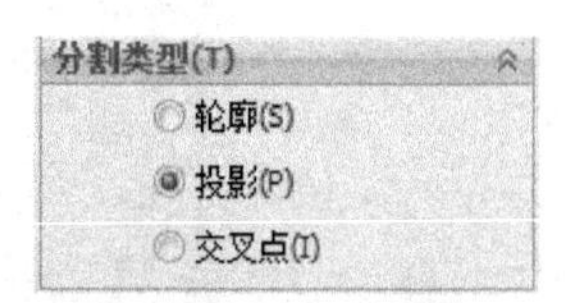

图 7-274　分割类型

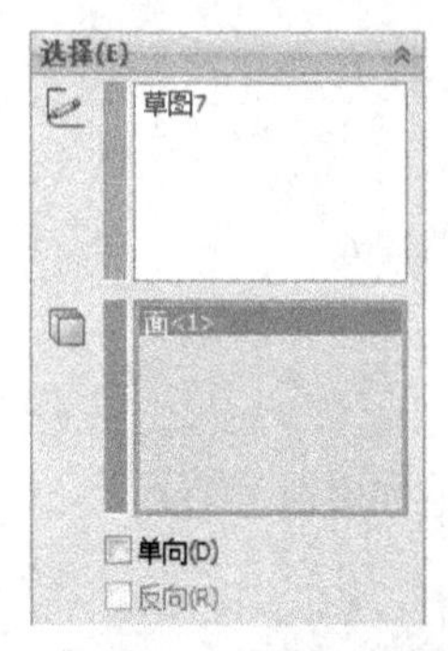

图 7-275　设置界面

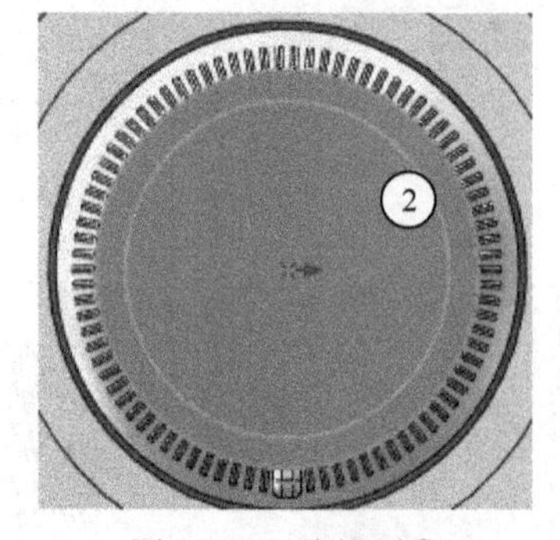

图 7-276　选择面②

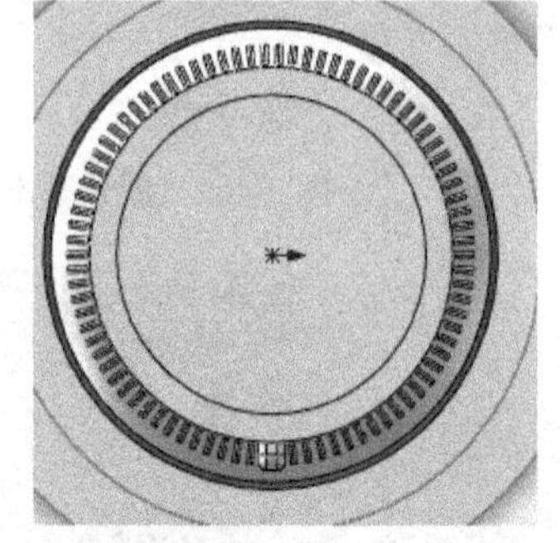
图 7-277　分割线命令结果

（11）单击**圆角**，设置界面如图 7-278 所示，边线的选择如图 7-279 所示，结果如图 7-280 所示。

图 7-278　圆角设置界面

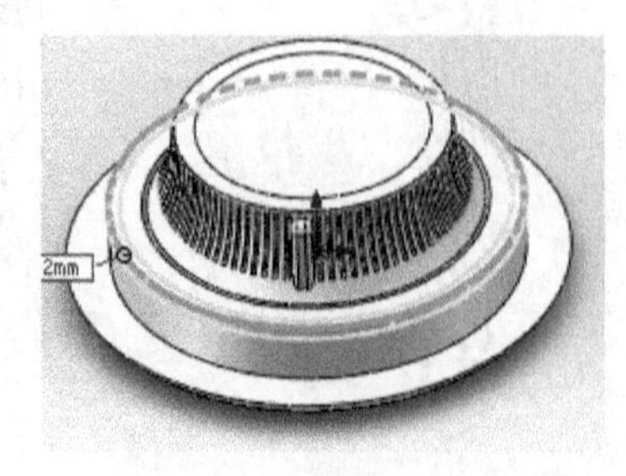

图 7-279　圆角边线的选择

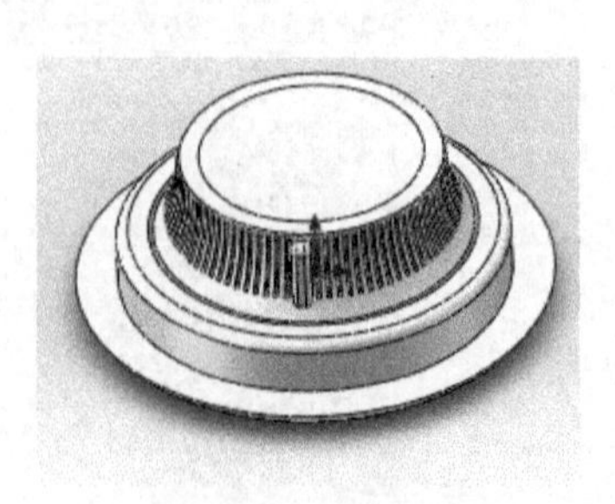
图 7-280　圆角结果

（12）至此，完成了咖啡机时间旋钮的全部建模工作，最终模型如图 7-281 所示。单击**保存**，在**另存为**对话框中将文件名改为**时间旋钮**，保存类型为**零件（*，prt；*,sldprt）**，单击**保存**完成存盘。

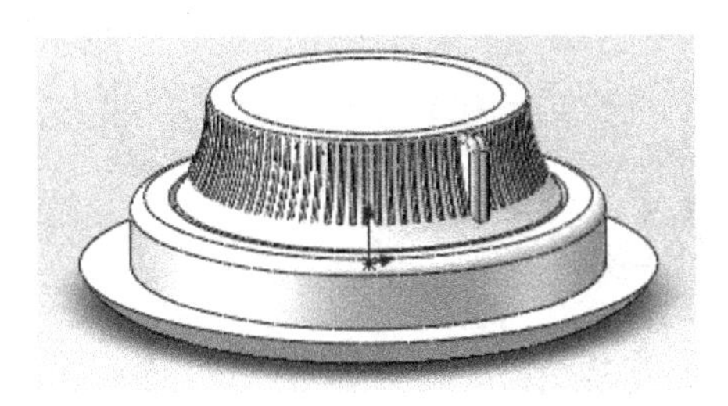

图 7-281 时间旋钮最终模型

7.2.4 咖啡机污水槽的建模

咖啡机污水槽的主要建模思路是先使用**拉伸凸台/基体**命令拉伸大概的外形，再用**抽壳**、**圆角**、**分割线**等命令来完善模型。零件实体模型及相应的设计树如图 7-282 所示。

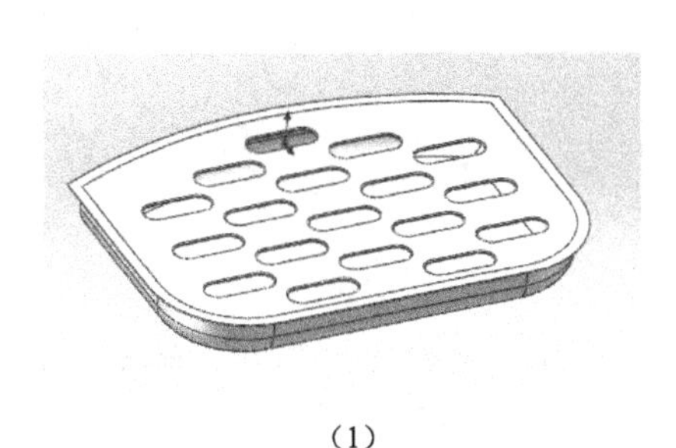

（1）

前视基准面
上视基准面
右视基准面
原点
凸台-拉伸1
凸台-拉伸2
圆角1
抽壳2
切除-拉伸1
圆角3
分割线1

（2）

图 7-282 污水槽零件模型及其设计树

（1）启动 SolidWorks，单击**文件→新建**命令，选择**零件**图标，然后单击**确定**，进入建模环境。

（2）单击**上视基准面**，单击**绘制草图**，绘制如图 7-283 所示的草图 1，然后单击**拉伸凸台/基体**，设置界面如图 7-284 所示，结果如图 7-285 所示。

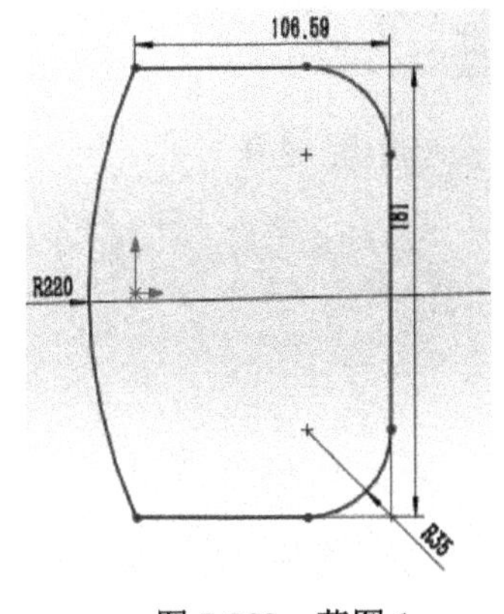

图 7-283 草图 1

图 7-284 设置界面

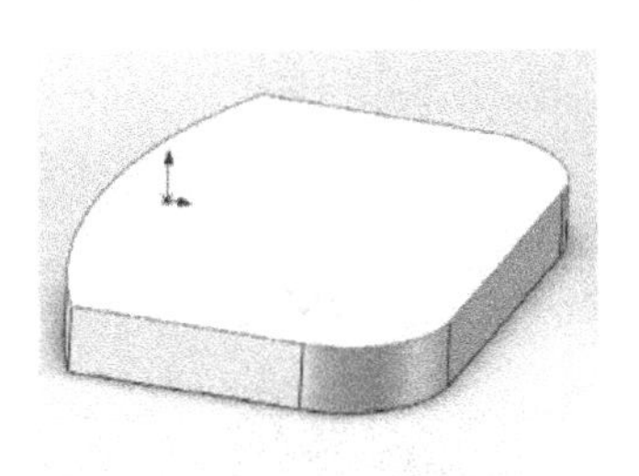

图 7-285 拉伸结果

（3）选择图 7-286 中的面①，单击**草图绘制**，绘制如图 7-287 所示的草图 2，然后单击**拉伸凸台/基体**，设置面板如图 7-288 所示，结果如图 7-289 所示。

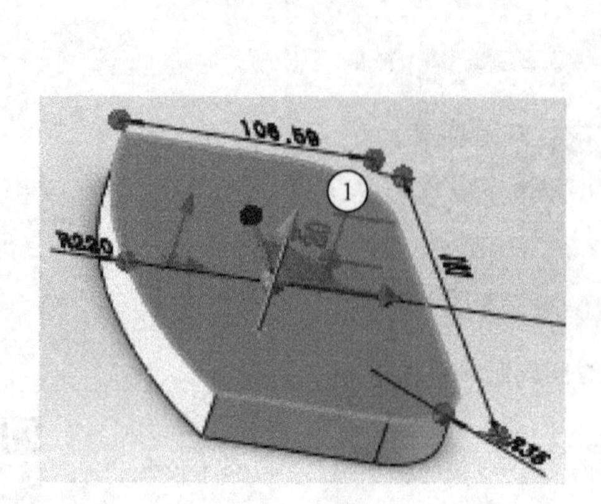

图 7-286　选择面①

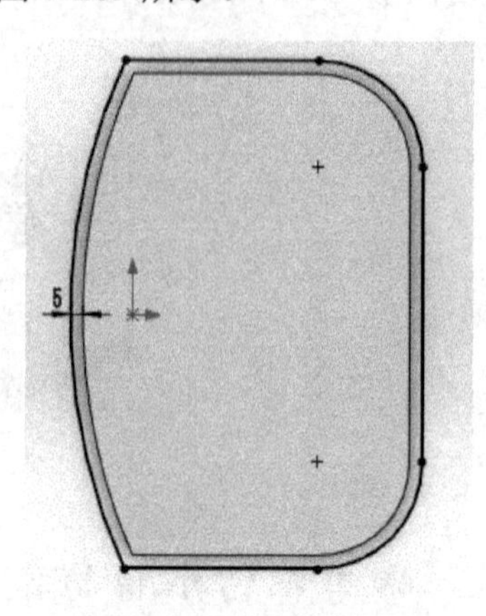

图 7-287　绘制草图 2

图 7-288　拉伸设置界面

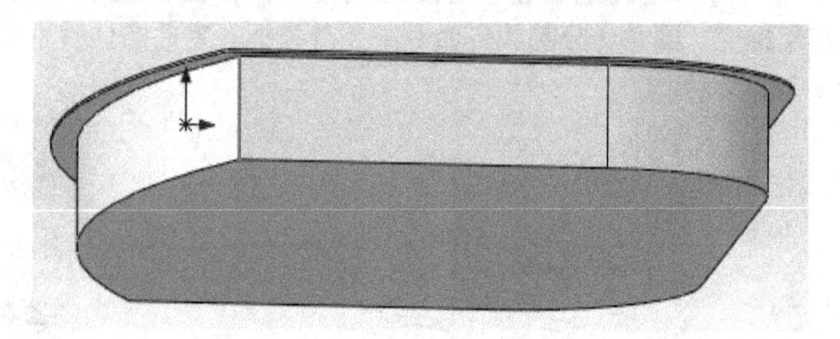

图 7-289　拉伸结果

（4）单击**圆角**，设置界面如图 7-290 所示，边线的选择如图 7-291 所示，结果如图 7-292 所示。单击**抽壳** 抽壳，**不选择任何面**，设置界面如图 7-293 所示。

图 7-290　圆角设置界面

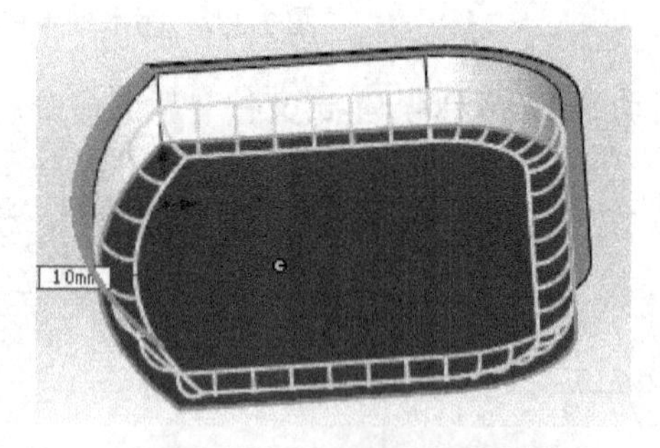

图 7-291　圆角边线的选择

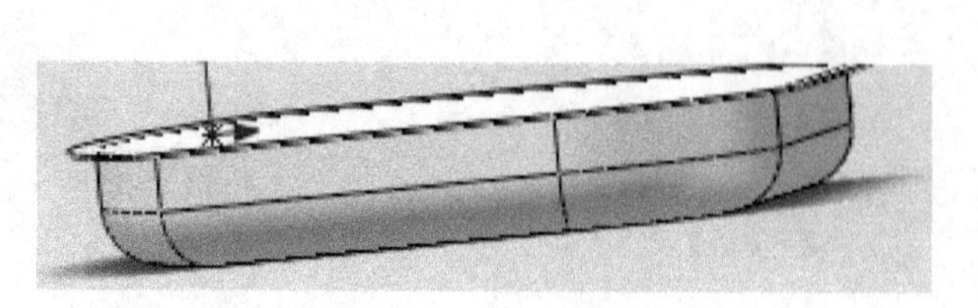

图 7-292　圆角结果

图 7-293　抽壳设置界面

（5）选择图 7-294 中的面①，然后单击**绘制草图**，绘制如图 7-295 所示的草图 3（**槽口大小和排列自己安排**）。单击**拉伸切除**，设置界面如图 7-296 所示，结果如图 7-297 所示。

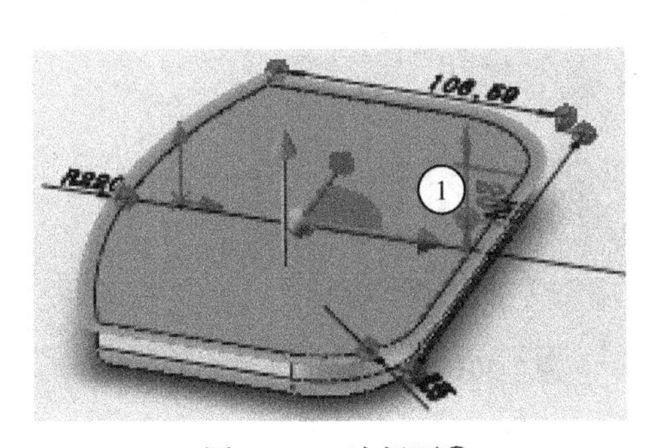

图 7-294　选择面①

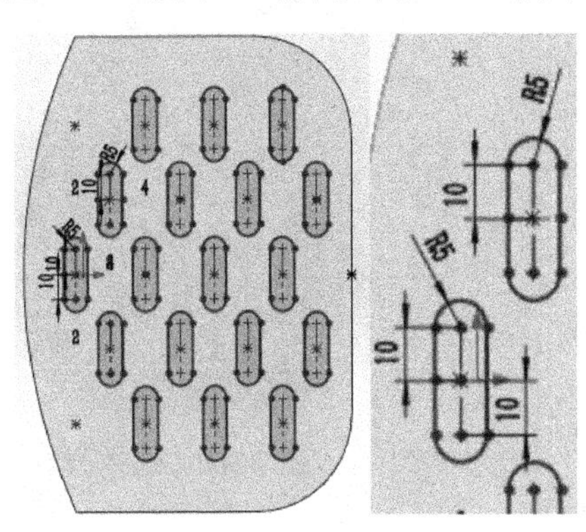

图 7-295　草图 3

图 7-296　拉伸切除设置界面

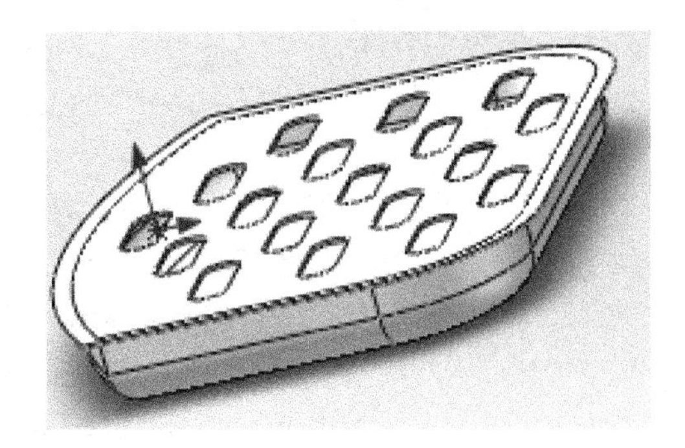

图 7-297　拉伸切除结果

（6）选择图 7-298 中的面①，单击**草图绘制**，绘制如图 7-299 所示的草图 4，然后单击**曲线→分割线** 分割线，选择如图 7-300 所示的面②，结果如图 7-301 所示。

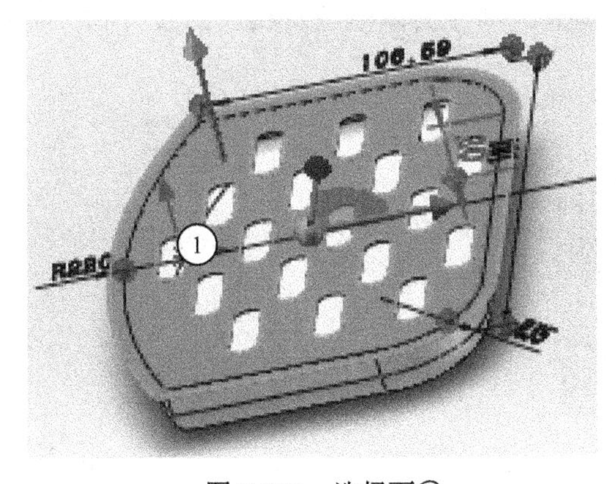

图 7-298　选择面①

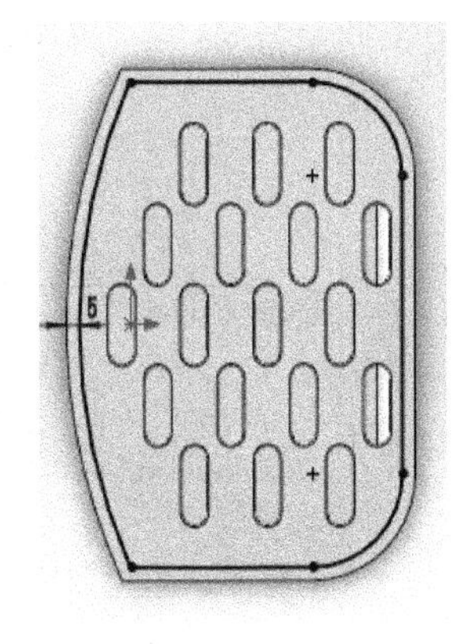

图 7-299　绘制草图 4

（7）至此，完成了咖啡机污水槽的全部建模工作，最终模型如图 7-302 所示。**单击保存**，在**另存为**对话框中将文件名改为**污水槽**，保存类型为**零件**（***，prt；*,sldprt**），单击**保存**完成存盘。

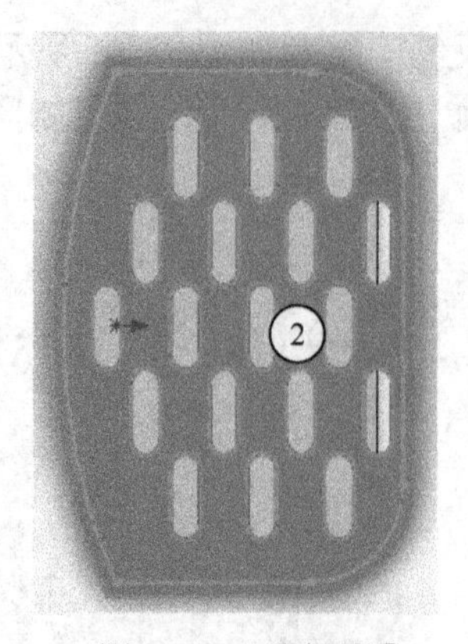

图 7-300　选择面②

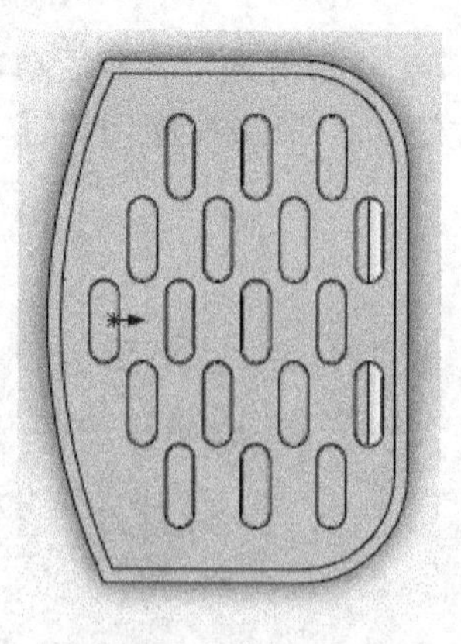

图 7-301　分割线结果

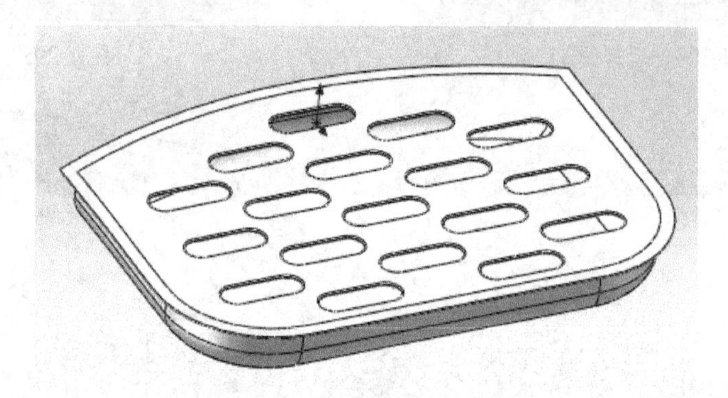

图 7-302　咖啡机污水槽的最终模型

7.2.5　咖啡机开关的建模

咖啡机开关的主要建模思路是先拉伸切割出开关的外壳，然后画出开关的侧面草图，用拉伸凸台/基体，再用圆角精细模型。零件实体模型及相应的设计树如图 7-303 所示。

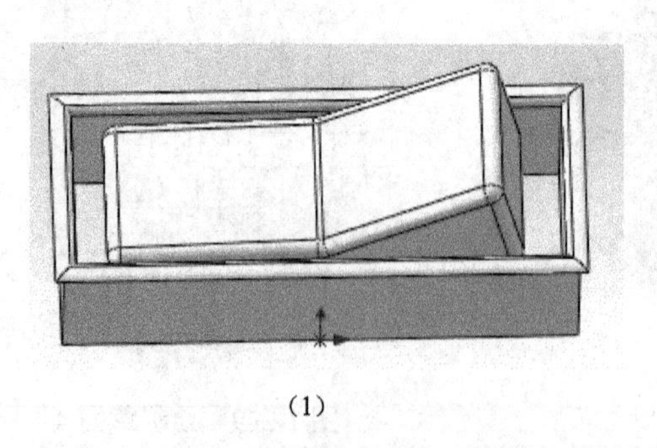

（1）

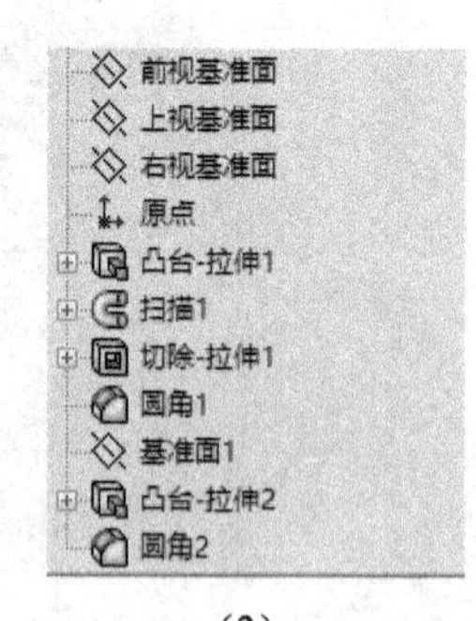

（2）

图 7-303　咖啡机开关的实体模型及设计树

（1）启动 SolidWorks，单击**文件→新建**命令，选择**零件**图标，然后单击**确定**，进入建模环境。

（2）单击**上视基准面**，单击**草图绘制**，绘制如图 7-304 所示的草图 1，然后单击**拉伸切除**，设置界面如图 7-305 所示，结果如图 7-306 所示。

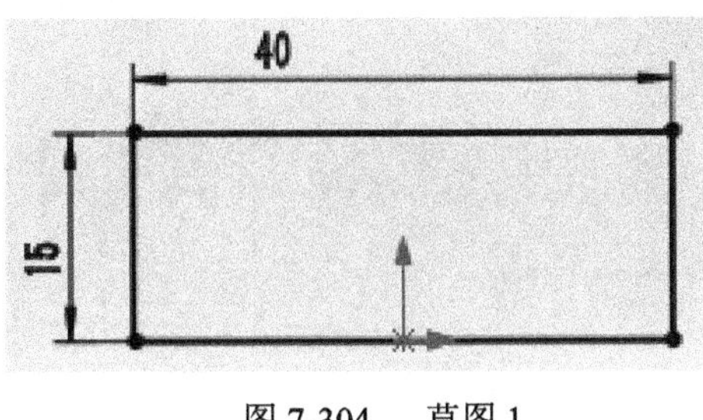

图 7-304　草图 1

图 7-305　拉伸设置界面

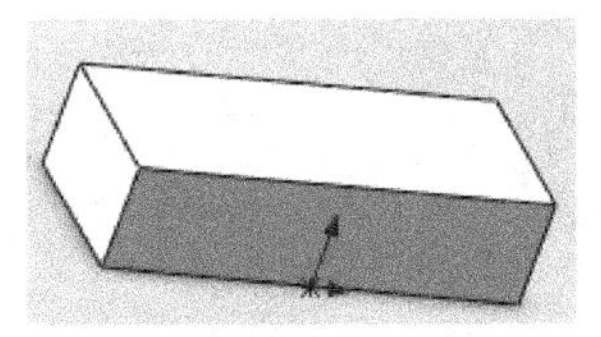
图 7-306　拉伸结果

（3）单击**右视基准面**，单击**草图绘制**，绘制如图 7-307 所示的草图 2，然后选择图 7-308 中的面①，单击**草图绘制**，绘制如图 7-309 所示的草图 3，单击**扫描** 扫描 ，设置界面如图 7-310 所示，结果如图 7-311 所示。单击如图 7-312 中的面②，单击**草图绘制**，绘制如图 7-313 所示的草图 4，然后单击**拉伸切除**，设置界面如图 7-314 所示，结果如图 7-315 所示。

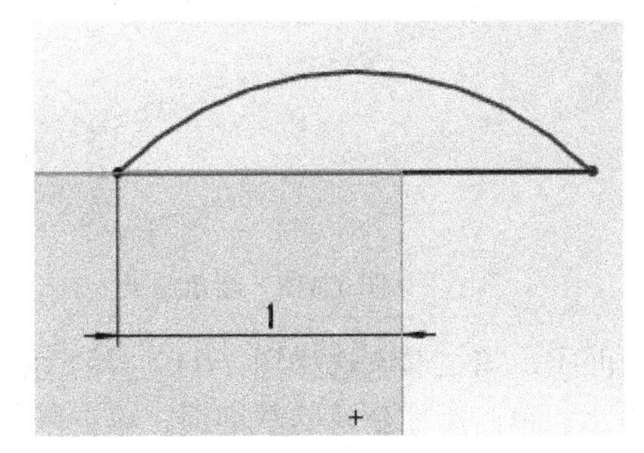

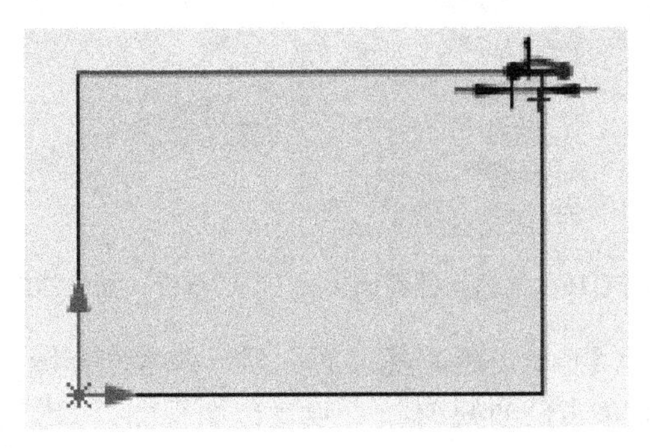

图 7-307　草图 2

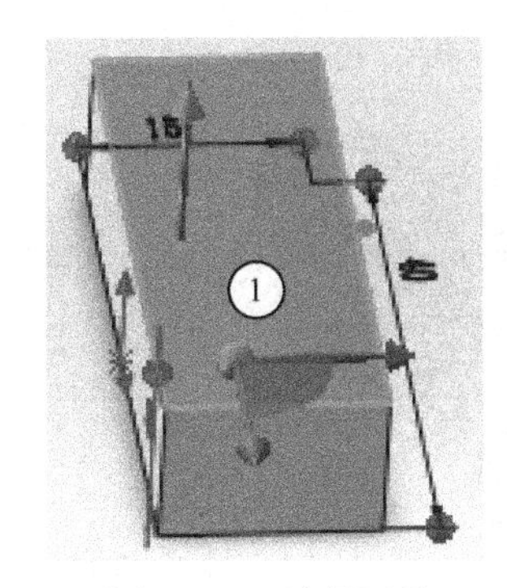

图 7-308　选择面①

图 7-309　草图 3

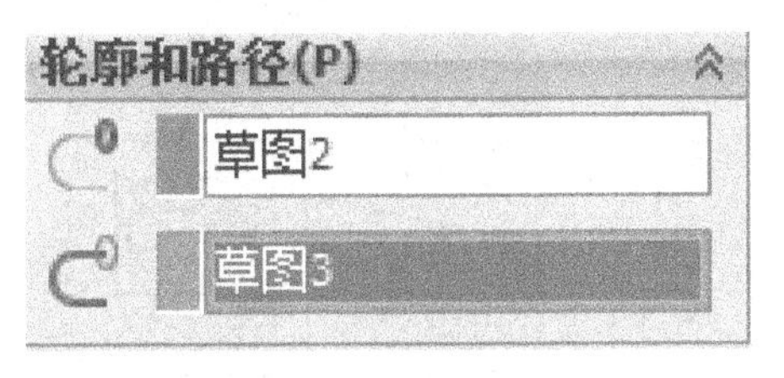

图 7-310　扫描设置界面

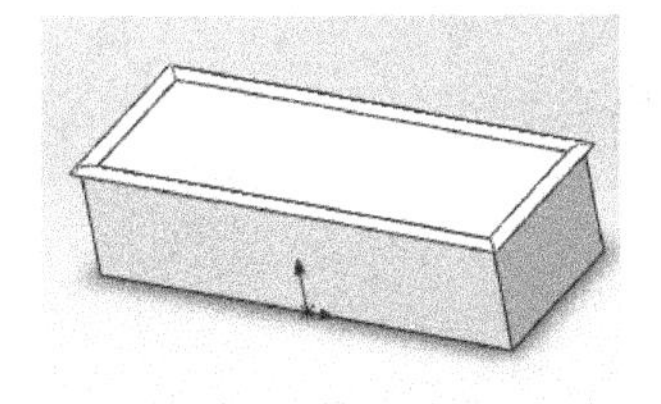
图 7-311　扫描结果

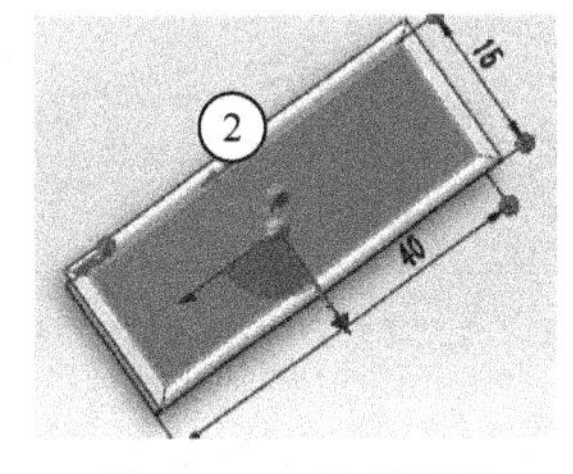

图 7-312　选择面②

（4）单击**圆角**，设置界面如图 7-316 所示，边线选择如图 7-317 所示，结果如图 7-318 所示。

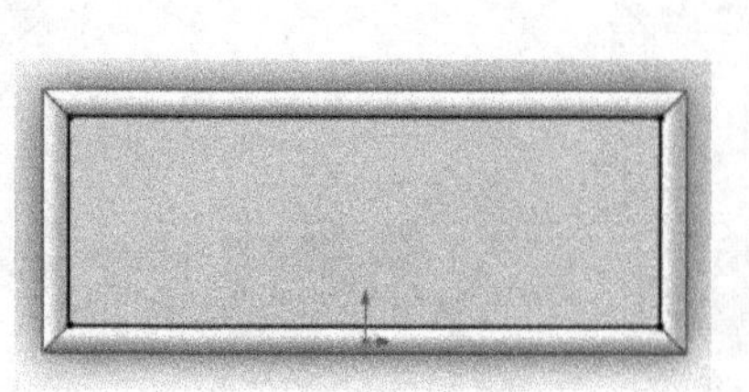
图 7-313　草图 4

图 7-314　拉伸切除设置界面

图 7-315　拉伸切除结果

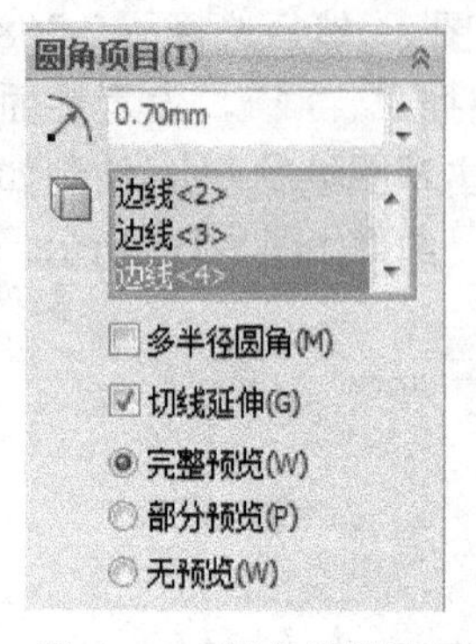

图 7-316　圆角设置界面

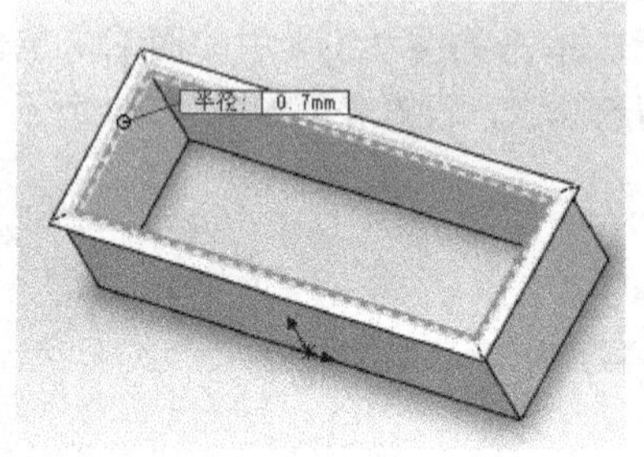

图 7-317　圆角边线的选择

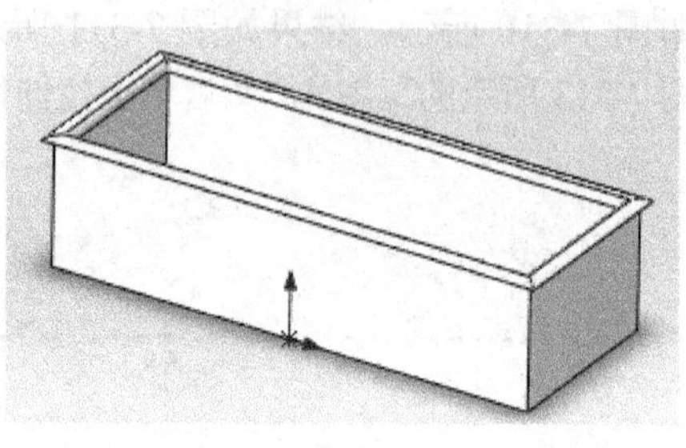
图 7-318　圆角结果

（5）单击**新建基准面**，**第一参考**选择图 7-319 的面①，**第二参考**选择图 7-319 中的面②，然后单击**剖面视图**，设置剖面视图，如图 7-320 所示。单击刚才新建的基准面，单击**草图绘制**，绘制如图 7-321 所示的草图 5，单击**拉伸凸台/基体**，设置界面如图 7-322 所示，结果如图 7-323 所示。

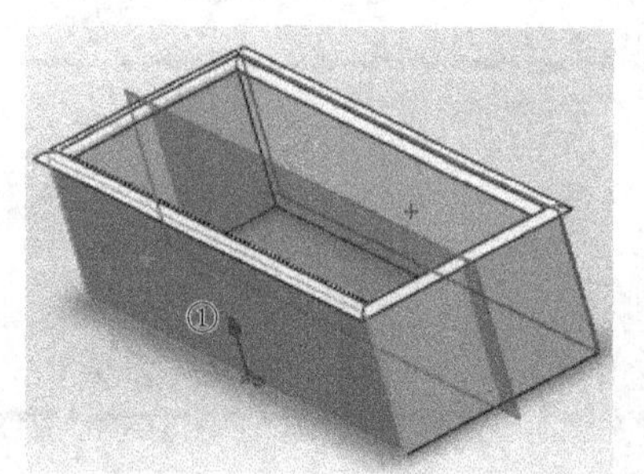

图 7-319　选择第一参考和第二参考

图 7-320　剖面视图

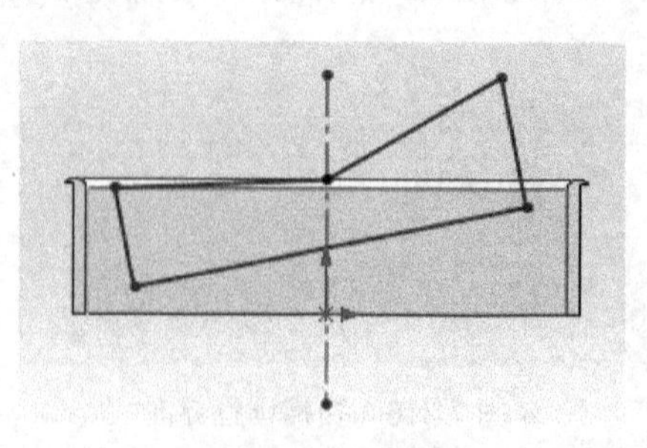
图 7-321　草图 5

图 7-322　拉伸设置界面

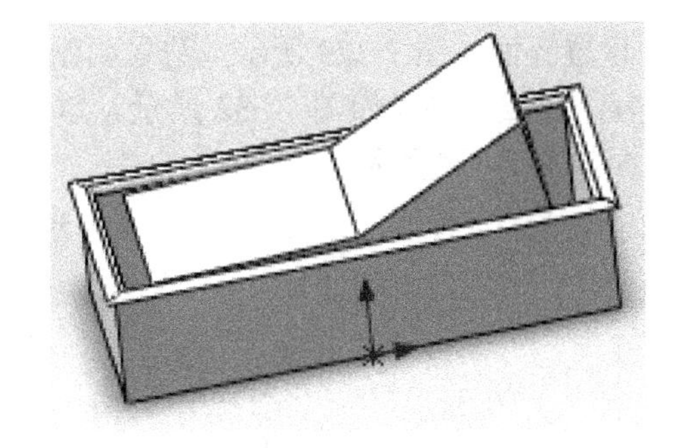

图 7-323　拉伸结果

（6）单击**圆角**，设置界面如图 7-324 所示，边线的选择如图 7-325 所示，结果如图 7-326 所示。

图 7-324　圆角设置界面

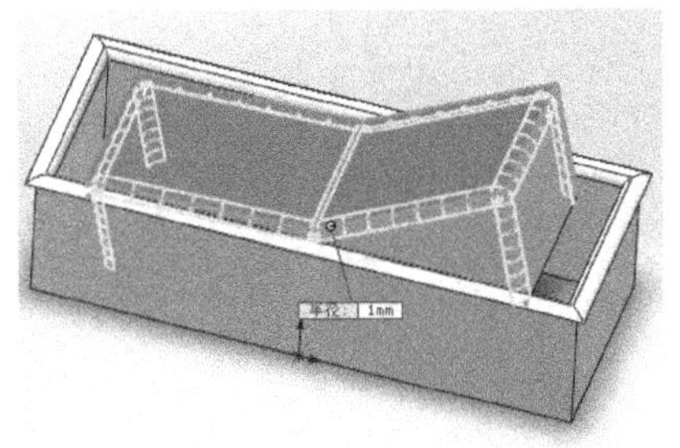

图 7-325　圆角边线的选择

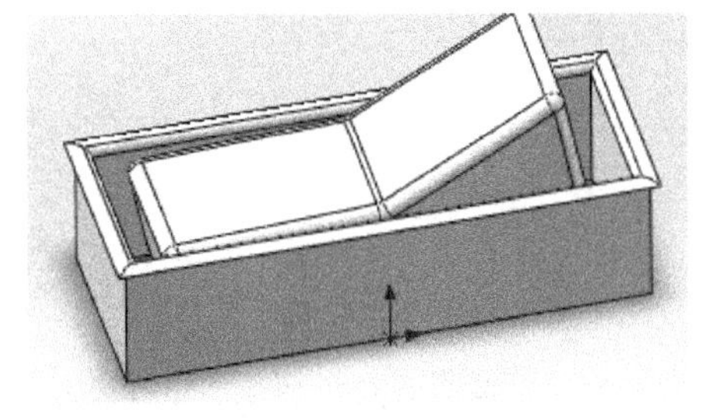

图 7-326　圆角结果

（7）至此，完成了咖啡机开关的全部建模工作。单击**保存**，在**另存为**对话框中将文件名改为**开关**，保存类型为**零件（*，prt；*,sldprt）**，单击**保存**完成存盘。

7.2.6　咖啡机注水盖的建模

咖啡机注水盖的主要建模思路是先用**拉伸凸台/基体**拉伸出大概模型，然后通过**抽壳**、**圆角**等进行精细化，最后再画圆柱草图，用拉伸凸台/基体完成模型。零件实体模型及相应的设计树如图 7-327 所示。

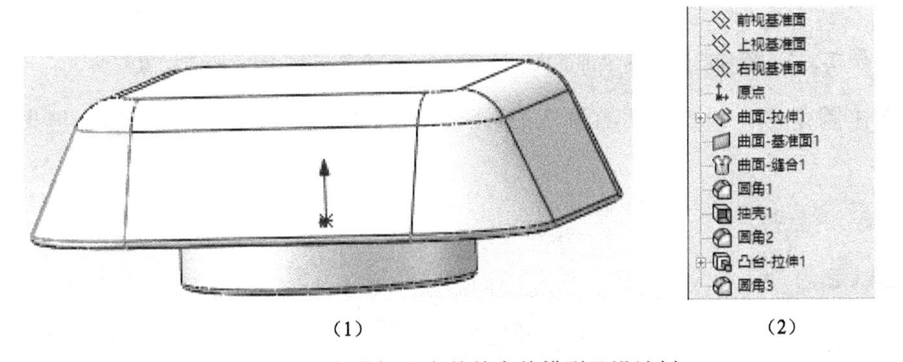

（1）　　　　（2）

图 7-327　咖啡机注水盖的实体模型及设计树

（1）启动 SolidWorks，单击**文件→新建**命令，选择**零件**图标，然后单击**确定**，进入建模环境。

（2）单击**上视基准面**，单击**草图绘制**，绘制如图 7-328 所示的草图 1，然后单击**曲面→**

拉伸曲面，设置界面如图 7-329 所示，结果如图 7-330 所示。单击**平面区域** 平面区域，选择图 7-331 所有的边线，结果如图 7-332 所示。单击**曲面缝合**，选择全部的面，如图 7-333 所示，设置界面如图 7-334 所示。

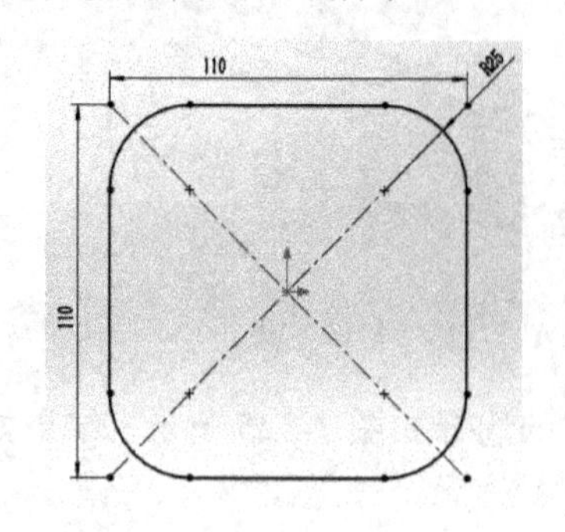

图 7-328　草图 1

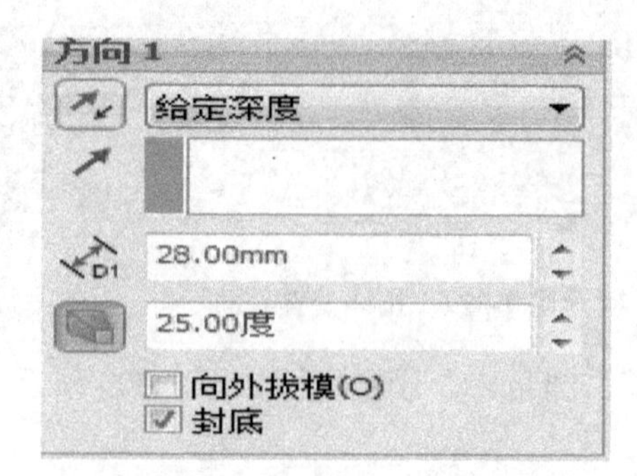

图 7-329　拉伸曲面设置界面

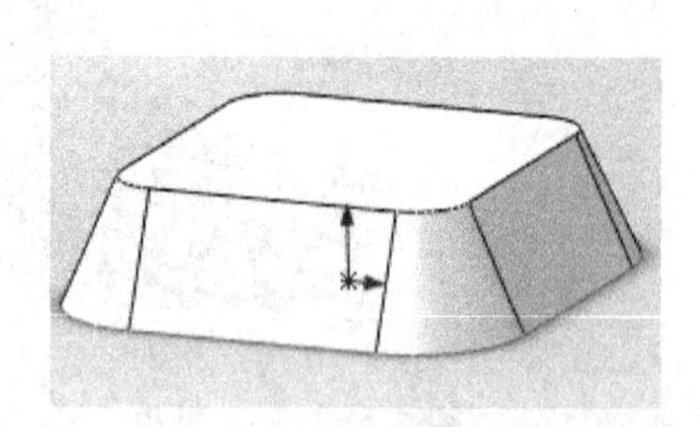

图 7-330　拉伸结果

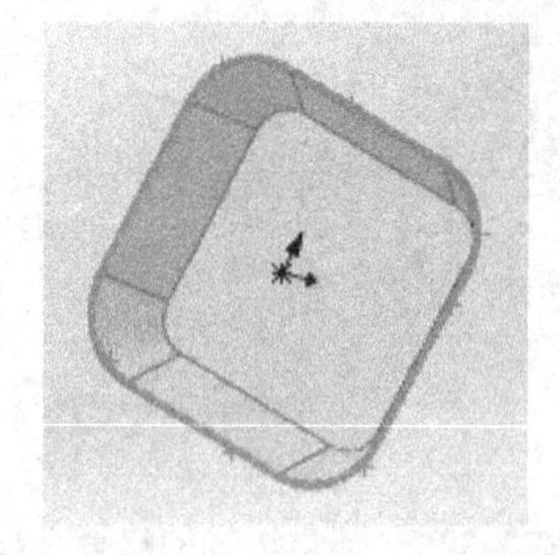

图 7-331　平面区域选择的边线　图 7-332　平面区域结果

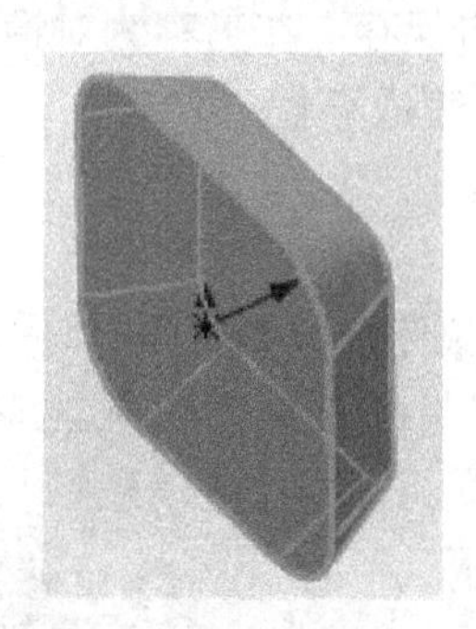

图 7-333　缝合曲面选择全部的面

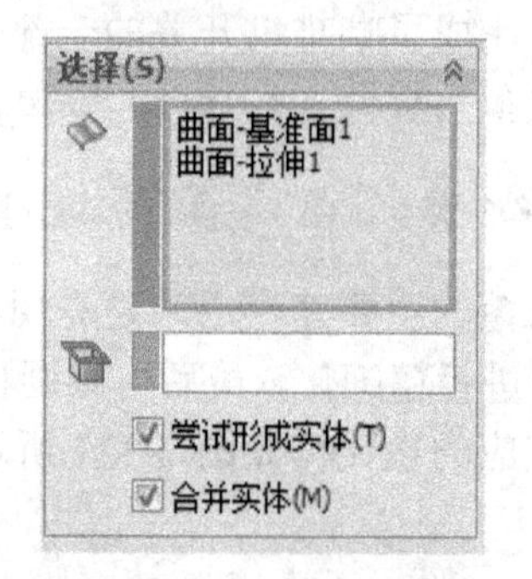

图 7-334　缝合曲面设置界面

（3）单击**圆角**，设置界面如图 7-335 所示，边线选择如图 7-336 所示，结果如图 7-337 所示。

图 7-335　设置界面

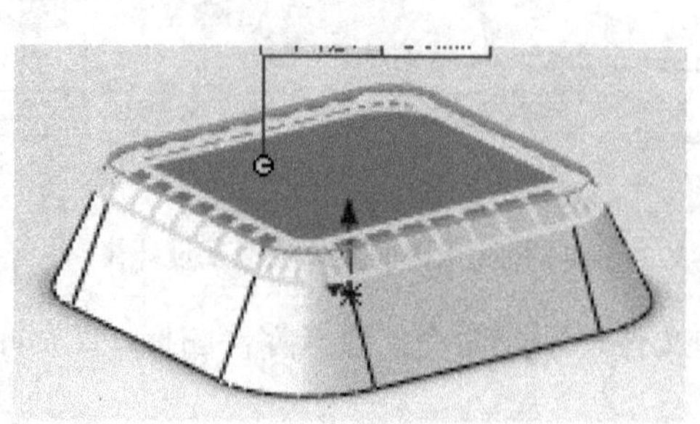

图 7-336　圆角边线的选择

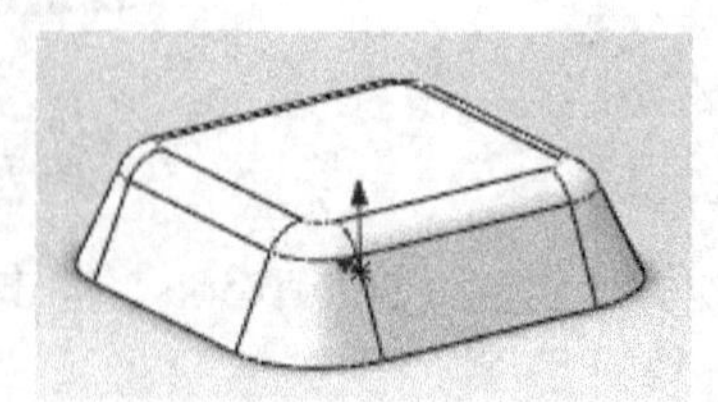

图 7-337　圆角结果

（4）单击**抽壳** 抽壳，选择如图 7-338 所示的面①，设置界面如图 7-339 所示，结果如图 7-340 所示。

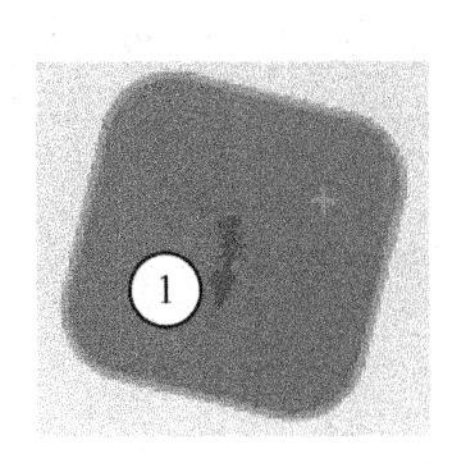
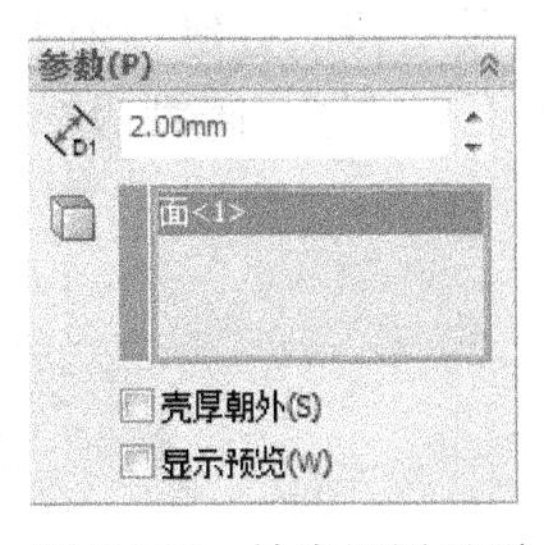

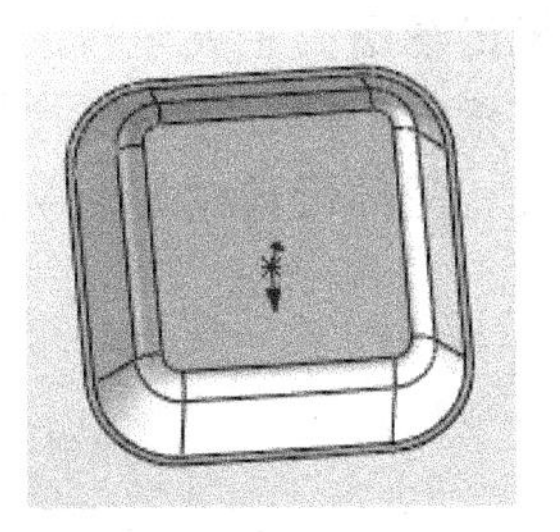

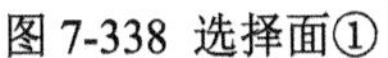
图 7-338 选择面①　　图 7-339 抽壳设置界面　　图 7-340 抽壳结果

（5）单击图 7-341 中面①，单击**草图绘制**，绘制如图 7-342 所示的草图 2，然后单击**拉伸凸台/基体**，设置界面如图 7-343 所示，结果如图 7-344 所示。

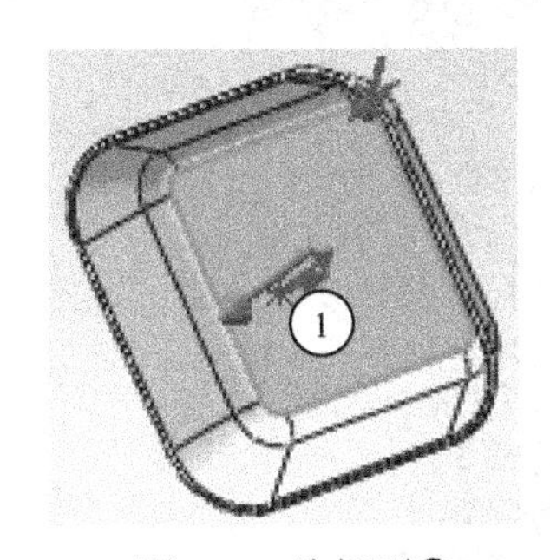
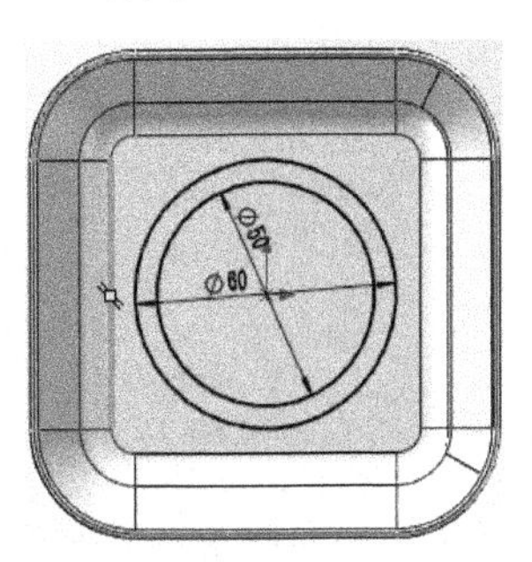

图 7-341 选择面①　　图 7-342 草图 2

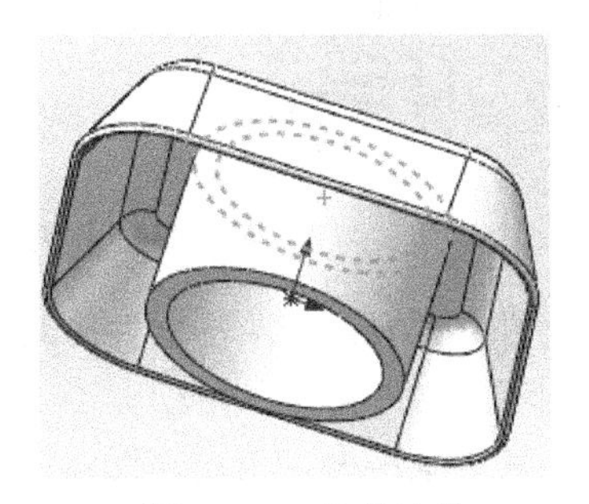

图 7-343 拉伸凸台/基体设置界面　　图 7-344 拉伸结果

（6）至此，完成了咖啡机注水盖的全部建模工作，最终模型如图 7-345 所示。单击**保存**，在**另存为**对话框中将文件名改为**注水盖**，保存类型为**零件**（*，prt；*,sldprt），单击**保存**完成存盘。

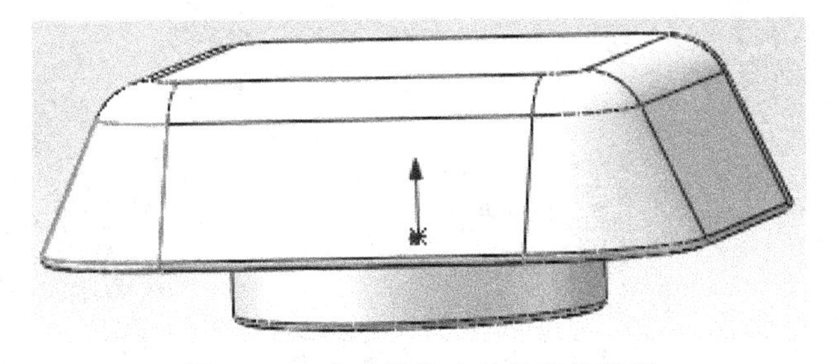

图 7-345 咖啡机注水盖的最终模型

7.2.7 咖啡机过滤槽的建模

咖啡机过滤槽的主要建模思路是先用**旋转凸台**建一个大概的模型，然后用**放样**做出过滤槽的手柄，再通过**拉伸**、**抽壳**、**切割**、**阵列**等命令精细化模型。零件完整模型及相应的设计树如图 7-346 所示。

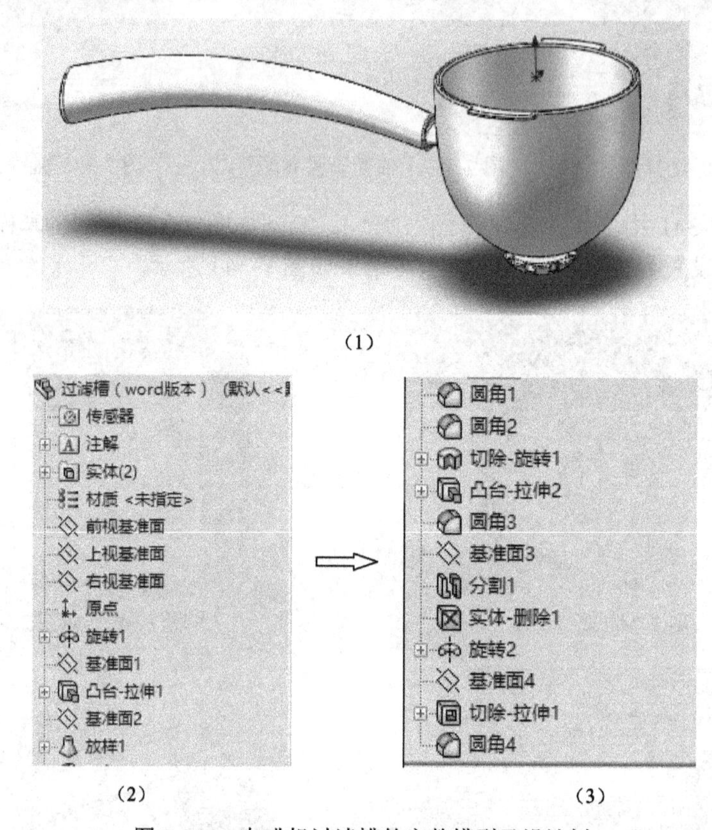

（1）

（2） （3）

图 7-346 咖啡机过滤槽的完整模型及设计树

（1）启动 SolidWorks，单击**文件→新建**命令，选择**零件**图标，然后单击**确定**，进入建模环境。

（2）单击**前视基准面**，单击**草图绘制**，绘制如图 7-347 所示的草图 1。单击**旋转**，设置界面如图 7-348 所示，结果如图 7-349 所示。

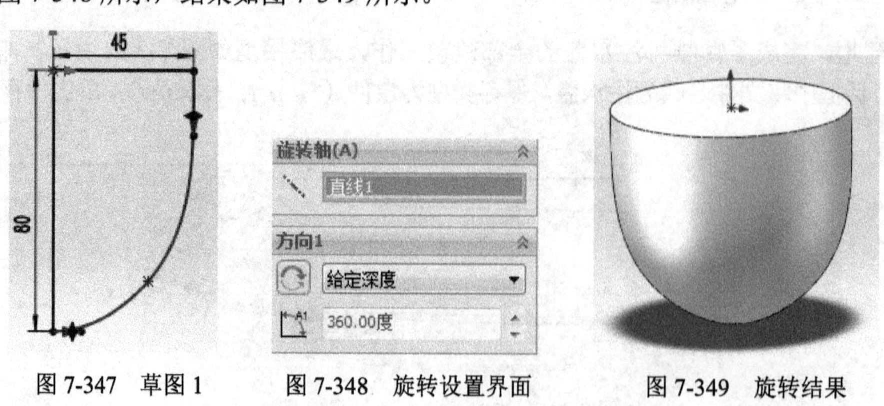

图 7-347 草图 1　　图 7-348 旋转设置界面　　图 7-349 旋转结果

（3）单击**新建基准面**，设置界面如图 7-350 所示。单击**草图绘制**，绘制如图 7-351 所示的草图 2，单击**拉伸凸台/基体**，设置界面如图 7-352 所示，结果如图 7-353 所示。

图 7-350　新建基准面设置界面

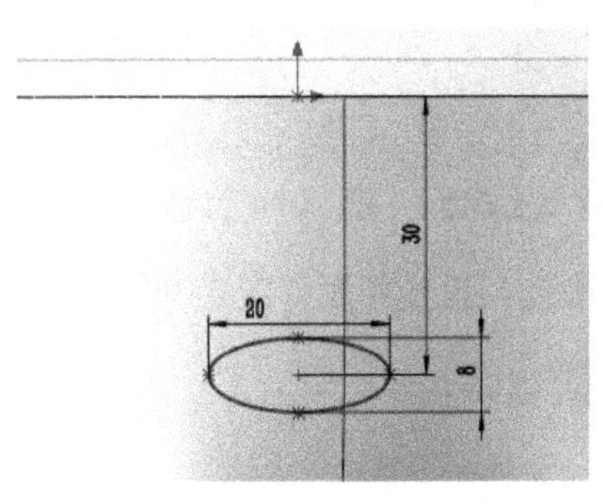

图 7-351　草图 2

图 7-352　拉伸设置界面

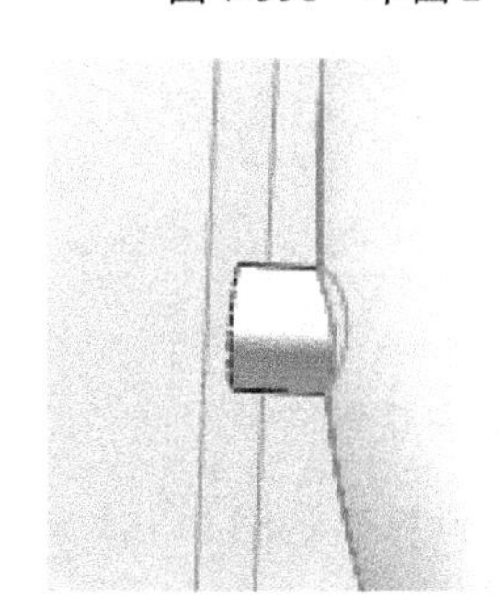
图 7-353　拉伸结果

（4）单击上一步刚建的基准面，单击**草图绘制**，绘制如图 7-354 所示的草图 3，单击**新建基准面**，设置界面如图 7-355 所示，结果如图 7-356 所示。单击刚建的基准面，单击**草图绘制**，绘制如图 7-357 的草图 4，然后单击**右视基准面**，单击**草图绘制**，绘制如图 7-358 所示的草图 5。单击**放样凸台**，设置界面如图 7-359 和图 7-360 所示，结果如图 7-361 所示。

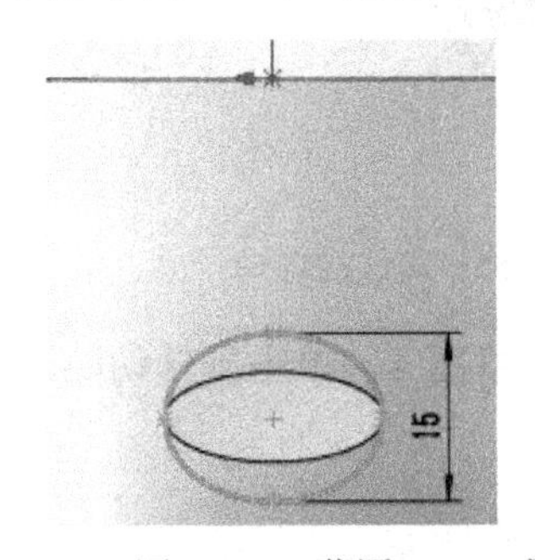

图 7-354　草图 3

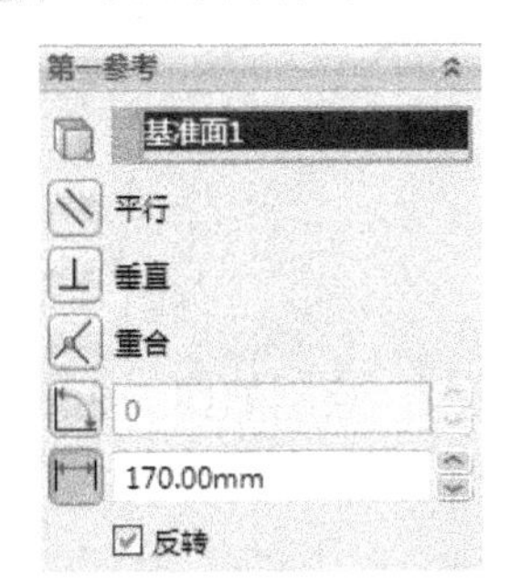

图 7-355　新建基准面设置界面

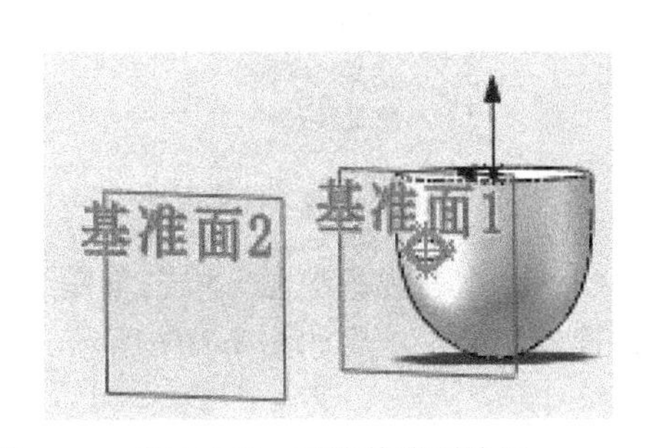

图 7-356　新建基准面结果

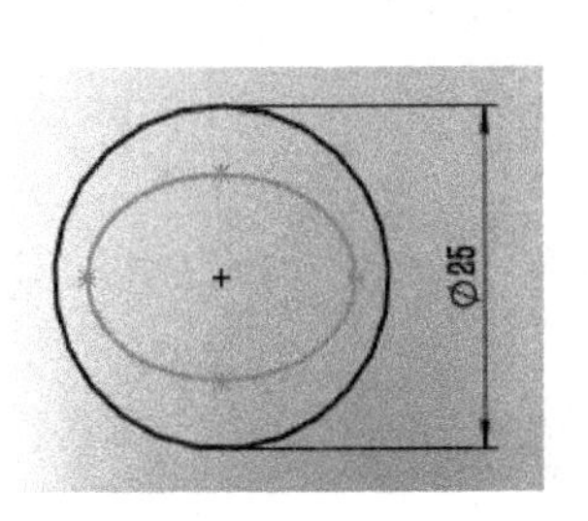

图 7-357　草图 4

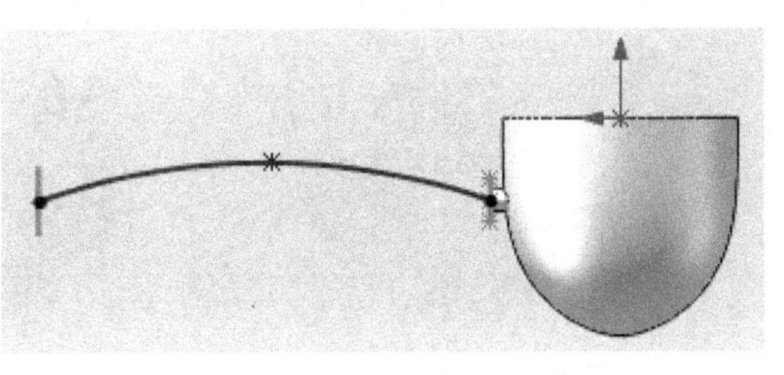
图 7-358　草图 5

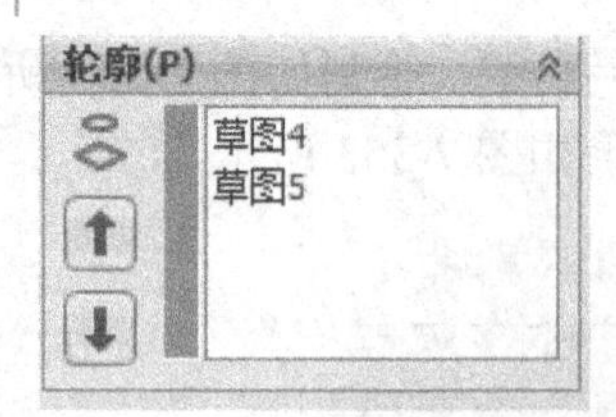

图 7-359 放样设置界面 1

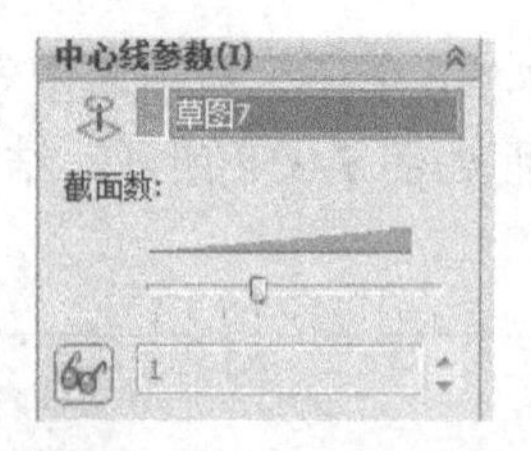

图 7-360 放样设置界面 2

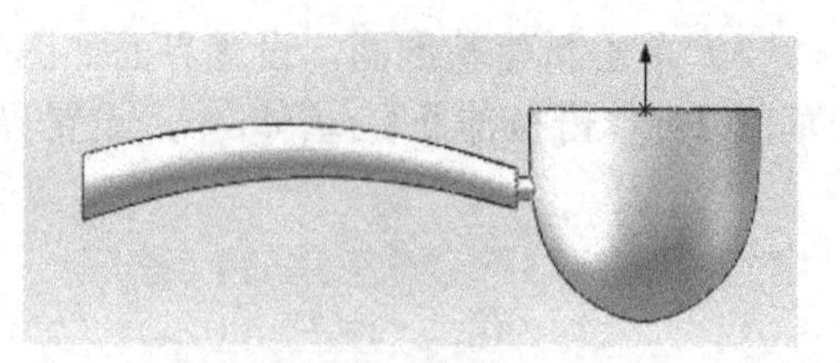

图 7-361 放样结果

（5）单击**圆角**，设置界面如图 7-362 所示，边线选择如图 7-363 所示。

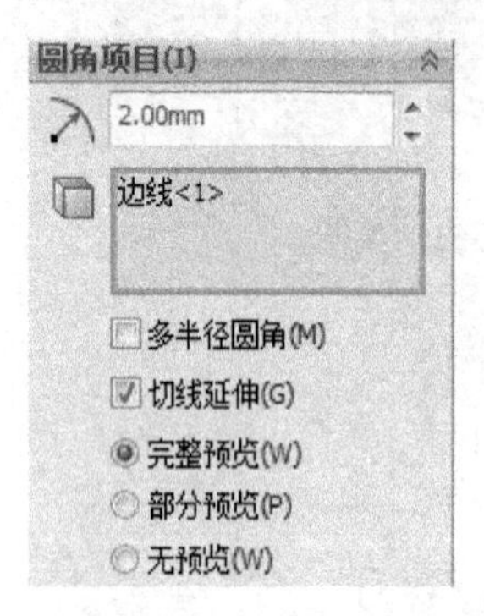

图 7-362 设置界面

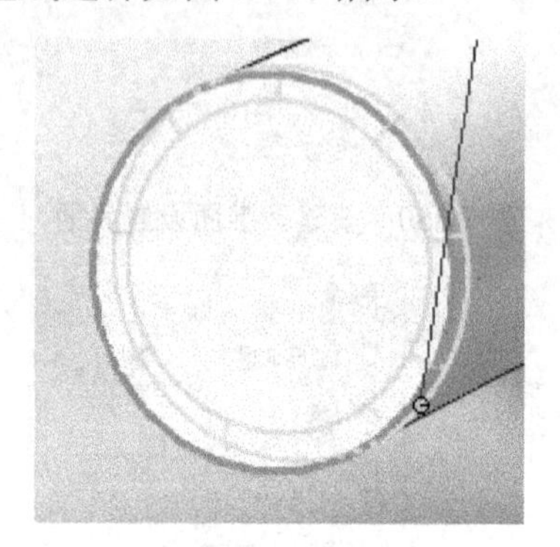

图 7-363 边线的选择

（6）单击**圆角**，设置界面如图 7-364 所示，边线选择如图 7-365 所示。

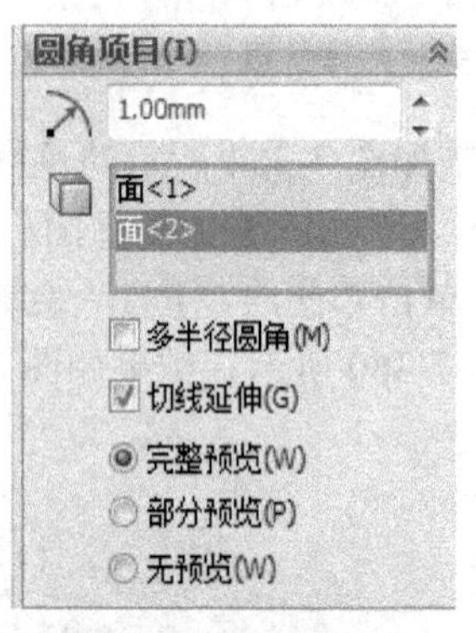

图 7-364 设置界面

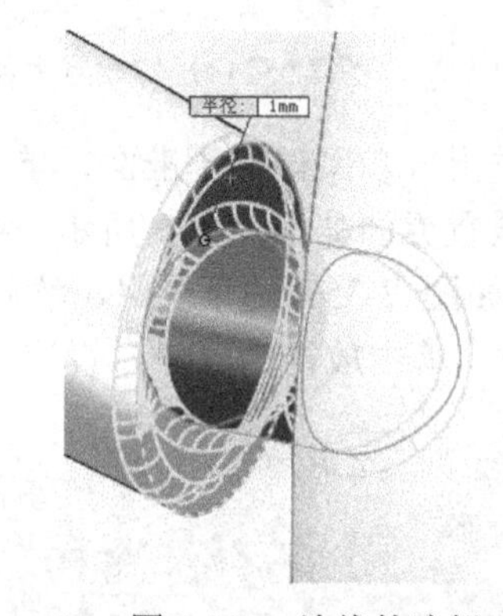

图 7-365 边线的选择

（7）单击**右视基准面**，单击**草图绘制**，绘制如图 7-366 的草图 8，单击**旋转切除**，进行旋转切除，结果如图 7-367 所示。

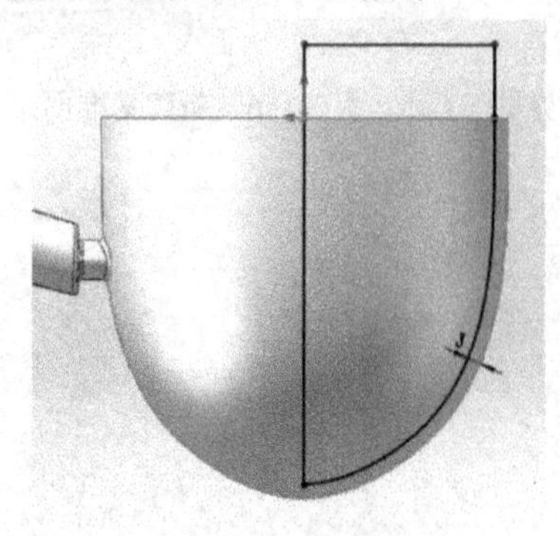

图 7-366 草图 8

图 7-367 旋转切除结果

（8）单击**上视基准面**，单击**草图绘制**，绘制如图 7-368 所示的草图 9，然后单击**拉伸凸台/基体**，设置界面如图 7-369 所示。

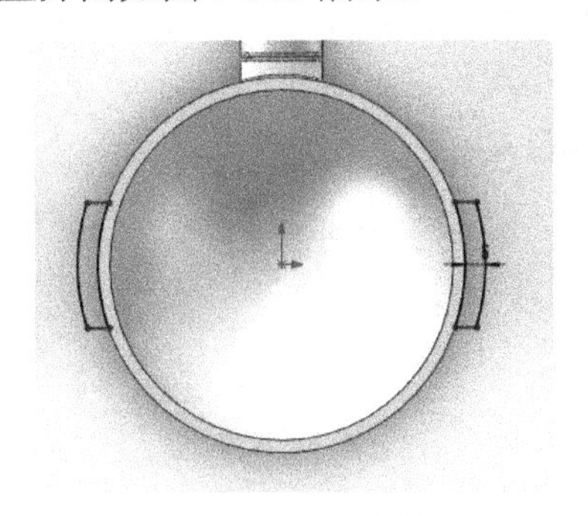

图 7-368　草图 9

图 7-369　设置界面

（9）单击**圆角**，设置界面如图 7-370 所示，边线选择如图 7-371 所示，结果如图 7-372 所示。

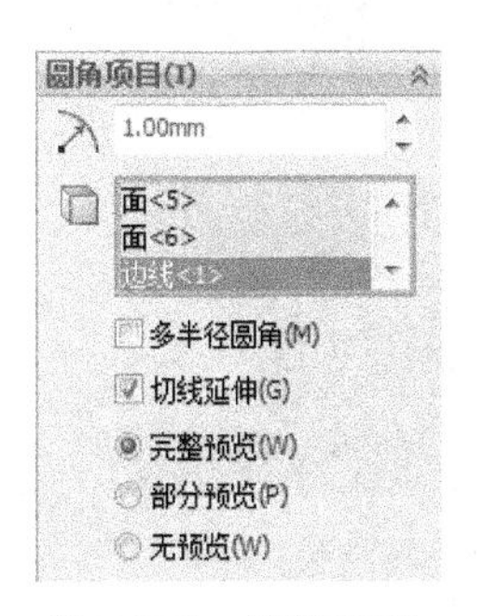

图 7-370　设置界面

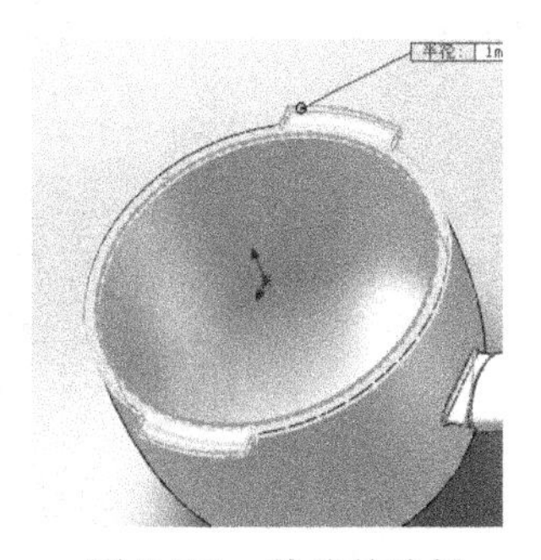

图 7-371　边线的选择

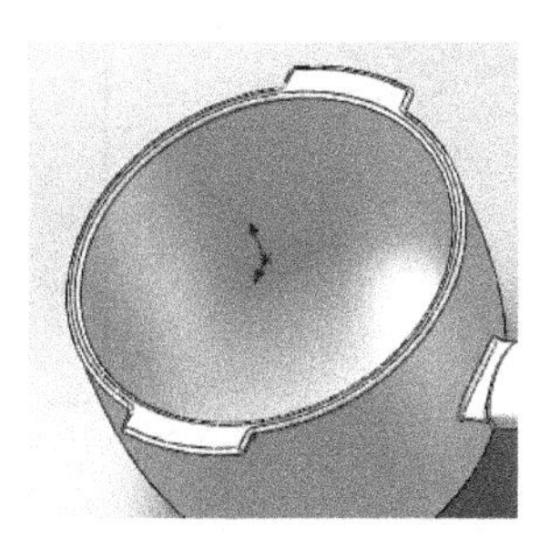

图 7-372　圆角结果

（10）单击**新建基准面** 基准面，第一参考选择**上视基准面** 上视基准面，设置界面如图 7-373 所示，结果如图 7-374 所示。单击**菜单→插入→特征→分割** 分割(L)...，选择刚才新建的基准面，如图 7-375 所示，单击**切除零件**，分割成上下两部分。单击**菜单→插入→特征→删除实体** 删除实体(Y)...，删除下部分实体，结果如图 7-376 所示。

图 7-373　新建基准面设置界面

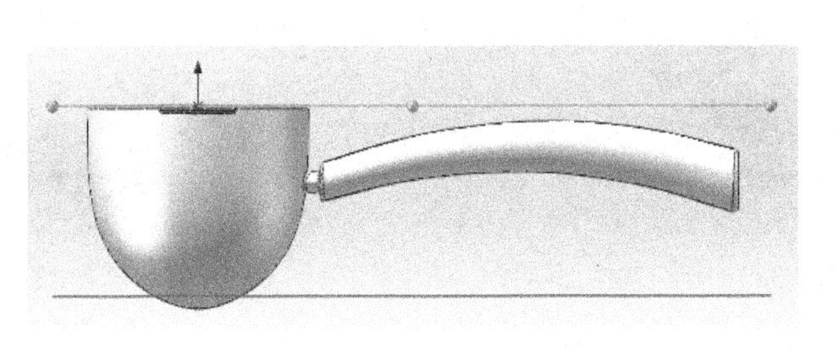

图 7-374　新建基准面结果

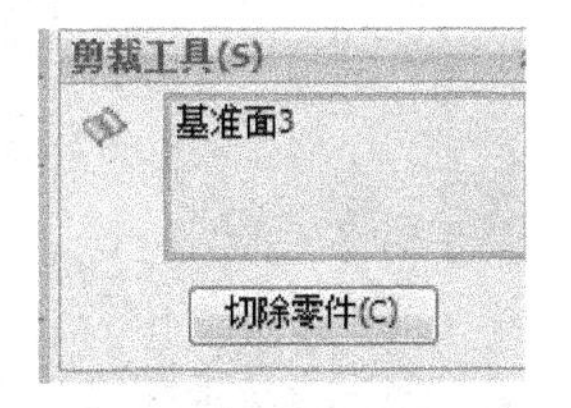

图 7-375　分割设置界面

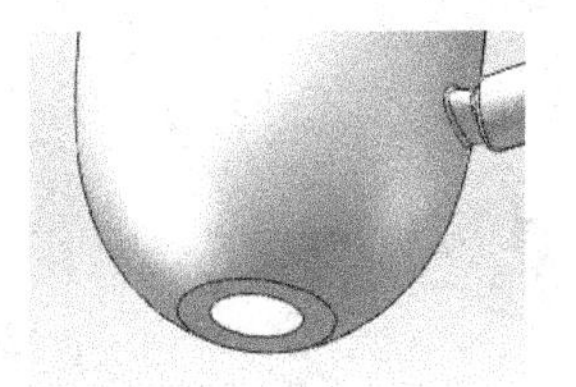

图 7-376　删除实体结果

（11）单击**剖面视图**，设置剖面视图，如图 7-377 所示，然后单击**右视基准面** 右视基准面，单击**草图绘制**，绘制如图 7-378 所示的草图 10，然后单击**旋转凸台**，结果如图 7-379 所示。

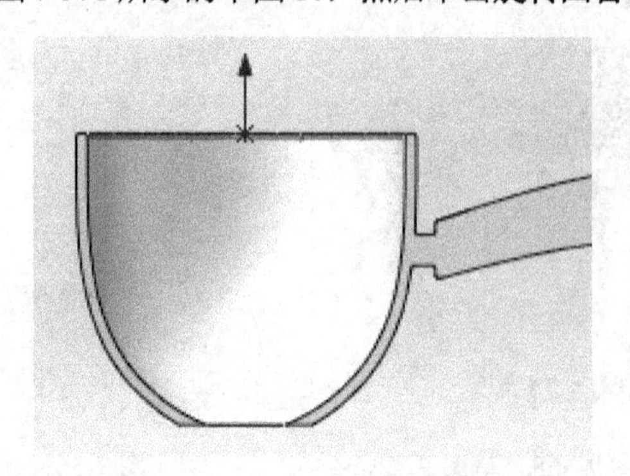

图 7-377　设置剖面视图

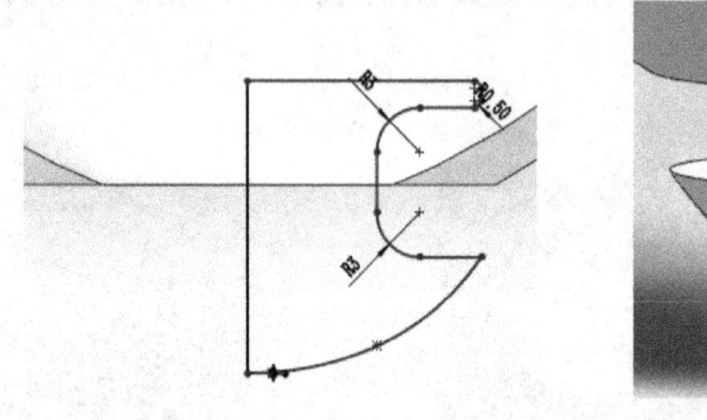

图 7-378　草图 10

图 7-379　旋转结果

（12）单击**新建基准面**，如图 7-380 所示。单击**草图绘制**，绘制草图 11，如图 7-381 所示。单击**拉伸切除**，结果如图 7-382 所示。

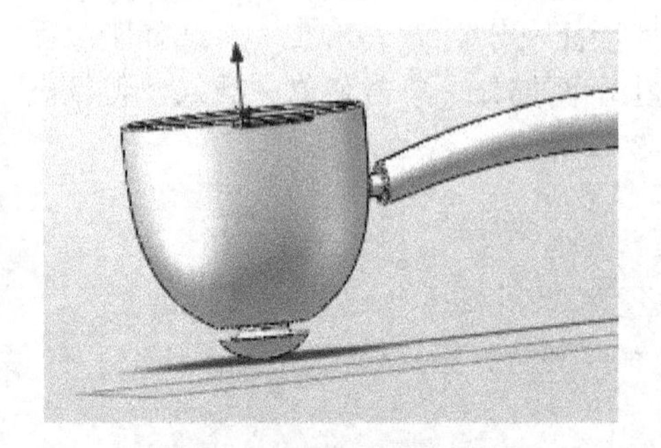

图 7-380　新建基准面结果

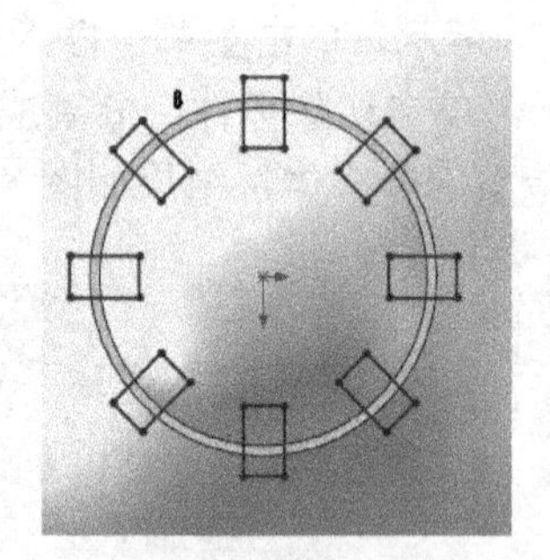

图 7-381　草图 11

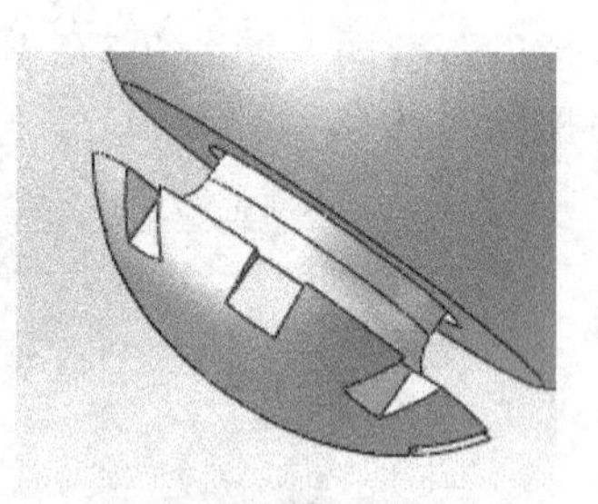

图 7-382　拉伸切除结果

（13）单击**圆角**，**圆角**选择 **0.5mm**，边线选择如图 7-383 所示，结果如图 7-384 所示。

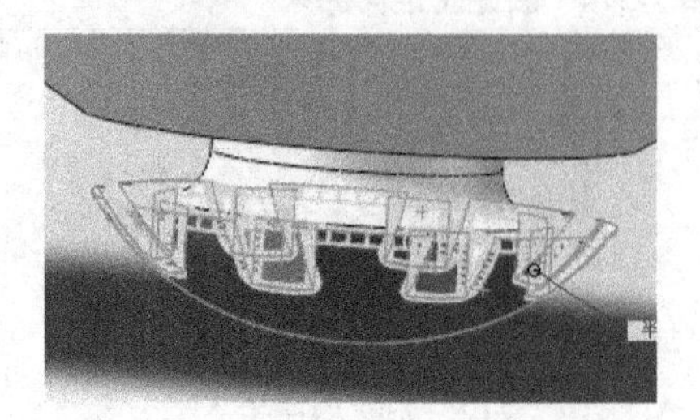

图 7-383　圆角边线的选择

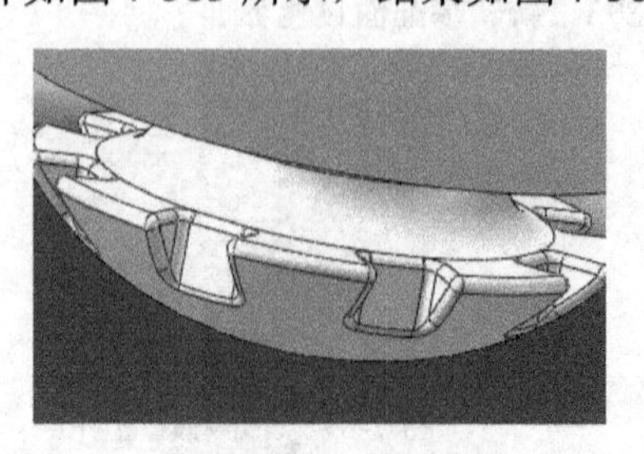

图 7-384　圆角结果

（14）至此，完成了咖啡机过滤槽的全部建模工作，最终模型如图 7-385 所示。单击**保存**，在**另存为**对话框中将文件名改为**过滤槽**，保存类型为**零件**（*，prt；*,sldprt），单击**保存**完成存盘。

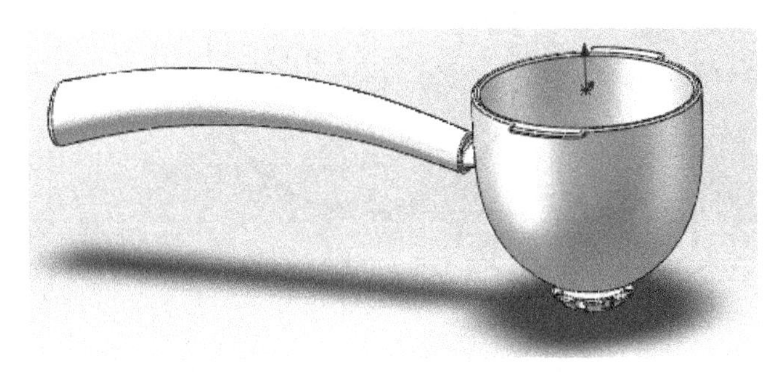

图 7-385　咖啡机过滤槽的最终模型

7.2.8　咖啡机咖啡壶的建模

咖啡机咖啡壶的主要建模思路是先用旋转凸台建立大概的模型，再用放样凸台建模虎口，然后抽壳，用放样凸台建模手柄，用圆角精细化模型。零件实体模型及相应的设计树如图 7-386 所示。

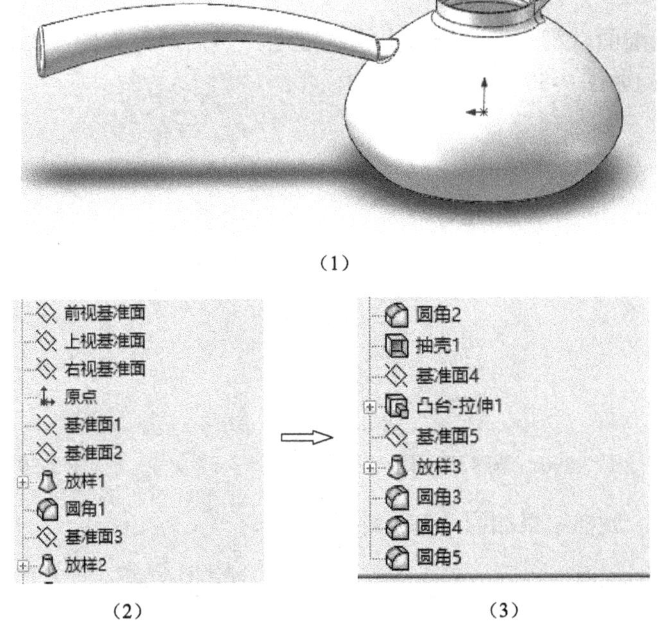

图 7-386　咖啡机咖啡壶的实体模型及设计树

（1）启动 Solidworks，单击**文件→新建**命令，选择**零件**图标，然后单击**确定**✔，进入建模环境。

（2）选择**上视基准面**，单击**草图绘制**，绘制如图 7-387 所示的草图 1。

（3）单击**新建基准面**，第一参考选择**上视基准面**，新建如图 7-388 所示的基准面，单击**草图绘制**，绘制如图 7-389 所示的草图 2。

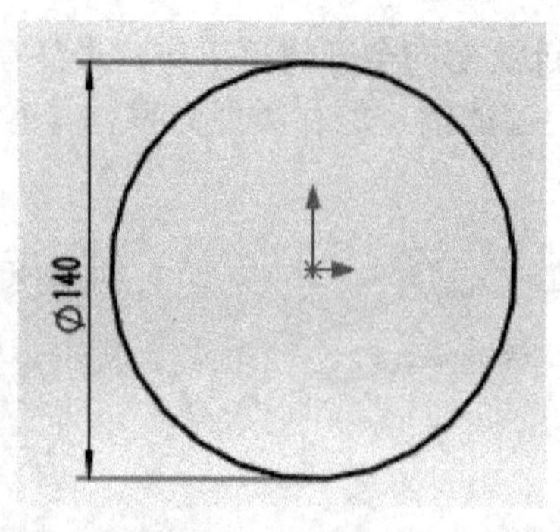

图 7-387 草图 1

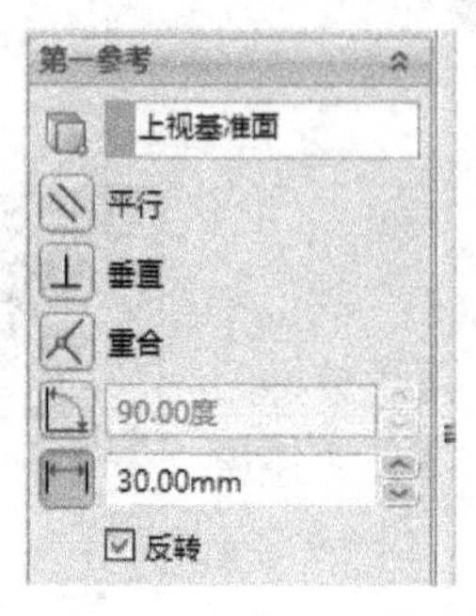

图 7-388 新建基准面

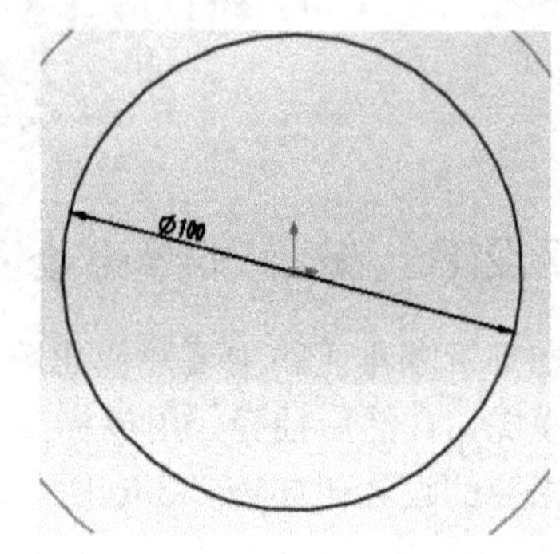

图 7-389 草图 2

（4）单击**新建基准面**，第一参考选择**上视基准面**，然后新建如图 7-390 所示的基准面，单击**草图绘制**，绘制如图 7-391 所示的草图 3。

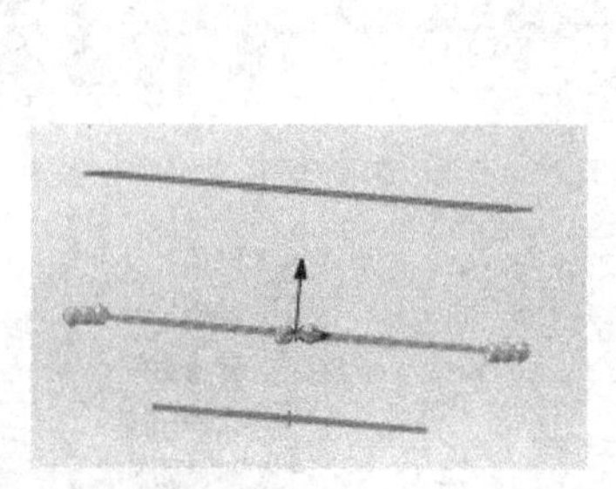

图 7-390 新建基准面

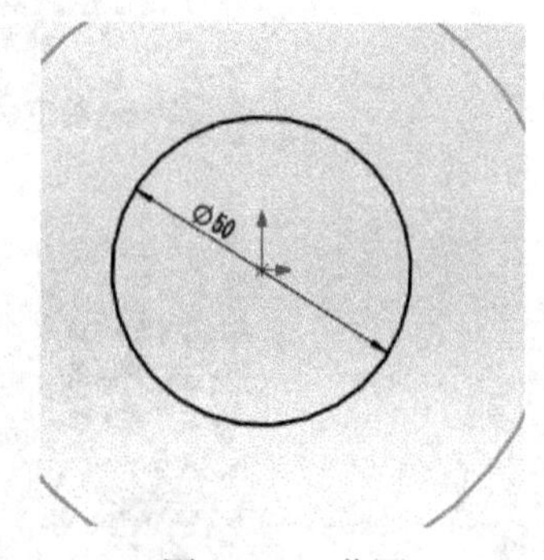

图 7-391 草图 3

（5）单击**放样**，放样结果如图 7-392 所示。

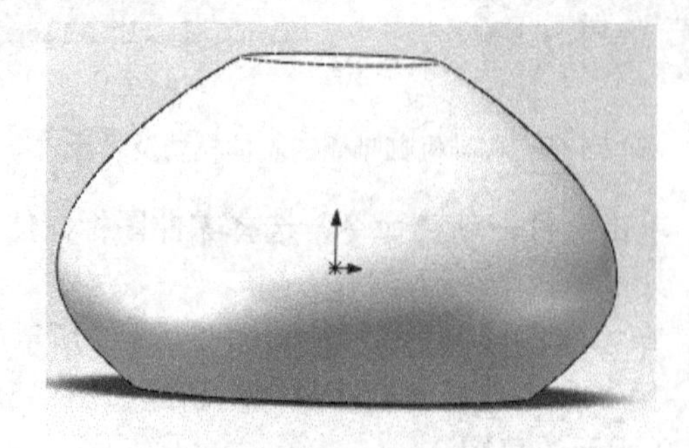

图 7-392 放样结果

（6）单击**圆角**，圆角半径选择 10mm，边线选择如图 7-393 所示，结果如图 7-394 所示。

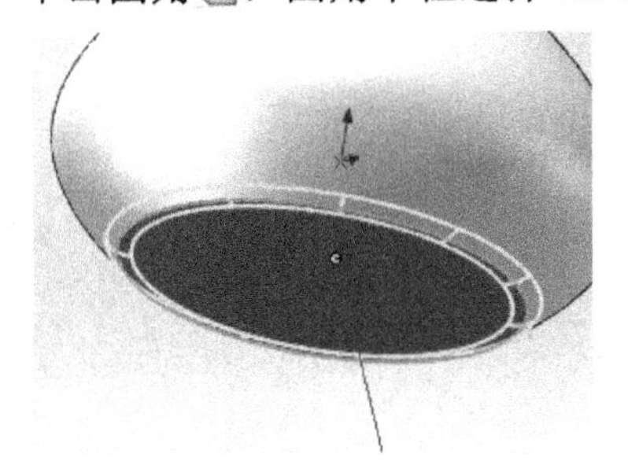

图 7-393　边线的选择

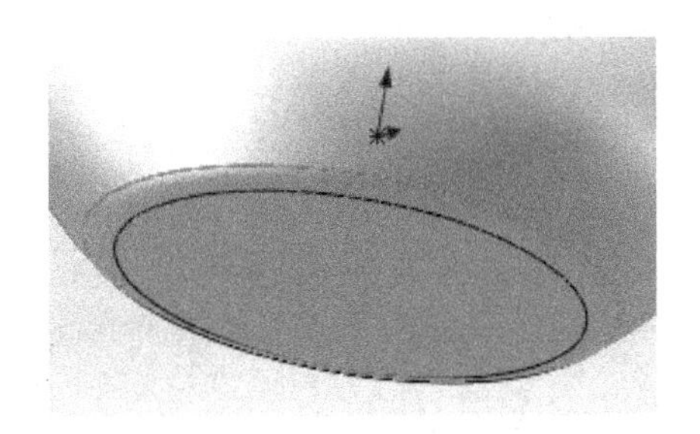

图 7-394　圆角结果

（7）单击图 7-395 中的面①，单击**草图绘制**，绘制如图 7-396 所示的草图 4，然后单击**新建基准面，第一参考选择图 7-395 中的面①**，设置界面如图 7-397 所示，结果如图 7-398 所示。单击**草图绘制**，绘制如图 7-399 所示的草图 5。单击 3D 草图命令，绘制如图 7-400 所示的 3D 草图 1。

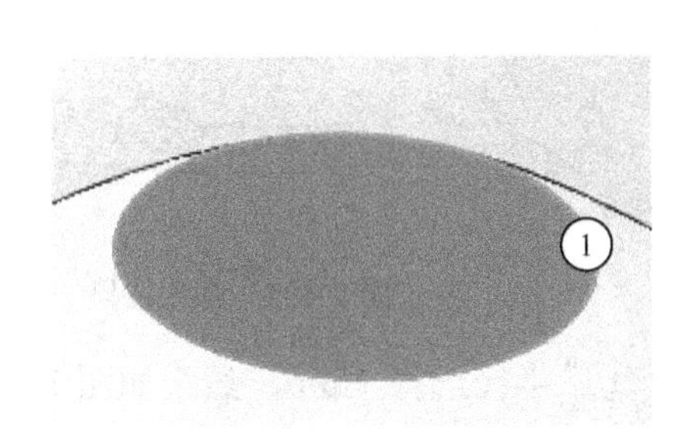

图 7-395　选择面①

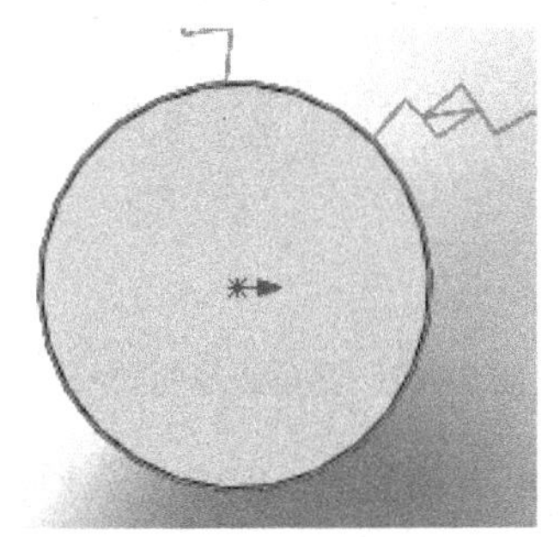

图 7-396　草图 4

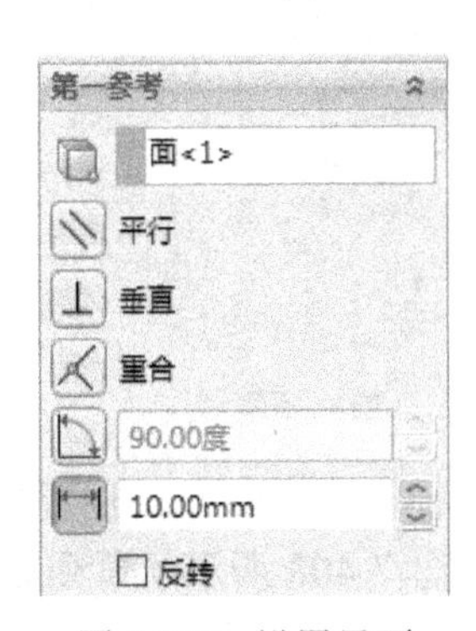

图 7-397　设置界面

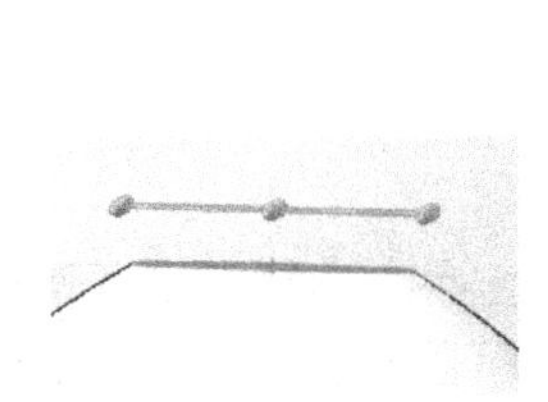

图 7-398　新建基准面结果

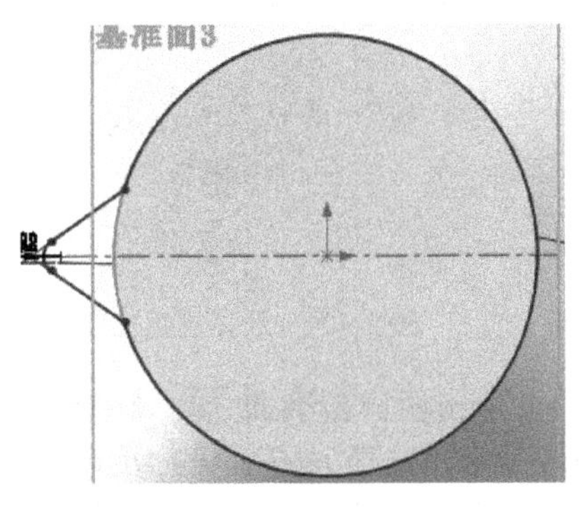

图 7-399　草图 5

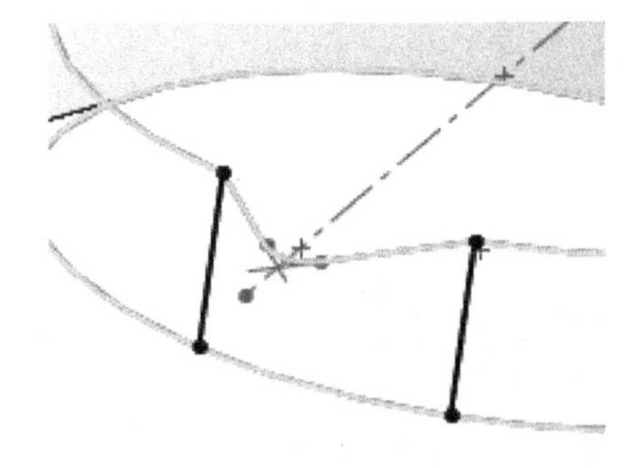

图 7-400　3D 草图 1

（8）单击**放样凸台**，**选择刚才画的两个草图**，然后**引导线选择**刚才画的 3D 草图 1，结果如图 7-401 所示。

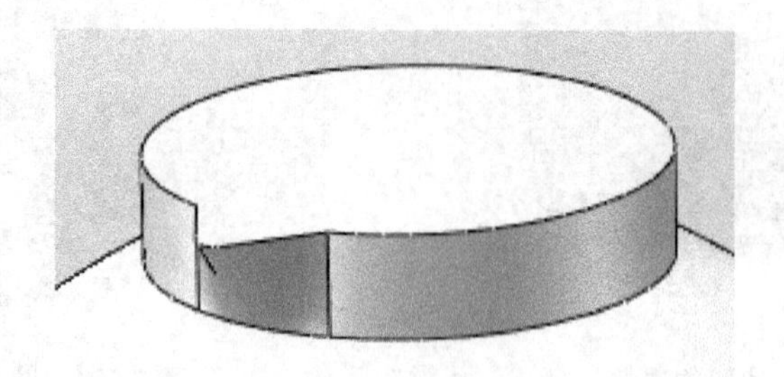

图 7-401　放样结果

（9）单击**圆角**，**圆角半径**选择 **5mm**，边线选择如图 7-402 所示，结果如图 7-403 所示。

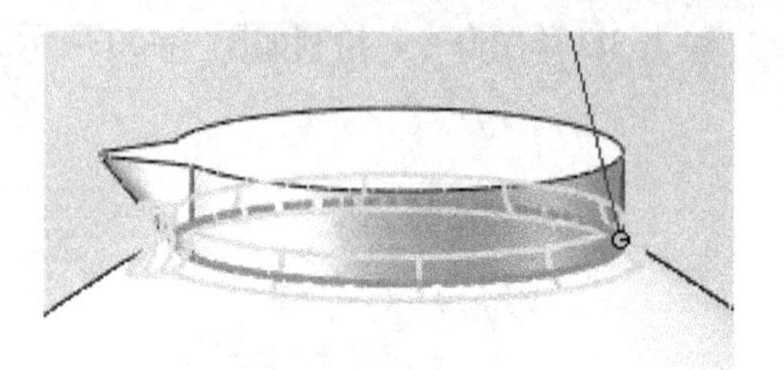

图 7-402　圆角边线的选择

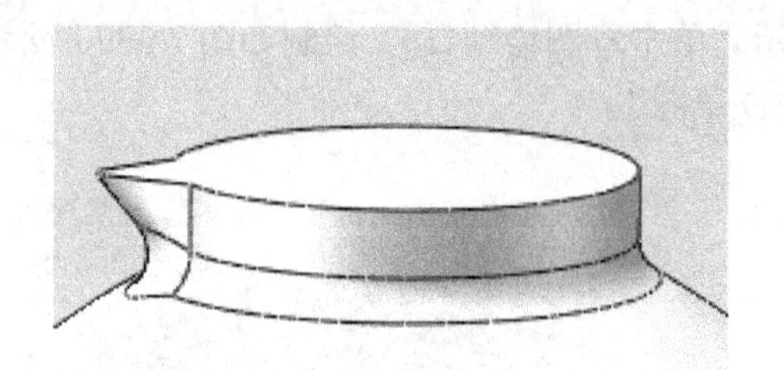

图 7-403　圆角结果

（10）单击**抽壳** 抽壳，选择图 7-404 中的面①，**半径**选择 **1mm**，结果如图 7-405 所示。

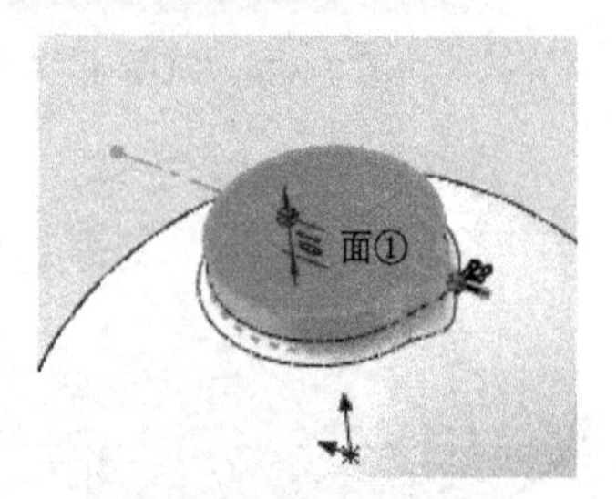

图 7-404　选择蓝色的面

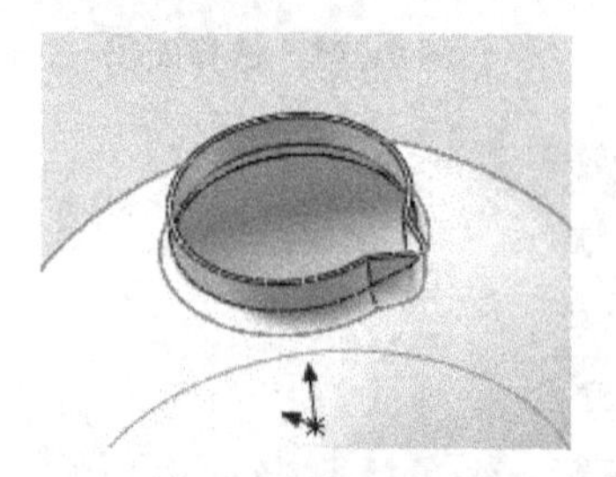

图 7-405　抽壳结果

（11）单击**新建基准面** 基准面，第一参考选择**右视基准面** 右视基准面，设置界面如图 7-406 所示，结果如图 7-407 所示。单击**草图绘制**，绘制如图 7-408 所示的草图 6 。然后单击**拉伸凸台/基体**命令，设置界面如图 7-409 所示，结果如图 7-410 所示。

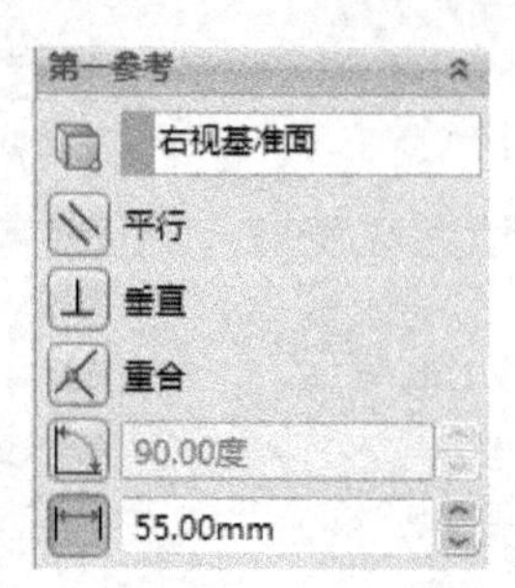

图 7-406　新建基准面设置界面

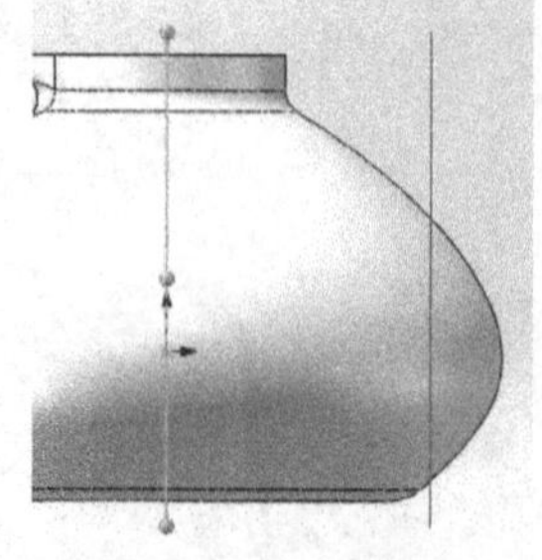

图 7-407　新建基准面结果

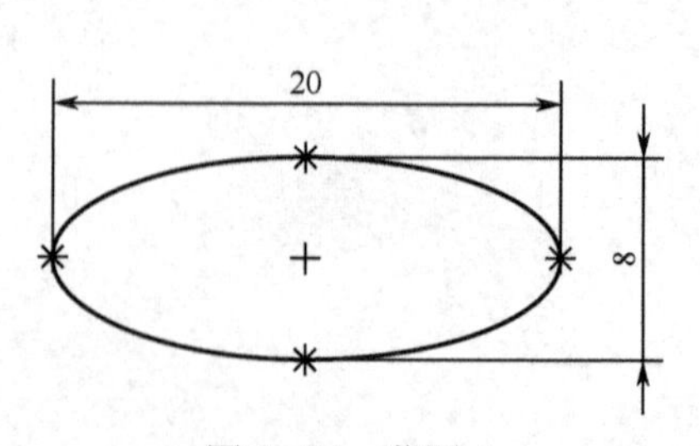

图 7-408　草图 6

图 7-409　拉伸凸台/基体设置界面

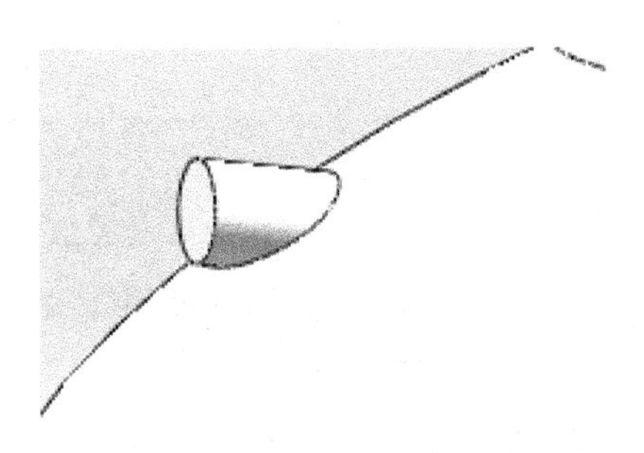

图 7-410　拉伸结果

（12）单击图 7-411 中的面①，单击**草图绘制**，绘制如图 7-412 所示的草图 7，单击**新建基准面**，第一参考选择图 7-393 中的**面①**，设置界面如图 7-413 所示，结果如图 7-414 所示。单击**草图绘制**，绘制如图 7-415 所示的草图 8，单击**前视基准面**，单击**草图绘制**，绘制如图 7-416 的草图 9。然后单击**放样凸台**，选择刚才画的两个草图，中心线选择草图 9，结果如图 7-417 所示。

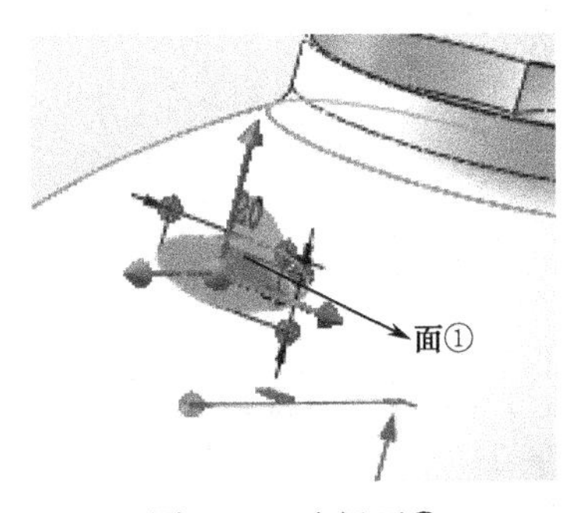

图 7-411 选择面①

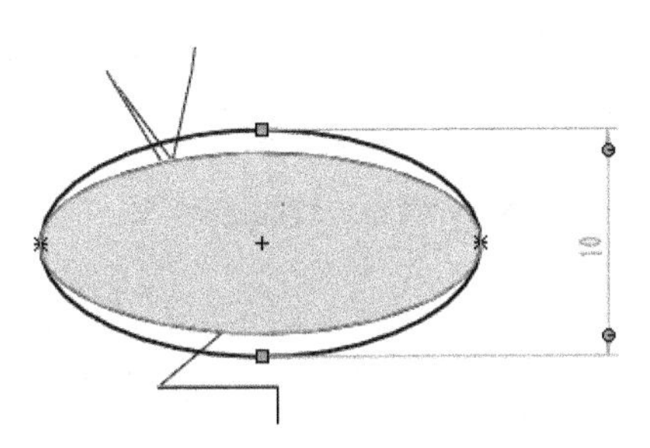

图 7-412　草图 7

图 7-413　新建基准面设置界面

图 7-414　新建基准面结果

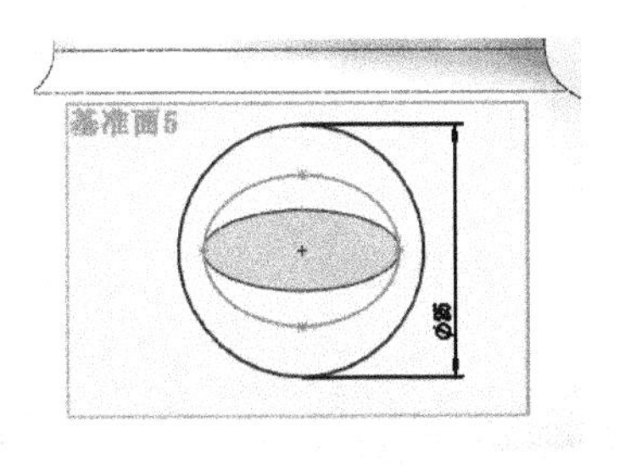

图 7-415 草图 8

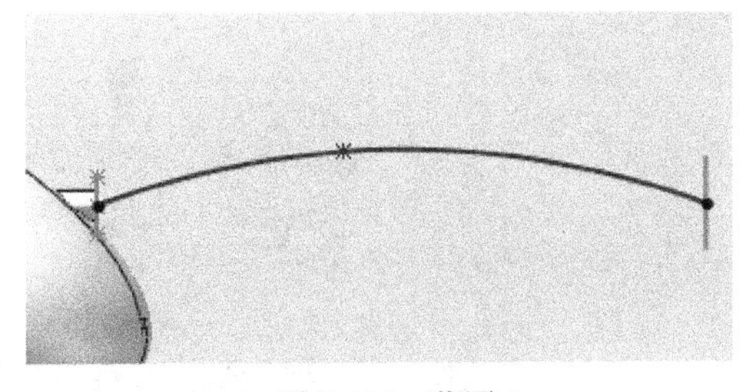

图 7-416　草图 9

（13）单击**圆角**，**圆角半径**选择 **2mm**，边线选择如图 7-418 所示，结果如图 7-419 所示。单击**圆角**，**圆角半径**选择 **1mm**，边线选择如图 7-420 所示，结果如图 7-421 所示。

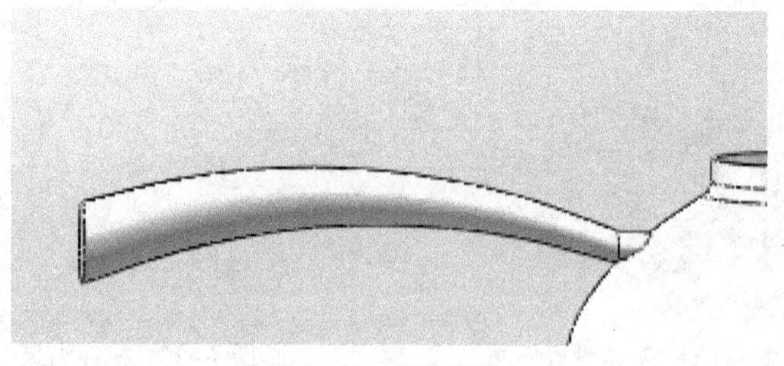

图 7-417　放样结果

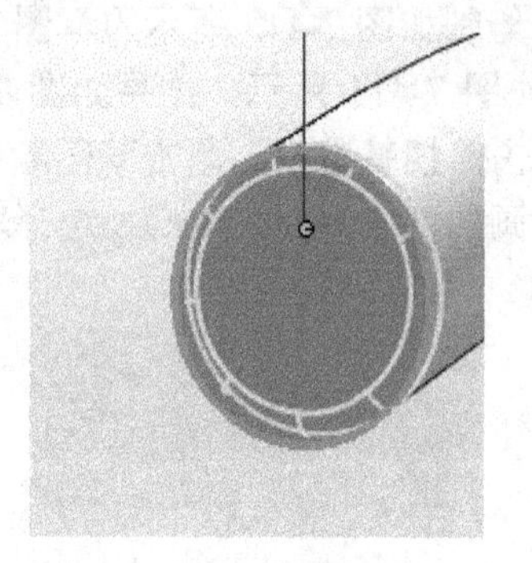

图 7-418　圆角边线的选择

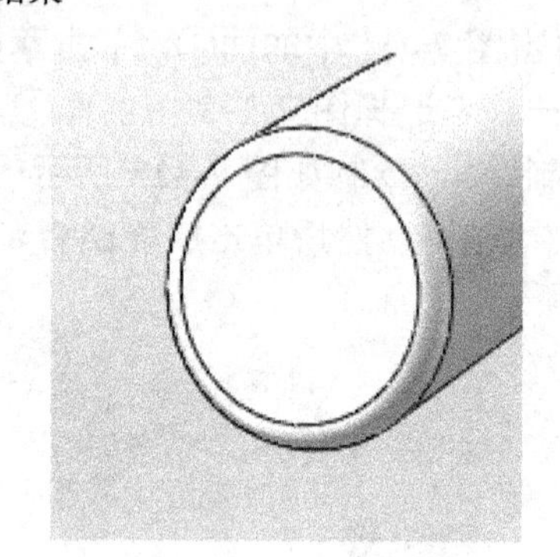

图 7-419　圆角结果

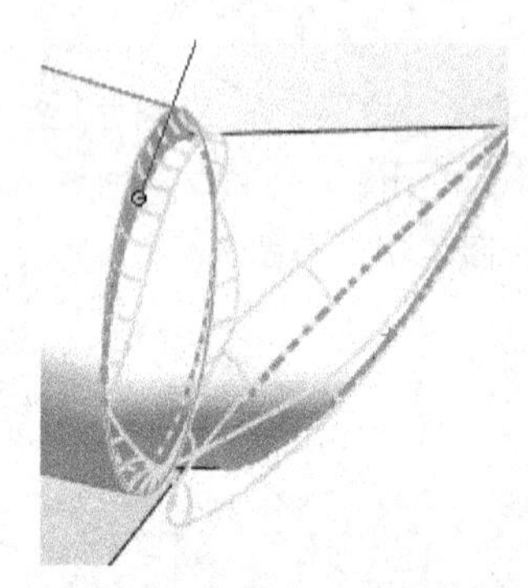

图 7-420　圆角边线的选择

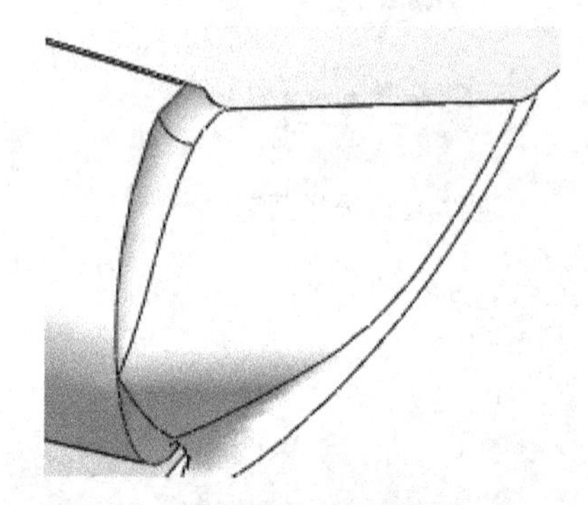

图 7-421　圆角结果

（14）至此，完成了咖啡机咖啡壶的全部建模工作，最终模型如图 7-422 所示。单击**保存**，在**另存为**对话框中将文件名改为**咖啡壶**，保存类型为**零件（*，pr；*,sldprt）**，单击**保存**完成存盘。

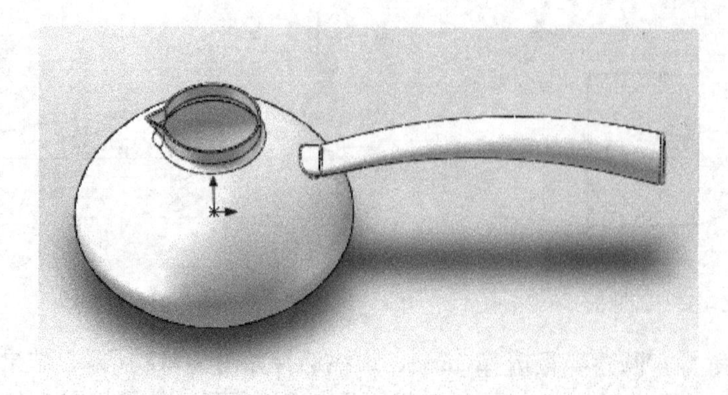

图 7-422　咖啡机咖啡壶的最终模型

7.2.9　咖啡机咖啡壶盖的建模

咖啡机咖啡壶盖的主要建模思路是用**拉伸凸台/基体**命令来建一个大概的模型，然后用圆角精细化模型。零件实体模型及相应的设计树如图 7-423 所示。

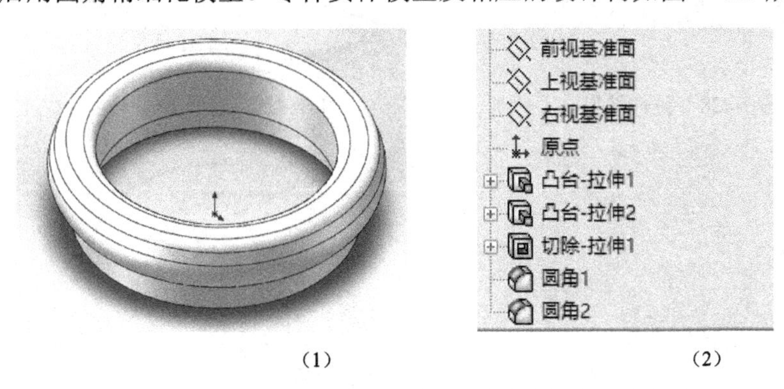

（1）　　　　（2）

图 7-423　咖啡壶盖的实体模型及设计树

（1）启动 Solidworks，单击**文件→新建**命令，选择**零件**图标，然后单击**确定**，进入建模环境。

（2）单击**上视基准面**，单击**草图绘制**，绘制如图 7-424 的草图 1，单击**拉伸凸台/基体**，**拉伸深度 5mm**，结果如图 7-425 所示。选择图 7-426 中的面①，选择**草图绘制**，绘制如图 7-427 所示的草图 2，然后选择**拉伸凸台/基体**，**拉伸深度**选择 **10mm**，**拔模**为 **20 度**，结果如图 7-428 所示。然后单击图 7-429 中的面②，单击**草图绘制**，绘制如图 7-430 所示的草图 3，然后选择**拉伸切除**，切除结果如图 7-431 所示。

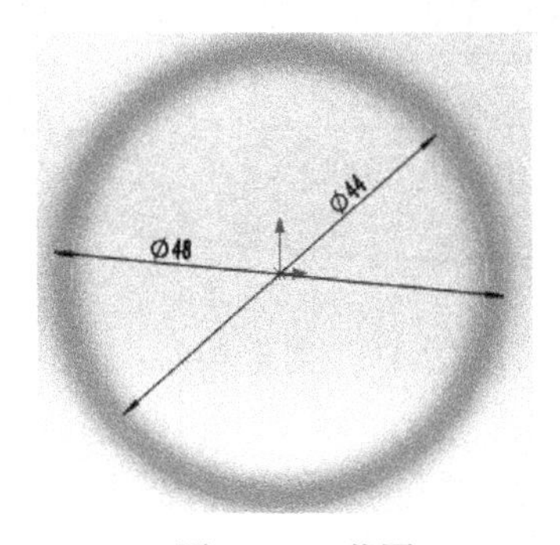

图 7-424　草图 1

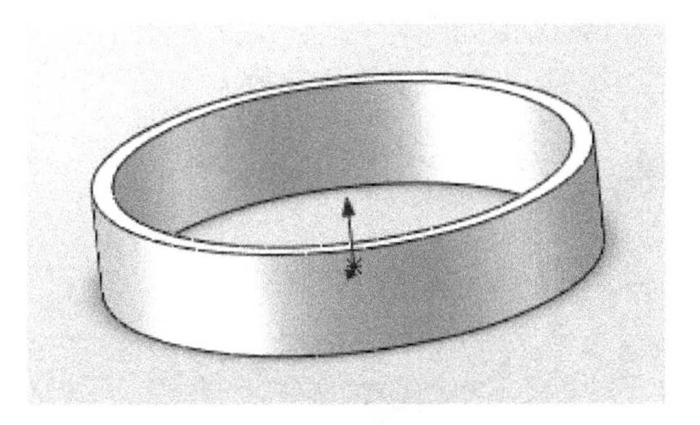

图 7-425　拉伸结果

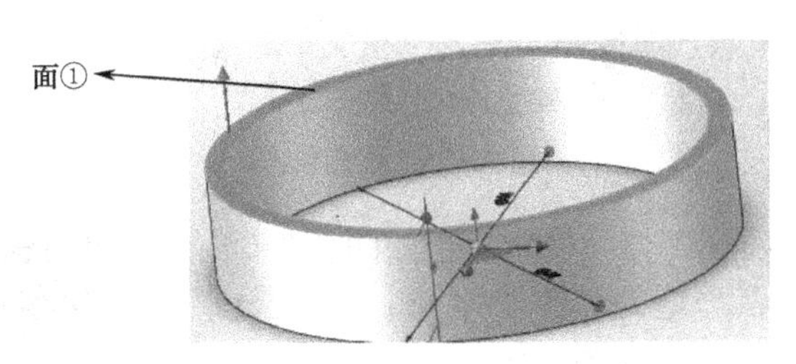

图 7-426　选择面①

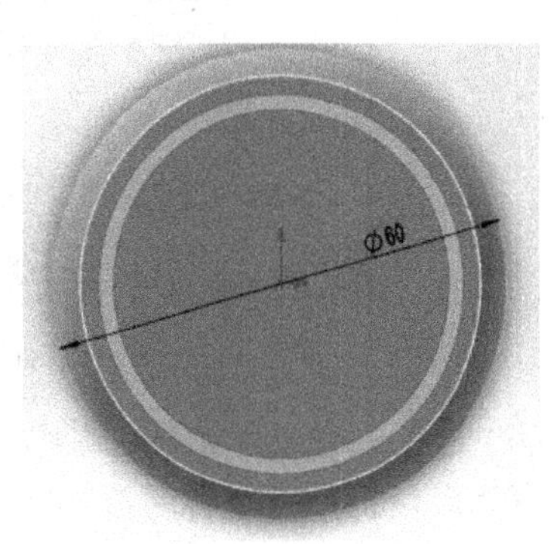

图 7-427　绘制草图 2

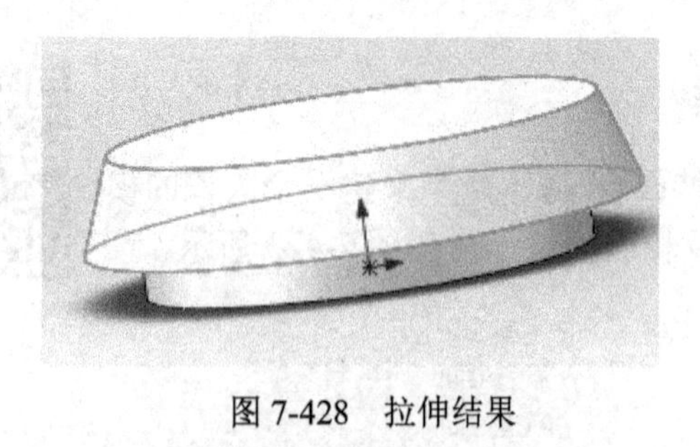

图 7-428　拉伸结果

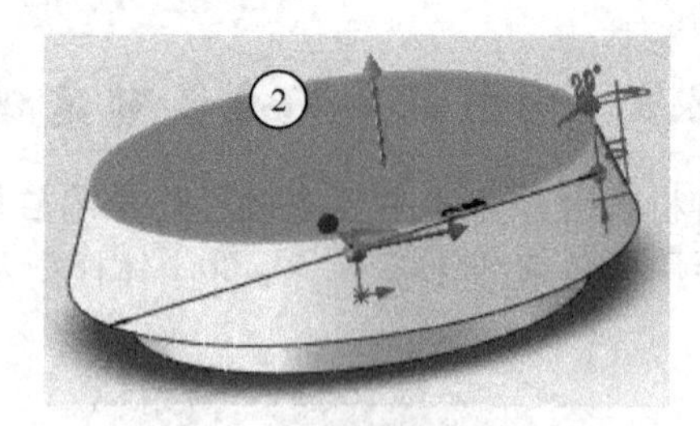

图 7-429　选择面②

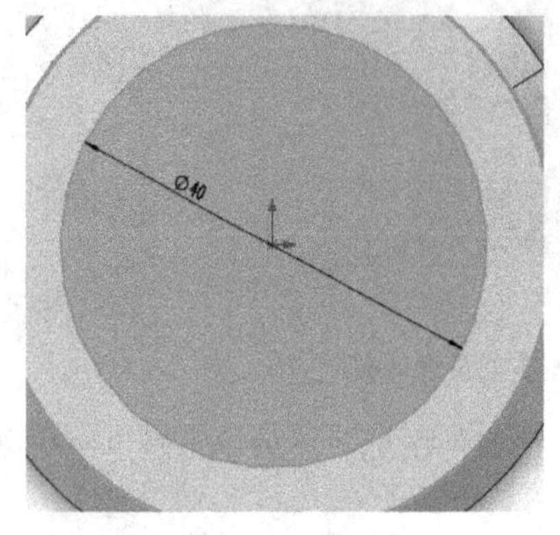

图 7-430　草图 3

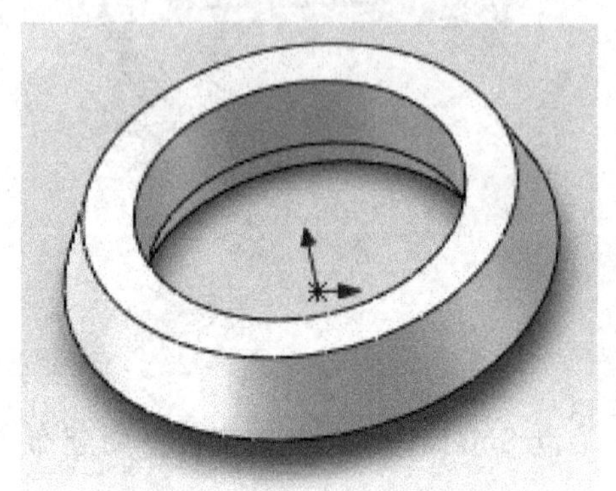

图 7-431　拉伸切除结果

（3）单击**圆角**，**圆角半径**选择 **5mm**，边线选择如图 7-432 所示，结果如图 7-433 所示。单击**圆角**，**圆角半径**选择 **2mm**，边线选择如图 7-434 所示，结果如图 7-435 所示。

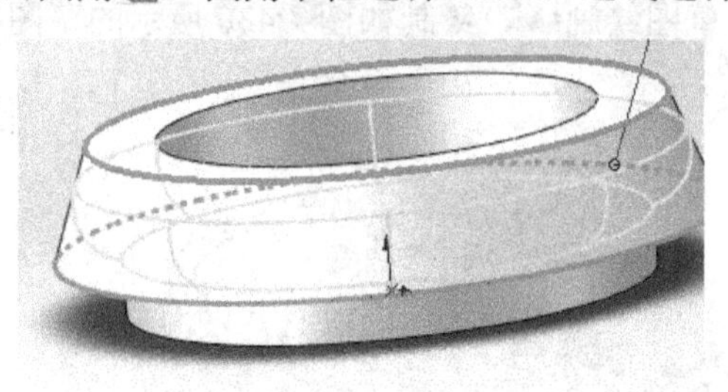

图 7-432　圆角边线的选择

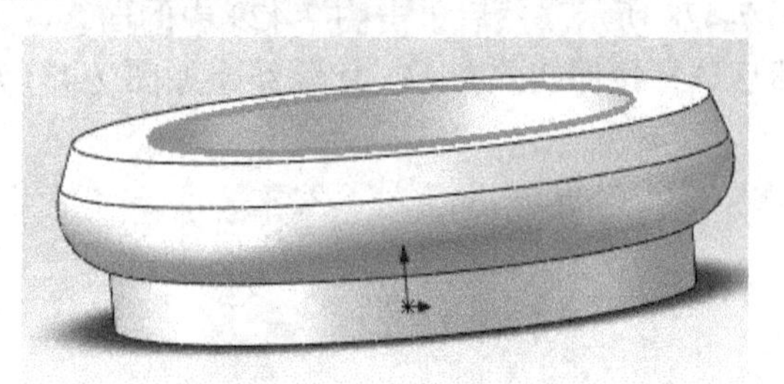

图 7-433　圆角结果

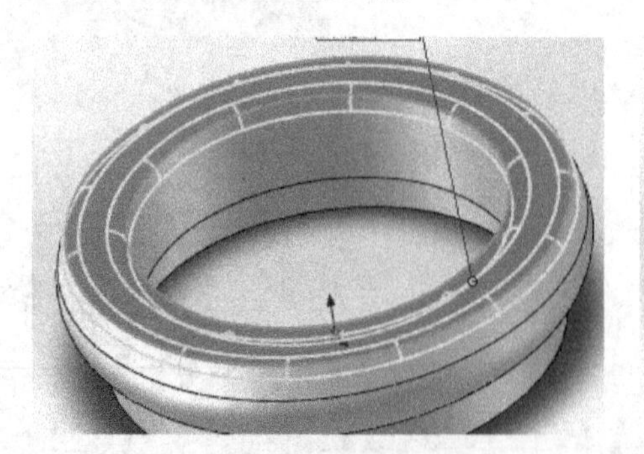

图 7-434　圆角边线的选择

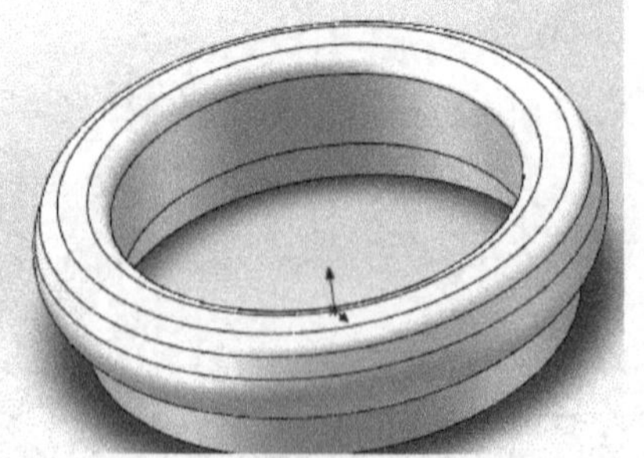

图 7-435　圆角结果

（4）至此，完成了咖啡机咖啡壶盖的全部建模工作，最终模型如图 7-436 所示。单击**保存**，在**另存为**对话框中将文件名改为**咖啡壶盖**，保存类型为**零件（*，pr；*,sldprt）**，单击**保存**完成存盘。

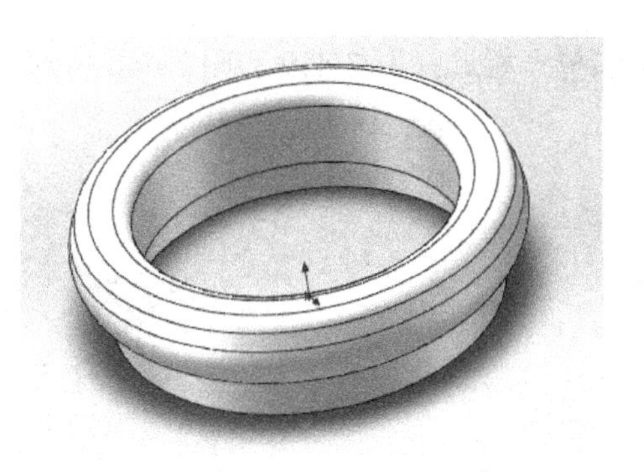

图 7-436 咖啡机咖啡壶盖的最终模型

7.2.10 装配体

咖啡机整体装配的主要思路是利用各个零件各个面的几何关系来确定每个零件的具体位置，使之成为一个整体。装配体模型及配合的设计树如图 7-437 所示。

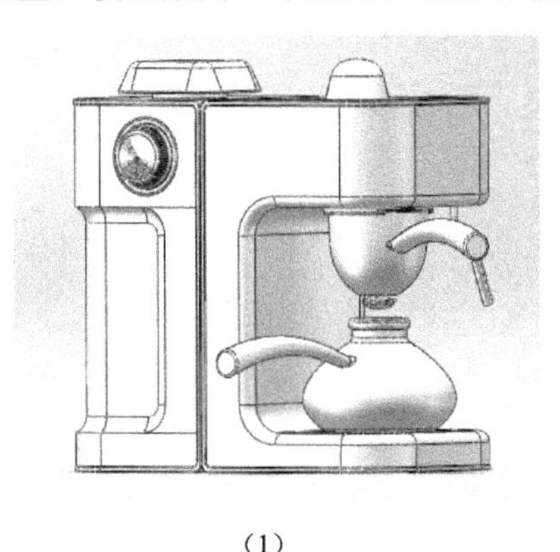

（1）

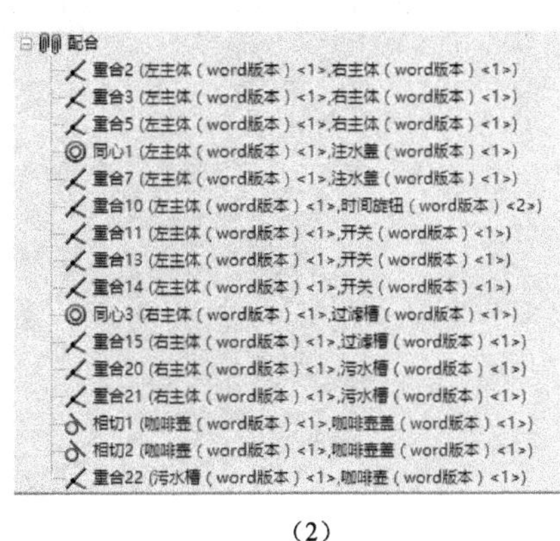

（2）

图 7-437 咖啡机的整体装配

（1）启动 Solidworks，单击**文件→新建**命令，选择**装配体**图标，然后单击**确定**✔，进入装配环境。

（2）在开始装配体下面有一个**浏览**按钮，单击这个按钮，然后选择左主体这个零件。双击鼠标左键，左主体自动放在装配空间的中间处。

（3）然后单击**插入零部件**，再次单击**浏览**，选择右主体这个零件，然后放在左主体的旁边，如图 7-438 所示。

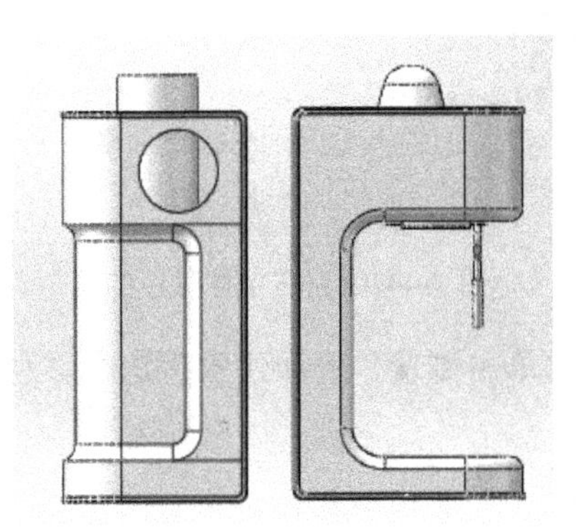

图 7-438 左主体和右主体

（4）单击**配合**，在**配合选择**一栏选择图 7-439 和图 7-440 所示的面。配合好后单击**确定**✓。

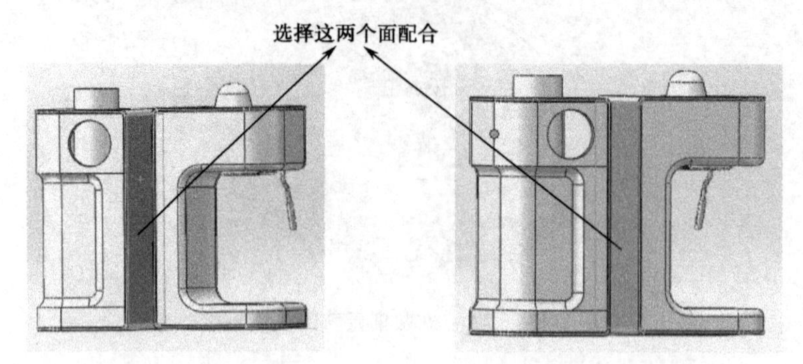

图 7-439　左主体的面　　　　图 7-440　右主体的面

（5）在**配合选择**一栏选择如图 7-441 所示的两个面，配合好后单击**确定**✓。

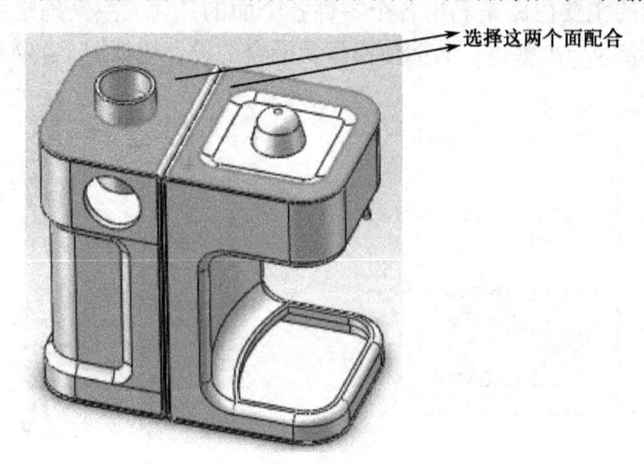

图 7-441　左右主体两个的面

（6）在**配合选择**一栏选择如图 7-442 所示的两个面，配合好后单击**确定**✓。

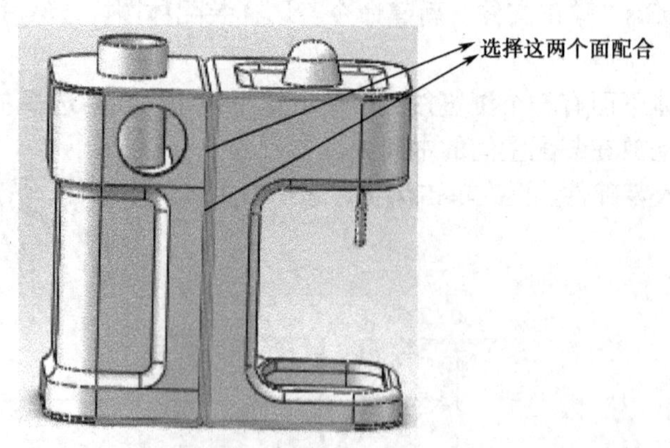

图 7-442　左右主体蓝色的面

（7）单击**插入零部件**，再次单击**浏览**，选择注水盖这个零件，放在主体的旁边，如图 7-443 所示。

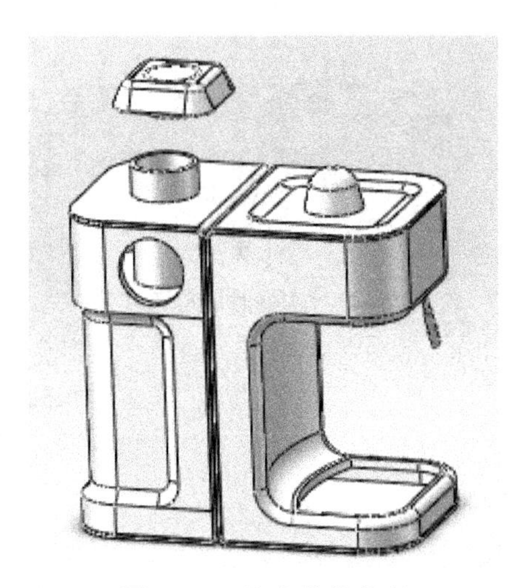

图 7-443 注水盖的装配

（8）单击**配合**，在**配合选择**一栏选择如图 7-444 所示的两个面。配合好后单击**确定**✔。

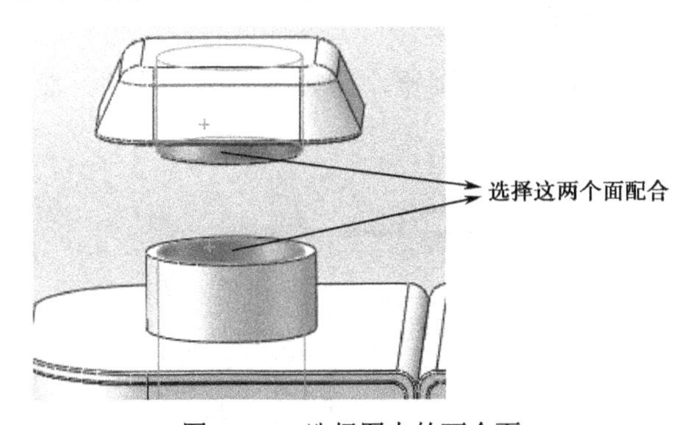

图 7-444 选择图中的两个面

（9）在**配合选择**一栏选择如图 7-445 和图 7-446 所示的两个面，配合好后单击**确定**✔。

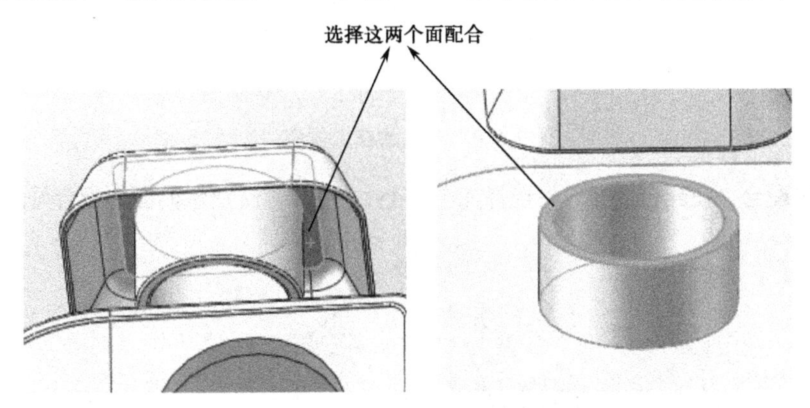

图 7-445 选择注水盖内部的面　　图 7-446 选择图中的面

（10）单击**插入零部件**，再次单击**浏览**，选择时间旋钮这个零件，然后放在主体的旁边，如图 7-447 所示。

（11）单击**配合**，在**配合选择**一栏选择如图 7-448 和图 7-449 所示的边线。配合好后单击**确定**✔。

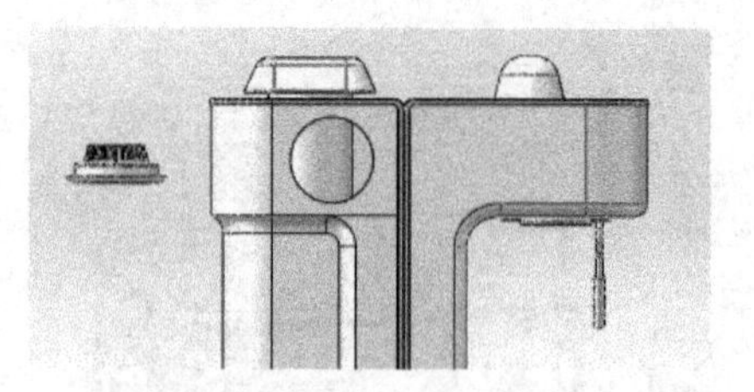

图 7-447　选择时间旋钮零件

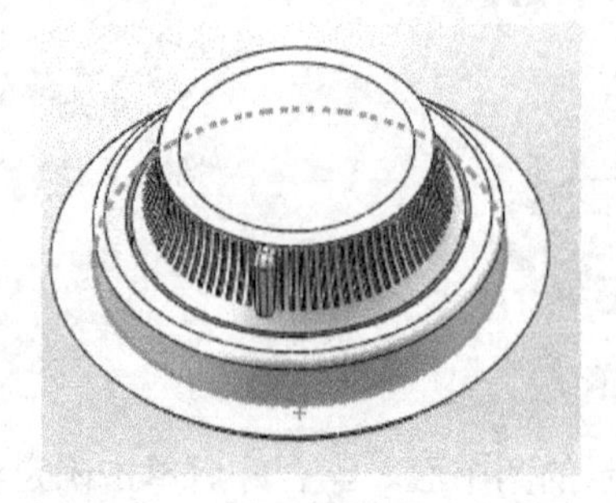

图 7-448　选择时间旋钮中的边线

图 7-449　选择主体中的边线

（12）单击**插入零部件**，再次单击**浏览**，选择开关这个零件，然后放在主体的旁边，如图 7-450 所示。

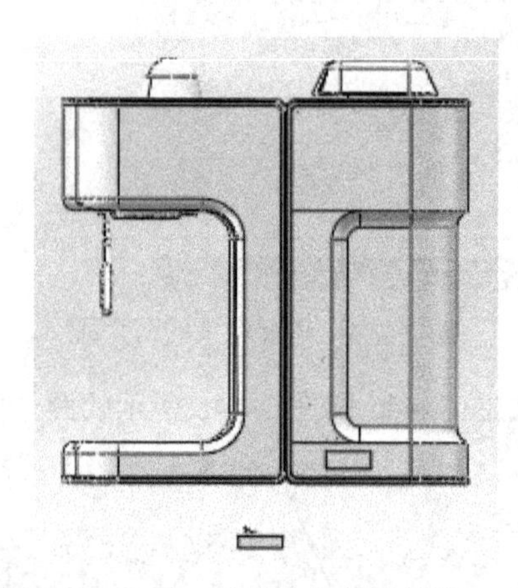

图 7-450　开关放在主体旁边

（13）单击**配合**，在**配合选择**一栏选择如图 7-451 和图 7-452 所示的面。配合好后单击**确定**✔。

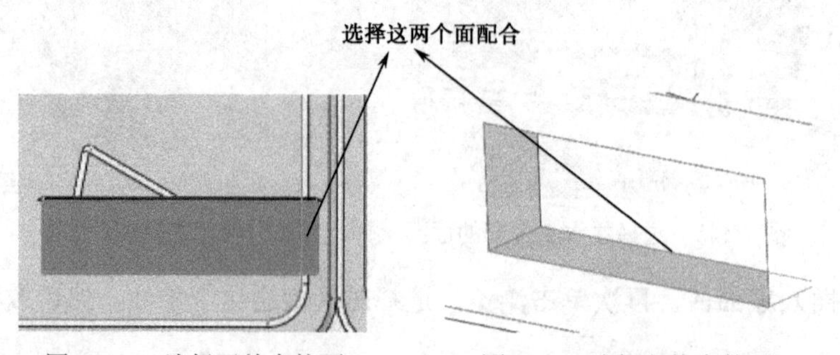

图 7-451　选择开关中的面　　图 7-452 选择主体中的面

（14）在**配合选择**一栏选择如图 7-453 和图 7-454 所示的两个面，配合好后单击**确定**✔。

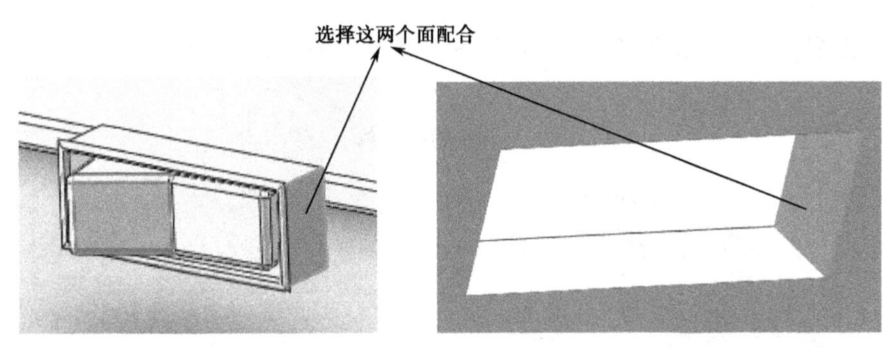

图 7-453　选择开关中的面　　　　图 7-454　选择主体中的面

（15）在**配合选择**一栏选择如图 7-455 和图 7-456 中所示的两个面，配合好后单击**确定**。

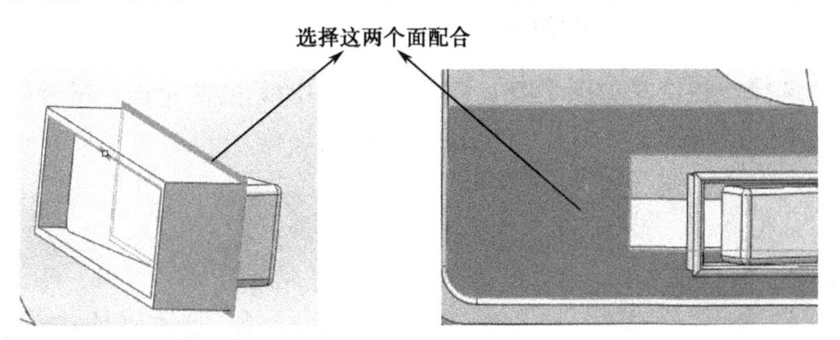

图 7-455　选择开关中的面　　　　图 7-456　选择主体中的面

（16）选择**剖面视图**，设置成如图 7-457 所示的剖面视图。

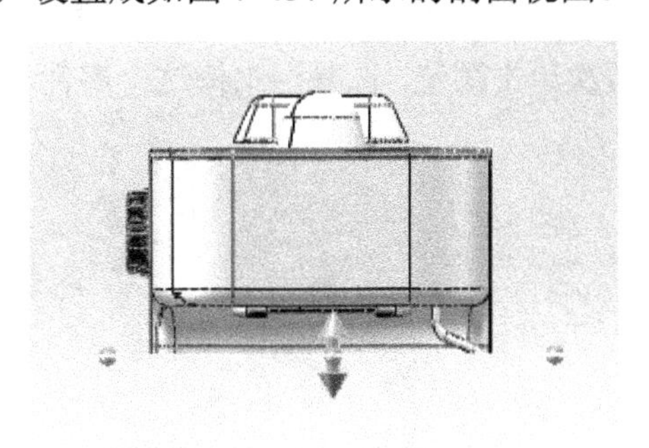

图 7-457　剖面设置界面

（17）单击**插入零部件**，再次单击**浏览**，选择过滤槽这个零件，然后放在主体的旁边，如图 7-458 所示。

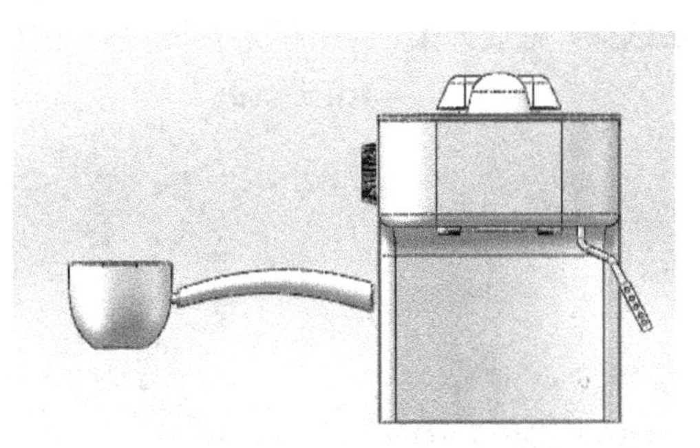

图 7-458　选择过滤槽这个零件

（18）单击**配合**，在**配合选择**一栏选择如图 7-459 和图 7-460 所示的边线。配合好后单击**确定**✓。

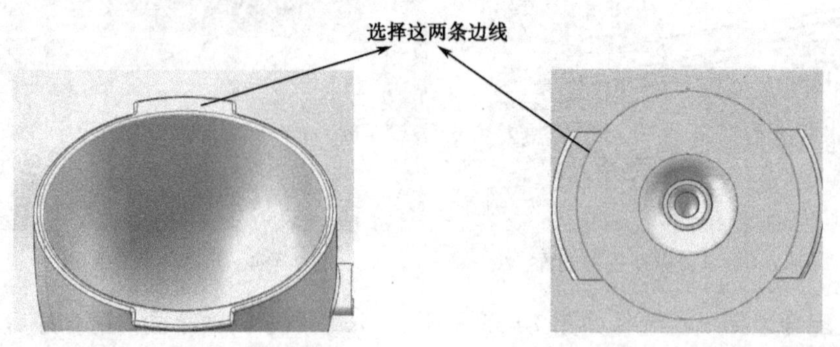

图 7-459　选择过滤槽中的边线　　图 7-460　选择主体中的边线

（19）在**配合选择**一栏选择如图 7-461 和图 7-462 中所示的两个面，配合好后单击**确定**✓。

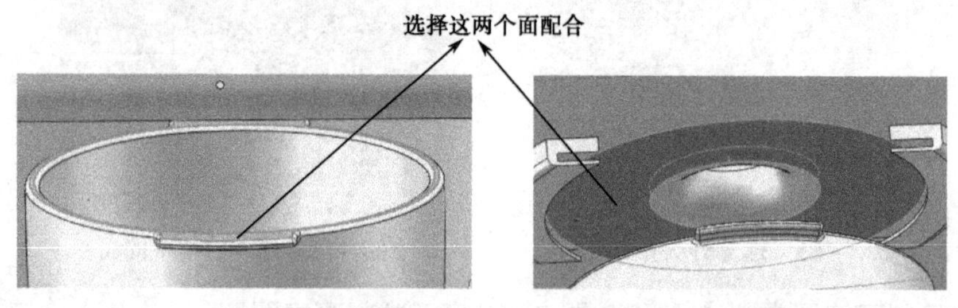

图 7-461　选择过滤槽中的面　　图 7-462　选择主体中的面

（20）单击**插入零部件**，再次单击**浏览**，选择污水槽这个零件，放在主体的旁边，如图 7-463 所示。

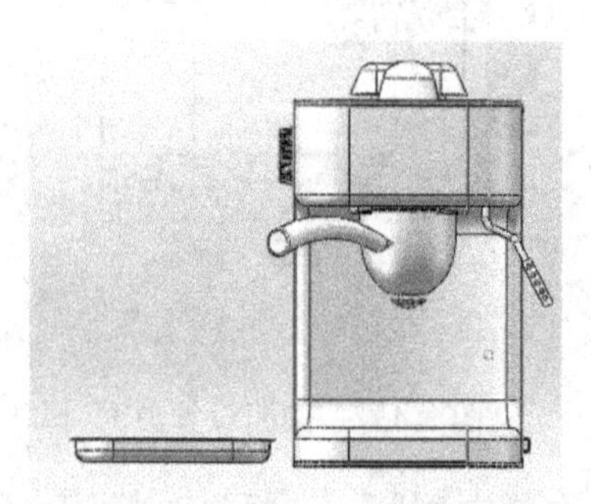

图 7-463　选择污水槽这个零件

（21）单击**配合**，在**配合选择**一栏选择图 7-464 和图 7-465 所示的边线。配合好后单击**确定**✓。

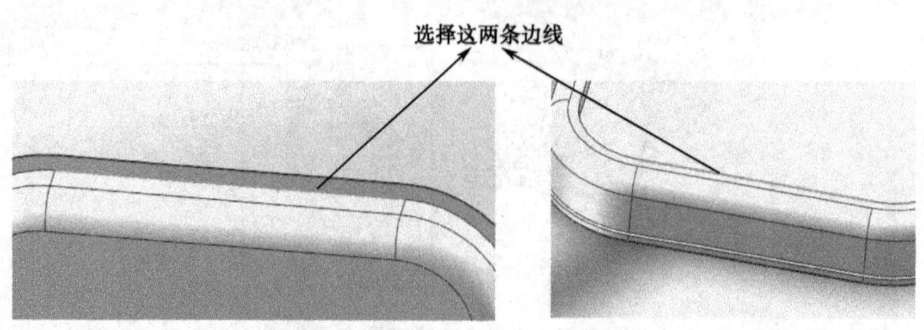

图 7-464　选择污水槽中的边线　　图 7-465　选择主体中的边线

（22）在**配合选择**一栏选择如图 7-466 和图 7-467 中所示的两个边线，配合好后单击**确定**✔。

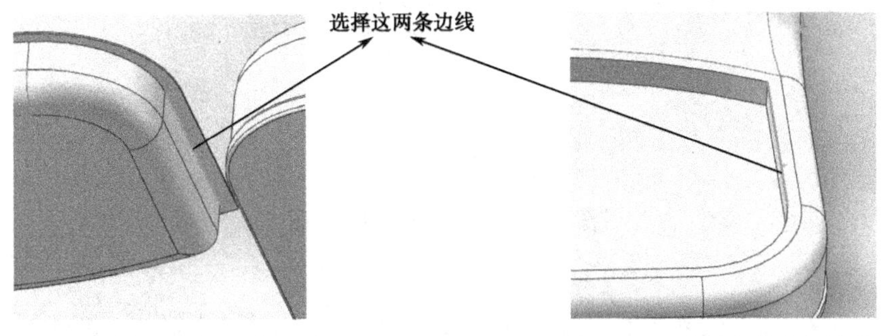

图 7-466　选择污水槽中的边线　　图 7-467　选择主体中的边线

（23）单击**插入零部件**，再次单击**浏览**，选择咖啡壶这个零件，放在主体的旁边。再次单击**浏览**，然后选择咖啡壶盖这个零件，放在咖啡壶旁边，如图 7-468 所示。

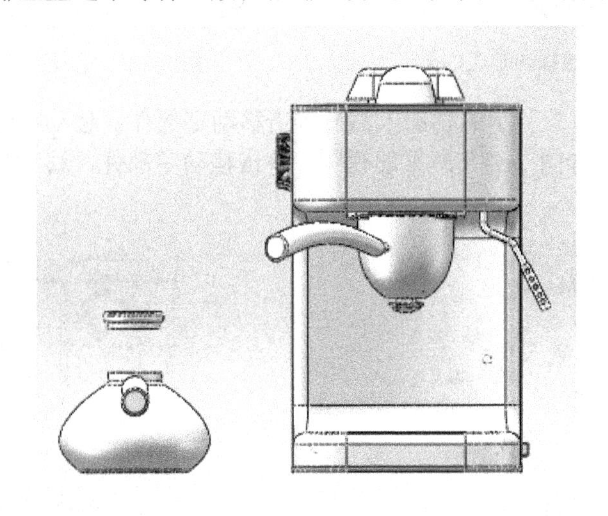

图 7-468　咖啡壶和壶盖的放置

（24）单击**配合**，在**配合选择**一栏选择如图 7-469 所示的面。配合好后单击**确定**✔。

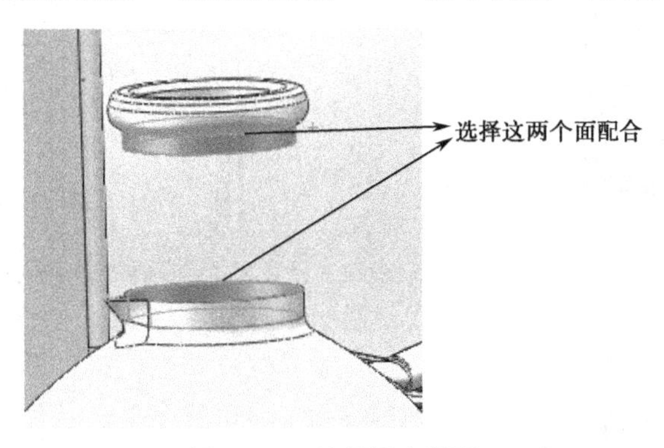

图 7-469　选择图中的面

（25）在**配合选择**一栏选择如图 7-470 所示的两个面，配合好后单击**确定**✔。

（26）在**配合选择**一栏选择如图 7-471 和图 7-472 所示的两个面，配合好后单击**确定**✔。

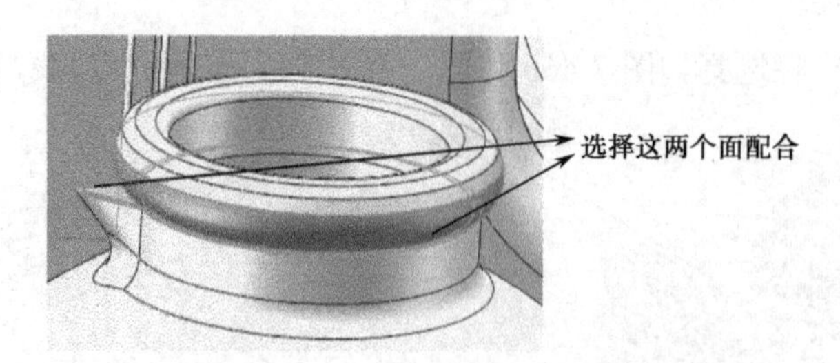

图 7-470　选择图中的两个面

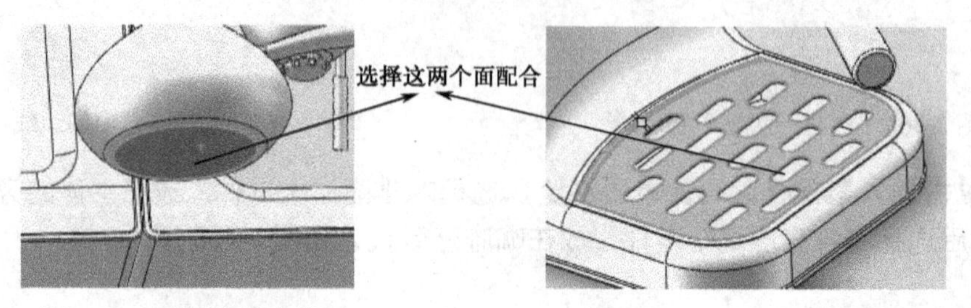

图 7-471　选择咖啡壶的面　　　　图 7-472　选择主体中的面

（27）选择如图 7-473 所示的视图，然后单击**移动零部件**，移动咖啡壶到合适的位置，如图 7-474 所示。再选择如图 7-475 所示的视图，单击**移动零部件**，移动咖啡壶到合适的位置，如图 7-476 所示。

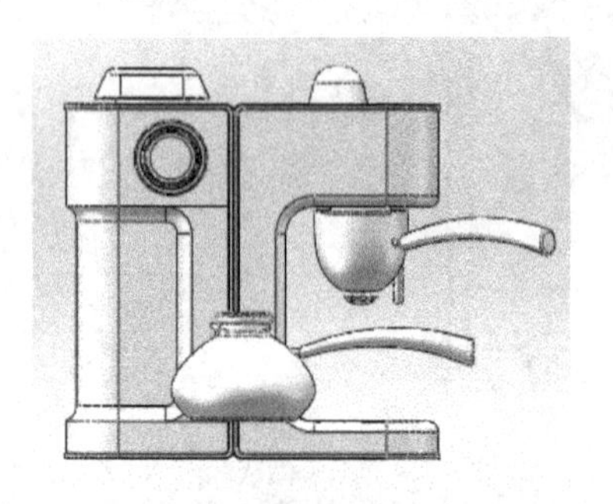

图 7-473　选择图中的视图

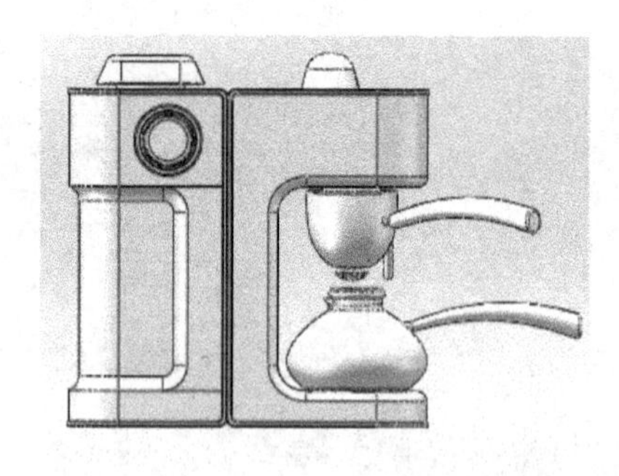

图 7-474　移动零部件到合适的位置

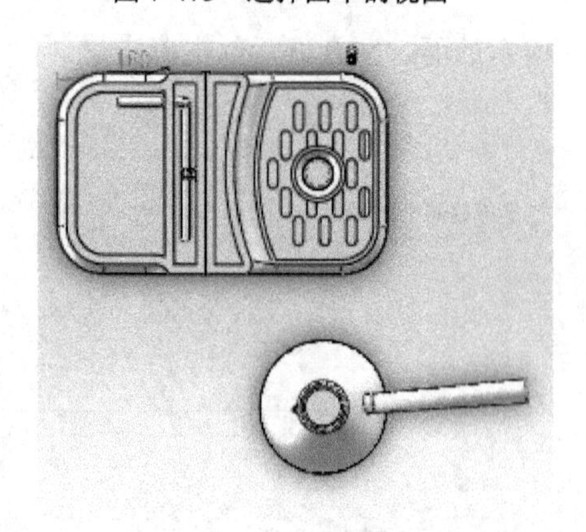

图 7-475　选择图中的视图

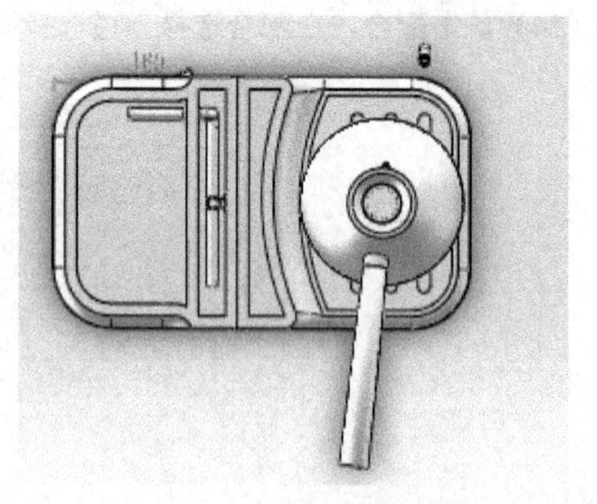

图 7-476　移动到合适的位置

（28）至此，咖啡机整机已经装配好了，图 7-477 是装配后的整机效果。单击**保存**，在**另存为**对话框中将文件名改为**咖啡机**，保存类型为**装配体（*，asm；*,sldasm）**，单击**保存**完成存盘。

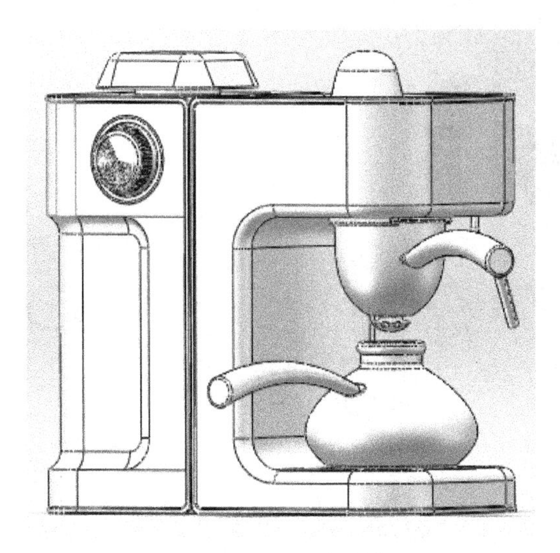

图 7-477　咖啡机整机

7.3 思考

（1）本章咖啡机大多都是用拉伸凸台/基体、旋转凸台、拉伸切除等命令建的模型，可以用曲面命令试一下吗？

（2）除了从左主体到右主体的建模思路，还有其他的建模思路吗？

（3）装配体除了用点线面配合，还可用基准面来配合，请试一试。

（4）本章用到了剖面视图这个命令来建内部结构，请你想一想不用剖面视图有没有其他办法？

（5）本章用到了投影的办法来画一些曲面上的线，你可以试试用这个办法来使圆柱面上增加一个按钮。

（6）建模建完了，自己试着渲染一下，做出自己认为最好看的咖啡机。

案例 8

成人滑板车建模

8.1 案例概述

本案例介绍了一款成人滑板车的建模过程，首先，先分析滑板车的整体构造，这款滑板车由多个零部件构成，包括底座、前车架、车轮、把手、挡泥板、防震装置等。我们以底座为中心，先建模底座，再分别建模其他零部件，最后将所有零部件组合。如图 8-1 所示的是滑板车的设计树，图 8-2 是其模型和渲染图。

(固定) 底座<1> (默认<<默认>_显示状态 1>)
(-) 前轮架1<1> (默认<<默认>_显示状态 1>)
(-) 前轮架（钢管小）<1> (默认<<默认>_显示状态 1>)
(-) 前轮架（钢管）<1> (默认<<默认>_显示状态 1>)
(-) 手把<1> (默认<<默认>_显示状态 1>)
(-) 手把<2> (默认<<默认>_显示状态 1>)
(-) 钢管（刹车线）<1> (默认<<默认>_显示状态 1>)
(-) 车轮<1> (默认<<默认>_显示状态 1>)
(-) 车轮<2> (默认<<默认>_显示状态 1>)
(-) 挡泥板后<1> (默认<<默认>_显示状态 1>)
(-) 后减震装置<1> (默认<<默认>_显示状态 1>)
(-) 车轮架后<1> (默认<<默认>_显示状态 1>)
(-) 车轮架后2.1<1> (默认<<默认>_显示状态 1>)
(-) 螺栓01<1>->? (默认<<默认>_显示状态 1>)
(-) 螺母01<1>->? (默认<<默认>_显示状态 1>)
(-) 螺母01<3>->? (默认<<默认>_显示状态 1>)
(-) 螺栓01<3>->? (默认<<默认>_显示状态 1>)

（1）

(-) 车头零件<1> (默认<<默认>_显示状态 1>)
(-) 车头零件1<1> (默认<<默认>_显示状态 1>)
(-) 螺母（前轮架）<1> (默认<<默认>_显示状态 1>
(-) 前车架零件2<1> (默认<<默认>_显示状态 1>)
(-) 前车架零件2<2> (默认<<默认>_显示状态 1>)
(-) 螺栓02<1>->? (默认<<默认>_显示状态 1>)
(-) 螺母01<4>->? (默认<<默认>_显示状态 1>)
(-) 螺母01<5>->? (默认<<默认>_显示状态 1>)
(-) 螺栓02<2>->? (默认<<默认>_显示状态 1>)
(-) 螺栓03<1>->? (默认<<默认>_显示状态 1>)
(-) 螺母03<1>->? (默认<<默认>_显示状态 1>)
(-) 螺栓04<1>->? (默认<<默认>_显示状态 1>)
(-) 零件8<1>->? (默认<<默认>_显示状态 1>)
(-) 零件9<1> (默认<<默认>_显示状态 1>)
(-) 螺栓长<1> (默认<<默认>_显示状态 1>)
(-) 螺母01<6>->? (默认<<默认>_显示状态 1>)

（2）

图 8-1　设计树

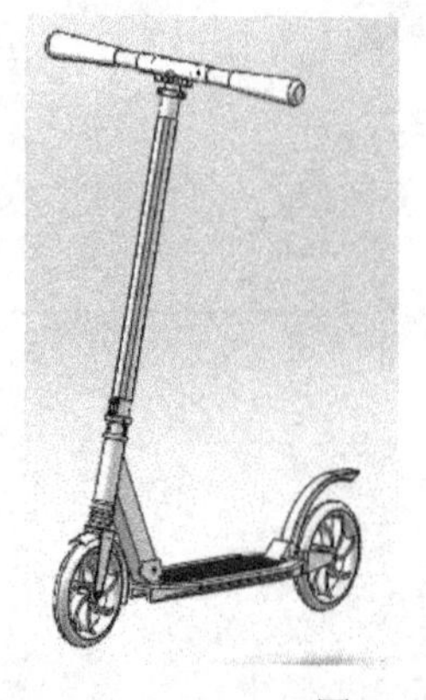

图 8-2　模型和渲染图

8.2 操作步骤

8.2.1 底座的建模

（1）打开 SolidWorks，单击**新建**，选择**零件**，单击**确定**，创建新的文件，选择**上视基准面**，单击**草图绘制**，绘制如图 8-3 的草图，单击**特征**，**拉伸凸台/基体**，拉伸尺寸为 30mm。

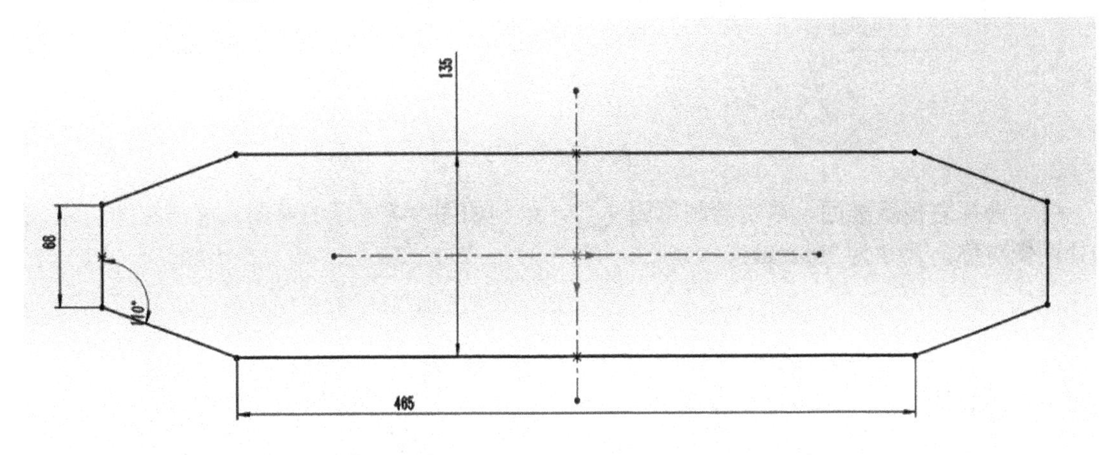

图 8-3 草图 1

（2）单击**特征→圆角**，选择如图 8-4 所示的边线，**圆角尺寸为 20mm**。

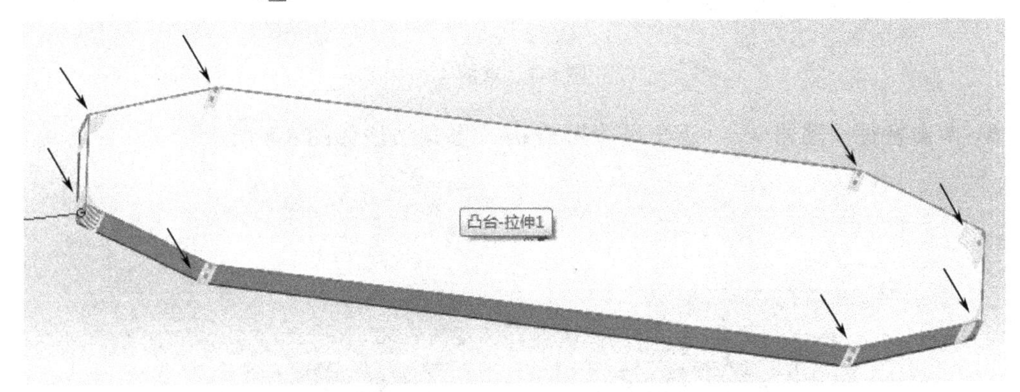

图 8-4 圆角

（3）选择**上视基准面**，绘制如图 8-5 所示的草图，单击**拉伸切除**，**切除尺寸为 18mm**。

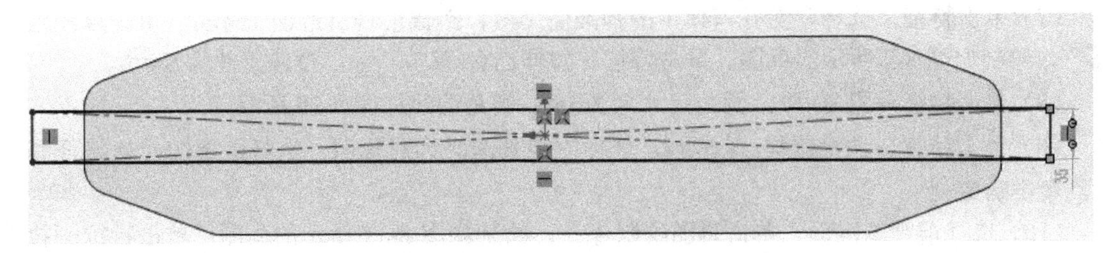

图 8-5 草图 2

（4）选择**上视基准面**，单击**草图绘制**，尺寸如图8-6所示，单击**拉伸切除**，**切除尺寸为22mm**。

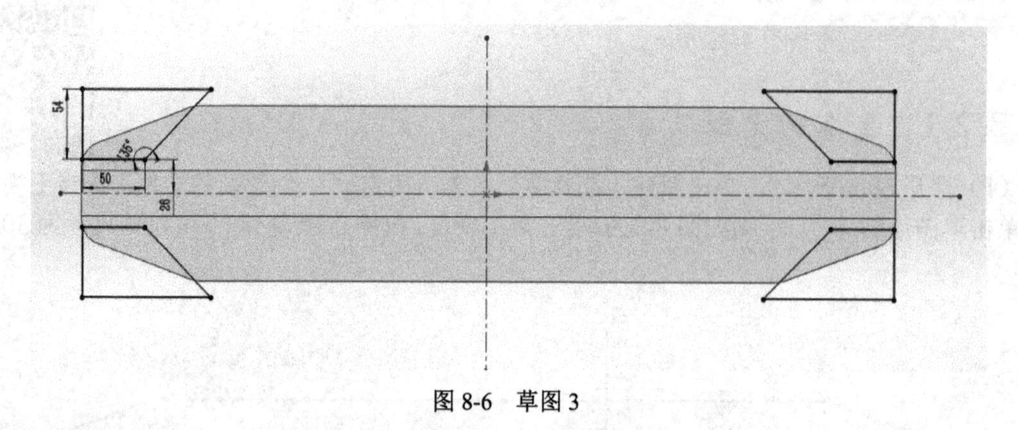

图8-6 草图3

（5）选择**右视基准面**，单击**绘制草图**，绘制如图8-7所示的草图，单击**拉伸切除**，选择**两侧对称**，尺寸为**700mm**。

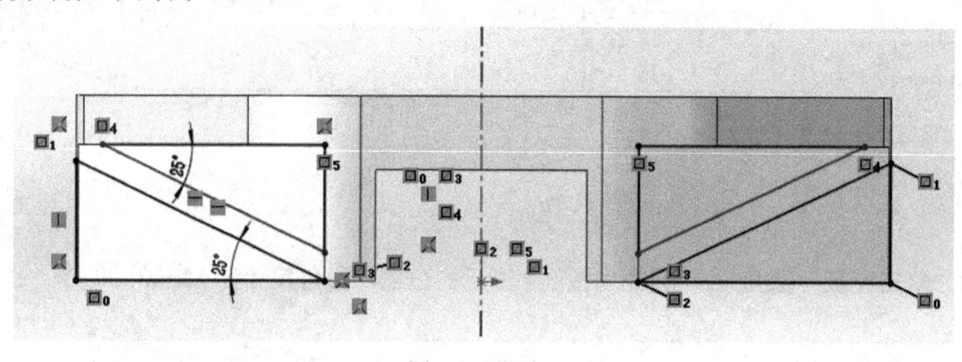

图8-7 草图4

（6）单击**特征→圆角**，圆角尺寸为**5mm**，圆角边线如图8-8所示。

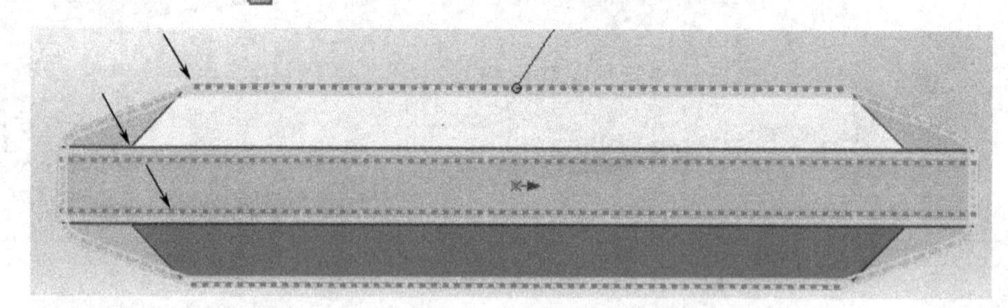

图8-8 圆角

（7）单击**特征**，选择**参考几何体中的基准面**，距离前视基准面**15mm**，单击**草图绘制**，绘制如图8-9所示的草图。单击**特征→拉伸凸台/基体**，**拉伸尺寸为5mm**。

（8）单击**特征→圆角**，**圆角尺寸为2mm**，圆角边线如图8-10所示。

（9）单击**特征**，选择**镜像**镜向，选择前视基准面为对称面，选择镜像的台体**特征**和圆角，单击**确定**。

（10）选择**前视基准面**，单击**草图绘制**，绘制如图8-11所示的草图，单击**特征→拉伸凸台/基体**，选择两侧对称，**拉伸尺寸为35mm**。

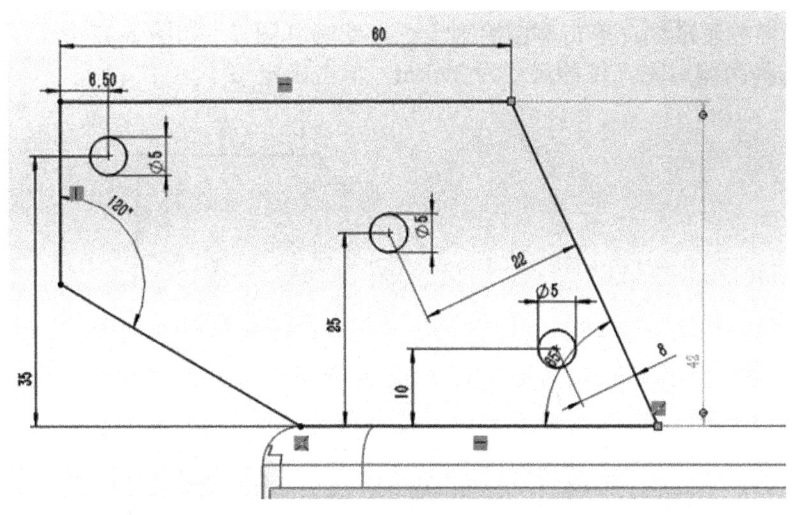

图 8-9　草图 5

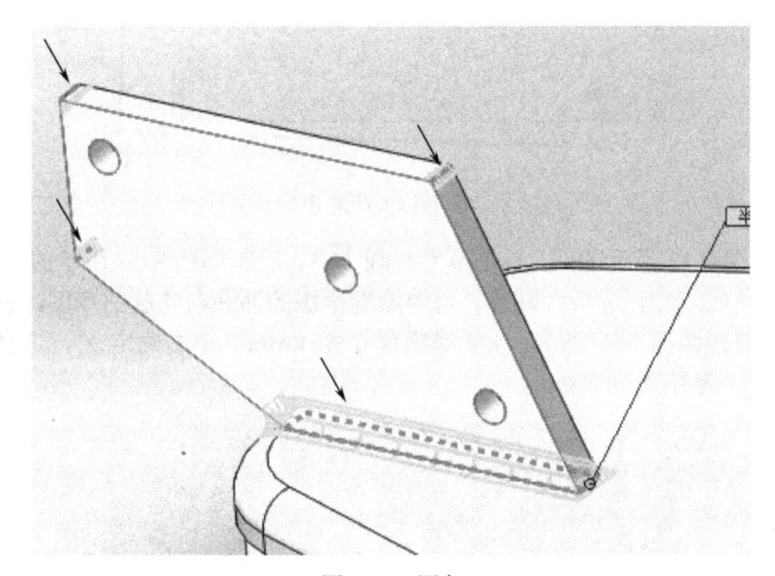

图 8-10　圆角

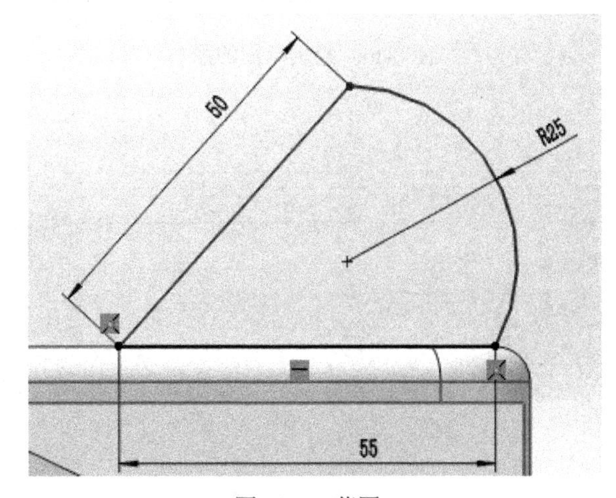

图 8-11　草图 6

（11）选择**前视基准面**，单击**草图绘制**，绘制草图 7，如图 8-12 所示，单击**特征→拉伸切除**，选择**两侧对称**，**拉伸尺寸为 29mm**，单击**确定**。

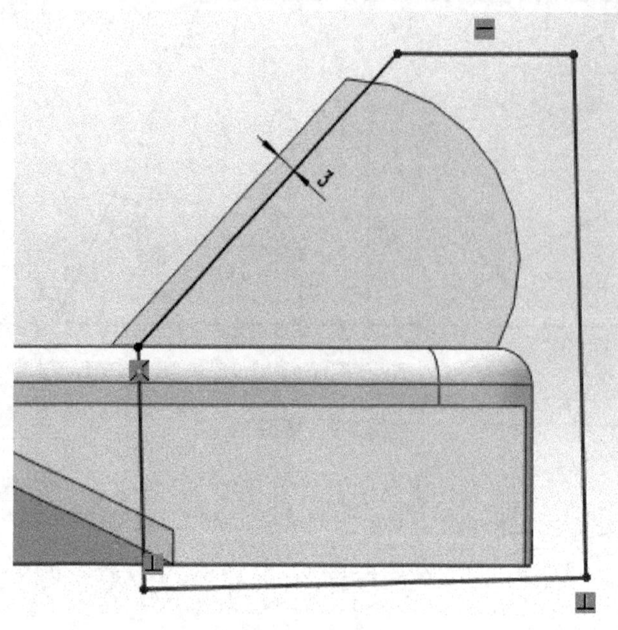

图 8-12　草图 7

（12）选择如图 8-13 所示的面，单击**草图绘制**，绘制如图 8-12 所示的草图，**退出草图**，单击**曲面**，单击**曲线**，选择**分割线**，选中**绘制草图**的面和所绘制的草图，进行分割，选择分割的面，单击**等距曲面** 等距曲面，设置**等距尺寸为 0mm**，单击**确定**，选择**曲面**，单击**加厚** 加厚，选择**加厚距离为 3mm**。

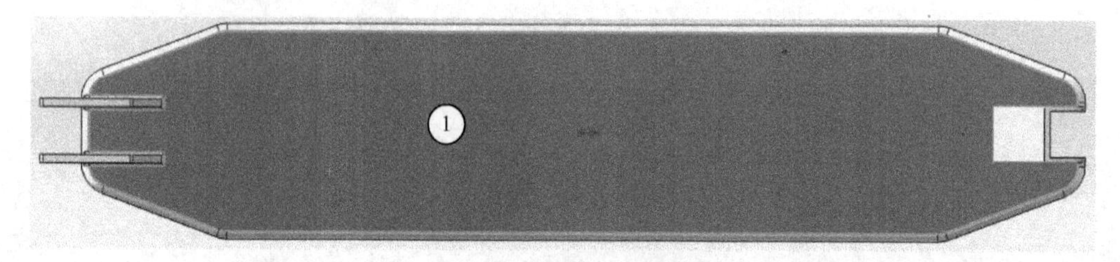

图 8-13　绘制草图的面

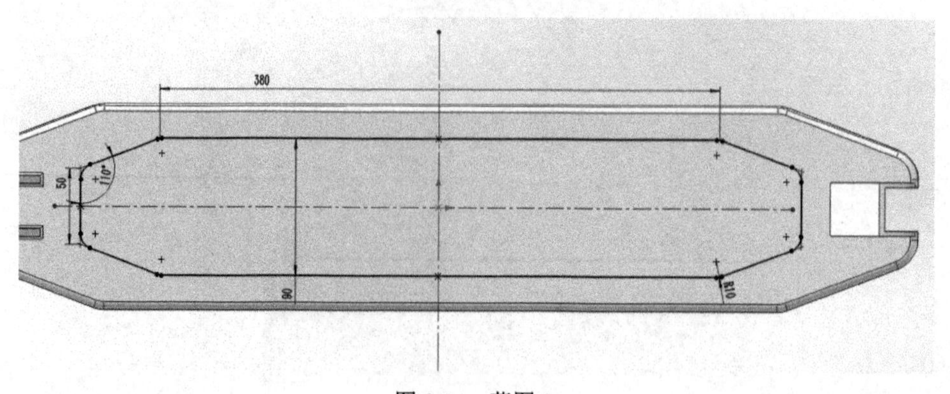

图 8-14　草图 8

（13）选择**前视基准面**，绘制如图 8-15 所示的草图，单击**特征→拉伸切除**，选择**两侧对称**，切除尺寸为 **60mm**，单击**确定**。

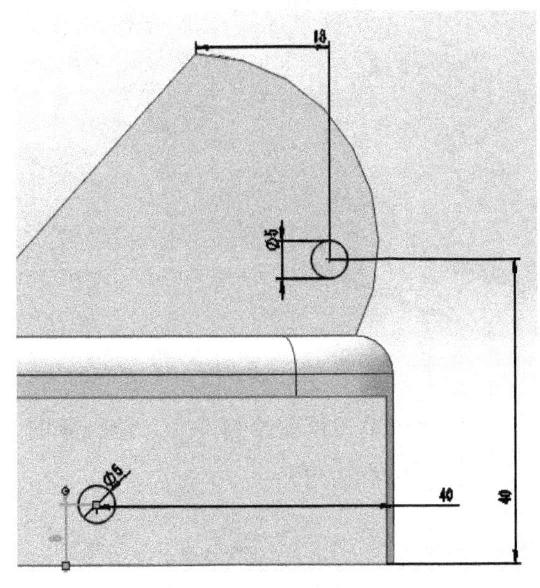

图 8-15　草图 9

（13）保存文件，命名为**底座**，格式为**.SLDPRT**。

8.2.2　后防震装置的建模

（1）打开底座，单击**特征→基准面**，建立与右视基准面相距 190mm 的基准面，选择基准面，单击**草图绘制**，草图尺寸如图 8-16 所示，单击**特征→拉伸凸台/基体**，拉伸尺寸为 20mm，取消**合并实体**。选择底座，单击右键，选择**隐藏**。

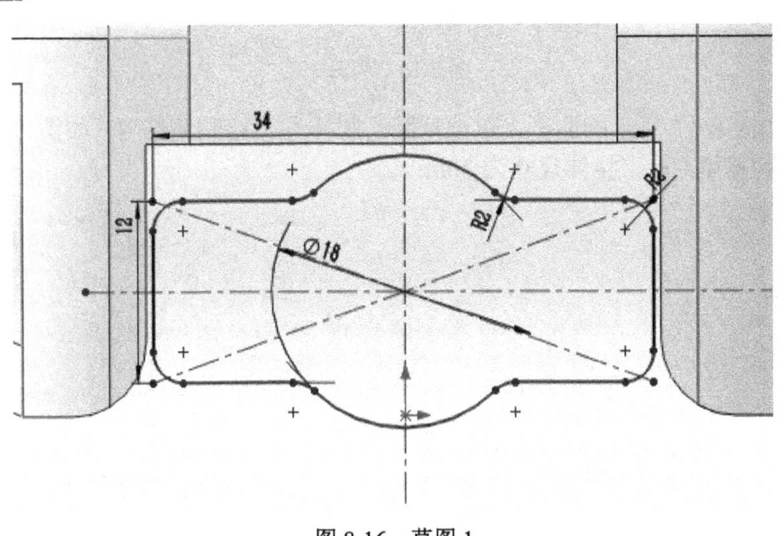

图 8-16　草图 1

（2）选择如图 8-17 所示的面，单击**草图绘制**，绘制草图 2，如图 8-17 所示，单击**特征→拉伸切除**，切除尺寸为 **17mm**。

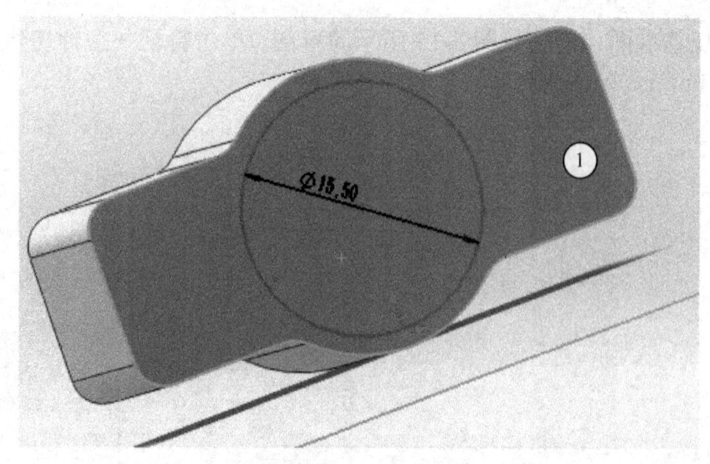

图 8-17 草图 2

（3）选择如图 8-18 所示的面①，单击**草图绘制**，绘制草图 3，如图 8-18 所示，单击**特征→拉伸凸台/基体**，拉伸尺寸为 **57mm**。

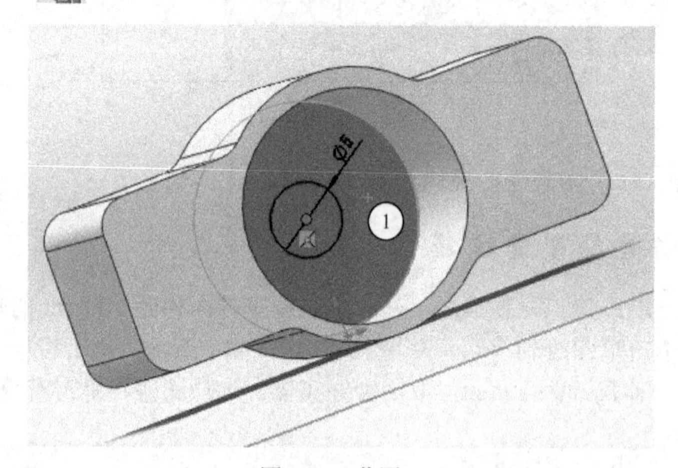

图 8-18 草图 3

（4）选择如图 8-17 所示的面①，单击**草图绘制**，绘制草图 4，如图 8-19 所示，单击**特征→拉伸凸台/基体**，拉伸尺寸为 **2mm**。

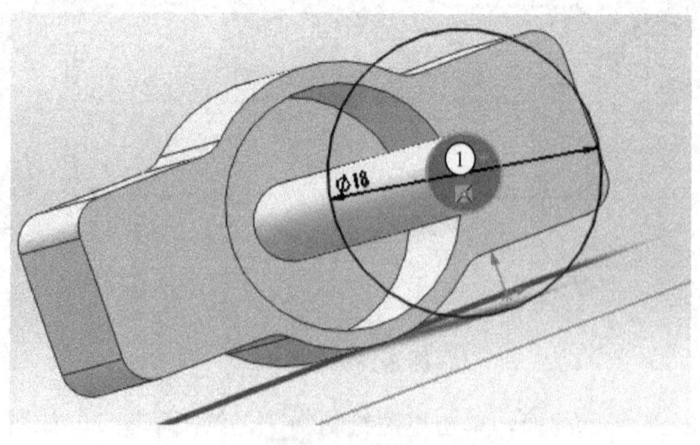

图 8-19 草图 4

（5）单击**特征**，选择建立基准面，选择如图 8-20 所示的面①，距离为 **2mm**，选择该基准面，单击**草图绘制**，绘制草图 5，如图 8-21 所示，单击**插入→曲线→螺旋线**，尺寸如图 8-22 所示，单击**确定**，选择**前视基准面**，绘制一个直径为 4.5mm 的圆，单击退出草图，单击**特征→扫描**，选择草图，单击**确定**。

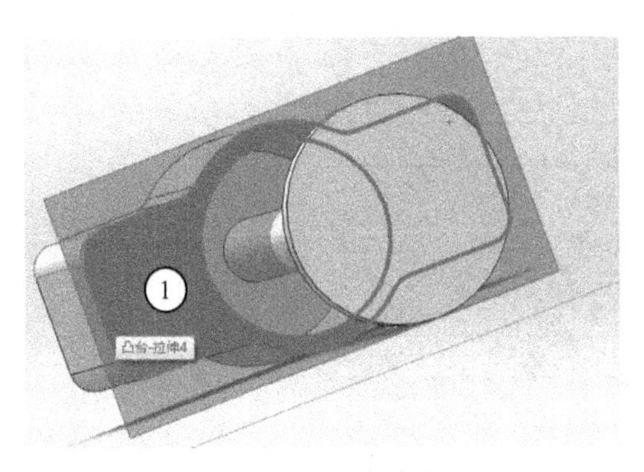

图 8-20　新建基准面

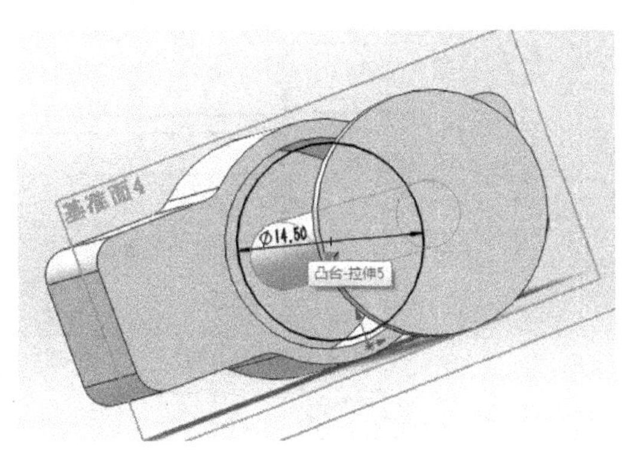

图 8-21　草图 5

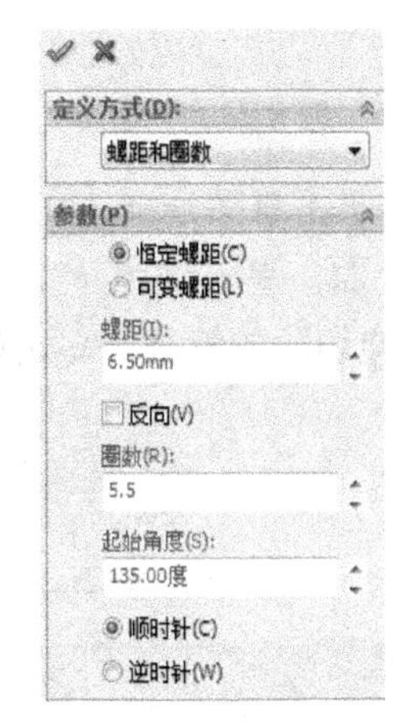

图 8-22　螺旋线的尺寸

（6）选择如图 8-23 所示的面①，单击**草图绘制**，绘制草图 6，如图 8-23 所示，单击**特征→拉伸凸台/基体**，**拉伸尺寸为 27mm**，单击**确定**。

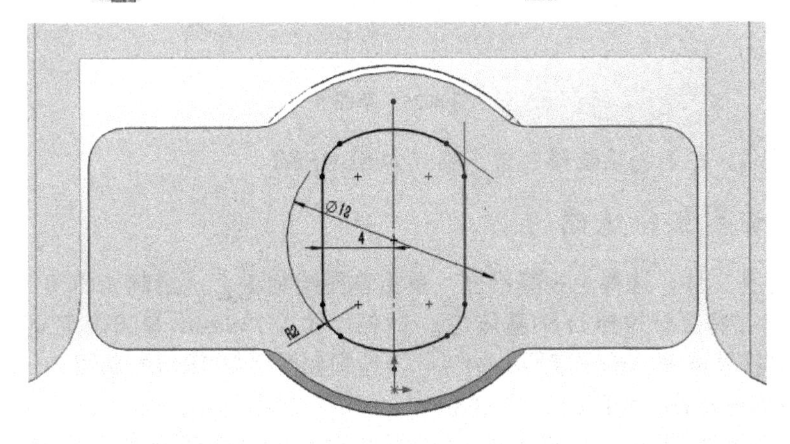

图 8-23　草图 6

（7）选择如图 8-23 所示的面①，单击**草图绘制**，绘制如图 8-24 所示的草图 7，单击**特征→拉伸切除**，选择**完全贯穿**，单击**确定**。

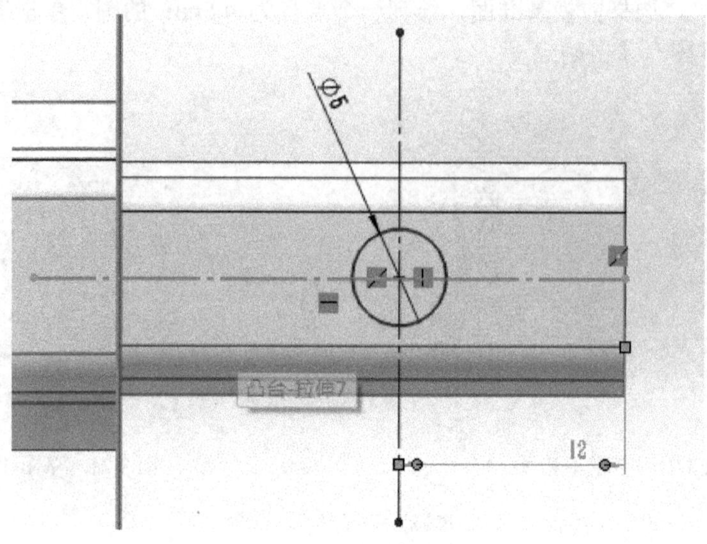

图 8-24　草图 7

（8）选择如图 8-25 所示的面①，单击**草图绘制**，绘制如图 8-25 所示的草图 8，单击**特征→拉伸切除**，选择**成形到下一面**，单击**确定**。单击**特征**，选择**镜向** 镜向，对称面选择**前视基准面**，镜像**特征**为该**拉伸切除**的**特征**，单击**确定**。

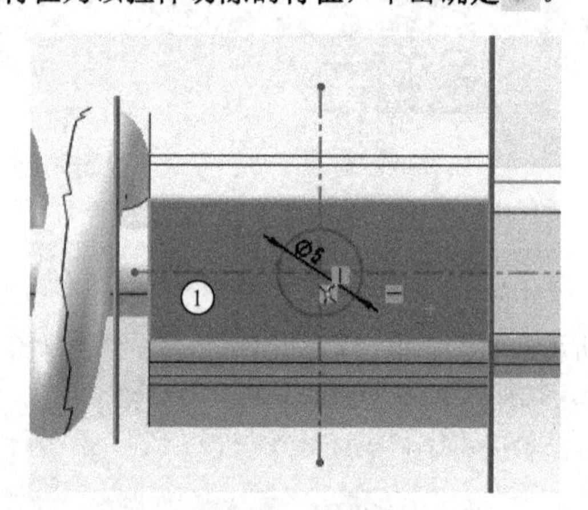

图 8-25　草图 8

（9）另存文件，命名为**后防震装置**，格式为**.SLDPRT**。

8.2.3　前车架的建模

（1）新建零件文件，选择**上视基准面**，单击**草图绘制**，绘制如图 8-26 所示的草图 1，单击**特征→拉伸凸台/基体**，**拉伸尺寸为 120mm**，单击**确定**。

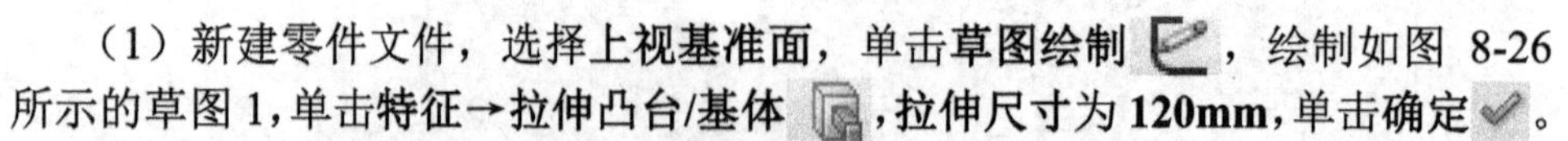

（2）选择**右视基准面**，单击**草图绘制**，绘制如图 8-27 所示的草图 2，单击**特征→拉伸切除**，单击**两侧对称**，切除尺寸为 **80mm**。

（3）选择**前视基准面**，单击**草图绘制**，绘制如图 8-28 所示的草图 3，单击**拉伸切除**，单击**反侧切除**，单击**确定**。

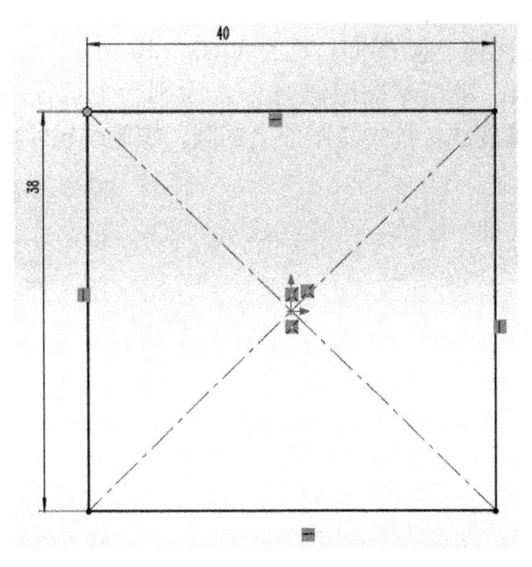

图 8-26　草图 1

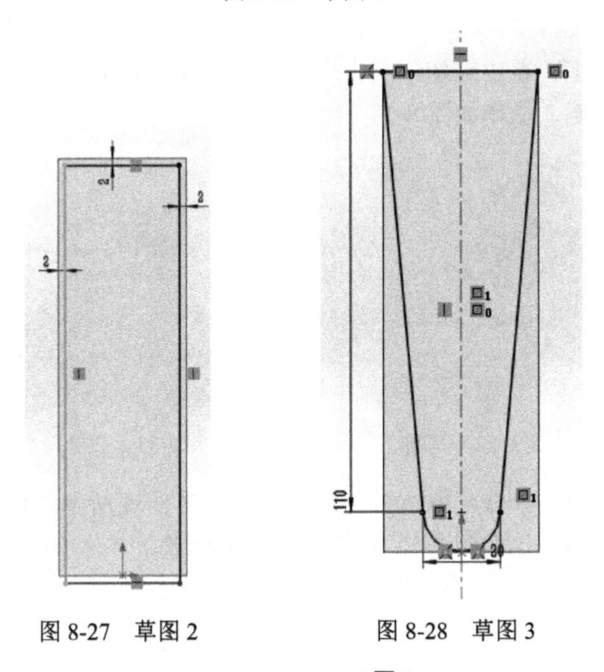

图 8-27　草图 2　　　　图 8-28　草图 3

（4）选择如图 8-29 所示的面①，单击**草图绘制**，绘制如图 8-29 所示的草图 4，单击**特征→拉伸凸台/基体**，**拉伸尺寸为 180mm**。

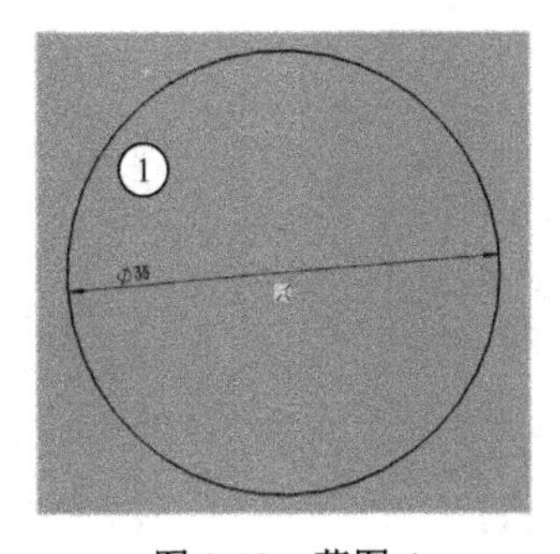

图 8-29　草图 4

（5）单击**特征→参考几何体→基准面**，选择如图 8-30 所示的面①，距离该面尺寸为 **3mm**，单击**确定**，选择该基准面，单击**草图绘制**，绘制一个直径为 35 的圆，单击**确定**。

（6）单击**插入→曲线→螺旋线**，选中基准面上的圆，螺旋线尺寸如图 8-31 所示，单击**确定**。

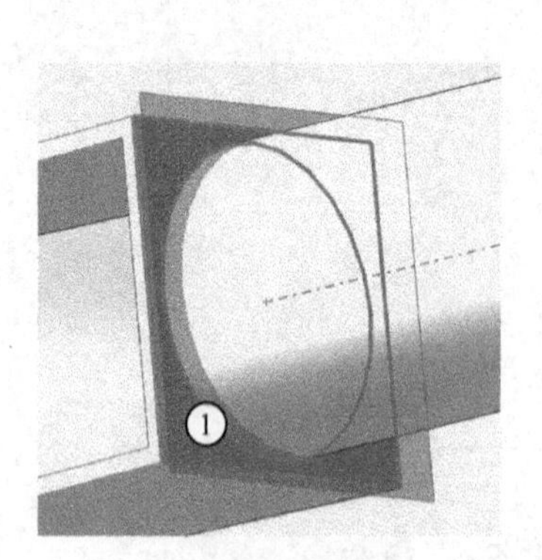

图 8-30　基准面

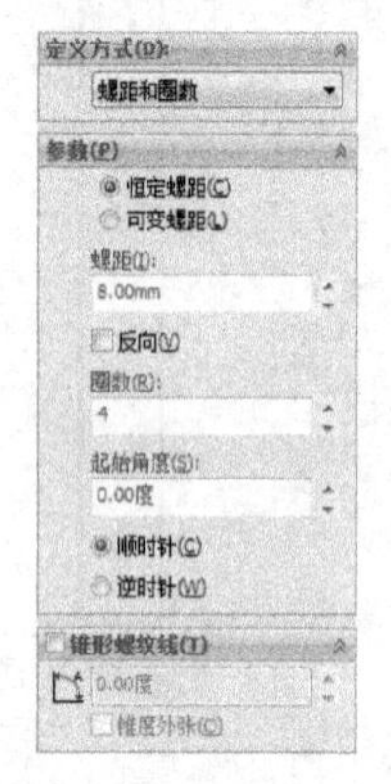

图 8-31　螺旋线尺寸

（7）选择**前视基准面**，单击**草图绘制**，绘制如图 8-32 所示的草图 5，单击**确定**。

（8）单击**特征→扫描**，操作如图 8-33 所示。

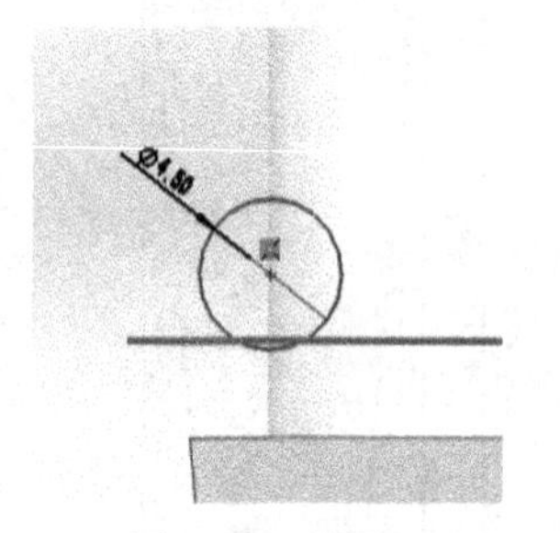

图 8-32　草图 5

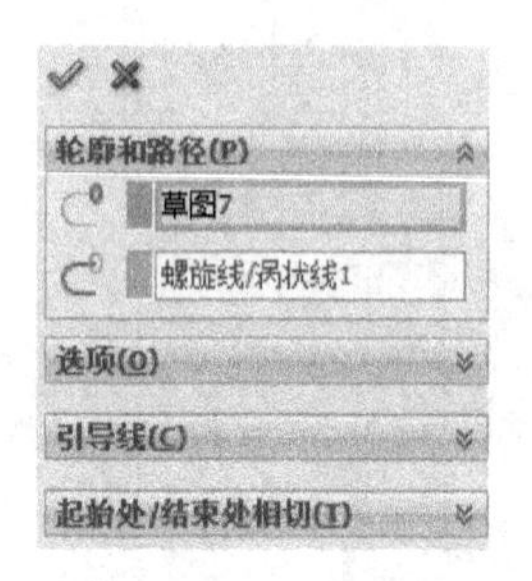

图 8-33　扫描尺寸

（9）单击**前视基准面**，单击**草图绘制**，绘制如图 8-34 所示的草图 6，单击**特征→旋转台体**，打开视图中的临时轴，如图 8-35 所示，单击**确定**。

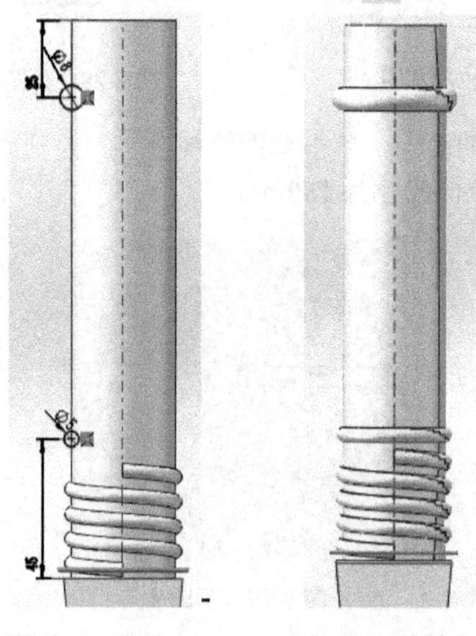
图 8-34　草图 6　　　　图 8-35　旋转台体

（10）选择如图 8-36 所示的面①，单击**草图绘制** ，绘制如图 8-36 所示的草图 7，单击**特征→拉伸切除** ，选择**完全贯穿**，单击**确定** 。

（11）单击**特征→参考几何体→基准面**，选择**右视基准面**，基准轴为底部圆孔的临时轴，数据如图 8-37 所示。

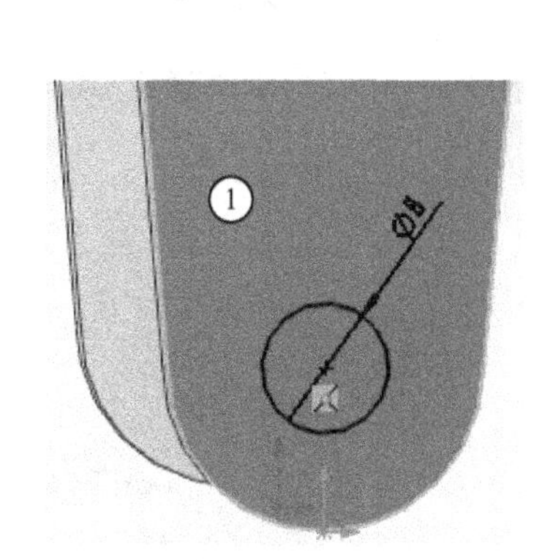

图 8-36　草图 7

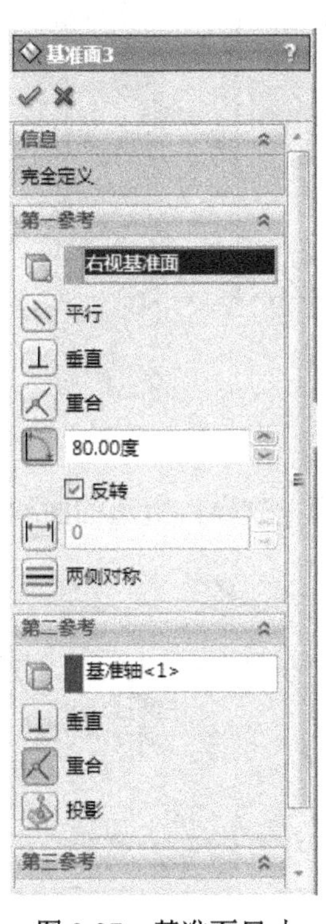

图 8-37　基准面尺寸

（12）选择**前视基准面**，绘制如图 8-38 所示的草图 8，单击**确定** 。

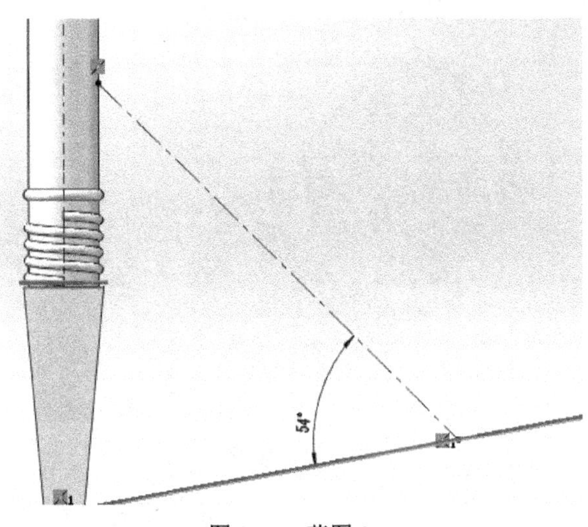

图 8-38　草图 8

（13）选择**右视基准面**，绘制如图 8-39 所示的草图 9，单击**确定** 。

（14）选择基准面 2，绘制如图 8-40 所示的草图 10，单击**确定** 。

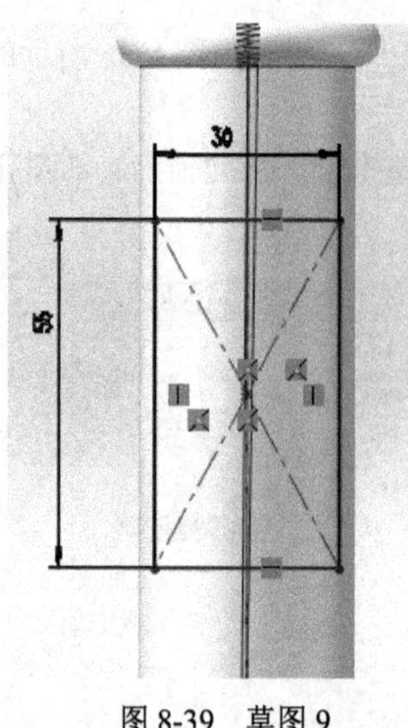

图 8-39　草图 9

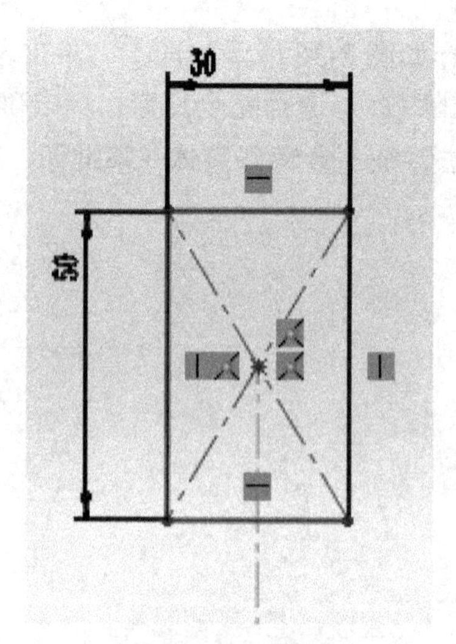

图 8-40　草图 10

（15）单击**特征→放样**，所选的面和数据如图 8-41 所示，单击**确定**✓。

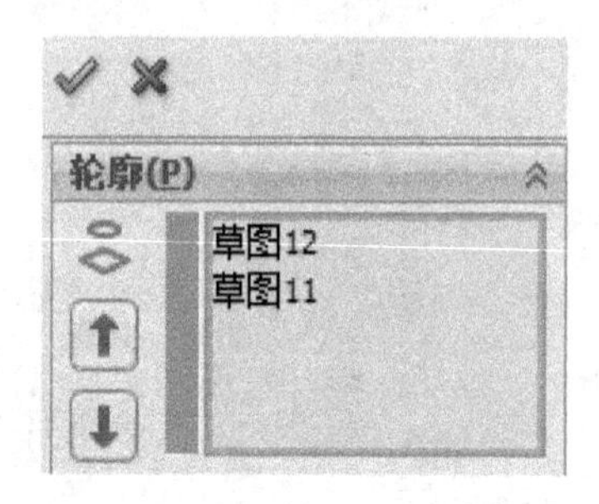

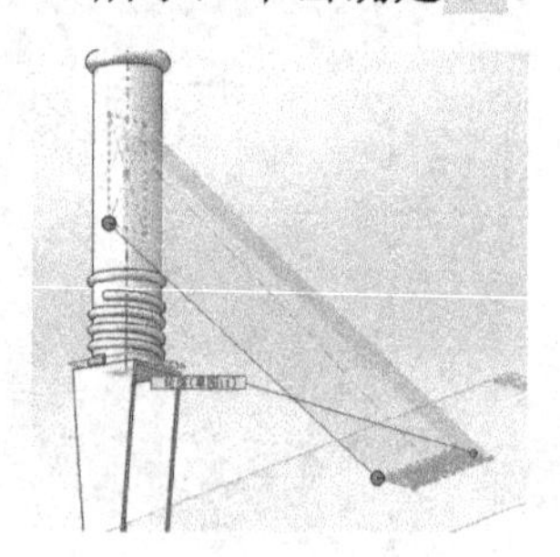

图 8-41　放样

（16）选择如图 8-42 所示的面①，单击**草图绘制**，绘制如图 8-42 所示的草图 11，单击**特征→拉伸切除**，切除尺寸为 178mm，单击**确定**✓。

图 8-42　草图 11

（17）单击**特征→圆角**，圆角边线如图 8-43 所示，**圆角尺寸为 1mm**。

（18）单击**特征→圆角**，圆角边线如图 8-44 所示，**圆角尺寸为 3mm**。

（19）选择如图 8-45 所示的面①，单击**草图绘制**，绘制如图 8-45 所示的草图 12，单击**特征→拉伸凸台/基体**，**拉伸尺寸为 15mm**。

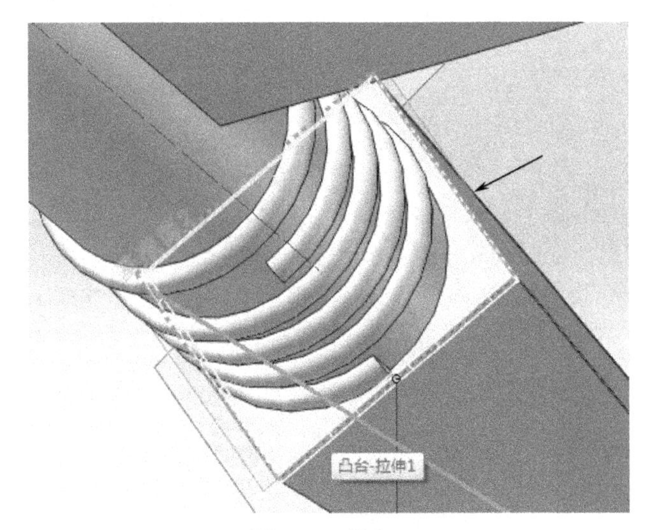

图 8-43　圆角 1

图 8-44　圆角 2

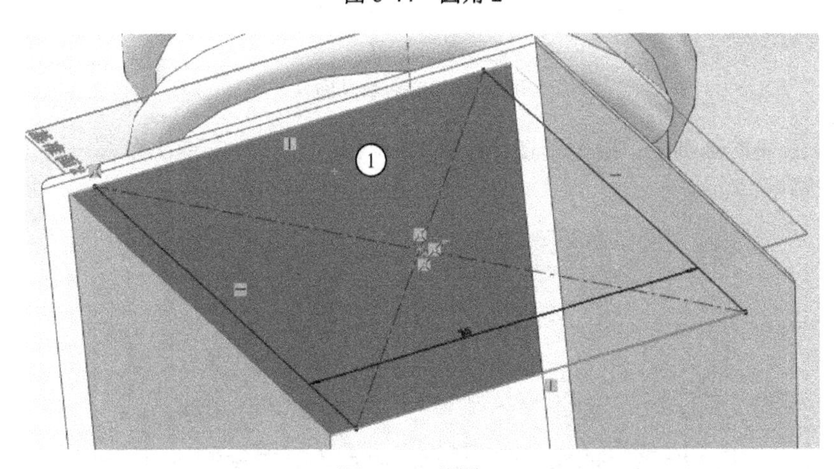

图 8-45　草图 12

（20）选择**前视基准面**，绘制如图 8-46 所示的草图 13，单击**退出草图**。

（21）单击**特征→参考几何体→基准面**，参考面为右视基准面，第二参考点为步骤（20）的端点，数据如图 8-47 所示。

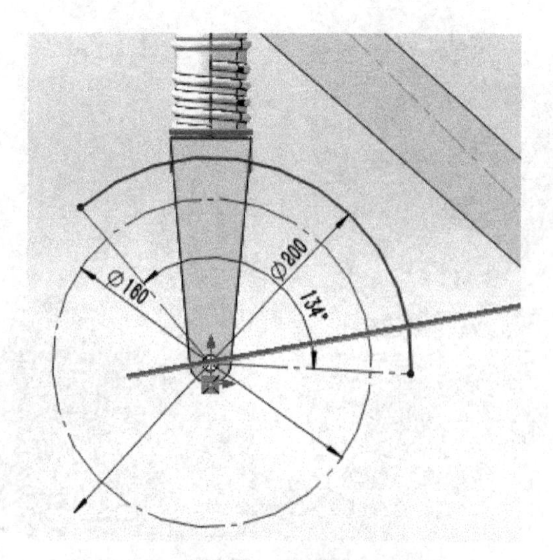

图 8-46　草图 13

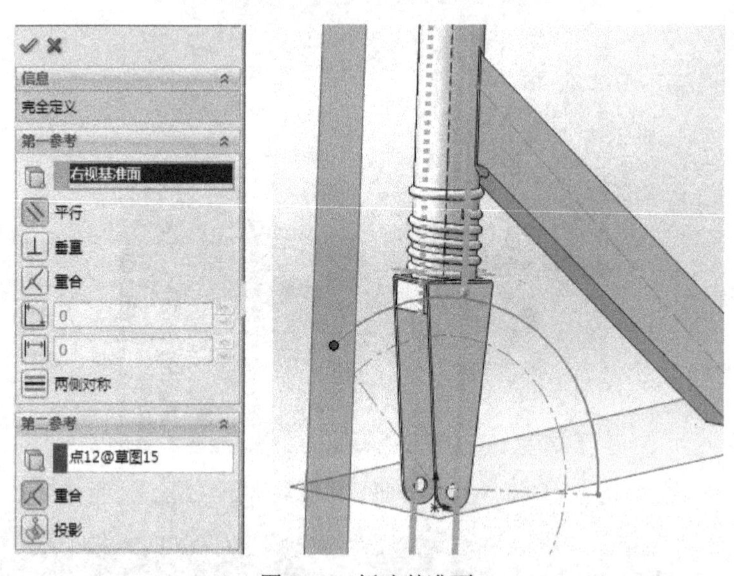

图 8-47　新建基准面

（22）选择新建的基准面，绘制草图 14，如图 8-48 所示，单击**退出草图→曲面→扫描曲面**，选择上面两个草图。

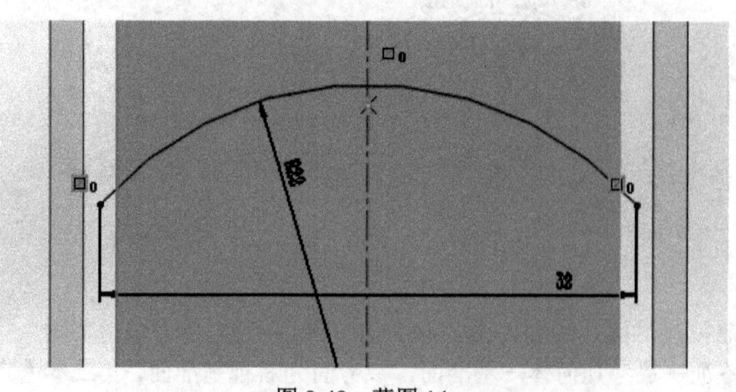

图 8-48　草图 14

（23）扫描完成后，单击**等距曲面**，选择扫描的曲面，等距的距离为 **0mm**，单击**替换面**，先选中需要替换的面，如图 8-49 所示，再选中用来替换的面，单击**确定**✔。

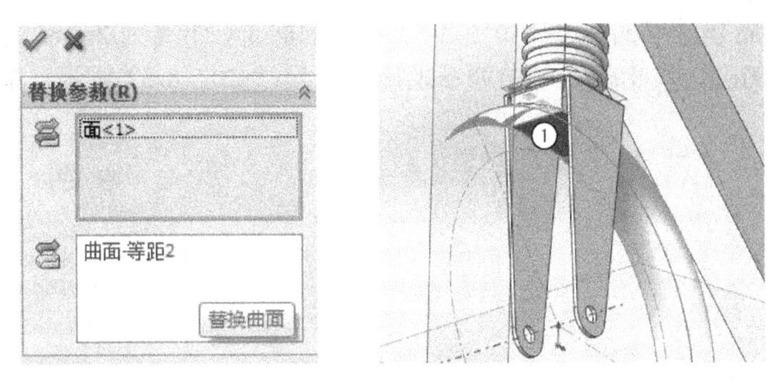

图 8-49　替换面

（24）选择上个步骤等距的面，单击**加厚**，加厚的尺寸为 **3mm**，向下加厚。

（25）单击**特征→圆角**，选择如图 8-50 所示的边线，**圆角尺寸为 5mm**。

图 8-50　圆角 3

（26）单击文件保存，命名为**前车架**，格式为**.SLDPRT**。

8.2.4　钢管的建模

（1）钢管 1：

① 新建零件文件，单击**草图绘制**，绘制一个直径为 30mm 的圆，单击**特征→拉伸凸台/基体**，拉伸尺寸为 **600mm**，单击**确定**✔。

② 单击**特征→抽壳**，抽壳尺寸为 **2mm**，选中如图 8-51 所示的面①，②，单击**确定**✔。

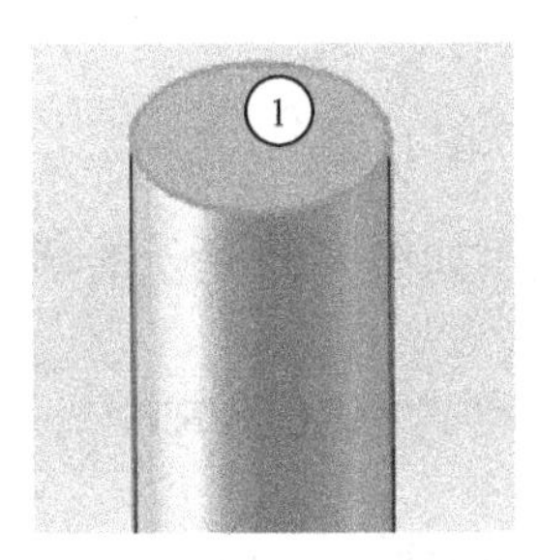

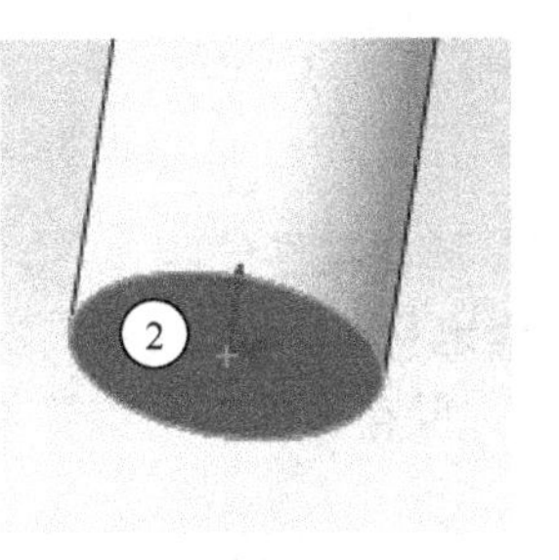

图 8-51　抽壳

③ 选择**上视基准面**，单击**草图绘制**，绘制直径为 28mm 的圆，单击**特征→拉伸切除**，选择**反侧切除**，拉伸尺寸为 **33mm**，单击**确定**。

④ 单击**特征**，新建基准面，选择如图 8-52 所示的面①，距离为 **2mm**。选择新建的基准面，绘制直径为 28mm 的圆，单击**插入→曲线→螺旋线**，尺寸如图 8-53 所示，单击**确定**。

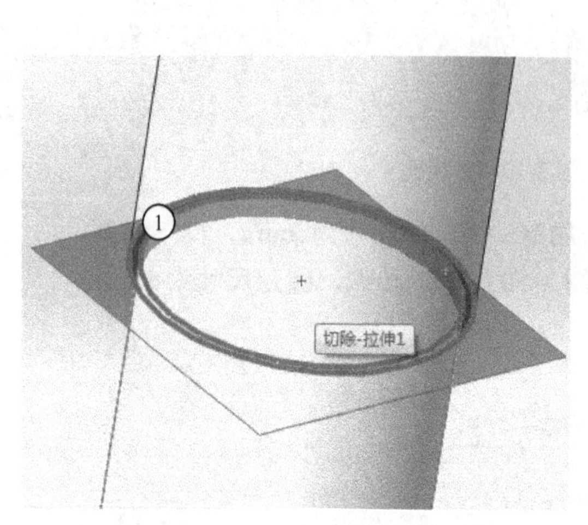

图 8-52　新建基准面

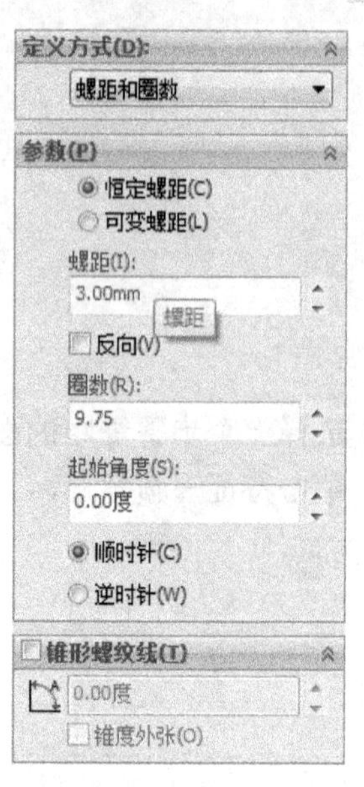

图 8-53　螺旋线尺寸

⑤ 选择**前视基准面**，单击**草图绘制**，绘制如图 8-54 所示的草图 1。单击**特征→扫描**，如图 8-54 所示。

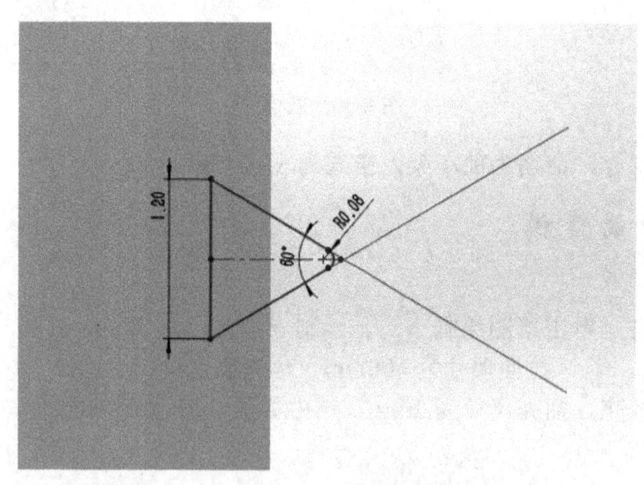

图 8-54　草图 1

⑥ 选择**前视基准面**，单击**草图绘制**，绘制如图 8-55 所示的草图 2，单击**拉伸切除**，选择**成形到一面**，单击**确定**。

⑦ 单击**文件→保存**，保存文件名为**钢管 1**，格式为**.SLDPRT**。

（2）钢管 2：

① 新建零件文件，单击**草图绘制**，绘制如图 8-56 所示的草图 3，单击**退出草图**，单击**曲面→拉伸曲面**，拉伸长度为 **480mm**。

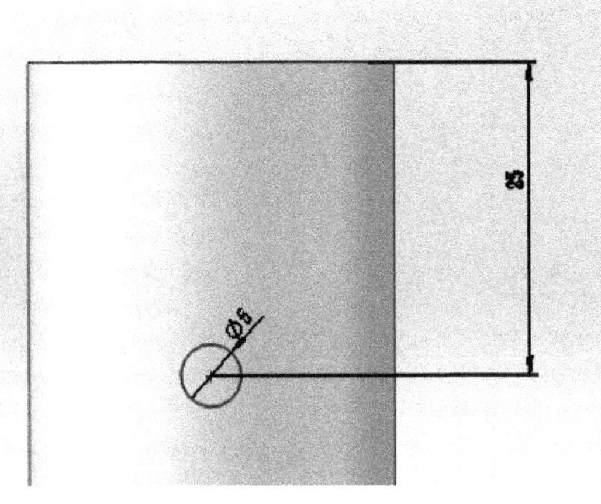

图 8-55　草图 2

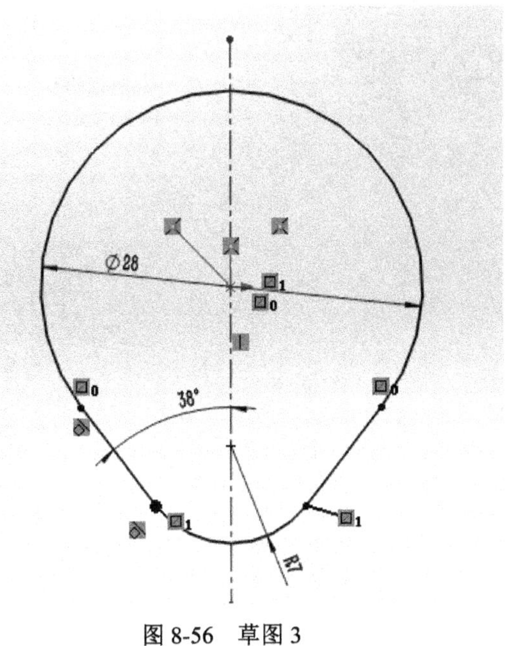

图 8-56　草图 3

② 单击**曲面→加厚**，选择曲面，外侧**加厚**，加厚厚度为 **1.5mm**。

③ 单击**文件→保存**，保存文件名为“钢管 2”。

（3）钢管 3：

① 选择**上视基准面**，单击**草图绘制**，绘制直径为 27.5 的圆，单击**特征→拉伸凸台/基体**，拉伸尺寸为 **340mm**，单击**确定**。

② 选择**前视基准面**，单击**草图绘制**，绘制如图 8-57 所示的草图 4，单击**特征→拉伸凸台/基体**，选择**两侧对称**，拉伸尺寸为 **150mm**。

③ 单击**特征→抽壳**，抽壳尺寸为 **2mm**，选择如图 8-58 所示的面①和②。

④ 单击**特征→圆角**，圆角尺寸为 **5mm**，选择如图 8-59 所示的边线。

⑤ 选择**右视基准面**，单击**草图绘制**，绘制如图 8-60 所示的草图 5，单击**特征→拉伸切除**，选择**成形到一面**。

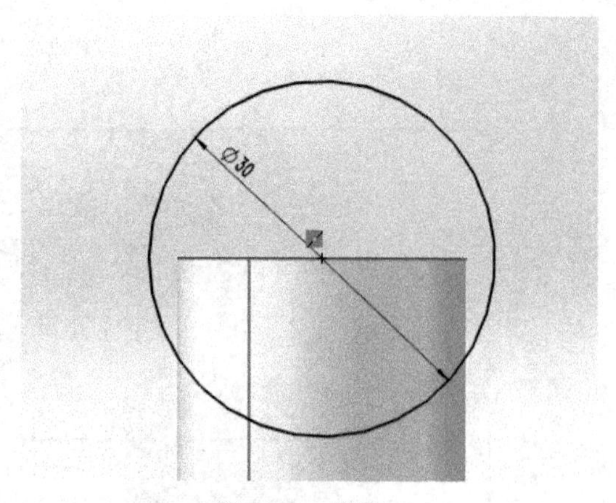

图 8-57 草图 4

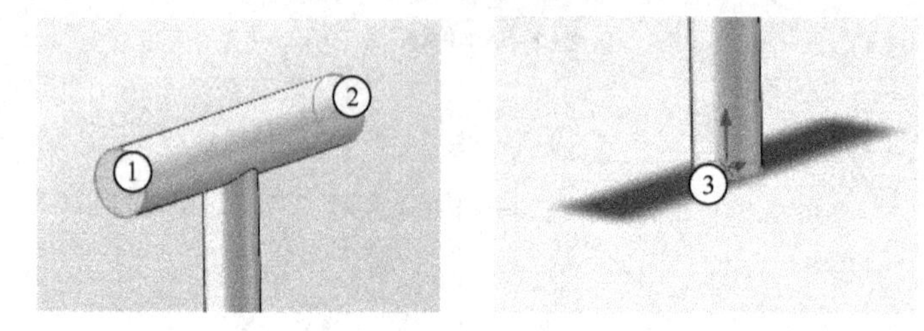

图 8-58 抽壳

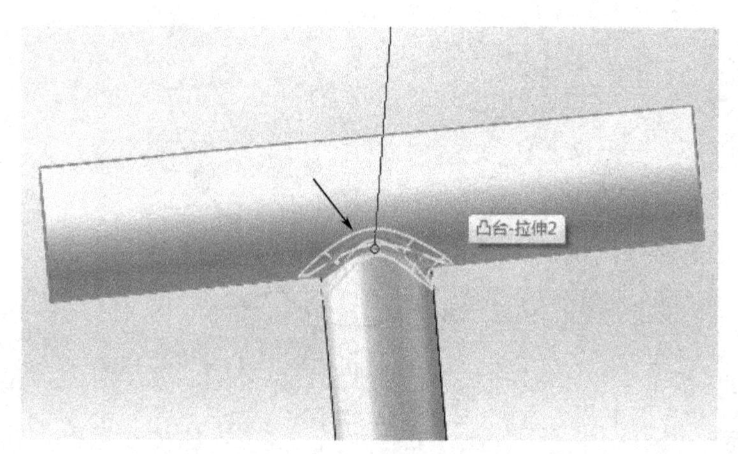

图 8-59 圆角边线

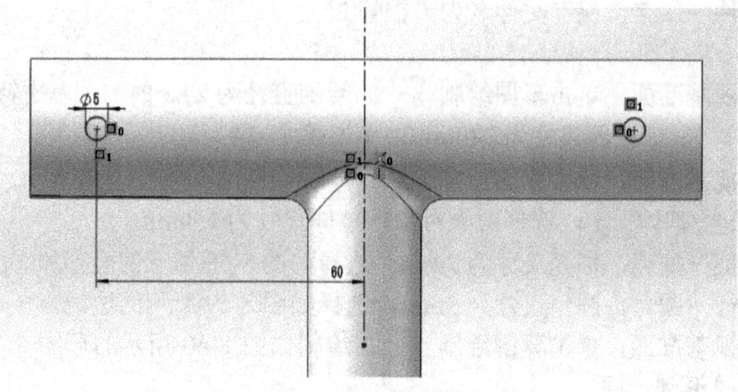

图 8-60 草图 5

⑥ 单击**特征**，新建基准面，选择距离右视基准面尺寸为 **17mm**，单击**确定**✓，选择新建的基准面，单击**草图绘制**，单击**特征→拉伸凸台/基体**，选择**成形到下一面**，单击**确定**✓，如图 8-61 所示。

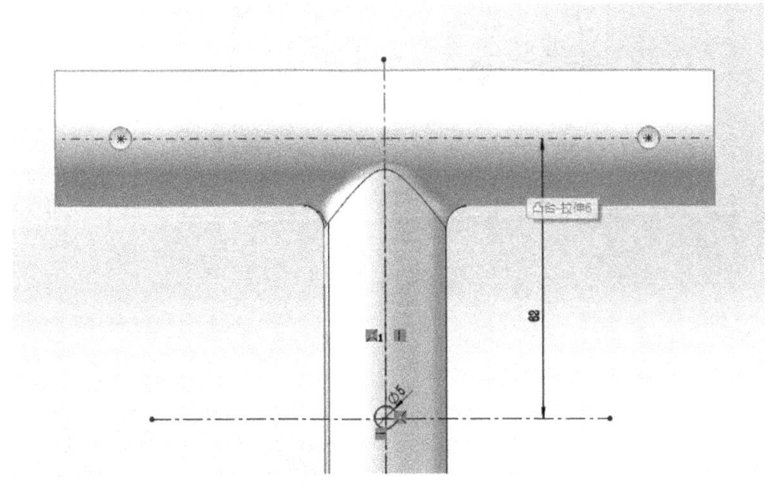

图 8-61　拉伸凸台/基体

⑦ 单击**特征→圆角**，圆角尺寸为 **1mm**，选择如图 8-62 所示的面，单击**确定**✓。

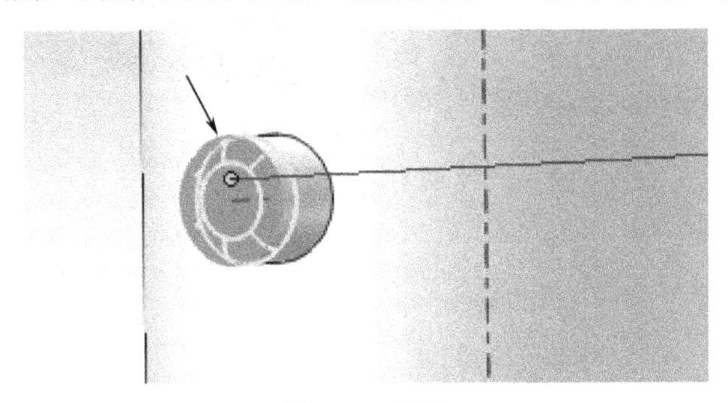

图 8-62　圆角

⑧ 单击**文件→保存**，命名为**钢管 3**，格式为**.SLDPRT**。

8.2.5　把手的建模

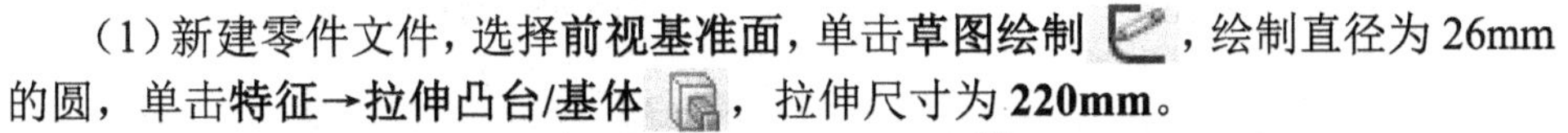

（1）新建零件文件，选择**前视基准面**，单击**草图绘制**，绘制直径为 26mm 的圆，单击**特征→拉伸凸台/基体**，拉伸尺寸为 **220mm**。

（2）选择如图 8-63 所示的面①，单击**草图绘制**，绘制如图 8-63 所示的草图 1，单击**特征→拉伸凸台/基体**，拉伸尺寸为 **140mm**，选择**拔模**，拔模度数为 3，选择反向，单击**确定**✓。

（3）单击**特征→圆角**，圆角尺寸为 **8mm**，选择如图 8-64 所示的面，单击**确定**✓。

（4）选择**右视基准面**，单击**草图绘制**，绘制如图 8-65 所示的草图 2，单击**特征→拉伸凸台/基体**，拉伸尺寸为 **17mm**，单击**圆角**，选择如图 8-66 所示的边线，圆角尺寸为 **1mm**。

（5）选择如图 8-67 所示的面，单击**草图绘制**，绘制如图 8-67 所示的草图 3，单击**特征→拉伸切除**，切除尺寸为 **210mm**。

（6）选择**文件→保存**，命名为**手把**，格式为**.SLDPRT**。

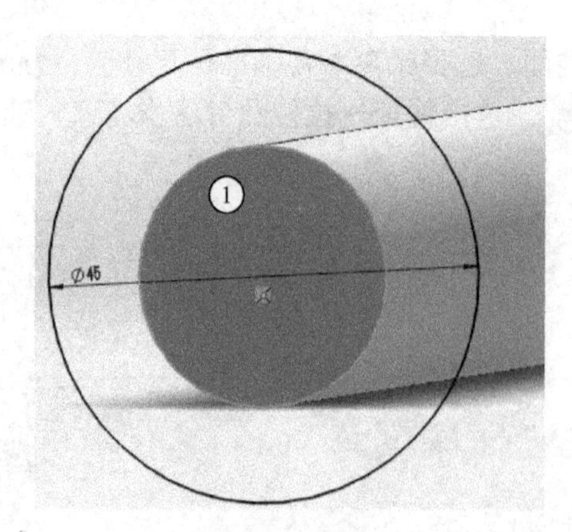

图 8-63　草图 1

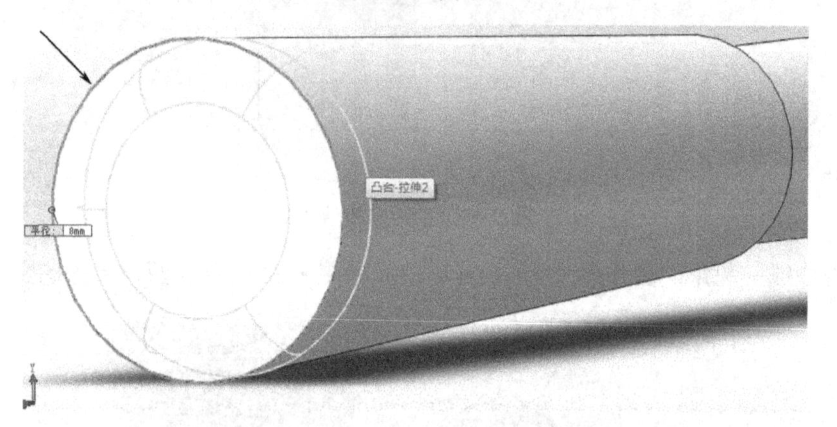

图 8-64　圆角

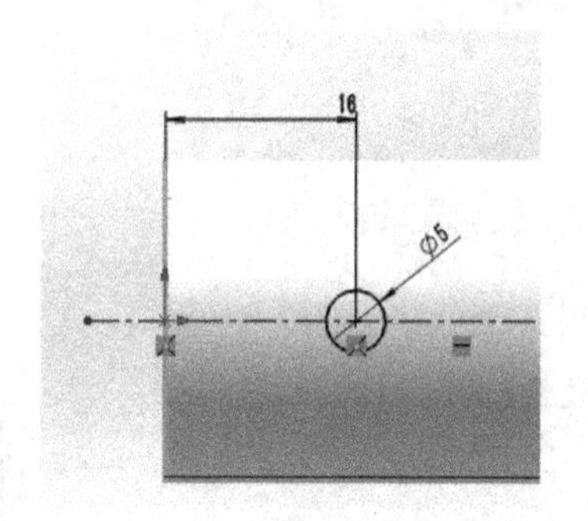

图 8-65　草图 2

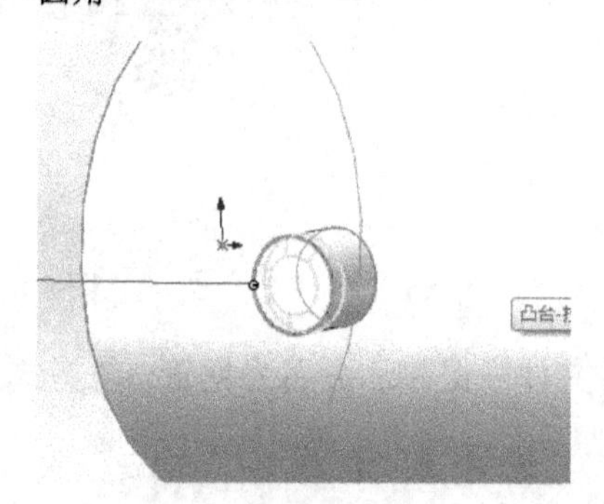

图 8-66　圆角

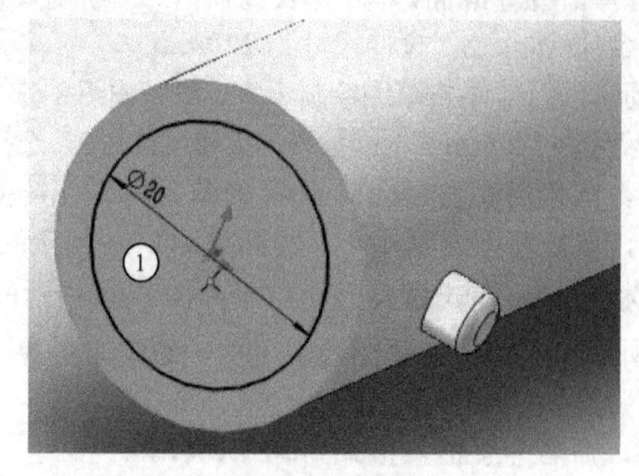

图 8-67　草图 3

8.2.6　后挡泥板的建模

（1）新建零件文件，选择**上视基准面**，单击**草图绘制**，绘制如图 8-68 所示的草图 1，单击**特征→拉伸凸台/基体**，拉伸尺寸为**10mm**，单击**确定**。

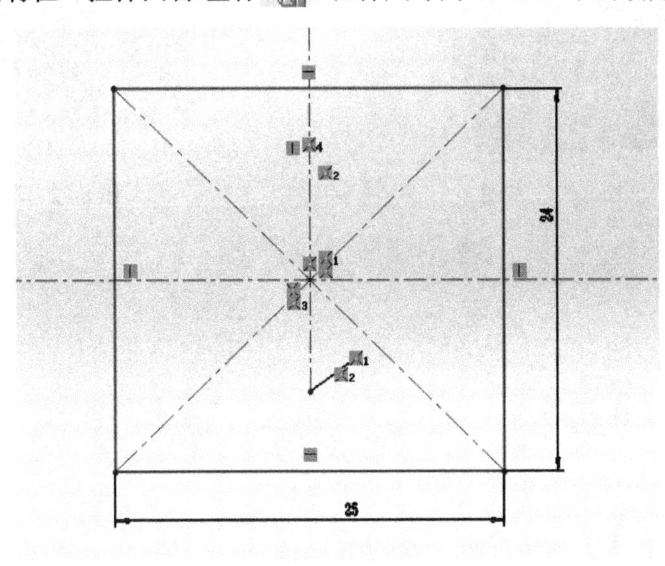

图 8-68　草图 1

（2）单击**特征→参考几何体→基准面**，选择如图 8-69 所示的面①，单击**重合**，单击**确定**，选择新建的基准面，单击**草图绘制**，绘制草图 2，如图 8-70 所示，单击**特征→拉伸凸台/基体**，拉伸尺寸为**24mm**，取消合并实体，单击**确定**。

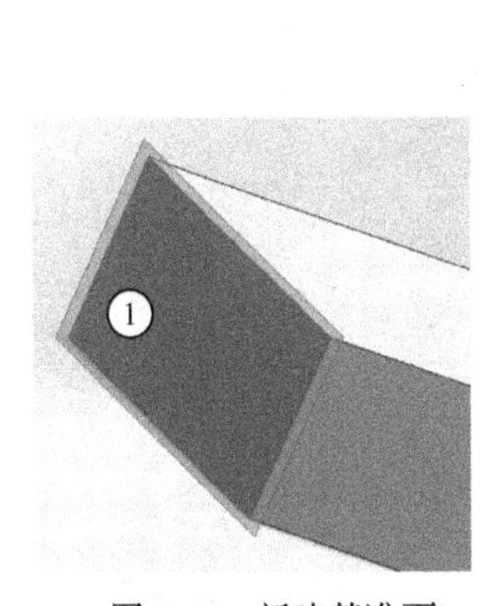

图 8-69　新建基准面

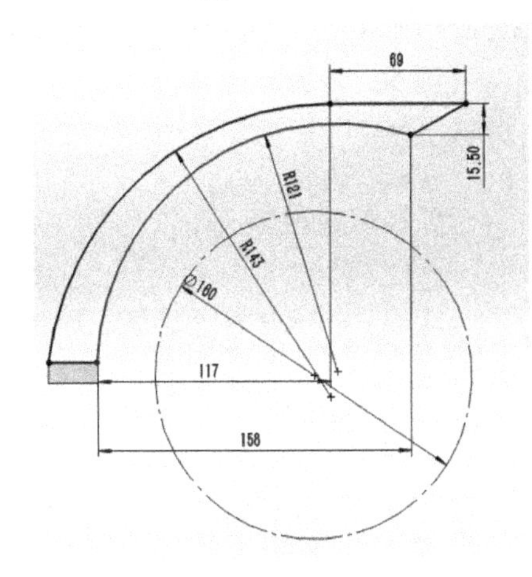

图 8-70　草图 2

（3）选择如图 8-71 所示的面①，单击**草图绘制**，绘制如图 8-71 所示的草图 3，单击**特征→拉伸凸台/基体**，拉伸尺寸为**20mm**，取消合并实体。选择如图 8-72 所示的面①，单击**草图绘制**，绘制如图 8-72 所示的草图 4，单击**特征→拉伸切除**，选择**成形到下一面**，单击**确定**。

（4）单击**特征→圆角**，圆角尺寸为**3mm**，选择如图 8-73 所示的两条边线，单击**特征→镜像实体**，**镜像面**选择**前视基准面**，**镜像实体**选择**实体**。

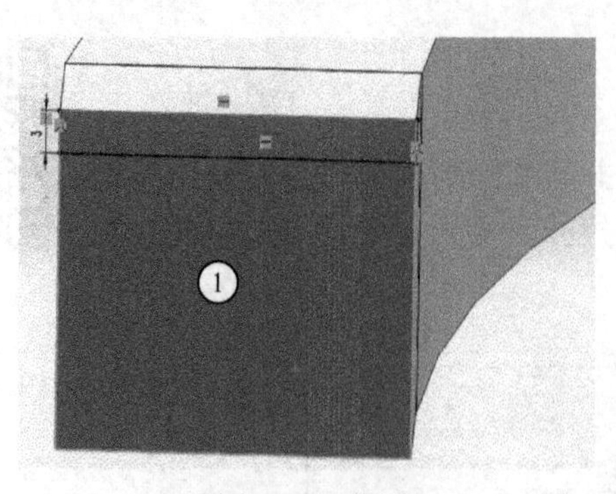

图 8-71　草图 3

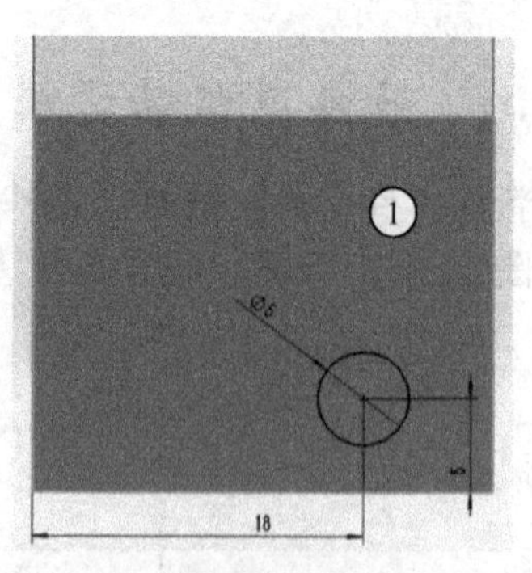

图 8-72　草图 4

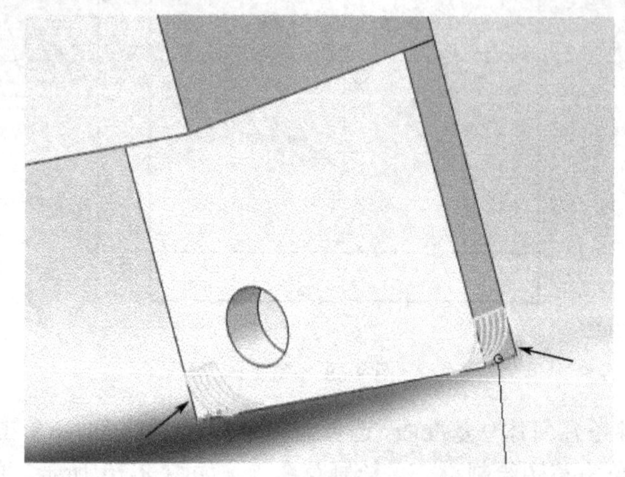

图 8-73　圆角 1

（5）单击**特征→圆角**，圆角尺寸为**2mm**，选择如图 8-74 所示的边线。

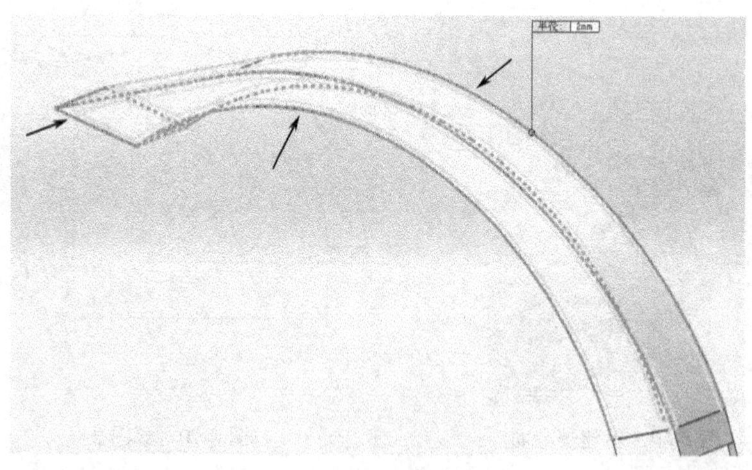

图 8-74　圆角 2

8.2.7　车轮的建模

（1）新建零件文件，选择**前视基准面**，单击**草图绘制**，绘制如图 8-75 所示的草图 1，单击**特征→**旋转台体，选择中心线为旋转中心，单击**确定**。

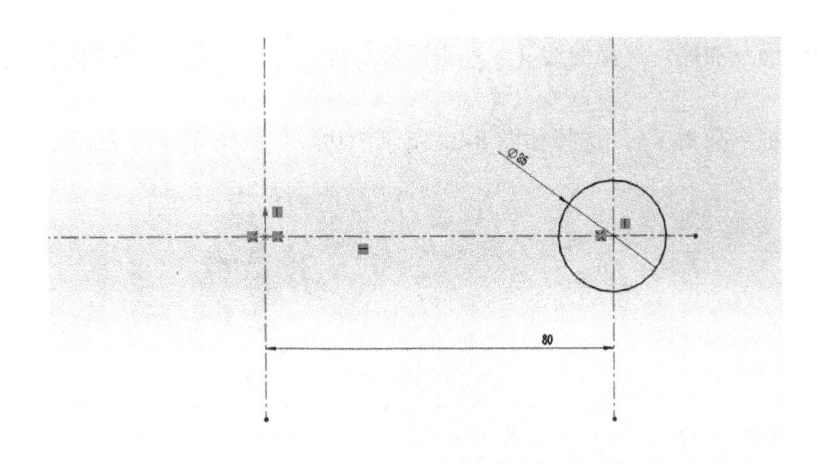

图 8-75　草图 1

（2）选择**上视基准面**，单击**草图绘制** ，绘制如图 8-76 所示的草图 2，单击**特征→拉伸凸台/基体** ，选择**两侧对称**，取消合并实体，拉伸尺寸为 **25mm**。

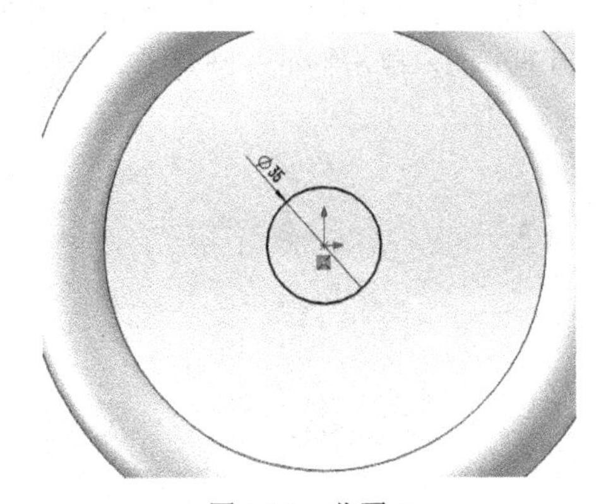

图 8-76　草图 2

（3）选择**上视基准面**，单击**草图绘制** ，绘制如图 8-77 所示的草图 3，单击**退出草图→曲面→拉伸曲面**，选择**两侧对称**，拉伸尺寸为 **20mm**，单击**确定** 。

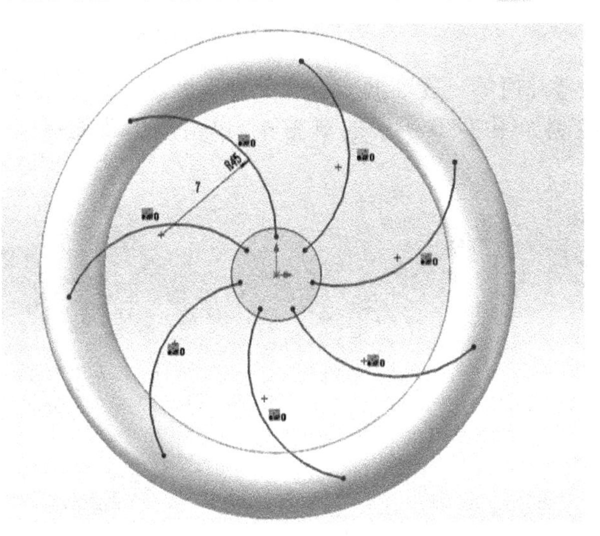

图 8-77　草图 3

（4）单击**曲面→加厚**，选择**曲线** 1，单击**两侧加厚**，加厚尺寸为 **2mm**。重复此步骤，将**曲线**都加厚。

（5）单击**特征→圆角**，选择如图 8-78 所示的边线，圆角尺寸为 **2mm**。

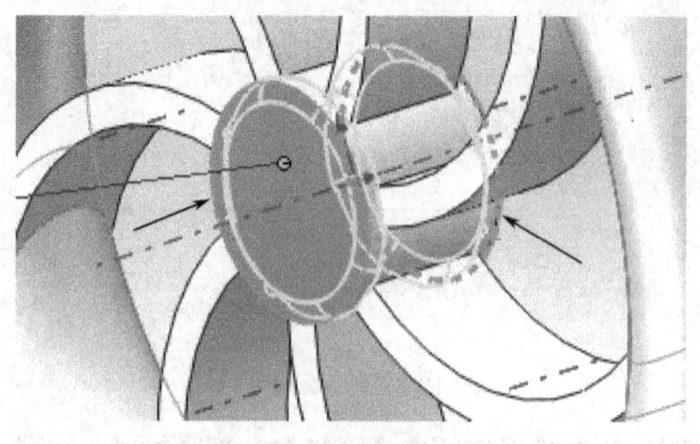

图 8-78 圆角

（6）选择如图 8-79 所示的面，单击**草图绘制**，绘制如图 8-79 所示的草图 4，单击**特征→拉伸切除**，选择**成形到下一面**，单击**特征→圆角**，选择该特征的圆形边线，圆角尺寸为 **1mm**。

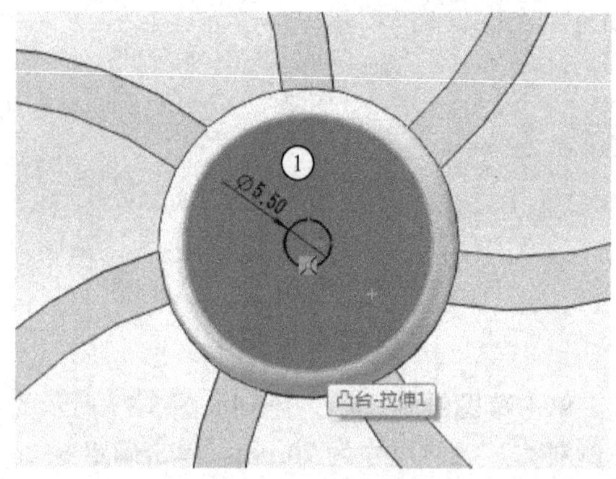

图 8-79 草图 4

（7）单击**特征→参考几何体→基准面**，选择上视基准面，距离为 **20mm**，选择该基准面，单击**草图绘制**，绘制如图 8-80 所示的草图 5，单击**退出草图→曲面→曲线→分割线**，如图 8-81 所示。

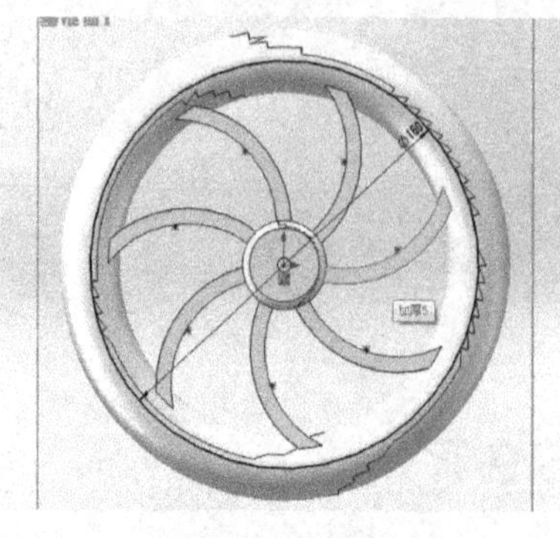

图 8-80 草图 5

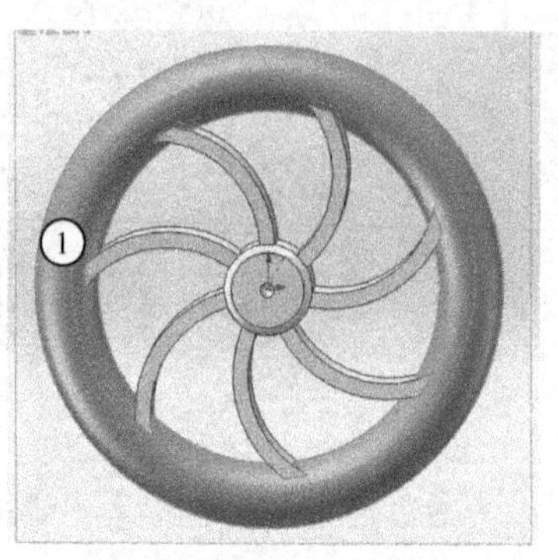

图 8-81 分割线

（7）选择图 8-82 所示的面，单击**曲面→等距曲面**，等距的距离为 **0mm**，单击**加厚**，选择**单侧加厚**，加厚厚度为 **2mm**。

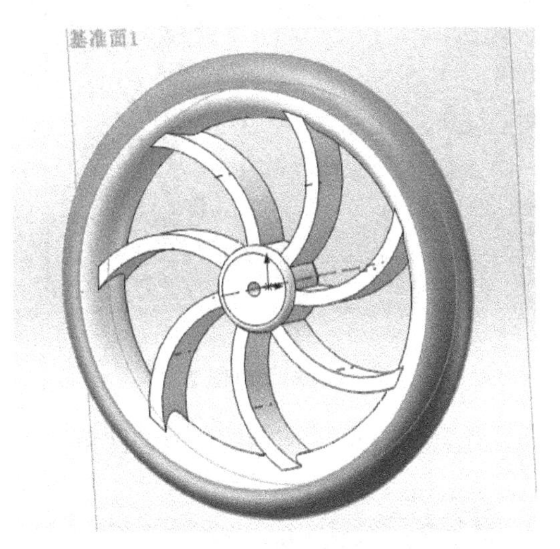

图 8-82 等距曲面、加厚

（8）单击**曲面→曲线→分割线**，选择**轮廓**，轮廓面为上视基准面，单击**确定**。

（9）保存文件，命名为**车轮**，格式为**.SLDPRT**。

8.2.8 车头零件的建模

（1）零件 1

① 新建零件文件，选择**上视基准面**，单击**草图绘制**，绘制如图 8-83 所示的草图 1，单击**特征→拉伸凸台/基体**，拉伸尺寸为 **30mm**。

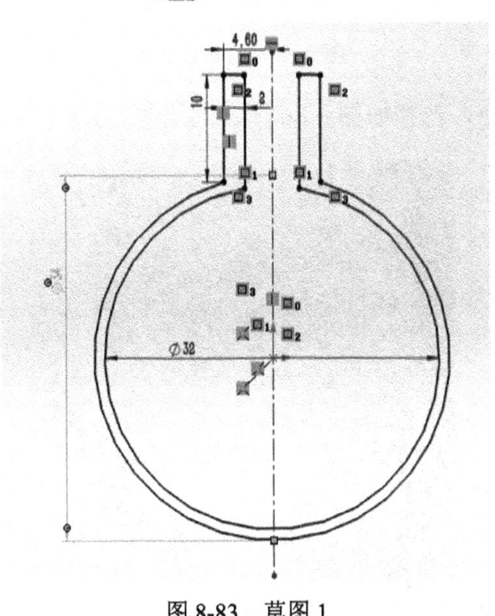

图 8-83 草图 1

② 选择**右视基准面**，单击**草图绘制**，绘制如图 8-84 所示的草图 2，单击**特征→拉伸切除**，选择**两侧对称**，拉伸尺寸为 **30mm**。

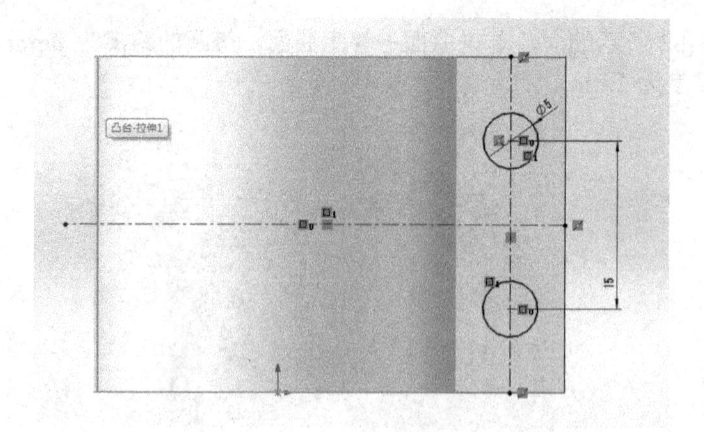

图 8-84　草图 2

③ 单击**特征→圆角**，选择如图 8-85 所示的边线，圆角尺寸为 **1mm**。

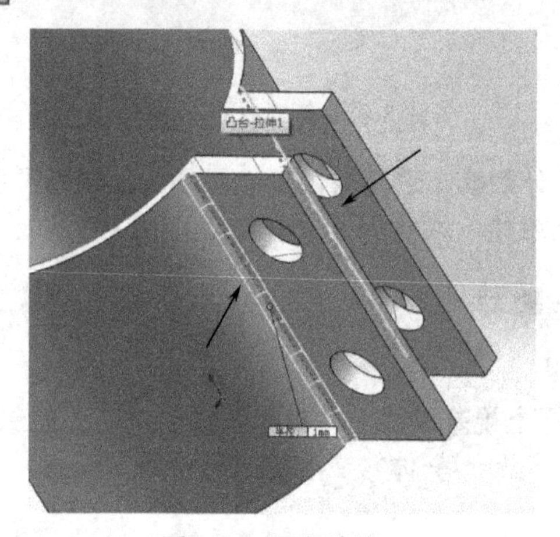

图 8-85　圆角边线 1

④ 单击**特征→圆角**，选择如图 8-86 所示的边线，圆角尺寸为 **3mm**。

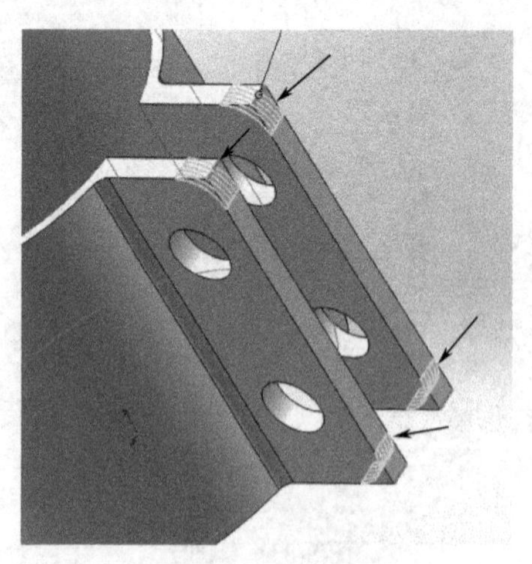

图 8-86　圆角边线 2

⑤ 单击**文件→保存**，命名为**车头零件** 1。

（2）零件 2

① 新建零件文件，选择**上视基准面**，单击**草图绘制**，绘制如图 8-87 所示的草图 1，单击**特征→拉伸凸台/基体**，拉伸尺寸为 **10mm**。

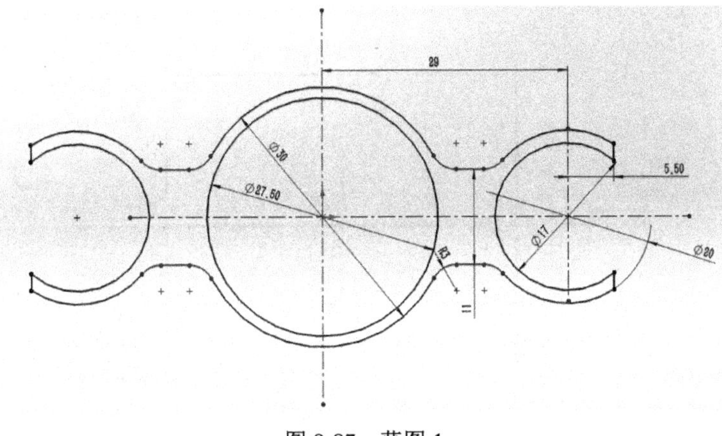

图 8-87　草图 1

② 单击**特征→新建基准面**，选择**前视基准面**，设置距离为 **20mm**，选择该基准面，绘制如图 8-88 所示的草图 2，单击**特征→拉伸凸台/基体**，选择**成形到一面**，选择如图 8-89 所示的面①，单击**确定**。

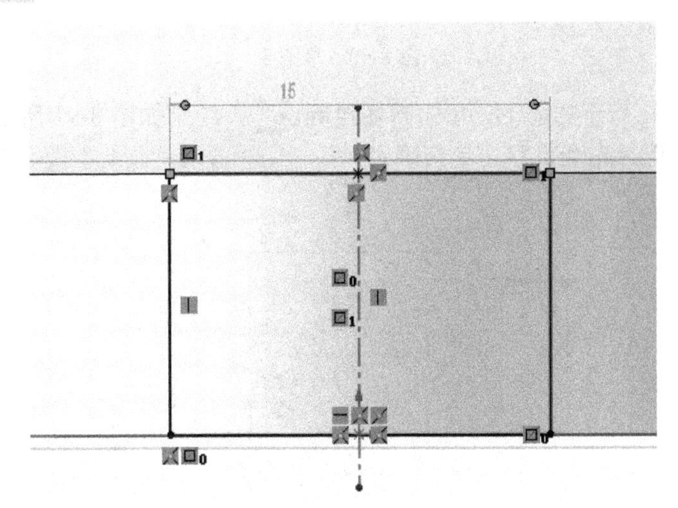

图 8-88　草图 2

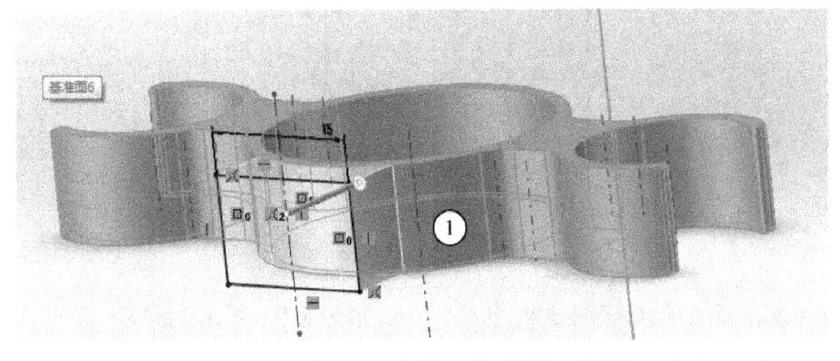

图 8-89　拉伸凸台/基体

③ 单击**特征→新建基准面**，选择**前视基准面**，设置距离为 **20mm**，单击**反转**，选择该基准面，绘制如图 8-90 所示的草图 3，单击**特征→拉伸凸台/基体**，选择**成形到下一面**，单击**确定**。

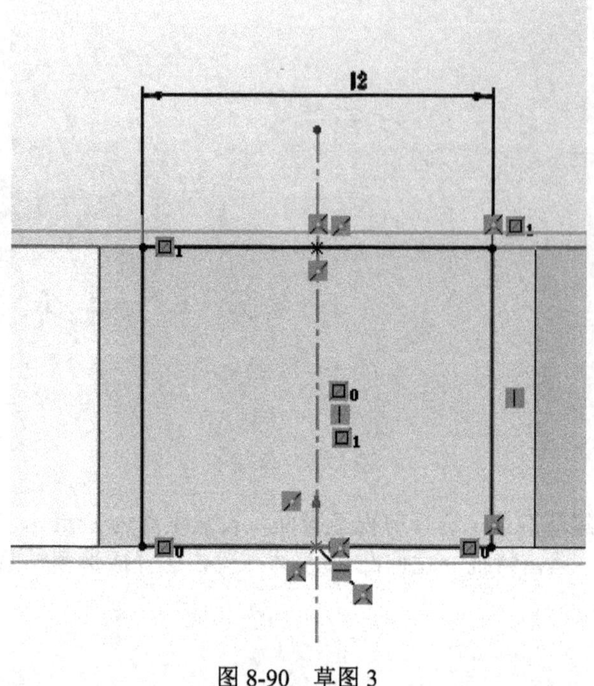

图 8-90　草图 3

④ 选择如图 8-91 所示的面①，单击**草图绘制**，绘制如图 8-91 所示的草图 4，单击**特征→拉伸切除**，选择**完全贯穿**，单击**确定**。

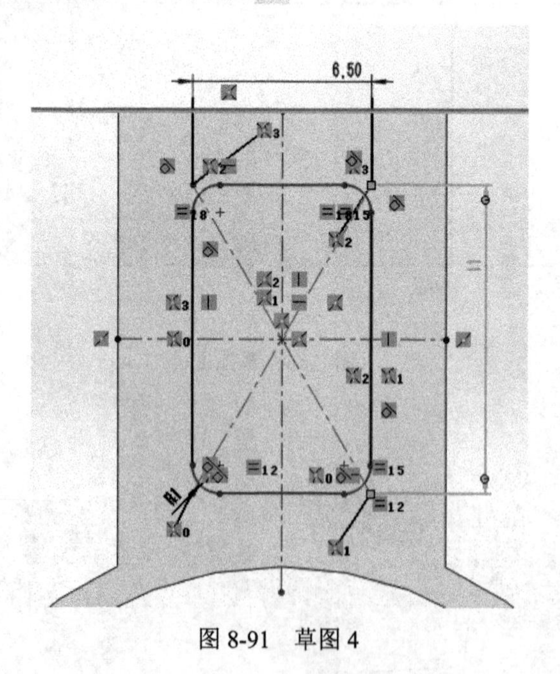

图 8-91　草图 4

⑤ 选择**右视基准面**，单击**草图绘制**，绘制如图 8-92 所示的草图 5，单击**拉伸切除**，选择**两侧对称**，拉伸尺寸为 **10mm**。

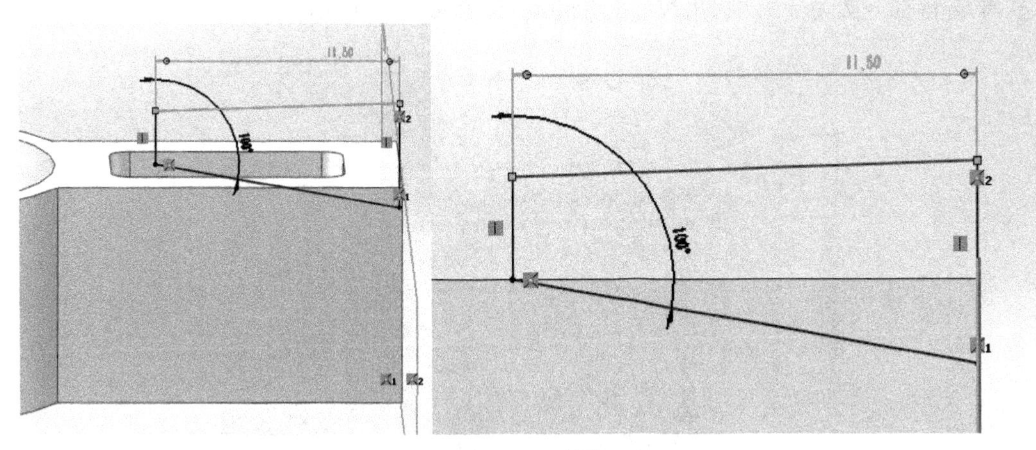

图 8-92　草图 5

⑥ 单击**特征→圆角**，选择如图 8-93 所示的边线，圆角尺寸为 **10mm**，单击**特征→圆角**，圆角尺寸为 **2mm**，选择如图 8-93 所示的边线。

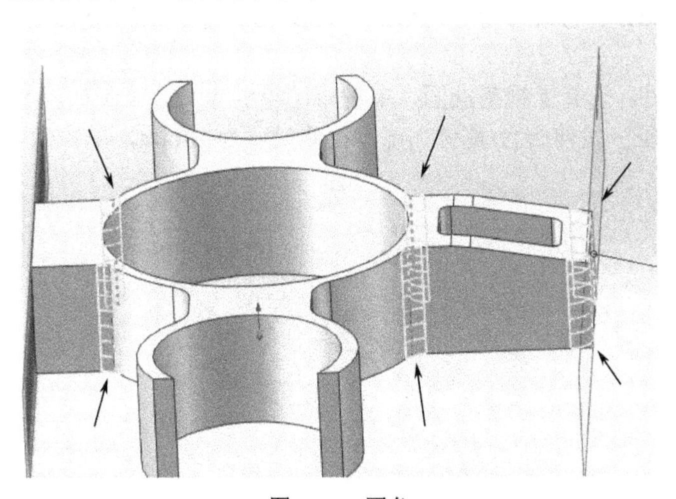

图 8-93　圆角

⑦ 选择如图 8-94 所示的面①，单击**草图绘制**，绘制如图 8-94 所示的草图 6，单击**特征→拉伸切除**，选择**成形到下一面**，单击**确定**。

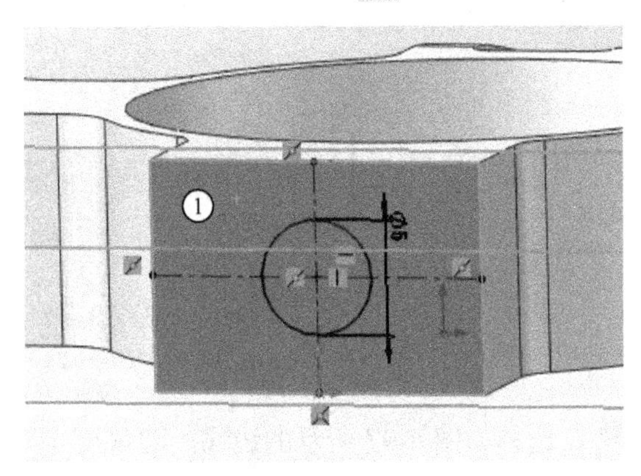

图 8-94　草图 6

⑧ 单击**特征→圆角**，圆角尺寸为 **1mm**，选择如图 8-95 所示的面。

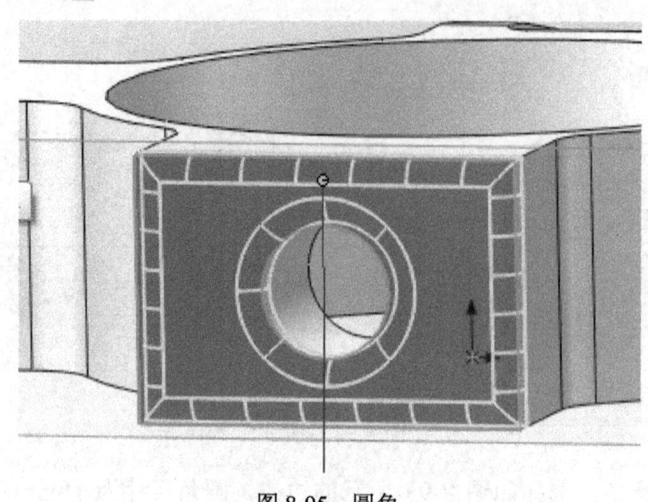

图 8-95　圆角

⑨ 单击**文件→保存**，将文件命名为**车头零件** 2，格式为**.SLDPRT**。

（3）零件 3

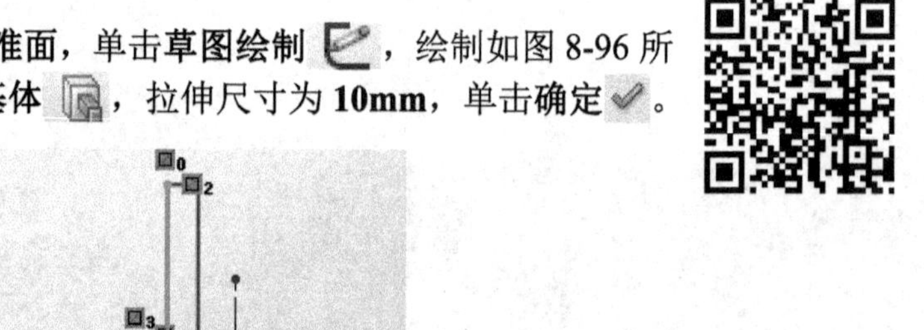

① 新建零件文件，选择**上视基准面**，单击**草图绘制**，绘制如图 8-96 所示的草图 1，单击**特征→拉伸凸台/基体**，拉伸尺寸为 **10mm**，单击**确定**。

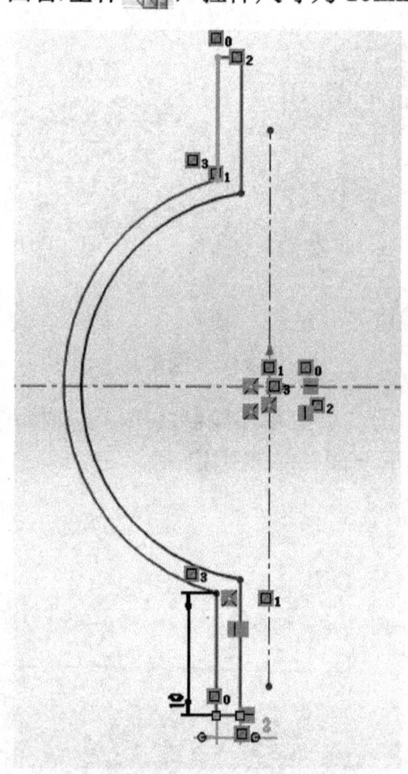

图 8-96　草图 1

② 单击**特征→圆角**，选择如图 8-97 所示的边线，圆角尺寸为 **1mm**。

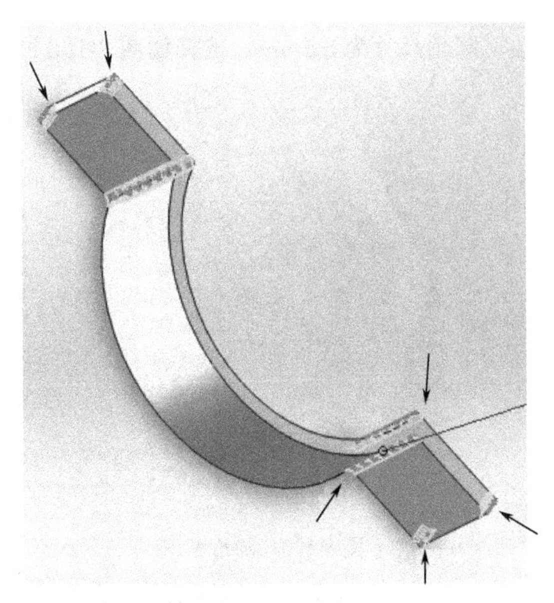

图 8-97　圆角

③ 选择如图 8-98 所示的面①，单击**草图绘制**，绘制如图 8-98 所示的草图 2，单击**特征→拉伸切除**，选择**成形到下一面**，单击**确定**。

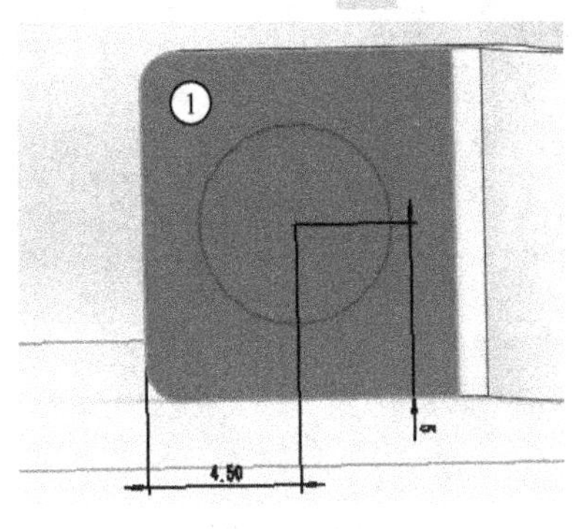

图 8-98　草图 2

④ 单击**特征→镜像**镜向，选择上个步骤的**切除-拉伸**，镜像面选择**前视基准面**。

⑤ 单击**文件→保存**，将文件命名为**车头零件** 3

（4）零件 4

① 新建零件文件，选择**上视基准面**，单击**草图绘制**，绘制如图 8-99 所示的草图，单击**特征→拉伸凸台/基体**，拉伸尺寸为 **10mm**，单击**确定**。

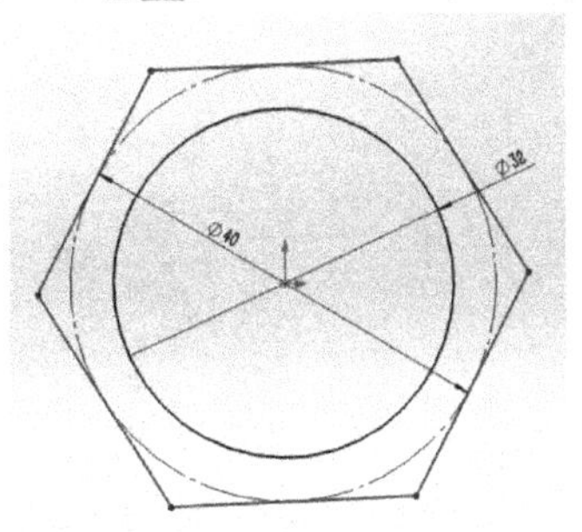

图 8-99　草图

② 单击**特征→圆角**，圆角尺寸为**0.5mm**，选择如图 8-100 所示的边线，单击**确定**。

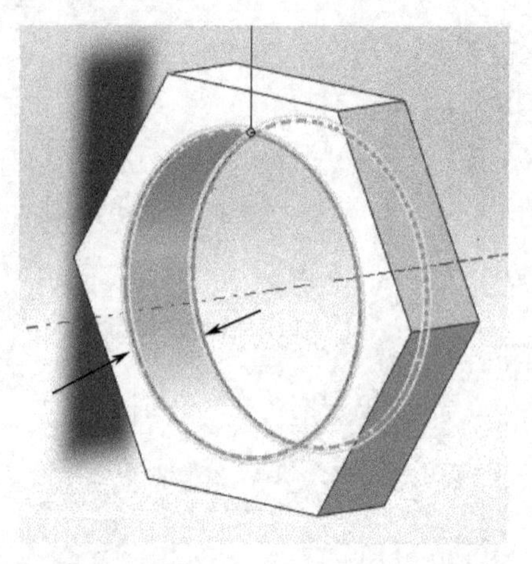

图 8-100 圆角 1

③ 单击**特征→圆角**，圆角尺寸为**2.0mm**，选择如图 8-101 所示的边线，单击**确定**。

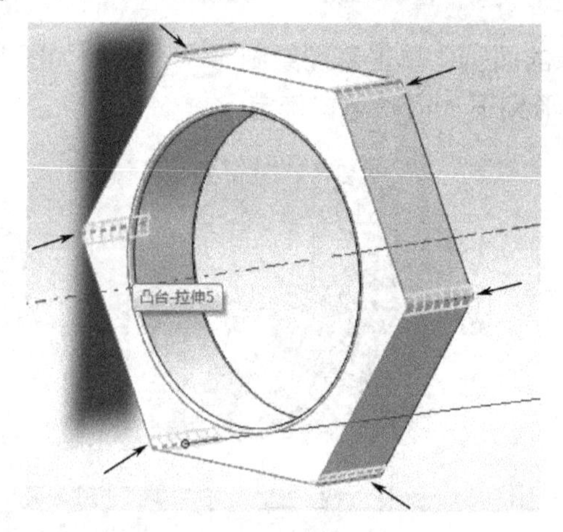

图 8-101 圆角 2

④ 单击**文件**，保存为**零件 4**，格式为**.SLDPRT**。

8.2.9 后车轮架的建模

（1）新建零件文件，选择**上视基准面**，单击**草图绘制**，绘制如图 8-102 所示的草图 1，单击**特征→拉伸凸台/基体**，拉伸尺寸为**50mm**，单击**确定**。

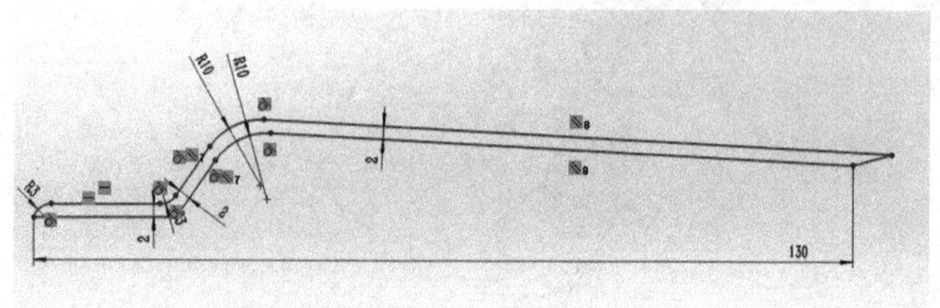

图 8-102 草图 1

（2）单击**特征→新建基准面**，选择如图 8-103 所示的面①，距离该面尺寸为 10mm，单击**确定**，选择新建的基准面，单击**草图绘制**，绘制草图如图 8-104 所示。单击**特征→拉伸切除**，勾选**反侧切除**，切除的尺寸为 **20mm**。

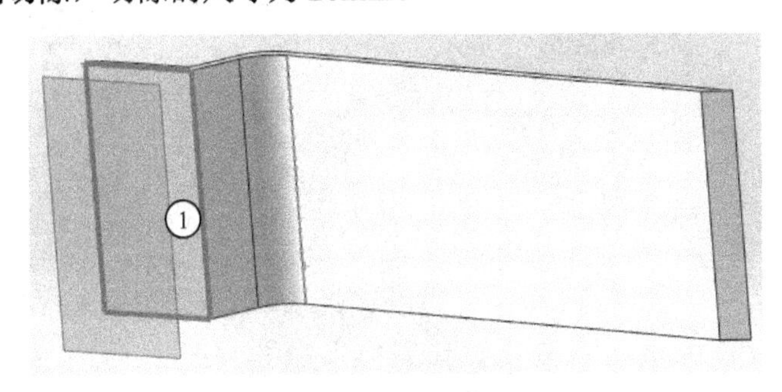

图 8-103 基准面

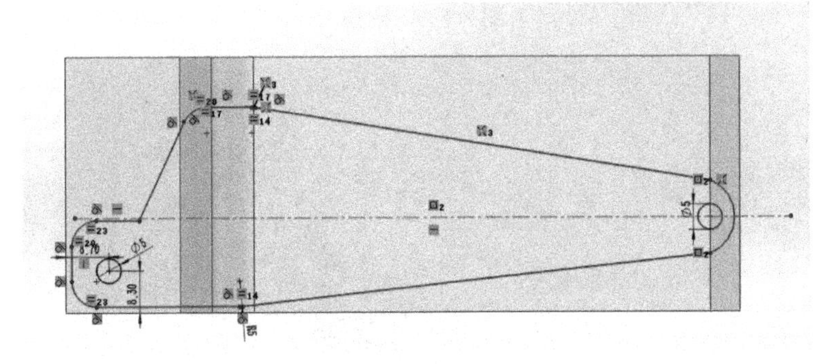

图 8-104 草图 2

（3）单击**文件→保存**，将文件命名为**后车轮架 1**，格式为**.SLDPRT**。

（4）打开文件**后车轮架 1**，单击**特征→线性阵列→镜像**，镜像面为前视基准面，将后车轮架镜像，单击**确定**。

（5）将**后车轮架 1** 隐藏，右击，**隐藏**。单击**文件**，另存为**后车轮架 2**。

8.2.10 螺栓、螺母的建模

（1）螺栓：

① 新建零件文件，选择**上视基准面**，单击**草图绘制**，绘制一个内切圆直径为 8mm 的六边形，单击**特征→拉伸凸台/基体**，拉伸尺寸为 **5mm**。

② 选择实体的六边形面，绘制一个直径为 5mm 的圆，单击**特征→拉伸凸台/基体**，拉伸尺寸为 20mm。

③ 单击**特征→圆角**，圆角尺寸为 **1mm**，选择如图 8-105 所示的边线。

④ 单击**特征→圆角**，圆角尺寸为 **0.2mm**，选择如图 8-106 所示的边线。

⑤ 单击**文件→保存**，命名为**螺栓**，格式为**.SLDPRT**。

（2）螺母：

① 新建零件文件，选择**上视基准面**，单击**草图绘制**，绘制如图 8-107 所示的草图，单击**特征→拉伸凸台/基体**，拉伸尺寸为 **5mm**。

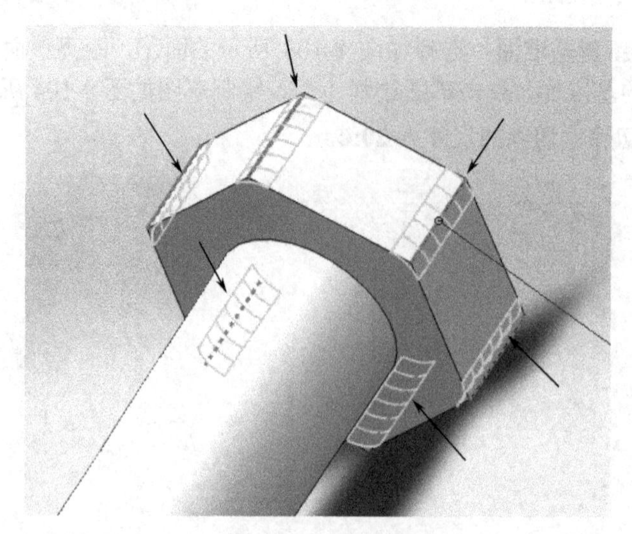

图 8-105　圆角 1

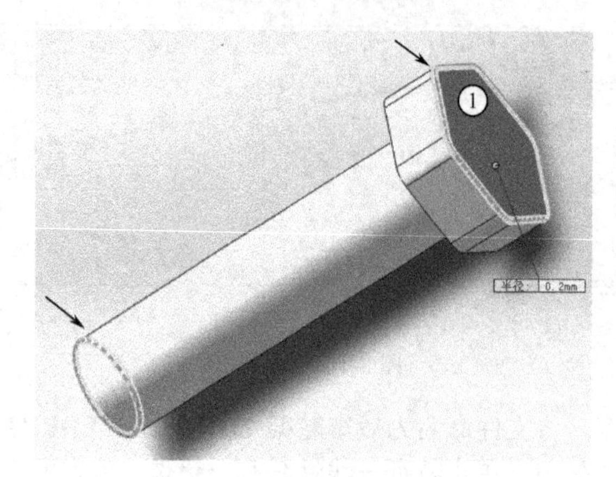

图 8-106　圆角 2

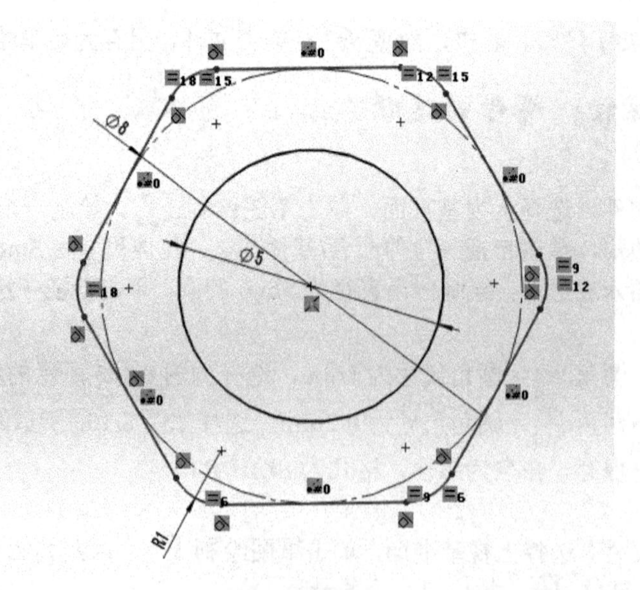

图 8-107　草图

② 单击**特征→圆角** 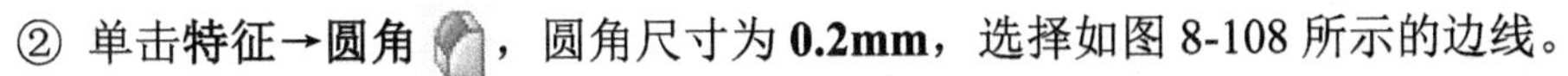，圆角尺寸为 **0.2mm**，选择如图 8-108 所示的边线。

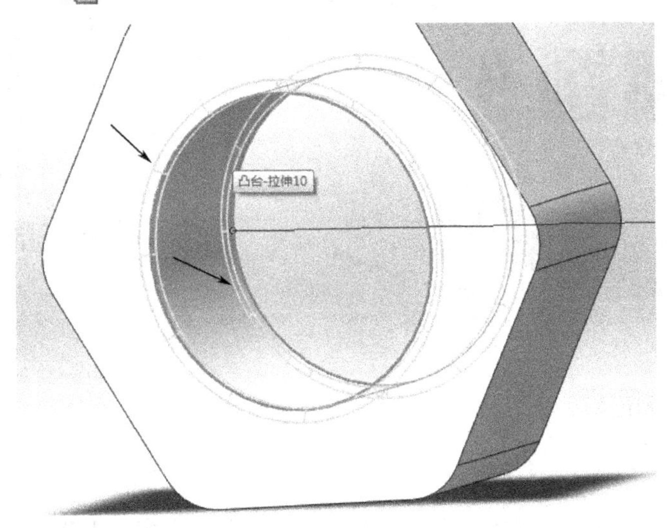

图 8-108　圆角

③ 单击**文件→保存**，命名为**螺母**，格式为**.SLDPRT**。

8.3　思考

（1）上述步骤中哪些拉伸切除命令可以用替换面做，哪些不可以？
（2）尝试用加厚曲面取代拉伸凸台/基体。
（3）除了投影分割线，还有什么办法可以做轮子的分模线？
（4）螺旋线命令可以用什么命令代替？
（5）尝试用多种办法建轮子叶片。

案例 9

加湿器的渲染

9.1 案例概述

本案例介绍的是加湿器的渲染方法，主要目的是学会怎么用 SolidWorks 渲染产品，以第六个案例加湿器的模型为例，介绍如何选择材质、赋予产品材质及渲染方法。通过本例的学习，可以对模型渲染有一定的了解。加湿器模型及渲染图如图 9-1 所示。

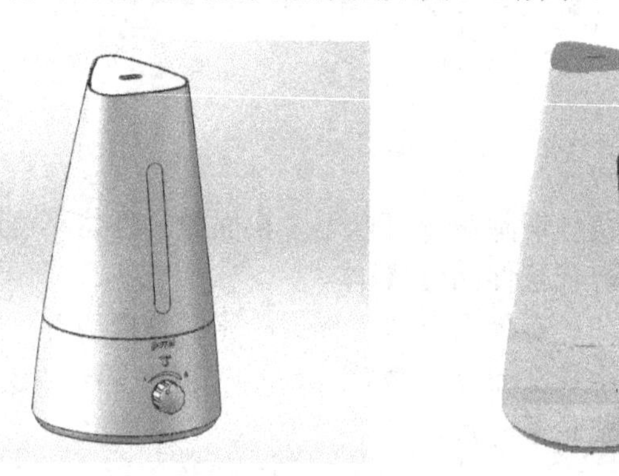

图 9-1　加湿器模型及渲染图

9.2 操作步骤

（1）启动 SolidWorks，单击**文件→打开**命令，选择**加湿器装配体**文件，然后单击**确定**✔，进入建模环境。

（2）单击软件顶部的 → 插件... ，勾选 **photoview 360**，**选择框**如图 9-2 所示，然后单击**确定**✔。同时可以单击 **command mananger** 上的**渲染工具**，单击选择，进行 **photoview 360** 的设置，可以根据自己所需**调节参数**，例如图 9-3 所示的**输出图像设定**，根据自己想要的渲染图像大小进行调整。还有渲染品质、光晕、轮廓渲染、直接焦散线可调节，读者可以自己探索。

（3）先选择**加湿器上主体**来赋予材质，为了方便操作，可以把其他零件隐藏，将鼠标**移动**到想要隐藏的零件上，按下键盘的 **Tab** 键，可以快速**隐藏**。最后只剩如图 9-4 所示的**加湿器上主体**。然后开始对其**赋予材质**，单击 **command mananger** 上的**渲染工具**，单击选择**编辑外观**，在右侧**任务窗框**中的**外观、布景和贴图**中浏览所需的**材质**。例如上主体为塑料材质，所以选中

外观→塑料→高光泽（根据自己所需选择不同的塑料类型），如图 9-5 所示，选择**白色高光泽塑料**，如图 9-6 所示。最后在左侧属性栏中的**颜色图像**中选择**所选几何体**的内容，里面有**零件**、**面**、**曲面**、**实体**、**特征**5 个可供编辑，这里需要整个零件，所以选择**零件**，设置界面如图 9-7 所示，并单击选取加湿器上主体，结果如图 9-8 所示（由于同样是白色，材质赋予前后没有多大变化）。

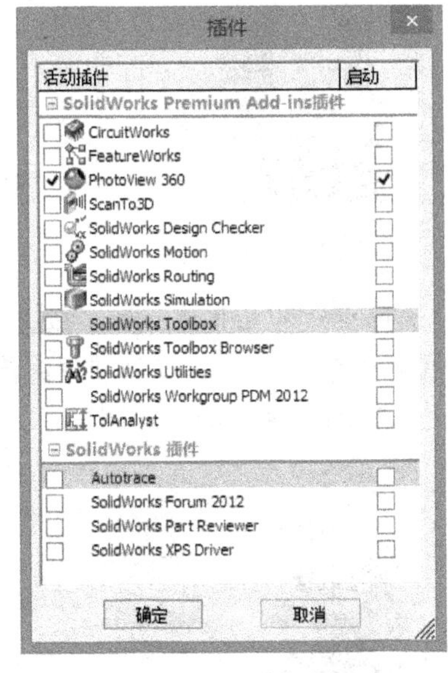

图 9-2　选择框

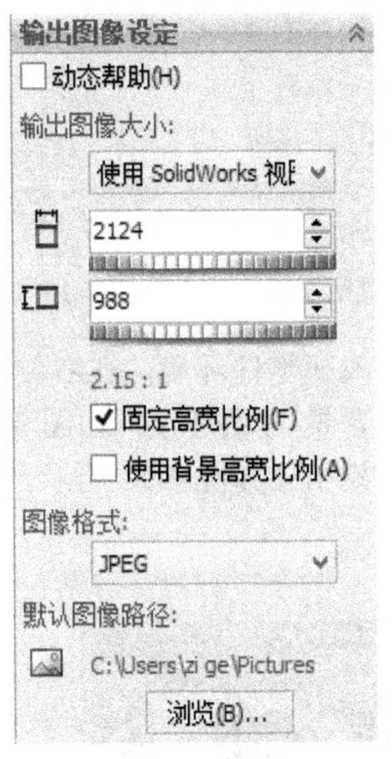

图 9-3　输出图像设定

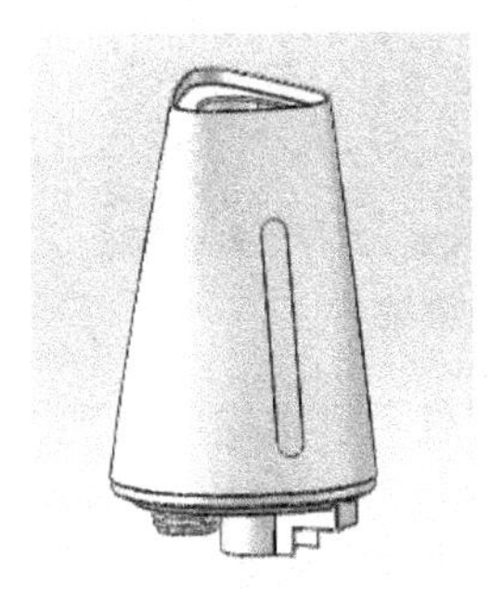

图 9-4　加湿器上主体

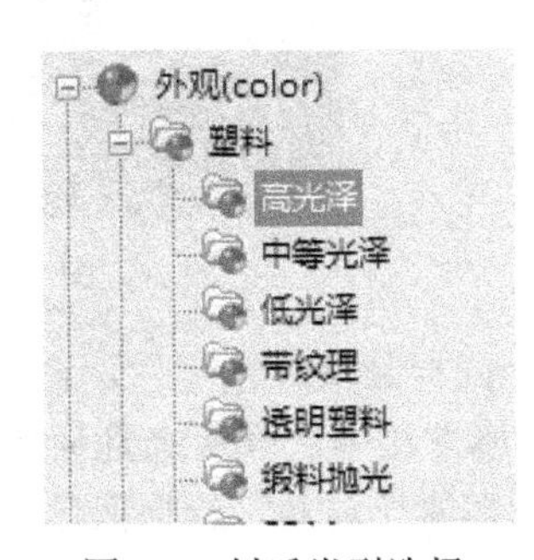

图 9-5　材质类型选择

图 9-6　白色高光泽塑料

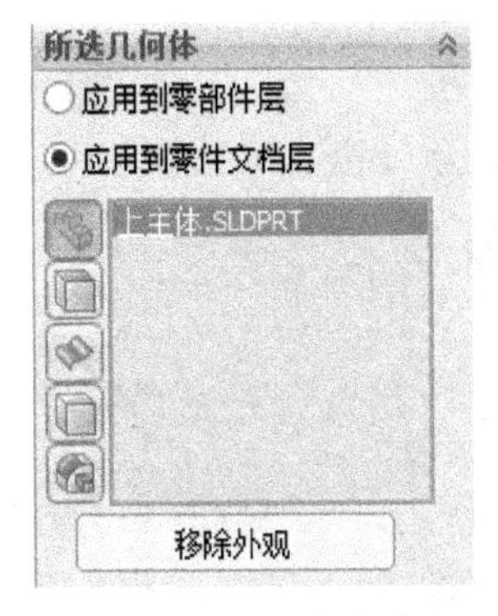

图 9-7　设置界面

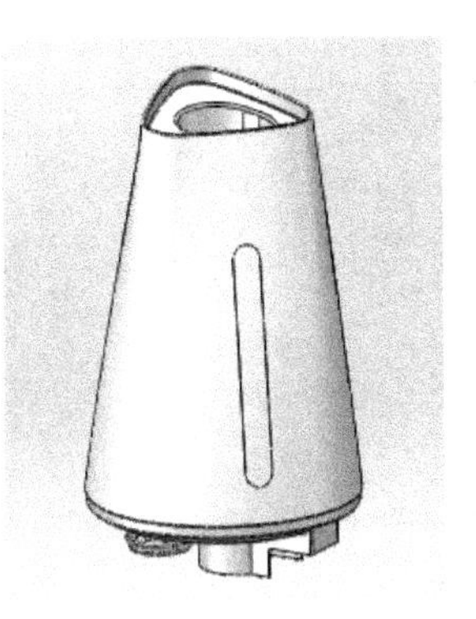

图 9-8　结果

（4）接着添加上主体上的查看水容量的条状部分材质，这时要选择**透明塑料**，如图 9-9 所示，然后设置**属性**，选择**面**，设置该半透明塑料的颜色，如图 9-10 和图 9-11 所示，并单击选取加湿器上的水容量条状部分，如图 9-12 所示。

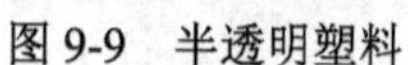
图 9-9 半透明塑料

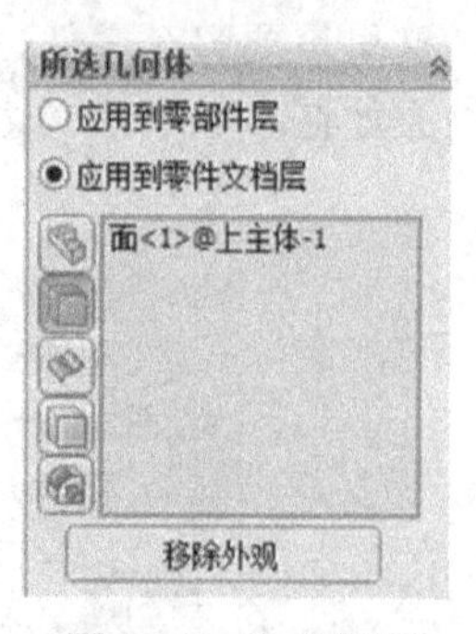

图 9-10 设置界面

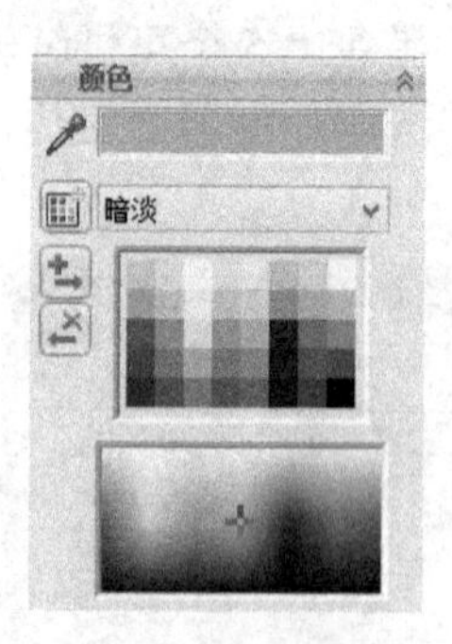

图 9-11 设置颜色

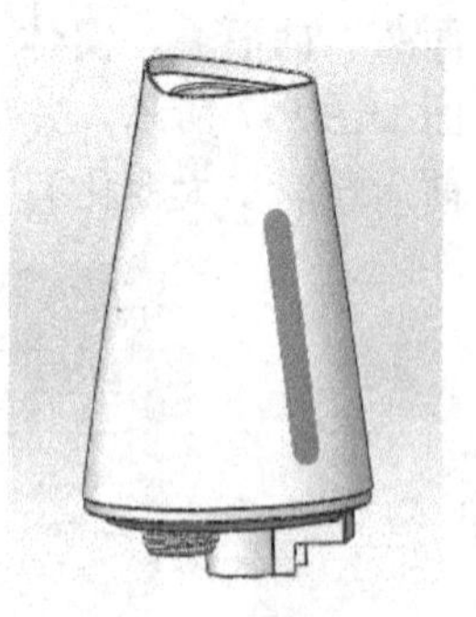

图 9-12 选取面

（5）然后改变零件环境，在右侧的**任务窗框**中选择喜欢的**布景** 布景，**拖进视图**即可，例如这里选择了**背景-白色环境**，如图 9-13 所示。最后可以单击**预览窗口**或**最终渲染**来查看渲染结果，渲染结果如图 9-14 所示，并且根据所需选择路径保存渲染的图片。

图 9-13 白色环境

图 9-14 渲染结果

（6）对**加湿器下主体**赋予材质，同样隐藏其他零件。在右侧的**任务窗框**中的**外观、布景和贴图**中选择**白色高光泽塑料**，在左侧属性栏中选择**所选几何体零件**，**赋予材质**，**结果**如图 9-15 所示。然后对下主体表面的**字体**、**图案**赋予材质，选择**黑色高光泽塑料**，如图 9-16 所示，因为字体、图案是面，所以选择**所选几何体面**，单击选取字体、图案的面，结果如图 9-17 所示。

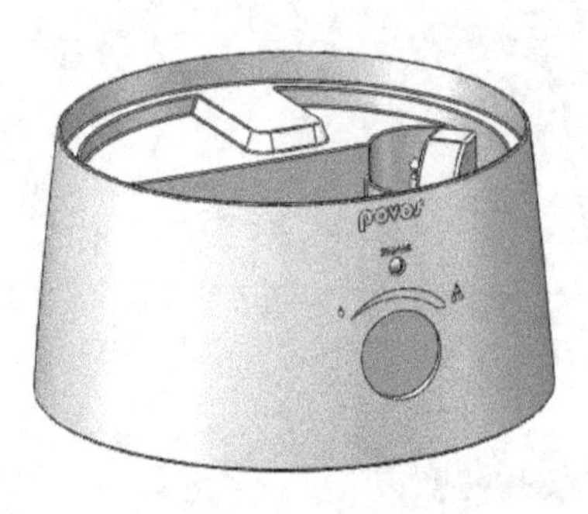

图 9-15 结果

图 9-16 黑色高光泽塑料

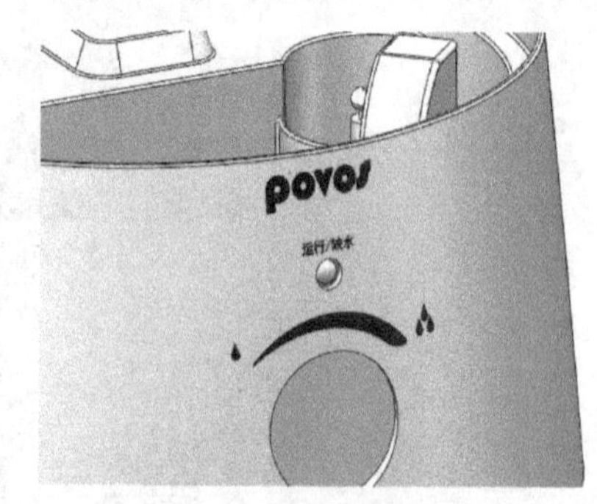

图 9-17 结果

（7）赋予**指示灯**材质。在材质中找到**发光二极管**，选择**绿色发光二极管**，如图 9-18 所示，选择**所选几何体面**，选取**指示灯的面**，结果如图 9-19 所示。

图 9-18　绿色发光二极管

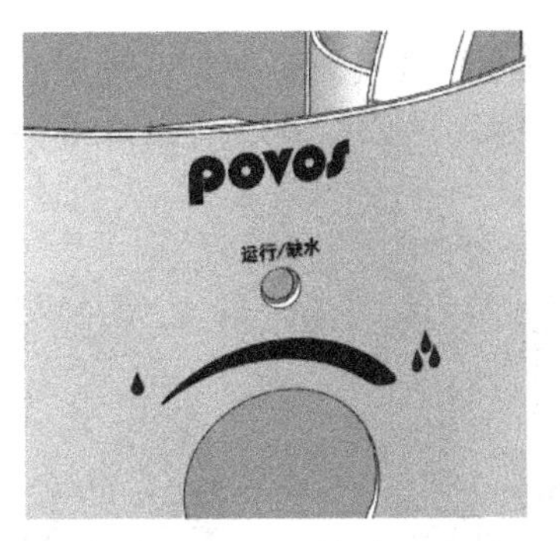

图 9-19　结果

（8）赋予**震动工作膜**材质。震动工作膜有两种材质，一种是金属**抛光刚**，一种是**黑色低光泽塑料**，如图 9-20 和图 9-21 所示，选择**所选几何体面**，选取**震动工作膜的面**，**结果**如图 9-22 所示。最后单击**预览窗口**或**最终渲染**来查看渲染结果，渲染结果如图 9-23 所示。

图 9-20　抛光刚

图 9-21　黑色低光泽塑料

图 9-22　结果

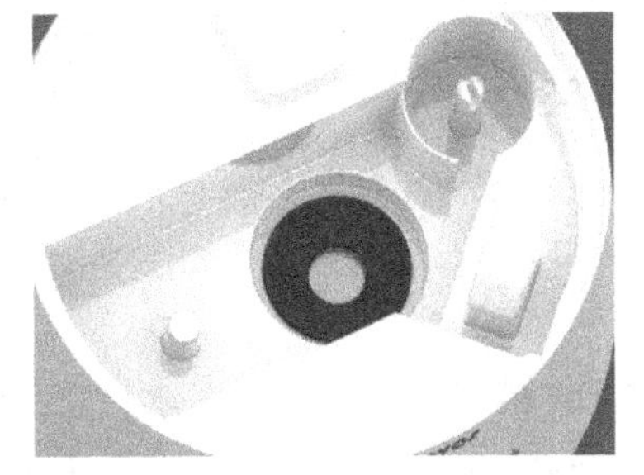

图 9-23　渲染结果

（9）接下来分别对**剩余的零件**赋予材质。选择加湿器下主体底盖，选择**所选几何体零件**，赋予**蓝色高光泽塑料**，如图 9-24 所示，结果如图 9-25 所示，最后渲染如图 9-26 所示。

图 9-24　蓝色高光泽塑料

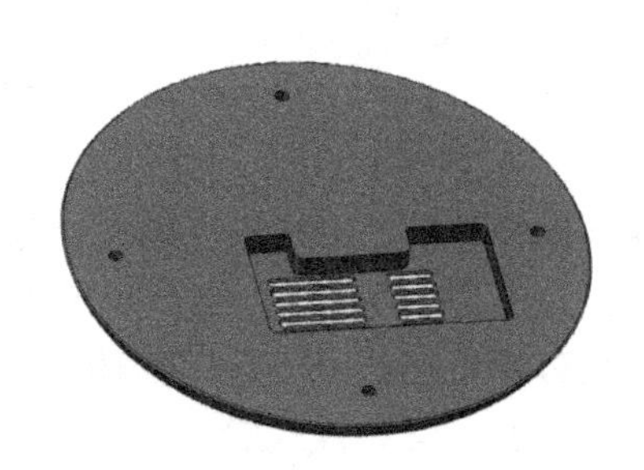

图 9-25　结果

图 9-26　最后渲染

（10）选择顶端出气盖大部件，选择**所选几何体零件**，赋予**蓝色高光泽塑料**，如图 9-27 所示，结果如图 9-28 所示，最后渲染如图 9-29 所示。

图 9-27 蓝色高光泽塑料

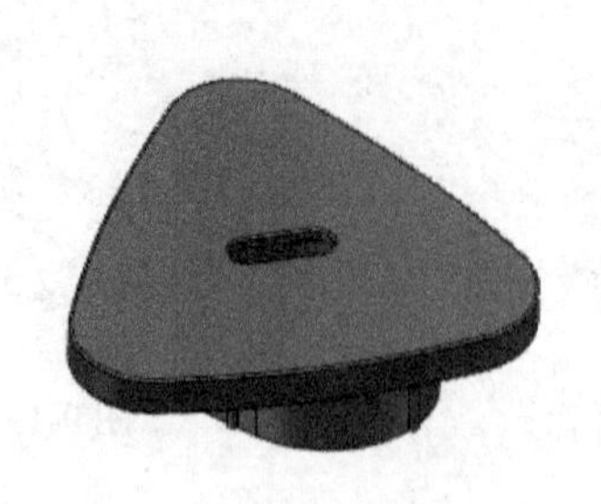
图 9-28 结果

图 9-29 最后渲染

（11）选择顶端出气盖小部件，选择**所选几何体零件**，赋予**蓝色高光泽塑料**，如图 9-30 所示，结果如图 9-31 所示，最后渲染如图 9-32 所示。

图 9-30 蓝色高光泽塑料

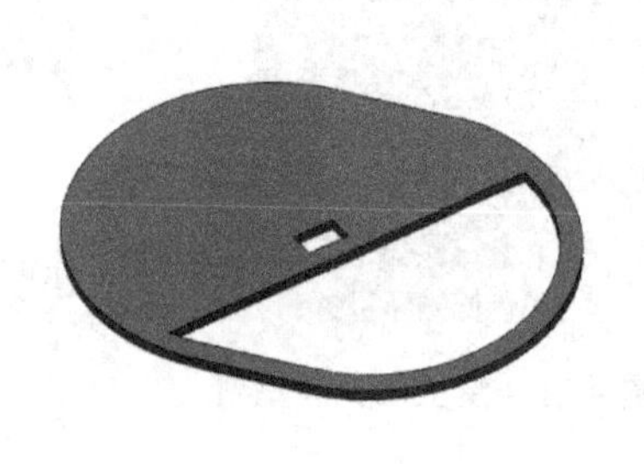
图 9-31 结果

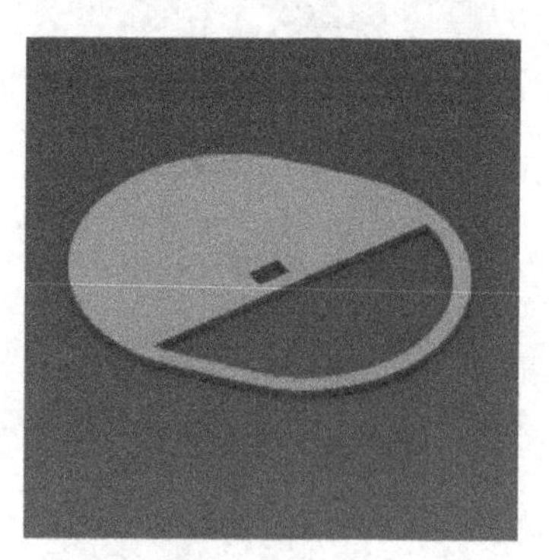
图 9-32 最后渲染

（12）选择底端出水盖主体，选择**所选几何体零件**，赋予**白色高光泽塑料**，如图 9-33 所示，结果如图 9-34 所示，最后渲染如图 9-35 所示。

图 9-33 白色高光泽塑料

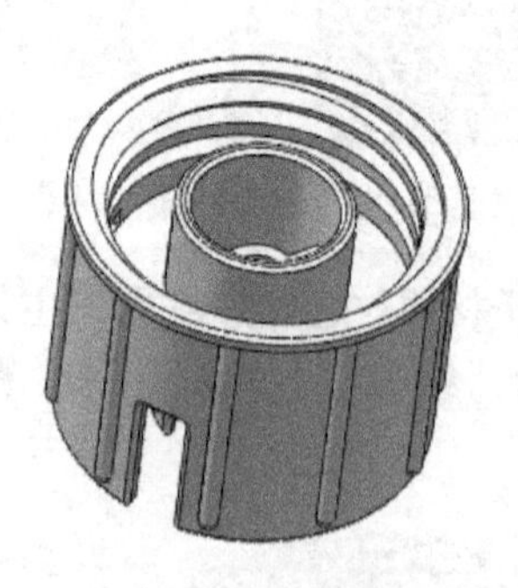
图 9-34 结果

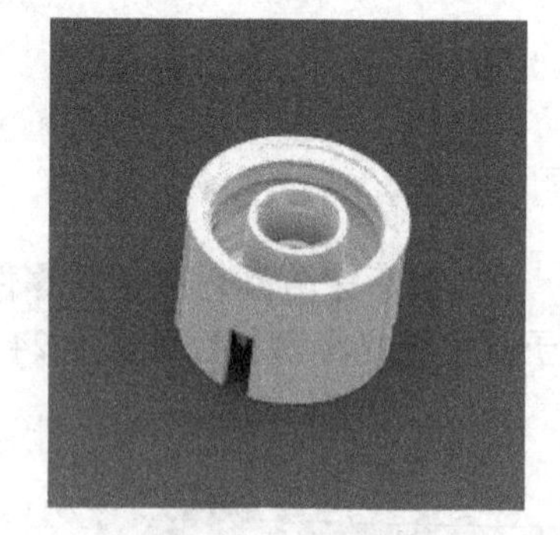
图 9-35 最后渲染

（13）选择弹簧，选择**所选几何体零件**，赋予**抛光钢**，如图 9-36 所示，结果如图 9-37 所示，最后渲染如图 9-38 所示。

（14）选择垫片，选择**所选几何体零件**，赋予**聚碳酸酯（pc）塑料**，如图 9-39 所示，结果如图 9-40 所示，最后渲染如图 9-41 所示。

图9-36　抛光钢

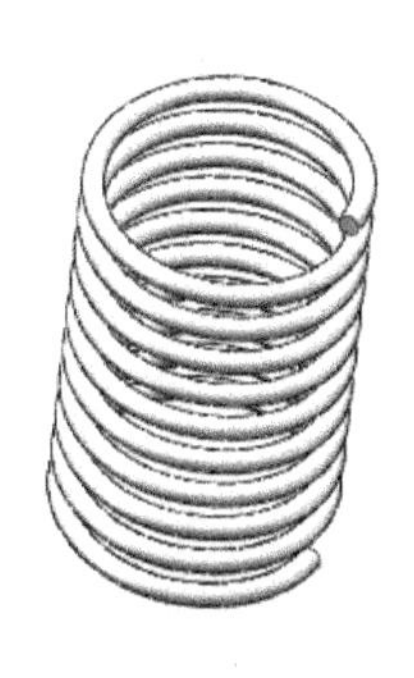

图9-37　结果

图9-38　最后渲染

图9-39　聚碳酸酯（PC）塑料

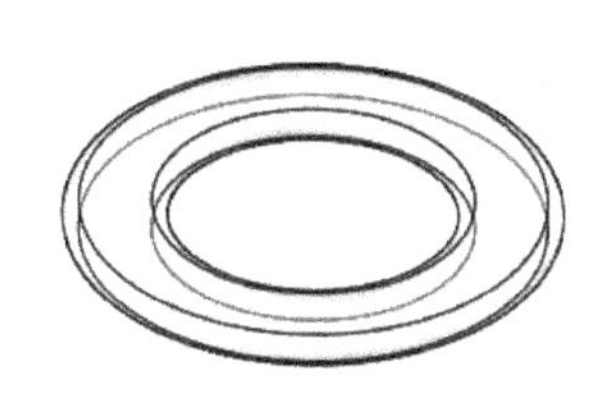

图9-40　结果

图9-41　最后渲染

（15）选择橡胶塞芯，选择**所选几何体零件**，赋予**聚碳酸酯（pc）塑料**，如图9-42所示，结果如图9-43所示，最后渲染如图9-44所示。

图9-42　聚碳酸酯（PC）塑料

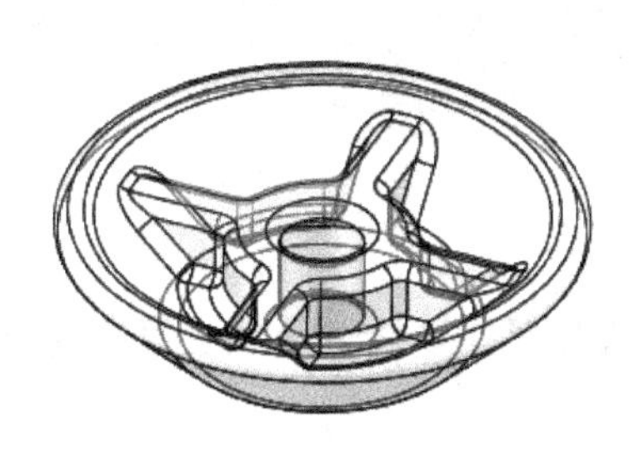

图9-43　结果

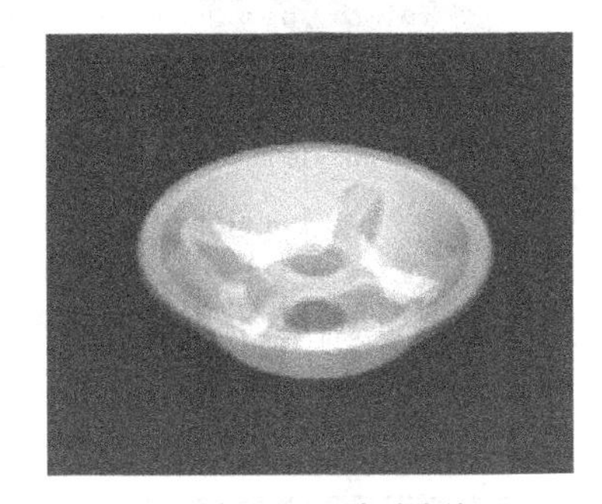

图9-44　最后渲染

（16）选择塑料塞芯，选择**所选几何体零件**，赋予**白色高光泽塑料**，如图9-35所示，结果如图9-46所示，最后渲染如图9-47所示。

图9-45　白色高光泽塑料

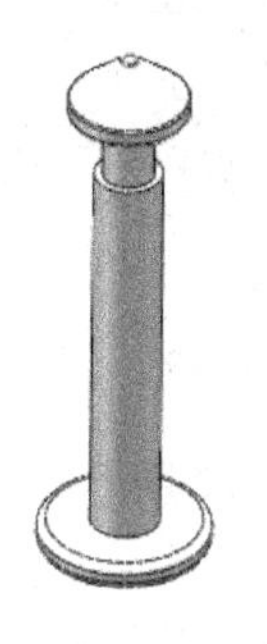

图9-46　结果

图9-47　最后渲染

（17）选择小盖子，选择**所选几何体零件**，赋予**白色高光泽塑料**，如图 9-48 所示，结果如图 9-49 所示，最后渲染如图 9-50 所示。

图 9-48　白色高光泽塑料

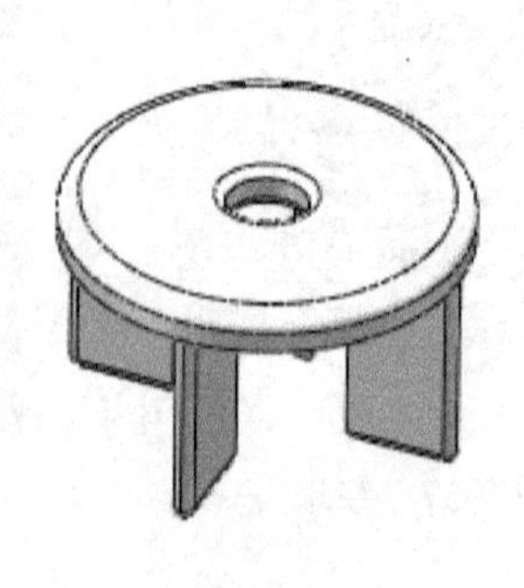

图 9-49　结果

图 9-50　最后渲染

（18）选择环形竹炭，选择**所选几何体零件**，因为环形竹炭表面凹凸不平，所以选择有凹凸的材质即可，这里赋予 **PW-MT11205**，如图 9-51 所示，结果如图 9-52 所示，最后渲染如图 9-53 所示。

图 9-51　PW-MT11205

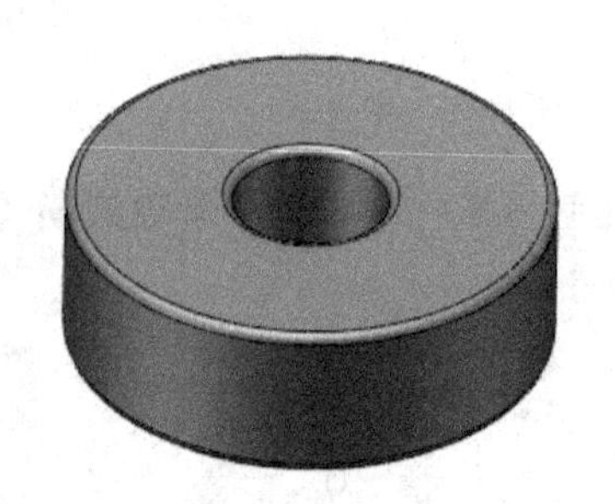

图 9-52　结果

图 9-53　最后渲染

（19）选择旋钮开关，选择**所选几何体零件**，赋予**蓝色高光泽塑料**，如图 9-54 所示，结果如图 9-55 所示，最后渲染如图 9-56 所示。

图 9-54　蓝色高光泽塑料

图 9-55　结果

图 9-56　最后渲染

（20）最后显示整个装配体，如图 9-57 所示进行渲染，渲染结果如图 9-58 所示，然后进行保存。

（21）渲染完后可以用 **Photoshop** 软件进行处理，使其变得更美观，有兴趣的可以试一下。

另外同样好用的渲染软件有 **keyshot6**，是一款专门渲染的软件，支持材质动画，可赋予贴图真实质感，实时区域渲染，镜头拉伸等。如图 9-59 所示就是 **keyshot6** 操作界面及所渲染的图。

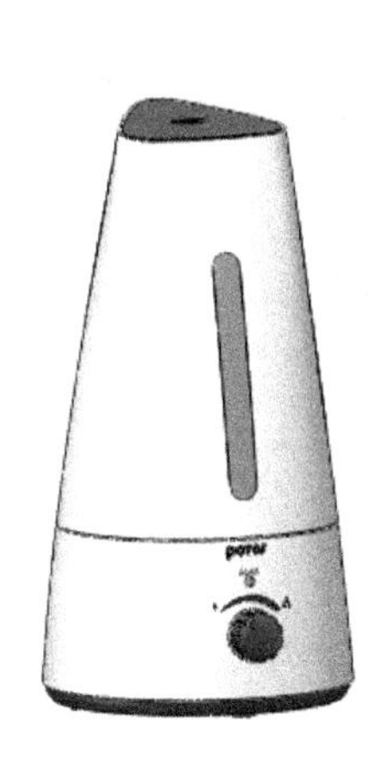

图 9-57　结果

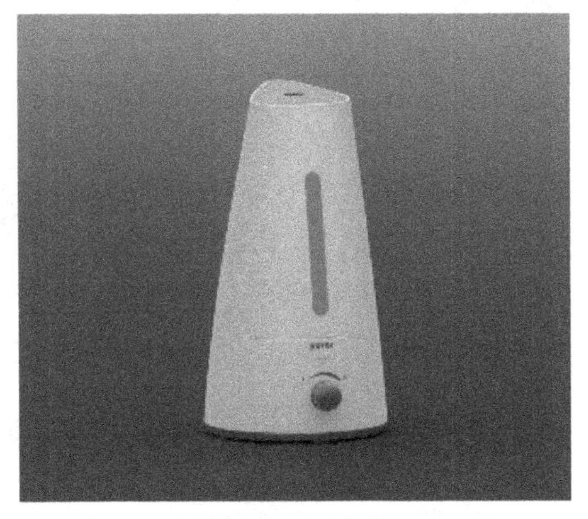

图 9-58　渲染结果

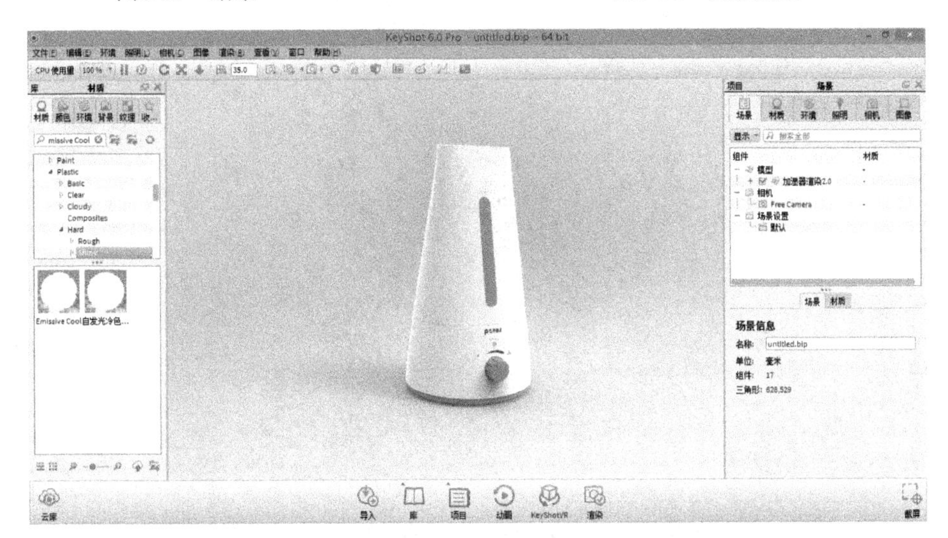

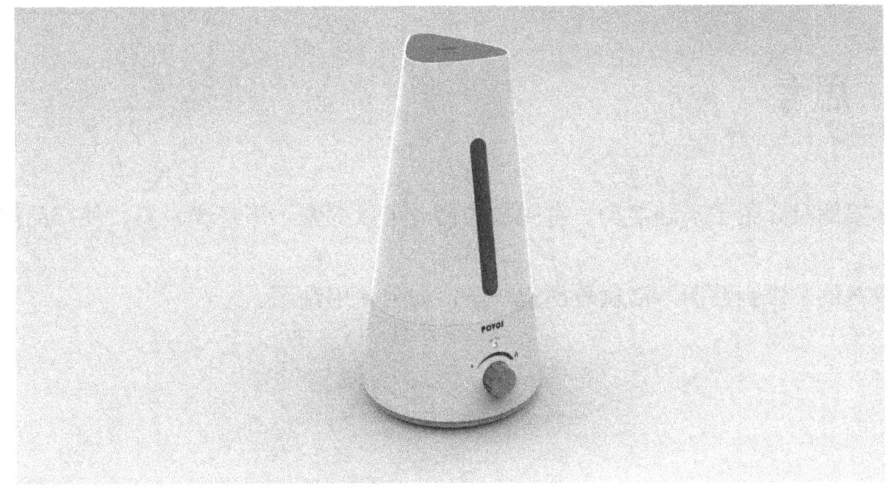

图 9-59　keyshot 渲染

图9-59 keyshot渲染（续）

9.3 思考

（1）本案例只介绍了基础渲染，有兴趣的读者可以探索一下灯光设置，使产品渲染出来更美观。

（2）本案例未讲到贴图，请试着探索一下，如何使用贴图。

案例 10

成人滑板车的装配和爆炸动画

10.1 案例概述

本案例介绍了如何装配零部件较多的复杂模型和制作装配体的爆炸动画，首先导入基准零部件，然后将其余零部件一一配合，本案例运用的功能有添加零部件、配合、在装配体上绘制零部件等。装配体的爆炸动画主要学习如何正确合理地拆分装配体和运用运动算例制作动画。

10.2 装配

（1）打开 solidworks，新建装配体文件，如图 10-1 所示。

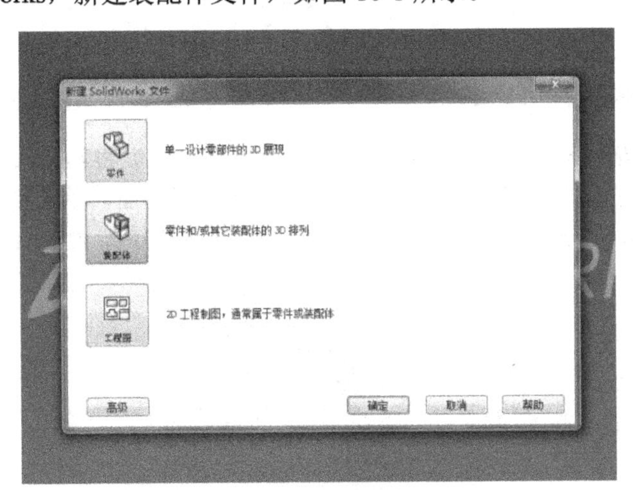

图 10-1　新建装配体

（2）单击**浏览** 浏览(B)... ，打开文件**底座**，将其放在工作界面，单击左键，单击**插入零部件** →**浏览** 浏览(B)... ，选择**前车架**，单击**确定** ，将其放进工作界面，单击**配合** ，选择如图 10-2 所示的面①和②，单击**重合** 重合(C) →**确定** ，选择底座的前视基准面和前车架的前视基准面，单击**重合** 重合(C) →**确定** ，选择如图 10-3 所示的两个圆形边线，单击**同轴心** 同轴心(N) →**确定** 。

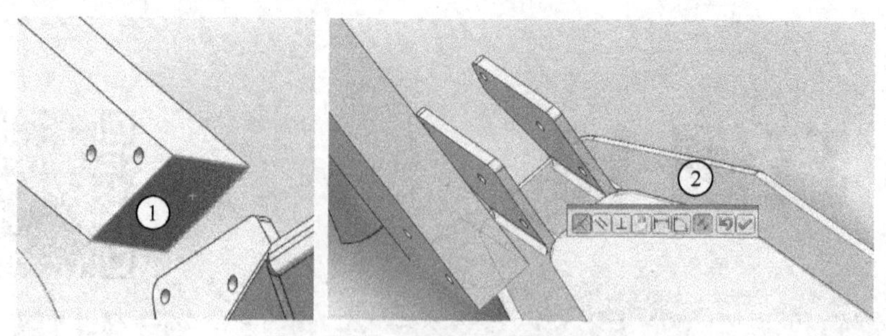

图 10-2　前车架与底座配合

（3）单击**插入零部件** →**浏览**，选择**后防震装置**，单击**确定**，再将其放入工作截面，单击左键，单击**配合**，选择如图 10-4 所示的两个圆形边线，单击**同轴心** 同轴心(N) →**确定**，选择底座的前视基准面和后防震装置的前视基准面，单击**重合** 重合(C) →**确定**。

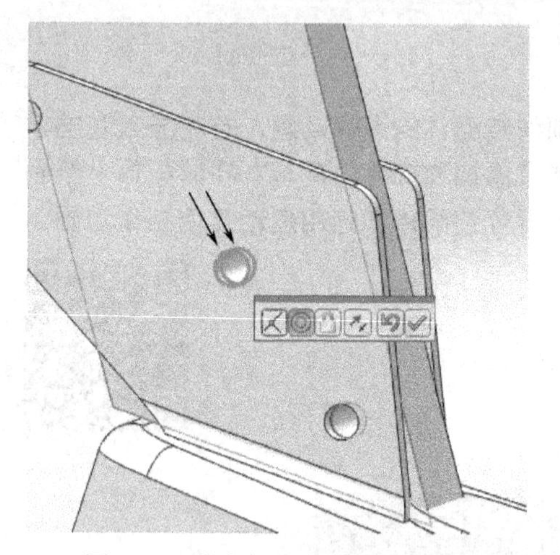

图 10-3　前车架与底座同轴心配合

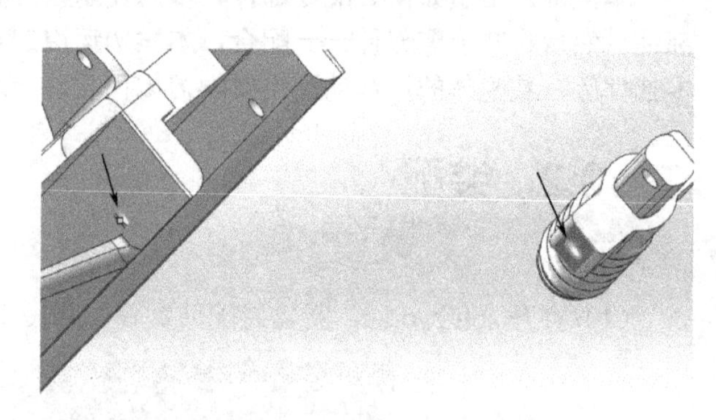

图 10-4　后防震装置同轴心配合

（4）单击**插入零部件**→**浏览**，选择**后挡泥板**，单击**确定**，将其放入工作界面，单击左键，单击**配合**，选择底座的前视基准面和后挡泥板的前视基准面，单击**重合** 重合(C) →**确定**。选择圆孔的两个边线，单击**同轴心** 同轴心(N) →**确定**，装配完成，如图 10-5 所示。

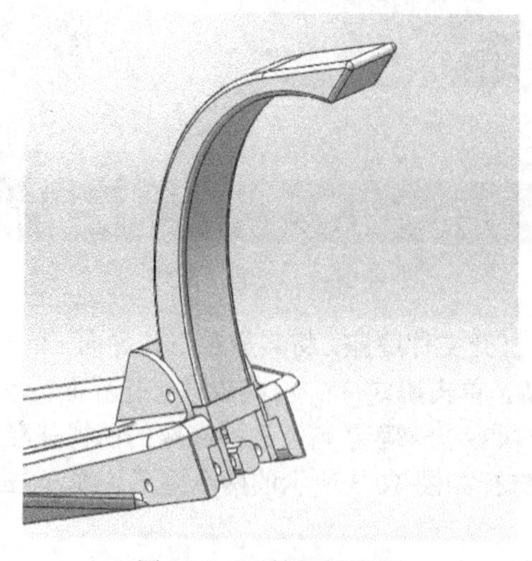

图 10-5　后挡泥板装配

（5）单击**插入零部件→浏览**，选择**后车轮架 1**，单击**确定**，将其放入工作界面，单击左键，单击**配合**，选择两个圆孔边线，单击**同轴心→确定**，选择如图 10-6 所示的两个面，单击**重合→确定**，装配完成，如图 10-7 所示。

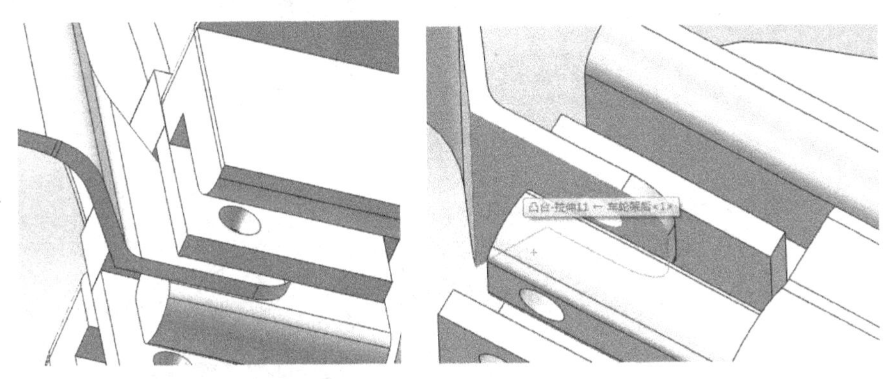

图 10-6　重合的两个面

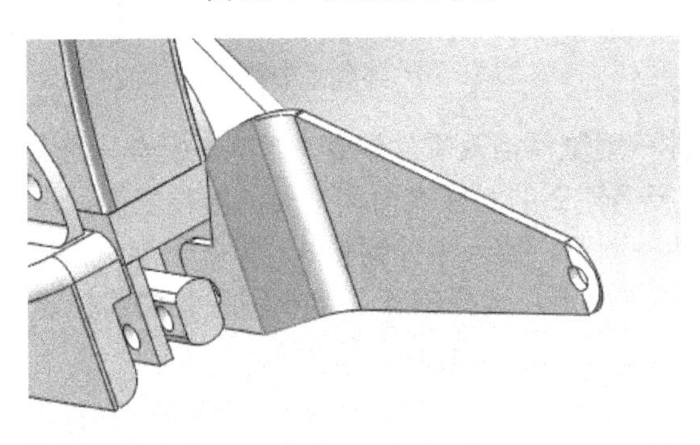

图 10-7　后车轮架装配完成图

（6）单击**插入零部件→浏览**，选择**后车轮架 2**，单击**确定**，重复步骤（5），将后车轮架 2 配合。

（7）单击**插入零部件→浏览**，插入零件**车头零件 4**，单击**配合**，选择如图 10-8 所示的面①和②，单击**重合→确定**，分别选择圆形面，单击**同轴心→确定**。

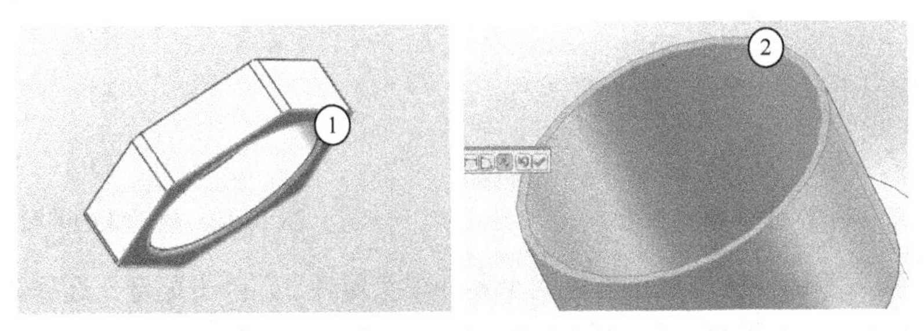

图 10-8　零件 4 的重合面

（8）单击**插入零部件→浏览**，插入零件**钢管 1**，单击**配合**，选择钢管表面圆柱面和前车架的圆柱面，单击**同轴心→确定**，选择如图 10-9 所示的面①和②，单击**重合→确定**。

（9）单击**插入零部件→浏览**，插入零件**车头零件 1**，单击**配合**，选择如图 10-10 所示的面①和②，单击**重合→确定**，选择零件的圆柱表面和车架的圆柱表面，单击**同轴心→确定**。

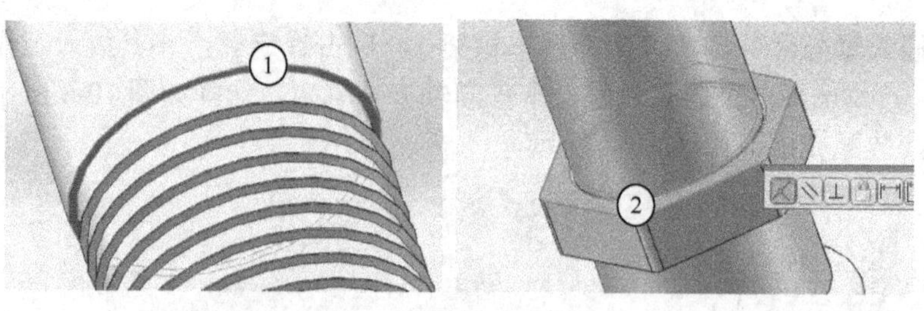

图 10-9　钢管 1 重合面

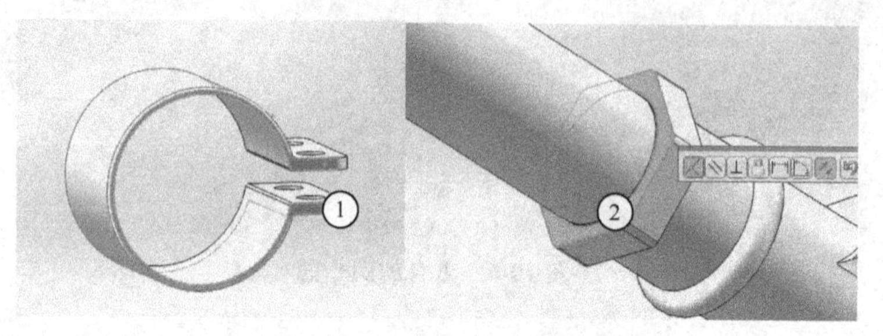

图 10-10　零件 1 的重合面

（10）单击**插入零部件→浏览**，插入零件**钢管 2**，单击**配合**，选择如图 10-11 所示的面①和②，单击**重合→确定**，选择钢管 2 的圆柱表面和车架的圆柱表面，单击**同轴心→确定**。

（11）单击**插入零部件→浏览**，插入零件**钢管 3**，单击**配合**，选择钢管 3 的圆柱表面和钢管 1 的圆柱表面，单击**同轴心→确定**，选择钢管 3 上小圆柱体的圆柱表面和钢管 1 圆孔的圆柱表面，单击**同轴心→确定**，装配完成，如图 10-12 所示。

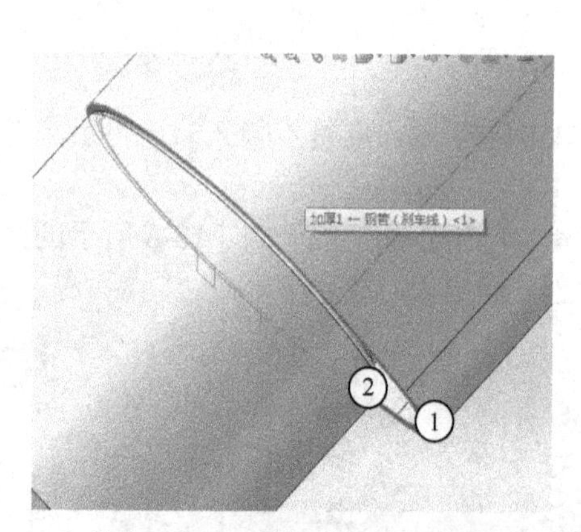

图 10-11　钢管 2 的同轴心配合

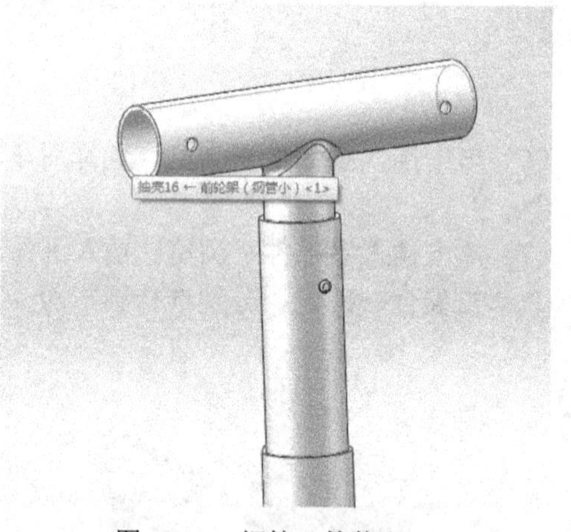

图 10-12　钢管 3 的装配

（12）单击**插入零部件→浏览**，插入两个零件**车头零件 3**，单击**配合**，选择如图 10-13 所示的两个面，单击**同轴心→确定**，另一个零件重复此步骤，选择其中一个，选择前视基准面和零件的前视基准面，翻转 180°，单击**确定**，选择如图 10-14 所示的面①和②，单击**同轴心→确定**。

（13）单击**插入零部件→浏览**，插入零件**车头零件 2**，单击**配合**，选择如图 10-15 所示的面①和②，单击**重合→确定**，选择零件的圆柱面和钢管的圆柱面，单击**同轴心→确定**。

（14）单击**插入零部件→浏览**，插入两个零件**把手**，单击**配合**，选择如图 10-16 所示的圆柱表面与钢管 3 的圆柱表面，单击**同轴心→确定**，选择把手 1 的上视基准面和底座的上视基准面，单击**翻转**，翻转角度为 180°，单击**确定**✔，选择把手上的小圆柱体表面与钢管的小圆孔，单击**同轴心→确定**，另一个把手重复此步骤。

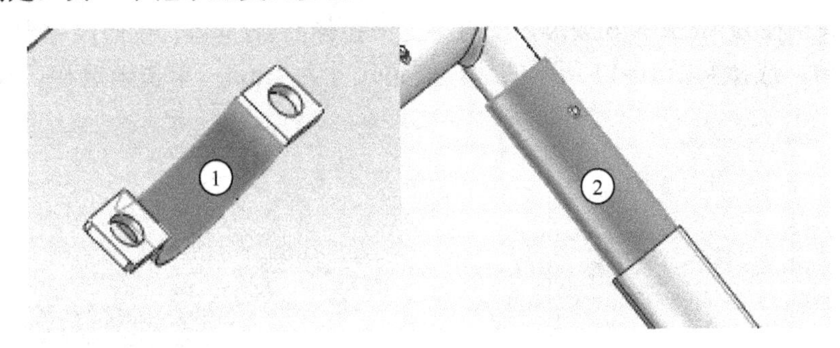

图 10-13 零件 3 的同轴心配合

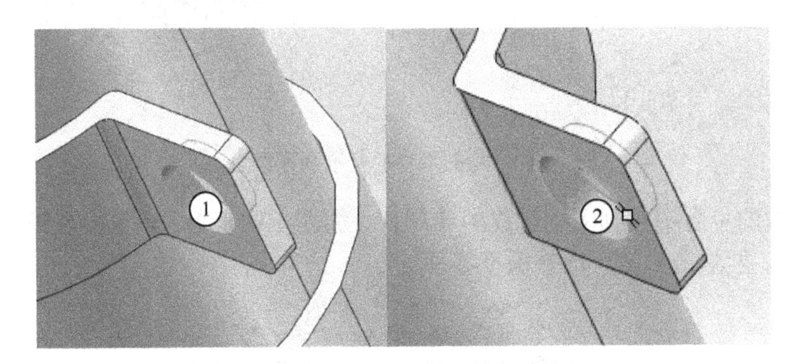

图 10-14 零件 3 的同轴心配合

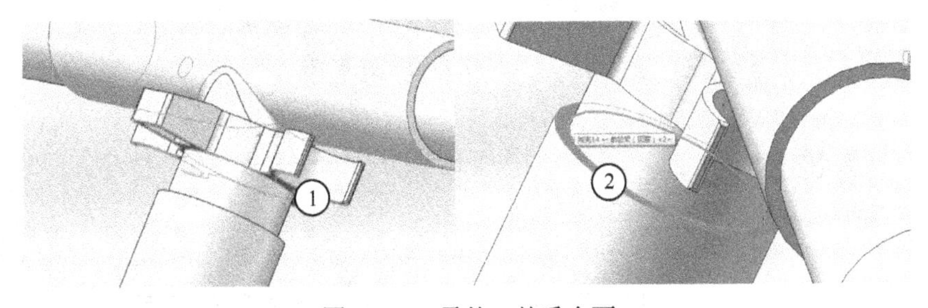

图 10-15 零件 2 的重合面

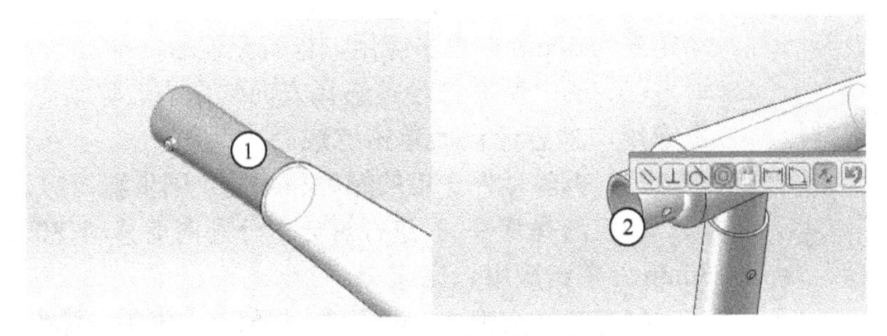

图 10-16 把手的同轴心配合

（15）单击**插入零部件→浏览**，插入零件**螺母**，单击**配合**，将所有的螺母与螺纹孔配合，其余螺母重复此步骤。

（16）单击**插入零部件→浏览**，插入零件**螺栓**，单击**配合**，将所有的螺栓与螺母配合，其余螺栓重复此步骤。

（17）单击**插入零部件**中的**新零件**，选择如图 10-17 所示的面，绘制一个直径为 5mm 的圆，单击**特征→拉伸凸台/基体**，拉伸尺寸为 45mm，单击**草图绘制**，**绘制草图**，选择刚才的面，再绘制一个内切圆直径为 8mm 的 6 边形，单击**特征→拉伸凸台/基体**，拉伸尺寸为 **5mm**，单击**确定**，单击**圆角**，选择如图 10-17 所示的边，圆角尺寸为 **1mm**，单击**确定**，**编辑零部件**。

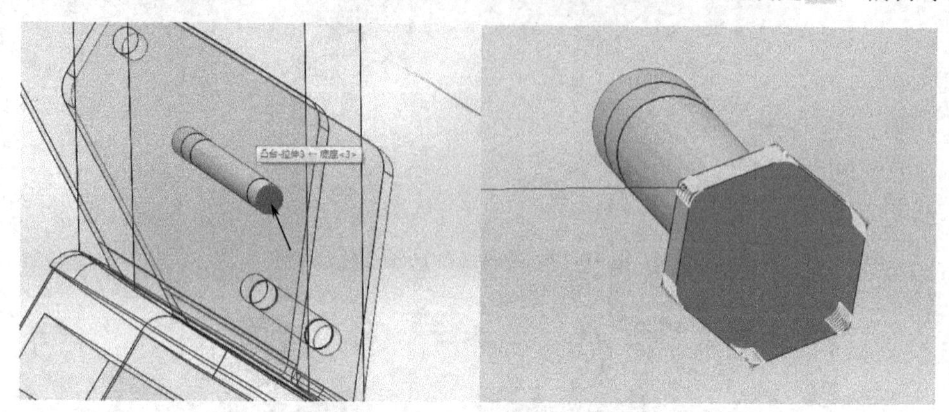

图 10-17　绘制零件的基准面和圆角边

（18）在左边的步骤中找到刚刚新建的零部件，如图 10-18 所示，单击右键→**重命名**，将文件命名为**螺栓 2**，再单击右键，选择**保存零件**。

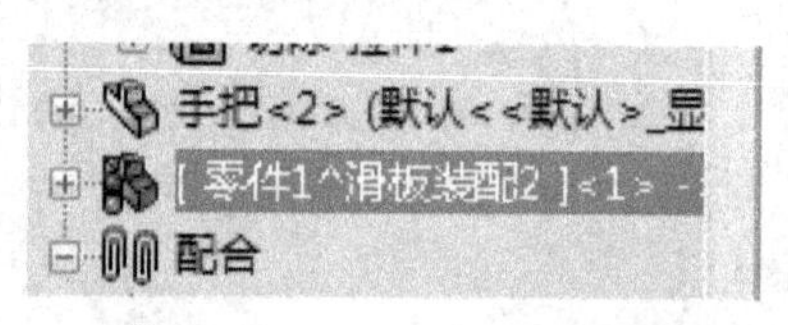

图 10-18　重命名与保存零件

10.3　爆炸动画

（1）打开 solidWorks，打开文件**滑板车装配体**。

（2）单击**爆炸视图**，选中所有螺母，选择方向均向左，移动距离为 50mm，单击**应用**，检查无误后，单击**完成**。

（3）选中所有螺栓，选择方向均向右，移动距离为 50mm，单击**应用**，检查无误后单击**完成**。

（4）拆除零件 3 上的螺母和螺栓，同步骤（2）、（3）。

（5）选择零件 3 进行拆分，分别向前移动 80mm 和向后移动 30mm，单击**应用**，**完成**。

（6）选择**钢管 1**、**钢管 2**、**钢管 3**、**把手**、**零件 1**、**零件 1**、**零件 2**，均向上移动 50mm，选择**零件 4** 向上移动 10mm，选择**钢管 1**、**钢管 2**、**钢管 3**、**把手**、**零件 2** 向上移动 80mm，选择**钢管 1**、**钢管 3**、**把手**、**零件**向上移动 250mm，选择**钢管 3** 和**手把**，向上移动 250mm，最后，分别向两边移动手把，移动距离为 80mm，拆分结果如图 10-19 所示。

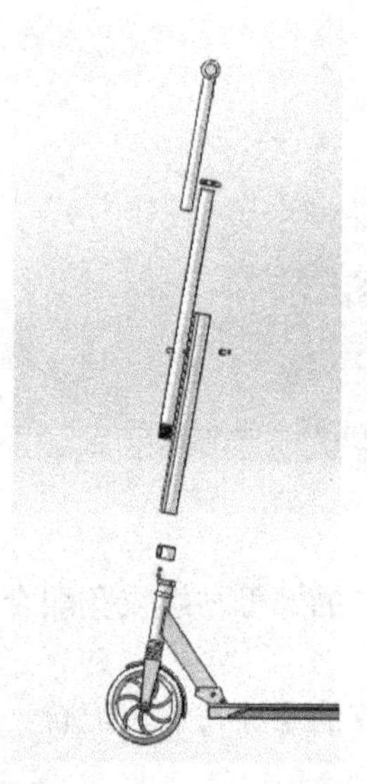

图 10-19　车头拆分示意图

（7）选择前车轮，选择向前移动，移动距离为 120mm，选择后车轮，向后移动，移动距离为 300，单击**应用→完成**，如图 10-20 所示。

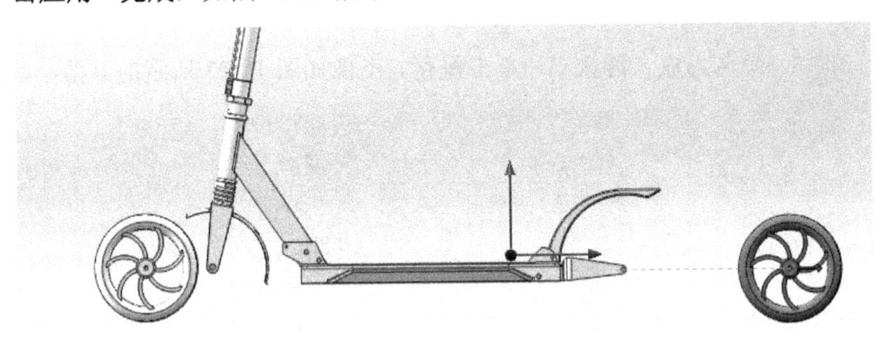

图 10-20 车轮的拆分

（8）选择**后防震装置**、**后挡泥板**、**后车架**，向后移动，移动距离为 100mm，单击**完成**，选择**后车架**，向后移动 80mm，单击**完成**，选择**后挡泥板**，向上移动 50mm，单击**应用→完成**，拆分结果如图 10-21 所示。

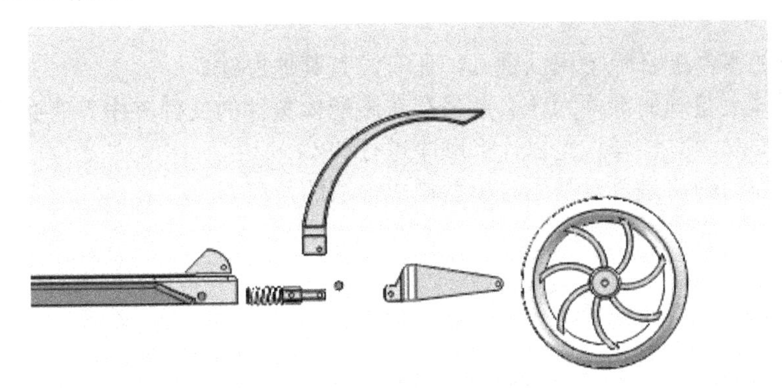

图 10-21 车尾部拆分

（7）选择**底座**，向下移动 50mm，单击**应用→完成**。

（8）选择屏幕左下角的**运动算例** 运动算例 1，打开后，单击 ，出现如图 10-22 所示的界面，选择**旋转模型**，单击**下一步**，旋转次数为 1 次，选择时间为 10s，单击**完成**。

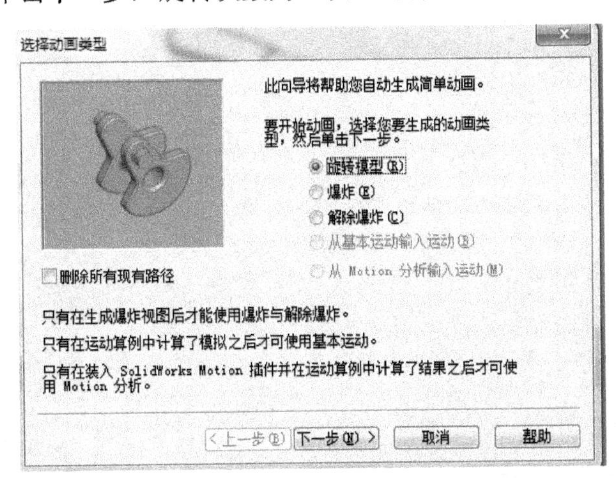

图 10-22 动画-旋转选项

（9）单击，选择**爆炸**，单击**下一步**，爆炸时长为 7s，起始时间是 10s，单击**完成**。

（10）单击，选择**解除爆炸**，单击**下一步**，解除爆炸时长为 7s，起始时间为 17s，单击**完成**。

（11）单击，命名为**成人滑板车**，单击**保存**。出现如图 10-23 所示的界面，单击**确定**。

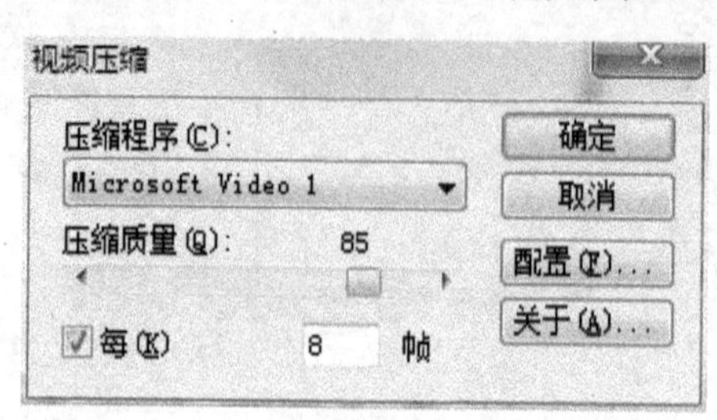

图 10-23　视频压缩

10.4　思考

（1）圆柱形的零件配合除了用同轴心，还有没有其他办法？

（2）在装配体上绘制的零件为什么要另存在装配体零件的文件夹中？有必要吗？

（3）制作爆炸动画时，爆炸是以什么顺序进行的？

（4）制作爆炸动画前是否需要先将模型摆成合适的角度？

案例11

咖啡机的工程图

11.1 案例概述

本章介绍的是咖啡机的工程图的制作，主要目的是学会怎么制作产品的工程图。我们会以第七章咖啡机的模型为例，先介绍怎么新建工程图纸，然后介绍工程图的视图创建，视图操作，创建高级视图，最后介绍工程图的标注。通过本章的学习，相信大家对工程图都有一个大概的了解。下图 11-1 是咖啡机工程图的最终效果。

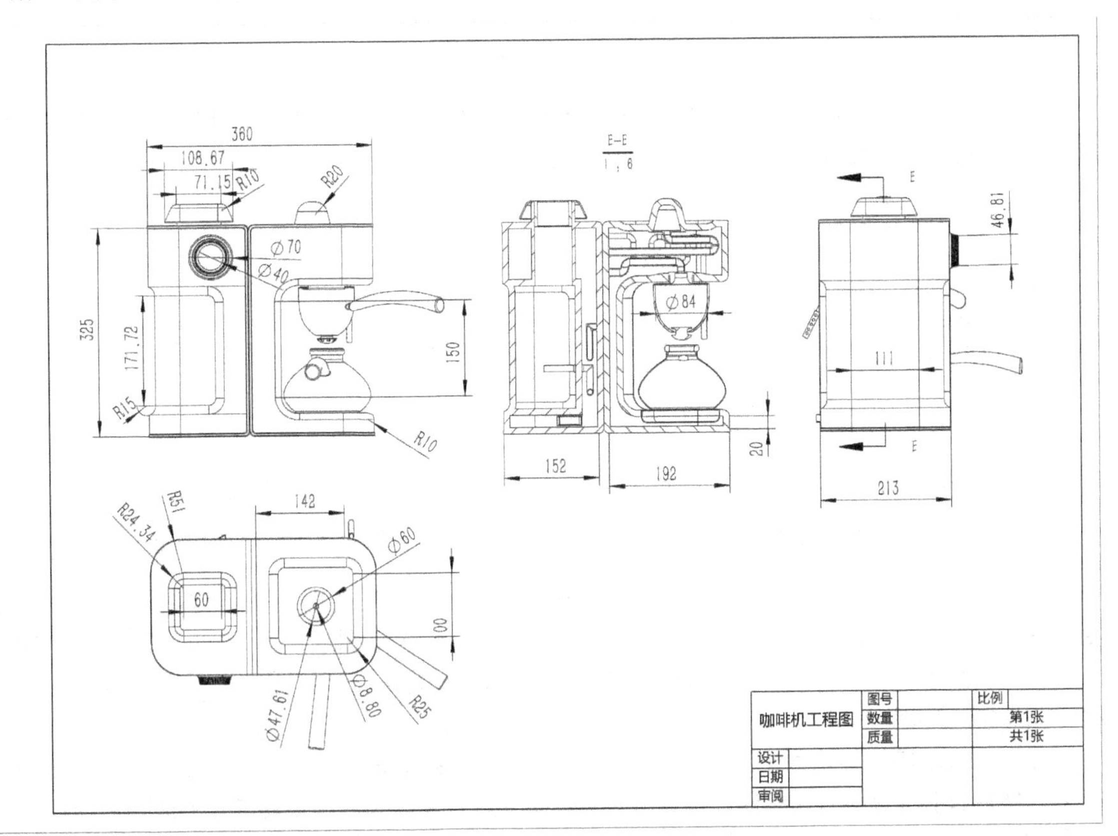

图 11-1 咖啡机工程图的最终效果

11.2 操作步骤

（1）启动 SolidWorks，单击**文件→新建**命令，选择**工程图**图标，然后单击**确定**✔，进入工程图编辑环境，如图 11-2 所示。

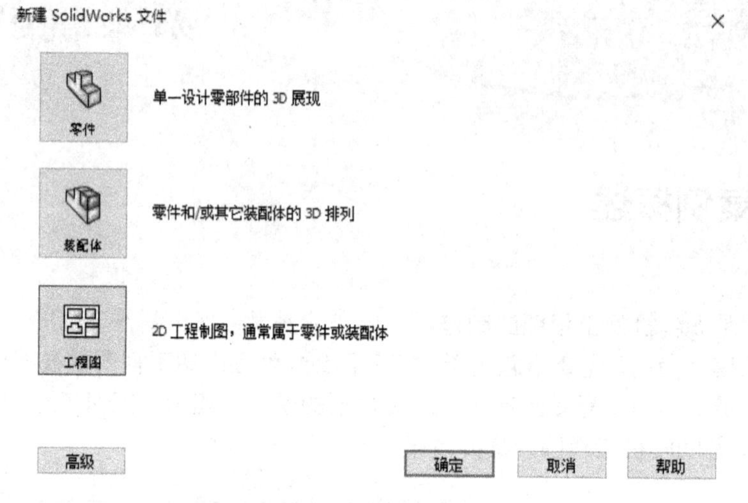

图 11-2 新建工程图文件

（2）进入工程图环境之后，界面左侧有一个**模型视图**对话框，如图 11-3 所示，单击✖这个图标，然后右边就会出现一张默认的空白图纸，如图 11-4 所示。

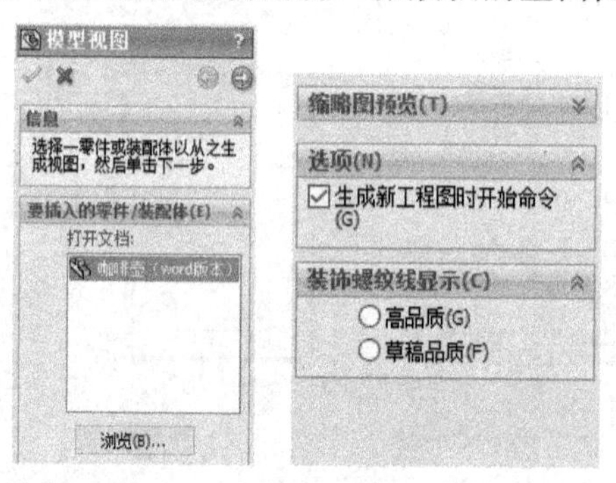

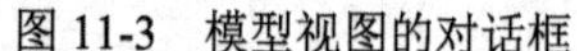

图 11-3 模型视图的对话框

图 11-4 默认的空白图纸

（3）在左侧对话框的**图纸**右击**属性**，如图 11-5 所示，然后进入**图纸属性**对话框，按照图 11-6 的设置，比例为 **1:1**，投影类型选择**第一视角**，选择**自定义图纸大小**，大小设置为 **210*297**。

（4）现在进入编辑图纸格式环境。在**咖啡机图纸**右击**编辑图纸格式**，如图 11-7 所示，进入编辑图纸格式环境。

（5）单击草图栏的边角矩形工具□，绘制一个**宽 297mm**、**长 210mm** 的矩形，如图 11-8 所示，然后选择**矩形左下角的点**，在点的右侧对话框的参数区域中设定**点的坐标**为（**0，0**），如图 11-9 所示，并在添加几何关系区域中单击**固定**按钮，**将点固定在原点上**。

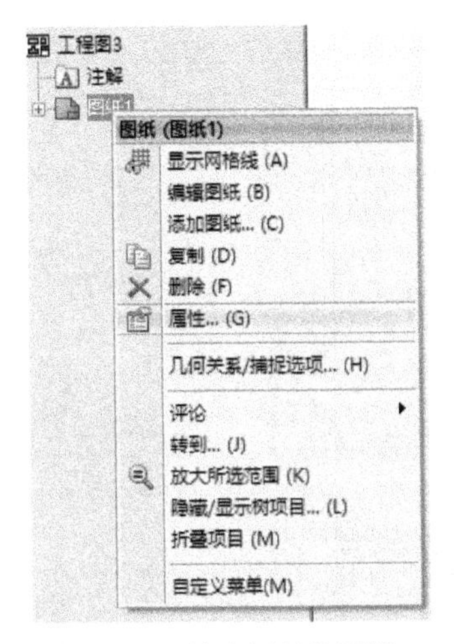

图 11-5　单击图纸的属性

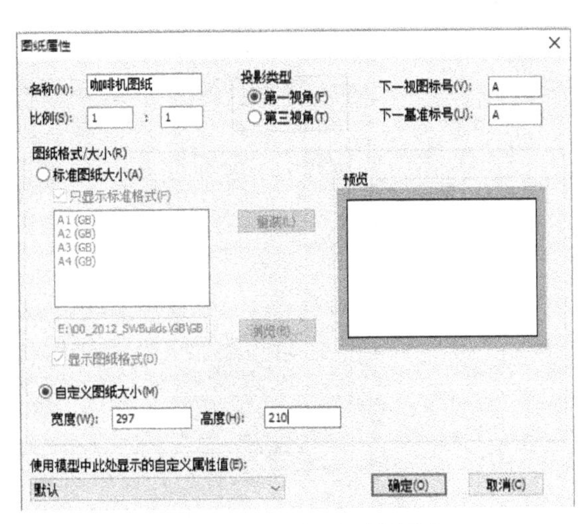

图 11-6　编辑图纸的属性

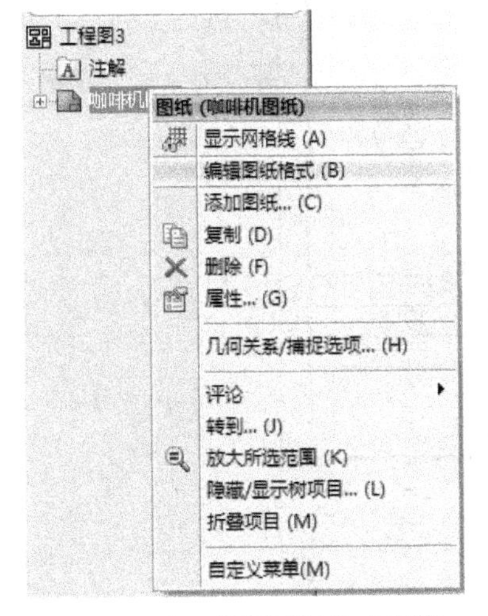

图 11-7　进入编辑图纸格式环境

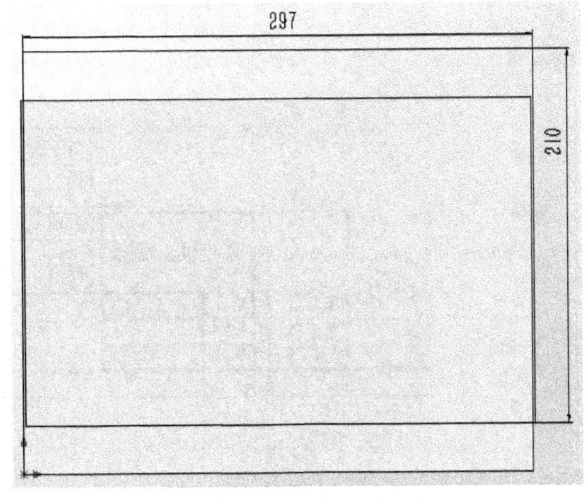

图 11-8　绘制一个矩形

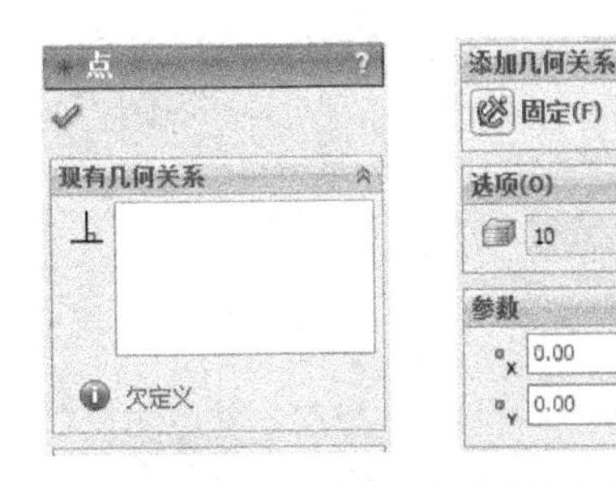

图 11-9　设置点的位置和固定点

（6）继续单击草图栏中的边角矩形工具，在刚才那个线框内随便绘制一个矩形，标注尺寸如图 11-10 所示。然后单击线型工具，分别设置外框为 0.25mm，内框为 0.5mm。

（7）接下来添加简单的标题栏。单击草图栏的**直线工具**，绘制如图 11-11 所示的图框，并写上文字。单击**线型工具**，设置线型为 **0.35mm**。然后选择下拉菜单**视图**，单击**隐藏/显示注解**，光标变为半黑半白的圆形状态，一次选取图纸上的所有尺寸，按下 **Esc** 键，尺寸标注全部隐藏。单击**退出编辑图纸环境**的图标，退出编辑环境，结果如图 11-12 所示。

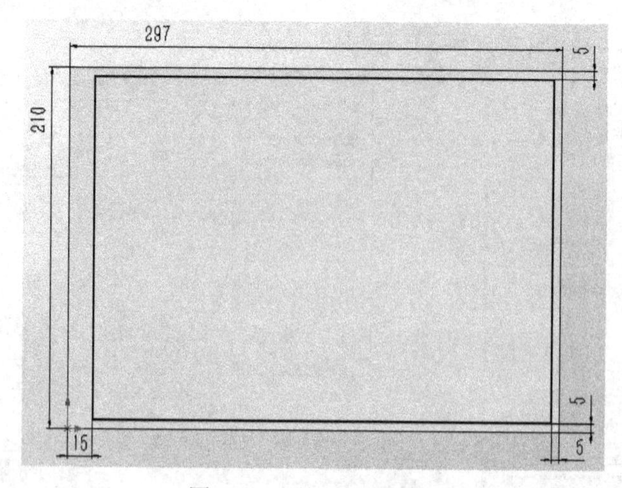

图 11-10 绘制一个线框

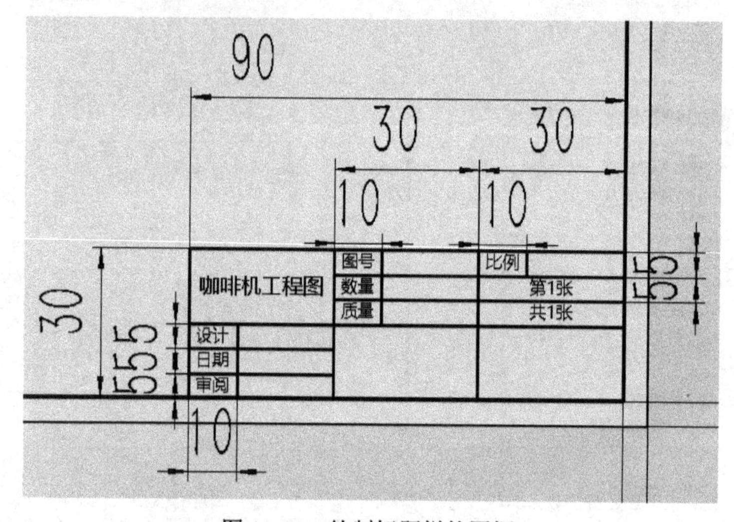

图 11-11 绘制标题栏的图框

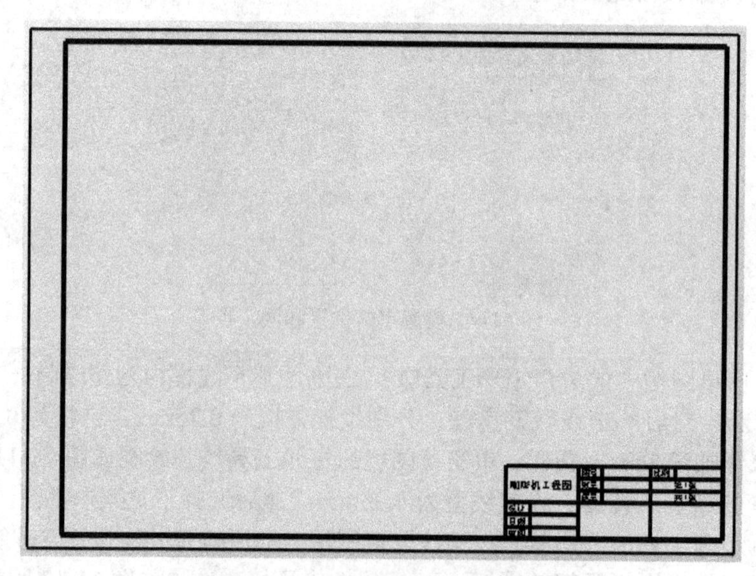

图 11-12 初始草图的最终形态

（8）下面可以创建基本视图了。基本视图包括主视图、投影视图和三视图。下面来创建主视图。选择**视图布局** 视图布局，然后单击**模型视图**，在左侧的对话框中单击**浏览**，选择咖啡机的装配图文件，打开咖啡机的装配图。

（9）在右侧**方向**区域中单击**前视**，在选中**预览**，如图 11-13 所示，在**选项**区域中不要勾选**自动开始投影视图**，在**比例**区域中选择**使用自定义比例**，并且把比例设置为 **1∶6**，如图 11-14 所示。然后在右侧合适的位置放入咖啡机的正视图，如图 11-15 所示。（如果视图中有很多蓝色的箭头，可以单击菜单栏中的**视图**，把**原点**的钩取消即可。）

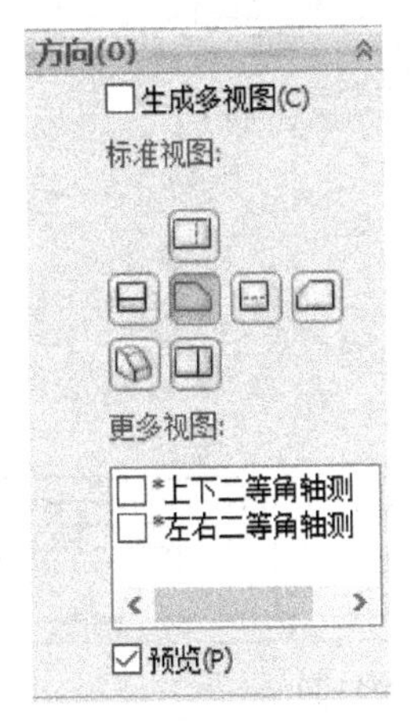

图 11-13　设置选择正视图

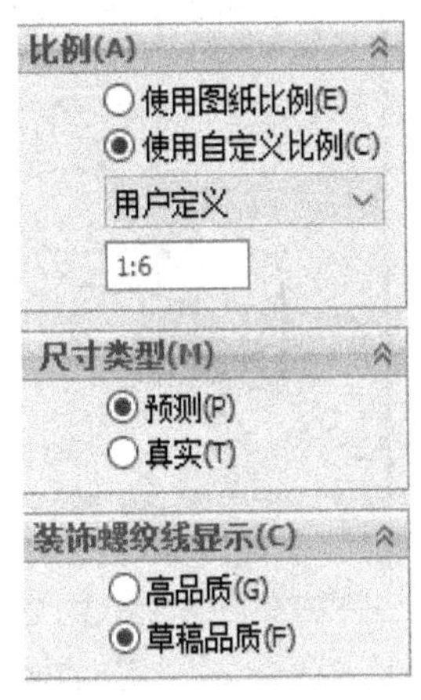

图 11-14　选择比例关系

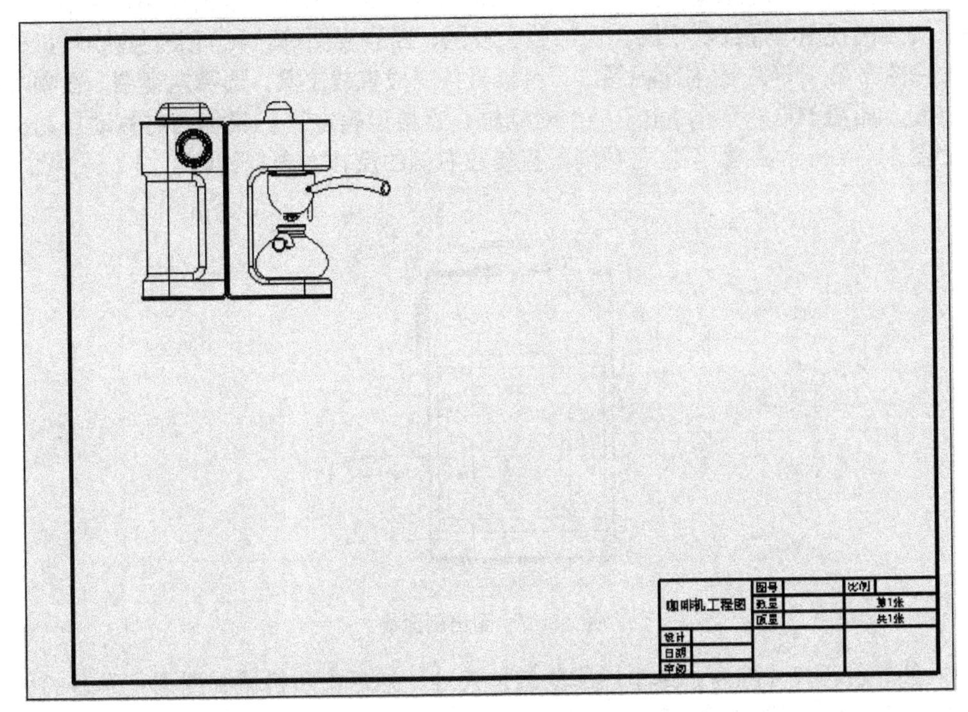

图 11-15　咖啡机的正视图在图纸中

（10）下面创建投影视图，投影视图包括左视图、仰视图、俯视图、右视图、轴测图。我们来创建左视图和俯视图。首先单击**视图布局** 视图布局 中的**投影视图**，鼠标在咖啡机正视图的位置**向右和向下移动**就会分别出现左视图和俯视图，在合适的位置**单击一下左键**即可**固定**左视图和俯视图。最终结果如图 11-16 所示。

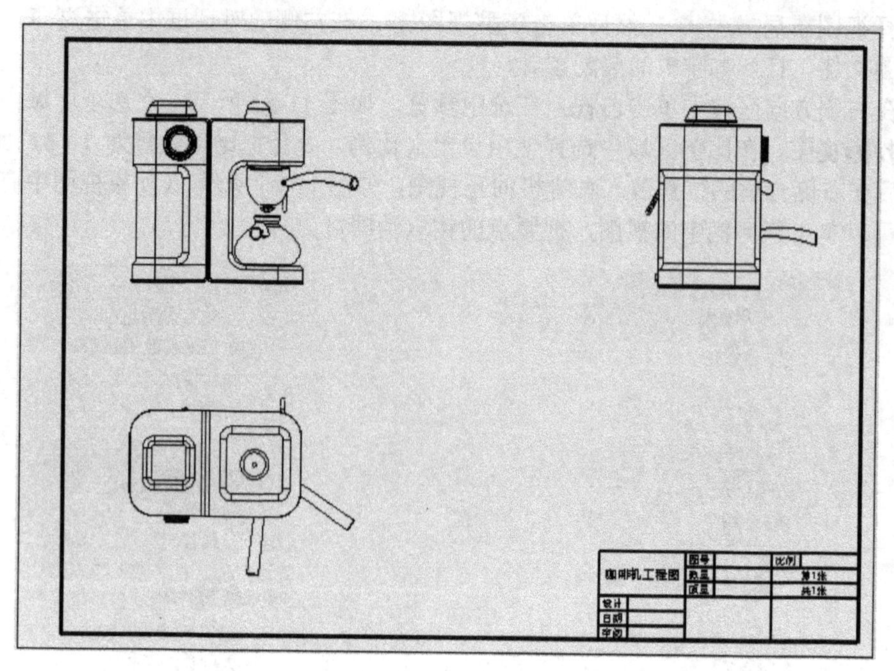

图 11-16 咖啡机的主视图、左视图和俯视图

（11）下面创建高级视图，高级视图包括辅助视图、相对视图、全剖视图、半剖视图、阶梯剖视图、旋转剖视图、局部剖视图、局部放大视图、断裂视图等。我们来创建咖啡机的全剖视图。单击**视图布局** 视图布局 的**剖面视图**，鼠标直接变成**直线工具**，选择**左视图**，在咖啡机中间画一条**直线**，如图 11-17 所示，出现一个对话框，直接点**确定**，**鼠标向右移动**自动出现全剖视图，如图 11-18 所示。（如果左右颠倒，直接在右侧的**反转方向**打钩即可。）

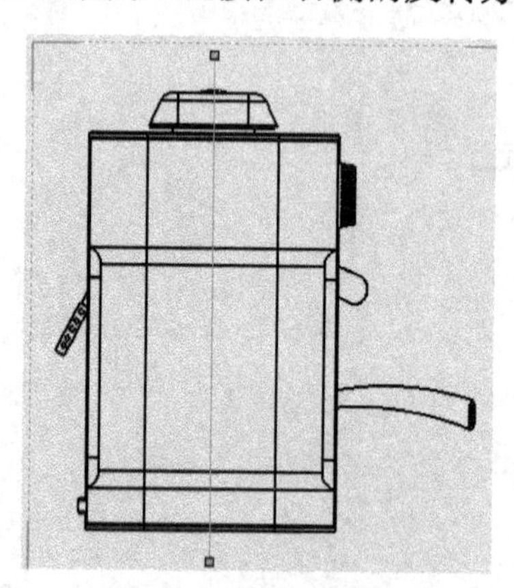

图 11-17 画出剖面线

（12）最后进行尺寸标注。单击**注解**的**智能尺寸**，然后按照机械制图课程学习的标注规则进行标注即可，结果如图 11-19 所示。

（13）至此，完成了咖啡机工程图的制作。单击保存，在**另存**为对话框中将文件名改为**咖啡机的工程图**，保存类型为**工程图（*，drw；*，slddrw）**，单击**保存**完成存盘。

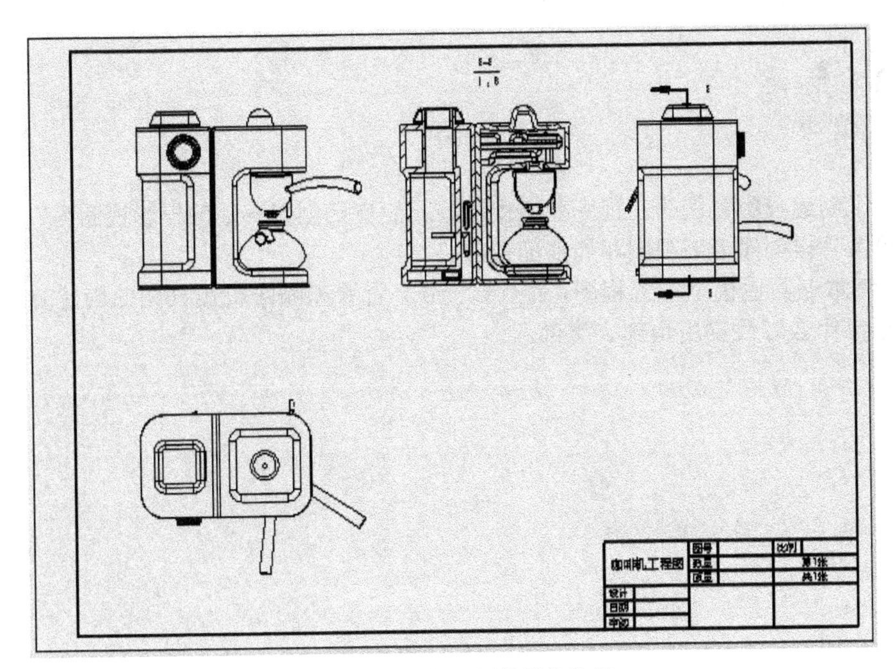

图 11-18 全剖视图的最终结果

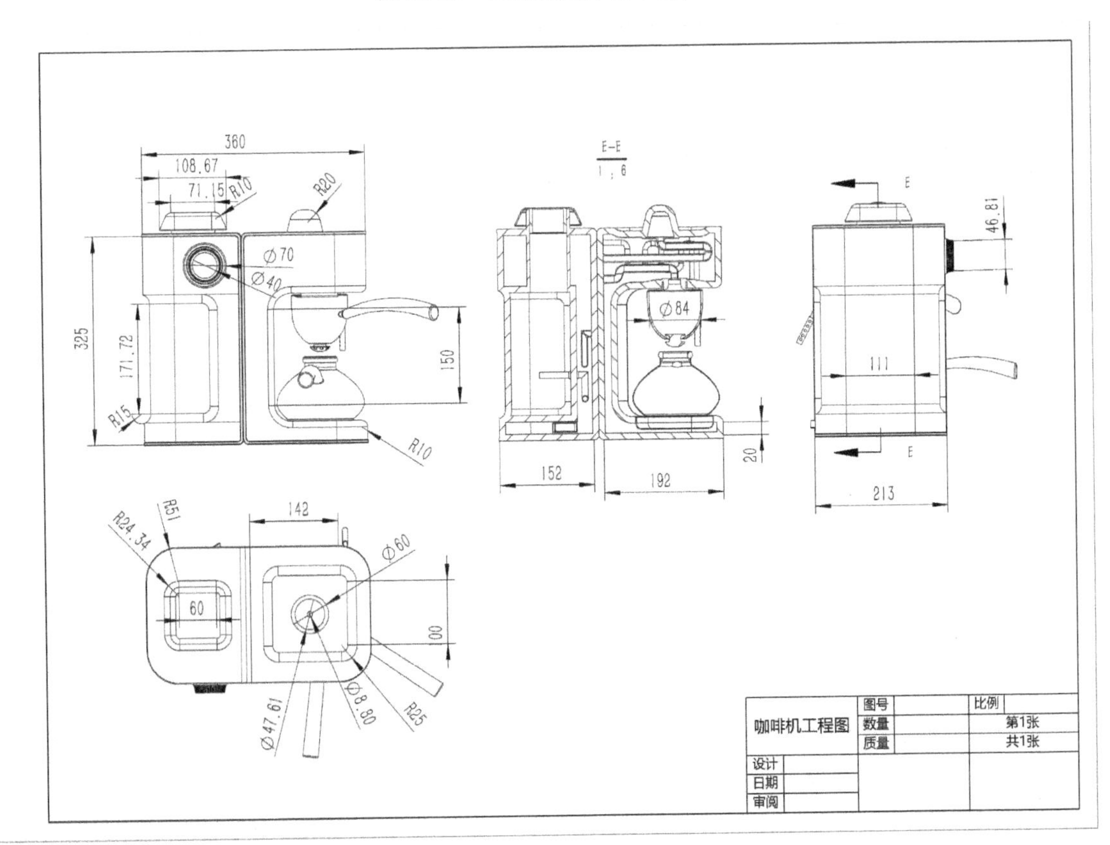

图 11-19 尺寸标注的整体效果

11.3 思考

（1）除了创建投影视图的左视图和俯视图，还能自己创建其他的投影视图吗？
（2）思考怎样创建半剖视图和局部剖视图。
（3）思考本书其他模型的工程图，并且试一试，看看和咖啡机工程图的创建方法相同吗？
（4）思考什么时候要用全部、半部。